"十二五"普通高等教育本科国家级规划教材

普通高等教育"十一五"国家级规划教材

流 体 力 学

第 5 版

主　编　罗惕乾　王军锋

副主编　王晓英　程兆雪　谢永曜

参　编　霍元平　王贞涛　闻建龙

　　　　赵　琴　李　彬　王秀勇

机 械 工 业 出 版 社

流体力学是能源动力类专业的核心专业基础课，也是几乎所有工科专业的重要技术基础课程。本书按照新工科建设的要求及全国高等学校能源动力类和机械类专业工程认证的要求编写。

全书共十三章，前七章针对机械类专业的要求精选内容，围绕工程实际中的流动讲述工程流体力学基础、工程中常见的流动问题和分析方法，使机械类专业的读者具备解决实践中所遇到的工程流体力学问题的能力；后六章针对能源动力类专业所涉及的流动问题及分析方法做了拓展和系统介绍。

本书可作为能源动力类本科生的教材，也可作为机械类专业本科生和研究生的教材。对于广大工程技术人员和教师，本书也是一本实用的专业基础参考书。

图书在版编目（CIP）数据

流体力学/罗惕乾，王军锋主编. —5版. —北京：机械工业出版社，2024.4（2025.2重印）

“十二五”普通高等教育本科国家级规划教材　普通高等教育“十一五”国家级规划教材

ISBN 978-7-111-75642-2

Ⅰ.①流…　Ⅱ.①罗…　②王…　Ⅲ.①流体力学-高等学校-教材　Ⅳ.①O35

中国国家版本馆CIP数据核字（2024）第076077号

机械工业出版社（北京市百万庄大街22号　邮政编码100037）

策划编辑：尹法欣　　责任编辑：尹法欣　李　乐

责任校对：王小童　杨　霞　景　飞　　封面设计：王　旭

责任印制：郜　敏

三河市宏达印刷有限公司印刷

2025年2月第5版第2次印刷

184mm×260mm · 26.25印张 · 647千字

标准书号：ISBN 978-7-111-75642-2

定价：79.00元

电话服务

客服电话：010-88361066

010-88379833

010-68326294

网络服务

机　工　官　网：www.cmpbook.com

机　工　官　博：weibo.com/cmp1952

金　书　网：www.golden-book.com

机工教育服务网：www.cmpedu.com

前言

流体力学是长期以来人们在认识自然及生产实践的过程中逐渐形成的一门学科。我国古代的大禹治水、都江堰水利工程以及西方古罗马的城市供水系统等，都是人类对流体的早期认识和利用。关于流体力学西方最早的记载是公元前3世纪阿基米德对浮力的研究，近几个世纪以来流体力学与数理科学相互推动得到迅速发展。在现代科学体系中，流体力学已经成为能源动力、航空航天、水利、机械、环保、生物等工程学科的重要基础之一。按照高等学校工程专业的认证要求，流体力学是相关工程专业的核心基础课程之一。

《流体力学》第1版是原机械工业部重点教材，自1991年出版以来，已经先后于2003年、2007年和2017年进行了三次修订和完善。承蒙广大读者和同仁的抬爱，本书先后被评为普通高等教育“十一五”和“十二五”国家级规划教材，在能源动力类专业和机械类专业广泛使用，获得了广大读者的肯定和好评，也收到了许多宝贵建议。根据新工科建设的要求以及工程教育对教材建设的新要求，本次修订在内容的组织上，既保持了第4版在介绍基本理论与基本方法方面的系统性，同时又注重将基本知识与工程案例相结合，考虑对相关专业的覆盖，在保留第4版结构体系、内容取材和知识深度基本不变的情况下，使概念更清晰、文字更流畅、层次更分明、特色更突出。此次修订将静力学作为独立的一章，使读者在学习过程中从易到难，更易理解。本书提供配套课件及部分习题的参考答案，授课教师可登录 www. cmpedu. com 免费获取。

本次修订工作由王军锋教授主持，江苏大学、西华大学和兰州理工大学的相关教师参加了编写，具体分工：第一章、第三章由王军锋和罗惕乾编写，第二章、第四章由王军锋和王贞涛编写，第五章由王晓英编写，第六章由闻建龙和王晓英编写，第七章由霍元平编写，第八章、第九章由王贞涛编写，第十章、第十一章由赵琴和谢永曜编写，第十二章由李彬编写，第十三章由王秀勇和程兆雪编写。

借此再版之际，向对本书编写提供帮助的读者和同仁表示由衷的感谢。限于编者水平，书中错误和不妥之处在所难免，恳请读者给予批评和指正。

编　者

于江苏大学

常用符号表

一、英文字母符号

符　号	名　　称	单　位	符　号	名　　称	单　位
A	面　积	m^2	M	力矩，转矩，力偶矩	N · m
a	加速度	m/s^2		空间偶极子强度	m^4/s
c	声　速	m/s	Ma	马赫数	
C	常　数		m	质　量	kg
C_τ	摩擦阻力系数			平面偶极子强度	m^3/s
C_p	压力系数，压强阻力系数		Nu	努塞尔数	
C_l	二维升力系数		n	旋转速度，旋转频率	s^{-1}，r/min
C_L	三维升力系数		P	功　率	W
C_d	二维阻力系数			动　量	kg · m/s
C_D	三维阻力系数		Pr	普朗特数	
c_p	比定压热容	J/（kg · K）	p	压　强	Pa
c_V	比定容热容	J/（kg · K）	Q	热　量	J
D	阻　力	N		空间源，汇强度	m^3/s
D，d	直　径	m	q	*流量	m^3/s
E	能（量）	J	q_m	质量流量	kg/s
E	弹性模量	Pa	q_V	体积流量	m^3/s
Eu	欧拉数		q	单宽流量	m^2/s
e	比　能	J/kg	q	平面源，汇强度	m^2/s
F	力	N	R	水力半径	m
Fr	弗劳德数		R，r	半　径	m
f	单位质量力	N/kg	Re	雷诺数	
	弯　度	m	S	面　积	m^2
	频　率	Hz		熵	J/K
G	重　力	N	Sr	斯特劳哈尔数	
g	重力加速度	m/s^2	s	比　熵	J/（kg · K）
H	焓	J	S	弧　长	m
H，h	水头（能头），水深	m	T	周　期	s
h	比　焓	J/kg		热力学温度	K
h_f	沿程损失	m	t	摄氏温度	°C
h_j	局部损失	m		时间	s
h_w	总水头损失	m		栅距，翼型厚度	m
I	惯性矩	m^4	U	热力学能	J
J	转动惯量	$kg \cdot m^2$	u	比热力学能	J/kg
K	体积模量	Pa	u（v，w）	速　度	m/s
	比例系数		V	体　积	m^3，L（l）
L	升　力	N	$\bar{v}$	断面平均流速	m/s
	动量矩	$kg \cdot m^2/s$	W	复　势	m^2/s
L（l）	长　度	m		功	J
l	弦　长	m		力势函数	m^2/s^2
	翼　展	m	z	位置水头	m

注：* 由于本书基本上只使用体积流量，故未特别说明之处，q 表示体积流量。

二、希腊字母符号

符　号	名　　称	单　位	符　号	名　　称	单　位
α	动能修正系数		κ	等熵指数	
	冲角	(°)		射流特性系数	
	射流扩散角	(°)		(体积)压缩率	Pa^{-1}
	(气流的)转折角	(°)	λ	沿程阻力系数	
α_V	体膨胀系数	K^{-1}		展弦比	
β	动量修正系数			热导率	W/(m·K)
	激波角	(°)	μ	流量系数	
	(叶片的)安放角	(°)		马赫角	(°)
	射流核心收缩角	(°)		动力黏度	Pa·s
Γ	环　量	m^2/s	ν	运动黏度	m^2/s
	切应变		ρ	密　度	kg/m^3
Δ	绝对粗糙度	m	τ	切应力	N/m^2
δ	边界层(名义)厚度	m	Φ	(速度)势函数	m^2/s
δ^*	边界层排挤厚度	m	φ	流速系数	
δ^{**}	边界层动量损失厚度	m	χ	湿　周	m
ε	线应变		Ψ	流函数	m^2/s
ζ	局部阻力系数		ω	角速度	s^{-1}, rad/s
η	效　率		Ω	(速度)旋度	s^{-1}
θ	体应变				

三、下标符号

下标符号	含　义	下标符号	含　义
n	法向的	x, y, z	直角坐标
τ	切向的	r, θ, z	柱坐标
s	沿弧长的	R, θ, β	球坐标

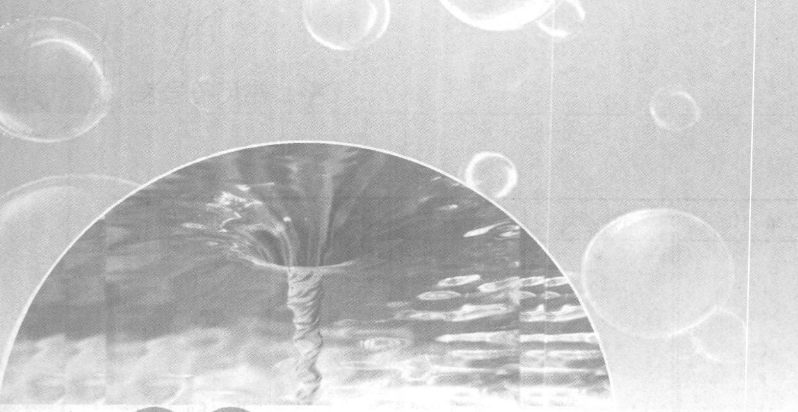

目录

第一章 绪论

关于流体运动的几个问题

【工程案例导入】

新一代标准动车组“复兴号”是中国自主研发、具有完全知识产权的新一代高速列车，它集成了大量现代国产高新技术，牵引、制动、网络、转向架、轮轴等关键技术实现重要突破，是中国科技创新的重大成果。复兴号高速列车标准速度为350km/h，最高速度可达400km/h（图1-1）。

图 1-1 复兴号高速列车

复兴号高速列车采用流线型全新设计头型。与航空飞行器相比，高速列车还要面临地面气流的扰动、两车交会时的气体激荡，以及车体通过隧道时的气流压力，因此，高速列车的头型设计比飞机更具挑战性。经过上百次仿真计算，上千次空气动力学试验，上万次线性测试，高速列车研发团队设计出了30种概念头型。通过仿真计算，不同环境的气动力学试验和噪声风洞试验，定型5种头型做筛选试验，最后形成了现在的圆润光滑、线条流畅、形态饱满的复兴号高速列车全新设计头型。这种全新低阻力流线型车头设计优化了头型结构，提高了抗风能力和高速下列车的安全性，更加适合中国铁路路线环境。

为减少列车气流阻力，复兴号还采用车体平顺化设计，在车头两侧设计了一种导流槽，尾车气动升力被导流产生的向下压力抵消，以确保列车高速运行稳定性。和谐号动车组的车顶有个鼓包，那里装有受电弓和空调系统。复兴号高速列车把这个鼓包下沉到了车顶下的风道中，使列车线条更加平顺。

第一节 流体力学的研究对象

力学是研究物质受力和运动规律的科学。在一定的外界条件下，根据组成物质的分子间的距离和相互作用的强弱不同，物质的存在状态可分为气态、液态和固态。气态物质在标准状态（0℃，101325Pa）下分子间的平均距离大于分子直径的10倍，分子间的相互作用微弱，不能保持一定的体积和形状，当外部压力增大时，其体积按一定的规律缩小，具有较大的可压缩性。液态物质分子间平均距离约为分子直径的1倍，分子间相互作用较大，通常可以保持其固有体积，但不能保持其形状。固态物质则具有固定的体积和形状。

从物质受力和运动的特性来看，物质又可分为两大类：一类是物质不能抵抗切向力，在切向力的作用下可以无限地变形，这种变形称为流动，这类物质称为流体，其变形的速度即流动速度与切向力的大小有关，气体和液体都属于流体；另一类是固体物质，它能承受一定的切应力，其切应力与变形的大小成一定的比例关系。

流体与固体之间并没有明显的界限，同一物质在不同的条件下可以呈现不同的力学特性，即可能呈现流体的特性，也可能呈现固体的特性。众所周知的例子是沥青，在短期载荷下可作为固体处理，而在长期载荷下，表现出流体特性。介于流体和固体力学特性间的还有其他的物质形态，例如黏弹体、塑体等。

综上所述，根据力学特性可以将物质分为流体和固体两大类，呈现流体力学特性的都属于流体，如空气、水和油等。宏观地研究流体受力和运动规律的科学称为流体力学，它是力学的一个重要分支。

流体力学
与科学

流体力学是一门理论性很强而应用十分广泛的学科，是在人类认识、改造自然及生产实践过程中形成和逐渐发展起来的。大禹治水，都江堰、郑国渠和灵渠三大水利工程以及古罗马的城市供水系统等都说明人类早期已经对流体有了一定认识。墨子曾对浮力现象做过细致的观察和定性的概括，约200年后古希腊的哲学家阿基米德（前287年—前212年）在所著的《论浮体》中提出了浮力的定量理论，这本书被认为是关于流体力学的早期专著。

流体力学的发展可简要概括为四个阶段。第一阶段是16世纪以前，这个阶段比较漫长，可追溯到公元前至15世纪末，人类在认识自然和与自然灾害做斗争的过程中，逐步认识和掌握自然规律，为流体力学的形成奠定了基础。第二阶段是16世纪文艺复兴以后到18世纪中叶，流体力学逐渐形成并发展为一门独立的学科。第三阶段是18世纪中叶到19世纪末，这是流体力学快速发展的阶段，沿着理论流体力学和应用流体力学两个方向发展。第四阶段是20世纪以来现代意义的流体力学形成并发展，以普朗特的边界层理论为标志。也有学者将第二、第三阶段合并，认为流体力学形成于欧洲文艺复兴之后的17世纪。

文艺复兴三杰之一，意大利艺术家、物理学家和工程师达·芬奇（Da Vinci，1452—1519）通过设计制造小型水渠，系统地研究了物体的沉浮、孔口出流、流体的运动阻力以及管道和明渠水流等问题，达·芬奇因高超的绘画技巧闻名于世，他笔下湍动的水流是对湍流最早的直观表现形式。16世纪到18世纪中叶期间，法国数学家和物理学家帕斯卡（Pascal，1623—1662）提出了封闭流体能传递压强的原理——帕斯卡原理（1653年），至此水静力学理论初步形成，水力学认识从实践上升到了理论。英国科学家和哲学家牛顿（Newton，1643—1727）于1687年出版了《自然哲学的数学原理》，研究了物体在流体介质中的运动，提出了基于黏性流体运动的牛顿内摩擦定律。1738 年瑞士物理学家、数学家和医学家伯努利（D. Bernoulli，1700—1782）对管道流动进行了大量观察和测量，提出了伯努利定理。18 世纪和 19 世纪，基于数学、物理学和力学等领域科学家的杰出贡献，古典流体力学得以迅速发展。1783 年拉格朗日（Lagrange，1736—1813）在总结前人工作的基础上，提出了一种新的描述流体运动的方法——拉格朗日法。法国数学家和水利工程师皮托（Pitot，1695—1771）发明了测量流速的皮托管。意大利物理学家文丘里（Venturi，1746—1822）于 1797 年发明了测量管道流量的文丘里管。法国科学家达朗贝尔（D' Alembert，1717—1783）提出了著名的“达朗贝尔佯谬”，证实了理想流体假设的局限性。

法国工程师、物理学家纳维（Navier，1785—1836）和英国数学家、力学家斯托克斯分别于 1823 年和 1845 年采用不同方法建立了黏性流体运动的微分方程（简称 N-S 方程），为研究实际流体运动奠定了坚实基础。英国力学家、物理学家雷诺（Reynolds，1842—1912）在 1883 年用实验证实了黏性流体的两种运动状态——层流和湍流的客观存在；1895 年引进雷诺应力的概念，用时均法建立了不可压缩黏性流体的湍流运动方程，即雷诺方程。

现代流体力学开始于 20 世纪初，此时理论流体力学和应用流体力学两个方向已形成较为系统的流体力学体系，以德国力学家、工程师普朗特（Prandtl，1875—1953）的边界层理论为标志，他提出了边界层的概念，为边界层理论的建立奠定了重要基础，后经多位学者从推理、数学论证和实验测量等多个角度建立了边界层理论，为解决复杂边界的实际流动问题开辟了新的途径。冯·卡门（Von Karman，1881—1963）和泰勒（Taylor）等一批力学家在空气动力学、湍流和漩涡理论等方面的卓越贡献奠定了现代流体力学基础。以周培源、钱学森为代表的中国科学家在湍流理论、空气动力学等许多重要领域做出了基础性和开创性的贡献。20 世纪 60 年代后，流体力学出现了许多新的分支和交叉学科，如计算流体力学、多相流体力学和生物流体力学等。

社会的发展和人类的需求是流体力学发展的动力。流体力学一直在为人类社会的进步做贡献，今天很难找出一个工程技术领域的发展能够与流体力学无关。流体力学是工程技术的重要基础，大量工程技术问题的解决以及高新技术的发展都离不开流体力学。流体力学涉及几乎所有工程技术领域，如能源与动力、航空与航天、机械与交通、船舶与海洋、农牧渔林、石油与化工、冶金、环境、气象、水利、建筑、生物等。例如火电、水电、核能以及潮汐、风电和太阳能电站，工作介质都与流体相关；在能源与动力工程中，所有设备的设计（水泵、水轮机、燃气轮机、压缩机和搅拌器以及换热器和冷却装置等）都必须以流体力学知识为基础；航空航天工业中，飞机和飞行器的设计要依据空气动力学和气体动力学的基本原理。21 世纪人类面临着许多重大问题，如能源、环境、气候变化、灾害预报与安全问题等需要解决，发展更快、更安全的交通工具以及与之相适应的配套基础设施，建设大工程项目如跨海大桥、高速铁路和大型飞机等都离不开流体力学。现代科技的发展，一些高新技术如纳米技术与流体力学的交叉也越来越广泛和深入。

流体力学与工程技术

第二节 连续介质模型

从微观上看，流体分子间存在着间隙，因此流体的物理量在空间上不是连续分布的；同时，又由于分子的随机运动，空间上一点的物理量对时间而言也不是连续的。但是在通常情况下，一个很小的体积内流体的分子数量极多，例如在标准状态下，$1mm^3$ 体积内含有 2.69×10^{16} 个气体分子，分子之间在 $10^{-6}s$ 内碰撞 10^{20} 次，而流体力学是宏观地研究流体受力和运动的科学，它研究的是流体的宏观特性，即大量分子的平均统计特性。一般研究的工程问题的特征长度远大于 1mm，特征时间远大于 $10^{-6}s$，所以有足够的理由将流体看作由连续分布的流体质点组成，即在流体力学中将流体假设为由连续分布的流体质点组成的连续介质。流体力学研究的是连续介质这一流体的物理模型。连续介质中的流体质点与研究的问题的特征尺寸相比足够小，即宏观足够小，而又包含足够多的流体分子，呈现大量分子平均特性，即微观足够大的流体微团。

根据流体的连续介质模型，任一时刻流动空间的每一点都被相应的流体质点占据，表征流体性质和运动特性的物理量和力学量一般为时间和空间的连续函数，就可以用数学中连续函数这一有力手段来分析和解决流体力学问题。

在一些特殊的场合，例如研究高空稀薄气体中飞行的物体，此时研究问题的特征尺寸与分子平均自由行程达到同一数量级时（例如在 120km 高空处空气平均自由行程约为 1.3m）就不能用这一假设了。

第三节　作用在流体上的力

从流体中任意取出一流体块，其体积为 V，界面为 S（图 1-2），作用在这一流体块上的力可分为两大类：表面力、质量力或者体积力。

一、表面力

流体块界面 S 上受到的力称为表面力。根据 S 面的具体情况，表面力可以是 S 面所分隔的同质流体或者其他种类流体作用在流体块上的，也可以是流体容器壁面或者固体作用在流体块上的。表面力通常是位置和时间的函数，一般用应力表示。

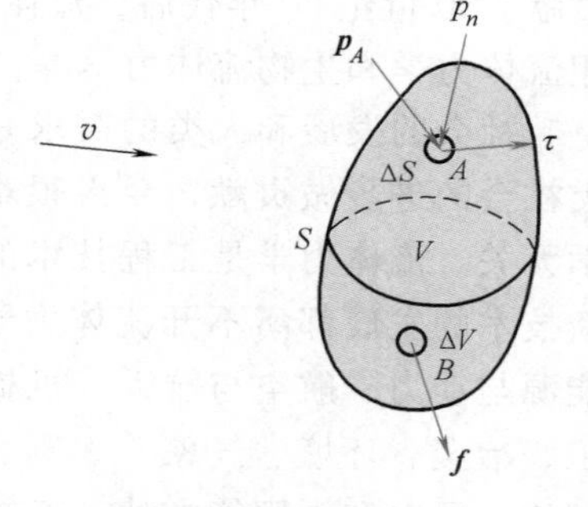

图 1-2　作用在流体上的力

如图 1-2 所示，设 A 为界面 S 上的点，ΔS 为包含 A 点的微元面积，作用其上的表面力为 $\Delta\boldsymbol{F}_s$，则 $\Delta\boldsymbol{F}_s$ 在 ΔS 收缩到 A 点时的极限

$$\boldsymbol{p}_A=\lim_{\Delta S\to0}\frac{\Delta\boldsymbol{F}_s}{\Delta S} \tag{1-1}$$

称为 S 面上 A 点处的表面应力。表面应力可分成两个分量，一个是沿表面法线方向作用的法向应力（通常称为压强）p_n，另一个是沿表面切线方向作用的切向应力 τ。

二、质量力

直接作用在流体块中各质点上的非接触力称为质量力或体积力，例如重力、惯性力等。质量力与受力流体的质量成比例，单位质量流体上承受的质量力称单位质量力。

在图 1-2 中，设 B 为流体块中的点，ΔV 为包围 B 点在内的流体微元体积，其包含的流体质量为 Δm，承受的质量力为 $\Delta\boldsymbol{F}$，当 ΔV 收缩到 B 点时，亦即其包含的流体质量 $\Delta m\to0$

时的极限

$$f = \lim_{\Delta m \to 0} \frac{\Delta \boldsymbol{F}}{\Delta m} \tag{1-2}$$

称为 B 点处的单位质量力。

第四节 流体的黏性

流体是不能承受剪切力的，即在很小的剪切力作用下，流体就会连续不断地变形。但不同的流体在相同的剪切力作用下其变形的速度是不同的，也就是不同的流体抵抗剪切力的能力不同，这种能力称为流体的黏性。流体的黏性是流体的一种基本属性。

一、牛顿内摩擦定律，流体的黏度

流体的黏性

17 世纪牛顿在其名著《自然哲学的数学原理》中研究了流体的黏性。设有两块相距很近的平板，平板之间充满流体（图 1-3）。下平板固定不动，上平板在牵引力的作用下以均匀速度 U 运动，与平板接触的流体附着于平板的表面，带动两板之间的流体做相对运动，使流体内部流层之间出现成对的切向力，称为内摩擦力。

在平板间距离 h 和速度 U 不大的情况下，两板之间流体的速度呈线性分布。

$$u(y) = \frac{U}{h} y$$

经实验验证和后来的分子运动理论表明，外力 $\boldsymbol{F}$ 的大小（也就是流体对上板摩擦力 $\boldsymbol{F}$ 的大小）与流体的性质有关，与流速梯度 U/h 和接触面积 A 成正比，而与接触面上的压力无关，即

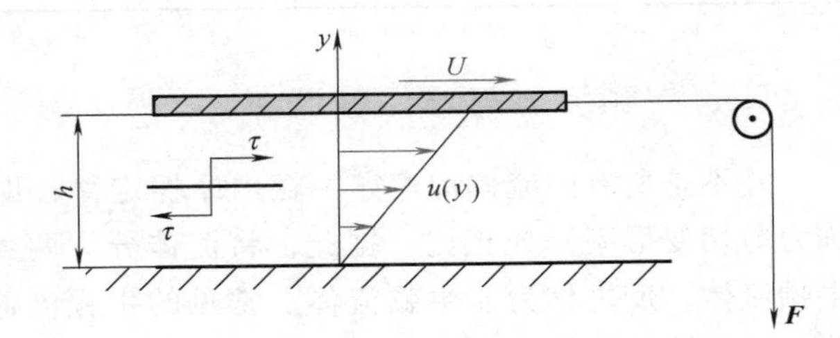

图 1-3 平行平板间的黏性流动

$$F = \mu A \frac{U}{h} \tag{1-3}$$

设 τ 为单位面积上的内摩擦力即黏滞切应力，则

$$\tau = \frac{F}{A} = \mu \frac{U}{h}$$

当速度分布不是直线规律时，任一点的速度梯度为 $\mathrm{d}u/\mathrm{d}y$，因而切应力大小为

$$\tau = \mu \frac{\mathrm{d}u}{\mathrm{d}y} \tag{1-4}$$

式（1-4）称为牛顿黏性公式，也称牛顿内摩擦定律。

比例系数 μ 表征了流体抵抗变形的能力，即流体黏性的大小，称为流体的动力黏度，或简称为黏度。工程中还常用动力黏度 μ 和流体密度 ρ 的比值来表示黏性，称为流体的运动黏度 ν，即

$$\nu = \frac{\mu}{\rho} \tag{1-5}$$

黏度是流体的重要属性，它是流体温度和压强的函数。在工程常用温度和压强范围内，黏度主要依温度而定，压强对黏度的影响不大。

由式（1-4）和式（1-5）可知，动力黏度和运动黏度的量纲分别是 $ML^{-1}T^{-1}$ 和 L^2T^{-1}，相应的单位为 Pa·s 和 m^2/s。表 1-1 为水和空气的黏度数值，与过去广泛应用的物理单位（CGS 制单位）中相应单位 P（泊）和 St（斯）的换算关系为

$$1Pa \cdot s = 10P, \quad 1m^2/s = 10000St$$

表 1-1 水和空气的黏度数值

温度/℃	水		空气	
	μ/Pa·s	ν/m²·s⁻¹	μ/Pa·s	ν/m²·s⁻¹
0	1.792×10^{-3}	1.792×10^{-6}	0.0172×10^{-3}	13.7×10^{-6}
10	1.308×10^{-3}	1.308×10^{-6}	0.0178×10^{-3}	14.7×10^{-6}
20	1.005×10^{-3}	1.007×10^{-6}	0.0183×10^{-3}	15.7×10^{-6}
30	0.801×10^{-3}	0.804×10^{-6}	0.0187×10^{-3}	16.6×10^{-6}
40	0.656×10^{-3}	0.661×10^{-6}	0.0192×10^{-3}	17.6×10^{-6}
50	0.549×10^{-3}	0.556×10^{-6}	0.0196×10^{-3}	18.6×10^{-6}
60	0.469×10^{-3}	0.477×10^{-6}	0.0201×10^{-3}	19.6×10^{-6}
70	0.406×10^{-3}	0.415×10^{-6}	0.0204×10^{-3}	20.6×10^{-6}
80	0.357×10^{-3}	0.367×10^{-6}	0.0210×10^{-3}	21.7×10^{-6}
90	0.317×10^{-3}	0.328×10^{-6}	0.0216×10^{-3}	22.9×10^{-6}
100	0.284×10^{-3}	0.296×10^{-6}	0.0218×10^{-3}	23.6×10^{-6}

二、牛顿流体与非牛顿流体

并不是所有的流体都遵守牛顿内摩擦定律，即流动过程中黏性切应力和速度梯度（也称为剪切变形率）成正比。据此，将流体分为两大类：凡遵守牛顿内摩擦定律的流体称为牛顿流体，反之称为非牛顿流体。常见的牛顿流体有水、空气等，非牛顿流体有泥浆、纸浆、油漆、油墨等。

非牛顿流体流动中切应力和变形率之间的关系很复杂，有的与切应力作用的时间长短有关，有的与切应力的大小有关，而有的只有应力高于其屈服应力时才表现出流体的特性。研究非牛顿流体受力和运动规律的学科称为流变学。本书只讨论牛顿流体。

三、实际流体与理想流体

实际流体都具有黏性。当研究某些流动问题时，由于流体本身黏度小，或者所研究区域速度梯度小等，使得黏性力与其他力（例如惯性力、重力等）相比很小，可以忽略。此时，可以假设动力黏度 $\mu=0$，即流体没有黏性，这种无黏性的假想的流体模型称为理想流体。引入理想流体模型后，大大简化了流体力学问题的分析和计算，能近似反映某些实际流体流动的主要特征，为实际流体分析计算奠定基础，或者通过修正得到满足工程要求的结果。

第五节　流体的物理性质

流体的物理性质都用反映流体宏观特性的物理量来描述，这些物理量通常都是空间和时间的函数。

一、密度 ρ

设流体中包含某点的微元体积 ΔV 中的流体质量为 Δm，则 ΔV 向该点收缩时的极限

$$\rho = \lim_{\Delta V \to 0} \frac{\Delta m}{\Delta V} \tag{1-6}$$

称为该点处流体的密度。

二、比体积（质量体积）v

单位质量流体的体积称为比体积或质量体积，所以它是密度的倒数。即

$$v = \frac{1}{\rho} \tag{1-7}$$

三、流体的压缩性和膨胀性

流体的体积随压强变化而变化，通常压强增大，流体的体积减小，所以流体体积随压强变化的属性称为流体的压缩性。流体的体积也随温度的变化而变化，通常温度升高，流体的体积增大，所以流体体积随温度变化的属性称为流体的膨胀性。流体的这两个特性分别用体积压缩率和体膨胀系数来表征。

1. 流体的压缩率和体积模量

在某一温度和压强下，温度保持不变，流体单位压强升高所引起的体积相对减少值，称为该温度和压强下流体的（体积）压缩率 κ（Pa^{-1}），其表达式为

$$\kappa = -\frac{1}{V}\frac{\mathrm{d}V}{\mathrm{d}p} \tag{1-8}$$

式中，$\mathrm{d}p$ 为压强的增值；V 为流体原来的体积；$\mathrm{d}V$ 为流体体积的变化值。

κ 值越大，流体的压缩性越大。工程上常用流体的压缩率的倒数来表征流体的压缩性，称为流体的体积模量 K（Pa），其表达式为

$$K = \frac{1}{\kappa} \tag{1-9}$$

由此可见，K 越大，流体的压缩性越小。

2. 可压缩流动与不可压缩流动

流体的压缩率及相应体积模量是随流体的种类、温度和压强而变化的。通常液体的压缩性不大，以水为例，在 0℃和 0.5MPa 时，压强升高 0.1MPa，其体积变化约为十万分之五，而气体的压缩性则大得多。压缩性对流动的影响与所研究的流动问题有关，当流体的压缩性对所研究的流动影响不大，可以忽略不计时，这种流动称为不可压缩流动，反之称为可压缩流动。例如，通常管道中的水流问题，可以作为不可压缩流动处理，而在研究水下爆炸和水击等压强变化很大的场合，则必须计及水的压缩性。而气体的压缩性很大，只有当流动过程中压强变化很小时，才能作为不可压缩流动处理。

3. 流体的体膨胀系数

在某一压强和温度下，压强保持不变，流体的温度升高 1K 所引起的体积相对变化值称为该温度和压强下流体的体膨胀系数 α_V（K^{-1}）

$$\alpha_V = \frac{1}{V}\frac{dV}{dT} \tag{1-10}$$

式中，dT 为温度的增值；V 为流体温升前的体积；dV 为温升引起的流体体积变化。

α_V 随流体的种类、温度和压强而变化。通常液体的体膨胀系数很小，一般工程问题中当温度变化不大时，可不予考虑，而气体的体膨胀系数很大。表 1-2 为标准大气压（101325Pa）下常见液体的物理性质。

表 1-2 标准大气压（101325Pa）下常见液体的物理性质

液体	温度 /℃	密度 /kg·m^{-3}	比体积 /m^3·kg^{-1}	体积压缩率 /Pa^{-1}	动力黏度 /Pa·s	运动黏度 /m^2·s^{-1}
蒸馏水	4	1000	1×10^{-3}	0.485×10^{-9}	1.52×10^{-3}	1.52×10^{-6}
原 油	20	856	1.17×10^{-3}	—	7.2×10^{-3}	8.4×10^{-6}
汽 油	20	678	1.47×10^{-3}	—	0.29×10^{-3}	0.43×10^{-6}
甘 油	20	1258	0.79×10^{-3}	0.23×10^{-9}	1490×10^{-3}	1184×10^{-6}
煤 油	20	803	1.24×10^{-3}	—	1.92×10^{-3}	2.4×10^{-6}
水 银	20	13590	0.074×10^{-3}	0.038×10^{-9}	1.63×10^{-3}	0.12×10^{-6}
润滑油	20	918	1.09×10^{-3}	—	440×10^{-3}	479×10^{-6}
水	20	998	1.002×10^{-3}	0.46×10^{-9}	1.00×10^{-3}	1.00×10^{-6}
海 水	20	1025	0.976×10^{-3}	0.43×10^{-9}	10.8×10^{-3}	1.05×10^{-6}
酒 精	20	789	1.27×10^{-3}	1.1×10^{-9}	1.19×10^{-3}	1.5×10^{-6}

4. 气体状态方程

气体与液体不同，具有较明显的压缩性和膨胀性，实验及理论指出，在没有外电场、磁场及其他类似的力场作用时，平衡状态下系统只有两个自由度，即其状态是由两个独立的参数确定的，其余的参数都是这两个独立参数的函数。对理想气体，压强 p 是体积和温度的函数，即

$$pv = R_g T \tag{1-11}$$

式中，R_g 为气体常数；v 为比体积；T 为气体的热力学温度。

此式称为克拉珀龙（Clapeyron）气态方程。对实际气体，其关系要复杂得多，为了获得更为准确的关系，在此方程的基础上，通过实验研究，提出了一些更为复杂的修正方程。研究表明，式（1-11）只有在压强不太高时才正确，也不能外推到过分低的温度。

习 题

1-1 物质是按什么原则分为固体和液体两大类的？

1-2 何谓连续介质假设？引入连续介质模型的目的是什么？在解决流动问题时，应用连续介质模型的条件是什么？

1-3 底面积为 $1.5m^2$ 的薄板在液面上水平移动（图 1-4），其移动速度为 16m/s，液层厚度为 4mm，当液体分别为 20℃ 的水和 20℃ 时密度为 $856kg/m^3$ 的原油时，移动平板所需的力各为多大？

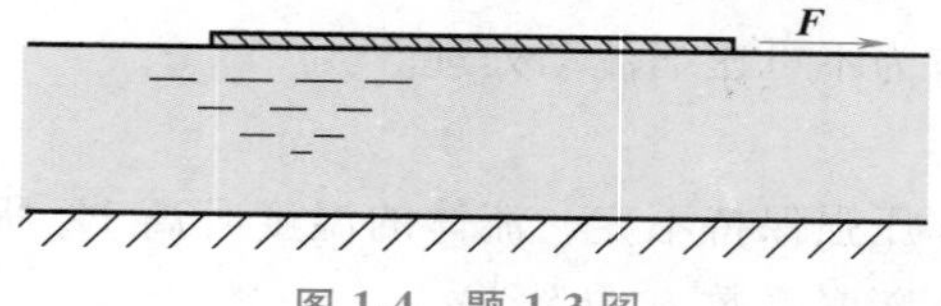

图 1-4 题 1-3 图

1-4 在相距 $\delta=40\text{mm}$ 的两平行平板间充满动力黏度 $\mu=0.7\text{Pa}\cdot\text{s}$ 的液体（图 1-5），液体中有一边长为 $a=60\text{mm}$ 的正方形薄板以 $\boldsymbol{u}=15\text{m/s}$ 的速度水平移动，由于黏性带动液体运动。假设沿垂直方向速度大小的分布规律是直线。

1）当 $h=10\text{mm}$ 时，求薄板运动的液体阻力。

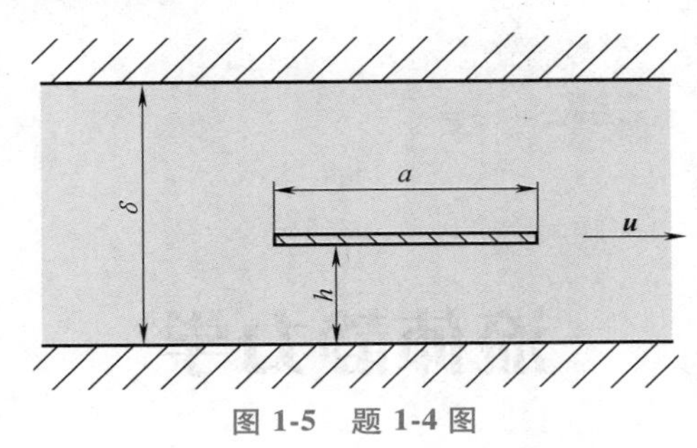

图 1-5 题 1-4 图

2）如果 h 可改变，h 为多大时，薄板的阻力最小？并计算其最小阻力值。

1-5 直径 $d=400\text{mm}$，长 $l=2000\text{m}$ 输水管做水压试验，管内水的压强加至 $7.5\times10^{6}\text{Pa}$ 时封闭，经 1h 后由于泄漏压强降至 $7.0\times10^{6}\text{Pa}$，不计水管变形，水的压缩率为 $0.5\times10^{-9}\text{Pa}^{-1}$，求水的泄漏量。

1-6 一种油的密度为 851kg/m^3，运动黏度为 $3.39\times10^{-6}\text{m}^2/\text{s}$，求此油的动力黏度。

1-7 存放 4m^3 液体的储液罐，当压强增加 0.5MPa 液体体积减小 1L，求该液体的体积模量。

1-8 压缩机向气罐充气，绝对压强从 0.1MPa 升到 0.6MPa，温度从 20℃ 升到 78℃，求空气体积缩小百分数为多少。

第二章 流体静力学

【工程案例导入】

白鹤滩水电站位于金沙江下游的干流河段上，是仅次于三峡工程的世界第二大水电站，创下6项世界第一，其百万千瓦机组单机容量的研制、安装调试难度远大于世界在建和已投运的任何机组，被誉为当今世界水电行业的“珠穆朗玛峰”（图2-1）。作为一个最大坝高达289m的300m级特高混凝土双曲拱坝，白鹤滩水电站大坝需要克服背后巨大水库带来约1650万tf（$1tf=9.8\times10^3N$）的总水推力，而这相当于1.5万余台我国最大推力新一代运载火箭长征五号的推力总和。

这里需要注意的是，大坝总水推力的估算对白鹤滩水电站大坝的结构设计具有重要的指导意义，而其表面受力问题正是运用流体静力学当中的静水总压计算方法解决的。

图2-1 白鹤滩水电站

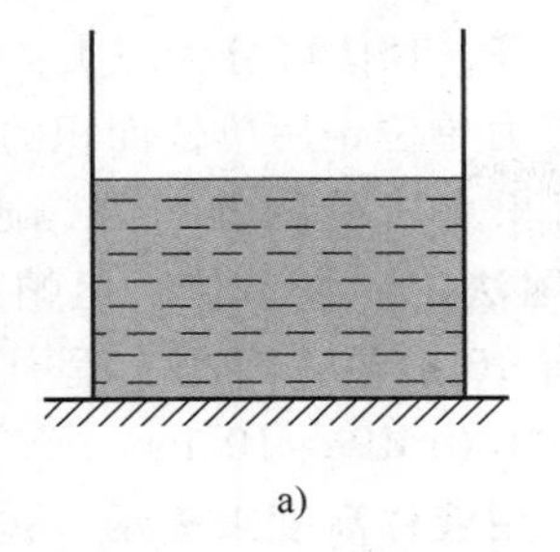
a)
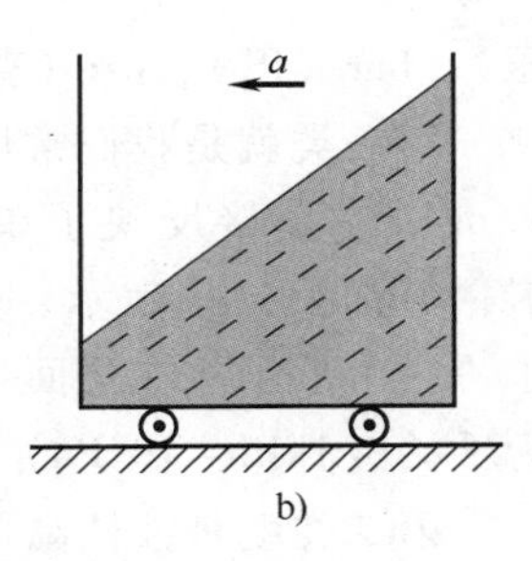

b)

图 2-2 静止流体的两种状态
a）静置 b）匀加速直线运动

流体静力学主要研究静止流体的力学规律及其在工程中的应用。所谓的静止流体，包含了在惯性坐标系下的绝对静止和非惯性坐标系下的相对静止两种状态。具体来说，流体的绝对静止是指流体相对于地球没有相对运动，比如桌面上静置的一杯水就处于绝对静止状态（图 2-2a），此时组成流体的无数个流体质点之间不存在相对运动；流体的相对静止是指流体相对于地球是运动的，而相对于某一参考物时却是静止的，比如刚才那杯水让它沿水平方向做匀加速直线运动，这时杯中的水相对于杯子就处于相对静止状态（图 2-2b），但此时流体质点之间仍然不存在相对运动。

静止流体的共性：无论是处于绝对静止还是相对静止，流体内部的流体质点之间都不会发生相对运动，由牛顿内摩擦定律可以看出，此时相邻流体层之间的速度梯度为零，这说明静止流体中不会有黏性力产生。由于流体的受力平衡是作用在流体上的两类力即质量力和表面力（静压力和黏性力）的平衡，**那么**针对静止流体，其受力平衡可以简化为质量力和静压力的平衡。此外，由于静止状态下流体的黏性无法表现，静止流体的力学规律同时适用于理想流体和实际流体，而流体本身黏度的大小不会对其力学规律产生任何影响。

第一节 流体的静压强

一、流体静压强

流体静压强及其特性

学习流体静力学，首先应该熟知流体静压强的概念。在静止流体当中，我们选取流体微团的一个作用面 S，其上面的作用力是 $\boldsymbol{F}$，由于此时流体中不存在剪切力，且静止流体不能够承受拉力，那么这个表面力就只能是静压力，沿作用面的内法线方向。当 ΔS 无限小，趋近于一个几何点时，假设是图 2-3 中 A 点，那么此时作用于 A 点的压力，就是静止流体表面所受的压强，也称之为流体静压强。即

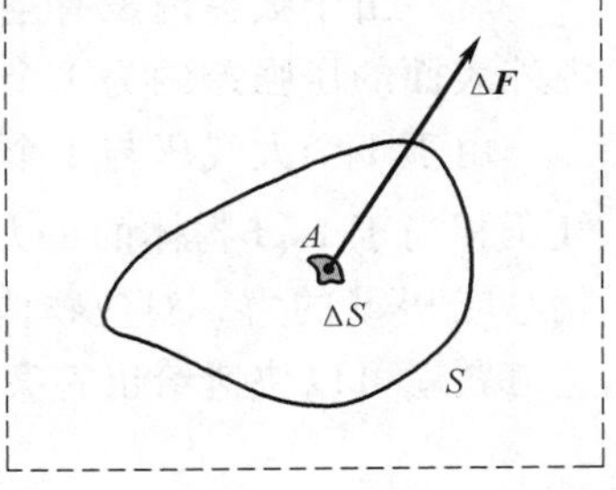

图 2-3 流体中一点处的压强

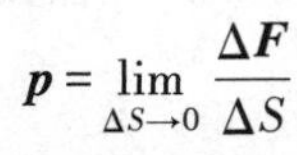

$$\boldsymbol{p}=\lim_{\Delta S\to 0}\frac{\Delta \boldsymbol{F}}{\Delta S}$$

因此，**流体静压强的定义是静止流体作用在单位面积上的**（沿作用面内法线方向的）**静压力**。它的国际单位为帕斯卡，简称帕（Pa），1Pa=1N/m^2。

二、压强的计量单位

实际应用中为了方便，针对不同的应用场合，压强的计量单位也可能会采取不同的形式。压强的常用单位有 kPa（千帕）、MPa（兆帕）、mmHg（毫米汞柱）、atm（标准大气

压)、bar(巴)、psi(普氏)等，具体可分为三类：

第一类就是我们常用的应力单位，用单位面积的压力来表示，即 N/m^2，它直接反映了单位面积上所受的静压力，通常用 Pa(帕斯卡，简称帕)来表示，是我国法定计量单位。但帕斯卡这个单位太小，一个瓜子放在桌面上就有 10 多帕，因此工程中常用的应力单位为千帕($1kPa=10^3Pa$)和兆帕($1MPa=10^6Pa$)。

图 2-4 血压计

第二类就是液柱高单位，用液柱高度来表示，包括 mH_2O(米水柱)和 mmHg(毫米汞柱)。它们常用在液柱式测压计中，用来表示被测流体的压强大小。mmHg 常用于医疗领域，如测量血压等，如图 2-4 所示。

第三类是大气压单位，用大气压来表示，包括 atm(标准大气压)和 at(工程大气压)。标准大气压指的是温度为 0℃、纬度 45°、晴天时海平面上的气压值，

$$1atm=1.013\times10^5Pa=0.101MPa$$

它等于单位面积上 10.33m 高水柱所产生的压力，也等于单位面积上 760mm 高汞柱所产生的压力。标准大气压通常用于测量大气压力，如用于气象学、航空航天等领域。一个工程大气压略小于一个标准大气压，

$$1at=0.981\times10^5Pa=0.098MPa$$

它等于 1kg 物体的重力作用在 $1cm^2$ 的面积上产生的压强。此外，在工程上常用的压强计量单位还有 bar(巴)和 psi(普氏)，其中

$$1bar=0.1MPa=14.5psi$$

psi 是欧美等地常用的压力单位。实际上，bar 与 at、atm 所表示的值是很接近的。因为考虑到特定领域的使用习惯或工程计算的方便，所以也一直在某些领域被采用。

例 2-1 如图 2-5 所示，把一个吸盘用力压在玻璃上并排出吸盘内的空气，吸盘压在玻璃上的面积 $A=9cm^2$，试问：在吸盘下面挂物体的质量大致不能超过多少？

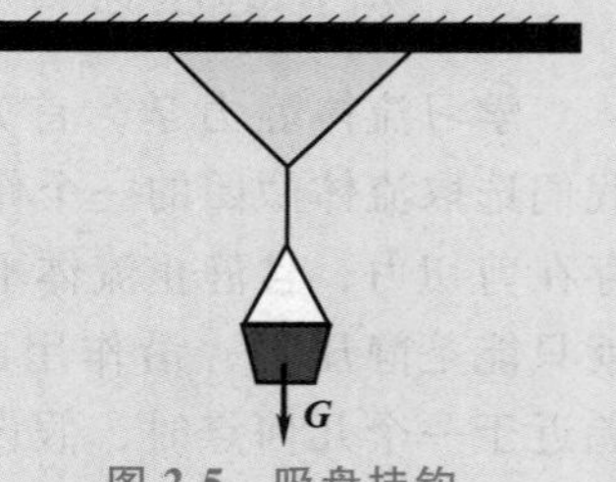

图 2-5 吸盘挂钩

解 由于吸盘内没有空气，那么作用在吸盘单位面积上内外表面的压强差约为 1 个大气压。

由于 1 个大气压与 1 个工程大气压相近，而 1 个工程大气压相当于 1kgf 物体的重力作用下 $1cm^2$ 面积上，所以 $9cm^2$ 就对应 9kgf 的力，对应物体的质量为 9kg。如果对大气压、工程大气压的概念足够熟悉，这道题就可以快速给出答案了。

三、压强的表示方法

压强的表示与测量

在实际的应用过程中，常常需要对流体的压强进行测量，而当选取基准不同时，往往会得到不同的压强指示值，也就是说，压强的表示取决于其所采用的基准。

当以完全真空为计量基准时，得到的就是绝对压强，用 p_{ab} 表示。绝对压强反映流体分子运动的物理性质，在物理学、热力学、航空气体动力学上多采用绝对压强为计算标准。

当以当地大气压为计量基准时，我们得到的就是计示压强，也称为相对压强，用 p_m 表示。在大多数压强仪表中，内外腔所受大气压强抵消，测出的压强均是相对压强。因此，相对压强表示流体的压强比当地大气压大多少或小多少。

从图 2-6a 中可以很直观地看出绝对压强、计示压强和当地大气压三者之间的关系。需要注意的是，现实中所测流体的绝对压强 p_{ab} 始终为正值。这是因为自然界中完全真空的环境是不存在的，而以人类当前的技术手段，也只能做到无限接近于完全真空状态，完全真空的基准只是一个理想值。另外，计示压强是有正有负的。若流体的绝对压强高于当地大气压 p_a 时，用表压强（表压）p_e 来表示计示压强，即

$$p_e = p_{ab} - p_a$$

若流体的绝对压强低于当地大气压，称该点出现真空，取 p_m 的绝对值，并引入真空度（真空压强）p_v 来表示此时的计示压强，即

$$p_v = -p_m = p_a - p_{ab}$$

工业生产中常用的压力表，其读数均为计示压强。图 2-6b 所示就是一种常见的压力表，当指针指向零时，说明罐体内压强和外界当地大气压的值是相同的。此时，若向罐体充入气体指针就向上偏转，反映的是表压强；反之，若从罐体中抽吸气体，指针就会向下偏转，反映的就是真空度。

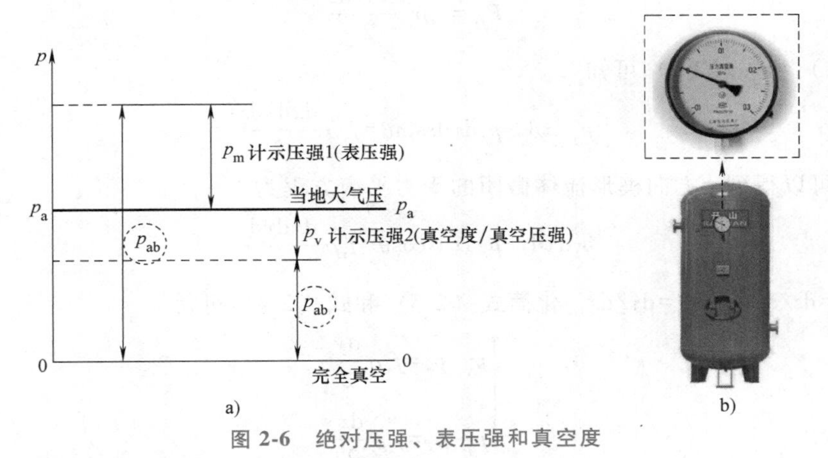

图 2-6 绝对压强、表压强和真空度

例 2-2 若流体的绝对压强 $p_{ab} = 6\times10^4$Pa，当地大气压 $p_a = 1.0\times10^5$Pa，试问：该流体是否存在真空度？

解 是否存在真空度就是看计示压强是否为负值，通过计算可知

$$p_m = p_{ab} - p_a = -4\times10^4\text{Pa}<0$$

$$p_v = -p_m = 4\times10^4\text{Pa}$$

所以，此时流体存在真空度，数值为 4×10^4Pa。

四、某一点处的压强

压强在流体中某一点处沿着各个方向的大小都相等。如图 2-7 所示，从静止流体当中取出一个流体微团，假设它是一个楔形，为了研究问题的方便，认为除了顶部斜面，其他相邻

面之间都是相互垂直的。由于它处于静止流体当中，根据牛顿第二定律，那么这个楔形流体微团所受的合外力为零，即作用在该流体微团上的质量力和静压力达到了平衡。那么在空间坐标系当中，x 方向、y 方向和 z 方向的受力均达到了平衡。

先看一下 y 方向，楔形流体微团在 y 方向上所受的静压力由两部分组成，一部分是左侧流体对 z-x 面的静压力，另一部分是斜面上部的流体对斜面的静压力在 y 方向的分量，其余三个面有静压力，但在 y 方向的分量均为零。此时可以给出楔形流体微团在 y 方向所受的总压力为

$$F_{py}=p_y\mathrm{d}x\mathrm{d}z-p_s\mathrm{d}x\mathrm{d}s\sin\theta \tag{2-1}$$

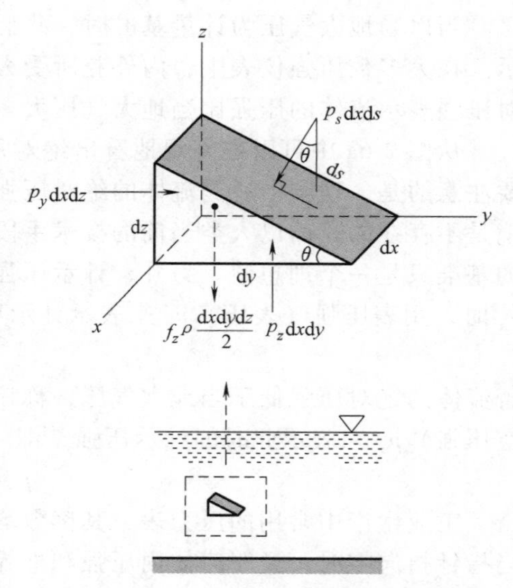

图 2-7 施加在任一楔形流体微团上的力

现在假设 f_y 为 y 方向所受的单位质量力，则 y 方向所受的总质量力为

$$F_{fy}=f_y\rho\frac{\mathrm{d}x\mathrm{d}y\mathrm{d}z}{2} \tag{2-2}$$

联立式（2-1）和式（2-2）可知

$$p_y\mathrm{d}x\mathrm{d}z-p_s\mathrm{d}x\mathrm{d}s\sin\theta=f_y\rho\frac{\mathrm{d}x\mathrm{d}y\mathrm{d}z}{2} \tag{2-3}$$

同理，可以得到 z 方向楔形流体微团的受力平衡方程为

$$p_z\mathrm{d}x\mathrm{d}y-p_s\mathrm{d}x\mathrm{d}s\cos\theta=f_z\rho\frac{\mathrm{d}x\mathrm{d}y\mathrm{d}z}{2} \tag{2-4}$$

因 $\sin\theta=\mathrm{d}z/\mathrm{d}s$，$\cos\theta=\mathrm{d}y/\mathrm{d}s$，化简式（2-3）和式（2-4）可得

$$\begin{cases}p_y-p_s=f_y\rho\dfrac{\mathrm{d}y}{2}\\[2ex] p_z-p_s=f_z\rho\dfrac{\mathrm{d}z}{2}\end{cases} \tag{2-5}$$

由于 $\mathrm{d}x$、$\mathrm{d}y$、$\mathrm{d}z$ 都非常小，当它们都趋近于零，流体微团收缩成一个点，式（2-5）进一步化简得

$$\begin{cases}p_y-p_s=0\\ p_z-p_s=0\end{cases} \tag{2-6}$$

由式（2-6）可知，$p_y=p_z=p_s=p$，该结果与楔角无关，因此可以得出结论：静止流体中任意一点的流体静压强大小与作用面的方位无关。

第二节 流体平衡的微分方程

一、欧拉平衡微分方程

静止流体的力学规律及其应用是流体静力学的主要研究内容，其中流体内部静压强的分

布规律是以欧拉平衡微分方程为基础得到的，所以该方程在流体静力学中占有非常重要的地位。下面通过微元体积法对这一方程进行推导。

在平衡流体空间中建立直角坐标系 $Oxyz$，任取一平行六面体的流体微团，其边长为 dx、dy、dz，分别平行于 x、y、z 轴，如图 2-8 所示。根据连续介质假设，流动参数是关于空间点 $M(x, y, z)$ 和时间 t 的连续函数。设在某瞬时 t，六面体中心 $A(x, y, z)$ 处的压强为 $p(x, y, z)$，流体微团的平均密度为 ρ，作用在流体微团上的力有表面力和质量力。

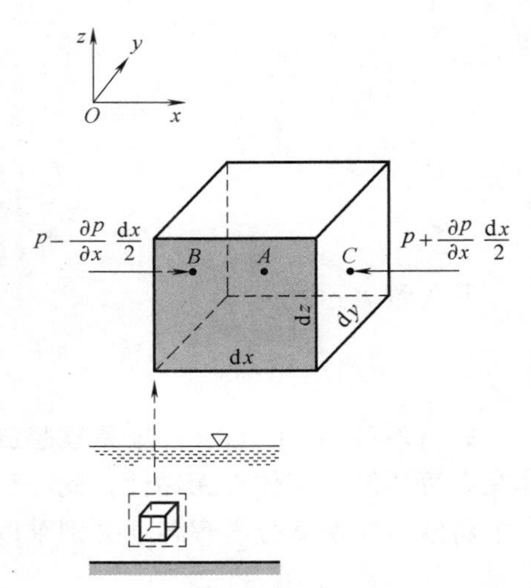

图 2-8 微元六面体的受力分析

1. 表面力

静止流体内部不存在切应力，故作用在流体微团上的表面力只有静压力。现以 x 方向为例，分析作用在流体微团上的受力情况。

由于压强是坐标的连续函数，则左右两个面形心处的压强如果用中心点 A 处的压强 $p(x, y, z)$ 来表示，则根据泰勒级数展开，并略去二阶以上小量分别得

$$p_B=p-\frac{\partial p}{\partial x}\frac{\mathrm{d}x}{2},\ p_C=p+\frac{\partial p}{\partial x}\frac{\mathrm{d}x}{2}$$

由于六面体很小，因此可以认为同一面上的各个点都具有相同的压强，则左右两面所受压力分别为

$$\left(p-\frac{\partial p}{\partial x}\frac{\mathrm{d}x}{2}\right)\mathrm{d}y\mathrm{d}z,\ \left(p+\frac{\partial p}{\partial x}\frac{\mathrm{d}x}{2}\right)\mathrm{d}y\mathrm{d}z$$

作用在微元六面体上 x 方向的表面力（总压力）为

$$\mathrm{d}F_x=\left(p-\frac{\partial p}{\partial x}\frac{\mathrm{d}x}{2}\right)\mathrm{d}y\mathrm{d}z-\left(p+\frac{\partial p}{\partial x}\frac{\mathrm{d}x}{2}\right)\mathrm{d}y\mathrm{d}z=-\frac{\partial p}{\partial x}\mathrm{d}x\mathrm{d}y\mathrm{d}z$$

2. 质量力

设流体微团所受的质量力为 $\Delta \boldsymbol{F}=\Delta m\cdot \boldsymbol{f}=\rho\mathrm{d}x\mathrm{d}y\mathrm{d}z\ (f_x\boldsymbol{i}+f_y\boldsymbol{j}+f_z\boldsymbol{k})$，其中 $\boldsymbol{f}$ 为流体所受的单位质量力，f_x、f_y、f_z 分别为单位质量力在三个坐标方向上的分量，则该微元六面体在 x 方向的质量力分量为 $f_x\rho\mathrm{d}x\mathrm{d}y\mathrm{d}z$。

3. 方程推导

因微元六面体处于平衡状态，对于两种平衡分别将坐标系取在地球和运动容器上，则作用在 x 方向上的合力为零，即

$$f_x\rho\mathrm{d}x\mathrm{d}y\mathrm{d}z-\frac{\partial p}{\partial x}\mathrm{d}x\mathrm{d}y\mathrm{d}z=0$$

化简得

$$f_x-\frac{1}{\rho}\frac{\partial p}{\partial x}=0$$

其余两个方向的方程同理可得，即可得 y、z 方向的方程为

$$\left.\begin{aligned}f_x-\frac{1}{\rho}\frac{\partial p}{\partial x}=0\\f_y-\frac{1}{\rho}\frac{\partial p}{\partial y}=0\\f_z-\frac{1}{\rho}\frac{\partial p}{\partial z}=0\end{aligned}\right\}\tag{2-7}$$

其矢量表达式为

$$\boldsymbol{f}-\frac{1}{\rho}\nabla p=\boldsymbol{0}\tag{2-8}$$

式（2-7）和式（2-8）就是理想流体的平衡微分方程，又称欧拉平衡微分方程。无论流体是否可压缩、流体有无黏性，此方程都是普遍适用的。

将欧拉平衡微分方程各项分别乘以 dx、dy、dz，然后相加整理得

$$\rho(f_x\mathrm{d}x+f_y\mathrm{d}y+f_z\mathrm{d}z)=\frac{\partial p}{\partial x}\mathrm{d}x+\frac{\partial p}{\partial y}\mathrm{d}y+\frac{\partial p}{\partial z}\mathrm{d}z\tag{2-9}$$

式（2-9）的等号右边是静压强 p 的全微分，故

$$\mathrm{d}p=\rho(f_x\mathrm{d}x+f_y\mathrm{d}y+f_z\mathrm{d}z)\tag{2-10}$$

式（2-10）是欧拉平衡微分方程的综合表达式，又称压差公式。

对于均质不可压缩流体，其密度 ρ 为一常数，则式（2-10）的等号右边必然是某个函数 $U(x, y, z)$ 的全微分，即

$$\mathrm{d}U=\frac{\partial U}{\partial x}\mathrm{d}x+\frac{\partial U}{\partial y}\mathrm{d}y+\frac{\partial U}{\partial z}\mathrm{d}z=-(f_x\mathrm{d}x+f_y\mathrm{d}y+f_z\mathrm{d}z)\tag{2-11}$$

由式（2-11）可得

$$f_x=-\frac{\partial U}{\partial x},\ f_y=-\frac{\partial U}{\partial y},\ f_z=-\frac{\partial U}{\partial z}\tag{2-12}$$

式（2-12）表示质量力的分量等于函数 $U(x, y, z)$ 的偏导数，函数 $U(x, y, z)$ 称为质量力势函数，相应的质量力称为有势的质量力，如重力、惯性力等。式（2-10）又可以写为

$$\mathrm{d}p=-\rho\mathrm{d}U\tag{2-13}$$

二、等压面

流场中压强相等的点组成的平面或曲面称为等压面。由式（2-10）可获得等压面方程

$$f_x\mathrm{d}x+f_y\mathrm{d}y+f_z\mathrm{d}z=0\tag{2-14}$$

等压面具有以下性质：

1）等压面也是等势面。由式（2-14）知，$\mathrm{d}p=0$，代入式（2-13）中得 $\mathrm{d}U=0$，即 $U(x,y,z)=C$，其中 C 为常数，故等压面也是等势面。

2）等压面与质量力垂直。在等压面上 M 点任取一微元线段 $\mathrm{d}\boldsymbol{r}=\mathrm{d}x\boldsymbol{i}+\mathrm{d}y\boldsymbol{j}+\mathrm{d}z\boldsymbol{k}$，与单位质量力 $\boldsymbol{f}=f_x\boldsymbol{i}+f_y\boldsymbol{j}+f_z\boldsymbol{k}$ 的标量积为

$$\boldsymbol{f}\cdot\mathrm{d}\boldsymbol{r}=(f_x\boldsymbol{i}+f_y\boldsymbol{j}+f_z\boldsymbol{k})\cdot(\mathrm{d}x\boldsymbol{i}+\mathrm{d}y\boldsymbol{j}+\mathrm{d}z\boldsymbol{k})=f_x\mathrm{d}x+f_y\mathrm{d}y+f_z\mathrm{d}z=0$$

这说明两矢量相互垂直，即等压面与质量力垂直。

3）互不相溶的液体平衡时，交界面必然是等压面。在一个密闭容器中有密度为 ρ_1 和 ρ_2 的两种液体，在交界面 a—b 上任取两点 A、B，如图 2-9 所示。设 A、B 两点的压差为 $\mathrm{d}p$，势差为 $\mathrm{d}U$，则有

$$\mathrm{d}p=-\rho_1\mathrm{d}U=-\rho_2\mathrm{d}U$$

由于 $\rho_1\neq\rho_2$，且都不等于 0，则上式成立的前提为 $\mathrm{d}p=0$，$\mathrm{d}U=0$，因而交界面 a—b 必是等压面。

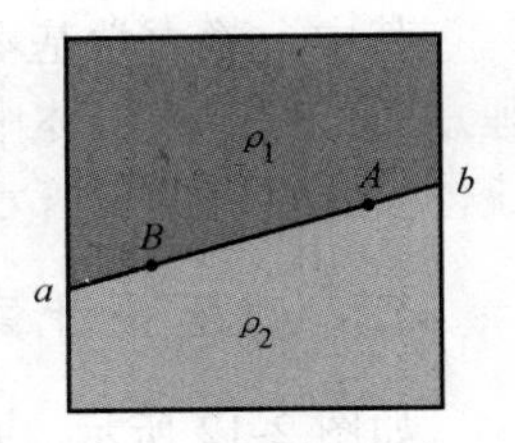

图 2-9　两种互不相溶液体的交界面

第三节　流体静力学基本方程

本节主要探讨绝对静止的流体仅在重力作用下的压强分布规律。

一、静力学基本方程

取 z 轴竖直向上，建立直角坐标系 $Oxyz$，如图 2-10 所示。

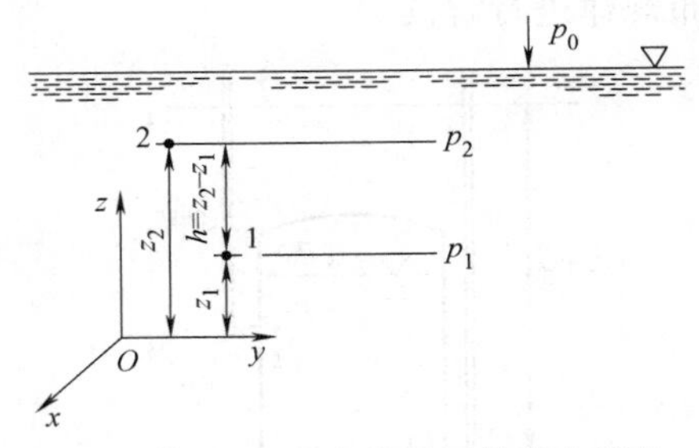

图 2-10　仅在重力作用下的静止液体

作用在流体上的质量力只有重力，此时液体所受的单位质量力分量分别为

$$f_x=0,\ f_y=0,\ f_z=-g$$

代入压差公式得

$$\mathrm{d}p=\rho(f_x\mathrm{d}x+f_y\mathrm{d}y+f_z\mathrm{d}z)=-\rho g\mathrm{d}z$$

若流体为不可压缩均质流体，ρ 为常数，上式积分得

$$z+\frac{p}{\rho g}=C \tag{2-15}$$

在静止流体内部任取 1、2 两点，1 点处的位置高度为 z_1、压强为 p_1，2 点处的位置高度为 z_2、压强为 p_2，则有

$$z_1+\frac{p_1}{\rho g}=z_2+\frac{p_2}{\rho g} \tag{2-16}$$

式（2-15）和式（2-16）称为流体静力学基本方程。它适用于绝对静止、连续且不可压缩的流体，反映了同一液体中任意两点的位置高度与压强之间的函数关系。

由于 $z+\frac{p}{\rho g}=\frac{mgz+mg\frac{p}{\rho g}}{mg}=\frac{\text{位置势能+压强势能}}{\text{流体重量}}$，且式中 z 和 $\frac{p}{\rho g}$ 都具有长度的量纲，可以用高度表示，因此方程各部分的物理意义和几何意义见表 2-1。

表 2-1　静力学基本方程的物理意义和几何意义

项	物理意义	几何意义
z	单位重量流体的位置势能	位置水头
$\frac{p}{\rho g}$	单位重量流体的压强势能	压强水头
$z+\frac{p}{\rho g}$	单位重量流体的总势能	测压管水头

其中，静力学基本方程的几何意义可由图 2-11 直观呈现。进一步地，式（2-15）的物理意义表明静止流体中各点单位重量流体的总势能保持不变，而从几何意义的角度讲，静止流体中各点的测压管水头都相等，测压管水头线为一水平面。

二、静压强计算公式

如图 2-12 所示，自由液面上的压强为 p_0，高度为 z_0，静止液体中任意一点 C 处的压强为 p_C，高度为 z_C，由式（2-16）得

$$z_C+\frac{p_C}{\rho g}=z_0+\frac{p_0}{\rho g}$$

于是

$$p_C=p_0+\rho g(z_0-z_C)=p_0+\rho gh \tag{2-17}$$

式中，h 为 C 点的淹没深度。式（2-17）为流体静压强的分布规律。下面从三个角度对这一分布规律进行解读。

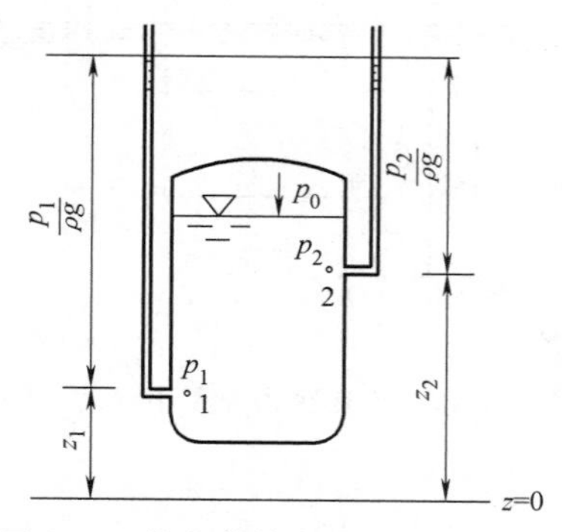

图 2-11　静力学基本方程的几何意义

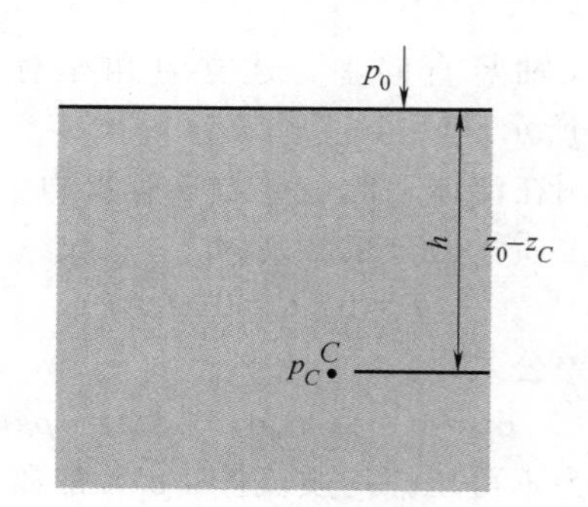

图 2-12　静止液体内部某点的压强

1. 压强的传递

当自由液面上的压强 p_0 变化时，液体内部所有各点的压强 p 也都变化相同的数值。即不可压缩静止流体中任一点受外力产生压应力增值后，此压应力增值瞬时均匀地传递到静止流体各点处，这就是著名的帕斯卡定律。所有的液压机械如液压制动器、液压起重机等都是根据帕斯卡定律设计的，所以帕斯卡有“液压机之父”之称。

例 2-3　如图 2-13 所示，液压千斤顶小活塞和大活塞的面积分别为 A_1 和 A_2，现对小

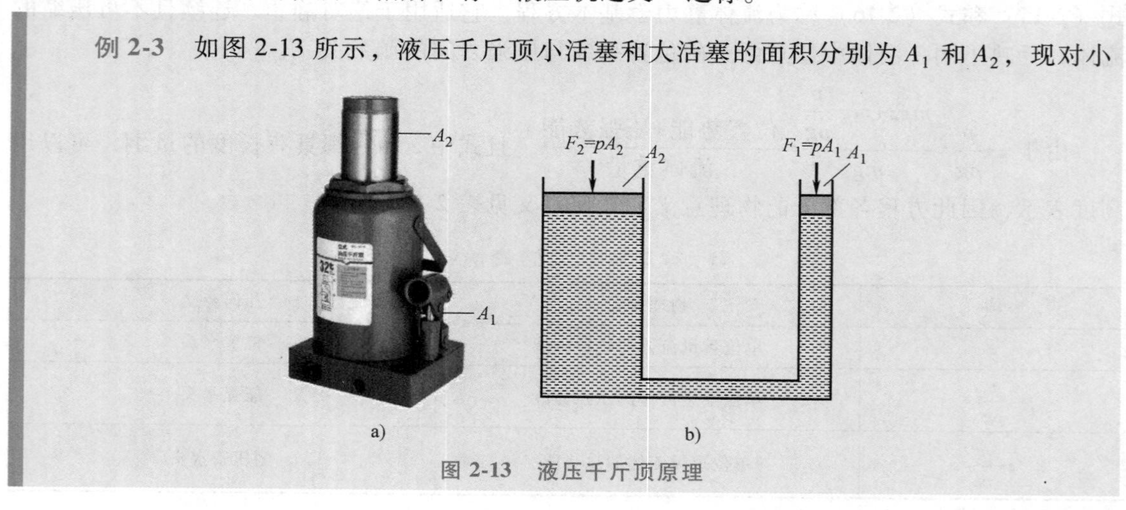

图 2-13　液压千斤顶原理

活塞施加一个向下的作用力 F_1，则在大活塞上产生的力 F_2 为多大？

分析 由帕斯卡定律，F_1 产生的压强 p 将均匀地传递到液体中的各点处，包括与大活塞底部接触的流体，从而固液交界面处流体对大活塞产生的压力为

$$F_2 = pA_2 = \frac{A_2}{A_1}F_1$$

题中面积比 A_2/A_1 代表液压机的理想机械效率。如通过使用活塞面积比 $A_2/A_1=100$ 的液压千斤顶，一个普通人仅需施加与10kg重物重力相当的力（约98N）就可以轻松顶起一辆1t重的小汽车。

2. 压强随深度的变化

由于液体通常情况下是视为不可压缩的，因此其密度随深度的变化可以忽略不计，结合式（2-17）可知，仅在重力作用下，静止流体中某一点的静水压强大小随深度按线性规律增加，且压强分布与容器形状或截面的变化无关，如图2-14所示。因此，同一流体同一水平面上的各点的压强值大小都相等，即 $p_A=p_B=p_C=p_D$。同时应该注意的是，各点流体的压强方向始终为该处壁面的内法线方向。

3. 连通器原理

仅在重力作用下，绝对静止的连通器内，同质相连的流体在同高时压强相等，此时的等压面为水平面，自由表面、分界面均为等压面。如图2-15所示，一根两端开口的水管，自由液面上的 A、B 两点满足 $p_A=p_B$，则由式（2-17）知，管路最低点 O 的压强为

$$p_O = p_A + \rho g h_A = p_B + \rho g h_B$$

不难发现，$h_A=h_B$。也就是说，重力场中同质相连的绝对静止流体内部若有两点压强相等，那它们必然处于同一水平面上。

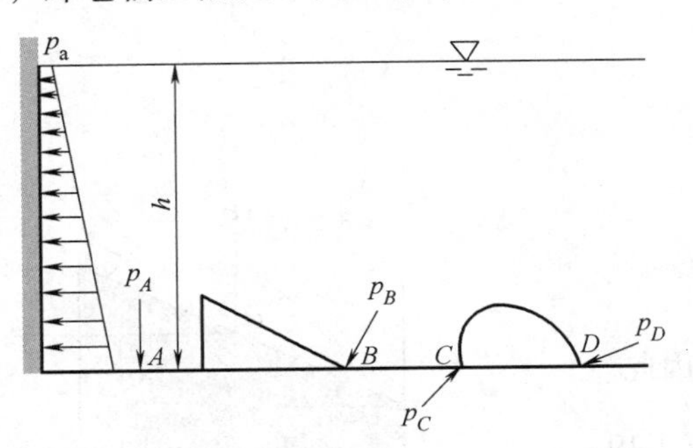

图2-14 静止流体中某一点的静水压强大小

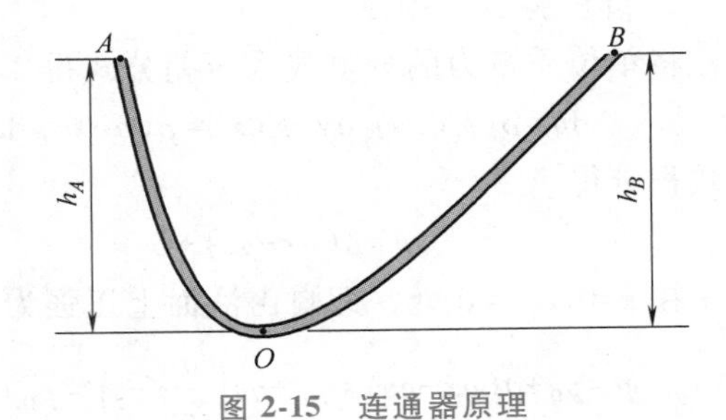

图2-15 连通器原理

例2-4 图2-16所示为一连通器，装有三种互不相溶的液体并处于绝对静止状态，试确定管中有哪几处等压面？

分析 根据连通器原理，1—1′、2—2′、自由液面1和自由液面5为等压面。4—4′虽然在同一高度，但两个截面间的流体不止一种，故不是等压面。3—3′在同一高度，两个截面间也是同质流体，但不相连，故也不是等压面。

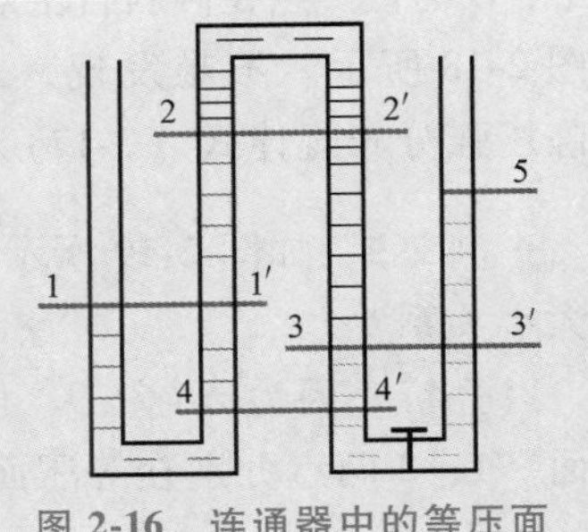

图2-16 连通器中的等压面

第四节 液体的相对平衡

液体的相对平衡常见于容器做匀加速直线运动和绕垂直轴的旋转运动，此类情况下液体相对于地球有相对运动，但液体内部的流体质点之间不存在相对运动，将坐标系取在装有该液体的容器上，则液体相对于该坐标系（非惯性或动坐标系）处于相对平衡状态。

一、容器做匀加速直线运动

如图 2-17 所示，盛有液体的容器沿水平方向以等加速度 a 做直线运动。

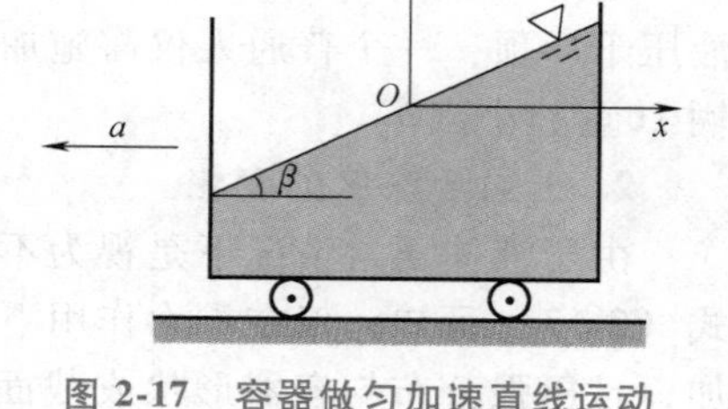

图 2-17 容器做匀加速直线运动

坐标系原点取在自由液面上，则液体所受的单位质量力的分量为

$$f_x=a, f_y=0, f_z=-g$$

1. 等压面方程

将单位质量力分量代入式（2-14）得

$$f_x\mathrm{d}x+f_y\mathrm{d}y+f_z\mathrm{d}z=a\mathrm{d}x-g\mathrm{d}z=0$$

上式积分得

$$z=\frac{a}{g}x+C \tag{2-18}$$

等压面是一组与水平面成 β 角的斜平面族，等压面的斜率为 $\tan\beta=\frac{\mathrm{d}z}{\mathrm{d}x}=\frac{a}{g}$。当 $x=0$，$z=0$ 时，得到自由液面方程为 $z_0=ax/g$。

2. 静压强分布规律

将单位质量力的分量代入压差公式得

$$\mathrm{d}p=\rho(f_x\mathrm{d}x+f_y\mathrm{d}y+f_z\mathrm{d}z)=\rho(a\mathrm{d}x-g\mathrm{d}z)$$

上式积分得

$$p=\rho(ax-gz)+C$$

在 $x=0$、$z=0$ 处，即自由液面上压强为 p_0，因此

$$p=p_0+\rho(ax-gz)=p_0+\rho g\left(\frac{a}{g}x-z\right)=p_0+\rho gH \tag{2-19}$$

式中，H 为任一点在倾斜自由液面下的深度，$H=x\tan\beta-z$，如图 2-18 所示。不难发现，式（2-19）和绝对静止流体静压强分布规律式（2-17）的形式是一致的。

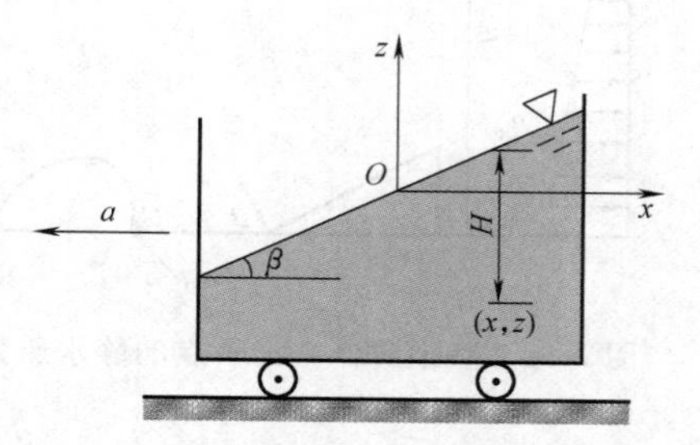

图 2-18 做匀加速直线运动液体的静压强分布

例 2-5 如图 2-19 所示，若 $AB/\!/CD$，试判断此时液体中 1、2、3 点处所受静压强的大小关系？

分析 因为 $AB/\!/CD$，由等压面方程知，AB 所在的与自由液面平行的平面也为等压面。1、2 两点分别在等压面的上方和下方，则有 $p_2>p_3>p_1$。

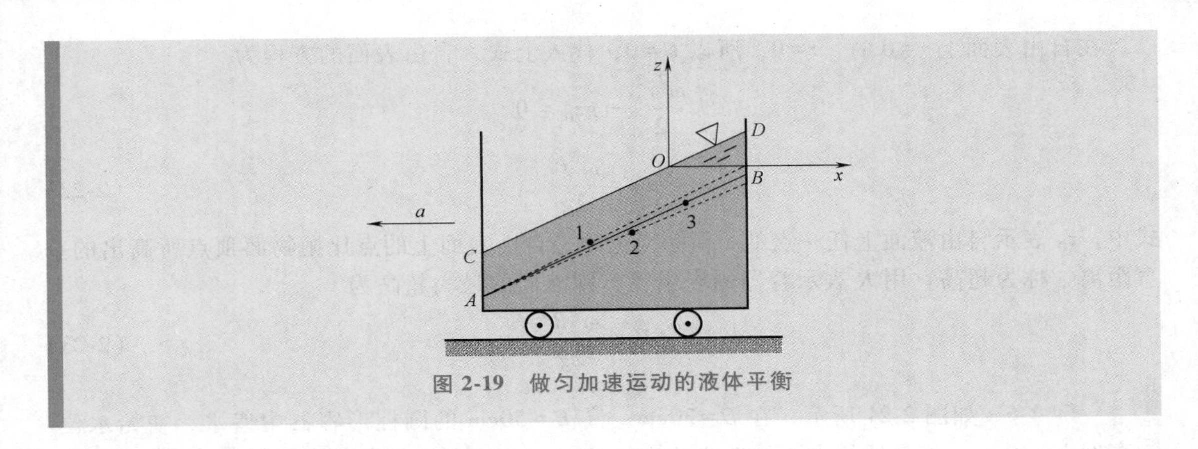

图 2-19 做匀加速运动的液体平衡

二、圆柱形容器做等角速度旋转运动

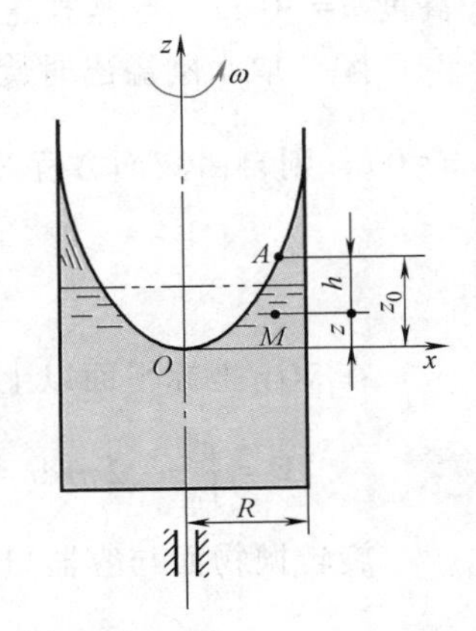

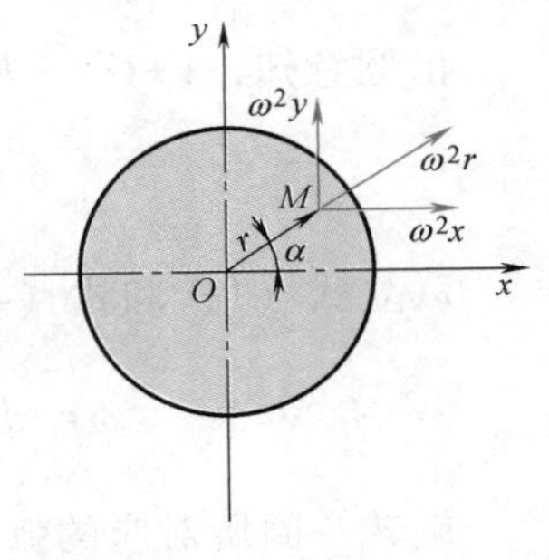

图 2-20 等角速度旋转容器中液体的相对平衡

当装有液体的圆筒形容器以等角速度 ω 绕竖直轴 z 旋转时，液体形成如图 2-20 所示的自由表面，流体质点间无相对运动，液体连同容器做整体回转运动。将运动坐标系取在回转的容器上，如图 2-20 所示，坐标原点取在液面的最低点，则液体相对于运动坐标系形成相对平衡，此时液体微团上所受的作用力，除重力外还有离心惯性力。单位质量流体在 x、y 和 z 轴上的分力分别为

$$\left.\begin{aligned} f_x &= \omega^2 r\cos\alpha = \omega^2 x \\ f_y &= \omega^2 r\sin\alpha = \omega^2 y \\ f_z &= -g \end{aligned}\right\} \tag{2-20}$$

式中，r 为微团至中心轴距离。

将式（2-20）代入式（2-10），则

$$dp = \rho(\omega^2 x dx + \omega^2 y dy - g dz)$$

积分上式，可得

$$p = \rho\left(\frac{\omega^2 x^2}{2} + \frac{\omega^2 y^2}{2} - gz\right) + C$$

即

$$p = \rho\left(\frac{\omega^2 r^2}{2} - gz\right) + C$$

令 $r=0$，$z=0$，即液体自由表面最低点处压强为 p_0，则得

$$p = p_0 + \rho g\left(\frac{\omega^2 r^2}{2g} - z\right) \tag{2-21}$$

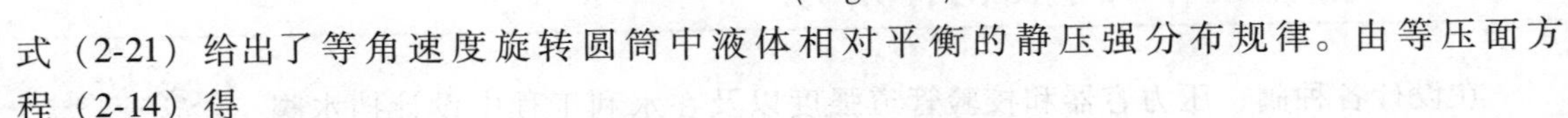

式（2-21）给出了等角速度旋转圆筒中液体相对平衡的静压强分布规律。由等压面方程（2-14）得

$$\omega^2 x dx + \omega^2 y dy - g dz = 0$$

积分上式得

$$\frac{\omega^2 r^2}{2} - gz = C$$

在自由表面上 $r=0$ 时，$z=0$，所以 $C=0$，代入上式，自由表面的方程为

$$\frac{\omega^2 r^2}{2} - g z_0 = 0$$

$$z_0 = \frac{\omega^2 r^2}{2g} \tag{2-22}$$

式中，z_0 表示自由液面上任一点的 z 坐标，也就是自由表面上的点比抛物面顶点所高出的垂直距离，称为超高。用 R 表示容器的内半径，则液面的最大超高为

$$\Delta H = \frac{\omega^2 R^2}{2g} \tag{2-23}$$

例 2-6 如图 2-21 所示，在 $D=30\text{cm}$，高 $H=50\text{cm}$ 的圆柱形容器中盛水，初始水位高度 $h=30\text{cm}$，当容器绕中心轴等角速度转动时，求使水能从容器边缘溢出的最小转速。

解 取水刚溢出时旋转抛物面底部中心为坐标原点（$r=0$，$z=0$），则自由液面方程为 $z=\dfrac{\omega^2 r^2}{2g}$，当 $r=R$，$z=\Delta H$ 时，有

$$\Delta H=\frac{\omega^2 R^2}{2g} \tag{1}$$

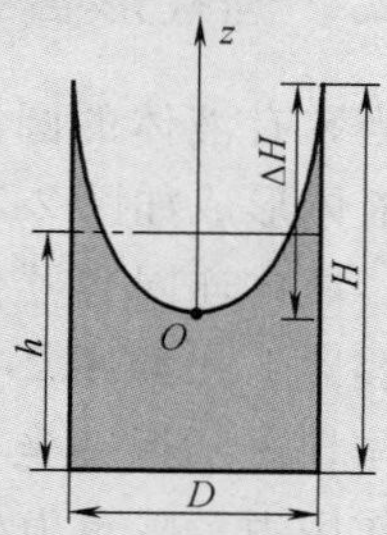

图 2-21 等角速度旋转运动的圆柱形容器

在 xOy 坐标平面以上的回转抛物体内液体的体积为

$$V=\int_0^R z\cdot 2\pi r\mathrm{d}r=\int_0^R \frac{\omega^2 r^2}{2g}\cdot 2\pi r\mathrm{d}r=\frac{1}{2}\pi R^2\Delta H \tag{2}$$

旋转抛物面与容器口平面所围成的体积为

$$V_s=\pi R^2(H-h) \tag{3}$$

由题意知，$V+V_s=\pi R^2\Delta H$，把式（2）和式（3）代入得

$$\pi R^2(H-h)=\frac{1}{2}\pi R^2\Delta H \tag{4}$$

联立式（1）和式（4）得

$$\omega=\sqrt{\frac{4g(H-h)}{R^2}}=\sqrt{\frac{4\times 9.81\times 0.2}{0.15^2}}\text{rad/s}\approx 18.7\text{rad/s}$$

旋转一圈所对应的弧度为 $2\pi\text{rad}$，则最小转速为

$$n=\frac{18.7\times 60}{2\pi}\text{r/min}\approx 178.6\text{r/min}$$

第五节　静止液体对壁面的作用力

在设计各种阀、压力容器和校验管道强度以及在水利工程中设计挡水阀、堤坝时，会遇到静止流体对固体壁面的总压力计算问题，包括平面壁和曲面壁的总压力计算问题。

静止液体对壁面的作用力

1. 平面壁上的总压力

液体中与自由表面成 α 角的平面壁面，如图 2-22 所示。选取右手直角坐

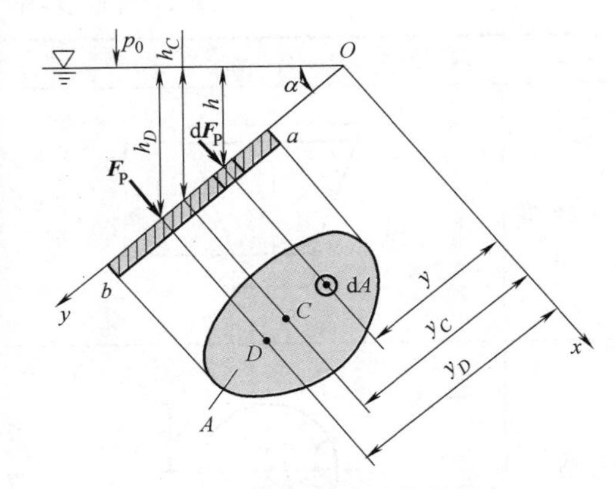

图 2-22 平面壁面的液体静压力

标系 Oxy，在水深 h 处，取一微元面积 dA，液体作用在微元面积上的静水压力为

$$dF_P = pdA = \rho ghdA = \rho gy\sin\alpha dA \quad (2\text{-}24)$$

式（2-24）不计大气压强，因为大气压强均匀地作用于壁面两侧，并且自相平衡。作用在整个平面 A 上的静水总压力可以通过积分求得，即

$$F_P = \int_A dF_P = \rho g\sin\alpha\int_A ydA$$

式中，$\int_A ydA$ 为面积 A 对 x 轴的面积矩，它应等于面积 A 与其形心坐标 y_C 的乘积，即

$$\int_A ydA = y_CA$$

将其代入上面公式得

$$F_P = \rho gy_C\sin\alpha A = \rho gh_CA \tag{2-25}$$

式中，h_C 为平面 A 形心的淹没深度。

式（2-25）说明，作用在平面 A 上的液体总压力等于平面 A 形心处的静压强与浸水面积的乘积。

设静水总压力的作用点为 D，通常称为压力中心。压力中心可由平行力系合力矩定理来确定，即总压力对 x 轴的力矩等于各微元面积上各分力对 x 轴的力矩之和。即

$$\int_A ydF_P = y_DF_P$$

式中，y_D 为压力中心的坐标。

将式（2-24）和式（2-25）代入上式得

$$\rho g\sin\alpha\int_A y^2dA = \rho gy_C\sin\alpha Ay_D$$

式中，$\int_A y^2dA = J_x$ 为面积 A 对 x 轴的惯性矩。因此

$$y_D = \frac{J_x}{y_CA} \tag{2-26}$$

由材料力学中的惯性矩平行移轴公式可得

$$J_x = J_C + y_C^2A$$

式中，J_C 为面积 A 对通过其形心与 x 轴平行的轴的惯性矩。

将上式代入式（2-26），得

$$y_D = \frac{J_C}{y_CA} + y_C$$

因为 $J_C/(y_CA)$ 恒大于零，故 $y_D>y_C$，即压力中心 D 在平面形心 C 的下方。一般还要求压力中心的 x 坐标，但如果平面图形是轴对称的，则总压力的作用点一定在对称轴上。

为便于计算，表 2-2 列出几种常见规则图形的惯性矩、形心和面积。

表 2-2 常见规则图形的惯性矩、形心和面积

图形名称		惯性矩 J_{Cx}	形心 y_C	面积 A
等边梯形	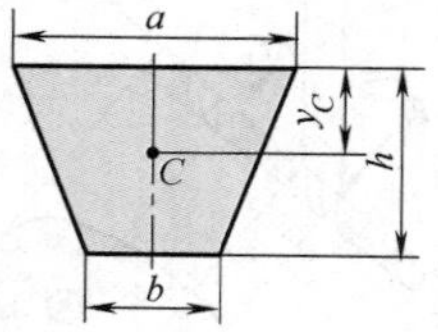	$\frac{h^3(a^2+4ab+b^2)}{36(a+b)}$	$\frac{h(a+2b)}{3(a+b)}$	$\frac{h(a+b)}{2}$
圆	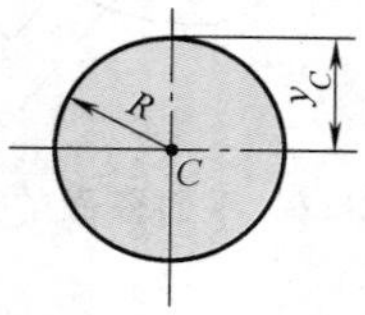	$\frac{\pi R^4}{4}$	R	πR^2
半圆	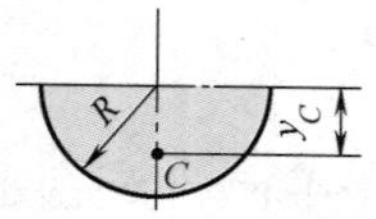	$\frac{(9\pi^2-64)R^4}{72\pi}$	$\frac{4R}{3\pi}$	$\frac{\pi R^2}{2}$
圆环	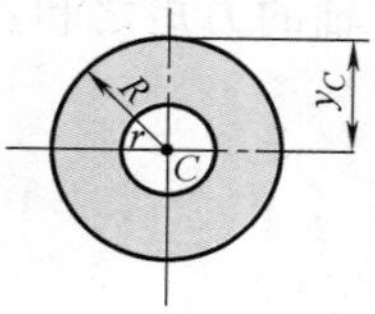	$\frac{\pi(R^4-r^4)}{4}$	R	$\pi(R^2-r^2)$
矩形	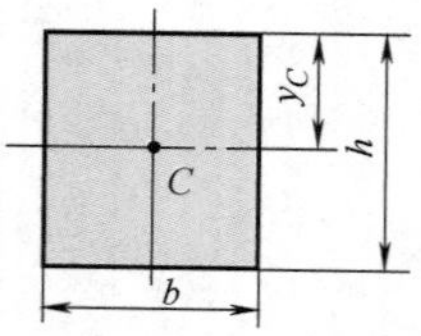	$\frac{bh^3}{12}$	$\frac{h}{2}$	bh
三角形	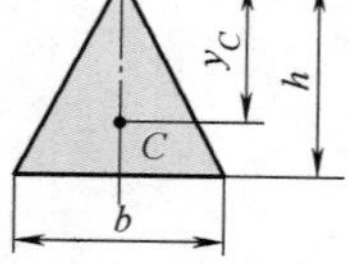	$\frac{bh^3}{36}$	$\frac{2h}{3}$	$\frac{bh}{2}$

2. 流体作用在曲面壁上的总压力

曲面壁面可以是二维曲面或空间曲面，无论哪种曲面，其总压力的计算方法是类似的。

现以二维曲面为例求其总压力。建立右手直角坐标系，如图 2-23 所示，ab 为承受液体压力的圆柱曲面即二维曲面，其面积为 A。如果自由液面通大气，即自由液面的相对压强是零。在曲面 ab 上任取一微元面积 dA，它的淹没深度为 h，液体作用在微元面积 dA 上的总压力 dF_P 为

$$dF_P = \rho g h dA$$

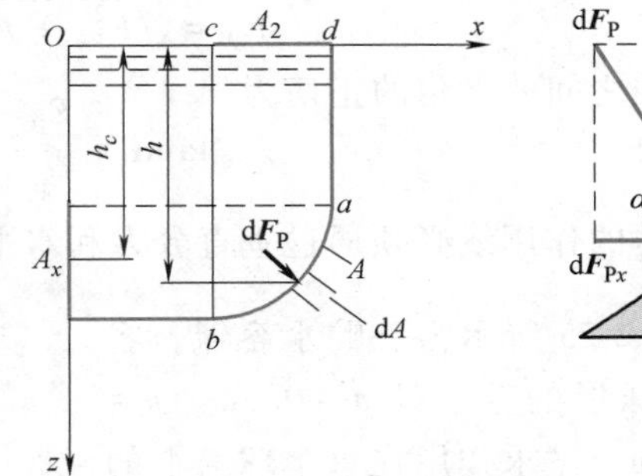

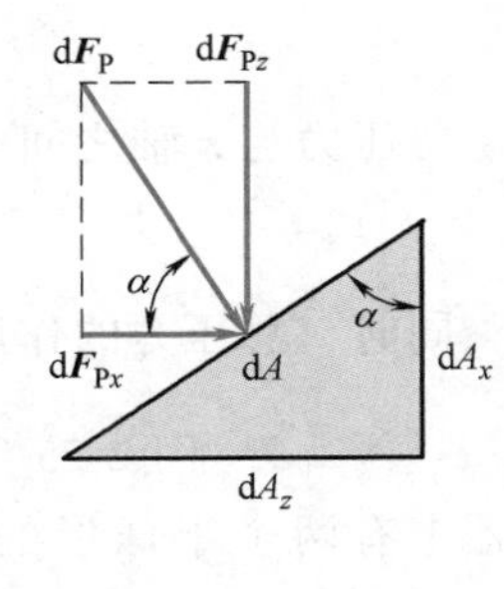

图 2-23 曲面壁面的液体静压力

由于曲面上不同微元面积上的作用力的方向不同，因此，求总压力时不能直接在曲面上积分，需要将 dF_P 分解为水平和竖直的两个分量 dF_{Px} 和 dF_{Pz}，然后分别在整个面积 A 上求积分，得出 F_{Px}、F_{Pz}。

（1）总压力的水平分力 F_{Px}

$$F_{Px} = \int_A dF_{Px} = \int_A dF_P \cos\alpha = \rho g \int_A h dA_x$$

式中，A_x 为面积 A 在 yOz 平面的投影；$\int_A h dA_x$ 为面积 A_x 对 Oy 轴的面积矩，且

$$\int_A h dA_x = h_C dA_x$$

则

$$F_{Px} = \rho g h_C A_x \tag{2-27}$$

说明作用在曲面上总压力的水平分力等于液体作用在曲面的投影面积 A_x 上的总压力。这与液体作用在平面上的总压力一样，F_{Px} 的作用点通过投影面积 A_x 的压力中心。

（2）总压力的垂直分力 F_{Pz}

$$F_{Pz} = \int_A dF_{Pz} = \int_A dF_P \sin\alpha = \rho g \int_A h dA \sin\alpha = \rho g \int_A h dA_z$$

式中，A_z 为面积 A 在自由液面 xOy 平面或其延伸面上的投影面积；$\int_A h dA_z$ 为以曲面 ab 为底，投影面积 A_z 为顶以及曲面周边各点向上投影的所有垂直线所包围的一个空间体积，称为压力体，以 V 表示其体积，则

$$F_{Pz} = \rho g V \tag{2-28}$$

式（2-28）说明作用在曲面上总压力的垂直分力等于压力体的液重，它的作用线通过压力体的重心。如果压力体与受压面同侧，称为实压力体，垂直分力向下，如图 2-24a 所示。如果压力体与受压面异侧，称为虚压力体，垂直分力向上，如图 2-24b 所示。

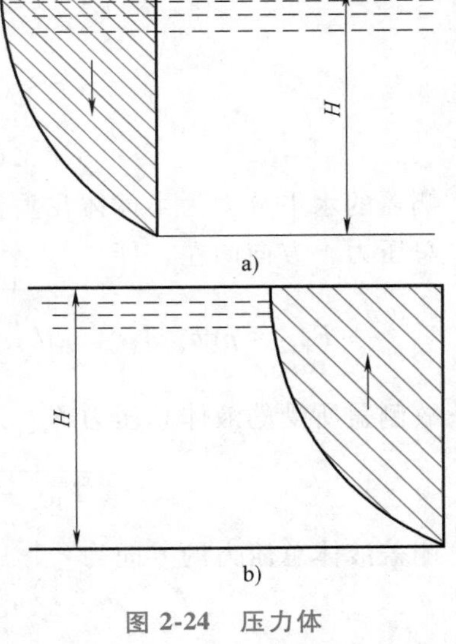

图 2-24 压力体

a）实压力体 b）虚压力体

液体作用在曲面上的总压力 F_P 是水平分力与垂直分力的合力。所以

$$F_P = \sqrt{F_{Px}^2 + F_{Pz}^2} \tag{2-29}$$

总压力与 x 轴之间的夹角的正切为

$$\tan\alpha = \frac{F_{Pz}}{F_{Px}} \tag{2-30}$$

同时，总压力的作用线必须通过垂直分力和水平分力的交点。

例 2-7 图 2-25 所示为一贮水容器，容器上有两个半球形的盖。设 $d=0.5\text{m}$，$h=2.0\text{m}$，$H=2.5\text{m}$。试求作用在每个球盖上的液体总压力。

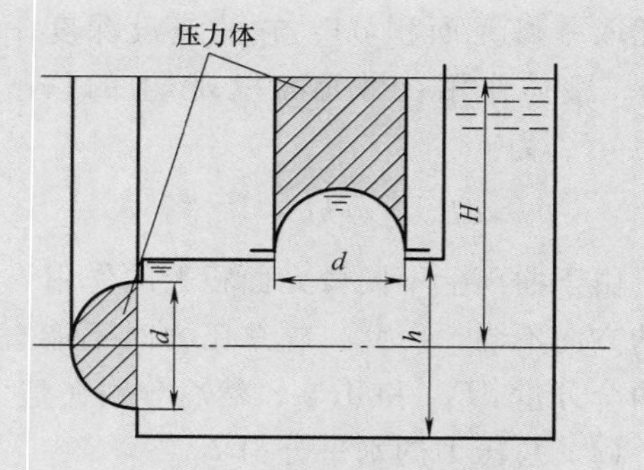

图 2-25 贮水容器半球盖的受力分析

解 1）顶盖。因为顶盖的左、右两半部分水平压力大小相等方向相反，故顶盖的水平分力为零。其液体总压力就是曲面总压力的垂直分力 F_{Pz1}，其压力体如图 2-25 所示，F_{Pz1} 方向向上。

$$\begin{aligned} F_{P1} = F_{Pz1} = \rho g V &= \rho g\left[\frac{\pi d^2}{4}\left(H-\frac{h}{2}\right)-\frac{\pi d^3}{12}\right] \\ &= 1000\times 9.8\times\left[\frac{3.14\times 0.5^2}{4}\times(2.5-1.0)-\frac{3.14\times 0.5^3}{12}\right]\text{N} \\ &= 2564.3\text{N} \end{aligned}$$

2）侧盖。其液体总压力由垂直分力与水平分力合成。垂直分力为侧盖下半部实压力体与上半部虚压力体之差的液重，亦即为半球体体积的水重，方向向下，即

$$\begin{aligned} F_{Pz2} = \rho g V_2 &= \rho g\frac{\pi d^3}{12} \\ &= 1000\times 9.8\times\frac{3.14\times 0.5^3}{12}\text{N} \\ &= 320.5\text{N} \end{aligned}$$

侧盖的水平分力为半球体在垂直平面上的投影面积（以球直径为直径的圆面积）的液体总压力，方向向左，即

$$F_{Px2} = \rho g h_{Cx} A_x = \rho g H\frac{\pi d^2}{4} = 1000\times 9.8\times 2.5\times\frac{3.14\times 0.5^2}{4}\text{N} = 4808.1\text{N}$$

故侧盖所受的液体总压力 F_{P2} 为

$$F_{P2} = \sqrt{F_{Px2}^2 + F_{Pz2}^2} = \sqrt{4808.1^2 + 320.5^2}\text{N} = 4818.8\text{N}$$

侧盖液体总压力的方向为

$$\tan\alpha = \frac{F_{Pz2}}{F_{Px2}} = \frac{320.5}{4808.1} = 0.067$$

$$\alpha = 3.83°$$

液体总压力 F_{P2} 垂直指向侧盖曲面并通过球心。

第六节 浮力和稳定性

一、浮力

无论是热气球或气象气球漂浮在大气中，还是木块或轮船漂浮在水中均表明，流体对浸入其中的物体会产生一个向上的作用力来克服物体自身的重力，这个作用力称为浮力。

浮力产生的原因，归根结底是流体对物体向上和向下的压力差。图 2-26a 给出了浸没在静止液体中一规则物体表面的压强分布图，物体在水平方向上所受流体作用的合力为零。在垂直方向上，由于压强随着深度线性增加，下表面所受的压力 F_2 大于上表面所受的压力 F_1，因此会产生一个向上的压差力，即

$$\sum F_y=F_2-F_1=p_2A_z-p_1A_z=\rho_{液}\ gh_2A_z-\rho_{液}\ gh_1A_z=\rho_{液}\ gV_{排} \tag{2-31}$$

式（2-31）是由简单几何体推导出来的液体浮力计算公式。它适用于任何几何形状在任意流体中的浮力计算，可以通过相应的受力平衡分析进行验证。这表明，浸没在静止流体中的物体所受流体作用的浮力，其大小等于该物体所排开的流体重力，方向竖直向上并通过所排开流体的形心。阿基米德发现的这个浮力原理，奠定了流体静力学的基础。

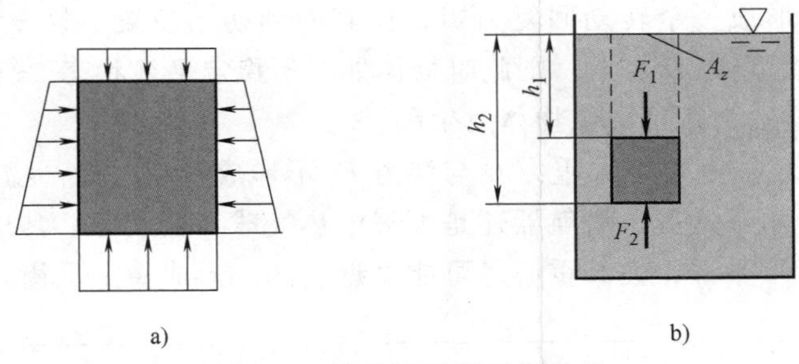

图 2-26 物体浸没所受的浮力

例 2-8 如图 2-27 所示，吸附在盛水容器底部的物体是否存在浮力？

分析 由于物体吸附，其底面仅与固体壁面接触（假设接触部分无流体存在），则此时流体从下表面作用的压力 F_2 为零，物体在竖直方向上所受压力的合外力为

$$\sum F_y=-F_1=-(p_a+p_1)A_z=-(p_a+\rho_{液}\ gh_1)A_z$$

其中，p_a 为当地大气压。此合力方向竖直向下，表现为对物体的压力，而浮力的作用方向是竖直向上的，故此时不存在浮力。

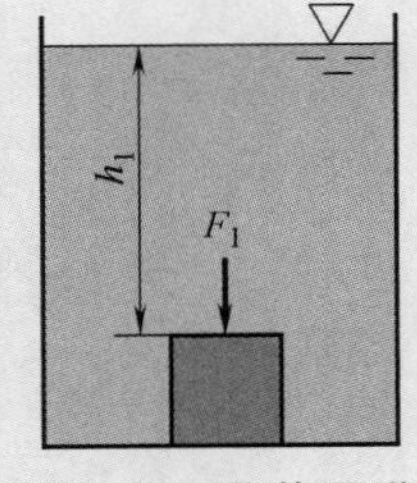

图 2-27 物体吸附所受的附力

二、浮体和潜体的稳定性

物体在液体中的存在方式由物体的重力 G 和它所受的浮力 F_z 共同决定。当 $G>F_z$ 时，物体将下沉到底，称为沉体（图 2-28a）；当 $G=F_z$ 时，物体可以在流体中任何位置维持平

衡，称为潜体（悬浮体）（图 2-28b）；当 $G<F_z$ 时，物体将上升，减少浸没在液体中的物体的体积，从而减小浮力作用，使所受浮力作用等于液体的重力，达到平衡，称为（漂）浮体（图 2-28c）。

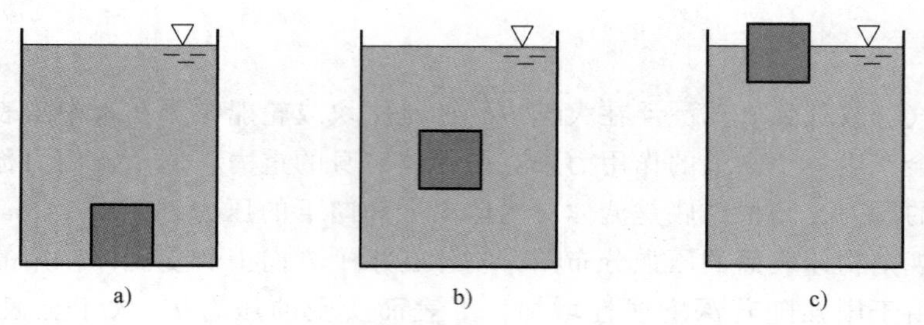

图 2-28 物体在液体中的存在方式

1. 潜体的稳定性

重力和浮力相等的前提下，只有物体的重心和浮心同时位于同一铅垂线上（不存在转动力矩），潜体才会处于平衡状态。潜体的转动稳定性取决于重心 C 与浮心 B 二者之间的相对位置，如图 2-29 所示。

1）若重心 C 位于浮心 B 之下，则此时物体处于稳定平衡状态。物体受到的转动扰动使重力 G 与浮力 F_z 形成一个转动回复力矩，使其回到初始位置，恢复原来的平衡状态。

2）若重心 C 位于浮心 B 之上，则此时物体处于不稳定平衡状态。任意微小扰动下重力 G 与浮力 F_z 形成的转动力矩都会使物体发生翻转。

3）若重心 C 与浮心 B 重合，重力 G 与浮力 F_z 不形成转动力矩，物体处于随遇平衡。

因此，无论对于水下潜艇、潜航器还是大气中热气球、氦气球，其稳定性设计都会要求动力设备和客舱位于下半部，使其重心尽可能靠近底部，形成稳定平衡。

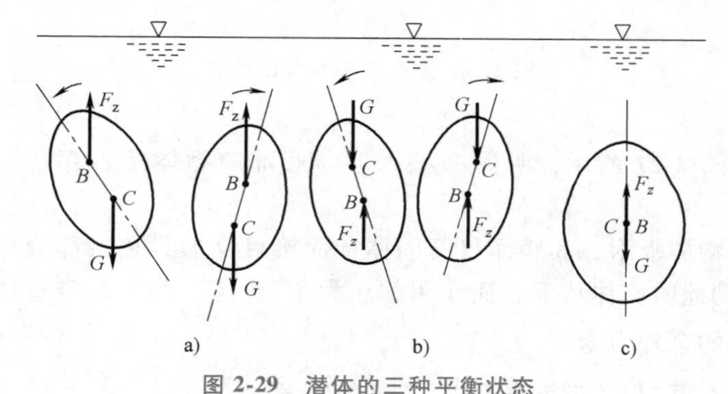

图 2-29 潜体的三种平衡状态

2. 浮体的稳定性

对于（漂）浮体，稳定性问题更为复杂。即使重心在浮力中心上方，如大型集装箱货轮这样在水中低速航行的漂浮体也有可能保持稳定平衡，这是与潜体稳定平衡最大的区别。如图 2-30 所示，当船体受到外力作用扰动发生转动时，重心 C 的位置不变，其排开水的形心位置会由 B 点移动到 B' 点，此时浮力作用线与浮轴的交点为定倾中心 M，M、B 两点的距离为定倾半径 ρ，船体重心 C 与转动前浮心 B 的距离为偏心距 e。

若 $\rho>e$，作用在倾斜船体上的重力和浮力形成了一个回复力矩，使得船体回复到初始位置；ρ/e 的比值是衡量浮体稳定性的标准，其值越大，浮体越稳定。

若 $\rho<e$，作用在倾斜船体上的重力和浮力形成了一个倾覆力矩而非回复力矩，从而使得船体倾覆。而对于相对较高、细长的物体，较小的旋转角度就可以使重力和浮力形成如图 2-30c 所示的倾覆力矩。

a)

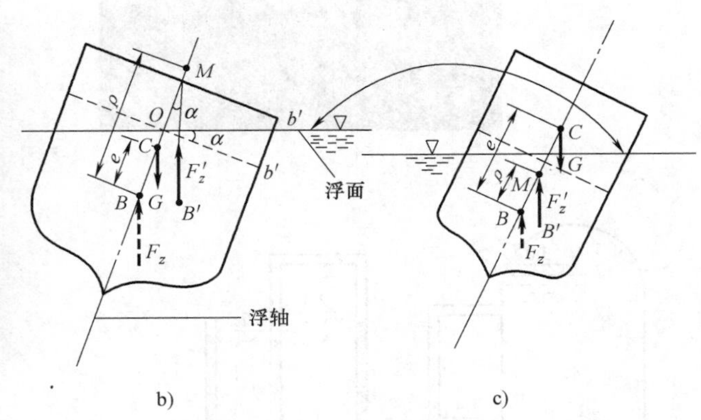

图 2-30 浮体的稳定条件

事实上，任意船舶的设计都会有一个保证不发生倾覆的最大倾角值，若船舶的扰动角度小于最大倾角，则船体稳定，但当扰动超过最大倾角后，稳定状态转化为不稳定状态。因此，在船舶、舰艇等的设计中，稳定性的考虑显然是非常重要的。

习　题

2-1 盛有某一液体的烧杯静止放置在大气中，若忽略液体密度的变化，绝对压强会随着深度的加倍而加倍，你是否同意这个观点？为什么？

2-2 部分人群初去高原地区，往往会发生高原反应，其中流鼻血是一种常见的症状，试解释这种症状发生的原因。

2-3 当地的大气压为 760mmHg 时，连接在一气瓶外面的数字压力表读数为 150kPa。如果大气压增加到 780mmHg，压力表的读数会是多少？

2-4 2008 年 9 月 25 日，翟志刚、刘伯明、景海鹏乘神舟七号飞船出征太空。翟志刚成功完成太空漫步，使得中国成为世界上第三个实现太空出舱的国家。但当时在出舱过程中出现一个小插曲，翟志刚在气闸舱里拉开对外舱门时，第一下没能打开，过一会也费了很大劲才撬开一条小缝，之后就好开了。请分析神舟七号出舱舱门打开为何如此困难。

2-5 L 形挡水板是一种可独自支撑站立的临时性防洪板，在城市防汛中发挥着重要作用，如图 2-31 所示。假设挡板的底边长度为 a，高度为 h，若在一防汛任务中需布置防洪板以拦截水位高度为 h 的城市水涝，试问：为了使防洪板不至于倾倒，板材尺寸设计上 a 与 h 之间需满足什么条件？

2-6 图 2-32 所示为一复式水银测压计，用来测水箱中的表面压强 p_0。试求：根据图中读数（相应液面相对于底面的高度，单位为 m）计算密封水箱中表面的绝对压强和相对压强。

2-7 如图 2-33 所示，压差计中水银 $\Delta h=0.36\text{m}$，A、B 两容器盛水，位置高差 $\Delta z=1\text{m}$，试求 A、B 容器中心压强差（p_A-p_B）。

2-8 如图 2-34 所示，一开口测压管与一封闭盛水容器相通，若测压管中的水柱高出容器液面 $h=2\text{m}$，求容器液面上的绝对压强。

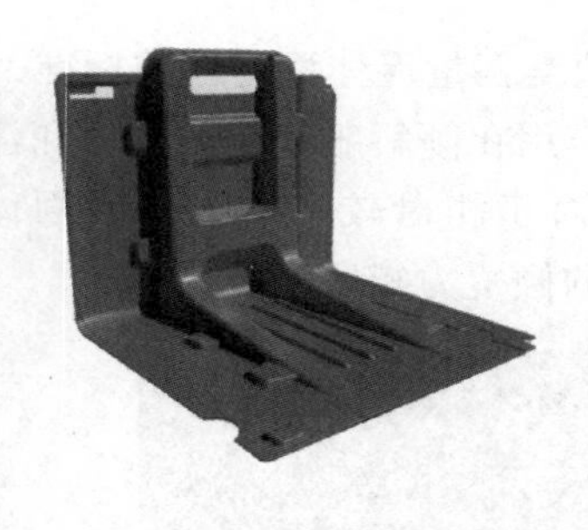

图 2-31　题 2-5 图

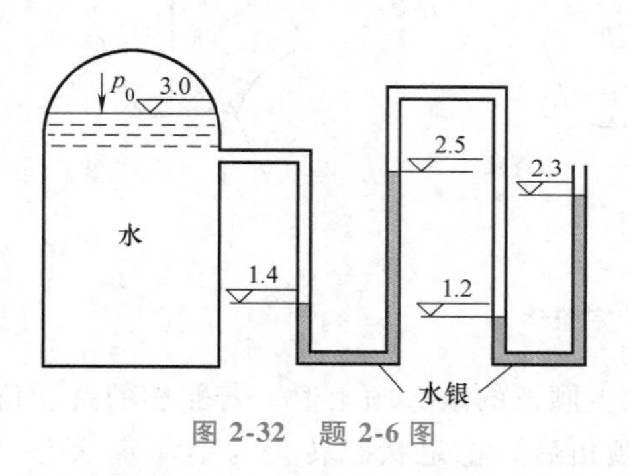

图 2-32　题 2-6 图

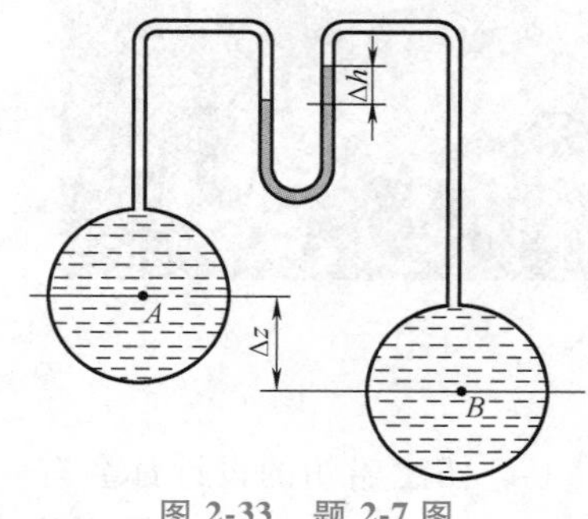

图 2-33　题 2-7 图

2-9　如图 2-35 所示，在盛有油和水的圆柱形容器的盖上加荷重 $F=5788\text{N}$。已知：$h_1=30\text{mm}$，$h_2=50\text{cm}$，$d=0.4\text{m}$，$\rho_{油}=800\text{kg/m}^3$。求 U 形测压管中水银柱高度 H。

2-10　如图 2-36 所示，试根据水银测压计的读数，求水管 A 内的真空度及绝对压强。已知：$h_1=0.25\text{m}$，$h_2=1.61\text{m}$，$h_3=1\text{m}$。

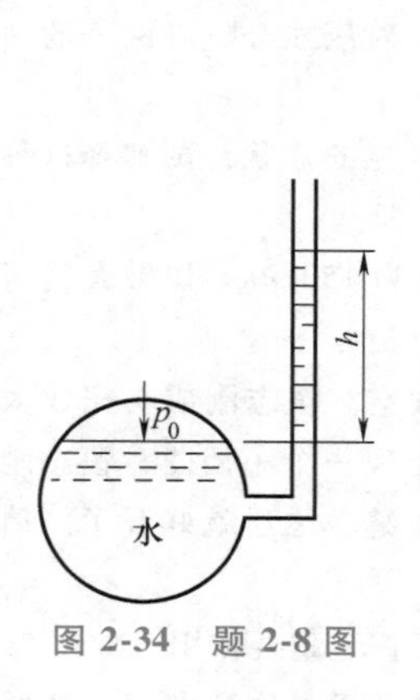

图 2-34　题 2-8 图

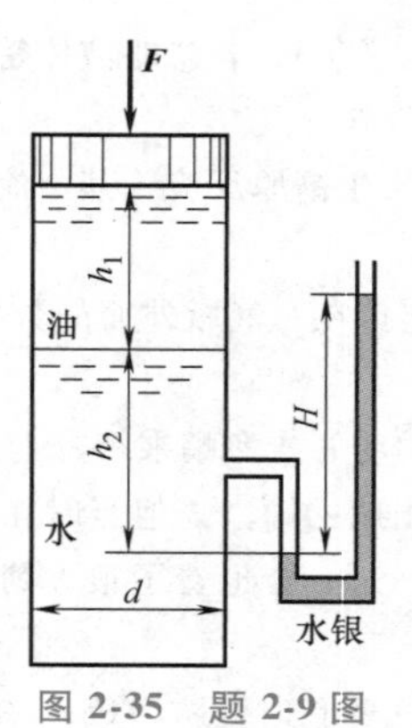

图 2-35　题 2-9 图

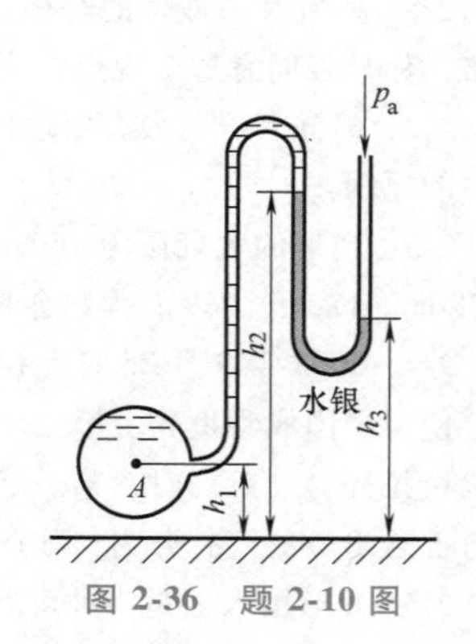

图 2-36　题 2-10 图

2-11　如图 2-37 所示，已知水的重度（单位体积物质所受重力）$\gamma_{水}=1.0\times10^4\text{N/m}^3$，试确定 U 形管内未知液体的重度。

2-12　如图 2-38 所示，已知 U 形管内顶端未知液体与纯水的密度之比为 0.9，试确定两个水槽的自由液面高度差 Δh。

2-13　如图 2-39 所示，一盛有液体的容器以等加速度 a 沿 x 轴正向运动，容器内的液体被带动也具有相同的加速度 a，液体处于相对平衡状态，坐标系建在容器上。液体的单位质量力为

$$f_x=-a,\ f_y=0,\ f_z=-g$$

求此情况下的等压面方程和压强分布规律。

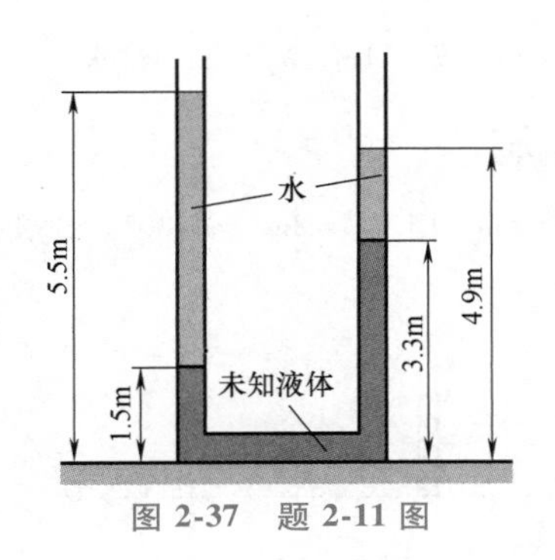

图 2-37 题 2-11 图

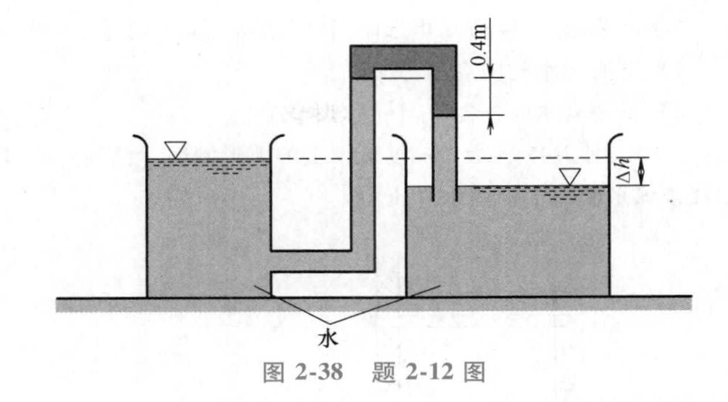

图 2-38 题 2-12 图

2-14 如图 2-40 所示，假定装满水的容器为正方体，边长为 b，若容器以等加速度向左运动，试求：

1）水溢出 1/3 时的加速度 a_1。

2）水溢出 2/3 时的加速度 a_2。

2-15 如图 2-41 所示，直径 $D=0.2\text{m}$，高度 $H=0.1\text{m}$ 的圆柱形容器，装水 2/3 容量后，绕其垂直轴旋转。试求：

1）自由液面到达顶部边缘时的转速 n_1。

2）自由液面到达底部中心时的转速 n_2。

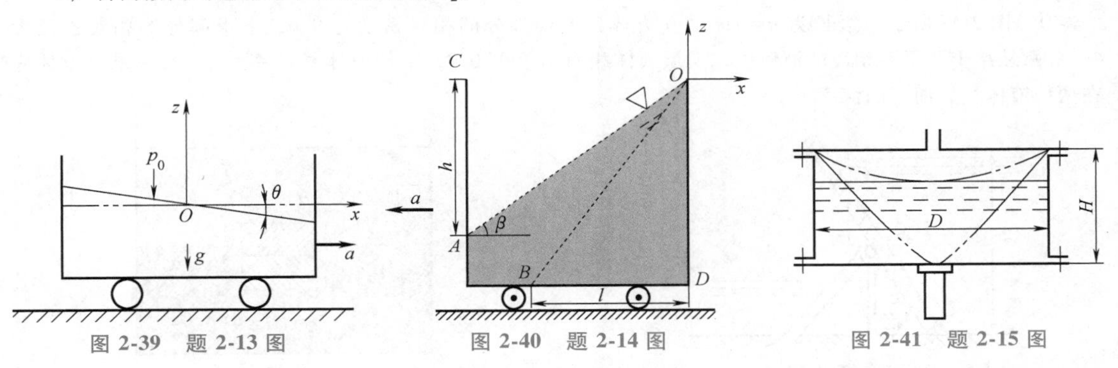

图 2-39 题 2-13 图　　图 2-40 题 2-14 图　　图 2-41 题 2-15 图

2-16 如图 2-42 所示离心分离器，已知其直径 $D=30\text{cm}$，高 $H=50\text{cm}$，充水深度 $h=30\text{cm}$。若容器绕 z 轴以等角速度 ω 旋转，试求：使水不从容器中溢出的极限转速。

2-17 如图 2-43 所示，在水池的垂直壁面上装有一宽 $b=2\text{m}$、高 $h=4\text{m}$ 的矩形闸门，当闸门以上的水深达到 $H=10\text{m}$ 时，闸门会自动打开。试求

1）闸门水平轴的安装距离 d。

2）闸门被打开时，其上受到的静水总压力 F。

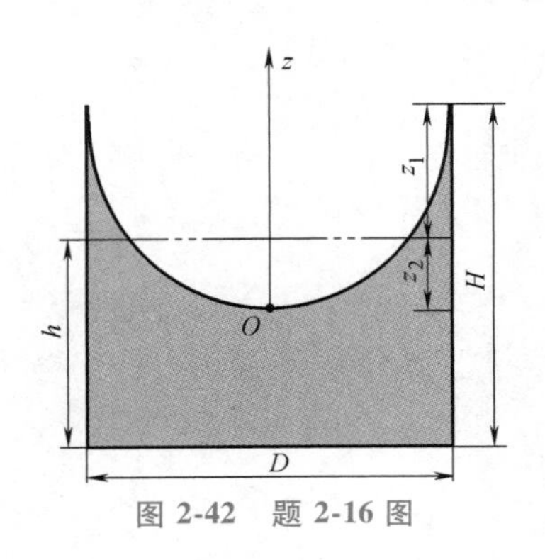

图 2-42 题 2-16 图

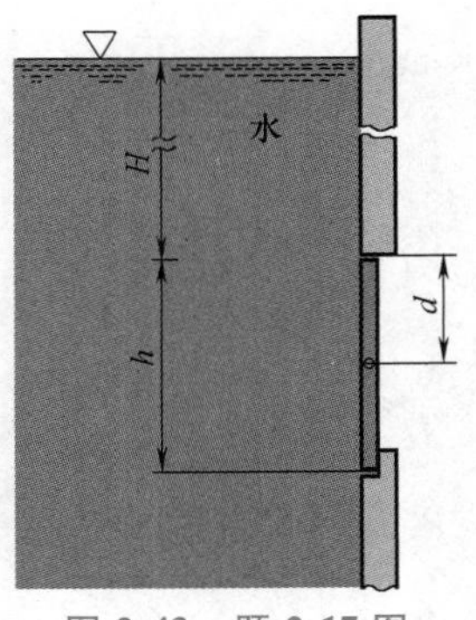

图 2-43 题 2-17 图

2-18 如图 2-44 所示矩形闸门 AB 宽 $b=3\text{m}$，门重 $G=9800\text{N}$，$\alpha=60°$，$h_1=1\text{m}$，$h_2=2\text{m}$。试求：

1）下游无水时的启门力 T。

2）下游有水时，即 $h_3=h_2/2$ 时的启门力 T。

2-19 图 2-45 所示为一溢流坝上的弧形闸门。已知：$R=10\text{m}$，$h=4\text{m}$，门宽 $b=8\text{m}$，$\alpha=30°$。试求：作用在该弧形闸门上的静水总压力。

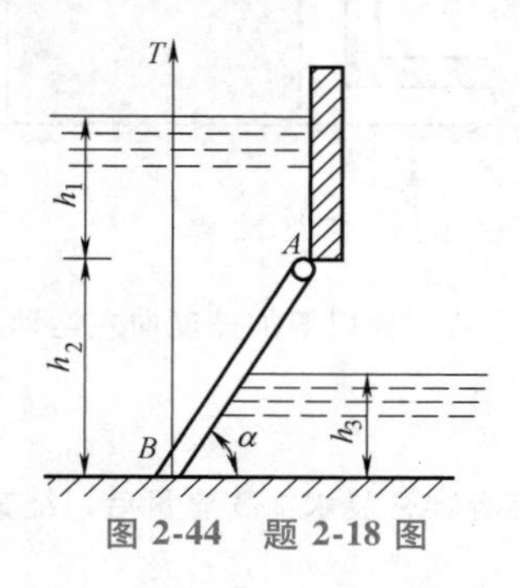

图 2-44 题 2-18 图

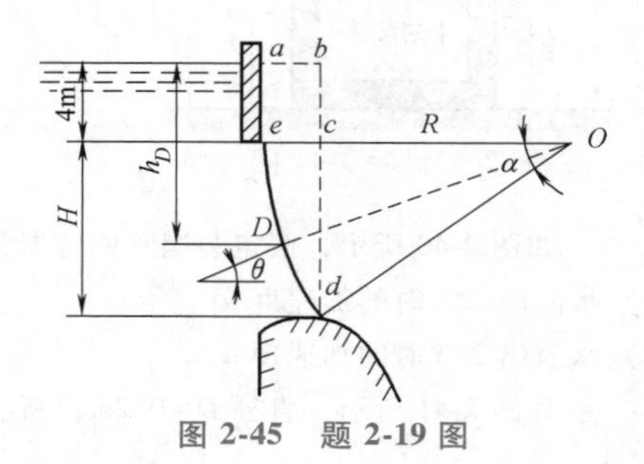

图 2-45 题 2-19 图

2-20 如图 2-46 所示，绕轴 O 转动的自动开启式水闸，当水位超过 $H=2\text{m}$ 时，闸门自动开启。若闸门另一侧的水位 $h=0.4\text{m}$，角 $\alpha=60°$，试求铰链的位置 x。

2-21 图 2-47 所示为边长为 $a=1\text{m}$ 的立方体，上半部分的相对密度是 0.6，下半部分的相对密度为 1.4，平衡悬浮于两层不相混的液体中，上层液体相对密度是 0.9，下层液体相对密度是 1.3。求立方体底面在两种液体交界面下的深度 x。

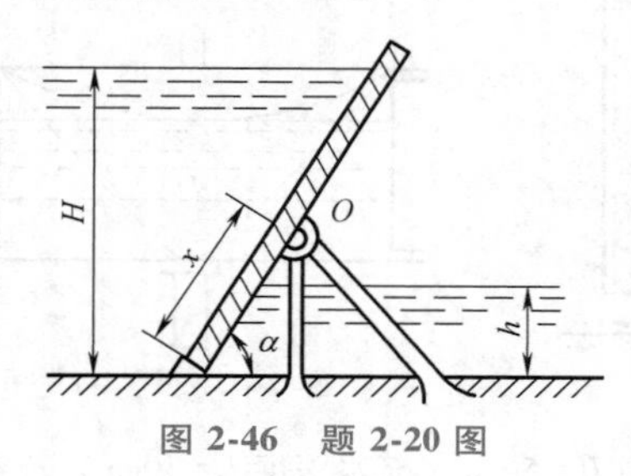

图 2-46 题 2-20 图

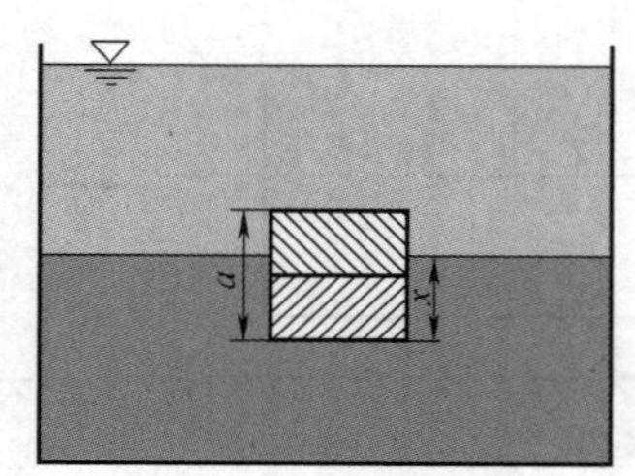

图 2-47 题 2-21 图

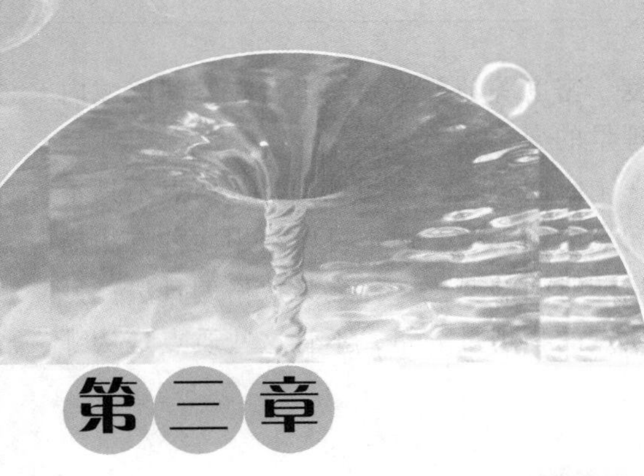

第三章

流体运动学基础

【工程案例导入】

小颗粒物和化学挥发物的输送过程可以利用拉格朗日法解决，因为所有的流动信息都隐藏在粒子的轨迹中，例如可应用于研究人类如何闻到食物味道。另外，在医疗领域，雾化吸入法中药液小液滴在气道内的运动与沉积也是拉格朗日法应用的一个重要例子（图 3-1）。

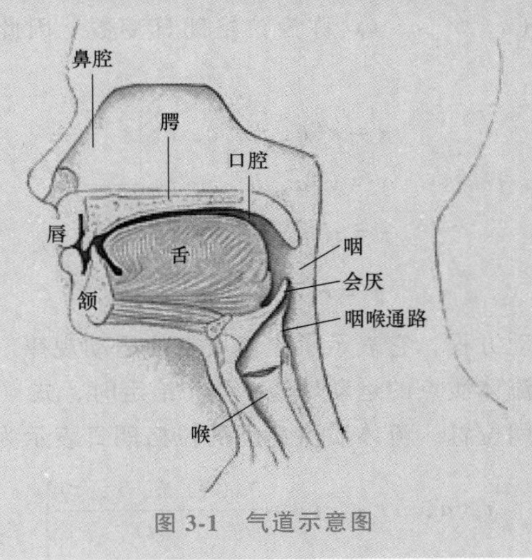

图 3-1 气道示意图

在流体力学中，在不考虑力和能量的前提下，分析流体的速度和运动轨迹的研究，称为运动学。本章介绍描述流体运动的方法，给出一些有关流动的基本概念，重点对流体进行运动学分析。

第一节 描述流体运动的方法

描述流体运动的方法

流体力学以“连续介质”作为物理模型，认为流体是由流体质点组成的，主要研究流体质点的宏观运动。通常，把充满运动流体质点的空间及其物理量的分布称为流场。流体质点的物理量如压强、速度、密度等随着流动的进行在空间区域内发生变化，研究流体的运动就是研究流场中这些物理量的变化。

在流动空间里，某一时刻每个流体质点占据着一个空间位置，空间点作为几何点不具备物理量，占据该空间点的流体质点的物理量称为空间点的物理量。通常可以采用两种方法描述流体的运动：一种是给出每一个流体质点的物理量随时间的变化，称之为拉格朗日法；另一种是给出流场中空间点的物理量分布也就是流体质点的物理量分布，不管这些质点是从哪里来，以及将要到哪里去，称之为欧拉法。

一、拉格朗日法

拉格朗日法着眼于每个流体质点，综合所有流体质点的运动可以获得整个流体的运动规律，类似于理论力学中对质点系的研究方法。在流体力学中，确定不变的流体质点的集合称为流体系统，拉格朗日法就是描述流体系统内所有流体质点的运动。这种方法通过建立流体质点的运动方程来描述流体系统的运动特征，如运动轨迹、速度和加速度等，又称为轨迹法。为了区分系统中不同的流体质点，拉格朗日法以初始时刻 $t=t_0$ 时每个流体质点的空间坐标（a，b，c）来做区分，不同的流体质点在初始时刻只有唯一的空间坐标（a，b，c），即 a，b，c，t 是各自独立的变量，而流体质点（a，b，c）的空间位置（x，y，z）随时间 t 变化。采用流体质点初始时刻的空间坐标（a，b，c）与时间变量 t 共同表达流体运动规律的方法称为拉格朗日法，（a，b，c，t）称为拉格朗日变数。因此，任一流体质点在 t 时刻的空间位置可以表示为

$$\left.\begin{aligned} x &= x(a,\ b,\ c,\ t) \\ y &= y(a,\ b,\ c,\ t) \\ z &= z(a,\ b,\ c,\ t) \end{aligned}\right\} \tag{3-1}$$

或

$$\boldsymbol{r} = \boldsymbol{r}(a,\ b,\ c,\ t) \tag{3-2}$$

这就是流体质点的运动方程，它表示了流体质点的运动规律。当 a、b、c 为已知时，式（3-1）、式（3-2）代表了流体质点的运动轨迹；当 t 给定时，式（3-1）、式（3-2）代表了 t 时刻各流体质点所处的空间位置。流体质点速度的拉格朗日表示为

$$\left.\begin{aligned} v_x(a,\ b,\ c,\ t) &= \frac{\partial x(a,\ b,\ c,\ t)}{\partial t} \\ v_y(a,\ b,\ c,\ t) &= \frac{\partial y(a,\ b,\ c,\ t)}{\partial t} \\ v_z(a,\ b,\ c,\ t) &= \frac{\partial z(a,\ b,\ c,\ t)}{\partial t} \end{aligned}\right\} \tag{3-3}$$

或

$$\boldsymbol{v}(a,\ b,\ c,\ t) = \frac{\partial \boldsymbol{r}(a,\ b,\ c,\ t)}{\partial t} \tag{3-4}$$

流体质点的加速度为

$$\left.\begin{aligned}a_x(a,\ b,\ c,\ t) &= \frac{\partial^2 x(a,\ b,\ c,\ t)}{\partial t^2}\\ a_y(a,\ b,\ c,\ t) &= \frac{\partial^2 y(a,\ b,\ c,\ t)}{\partial t^2}\\ a_z(a,\ b,\ c,\ t) &= \frac{\partial^2 z(a,\ b,\ c,\ t)}{\partial t^2}\end{aligned}\right\} \tag{3-5}$$

或

$$\boldsymbol{a}(a,\ b,\ c,\ t) = \frac{\partial^2 \boldsymbol{r}(a,\ b,\ c,\ t)}{\partial t^2} \tag{3-6}$$

同样，流体质点的密度 ρ、压强 p 和温度 T 也是拉格朗日变数 $(a,\ b,\ c,\ t)$ 的函数

$$\left.\begin{aligned}\rho &= \rho(a,\ b,\ c,\ t)\\ p &= p(a,\ b,\ c,\ t)\\ T &= T(a,\ b,\ c,\ t)\end{aligned}\right\} \tag{3-7}$$

二、欧拉法

与拉格朗日法不同，欧拉法的着眼点是流场中的空间点，认为流体的物理量随空间点及时间而变化。即研究表征流场内部流体运动特性的各种物理量的矢量场和标量场，例如速度场、压强场和密度场等，并将这些物理量表示为坐标 $(x,\ y,\ z)$ 和时间 t 的函数，即

$$\left.\begin{aligned}v_x &= v_x(x,\ y,\ z,\ t)\\ v_y &= v_y(x,\ y,\ z,\ t)\\ v_z &= v_z(x,\ y,\ z,\ t)\end{aligned}\right\} \tag{3-8}$$

矢量式为

$$\boldsymbol{v} = \boldsymbol{v}(\boldsymbol{r},\ t) \tag{3-9}$$

及

$$\left.\begin{aligned}\rho &= \rho(x,\ y,\ z,\ t)\\ p &= p(x,\ y,\ z,\ t)\\ T &= T(x,\ y,\ z,\ t)\end{aligned}\right\} \tag{3-10}$$

因此，采用欧拉法研究流体的运动可以利用场论这个有力的数学工具。其中 x、y、z、t 称为欧拉变量。

借以观察流体运动的空间区域称为控制体，控制体的表面称为控制面，控制面可以有流体进出。拉格朗日法和欧拉法研究流体的运动是分别基于流体系统和控制体进行的（图 3-2）。流体系统运动时，其位置、形状都可能发生变化，但系统内所含流体质量不会增加也不会减少，即系统的质量是守恒的。

流体力学中，欧拉法的应用较为广泛。欧拉法着眼于不同瞬时物理量在空间的分布，而不关心个别质点的运动。例如，在气象观测中广泛使用欧拉法，在各地建立许多气象站（相当于空间点），根据各气象站把同一时刻观察到的气象信息迅速报到规定的通信中心，然后绘制成同一时刻的气象图，据此做出天气预报。

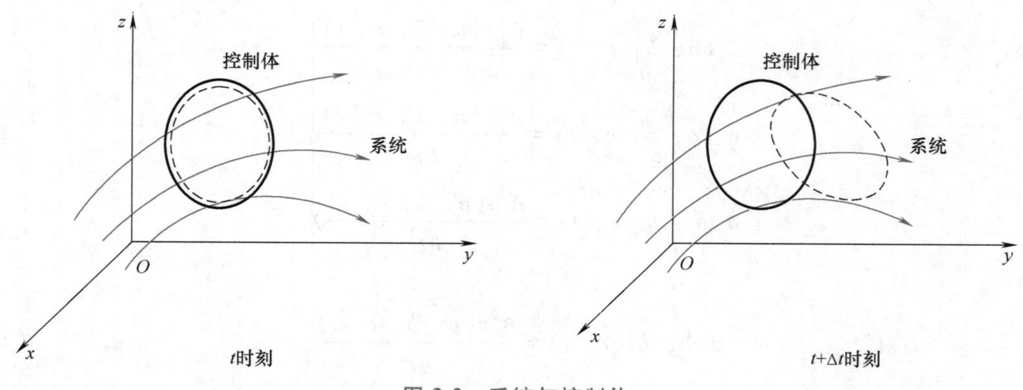

图 3-2 系统与控制体

三、随体加速度

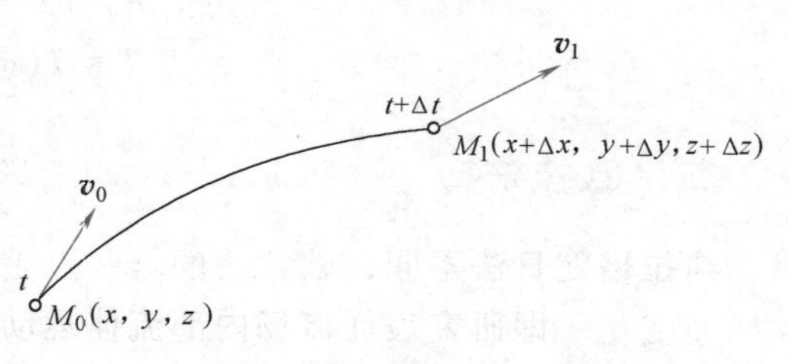

图 3-3 随体加速度的推导

在拉格朗日法中，由于流体质点的轨迹已经给定，因此，加速度容易求得（$\boldsymbol{a}=\partial^2\boldsymbol{r}/\partial t^2$）。在欧拉法中，流体质点的轨迹未给出，而只是给出每个空间点的速度分布，流体运动的加速度具体求法如下：考虑某一时刻 t，位于 $M_0(x,\ y,\ z)$ 处的流体质点，速度为 $\boldsymbol{v}_0(x,\ y,\ z,\ t)$。经过 Δt，即 $t+\Delta t$ 时刻，质点位于 M_1（$x+\Delta x$，$y+\Delta y$，$z+\Delta z$），速度为 $\boldsymbol{v}_1$（$x+\Delta x$，$y+\Delta y$，$z+\Delta z$，$t+\Delta t$）。图 3-3 中 M_0M_1 是一段轨迹。

按照定义，流体质点的加速度等于质点速度对时间的变化率，即

$$\boldsymbol{a}=\lim_{\Delta t\to 0}\frac{\Delta \boldsymbol{v}}{\Delta t}=\lim_{\Delta t\to 0}\frac{\boldsymbol{v}_1-\boldsymbol{v}_0}{\Delta t} \tag{3-11}$$

由于速度变化为

$$\begin{aligned}\Delta\boldsymbol{v}&=\boldsymbol{v}_1(x+\Delta x,\ y+\Delta y,\ z+\Delta z,\ t+\Delta t)-\boldsymbol{v}_0(x,\ y,\ z,\ t)\\&=\frac{\partial\boldsymbol{v}}{\partial t}\Delta t+\frac{\partial\boldsymbol{v}}{\partial x}\Delta x+\frac{\partial\boldsymbol{v}}{\partial y}\Delta y+\frac{\partial\boldsymbol{v}}{\partial z}\Delta z\end{aligned} \tag{3-12}$$

因此，流体质点的加速度为

$$\begin{aligned}\boldsymbol{a}&=\frac{\mathrm{d}\boldsymbol{v}}{\mathrm{d}t}=\frac{\Delta\boldsymbol{v}}{\Delta t}=\frac{\partial\boldsymbol{v}}{\partial t}\frac{\Delta t}{\Delta t}+\frac{\partial\boldsymbol{v}}{\partial x}\frac{\Delta x}{\Delta t}+\frac{\partial\boldsymbol{v}}{\partial y}\frac{\Delta y}{\Delta t}+\frac{\partial\boldsymbol{v}}{\partial z}\frac{\Delta z}{\Delta t}\\&=\frac{\partial\boldsymbol{v}}{\partial t}+v_x\frac{\partial\boldsymbol{v}}{\partial x}+v_y\frac{\partial\boldsymbol{v}}{\partial y}+v_z\frac{\partial\boldsymbol{v}}{\partial z}\end{aligned} \tag{3-13}$$

其分量形式为

$$\left.\begin{aligned}a_x&=\frac{\mathrm{d}v_x}{\mathrm{d}t}=\frac{\partial v_x}{\partial t}+v_x\frac{\partial v_x}{\partial x}+v_y\frac{\partial v_x}{\partial y}+v_z\frac{\partial v_x}{\partial z}\\a_y&=\frac{\mathrm{d}v_y}{\mathrm{d}t}=\frac{\partial v_y}{\partial t}+v_x\frac{\partial v_y}{\partial x}+v_y\frac{\partial v_y}{\partial y}+v_z\frac{\partial v_y}{\partial z}\\a_z&=\frac{\mathrm{d}v_z}{\mathrm{d}t}=\frac{\partial v_z}{\partial t}+v_x\frac{\partial v_z}{\partial x}+v_y\frac{\partial v_z}{\partial y}+v_z\frac{\partial v_z}{\partial z}\end{aligned}\right\} \tag{3-14}$$

其矢量式为

$$\frac{\mathrm{d}\boldsymbol{v}}{\mathrm{d}t}=\frac{\partial \boldsymbol{v}}{\partial t}+(\boldsymbol{v}\cdot\nabla)\boldsymbol{v} \tag{3-15}$$

从加速度的表达式可以看出，由欧拉法描述流体运动的加速度时，加速度由两部分组成，第一部分就是 $\partial \boldsymbol{v}/\partial t$ 项，它表示一固定点上流体质点的速度变化率，称为时变加速度、局部加速度或当地加速度；第二部分是（$\boldsymbol{v}\cdot\nabla$）$\boldsymbol{v}$ 项，它表示由于流体质点所在空间位置的变化而引起的速度变化率，称为位变加速度或迁移加速度。

随着运动的流体求取的速度对时间的这种导数称为速度的随体导数或全导数，它是由局部导数和位变导数组成的。类似地，其他物理量 N 的随体导数也可分解成局部导数和位变导数之和，即

$$\frac{\mathrm{d}N}{\mathrm{d}t}=\frac{\partial N}{\partial t}+(\boldsymbol{v}\cdot\nabla)N \tag{3-16}$$

式中，$\mathrm{d}N/\mathrm{d}t$ 称为随体导数或全导数；$\partial N/\partial t$ 称为局部导数或时变导数；（$\boldsymbol{v}\cdot\nabla$）$N$ 称为位变导数。N 可以是矢量或标量，对任何矢量 $\boldsymbol{b}$ 和任何标量 φ 的表达式分别为

$$\frac{\mathrm{d}\boldsymbol{b}}{\mathrm{d}t}=\frac{\partial \boldsymbol{b}}{\partial t}+(\boldsymbol{v}\cdot\nabla)\boldsymbol{b} \tag{3-17}$$

$$\frac{\mathrm{d}\varphi}{\mathrm{d}t}=\frac{\partial \varphi}{\partial t}+\boldsymbol{v}\cdot\nabla\varphi \tag{3-18}$$

例如，密度的随体导数

$$\frac{\mathrm{d}\rho}{\mathrm{d}t}=\frac{\partial \rho}{\partial t}+\boldsymbol{v}\cdot\nabla\rho \tag{3-19}$$

或表示为

$$\frac{\mathrm{d}\rho}{\mathrm{d}t}=\frac{\partial \rho}{\partial t}+v_x\frac{\partial \rho}{\partial x}+v_y\frac{\partial \rho}{\partial y}+v_z\frac{\partial \rho}{\partial z} \tag{3-20}$$

在欧拉法中对不可压缩流体而言，密度的随体导数为零即 $\mathrm{d}\rho/\mathrm{d}t=0$。在这里应该指出，不可压缩流体的数学表示 $\mathrm{d}\rho/\mathrm{d}t=0$ 和不可压缩均质流体的数学表示 $\rho=C$ 是不同的，不可混淆。$\mathrm{d}\rho/\mathrm{d}t=0$ 表示每个流体质点的密度在它运动的全过程中不变，但是不同质点的密度可以不同，因此不可压缩流体的密度并不一定处处都相等。

流动有两种特例，一种是定常流，一种是均匀流。流体运动过程中，若各空间点上对应的物理量不随时间而改变，则称此流动为定常流动，反之为非定常流动。定常流动中，流场内物理量不随时间而变，它们仅是空间点的函数，则由式（3-17）和式（3-18）流场中物理量的局部导数为零，即对矢量函数 $\boldsymbol{b}$ 或标量函数 φ 则有

$$\left.\begin{aligned}\frac{\partial \boldsymbol{b}}{\partial t}&=0\\ \frac{\partial \varphi}{\partial t}&=0\end{aligned}\right\} \tag{3-21}$$

此时，速度、压强和密度等参数只是空间点坐标的函数，即

$$\left.\begin{aligned}\boldsymbol{v}&=\boldsymbol{v}(x,\ y,\ z)\\ p&=p(x,\ y,\ z)\\ \rho&=\rho(x,\ y,\ z)\end{aligned}\right\} \tag{3-22}$$

流体在运动过程中，若所有物理量皆不依赖于空间坐标，则称此流动为均匀流动，反之为非均匀流动。均匀流动中，流场内各物理量不随空间点坐标而变，因此它们仅是时间 t 的函数，即由式（3-17）和式（3-18），流场中物理量随体导数的位变导数为零，即

$$\left.\begin{aligned}(\boldsymbol{v}\cdot\nabla)\boldsymbol{b}=0\\ \boldsymbol{v}\cdot\nabla\varphi=0\end{aligned}\right\}\tag{3-23}$$

此时，速度、压强和密度等参数只是时间 t 的函数。

下面以分析图 3-4 所示的流动来加强对以上几个物理概念的认识。水箱底部装有等径管段 AB 和变径管段 BC 组成的出水管路，若只讨论管中截面上的平均流动，则该流动除了时间变量外，就只随一个空间变量变化。把管轴取为坐标 s 轴，管进口截面中心点 A 为坐标原点，则速度可表示为 $(s,\ t)$ 的函数：$v=v(s,\ t)$，这种流动称为一元（一维）流动，即所考察的流动参数只依赖于一个空间坐标。流动的加速度表示为

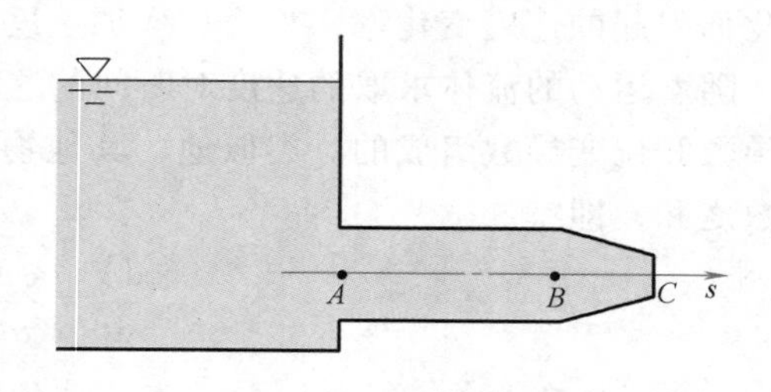

图 3-4 流体的加速度

$$a=\frac{\mathrm{d}v}{\mathrm{d}t}=\frac{\partial v}{\partial t}+v\frac{\partial v}{\partial s}$$

如果水箱中的水位保持恒定，则整个管流为定常流，$v=v(s)$，从而不存在局部加速度，$\partial v/\partial t=0$，加速度式为 $a=v\partial v/\partial s$。AB 管段中，$v=\text{const}$，则 $\partial v/\partial s=0$，故 $a=0$。流体质点从 A 流向 B 时既没有时变加速度也没有位变加速度，故此管段为定常均匀流。BC 管段中，$v=v(s)$，则 $\partial v/\partial s\neq 0$，流体质点从 B 流向 C 时虽没有时变加速度但有位变加速度，此管段为定常非均匀流。

如果水箱中的水位不保持恒定，则整个管路为非定常流，$v=v(s,\ t)$，加速度式为 $a=\dfrac{\mathrm{d}v}{\mathrm{d}t}=\dfrac{\partial v}{\partial t}+v\dfrac{\partial v}{\partial s}$。$AB$ 管段中，$v=v(t)$，则 $\partial v/\partial s=0$，故 $a=\partial v/\partial t\neq 0$。流体质点从 A 流向 B 时，没有位变加速度，但有时变加速度。故此管段为非定常均匀流。BC 管段中，$v=v(s,\ t)$，则 $\partial v/\partial t\neq 0$，$\partial v/\partial s\neq 0$，流体质点从 B 流向 C 时，既有时变加速度也有位变加速度，此管段为非定常非均匀流。

第二节 流体运动的基本概念

一、一元、二元、三元流动

流体运动的基本概念

在所考察的流动中，流体运动的物理量依赖于一个、两个或三个空间坐标则分别称这种流动为一元（一维）流动、二元（二维）流动或三元（三维）流动。平面流动和轴对称流动是二元流动的两个重要例子。在直角坐标系 $Oxyz$ 中，满足 $v_z=0$，$\partial/\partial z=0$ 的流动称为平面流动。在圆柱坐标系（r，θ，z）中满足 $v_\theta=0$，$\partial/\partial\theta=0$，或在球坐标系（$R$，$\theta$，$\beta$）中满足 $v_\theta=0$，$\partial/\partial\beta=0$ 的流动称为轴对称流动。

二、迹线与流线

迹线是流体质点在空间运动的轨迹，它给出某一流体质点在不同时刻的空间位置。式（3-24）给出了以拉格朗日变数表示的迹线方程。若流体运动以欧拉变数形式给出，则积分下列微分方程组

$$\left.\begin{aligned}\frac{\mathrm{d}x}{\mathrm{d}t}&=v_x(x,\ y,\ z,\ t)\\\frac{\mathrm{d}y}{\mathrm{d}t}&=v_y(x,\ y,\ z,\ t)\\\frac{\mathrm{d}z}{\mathrm{d}t}&=v_z(x,\ y,\ z,\ t)\end{aligned}\right\}\tag{3-24}$$

并在积分后所得表达式中消去时间 t，即得迹线方程。

将不易扩散的染料滴一滴到水流中，就可观察到染了色的流体质点的运动轨迹。

流线是指某一瞬时流场中一条假想的光滑曲线，曲线上每一点的切线与该点的速度矢量相重合。绘出同一时刻的许多流线，就可以清晰地描述流动的情况。

根据流线定义可以绘出流场中某瞬时 t_0 过某点 M_1 的流线。在点 M_1 处绘流体质点的速度矢量$\boldsymbol{v}_1$，沿着$\boldsymbol{v}_1$ 方向离点 M_1 为 Δs 的点 M_2，绘该瞬时流体质点的速度矢量$\boldsymbol{v}_2$，再沿着$\boldsymbol{v}_2$ 方向离点 M_2 为 Δs 的点 M_3，绘该瞬时流体质点速度矢量$\boldsymbol{v}_3$，以同样的方法依次绘下去得到一条折线 $M_1M_2M_3\cdots$，令各点间的距离 Δs 趋近于零，折线变为一光滑曲线，即为流线，如图 3-5 所示。

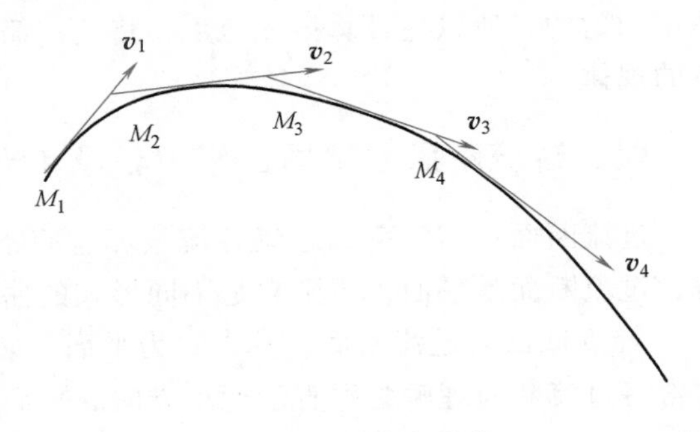

图 3-5　流线绘图法

由流线的定义可以导出流线的微分方程。空间点的速度与流线相切，即空间的速度矢量$\boldsymbol{v}$ 与流线上微元弧矢量 $\mathrm{d}\boldsymbol{s}$ 的矢量积为零，即

$$\boldsymbol{v}\times\mathrm{d}\boldsymbol{s}=\boldsymbol{0}$$

因为

$$\begin{aligned}\boldsymbol{v}\times\mathrm{d}\boldsymbol{s}&=\begin{vmatrix}\boldsymbol{i}&\boldsymbol{j}&\boldsymbol{k}\\v_x&v_y&v_z\\\mathrm{d}x&\mathrm{d}y&\mathrm{d}z\end{vmatrix}\\&=(v_y\mathrm{d}z-v_z\mathrm{d}y)\boldsymbol{i}+(v_z\mathrm{d}x-v_x\mathrm{d}z)\boldsymbol{j}+(v_x\mathrm{d}y-v_y\mathrm{d}x)\boldsymbol{k}=\boldsymbol{0}\end{aligned}$$

所以

$$\left.\begin{aligned}v_y\mathrm{d}z-v_z\mathrm{d}y&=0\\v_z\mathrm{d}x-v_x\mathrm{d}z&=0\\v_x\mathrm{d}y-v_y\mathrm{d}x&=0\end{aligned}\right\}$$

即

$$\frac{\mathrm{d}x}{v_x(x,\ y,\ z,\ t)}=\frac{\mathrm{d}y}{v_y(x,\ y,\ z,\ t)}=\frac{\mathrm{d}z}{v_z(x,\ y,\ z,\ t)}\tag{3-25}$$

式（3-25）为流线的微分方程。除在绕流中的驻点等特殊情况外，流线不能相交，也不能转折，只能是光滑曲线。

流线和迹线是两条具有不同内容和意义的曲线，迹线是同一流体质点在不同时刻形成的曲线，它和拉格朗日观点相联系，而流线则是同一时刻不同流体质点所组成的曲线，它和欧拉观点相联系。只有在定常流动时，两者才在形式上重合在一起。

三、流管、流束

流管：在流场中任取一非流线又不自交的曲线 c，过曲线 c 上每一点绘出流线，这些流线组成的曲面称为流面。如果曲线 c 为闭合曲线，流面形成了管状曲面，称为流管，如图 3-6 所示。由流线定义可知，位于流管表面上的各流体质点的速度与流管表面相切，没有垂直于管壁的速度分量，因而流体质点不穿越管壁。因此，流管只能是始于或者终于流体边界，如物体表面、自由面，或者形成环形，或者伸到无穷远处。

微元流管：若形成流管的封闭曲线 c 取为无限小时，称此流管为微元流管。

流束：流管内的全部流体称为流束。微元流管内的流束称为微元流束（或称元流）。

总流：如果流管的管状流面部分或全部取在固壁上，这整股流体称为总流，它是微元流束的总和，如河流、水渠、水管中的水流及风管的气流等都是总流。提出微元流束概念的目的是导出总流的规律。因为微元流束断面上各点的运动参数相同，而总流上运动参数的分布是不均匀的，所以先计算微元流束，将这一简单的情况，再推广到总流上去，便可以得到总流的规律。

四、过流断面、湿周、水力半径和当量直径

过流断面：与流束或总流各流线相垂直的横截面称为过流断面。当流线是平行的直线时，过流断面是平面，否则它是不同形式的曲面，如图 3-7 所示。

a、b 断面为过流断面，其中 a 为平面，b 则是曲面。在工程流体力学中，对于缓变流，通常将过流断面理解为垂直于运动方向的平面。

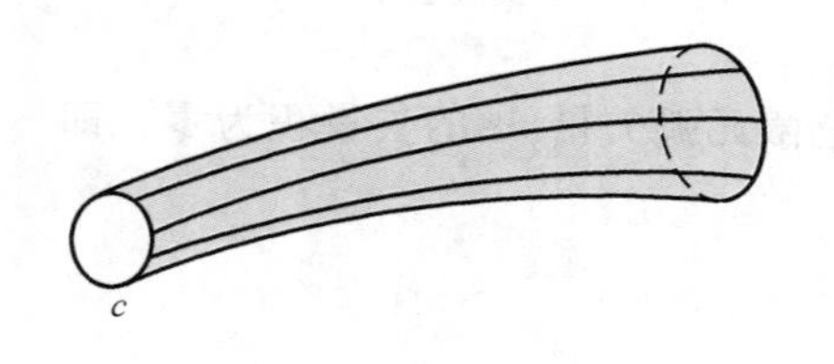

图 3-6 流管

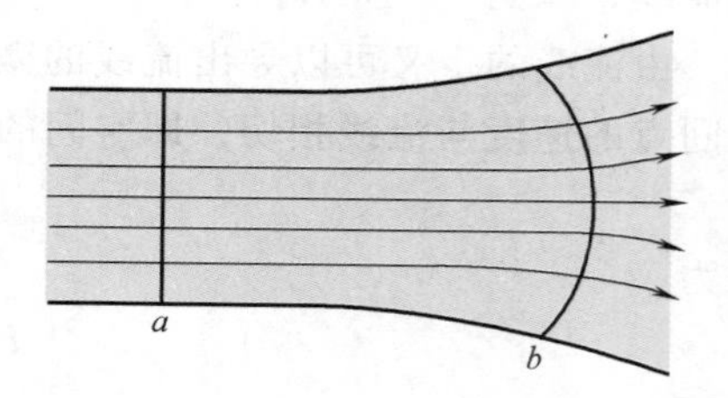

图 3-7 过流断面

湿周：流体同固体边界接触部分的周长称为湿周，用符号 χ 表示（前提是这一断面为过流断面）。图 3-8 所示为几种过流断面的湿周。

水力半径：总流的过流断面面积与湿周之比，用 R 表示。即

$$R=\frac{A}{\chi}$$

当量直径：水力半径的 4 倍称为当量直径，用字母 d_e 表示。即

$$d_e=4\frac{A}{\chi}$$

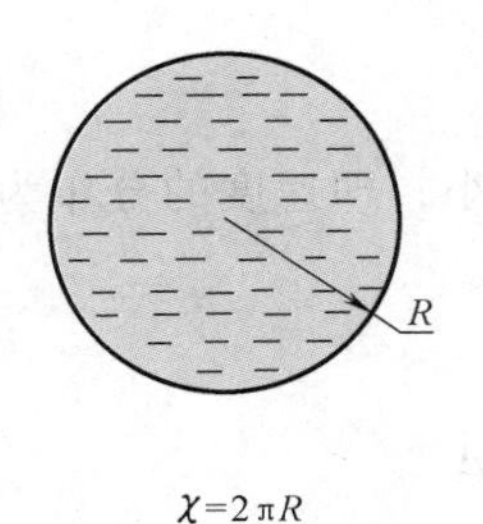

$\chi=2\pi R$

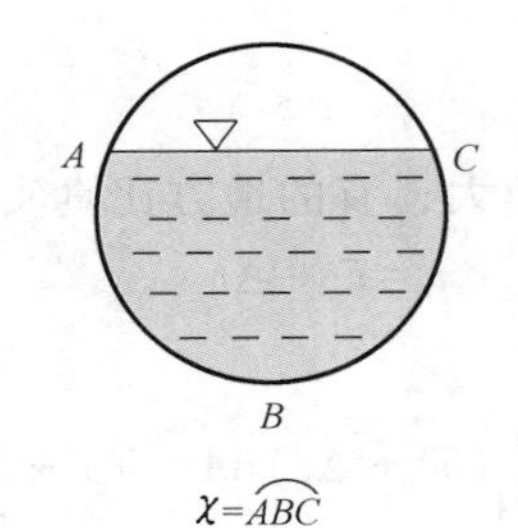

$\chi=\overparen{ABC}$

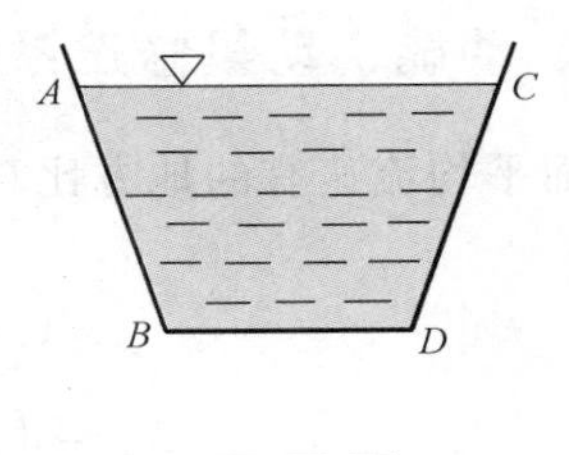

$\chi=\overline{AB}+\overline{BD}+\overline{CD}$

图 3-8 几种过流断面的湿周

五、流量、断面平均流速

流量：单位时间内流过某控制面的流体量称为流量。流体量可以用体积表示，也可以用质量表示，其相应的流量分别称为体积流量、质量流量。体积流量记为 q_V 而质量流量记为 q_m（由于本书基本上只使用体积流量 q_V，故简写为 q，在没有特别说明的情况下，q 表示体积流量）。如果控制面不是过流断面，流量通常可用速度矢量$\boldsymbol{v}$ 与控制面上的微元面积 d$\boldsymbol{A}$ 的标量积来表达，通过微元流管（图 3-9）的流量 dq 为

$$\mathrm{d}q=\boldsymbol{v}\cdot\mathrm{d}\boldsymbol{A}=\boldsymbol{v}\cdot\boldsymbol{n}\mathrm{d}A$$

式中，$\boldsymbol{n}$ 为微元面积外法线方向的单位矢量。

整个截面上的流量为

$$q=\int_A\boldsymbol{v}\cdot\boldsymbol{n}\mathrm{d}A$$

如果控制面是过流断面，速度矢量 $\boldsymbol{v}$ 与控制面上的微元面积矢量 d$\boldsymbol{A}$ 相垂直，则微元流量为

$$\mathrm{d}q=v\mathrm{d}A$$

整个断面上的流量为

$$q=\int_A v\mathrm{d}A \tag{3-26}$$

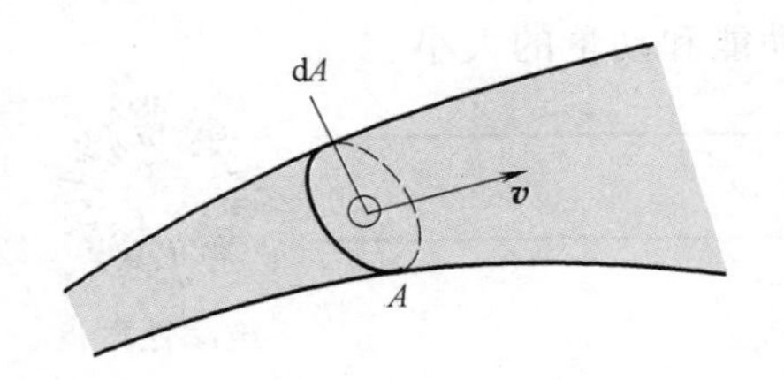

图 3-9 通过微元流管的流量

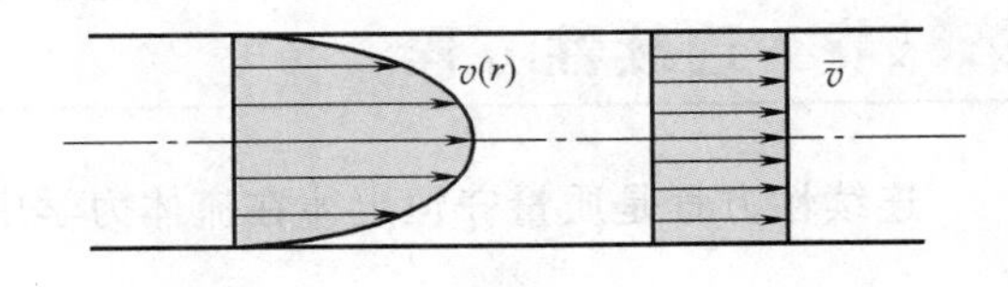

图 3-10 断面平均流速

断面平均流速：过流断面上的一个假想速度，断面上各点流体以此速度运动时的断面流量与断面的实际流量相等，如图 3-10 所示。断面平均流速表示为体积流量与过流断面面积之比，即

$$\overline{v}=\frac{q}{A}=\frac{\int_A v\mathrm{d}A}{A} \tag{3-27}$$

六、动能、动量修正系数

断面平均流速有的地方比真实流速大，有的地方比真实流速小，即速度的分布为

$$v=\overline{v}+\Delta v$$

因为

$$q=\int_A v\mathrm{d}A=\int_A(\overline{v}+\Delta v)\mathrm{d}A=\overline{v}A+\int_A\Delta v\mathrm{d}A$$

所以

$$\int_A\Delta v\mathrm{d}A=0$$

在过流断面的不同位置，Δv 可正（如管流的中央部分）也可负（靠近管壁的流动区域）。因此，在整个过流断面上 $\Delta v\mathrm{d}A$ 的积分等于零。在这里需要说明的是 $\Delta v^2\mathrm{d}A$ 的积分不等于零，$\Delta v^3\mathrm{d}A$ 的积分为零，即

$$\int_A\Delta v^2\mathrm{d}A>0,\quad \int_A\Delta v^3\mathrm{d}A=0$$

因此，若采用平均流速来表示流体的动能和动量时将引起误差。

动能、动量修正系数：单位时间流过某过流断面的流体实际动能和动量与用断面平均流速表示的流体动能与动量的比值分别称为动能修正系数 α 与动量修正系数 β。它们的表达式分别为

$$\alpha=\frac{\int_A\frac{\rho}{2}v^3\mathrm{d}A}{\frac{\rho}{2}\overline{v}^3}=\frac{\int_A(\overline{v}+\Delta v)^3\mathrm{d}A}{\overline{v}^3A}=1+\frac{3}{\overline{v}^2A}\int_A\Delta v^2\mathrm{d}A>1$$

$$\beta=\frac{\int_A\rho v^2\mathrm{d}A}{\rho\overline{v}^2A}=\frac{\int_A(\overline{v}+\Delta v)^2\mathrm{d}A}{\overline{v}^2A}=1+\frac{1}{\overline{v}^2A}\int_A\Delta v^2\mathrm{d}A>1$$

说明用断面平均流速表示单位时间内通过过流断面的流体动能和动量大小时，需要分别乘以动能修正系数 α 与动量修正系数 β，才能等于真实动能和动量的大小。

第三节 连续性方程

连续性方程

连续性方程是质量守恒定律在流体力学中的表现形式。

一、积分形式的连续性方程

在流场中任取一封闭曲面所围的控制体，如图 3-11 所示，其体积为 τ，表面面积为 A，$\boldsymbol{n}$ 为微元面积矢量 $\mathrm{d}\boldsymbol{A}$ 外法线方向上的单位矢量。任意瞬时控制体内的流体质量可用微元质量 $\rho\mathrm{d}\tau$ 在控制体内的体积积分表示，即 $\iiint_\tau\rho\mathrm{d}\tau$。

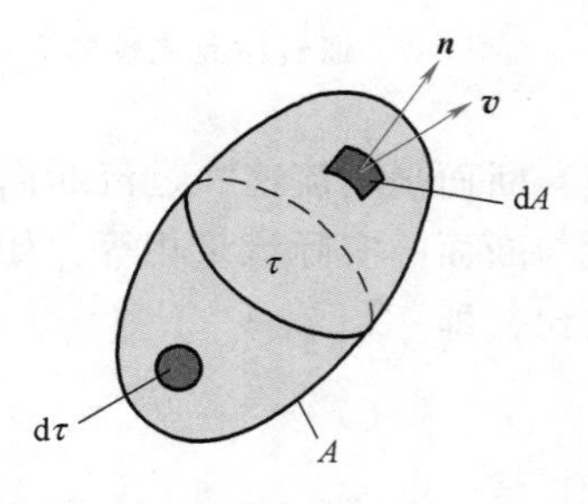

图 3-11 流场中的控制体

在流场中，由于流体不断地流进或流出控制体，控制体

中所包含的流体质量将随时间改变，则其单位时间的变化量即对时间的变化率应表示为 $\frac{\partial}{\partial t}\iiint_{\tau}\rho\mathrm{d}\tau$。无论流动如何复杂，对于此控制体而言，单位时间内通过控制面流入控制体的质量之和等于单位时间内控制体中质量的增量。在单位时间内，如果流入控制体的质量大于从控制体流出的质量，即净质量流量 $\oiint_{A}\rho\boldsymbol{v}\cdot\mathrm{d}\boldsymbol{A}<0$，则控制体内的质量将增加，有 $\frac{\partial}{\partial t}\iiint_{\tau}\rho\mathrm{d}\tau>0$。反之，若流入的质量小于流出的质量，即净质量流量 $\oiint_{A}\rho\boldsymbol{v}\cdot\mathrm{d}\boldsymbol{A}>0$，则控制体内的质量将减少，$\frac{\partial}{\partial t}\iiint_{\tau}\rho\mathrm{d}\tau<0$。所以质量守恒定律的数学表达式为

$$\oiint_{A}\rho\boldsymbol{v}\cdot\boldsymbol{n}\mathrm{d}A=-\frac{\partial}{\partial t}\iiint_{\tau}\rho\mathrm{d}\tau$$

或

$$\oiint_{A}\rho\boldsymbol{v}\cdot\boldsymbol{n}\mathrm{d}A+\frac{\partial}{\partial t}\iiint_{\tau}\rho\mathrm{d}\tau=0 \tag{3-28}$$

式（3-28）就是积分形式的连续性方程。

二、微分形式的连续性方程

根据高斯（Gauss）定理，若在闭区域之中，被积函数 $\rho\boldsymbol{v}$ 连续并一阶可导，则

$$\oiint_{A}\rho\boldsymbol{v}\cdot\boldsymbol{n}\mathrm{d}A=\iiint_{\tau}\nabla\cdot(\rho\boldsymbol{v})\mathrm{d}\tau$$

于是，连续性方程可写成

$$\iiint_{\tau}\left[\frac{\partial\rho}{\partial t}+\nabla\cdot(\rho\boldsymbol{v})\right]\mathrm{d}\tau=0 \tag{3-29}$$

由连续介质假设知，被积函数 $\frac{\partial\rho}{\partial t}+\nabla\cdot(\rho\boldsymbol{v})$ 在流场中连续并一阶可微，而且由于积分区间 τ 可以任意选取，要使式（3-29）成立，被积函数必为零，即

$$\frac{\partial\rho}{\partial t}+\nabla\cdot(\rho\boldsymbol{v})=0 \tag{3-30}$$

式（3-30）就是微分形式的连续性方程。在流体力学理论分析中，常用的是微分形式的连续性方程。在直角坐标系下，式（3-30）还可以写为

$$\frac{\partial\rho}{\partial t}+\frac{\partial(\rho v_x)}{\partial x}+\frac{\partial(\rho v_y)}{\partial y}+\frac{\partial(\rho v_z)}{\partial z}=0 \tag{3-31}$$

几种特殊情形下的连续性方程为：

1）定常流动，$\partial\rho/\partial t=0$，连续性方程为

$$\nabla\cdot(\rho\boldsymbol{v})=0$$

即

$$\frac{\partial(\rho v_x)}{\partial x}+\frac{\partial(\rho v_y)}{\partial y}+\frac{\partial(\rho v_z)}{\partial z}=0 \tag{3-32}$$

2）不可压缩流体，$\mathrm{d}\rho/\mathrm{d}t=0$，无论流动是否定常，连续性方程为

$$\rho(\nabla\cdot\boldsymbol{v})=0 \text{ 或 } \nabla\cdot\boldsymbol{v}=0$$

即
$$\frac{\partial v_x}{\partial x}+\frac{\partial v_y}{\partial y}+\frac{\partial v_z}{\partial z}=0 \tag{3-33}$$

3）连续方程在柱坐标系中的形式为

$$\frac{\partial\rho}{\partial t}+\frac{1}{r}\frac{\partial(\rho v_r r)}{\partial r}+\frac{1}{r}\frac{\partial(\rho v_\theta)}{\partial\theta}+\frac{\partial(\rho v_z)}{\partial z}=0 \tag{3-34}$$

4）连续方程在球坐标系中的形式为

$$\frac{\partial\rho}{\partial t}+\frac{1}{R^2}\frac{\partial(\rho v_R R^2)}{\partial R}+\frac{1}{R\sin\theta}\frac{\partial(\rho v_\theta\sin\theta)}{\partial\theta}+\frac{1}{R\sin\theta}\frac{\partial(\rho v_\beta)}{\partial\beta}=0 \tag{3-35}$$

三、一维不可压缩流体定常总流连续性方程

在流体中取一流管，如图 3-12 所示，如果一切流动参数均以过流断面上的平均值计算，它可以看作一维流动。在一维流动的整个封闭控制面上，只有两个过流断面是有流体通过的。因为出口过流断面的面积矢量 $\boldsymbol{A}_2$ 与速度矢量 $\boldsymbol{v}_2$ 方向一致，而进口过流断面的 $\boldsymbol{A}_1$ 与 $\boldsymbol{v}_1$ 方向相反，并考虑流体定常流动，则由式（3-28）得一维定常流动的连续性方程，即

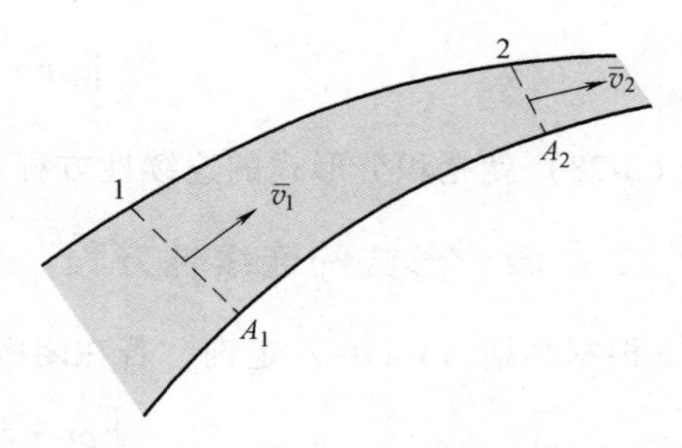

图 3-12　一维流管

$$\oiint_A \rho\boldsymbol{v}\cdot\boldsymbol{n}\mathrm{d}A=\int_{A_2}\rho_2 v_2 A_2-\int_{A_1}\rho_1 v_1 A_1=\rho_2\overline{v}_2A_2-\rho_1\overline{v}_1A_1=0$$

$$\rho_2\overline{v}_2A_2=\rho_1\overline{v}_1A_1$$

则一维不可压缩流体的连续性方程为

$$\overline{v}_2A_2=\overline{v}_1A_1 \tag{3-36}$$

式中，$\overline{v}_1$、$\overline{v}_2$ 为断面平均流速。

第四节　流体微团的运动分析

一、流体微团速度分解公式

刚体的一般运动可以分解为平移和转动之和。流体运动要比刚体运动复杂，因为它除了平移和转动外，还有变形运动。如图 3-13 所示，流体微团内 $M_0(x, y, z)$ 点处的瞬时速度为 $\boldsymbol{v}(x, y, z, t)$，则 M_0 点邻域内 $M(x+\mathrm{d}x, y+\mathrm{d}y, z+\mathrm{d}z)$ 处的同一瞬时的速度为 $\boldsymbol{v}'(x+\mathrm{d}x, y+\mathrm{d}y, z+\mathrm{d}z, t)$，由于速度是多元连续函数，$M$ 点的速度可利用泰勒（Taylor）级

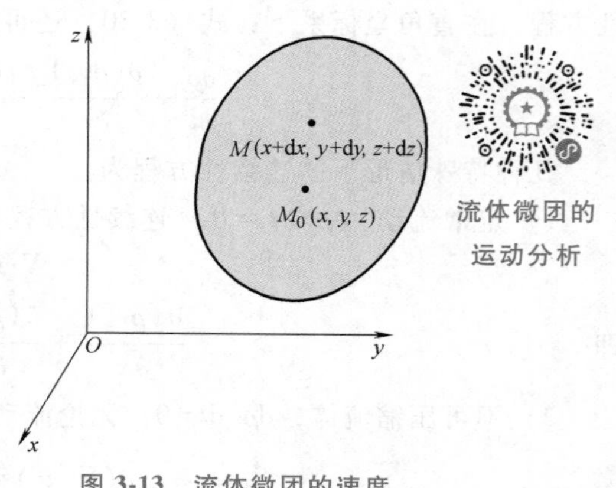

图 3-13　流体微团的速度

数展开式，略去二阶以上的微量后，M_0 点的速度可表示为

$$\left.\begin{aligned} v'_x &= v_x + \frac{\partial v_x}{\partial x}\mathrm{d}x + \frac{\partial v_x}{\partial y}\mathrm{d}y + \frac{\partial v_x}{\partial z}\mathrm{d}z \\ v'_y &= v_y + \frac{\partial v_y}{\partial x}\mathrm{d}x + \frac{\partial v_y}{\partial y}\mathrm{d}y + \frac{\partial v_y}{\partial z}\mathrm{d}z \\ v'_z &= v_z + \frac{\partial v_z}{\partial x}\mathrm{d}x + \frac{\partial v_z}{\partial y}\mathrm{d}y + \frac{\partial v_z}{\partial z}\mathrm{d}z \end{aligned}\right\} \tag{3-37}$$

将 x 方向的速度表达式加减 $\frac{1}{2}\frac{\partial v_y}{\partial x}\mathrm{d}y$ 项和 $\frac{1}{2}\frac{\partial v_z}{\partial x}\mathrm{d}z$ 项，进行整理后得

$$\begin{aligned} v'_x = v_x &+ \frac{\partial v_x}{\partial x}\mathrm{d}x + \frac{1}{2}\left(\frac{\partial v_x}{\partial y} + \frac{\partial v_y}{\partial x}\right)\mathrm{d}y + \frac{1}{2}\left(\frac{\partial v_x}{\partial z} + \frac{\partial v_z}{\partial x}\right)\mathrm{d}z + \\ &\frac{1}{2}\left(\frac{\partial v_x}{\partial z} - \frac{\partial v_z}{\partial x}\right)\mathrm{d}z - \frac{1}{2}\left(\frac{\partial v_y}{\partial x} - \frac{\partial v_x}{\partial y}\right)\mathrm{d}y \end{aligned} \tag{3-38}$$

用 $\boldsymbol{\varepsilon}_{xx}$、$\boldsymbol{\varepsilon}_{xy}$、$\boldsymbol{\varepsilon}_{xz}$、$\boldsymbol{\omega}_y$、$\boldsymbol{\omega}_z$ 分别代表$\frac{\partial v_x}{\partial x}$、$\frac{1}{2}\left(\frac{\partial v_x}{\partial y} + \frac{\partial v_y}{\partial x}\right)$、$\frac{1}{2}\left(\frac{\partial v_x}{\partial z} + \frac{\partial v_z}{\partial x}\right)$、$\frac{1}{2}\left(\frac{\partial v_x}{\partial z} - \frac{\partial v_z}{\partial x}\right)$、$\frac{1}{2}\left(\frac{\partial v_y}{\partial x} - \frac{\partial v_x}{\partial y}\right)$，则

$$v'_x = v_x + \boldsymbol{\varepsilon}_{xx}\mathrm{d}x + \boldsymbol{\varepsilon}_{xy}\mathrm{d}y + \boldsymbol{\varepsilon}_{xz}\mathrm{d}z + \boldsymbol{\omega}_y\mathrm{d}z - \boldsymbol{\omega}_z\mathrm{d}y \tag{3-39}$$

同理，可导出 M 点 y 方向和 z 方向的速度分量关系式，即

$$\left.\begin{aligned} v'_x &= v_x + \boldsymbol{\varepsilon}_{xx}\mathrm{d}x + \boldsymbol{\varepsilon}_{xy}\mathrm{d}y + \boldsymbol{\varepsilon}_{xz}\mathrm{d}z + \boldsymbol{\omega}_y\mathrm{d}z - \boldsymbol{\omega}_z\mathrm{d}y \\ v'_y &= v_y + \boldsymbol{\varepsilon}_{yx}\mathrm{d}x + \boldsymbol{\varepsilon}_{yy}\mathrm{d}y + \boldsymbol{\varepsilon}_{yz}\mathrm{d}z + \boldsymbol{\omega}_z\mathrm{d}x - \boldsymbol{\omega}_x\mathrm{d}z \\ v'_z &= v_z + \boldsymbol{\varepsilon}_{zx}\mathrm{d}x + \boldsymbol{\varepsilon}_{zy}\mathrm{d}y + \boldsymbol{\varepsilon}_{zz}\mathrm{d}z + \boldsymbol{\omega}_x\mathrm{d}y - \boldsymbol{\omega}_y\mathrm{d}x \end{aligned}\right\} \tag{3-40}$$

式（3-40）是流体微团的速度分解公式，也称亥姆霍兹（Helmholtz）速度分解定理。其矢量式为

$$\boldsymbol{v}' = \boldsymbol{v} + \boldsymbol{\omega} \times \mathrm{d}\boldsymbol{r} + \boldsymbol{\varepsilon} \cdot \mathrm{d}\boldsymbol{r} \tag{3-41}$$

式中，等号右边第一项为平移速度；第二、三项为旋转和变形（包括线变形和角变形）引起的速度增量；$\boldsymbol{\varepsilon}$ 为相对变形速度张量，其表达式为

$$\boldsymbol{\varepsilon} = (\boldsymbol{i},\ \boldsymbol{j},\ \boldsymbol{k})\begin{pmatrix} \varepsilon_{xx} & \varepsilon_{xy} & \varepsilon_{xz} \\ \varepsilon_{yx} & \varepsilon_{yy} & \varepsilon_{yz} \\ \varepsilon_{zx} & \varepsilon_{zy} & \varepsilon_{zz} \end{pmatrix}\begin{pmatrix} \boldsymbol{i} \\ \boldsymbol{j} \\ \boldsymbol{k} \end{pmatrix} \tag{3-42}$$

式中，ε_{xx}、ε_{yy}、ε_{zz} 为相对线变形速度，并且

$$\left.\begin{aligned} \varepsilon_{xx} &= \frac{\partial v_x}{\partial x} \\ \varepsilon_{yy} &= \frac{\partial v_y}{\partial y} \\ \varepsilon_{zz} &= \frac{\partial v_z}{\partial z} \end{aligned}\right\} \tag{3-43}$$

式中，ε_{xy}、ε_{yx}、ε_{yz}、ε_{zy}、ε_{xz}、ε_{zx} 为纯剪切变形角速度，并且

$$\left.\begin{aligned}\varepsilon_{xy}=\varepsilon_{yx}&=\frac{1}{2}\left(\frac{\partial v_x}{\partial y}+\frac{\partial v_y}{\partial x}\right)\\ \varepsilon_{yz}=\varepsilon_{zy}&=\frac{1}{2}\left(\frac{\partial v_y}{\partial z}+\frac{\partial v_z}{\partial y}\right)\\ \varepsilon_{zx}=\varepsilon_{xz}&=\frac{1}{2}\left(\frac{\partial v_z}{\partial x}+\frac{\partial v_x}{\partial z}\right)\end{aligned}\right\} \tag{3-44}$$

式（3-41）中，$\boldsymbol{\omega}$ 为旋转角速度矢量，并且

$$\left.\begin{aligned}\omega_x&=\frac{1}{2}\left(\frac{\partial v_z}{\partial y}-\frac{\partial v_y}{\partial z}\right)\\ \omega_y&=\frac{1}{2}\left(\frac{\partial v_x}{\partial z}-\frac{\partial v_z}{\partial x}\right)\\ \omega_z&=\frac{1}{2}\left(\frac{\partial v_y}{\partial x}-\frac{\partial v_x}{\partial y}\right)\end{aligned}\right\} \tag{3-45}$$

$$\boldsymbol{\omega}=\omega_x\boldsymbol{i}+\omega_y\boldsymbol{j}+\omega_z\boldsymbol{k} \tag{3-46}$$

所以

$$\boldsymbol{\omega}=\frac{1}{2}\ \nabla\times\boldsymbol{v} \tag{3-47}$$

根据流场中每个流体微团是否旋转可以将流动分为有旋运动和无旋运动。有旋运动，即 $\boldsymbol{\omega}\neq\boldsymbol{0}$；对于无旋运动，$\boldsymbol{\omega}=\boldsymbol{0}$，无旋运动又称为有势流动。关于势流在第八章将做详细介绍。无旋流的特点是流体质点没有旋转，并且与流体运动时的轨迹形状无关。如图 3-14 所示，如果用两色各半的圆圈表示质点，若流体运动的轨迹是直线，图 3-14a 所示是无旋流，图 3-14b 所示是有旋流；流体质点的运动轨迹是圆周时，图 3-14c 所示是无旋流，图 3-14d 所示是有旋流。因此，判断流动是否有旋，是看它的旋转角速度矢量是否为零。

二、速度分解的物理意义

式（3-40）从形式上看比原来更复杂了，但便于人们发现流体运动的各种不同形式。要理解亥姆霍兹定理的内容及说明式（3-40）中各项的物理意义，不必引用空间流动的复杂情况，只要分析一下如图 3-15 所示的流体微团的平面运动就可以了。考察流体微团在 xOy 平面中的运动，流体微团在初始时刻 t 为矩形 $ABCD$，在 $t+\mathrm{d}t$ 时刻运动至 $A''B''C''D''$位置。设 A 点速度的两个分量为 v_x、v_y，C 点的速度可由式（3-40）化简为

$$\left.\begin{aligned}v'_x&=v_x+\varepsilon_{xx}\mathrm{d}x+\varepsilon_{xy}\mathrm{d}y-\omega_z\mathrm{d}y\\ v'_y&=v_y+\varepsilon_{yx}\mathrm{d}x+\varepsilon_{yy}\mathrm{d}y+\omega_z\mathrm{d}x\end{aligned}\right\} \tag{3-48}$$

可见，式（3-48）中包括了运动的各种形式。通过下面的分析将流体微团的运动过程分解为平移、线变形、旋转和纯剪切变形运动。

1. 平移运动

平移表现在由 A 点到 A'点的位移。式（3-48）右边第一项 v_x、v_y 是流体微团任一点做平移运动的速度。如果 $\varepsilon_{xx}=\varepsilon_{yy}=\varepsilon_{xy}=\varepsilon_{yx}=\omega_z=0$，经过 $\mathrm{d}t$ 时间后，矩形微团 $ABCD$ 平移到 $A'B'C'D'$位置，微团形状不变，如图 3-16a 所示。其中，v_x、v_y 称为微团的平移速度。

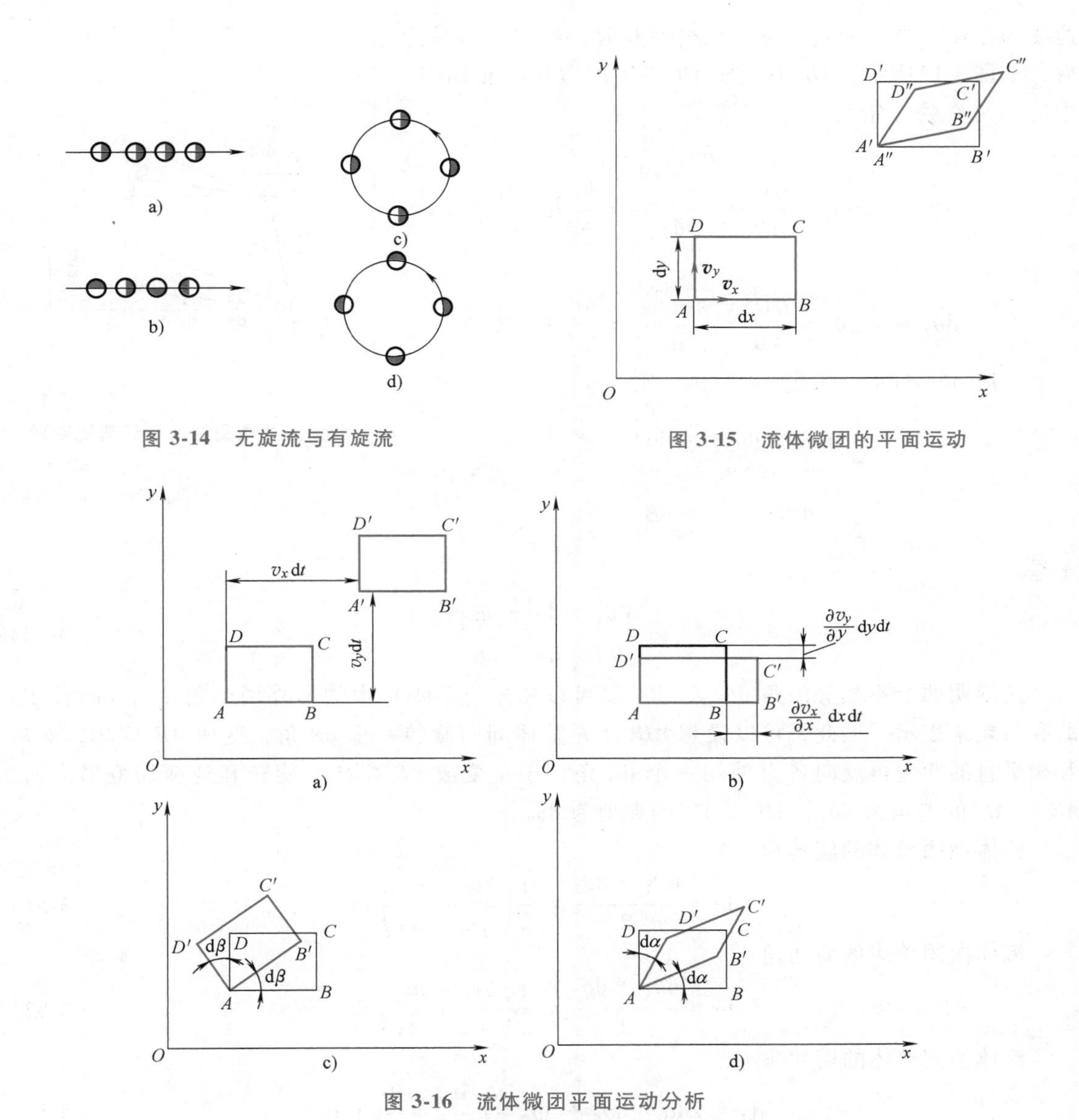

图 3-14　无旋流与有旋流

图 3-15　流体微团的平面运动

图 3-16　流体微团平面运动分析

a）平移运动　b）线变形运动　c）旋转运动　d）纯剪切运动

2. 线变形运动

$\varepsilon_{xx}=\partial v_x/\partial x$ 的物理意义是 v_x 沿 x 方向的变化率，$(\partial v_x/\partial x)\mathrm{d}x$ 代表 C 点在 x 方向分速度的变化量，$(\partial v_y/\partial y)\mathrm{d}y$ 是 C 点在 y 方向分速度的变化量。对于不可压缩流体，$\partial v_x/\partial x+\partial v_y/\partial y=0$，当 $v_x=v_y=\varepsilon_{xy}=\varepsilon_{yx}=\omega_z=0$ 时，经过 $\mathrm{d}t$ 时间后 $ABCD$ 变成 $AB'C'D'$，如图 3-16b 所示，这种运动称为流体微团的直线变形运动。于是 ε_{xx}、ε_{yy} 称为流体微团的相对线变形速度，$\varepsilon_{xx}\mathrm{d}x$、$\varepsilon_{yy}\mathrm{d}y$ 为线变形引起的速度增量。

3. 旋转运动和纯剪切变形运动

$\partial v_x/\partial y$ 是 v_x 沿 y 方向的变化率，$\partial v_y/\partial x$ 是 v_y 沿 x 方向的变化率，$(\partial v_x/\partial y)\mathrm{d}y$ 是 x 方向的分速度沿 y 方向的变化量，$(\partial v_y/\partial x)\mathrm{d}x$ 是 y 方向的分速度沿 x 方向的变化量。由于这两个

速度的存在，当 $v_x=v_y=\varepsilon_{xx}=\varepsilon_{yy}=0$ 时，经过 dt 时间后，如图3-17所示，$ABCD$ 变成 $AB''C''D''$ 的形状。根据图中的几何关系，有

$$\mathrm{d}\theta_1 \approx \tan\theta_1 = \frac{BB''}{AB} = \frac{\frac{\partial v_y}{\partial x}\mathrm{d}x\mathrm{d}t}{\mathrm{d}x} = \frac{\partial v_y}{\partial x}\mathrm{d}t$$

$$\mathrm{d}\theta_2 \approx \tan\theta_2 = \frac{DD''}{AD} = \frac{\frac{\partial v_x}{\partial y}\mathrm{d}y\mathrm{d}t}{\mathrm{d}y} = \frac{\partial v_x}{\partial y}\mathrm{d}t$$

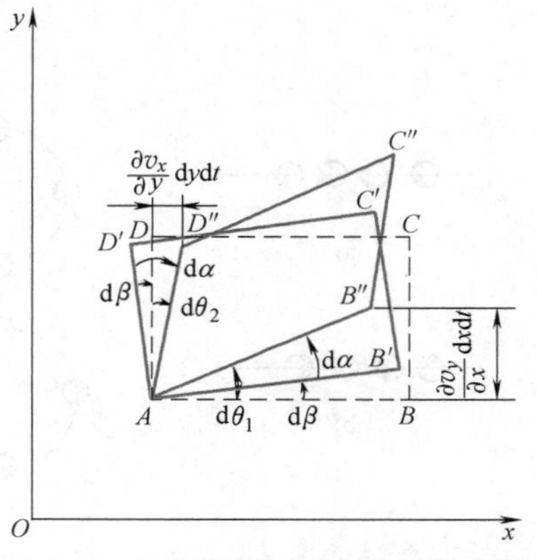

图 3-17 流体微团旋转和纯剪切变形

一般 $\mathrm{d}\theta_1 \neq \mathrm{d}\theta_2$，假定 $\mathrm{d}\theta_1 > \mathrm{d}\theta_2$，则

$$\left.\begin{aligned}\frac{1}{2}(\mathrm{d}\theta_1+\mathrm{d}\theta_2)=\mathrm{d}\alpha\\ \frac{1}{2}(\mathrm{d}\theta_1-\mathrm{d}\theta_2)=\mathrm{d}\beta\end{aligned}\right\} \tag{3-49}$$

于是

$$\left.\begin{aligned}\mathrm{d}\theta_1=\mathrm{d}\alpha+\mathrm{d}\beta\\ \mathrm{d}\theta_2=\mathrm{d}\alpha-\mathrm{d}\beta\end{aligned}\right\} \tag{3-50}$$

这说明两个不相等的角 $\mathrm{d}\theta_1$ 与 $\mathrm{d}\theta_2$ 总可以用式（3-49）中的另外两个角度（$\mathrm{d}\alpha$ 与 $\mathrm{d}\beta$）的和与差来表示。因此，可以设想 $ABCD$ 先整体同向旋转一个 $\mathrm{d}\beta$ 角，变成 $AB'C'D'$，然后互相垂直的两边再反向各自剪切一个 $\mathrm{d}\alpha$ 角，于是变成 $AB''C''D''$，旋转和纯剪切变形之后，AB 与 AB'' 的夹角为 $\mathrm{d}\theta_1$，AD 与 AD'' 的夹角为 $\mathrm{d}\theta_2$。

流体微团整体的旋转角

$$\mathrm{d}\beta=\frac{\mathrm{d}\theta_1-\mathrm{d}\theta_2}{2}=\frac{1}{2}\left(\frac{\partial v_y}{\partial x}-\frac{\partial v_x}{\partial y}\right)\mathrm{d}t \tag{3-51}$$

流体微团单边的剪切角

$$\mathrm{d}\alpha=\frac{\mathrm{d}\theta_1+\mathrm{d}\theta_2}{2}=\frac{1}{2}\left(\frac{\partial v_y}{\partial x}+\frac{\partial v_x}{\partial y}\right)\mathrm{d}t \tag{3-52}$$

流体微团整体的剪切角

$$\mathrm{d}\gamma=2\mathrm{d}\alpha=\mathrm{d}\theta_1+\mathrm{d}\theta_2=\left(\frac{\partial v_y}{\partial x}+\frac{\partial v_x}{\partial y}\right)\mathrm{d}t \tag{3-53}$$

因此，可得流体微团的旋转角速度

$$\omega_z=\frac{\mathrm{d}\beta}{\mathrm{d}t}=\frac{1}{2}\left(\frac{\partial v_y}{\partial x}-\frac{\partial v_x}{\partial y}\right)$$

流体微团单边剪切角速度

$$\frac{\mathrm{d}\alpha}{\mathrm{d}t}=\frac{1}{2}\left(\frac{\partial v_x}{\partial y}+\frac{\partial v_y}{\partial x}\right)$$

流体微团整体的剪切角速度

$$\frac{\mathrm{d}\gamma}{\mathrm{d}t}=2\frac{\mathrm{d}\alpha}{\mathrm{d}t}=\frac{\partial v_x}{\partial y}+\frac{\partial v_y}{\partial x}=2\varepsilon_{xy} \tag{3-54}$$

因此，当 $v_x=v_y=\varepsilon_{xx}=\varepsilon_{yy}=\varepsilon_{xy}=\varepsilon_{yx}=0$ 时，经过 dt 时间后 $ABCD$ 发生旋转运动变成 $AB'C'D'$ 的形状，如图3-16c所示。当 $v_x=v_y=\varepsilon_{xx}=\varepsilon_{yy}=\omega_z=0$ 时，经过 dt 时间，$ABCD$ 发生

纯剪切运动变成如图 3-16d 所示的 $AB'C'D'$形状。

以上按平面运动讨论 ε_{xx}、ε_{yy}、ω_z 和 ε_{xy} 的物理意义，可以类推到空间运动，速度分解公式中的全部符号的物理意义也就清楚了。综上所述，亥姆霍兹定理说明，流体微团的运动是由平移、旋转和变形三种运动构成的，其中变形运动包括线变形和纯剪切变形。

习　题

3-1　已知不可压缩流体平面流动的流速场为

$$v_x = xt + 2y$$

$$v_y = xt^2 - yt$$

试求在时刻 $t = 1\text{s}$ 时点 $A(1, 2)$ 处流体质点的加速度。

3-2　用欧拉观点写出下列各情况下密度变化率的数学表达式：

1）均质流体。

2）不可压缩均质流体。

3）定常运动。

3-3　已知平面不可压缩流体的流速分量为

$$v_x = 1 - y,\quad v_y = t$$

试求：1）$t=0$ 时过（0，0）点的迹线方程。

2）$t=1$ 时过（0，0）点的流线方程。

3-4　如图 3-18 所示的一不可压缩流体通过圆管的流动，体积流量为 q，流动是定常的。

1）假定截面 1、2 和 3 上的速度是均匀分布的，在三个截面处圆管的直径分别为 A、B、C，求三个截面上的速度。当 $q=0.4\text{m}^3/\text{s}$，$A=0.4\text{m}$，$B=0.2\text{m}$，$C=0.6\text{m}$ 时计算速度值。

2）若截面 1 处的流量 $q=0.4\text{m}^3/\text{s}$，但密度按以下规律变化，即

$$\rho_2 = 0.6\rho_1,\ \rho_3 = 1.2\rho_1$$

求三个截面上的速度值。

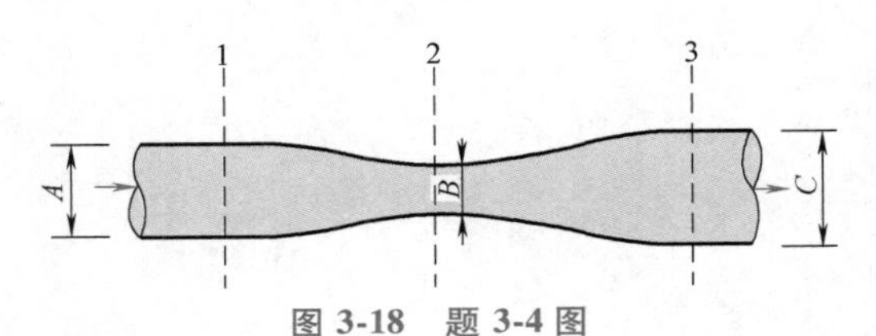

图 3-18　题 3-4 图

3-5　二维、定常不可压缩流动，x 方向的速度分量为

$$v_x = e^{-x}\cosh y + 1$$

求 y 方向的速度分量 v_y，设 $y=0$ 时，$v_y=0$。

3-6　试证下述不可压缩流体的运动是可能存在的：

1）$v_x = 2x^2 + y$，$v_y = 2y^2 + z$，$v_z = -4(x+y)z + xy$。

2）$v_x = -\dfrac{2xyz}{(x^2+y^2)^2}$，$v_y = \dfrac{(x^2-y^2)z}{(x^2+y^2)^2}$，$v_z = \dfrac{y}{x^2+y^2}$。

3）$v_x = yzt$，$v_y = xzt$，$v_z = xyt$。

3-7　已知圆管层流运动的流速分布为

$$v_x = \frac{\rho g h_f}{4\mu l}[r_0^2 - (y^2 + z^2)]$$

$$v_y = 0$$

$$v_z = 0$$

试分析流体微团的运动形式。

3-8　下列两个流场的速度分布是：

1）$v_x = -Cy$，$v_y = Cx$，$v_z = 0$。

2) $v_x = \dfrac{Cx}{x^2+y^2}$, $v_y = \dfrac{Cy}{x^2+y^2}$, $v_z = 0$。

试求旋转角速度（C 为常数）。

3-9 气体在等截面管中做等温流动。试证明密度 ρ 与速度 v 之间有关系式

$$\frac{\partial^2\rho}{\partial t^2} = \frac{\partial^2}{\partial x^2}[(v^2+RT)\rho]$$

x 轴为管轴线方向，不计质量力。

3-10 不可压缩理想流体做圆周运动，当 $r \leqslant a$ 时，速度分量为

$$v_x = -\omega y, \quad v_y = \omega x, \quad v_z = 0$$

当 $r>a$ 时，速度分量为

$$v_x = -\omega a^2\frac{y}{r^2}, \quad v_y = \omega a^2\frac{x}{r^2}, \quad v_z = 0$$

其中，$r^2=x^2+y^2$，设无穷远处的压强为 p_∞，不计质量力。试求压强分布规律，并讨论。

第四章 流体力学的基本方程

【工程案例导入】

风力发电机是将风能转换为机械能，机械能带动发电机转子旋转，最终输出交流电的电力设备。风力发电机一般由风轮、发电机、调向器（尾翼）、塔架、限速安全机构和储能装置等构件组成。

随着能源危机的迫近，世界很多国家都在草原、海滩以及戈壁等地区建设风力发电机“农田”，来汲取自然界风的动能并将其转化为电能（图 4-1）。在风力发电机的设计中需要用到动量和动量矩方程。在初步设计阶段，伯努利方程也有用武之地。

图 4-1 风力发电

在流体力学中，流体运动所遵循的物理定律以数学方程的形式表达出来，这是从理论上解决实际问题的第一步。本章推导了流体力学中几个重要的基本方程，并分别举例说明它们的应用。

第一节 理想流体运动微分方程

理想流体运动微分方程是研究理想流体运动的基本微分方程，又称为欧拉运动微分方程，是古典流体力学的创始人欧拉于 1755 年在理想流体假设的前提下，根据牛顿第二定律获得的。自然界的一切流体都是具有黏性的，黏性的存在使流体力学问题的研究变得十分复杂，但在很多情况下，如流体的黏性较小或流动区域内速度梯度很小时，黏性力和其他作用力相比所起的作用并不显著，此时可以不考虑流体的黏性即按理想流体进行分析，这样做不但使问题大为简化，而研究的结果又与实际情况十分接近。因此，尽管欧拉运动微分方程是以自然界中并不存在的理想流体为研究对象，但对于解决工程问题却具有重要的实际意义。

本节用微元体积法推导欧拉运动微分方程并给出其另一表达形式即葛罗米柯-兰姆（Gromeco-Lamb）微分形式。

一、欧拉运动微分方程

在有流体运动的空间建立直角坐标系 $Oxyz$，任取一平行六面体的流体微团，其边长为 $\mathrm{d}x$、$\mathrm{d}y$、$\mathrm{d}z$，分别平行于 x、y、z 轴，如图 4-2 所示。根据连续介质假设，流动参数是空间点（x，y，z）和时间 t 的连续函数。设在某瞬时 t，六面体中心 $M(x, y, z)$ 处的压强为 $p(x, y, z, t)$，速度为 $\boldsymbol{v}(x, y, z, t)=v_x(x, y, z, t)\boldsymbol{i}+v_y(x, y, z, t)\boldsymbol{j}+v_z(x, y, z, t)\boldsymbol{k}$，流体微团的平均密度为 ρ，作用在流体微团上的力有表面力和质量力。

1. 表面力

由于讨论的流体是理想流体，因此作用在流体微团表面上的力只有法向压力，其方向为内法线方向。六面体各表面的受力情况如图 4-2 所示，以 x 方向为例，作用在流体微团 x 方向的表面力只在左、右两个面上有分力，其余各个面为零。左面的表面力为 F_{s1}，由于六面体很小，因此可以认为同一个面上的各个点都具有相同的压强，则左表面的平均压强可以用左表面形心处的压强 p_1 来表示，则左表面的压力 F_{s1} 为

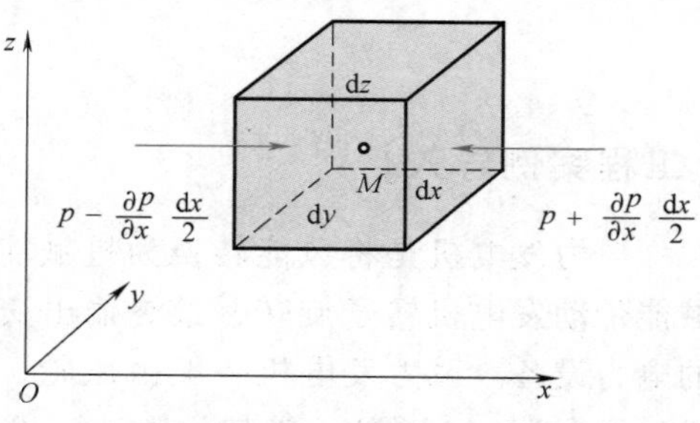

图 4-2 微团六面体受力分析

$$F_{s1}=p_1\mathrm{d}y\mathrm{d}z$$

压强 p_1 如果用中心点 M 处的压强 p 来表示，则根据泰勒级数展开，并略去二阶以上小量后，上式可表示为

$$F_{s1}=\left(p+\frac{1}{2}\frac{\partial p}{\partial x}\mathrm{d}x\right)\mathrm{d}y\mathrm{d}z \tag{4-1}$$

同理，右面的表面力 F_{s2} 为

$$F_{s2}=p_2\mathrm{d}y\mathrm{d}z$$

即

$$F_{s2}=\left(p-\frac{1}{2}\frac{\partial p}{\partial x}\mathrm{d}x\right)\mathrm{d}y\mathrm{d}z \tag{4-2}$$

则 x 方向的表面力 F_{sx} 为

$$F_{sx}=-F_{s1}+F_{s2} \tag{4-3}$$

将式（4-1）、式（4-2）代入式（4-3）得

$$F_{sx}=-\frac{\partial p}{\partial x}\mathrm{d}x\mathrm{d}y\mathrm{d}z \tag{4-4}$$

2. 质量力

设流体微团所受的质量力为 $\Delta\boldsymbol{F}=\Delta m\cdot\boldsymbol{f}=\rho\mathrm{d}x\mathrm{d}y\mathrm{d}z(f_x\boldsymbol{i}+f_y\boldsymbol{j}+f_z\boldsymbol{k})$，其中 $\boldsymbol{f}$ 为流体所受的单位质量力，f_x、f_y、f_z 为单位质量力在三个坐标方向的分量。流体微团所受质量力在 x 轴方向的分量为 $\rho f_x\mathrm{d}x\mathrm{d}y\mathrm{d}z$。

3. 方程推导

根据牛顿第二定律，作用在流体微团上各种力的代数和应等于流体微团的质量与加速度的乘积。对 x 方向有

$$\rho \mathrm{d}x\mathrm{d}y\mathrm{d}z \frac{\mathrm{d}v_x}{\mathrm{d}t} = \rho f_x \mathrm{d}x\mathrm{d}y\mathrm{d}z + F_{sx}$$

则
$$\rho \mathrm{d}x\mathrm{d}y\mathrm{d}z \frac{\mathrm{d}v_x}{\mathrm{d}t} = \rho f_x \mathrm{d}x\mathrm{d}y\mathrm{d}z - \frac{\partial p}{\partial x}\mathrm{d}x\mathrm{d}y\mathrm{d}z$$

上式两边同除以 $\rho \mathrm{d}x\mathrm{d}y\mathrm{d}z$ 得

$$\frac{\mathrm{d}v_x}{\mathrm{d}t} = f_x - \frac{1}{\rho}\frac{\partial p}{\partial x}$$

其余两个方向的方程同理可得，即

$$\left.\begin{aligned} f_x - \frac{1}{\rho}\frac{\partial p}{\partial x} = \frac{\mathrm{d}v_x}{\mathrm{d}t} \\ f_y - \frac{1}{\rho}\frac{\partial p}{\partial y} = \frac{\mathrm{d}v_y}{\mathrm{d}t} \\ f_z - \frac{1}{\rho}\frac{\partial p}{\partial z} = \frac{\mathrm{d}v_z}{\mathrm{d}t} \end{aligned}\right\} \tag{4-5}$$

矢量式为
$$\boldsymbol{f} - \frac{1}{\rho}\nabla p = \frac{\mathrm{d}\boldsymbol{v}}{\mathrm{d}t} \tag{4-6}$$

式（4-5）和式（4-6）就是理想流体的运动微分方程，又称欧拉运动微分方程。此方程是研究理想流体各种运动规律的基础，对可压缩及不可压缩理想流体的定常流或非定常流都适用。欧拉运动微分方程中的每一项都表示单位质量流体所受的力，$\boldsymbol{f}$ 为单位质量流体所受的质量力，$\frac{1}{\rho}\nabla p$ 为单位质量流体所受到的总压力，$\frac{\mathrm{d}\boldsymbol{v}}{\mathrm{d}t}$为单位质量流体所受的惯性力。

二、欧拉运动微分方程的葛罗米柯-兰姆形式（一）

欧拉运动微分方程是描述理想流体运动的基本方程，但方程中只有表示移动的线速度 v_x、v_y、v_z，而没有表示旋转运动的角速度，因而无法从方程来判断流动是否有旋。为此，对欧拉运动微分方程进行变换，式（4-5）可以写成

$$\left.\begin{aligned} f_x - \frac{1}{\rho}\frac{\partial p}{\partial x} = \frac{\partial v_x}{\partial t} + v_x\frac{\partial v_x}{\partial x} + v_y\frac{\partial v_x}{\partial y} + v_z\frac{\partial v_x}{\partial z} \\ f_y - \frac{1}{\rho}\frac{\partial p}{\partial y} = \frac{\partial v_y}{\partial t} + v_x\frac{\partial v_y}{\partial x} + v_y\frac{\partial v_y}{\partial y} + v_z\frac{\partial v_y}{\partial z} \\ f_z - \frac{1}{\rho}\frac{\partial p}{\partial z} = \frac{\partial v_z}{\partial t} + v_x\frac{\partial v_z}{\partial x} + v_y\frac{\partial v_z}{\partial y} + v_z\frac{\partial v_z}{\partial z} \end{aligned}\right\} \tag{4-7}$$

矢量式为
$$\boldsymbol{f} - \frac{1}{\rho}\nabla p = \frac{\partial \boldsymbol{v}}{\partial t} + (\boldsymbol{v}\cdot\nabla)\boldsymbol{v} \tag{4-8}$$

将式（4-7）第一式的右边加减 $v_y(\partial v_y/\partial x)$ 和 $v_z(\partial v_z/\partial x)$ 并重新加以组合，再引入式（3-45），得

$$\begin{aligned} \frac{\mathrm{d}v_x}{\mathrm{d}t} &= \frac{\partial v_x}{\partial t} + v_x\frac{\partial v_x}{\partial x} + v_y\frac{\partial v_y}{\partial x} + v_z\frac{\partial v_z}{\partial x} + v_y\left(\frac{\partial v_x}{\partial y} - \frac{\partial v_y}{\partial x}\right) + v_z\left(\frac{\partial v_x}{\partial z} - \frac{\partial v_z}{\partial x}\right) \\ &= \frac{\partial v_x}{\partial t} + \frac{\partial}{\partial x}\left(\frac{v_x^2 + v_y^2 + v_z^2}{2}\right) + 2(v_z\omega_y - v_y\omega_z) \end{aligned}$$

即
$$\frac{\mathrm{d}v_x}{\mathrm{d}t}=\frac{\partial v_x}{\partial t}+\frac{\partial}{\partial x}\left(\frac{v^2}{2}\right)+2(v_z\omega_y-v_y\omega_z)$$
因而可得下面第一式，同理可以得另外两式，即
$$\left.\begin{aligned}f_x-\frac{1}{\rho}\frac{\partial p}{\partial x}&=\frac{\partial v_x}{\partial t}+\frac{\partial}{\partial x}\left(\frac{v^2}{2}\right)+2(v_z\omega_y-v_y\omega_z)\\f_y-\frac{1}{\rho}\frac{\partial p}{\partial y}&=\frac{\partial v_y}{\partial t}+\frac{\partial}{\partial y}\left(\frac{v^2}{2}\right)+2(v_x\omega_z-v_z\omega_x)\\f_z-\frac{1}{\rho}\frac{\partial p}{\partial z}&=\frac{\partial v_z}{\partial t}+\frac{\partial}{\partial z}\left(\frac{v^2}{2}\right)+2(v_y\omega_x-v_x\omega_y)\end{aligned}\right\}\tag{4-9}$$
矢量式为
$$\boldsymbol{f}-\frac{1}{\rho}\nabla p=\frac{\partial \boldsymbol{v}}{\partial t}+\nabla\left(\frac{v^2}{2}\right)+2(\boldsymbol{\omega}\times\boldsymbol{v})$$
或
$$\boldsymbol{f}-\frac{1}{\rho}\nabla p=\frac{\partial \boldsymbol{v}}{\partial t}+\nabla\left(\frac{v^2}{2}\right)+(\nabla\times\boldsymbol{v})\times\boldsymbol{v}\tag{4-10}$$
式（4-10）称为葛罗米柯-兰姆运动微分方程。这个方程可以显示出流体流动是有旋的还是无旋的。若流动是无旋的，右边第三项为零；若流动是有旋的，则右边第三项不等于零。

三、欧拉运动微分方程的葛罗米柯-兰姆形式（二）

为了便于对欧拉微分运动方程进行积分，给出了葛罗米柯-兰姆运动微分方程的另一种形式。假设：

1）流动为定常流动，则有
$$\frac{\partial v_x}{\partial t}=\frac{\partial v_y}{\partial t}=\frac{\partial v_z}{\partial t}=0,\ \frac{\partial \rho}{\partial t}=0$$

2）作用在流体上的质量力有势，则存在着力势函数 W，使得
$$f_x=-\frac{\partial W}{\partial x},\quad f_y=-\frac{\partial W}{\partial y},\quad f_z=-\frac{\partial W}{\partial z}$$

3）流体为正压流体。所谓正压流体就是密度只是压强的函数 $\rho=f(p)$。这时存在一个压力函数 P_F，定义为
$$P_F=\int\frac{\mathrm{d}p}{f(p)}$$
它对三个坐标的偏导数为
$$\frac{\partial P_F}{\partial x}=\frac{1}{\rho}\frac{\partial p}{\partial x},\qquad \frac{\partial P_F}{\partial y}=\frac{1}{\rho}\frac{\partial p}{\partial y},\qquad \frac{\partial P_F}{\partial z}=\frac{1}{\rho}\frac{\partial p}{\partial z}$$
如果流体为不可压缩均质流体，ρ 等于常数，则
$$P_F=\frac{p}{\rho}$$
如果是等温（$T=T_0$）流动中的可压缩流体，$\rho=p/R_gT_0$，则
$$P_F=R_gT_0\ln p\tag{4-11}$$
如果是绝热流动中的可压缩流体，$\rho=cp^{\frac{1}{\kappa}}$，则

$$P_F = \frac{\kappa}{\kappa - 1} \frac{p}{\rho} \tag{4-12}$$

在这三个条件下，葛罗米柯-兰姆运动微分方程可简化为

$$\left.\begin{aligned}
\frac{\partial}{\partial x}\left(W + P_F + \frac{v^2}{2}\right) &= -2(v_z\omega_y - v_y\omega_z) \\
\frac{\partial}{\partial y}\left(W + P_F + \frac{v^2}{2}\right) &= -2(v_x\omega_z - v_z\omega_x) \\
\frac{\partial}{\partial z}\left(W + P_F + \frac{v^2}{2}\right) &= -2(v_y\omega_x - v_x\omega_y)
\end{aligned}\right\} \tag{4-13}$$

四、欧拉运动微分方程在曲线坐标系中的形式

欧拉运动微分方程在柱坐标系（r，θ，z）中的表达式为

$$\left.\begin{aligned}
\frac{\partial v_r}{\partial t} + v_r\frac{\partial v_r}{\partial r} + \frac{v_\theta}{r}\frac{\partial v_r}{\partial \theta} + v_z\frac{\partial v_r}{\partial z} - \frac{v_\theta^2}{r} &= f_r - \frac{1}{\rho}\frac{\partial p}{\partial r} \\
\frac{\partial v_\theta}{\partial t} + v_r\frac{\partial v_\theta}{\partial r} + \frac{v_\theta}{r}\frac{\partial v_\theta}{\partial \theta} + v_z\frac{\partial v_\theta}{\partial z} + \frac{v_\theta v_r}{r} &= f_\theta - \frac{1}{\rho r}\frac{\partial p}{\partial \theta} \\
\frac{\partial v_z}{\partial t} + v_r\frac{\partial v_z}{\partial r} + \frac{v_\theta}{r}\frac{\partial v_z}{\partial \theta} + v_z\frac{\partial v_z}{\partial z} &= f_z - \frac{1}{\rho}\frac{\partial p}{\partial z}
\end{aligned}\right\} \tag{4-14}$$

欧拉运动微分方程在球坐标系（R，θ，β）中的表达式为

$$\left.\begin{aligned}
\frac{\mathrm{d}v_R}{\mathrm{d}t} - \frac{v_\theta}{R} - \frac{v_\beta^2}{R} &= f_R - \frac{1}{\rho}\frac{\partial p}{\partial R} \\
\frac{\mathrm{d}v_\theta}{\mathrm{d}t} + \frac{v_\theta v_R}{R} - \frac{v_\beta^2}{R}\cot\theta &= f_\theta - \frac{1}{\rho R}\frac{\partial p}{\partial \theta} \\
\frac{\mathrm{d}v_\beta}{\mathrm{d}t} + \frac{v_R v_\beta}{R} + \frac{v_\theta v_\beta}{R}\cot\theta &= f_\beta - \frac{1}{\rho R\sin\theta}\frac{\partial p}{\partial \beta}
\end{aligned}\right\} \tag{4-15}$$

式（4-15）中速度投影的全微分可展开为

$$\frac{\mathrm{d}}{\mathrm{d}t} = \frac{\partial}{\partial t} + v_R\frac{\partial}{\partial R} + \frac{v_\theta}{R}\frac{\partial}{\partial \theta} + \frac{v_\beta}{R\sin\theta}\frac{\partial}{\partial \beta} \tag{4-16}$$

第二节 伯努利方程

欧拉运动微分方程是描述理想流体运动的基本方程，用来解决实际流动问题时，必须对其进行积分。欧拉运动微分方程积分时，只在一些特殊的条件下，才有解析解。本节讨论欧拉运动微分方程的伯努利积分和欧拉积分。根据欧拉运动微分方程的葛罗米柯-兰姆形式（二）假设的三个前提条件，在不同限定条件下积分，便可以得到伯努利积分和欧拉积分。

一、伯努利积分

伯努利积分中在前三个限定条件下，再加一个沿流线求积分的条件。现将式（4-13）中的三式等号左右两边依次分别乘以流线上任一微元线段 $\mathrm{d}\boldsymbol{l}$ 的三个轴向分量 $\mathrm{d}x$、$\mathrm{d}y$ 和 $\mathrm{d}z$，得

$$\left.\begin{aligned}\frac{\partial}{\partial x}\left(W+P_F+\frac{v^2}{2}\right)\mathrm{d}x=-2(v_z\omega_y-v_y\omega_z)\mathrm{d}x\\\frac{\partial}{\partial y}\left(W+P_F+\frac{v^2}{2}\right)\mathrm{d}y=-2(v_x\omega_z-v_z\omega_x)\mathrm{d}y\\\frac{\partial}{\partial z}\left(W+P_F+\frac{v^2}{2}\right)\mathrm{d}z=-2(v_y\omega_x-v_x\omega_y)\mathrm{d}z\end{aligned}\right\}\tag{4-17}$$

由于是定常流动，流场中的流线与迹线重合，因此，$\mathrm{d}x$、$\mathrm{d}y$ 和 $\mathrm{d}z$ 就是在 $\mathrm{d}t$ 时间内流体质点的位移 $\mathrm{d}\boldsymbol{l}=\boldsymbol{v}\mathrm{d}t$ 在三个轴向的分量，即 $\mathrm{d}x$、$\mathrm{d}y$ 和 $\mathrm{d}z$，然后将三式相加，右边恰好等于零。于是式（4-17）成为

$$\frac{\partial}{\partial x}\left(W+P_F+\frac{v^2}{2}\right)\mathrm{d}x+\frac{\partial}{\partial y}\left(W+P_F+\frac{v^2}{2}\right)\mathrm{d}y+\frac{\partial}{\partial z}\left(W+P_F+\frac{v^2}{2}\right)\mathrm{d}z=0$$

即

$$\mathrm{d}\left(W+P_F+\frac{v^2}{2}\right)=0$$

积分后，得

$$\left(W+P_F+\frac{v^2}{2}\right)=C_l\tag{4-18}$$

式中，C_l 为积分常数，仅适用于同一流线，称为流线常数。

式（4-18）称为伯努利积分，它是正压理想流体在有势的质量力作用下定常有旋流动时沿同一流线的积分。

二、欧拉积分

欧拉积分在前三个限定条件下，再加一个无旋的限定条件，则 $\omega_x=\omega_y=\omega_z=0$，于是式（4-17）中，等号右边等于零，即

$$\left.\begin{aligned}\frac{\partial}{\partial x}\left(W+P_F+\frac{v^2}{2}\right)=0\\\frac{\partial}{\partial y}\left(W+P_F+\frac{v^2}{2}\right)=0\\\frac{\partial}{\partial z}\left(W+P_F+\frac{v^2}{2}\right)=0\end{aligned}\right\}$$

将上面方程组中三式依次分别乘以流场中任意微元线段 $\mathrm{d}\boldsymbol{l}$ 的三个轴向分量 $\mathrm{d}x$、$\mathrm{d}y$ 和 $\mathrm{d}z$，相加后再积分，得

$$W+P_F+\frac{v^2}{2}=C_T\tag{4-19}$$

式中，C_T 为积分常数，为强调它在整个流场中处处适用，称为通用常数。

式（4-19）称为欧拉积分，它是正压理想流体在有势的质量力作用下定常无旋流动时的积分。

三、重力作用下的伯努利方程

如果质量力仅仅是重力，重力的方向垂直向下，而取 z 轴垂直向上，则 $W=gz$。对于不

可压缩均质流体，ρ 为常数，则 $P_F=p/\rho$，将 W、P_F 表达式代入式（4-18）或式（4-19），便得伯努利方程

$$z+\frac{p}{\rho g}+\frac{v^2}{2g}=C \tag{4-20a}$$

$$gz+\frac{p}{\rho}+\frac{v^2}{2}=C \tag{4-20b}$$

这是重力作用下，理想不可压缩流体定常流动的伯努利方程。对有旋流场，仅沿流线适用，而对无旋流场即有势流动的情况下，则对整个流场都适用。伯努利方程本身很简单，但却是流体力学中十分重要的基本方程之一。

四、伯努利方程的意义

1. 几何意义

伯努利方程式（4-20a）每一项的量纲都与长度的量纲相同，都表示某一个高度。

z 表示所研究点相对某一基准面的几何高度，又称为位置水头。

$p/(\rho g)$ 表示在所研究点处，压强相当的液柱高度，又称为测压管高度，或称为压强水头。

$v^2/(2g)$ 表示所研究点处速度大小的高度，称为测速管高度，或称为速度水头。

伯努利方程表明重力作用下不可压缩理想流体定常流动，几何高度、测压管高度和测速管高度之和为一常数，或位置水头、压强水头和速度水头之和即总水头为一常数。对于有旋流动，同一条流线上各点的总水头不变，不同的流线具有不同的总水头。如果流动无旋，则对流场任意各点总水头均相同，为一相对某一基准面的水平面，如图 4-3 所示。

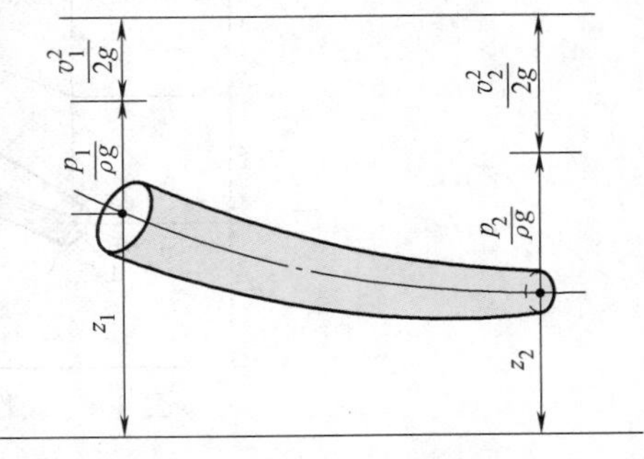

图 4-3 理想流体伯努利方程的各种水头

2. 能量意义

伯努利方程式（4-20b）的每一项都表示单位质量流体具有的能量。

gz 表示单位质量流体对某一基准面具有的位置势能。

p/ρ 表示单位质量流体具有的压强势能，即由于流体压强存在，可以使流体上升至一定高度称为压强势能。

$v^2/2$ 表示单位质量流体具有的动能。

伯努利方程表示单位质量流体所具有的位能、压强能和动能之和即总机械能（即总水头）为一常数。对于有旋流动，同一条流线上各点的单位质量流体的总机械能相同，流动过程中其位能、压强能和动能之间相互转换。不同的流线，具有不同的单位质量总机械能。如果流动无旋，则对流场任意点单位质量流体的总机械能均相同。因此，伯努利方程又称能量守恒方程，简称能量方程。

五、重力作用下黏性流体微元流束伯努利方程

根据能量守恒的观点，可以将伯努利方程从理想流体推广至黏性流体。

黏性流体在运动时会引起能量的消耗，机械能转变为热能。根据能量守恒定律，对于重力作用下的不可压缩流体定常流动，在运动过程中单位质量流体的位能、压强能、动能及损失的能量之和，应该等于在运动开始时单位质量流体的位能、压强能和动能之和，即

$$gz_1+\frac{p_1}{\rho}+\frac{v_1^2}{2}=gz_2+\frac{p_2}{\rho}+\frac{v_2^2}{2}+gh'_{\mathrm{w}} \tag{4-21}$$

式中，gh'_{w}则表示单位质量黏性流体沿着流线从 1 点到 2 点流动时克服摩擦阻力所做的功，式（4-21）就是黏性流体微元流束的伯努利方程。

六、黏性流体定常总流的伯努利能量方程

实际工程的管路或渠道中的流动，都是有限断面的总流。因此，应该将微元流束的伯努利方程推广到总流中去。图 4-4 所示为黏性流体的总流，1—1 和 2—2 为两个过流断面。任取一微元流管，其流管的两个微元断面为 $\mathrm{d}A_{1i}$ 和 $\mathrm{d}A_{2i}$，其中的微元流束为 i，当不可压缩黏性流体做定常流动，且质量力只有重力作用时，列出微元流束中单位质量流体在 1—1 和 2—2 过流断面之间的伯努利方程，得

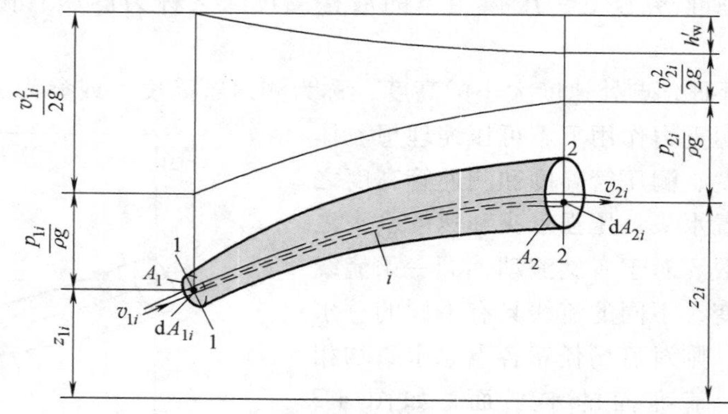

图 4-4 黏性流体总流伯努利方程的各种水头

$$gz_{1i}+\frac{p_{1i}}{\rho}+\frac{v_{1i}^2}{2}=gz_{2i}+\frac{p_{2i}}{\rho}+\frac{v_{2i}^2}{2}+gh'_{\mathrm{w}} \tag{4-22a}$$

$$z_{1i}+\frac{p_{1i}}{\rho g}+\frac{v_{1i}^2}{2g}=z_{2i}+\frac{p_{2i}}{\rho g}+\frac{v_{2i}^2}{2g}+h'_{\mathrm{w}} \tag{4-22b}$$

将式（4-22a）两边乘以质量流量，单位时间内微元流束流过过流断面 1—1 和 2—2 流体的能量平衡，即

$$\left(gz_{1i}+\frac{p_{1i}}{\rho}+\frac{v_{1i}^2}{2}\right)v_{1i}\rho\mathrm{d}A_1=\left(gz_{2i}+\frac{p_{2i}}{\rho}+\frac{v_{2i}^2}{2}+gh'_{\mathrm{w}}\right)v_{2i}\rho\mathrm{d}A_2 \tag{4-23}$$

单位时间内总流流过过流断面 1—1 和 2—2 流体的总能量平衡，即

$$\int_{A_1}\left(gz_{1i}+\frac{p_{1i}}{\rho}+\frac{v_{1i}^2}{2}\right)v_{1i}\rho\mathrm{d}A_1=\int_{A_2}\left(gz_{2i}+\frac{p_{2i}}{\rho}+\frac{v_{2i}^2}{2}+gh'_{\mathrm{w}}\right)v_{2i}\rho\mathrm{d}A_2$$

为进行积分运算，有必要对流体做进一步的限制。

设所研究的两个过流断面处的流动为缓变流。若某过流断面处的流线几乎是相互平行的直线，则称流过此断面的流动为缓变流，如图 4-5 中的 A 区所示，否则称为急变流，如

图 4-5 中的 B 区所示。缓变流和急变流没有明显的界限，往往由工程需要的精度来决定。由上面的定义可见，缓变流有两个特征：

1）流线之间的夹角很小，流线间几乎是平行的。

2）流线具有很大的曲率半径，即流体具有较小的离心惯性力，可以认为，质量力只有重力。这时，在缓变流过流断面上流体压强按静压强规律分布，即 $z + p/(\rho g) = \text{const}$，如图 4-6 所示。于是，在所取的过流断面为缓变流的条件下，积分得

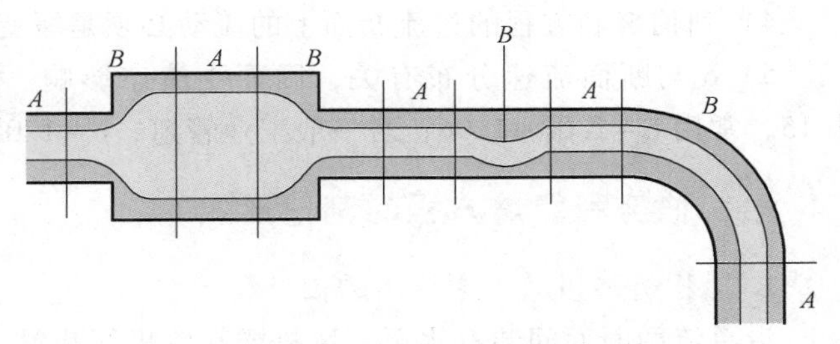

图 4-5　缓变流和急变流

A—缓变流区　B—急变流区

$$\int_A \left(gz + \frac{p}{\rho}\right) \rho v \mathrm{d}A = \left(gz + \frac{p}{\rho}\right) \rho q \tag{4-24}$$

另外，若以平均流速 $\overline{v}$ 计算单位时间内通过过流断面的流体动能，则

$$\int_A \frac{v^2}{2} \rho v \mathrm{d}A = \frac{\alpha \overline{v}^2}{2} \rho q \tag{4-25}$$

式中，α 为动能修正系数。

单位时间内流体克服摩擦阻力消耗的能量 $\int_A g h'_w \rho \mathrm{d}q$ 不易通过积分确定，可令

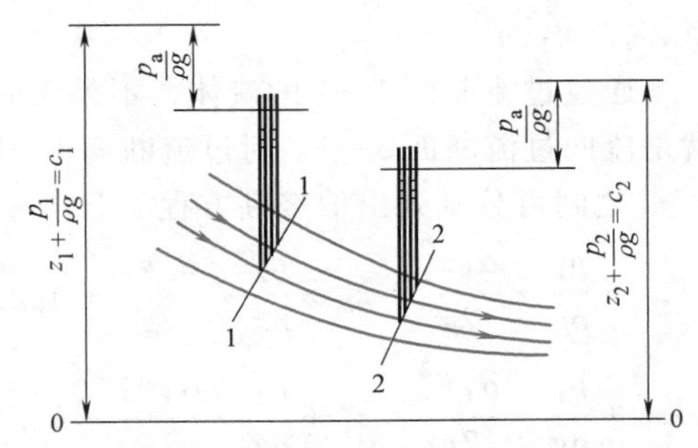

图 4-6　缓变流过流断面压力分布

$$\frac{\int_A g h'_w \rho \mathrm{d}q}{\rho q} = g h_w \tag{4-26}$$

式（4-26）为总流从过流断面 1—1 至 2—2 流动中，单位质量流体的平均能量损失，h_w 对水而言称为水头损失。实验证明，这样处理符合实际情况。

将式（4-24）~式（4-26）代入式（4-23）得

$$\left(gz_1 + \frac{p_1}{\rho} + \frac{\alpha_1 \overline{v}_1^2}{2}\right) \rho q = \left(gz_2 + \frac{p_2}{\rho} + \frac{\alpha_2 \overline{v}_2^2}{2}\right) \rho q + g h_w \rho q \tag{4-27}$$

等式两边同除以 ρq，得到重力作用下不可压缩黏性流体定常流的伯努利方程

$$gz_1 + \frac{p_1}{\rho} + \frac{\alpha_1 \overline{v}_1^2}{2} = gz_2 + \frac{p_2}{\rho} + \frac{\alpha_2 \overline{v}_2^2}{2} + g h_w \tag{4-28}$$

黏性流体总流伯努利方程每一项的能量意义与微元流束伯努利方程相同，流动中为了克服黏性摩擦阻力，总流的单位质量机械能沿流程不断减少。

总流伯努利能量方程是在一定条件下导出的，所以应用这一方程时要满足以下限制条件：

1）流动定常。

2）流体上作用的质量力只有重力。

3）流体不可压缩。

4）列伯努利方程的过流断面上的流动必须是缓变流。

5）α 与断面流速分布有关，因而受流态影响。对圆管，层流 $\alpha=2$，湍流 $\alpha\approx1.01\sim1.15$，常用 $\alpha=1.03\sim1.06$；对一般工业管道，$\alpha=1.05\sim1.1$，可以取 $\alpha\approx1$。

七、伯努利能量方程的其他形式

1. 沿程有能量输入或输出的伯努利方程

沿总流两断面间装有水泵、风机或水轮机等装置，流体流经水泵或风机时获得能量，而流经水轮机时将失去能量。设流体获得或失去的水头为 H_p，则总流的伯努利方程为

$$z_1+\frac{p_1}{\rho g}+\frac{\alpha_1\overline{v}_1^2}{2g}\pm H_p=z_2+\frac{p_2}{\rho g}+\frac{\alpha_2\overline{v}_2^2}{2g}+h_{w1-2} \tag{4-29}$$

式中，H_p 前面的正、负号，获得能量为正，失去能量为负。对水泵而言 H_p 称为扬程。

2. 沿程有分流或汇流的伯努利方程

图 4-7 所示为沿程有分流或汇流的情况。在分流情况下，$q_1=q_2+q_3$。

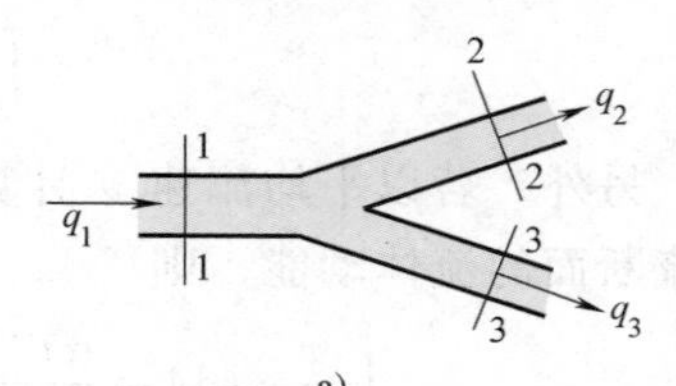

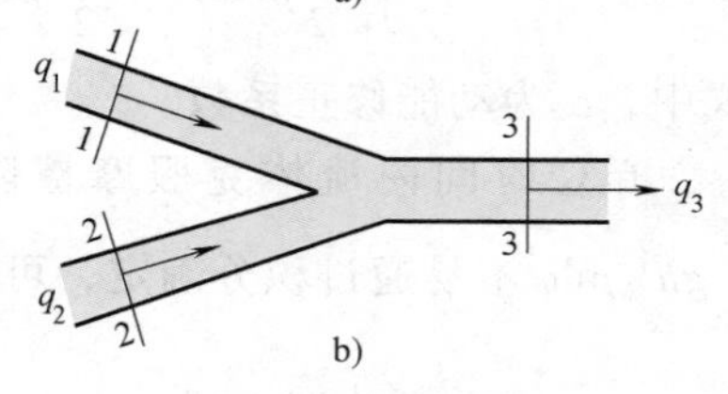

图 4-7 分流和汇流

a）分流 b）汇流

通过过流断面 1—1 的流体，不是流向过流断面 2—2，就是流向过流断面 3—3。对过流断面 1—1、2—2 及 1—1、3—3 之间可分别列出伯努利方程

$$\left.\begin{aligned}z_1+\frac{p_1}{\rho g}+\frac{\alpha_1\overline{v}_1^2}{2g}&=z_2+\frac{p_2}{\rho g}+\frac{\alpha_2\overline{v}_2^2}{2g}+h_{w1-2}\\z_1+\frac{p_1}{\rho g}+\frac{\alpha_1\overline{v}_1^2}{2g}&=z_3+\frac{p_3}{\rho g}+\frac{\alpha_3\overline{v}_3^2}{2g}+h_{w1-3}\end{aligned}\right\} \tag{4-30}$$

将式（4-30）第一、二个方程两边分别乘以 ρgq_2、ρgq_3 再相加，得总能量守恒的伯努利方程

$$\rho gq_1\left(z_1+\frac{p_1}{\rho g}+\frac{\alpha_1\overline{v}_1^2}{2g}\right)=\rho gq_2\left(z_2+\frac{p_2}{\rho g}+\frac{\alpha_2\overline{v}_2^2}{2g}+h_{w1-2}\right)+\rho gq_3\left(z_3+\frac{p_3}{\rho g}+\frac{\alpha_3\overline{v}_3^2}{2g}+h_{w1-3}\right) \tag{4-31}$$

式中各 ρg 相同，消去。

对于汇流情况 $q_1+q_2=q_3$，类似式（4-30）可对图 4-7b 中过流断面 1—1、3—3 及 2—2、3—3 之间分别列出伯努利方程，对于能量分配和流量分配很不相等的情况可用总能量守恒的伯努利方程

$$\rho gq_1\left(z_1+\frac{p_1}{\rho g}+\frac{\alpha_1\overline{v}_1^2}{2g}-h_{w1-3}\right)+\rho gq_2\left(z_2+\frac{p_2}{\rho g}+\frac{\alpha_2\overline{v}_2^2}{2g}-h_{w2-3}\right)=\rho gq_3\left(z_3+\frac{p_3}{\rho g}+\frac{\alpha_3\overline{v}_3^2}{2g}\right) \tag{4-32}$$

八、伯努利能量方程的应用

1. 皮托管

皮托管是将流体的动能转化成压强能，从而通过测压计测定流速的设备，是法国人皮托发明的，1773 年首次被用于测量塞纳河的流速。其原理为：一根弯成直角的细管，一端开

口正对着水流的流动方向，另一端的开口向上，水流的冲击使皮托管中水柱上升，如图 4-8 所示。水的流速恒定时，水柱上升的高度（$H+h$）也不变。皮托管内的流体处于平衡状态，则在管口内点 2 的速度为零，形成驻点，该驻点处的压强为 p_0，称为总压。管口外部附近未受扰动点 1 的流体流速为 v，压强为 p，称为静压。对 1、2 两点列伯努利方程可得

$$\frac{p}{\rho g}+\frac{v^2}{2g}=\frac{p_0}{\rho g} \tag{4-33}$$

或

$$p+\frac{\rho v^2}{2}=p_0$$

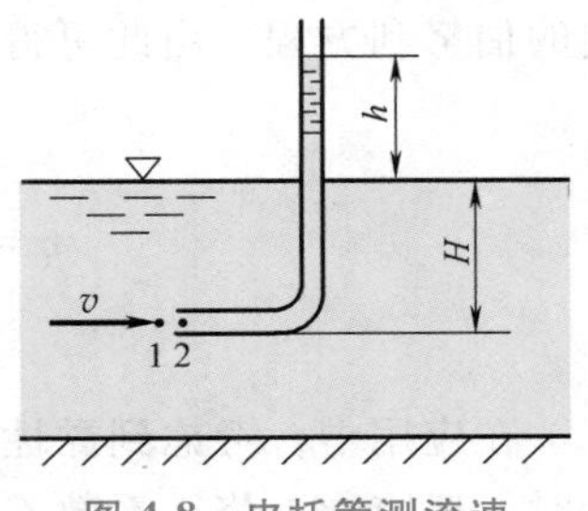

图 4-8 皮托管测流速

实际上 1、2 两点靠得很近，可以看成是皮托管口内外交界处的一个点，因此，总压 p_0 减静压 p 所得的部分 $\rho v^2/2$ 称为该点的动压。这里需要说明的是，这里的静压并非静止流体中的压强，而是流动流体中的压强，称为静压主要是区分动压 $\rho v^2/2$。利用测压计测出流动流体中某点的静压与总压，即可得到动压，从而求得流速。

$$\frac{v^2}{2g}=\frac{p_0-p}{\rho g}=\frac{1}{\rho g}[\rho g(H+h)-\rho gH]=h \tag{4-34}$$

因此，称$\frac{v^2}{2g}$为速度水头，其物理意义就更为直观了。用皮托管测得的水流速度可由式（4-34）求得，整理得

$$v=\sqrt{2g\frac{p_0-p}{\rho g}}=\sqrt{2gh} \tag{4-35}$$

由于皮托管的引入会造成流体的扰动，故精确计算时还要对速度加以修正，即

$$v=C_v\sqrt{2gh}$$

式中，C_v 称为流速系数。

测量管道中的水流或气流时，皮托管常与测压管联合使用。由式（4-35）可得

$$v=\sqrt{2g\frac{p_0-p}{\rho g}}=\sqrt{2g\frac{(\rho'-\rho)gh}{\rho g}}=\sqrt{2gh\frac{\rho'-\rho}{\rho}} \tag{4-36}$$

式中，ρ'为测压计中液体的密度；ρ 为管道中的流体密度。

关于皮托管实际使用部分的内容在第七章中有进一步的详细介绍。

2. 文丘里管

文丘里管用于管道中的流量测量。如图 4-9 所示，它由收缩段、喉道和扩散段组成。测出其入口断面和最小断面处的压强差，用伯努利能量方程和连续性方程求出流量。

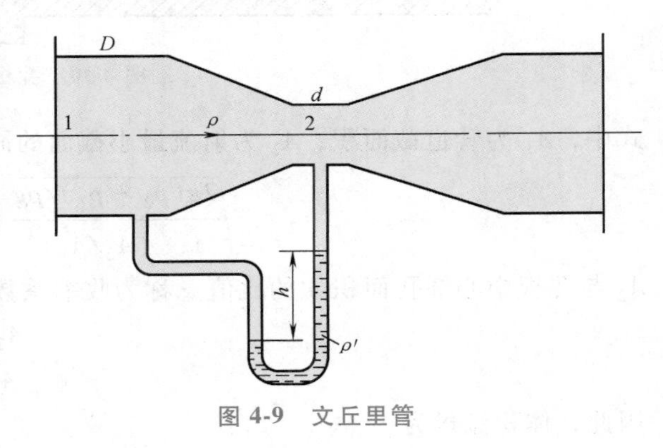

图 4-9 文丘里管

设断面 1 和断面 2 的平均速度、平均压强和断面面积分别为 $\overline{v}_1$、p_1、A_1 和 $\overline{v}_2$、p_2、A_2，流体密度为 ρ，测压计中液体密度为 ρ'。由伯努利方程和连续性方程可得

$$z_1 + \frac{p_1}{\rho g} + \frac{\alpha_1 \overline{v}_1^2}{2g} = z_2 + \frac{p_2}{\rho g} + \frac{\alpha_2 \overline{v}_2^2}{2g}$$

$$A_1 \overline{v}_1 = A_2 \overline{v}_2 = q$$

设文丘里管水平放置，则 $z_1 = z_2$，取 $\alpha_1 = \alpha_2 = 1$，由连续性方程得 $\overline{v}_1 = A_2 \overline{v}_2 / A_1$，代入上述的伯努利方程，由此可得计算流量 q 的公式

$$q = A_2 \sqrt{\frac{2g\left(\frac{p_1}{\rho g} - \frac{p_2}{\rho g}\right)}{1 - \left(\frac{A_2}{A_1}\right)^2}} = A_2 \sqrt{\frac{2gh\left(\frac{\rho'}{\rho} - 1\right)}{1 - \left(\frac{d_2}{d_1}\right)^4}} \tag{4-37}$$

在应用中，考虑到黏性引出的截面上速度分布的不均匀以及流动中的能量损失，计算流量时，还应乘上修正系数 C_q，即

$$q = C_q A_2 \sqrt{\frac{2gh\left(\frac{\rho'}{\rho} - 1\right)}{1 - \left(\frac{d_2}{d_1}\right)^4}} \tag{4-38}$$

式中，C_q 称为文丘里流量系数，由实验标定。

3. 孔板流量计

图 4-10 所示为孔板流量计，对孔板前的截面 1—1 和射流最小截面 2—2 应用总流的伯努利方程及连续性方程，得

$$\frac{p_1}{\rho g} + \frac{v_1^2}{2g} = \frac{p_2}{\rho g} + \frac{v_2^2}{2g}$$

$$v_1 A_1 = v_2 A_2$$

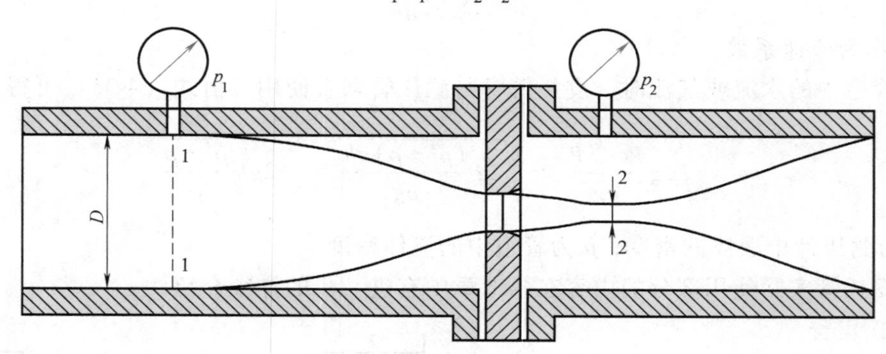

图 4-10 孔板流量计

式中，A_1 为管道截面积；A_2 为射流最小截面的面积。

$$v_2 = \sqrt{\frac{2g(p_2 - p_1)/\rho g}{1 - (A_2/A_1)^2}} = \sqrt{\frac{2(p_2 - p_1)/\rho}{1 - (A_2/A_1)^2}} \tag{4-39}$$

A_2 与孔板中心圆孔面积 A 的比值 ε 称为收缩系数，即

$$\varepsilon = \frac{A_2}{A}$$

因此，体积流量为

$$q = v_2 A_2 = \varepsilon v_2 A = \varepsilon A \sqrt{\frac{2(p_2 - p_1)/\rho}{1 - (\varepsilon A/A_1)^2}} = \mu A \sqrt{\frac{2(p_1 - p_2)}{\rho}} \tag{4-40}$$

式中，$\mu = \dfrac{\varepsilon}{\sqrt{1 - (\varepsilon A/A_1)^2}}$ 称为孔板流量计的流量系数，由实验标定。

4. 堰板流量计

堰板流量计用于测量渠道或实验水槽中的流量，如图 4-11 所示。堰板的切口形状为矩形、三角形和梯形等。

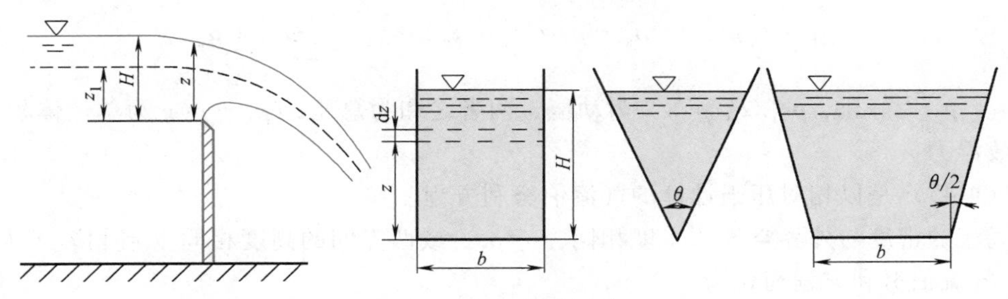

图 4-11　堰板流量计

假定水舌的压强近似等于大气压，沿任一条流线的伯努利方程为

$$z_1 + \frac{p_1}{\rho g} + \frac{v_1^2}{2g} = z + \frac{p_a}{\rho g} + \frac{u^2}{2g}$$

$p_1 = p_a + \rho g(H - z_1)$，$v_1 \approx 0$，因此有

$$u = \sqrt{2g(H - z)} \tag{4-41}$$

对矩形堰，假定堰顶水位约等于 H，流量为

$$q = b\int_0^H u\mathrm{d}z = b\int_0^H \sqrt{2g(H - z)}\,\mathrm{d}z = \frac{2}{3}\sqrt{2g}\,bH^{1.5} \tag{4-42}$$

考虑以上假设等引起的误差，引入流量系数 m，则

$$q = m\sqrt{2g}\,bH^{1.5} \qquad m = 0.35 \sim 0.5$$

对三角形堰，$q = m_s H^{2.5}$；对梯形堰，$q = m_t\sqrt{2g}\,bH^{1.5}$

九、伯努利方程的扩展

1. 气流伯努利方程

在工业通风管道、烟道中，气流在运动过程中需考虑外部大气压在不同高度的差值。

设恒定气流，密度为 ρ，外部空气密度为 ρ_a，两过流断面 1、2 上的绝对压强为 p_{1j}，p_{2j}。在进行气流计算时，通常将伯努利方程表示为压强的形式，如图 4-12 所示。

$$\rho g z_1 + p_{1j} + \frac{1}{2}\rho v_1^2 = \rho g z_2 + p_{2j} + \frac{1}{2}\rho v_2^2 + p_w \tag{4-43}$$

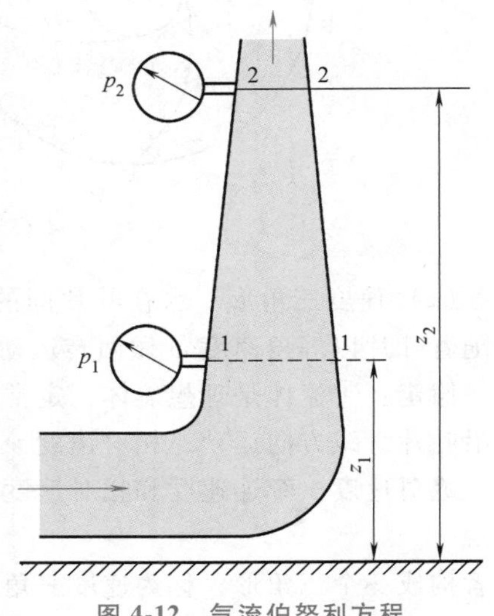

图 4-12　气流伯努利方程

式中，p_w 为压强损失，$p_w=\rho g h_w$。

实际工程测量中，断面 1、2 所测的压强为相对压强，式（4-43）用相对压强表示。即

$$\left.\begin{aligned} p_{1j} &= p_1 + p_a \\ p_{2j} &= p_2 + p_a - \rho_a g(z_2 - z_1) \end{aligned}\right\} \tag{4-44}$$

式中，p_1、p_2 为相对压强；p_a 为大气压强（z_1 处）；$p_a-\rho_a g(z_2-z_1)$ 为 z_2 处的大气压强。

将式（4-44）代入式（4-43）可得

$$p_1 + \frac{1}{2}\rho v_1^2 + (\rho_a - \rho)g(z_2 - z_1) = p_2 + \frac{1}{2}\rho v_2^2 + p_w \tag{4-45}$$

式中，p_1、p_2 为静压，$\rho v_1^2/2$、$\rho v_2^2/2$ 为动压，两者之和为总压；$(\rho_a-\rho)g$ 为单位体积气体所受的有效浮力。

式（4-45）是以相对压强计算的气流伯努利方程。

当气流的密度与外界空气的密度相同，$\rho=\rho_a$，或两点间的高度相同（或相差不大）时，$z_2\approx z_1$，气流伯努利方程简化为

$$p_1 + \frac{1}{2}\rho v_1^2 = p_2 + \frac{1}{2}\rho v_2^2 + p_w$$

2. 相对运动的伯努利方程

离心式叶轮机械（泵或风机）中的流体运动是一种相对运动。图 4-13 所示为流体在离心式水泵中的运动。

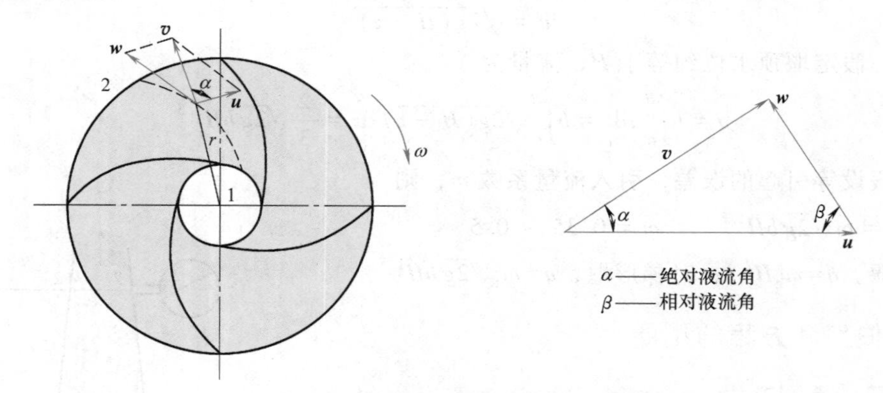

图 4-13 流体在离心式水泵中的运动

（1）速度三角形 水在叶片间的运动：水由中心向外运动，相对速度为 $\boldsymbol{w}$，同时水流又随着叶片以等角速度 ω 做回转运动，牵连速度 $\boldsymbol{u}=\omega\boldsymbol{r}$，绝对速度为 $\boldsymbol{v}$。

假定：①流体是理想流体，定常流动；②叶轮上叶片数目无穷多，叶片无厚度。水流只能沿叶片骨线方向运动，相对速度 $\boldsymbol{w}$ 与叶片骨线相切。

绝对速度、牵连速度和相对速度三者之间的关系为

$$\boldsymbol{v} = \boldsymbol{u} + \boldsymbol{w}$$

三者构成一个三角形，称为速度三角形。

（2）方程 取流线 1—2（相对流线），其欧拉运动微分方程为

$$\left.\begin{aligned}f_x-\frac{1}{\rho}\frac{\partial p}{\partial x}=\frac{\mathrm{d}w_x}{\mathrm{d}t}\\f_y-\frac{1}{\rho}\frac{\partial p}{\partial y}=\frac{\mathrm{d}w_y}{\mathrm{d}t}\\f_z-\frac{1}{\rho}\frac{\partial p}{\partial z}=\frac{\mathrm{d}w_z}{\mathrm{d}t}\end{aligned}\right\}\tag{4-46}$$

沿相对流线，式（4-46）中的速度 w_x、w_y、w_z 为相对速度。

单位质量力为

$$f_x=\omega^2x,\quad f_y=\omega^2y,\quad f_z=-g\tag{4-47}$$

将式（4-46）各式分别乘以 dx、dy、dz 再相加得

$$f_x\mathrm{d}x+f_y\mathrm{d}y+f_z\mathrm{d}z-\frac{1}{\rho}\left(\frac{\partial p}{\partial x}\mathrm{d}x+\frac{\partial p}{\partial y}\mathrm{d}y+\frac{\partial p}{\partial z}\mathrm{d}z\right)=\frac{\mathrm{d}w_x}{\mathrm{d}t}\mathrm{d}x+\frac{\mathrm{d}w_y}{\mathrm{d}t}\mathrm{d}y+\frac{\mathrm{d}w_z}{\mathrm{d}t}\mathrm{d}z\tag{4-48}$$

将式（4-47）代入式（4-48）得

$$\omega^2x\mathrm{d}x+\omega^2y\mathrm{d}y-g\mathrm{d}z-\frac{1}{\rho}\mathrm{d}p=w_x\mathrm{d}w_x+w_y\mathrm{d}w_y+w_z\mathrm{d}w_z$$

$$\frac{\omega^2\mathrm{d}r^2}{2}-g\mathrm{d}z-\frac{1}{\rho}\mathrm{d}p=\frac{1}{2}\mathrm{d}w^2$$

其中

$$\frac{\omega^2\mathrm{d}r^2}{2}=\frac{1}{2}\mathrm{d}(\omega^2r^2)=\frac{1}{2}\mathrm{d}u^2$$

$$g\mathrm{d}z+\frac{1}{\rho}\mathrm{d}p+\frac{1}{2}\mathrm{d}w^2-\frac{1}{2}\mathrm{d}u^2=0$$

$$z+\frac{p}{\rho g}+\frac{w^2}{2g}-\frac{u^2}{2g}=C$$

对流线上任意两点 1、2，有

$$z_1+\frac{p_1}{\rho g}+\frac{w_1^2}{2g}+\frac{u_2^2-u_1^2}{2g}=z_2+\frac{p_2}{\rho g}+\frac{w_2^2}{2g}\tag{4-49}$$

式中，$\dfrac{u_2^2-u_1^2}{2g}$为单位离心力对液体所做的功。

例 4-1　有一如图 4-14 所示水泵管路系统，已知：流量 $q=101\mathrm{m}^3/\mathrm{h}$，管径 $d=150\mathrm{mm}$，管路的总水头损失 $h_{\mathrm{w1-2}}=25.4\mathrm{m}$，水泵效率 $\eta=75.5\%$，试求：

1）水泵的扬程 H_p。

2）水泵的功率 P。

解　1）计算 H_p。以吸水池面为基准列断面 1—1、1—2 的能量方程（α 取 1.0）为

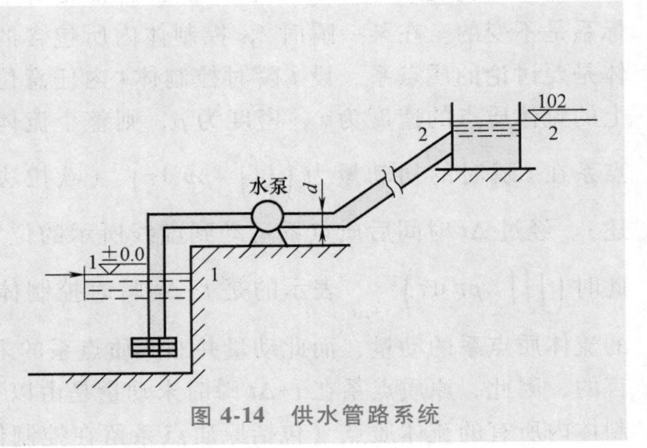

图 4-14　供水管路系统

$$z_1+\frac{p_1}{\rho g}+\frac{\overline{v}_1^2}{2g}+H_p=z_2+\frac{p_2}{\rho g}+\frac{\overline{v}_2^2}{2g}+h_{w1-2}$$

即 $0+0+0+H_p=102\text{m}+0+0+h_{w1-2}$

所以 $H_p=102\text{m}+h_{w1-2}=(102+25.4)\text{m}=127.4\text{m}$

2）计算 P。

$$P=\frac{\rho gqH_p}{\eta}=\frac{1000\times9.8\times101\times127.4}{3600\times0.755}\text{W}=46.4\times10^3\text{W}$$

第三节 动量方程和动量矩方程

将牛顿第二定律应用于理想流体微团得到欧拉运动微分方程，对其进行积分可以得到流场中压强和速度的分布。但由于数学求解上的困难，大大限制了该方程的实际应用。在很多情况下人们关心的是流体和外界的相互作用，而不必知道流体内部的压强和速度分布的详细情况，此时可将刚体力学中的动量定理应用于流体质点系，即

$$\sum \boldsymbol{F}=\frac{\mathrm{d}\left(\sum m\boldsymbol{v}\right)}{\mathrm{d}t}$$

动量定理和牛顿第二定律一样，是以质点或质点系为研究对象，在流体力学中即为拉格朗日的研究方法。针对流体质点系所列的动量方程可以改换成欧拉法来表示，即采用欧拉法选取一定空间为控制体，以控制体内的流体质点系为研究对象列动量方程，再改写成欧拉法描述的形式，这样可以求得作用在控制体内流体质点系上的外力。在工程当中经常需要解决控制体内流体对固体壁面的作用力，利用作用力与反作用力的关系可解决此类问题。因此，流体动量方程是流体力学中的重要基本方程，有着广泛的工程应用。

一、欧拉法描述的流体动量方程

在流场中选取控制体 τ，如图 4-15 中实线所示，控制体一经选定，它的形状、体积、位置相对于坐标系是不变的。在某一瞬时 t，控制体内所包含的流体是要讨论的质点系，设 t 瞬时控制体 τ 内任意位置上的流体质点的速度为 $\boldsymbol{v}$，密度为 ρ，则整个流体质点系在 t 瞬时的初动量为 $\left(\iiint_\tau \rho\boldsymbol{v}\,\mathrm{d}\tau\right)_t$（欧拉法描述）。经过 Δt 时间后质点系运动到虚线所示的位置，此时 $\left(\iiint_\tau \rho\boldsymbol{v}\,\mathrm{d}\tau\right)_{t+\Delta t}$ 表示的是 $t+\Delta t$ 瞬时控制体内

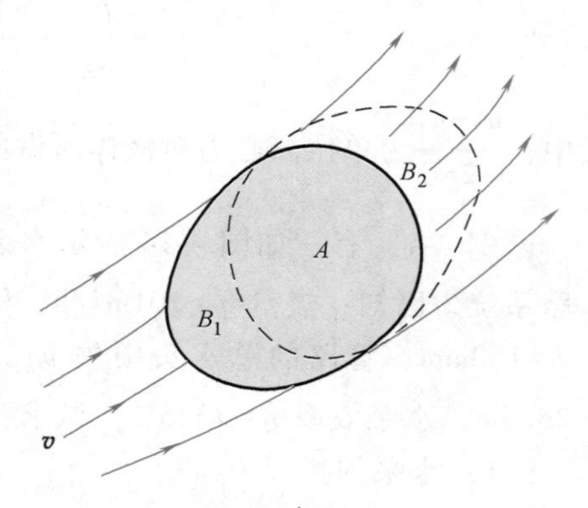

图 4-15 控制体动量方程

的流体质点系的动量，而此动量并非原质点系的末动量，由于动量定理是针对同一质点系而言的，因此，原质点系在 $t+\Delta t$ 瞬时末动量是由以下三部分动量相加减表示，即 $t+\Delta t$ 瞬时控制体内所有的流体质点（包括原质点系留在控制体内的 A 部分和新通过控制面流入控制体

的 B_1 部分）的总动量 $\left(\iiint_\tau \rho\boldsymbol{v}\,\mathrm{d}\tau\right)_{t+\Delta t}$ 减去 Δt 时间段内新通过控制面 S_1 流入控制体的新质点系 B_1 部分的动量 $\Delta t\iint_{S_1}\rho v_\mathrm{n}\boldsymbol{v}\mathrm{d}s$ 再加上原质点系通过控制面 S_2 流出控制体 B_2 部分的动量 $\Delta t\iint_{S_2}\rho v_\mathrm{n}\boldsymbol{v}\mathrm{d}s$ 。即原质点系的末动量为

$$\left(\iiint_\tau \rho\boldsymbol{v}\mathrm{d}\tau\right)_{t+\Delta t} - \Delta t\iint_{S_1}\rho v_\mathrm{n}\boldsymbol{v}\mathrm{d}s + \Delta t\iint_{S_2}\rho v_\mathrm{n}\boldsymbol{v}\mathrm{d}s = \left(\iiint_\tau \rho\boldsymbol{v}\mathrm{d}\tau\right)_{t+\Delta t} + \Delta t\oiint_S \rho v_\mathrm{n}\boldsymbol{v}\mathrm{d}s$$

式中，S_1 为控制面上有流体流入的表面；S_2 为有流体流出的表面；S 为整个控制体的表面即控制面。

针对原质点系根据动量定理则有

$$\begin{aligned}\sum \boldsymbol{F} &= \frac{\mathrm{d}(\sum m\boldsymbol{v})}{\mathrm{d}t} = \lim_{\Delta t\to 0}\frac{1}{\Delta t}\left[\left(\iiint_\tau \rho\boldsymbol{v}\mathrm{d}\tau\right)_{t+\Delta t} - \left(\iiint_\tau \rho\boldsymbol{v}\mathrm{d}\tau\right)_t + \Delta t\oiint_S \rho v_\mathrm{n}\boldsymbol{v}\mathrm{d}s\right] \\ &= \frac{\partial}{\partial t}\iiint_\tau \rho\boldsymbol{v}\mathrm{d}\tau + \oiint_S \rho v_\mathrm{n}\boldsymbol{v}\mathrm{d}s \end{aligned} \tag{4-50}$$

式（4-50）就是用欧拉法表示的动量方程，表示作用在控制体内流体上的合外力等于单位时间内净流入控制体的动量与控制体内流体动量的时间变化率之和。对于定常流动，式（4-50）可改写为

$$\sum \boldsymbol{F} = \oiint_S \rho v_\mathrm{n}\boldsymbol{v}\mathrm{d}s \tag{4-51}$$

二、一维流动的动量方程

在定常、不可压缩、一维流的情况下，动量方程可以简化，并在工程中应用广泛。

定常不可压一维流的流管如图 4-16 所示，流线方向沿 s 方向，取图中虚线所示的流管为控制体，那么总控制体表面上只有两个过流断面上有动量交换。令这两个过流断面的平均速度为 $\overline{\boldsymbol{v}}_1$、$\overline{\boldsymbol{v}}_2$，则在定常不可压缩的情况下，式（4-51）可化简为

$$\rho_2 q_2 \beta_2 \overline{\boldsymbol{v}}_2 - \rho_1 q_1 \beta_1 \overline{\boldsymbol{v}}_1 = \sum \boldsymbol{F} \tag{4-52}$$

由不可压缩流体连续性方程

$$\rho_1 q_1 = \rho_2 q_2 = \rho q$$

可得

$$\rho q(\beta_2\overline{\boldsymbol{v}}_2 - \beta_1\overline{\boldsymbol{v}}_1) = \sum \boldsymbol{F}$$

投影形式为

$$\left.\begin{aligned}\rho q(\beta_2\overline{v}_{2x} - \beta_1\overline{v}_{1x}) &= \sum F_x \\ \rho q(\beta_2\overline{v}_{2y} - \beta_1\overline{v}_{1y}) &= \sum F_y \\ \rho q(\beta_2\overline{v}_{2z} - \beta_1\overline{v}_{1z}) &= \sum F_z\end{aligned}\right\} \tag{4-53}$$

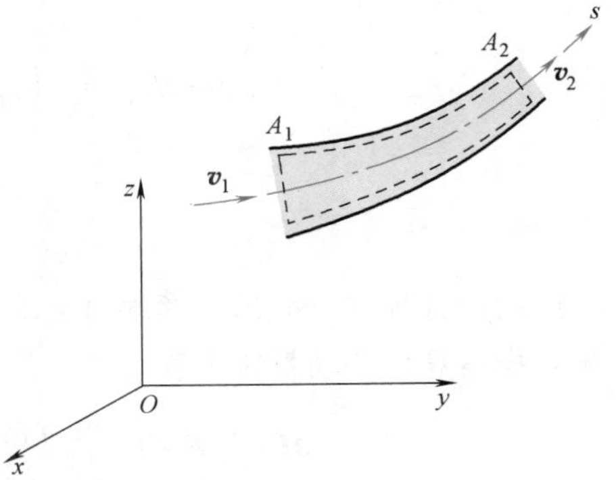

图 4-16　一维流动

式中，β 是动量修正系数，用断面平均流速代替实际流速计算动量时会引起误差，应予以修正。

应用动量方程解题时要注意以下几点：

1）动量方程是一个矢量方程，经常使用分量形式。注意外力、速度的方向问题，它们与坐标方向一致时为正，反之为负。

2）动量方程中$\sum \boldsymbol{F}$是指外界作用在流体上的力，而实际问题要求流体作用在固体上的力，解题时注意研究对象。

3）动量修正系数。对圆管，层流$\beta=1.33$，湍流$\beta=1.005\sim1.05$；对一般工业管道，$\beta=1.02\sim1.05$，若计算中要求精度不高时，为计算方便，常取$\beta=1$。

例 4-2　密度为ρ的不可压缩流体在图 4-17 所示的水平安装的收缩型弯管中流动，流体出口速度方向与进口速度方向之间的夹角为α。已知进口$\overline{v}_1$、p_1、A_1，出口p_2，A_2，求流体对弯管的作用力。

解　取进出口截面之间的空间作为控制体，由于弯管水平安装，重力在水平方向无分量，管壁对控制体内流体的作用力以F_b表示（β取 1.0）。

由于$\rho=\text{const}$，$\dfrac{\partial}{\partial t}=0$，故连续性方程可写成

$$A_1\overline{v}_1 = A_2\overline{v}_2 = q$$

由动量方程式（4-53）的第一、二式得

$$p_1A_1 + F_{bx} - p_2A_2\cos\alpha = \rho q(\overline{v}_2\cos\alpha - \overline{v}_1)$$

$$F_{by} - p_2A_2\sin\alpha = \rho q(\overline{v}_2\sin\alpha - 0)$$

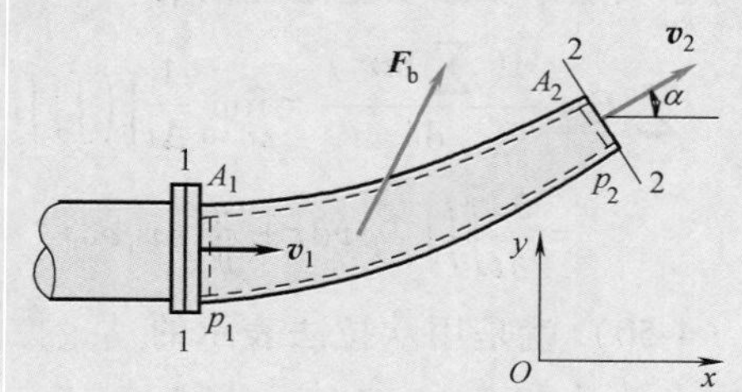

图 4-17　水平放置的收缩弯管

由连续性方程可得$\overline{v}_2=(A_1/A_2)\overline{v}_1$，代入上式可得

$$F_{bx} = p_2A_2\cos\alpha - p_1A_1 + \rho q\left(\frac{A_1}{A_2}\overline{v}_1\cos\alpha - \overline{v}_1\right)$$

$$F_{by} = p_2A_2\sin\alpha + \rho q\frac{A_1}{A_2}\overline{v}_1\sin\alpha$$

反之，流体对管壁的作用力为$\boldsymbol{F}' = F'_{bx}\boldsymbol{i} + F'_{by}\boldsymbol{j}$，其中

$$F'_{bx} = -F_{bx} = p_1A_1 - p_2A_2\cos\alpha - \rho q\left(\frac{A_1}{A_2}\overline{v}_1\cos\alpha - \overline{v}_1\right)$$

$$F'_{by} = -F_{by} = -\left(p_2A_2 + \rho q\overline{v}_1\frac{A_1}{A_2}\right)\sin\alpha$$

三、动量矩方程

用动量方程式（4-50）两端对流场中某点取矩，矢径为$\boldsymbol{r}$，即动量方程两端对矢径$\boldsymbol{r}$进行矢量积运算，得动量矩方程

$$\boldsymbol{M} = \sum \boldsymbol{F}\times\boldsymbol{r} = \frac{\partial}{\partial t}\iiint_\tau \rho(\boldsymbol{v}\times\boldsymbol{r})\,\mathrm{d}\tau + \oint\!\!\!\oint_A \rho(\boldsymbol{v}\times\boldsymbol{r})v_n\mathrm{d}A \tag{4-54}$$

$$\boldsymbol{v}_n = \boldsymbol{n}\cdot v$$

式中，$\sum\boldsymbol{F}\times\boldsymbol{r}$为控制体上合外力对该点的合力矩。

对于定常流动，得

$$\boldsymbol{M} = \iint_{A_2}\rho(\boldsymbol{v}\times\boldsymbol{r})v_n\mathrm{d}A - \iint_{A_1}\rho(\boldsymbol{v}\times\boldsymbol{r})v_n\mathrm{d}A \tag{4-55}$$

可以应用动量矩方程来推导叶轮机械的基本方程。图 4-18 所示为离心泵或风机的叶轮，流体从叶轮的内圈入口流入，经叶轮流道于外圈出口流出。流体质点进入叶轮时的绝对速度为 v_1，它是入口处的牵连速度 v_{1e} 与相对速度 v_{1r} 的合成速度。流体质点经叶轮流道流出至出口时的牵连速度为 v_{2e}，相对速度为 v_{2r}，绝对速度为 v_2。相对于匀速旋转的叶轮来讲，流道中的流动是定常的。假设流体的密度为 ρ，流过整个叶轮的流量为 q，不计重力。所取控制体为单一通道，作用在控制体上的外力有叶片对流体的作用力和内、外圈边界上的表面力。后者是径向分布，所以对转轴的力矩为零。因此，外力矩就是叶片对流道内流体的作用力对转轴的力矩，其总和为 M。

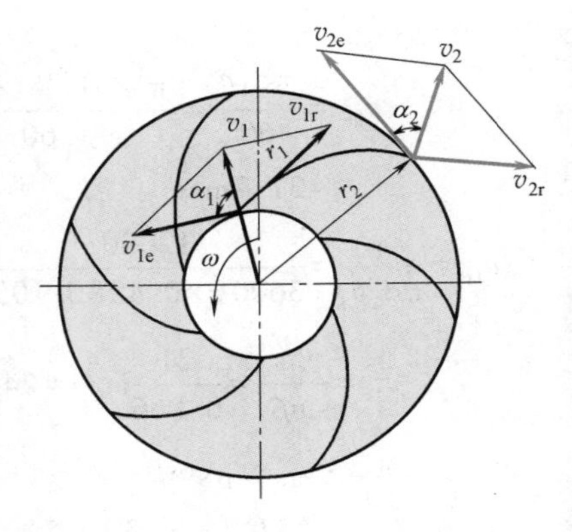

图 4-18　离心泵叶轮流道内的流动

经过整个控制面流体总动量矩应为出口流体的动量矩和入口流体的动量矩之差。假设 v_1、v_2 沿周向其数值不变，且其与切线方向的夹角 α 也是不变的，并考虑叶轮上的所有通道，由式（4-55）得

$$
\begin{aligned}
M &= \iint_{A_2} \rho v_2 r_2 \cos\alpha_2 v_{2n} \mathrm{d}A - \iint_{A_1} \rho v_1 r_1 \cos\alpha_1 v_{1n} \mathrm{d}A \\
&= \rho v_2 r_2 \cos\alpha_2 \iint_{A_2} v_{2n} \mathrm{d}A - \rho v_1 r_1 \cos\alpha_1 \iint_{A_1} v_{1n} \mathrm{d}A \\
&= \rho q (r_2 v_2 \cos\alpha_2 - r_1 v_1 \cos\alpha_1)
\end{aligned}
\tag{4-56}
$$

如果 A_1、A_2 分别代表叶轮入口的总面积与出口的总面积；$v_{1\tau}$、$v_{2\tau}$ 分别代表叶轮入口和出口的流体绝对速度沿圆周切线方向的速度分量。因假设流动都在与转轴相垂直的平面内，故力矩和动量矩矢量的方向均沿着转轴，得

$$M=\rho q(r_2 v_{2\tau} - r_1 v_{1\tau}) \tag{4-57}$$

设叶轮的角速度为 ω，则单位时间作用给流体的功（功率）为

$$P=M\omega=\rho q(v_{2e} v_{2\tau} - v_{1e} v_{1\tau}) \tag{4-58}$$

式中，v_{1e}、v_{2e} 分别为叶轮入口与出口处的牵连速度。

单位重量流体所获得的能量为

$$H=\frac{1}{g}(v_{2e} v_{2\tau} - v_{1e} v_{1\tau}) \tag{4-59}$$

这就是叶轮机械的基本方程。由这个方程可以得到流体通过叶轮时所获得的能量。所以单位重量流体所获得的能量 H 是反映叶轮机械基本性能的一个特征量。在叶轮机械的性能分析和设计中，所用到的性能曲线中各个特征量之间的关系，都是从这个基本方程推导出来的。

例 4-3　已知离心式风机叶轮的转速为 1500r/min，内径 $d_1=480\text{mm}$，入口角 $\beta_1=60°$，入口宽度 $b_1=105\text{mm}$；外径 $d_2=600\text{mm}$，出口角 $\beta_2=120°$，出口宽度 $b_2=84\text{mm}$；流量 $q=12000\text{m}^3/\text{h}$，空气密度 $\rho=1.2\text{kg/m}^3$。试求叶轮入口及出口处的牵连速度、相对速度和绝对速度，并求叶轮所能产生的理论压强（图 4-19）。

解 $v_{1e}=\dfrac{\pi d_1 n}{60}=\dfrac{\pi\times 0.48\times 1500}{60}\text{m/s}$

$=37.7\text{m/s}$

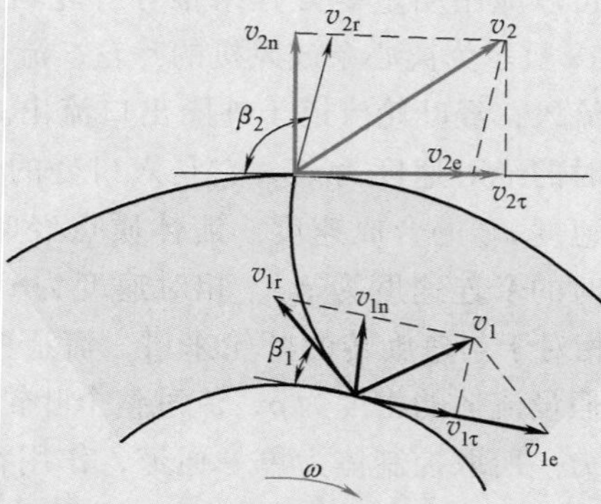

$$v_{1n}=\frac{q}{\pi d_1 b_1}=\frac{12000}{3600\pi\times 0.48\times 0.105}\text{m/s}=21\text{m/s}$$

$$v_{1r}=\frac{v_{1n}}{\sin\beta_1}=\frac{21}{0.866}\text{m/s}=24.3\text{m/s}$$

$$v_{1\tau}=v_{1e}-v_{1r}\cos\beta_1$$

$$=(37.7-24.3\times 0.5)\text{m/s}$$

$$=25.5\text{m/s}$$

图 4-19 风机叶轮进出口速度

$$v_1=\sqrt{v_{1n}^2+v_{1\tau}^2}=\sqrt{21^2+25.5^2}\text{m/s}=33\text{m/s}$$

$$v_{2e}=\frac{\pi d_2 n}{60}=\frac{\pi\times 0.6\times 1500}{60}\text{m/s}=47.1\text{m/s}$$

$$v_{2n}=\frac{q}{\pi d_2 b_2}=\frac{12000}{3600\pi\times 0.6\times 0.084}\text{m/s}=21\text{m/s}$$

$$v_{2r}=\frac{v_{2n}}{\sin(180^\circ-\beta_2)}=\frac{21}{0.866}\text{m/s}=24.3\text{m/s}$$

$$v_{2\tau}=v_{2e}+v_{2r}\cos 60^\circ=(47.1+24.3\times 0.5)\text{m/s}=59.3\text{m/s}$$

$$v_2=\sqrt{v_{2n}^2+v_{2\tau}^2}=\sqrt{21^2+59.3^2}\text{m/s}=63\text{m/s}$$

单位重量空气由叶轮入口至出口所获得的能量

$$H=\frac{1}{g}(v_{2e}v_{2\tau}-v_{1e}v_{1\tau})=\frac{47.1\times 59.3-37.7\times 25.5}{9.81}\text{m 空气柱}=187\text{m 空气柱}$$

叶轮所能产生的理论压强为

$$p=\rho g H=1.2\times 9.81\times 187\text{Pa}=2201.4\text{Pa}$$

习　题

4-1 一通风机，如图 4-20 所示，吸风量 $q=4.35\text{m}^3/\text{s}$，吸风管直径 $d=0.3\text{m}$，空气的密度 $\rho=1.29\text{kg/m}^3$。试求：该通风机进口处的真空度 p_v（不计损失）。

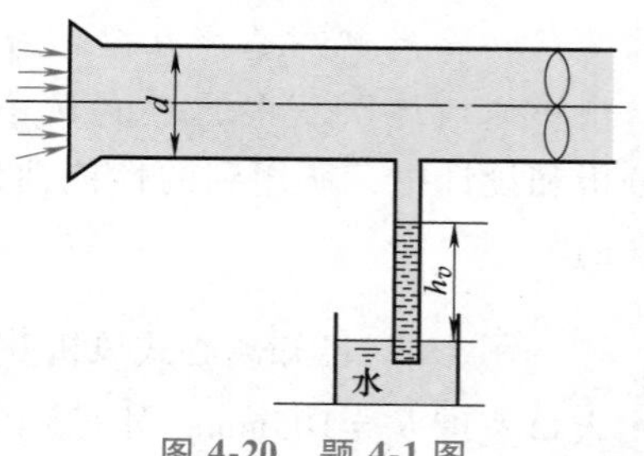

图 4-20 题 4-1 图

4-2 如图 4-21 所示，有一管路，A、B 两点的高差 $\Delta z=1\text{m}$，点 A 处直径 $d_A=0.25\text{m}$，压强 $p_A=7.84\times 10^4\text{Pa}$，点 B 处直径 $d_B=0.5\text{m}$，压强 $p_B=4.9\times 10^4\text{Pa}$，断面平均流速 $\overline{v}_B=1.2\text{m/s}$。试求：断面平均流速 $\overline{v}_A$ 和管中水流方向。

4-3 图 4-22 所示为水泵吸水管装置，已知：管径 $d=0.25\text{m}$，水泵进口处的真空度 $p_v=4\times 10^4\text{Pa}$，底阀的局部水头损失为 $8\dfrac{v^2}{2g}$，水泵进口以前的沿程水头损失为 $0.2\dfrac{v^2}{2g}$，

弯管中局部水头损失为 $0.3\dfrac{v^2}{2g}$。试求：

1）水泵的流量 q。

2）管中 1—1 断面处的相对压强。

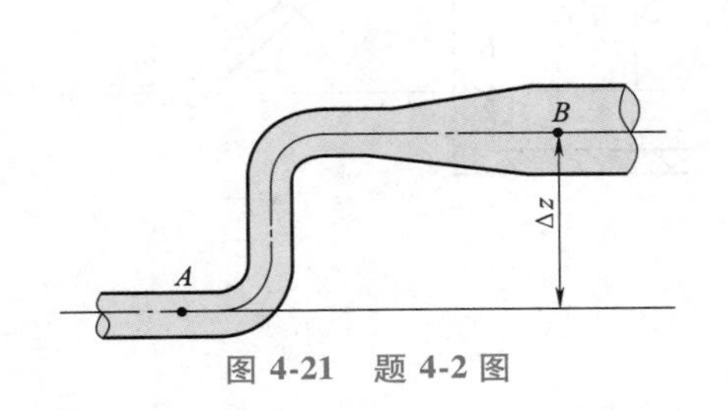

图 4-21　题 4-2 图

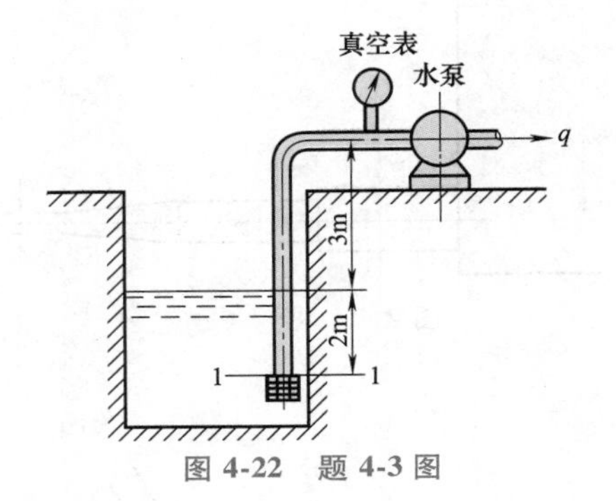

图 4-22　题 4-3 图

4-4　一虹吸管（图 4-23），已知：$a=1.8\text{m}$，$b=3.6\text{m}$，由水池引水至 C 端流入大气。若不计损失，设大气压的压强水头为 10m。求：

1）管中流速及 B 点的绝对压强。

2）若 B 点绝对压强的压强水头下降到 0.24m 以下时，将发生汽化，设 C 端保持不动，问欲不发生汽化，a 不能超过多少？

4-5　图 4-24 为射流泵装置简图，其原理主要是利用喷嘴处的高速水流产生真空，从而将容器中流体吸入泵内，再与射流一起流至下游。若要求在喷嘴处产生真空压强水头为 2.5m，已知：$H_2=1.5\text{m}$，$d_1=50\text{mm}$，$d_2=70\text{mm}$。求上游液面高 H_1。（不计损失）

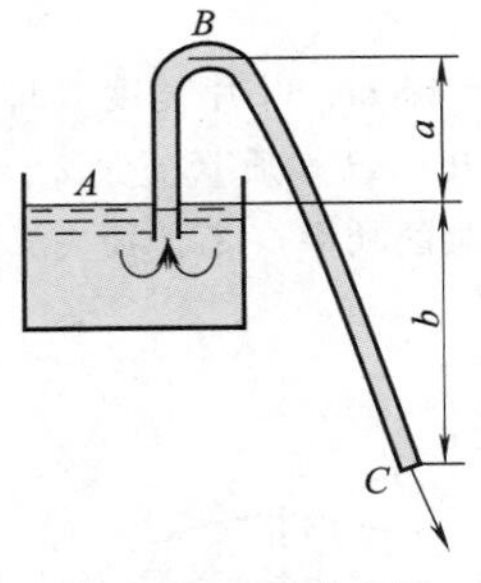

图 4-23　题 4-4 图

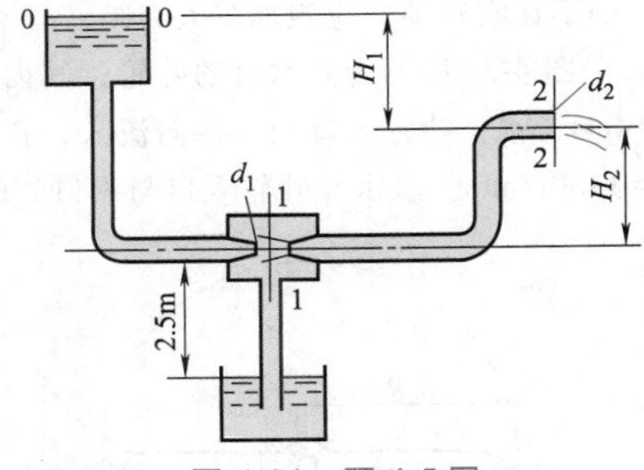

图 4-24　题 4-5 图

4-6　如图 4-25 所示，敞口水池中的水沿一截面变化的管路排出的质量流量 $q_m=14\text{kg/s}$，若 $d_1=100\text{mm}$，$d_2=75\text{mm}$，$d_3=50\text{mm}$，不计损失，求所需的水头 H，以及第二管段 M 点的压强，并绘制压强水头线。

4-7　如图 4-26 所示，虹吸管直径 $d_1=10\text{cm}$，管路末端喷嘴直径 $d_2=5\text{cm}$，$a=3\text{m}$，$b=4.5\text{m}$。管中充满水流并由喷嘴射入大气，忽略摩擦，试求 1、2、3、4 点的表压强。

4-8　如图 4-27 所示，一射流在平面上以 $v=5\text{m/s}$ 的速度冲击一斜置平板，射流与平板之间夹角 $\alpha=60°$，射流断面积 $A=0.008\text{m}^2$，不计水流与平板之间的摩擦力。试求：

1）垂直于平板的射流作用力。

2）流量 q_1 与 q_2 之比。

4-9　如图 4-28 所示，水流经一水平弯管流入大气，已知：$d_1=100\text{mm}$，$d_2=75\text{mm}$，$\overline{v}_2=23\text{m/s}$，水的密度为 1000kg/m^3。求弯管上受到的力。（不计水头损失，不计重力）

4-10 图 4-29 所示的一洒水器，其流量恒定，$q=6\times10^{-4}\mathrm{m}^3/\mathrm{s}$，每个喷嘴的面积 $A=1.0\mathrm{cm}^2$，臂长 $R=30\mathrm{cm}$，不计阻力。求：

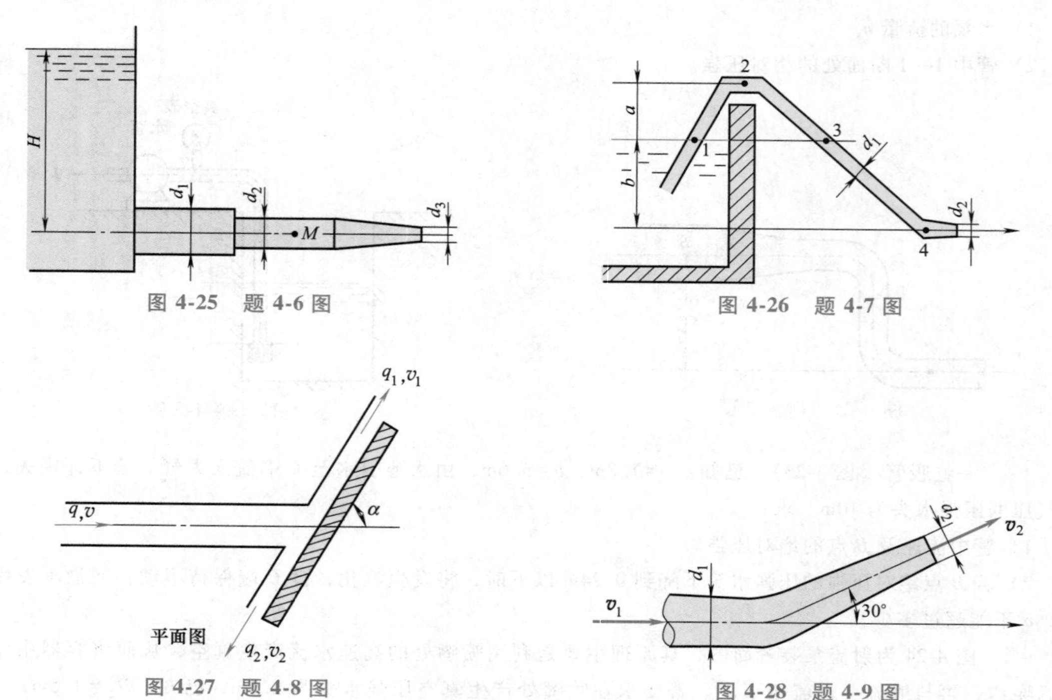

图 4-25 题 4-6 图

图 4-26 题 4-7 图

图 4-27 题 4-8 图

图 4-28 题 4-9 图

1）转速为多少？

2）如不让它转动，应施加多大力矩？

4-11 图 4-30 所示为一水泵的叶轮，其内径 $d_1=20\mathrm{cm}$，外径 $d_2=40\mathrm{cm}$，叶片宽度（即垂直于纸面方向）$b=4\mathrm{cm}$，水在叶轮入口处沿径向流入，在出口处与径向成 30°流出，已知质量流量 $q_m=92\mathrm{kg/s}$，叶轮转速 $n=1450\mathrm{r/min}$。求水在叶轮入口与出口处的流速 v_1、v_2 及输入水泵的功率（不计损失）。

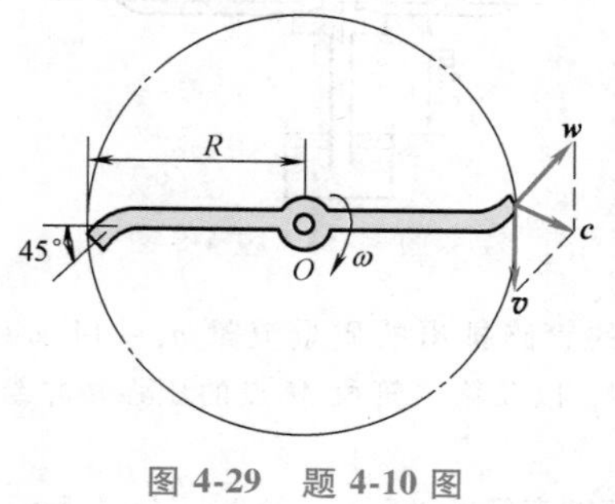

图 4-29 题 4-10 图

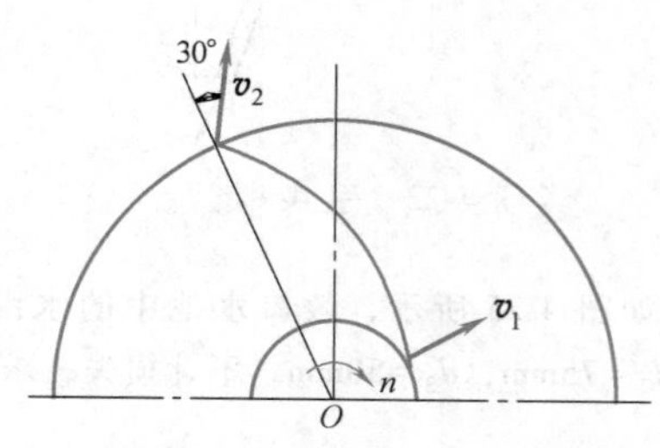

图 4-30 题 4-11 图

第五章

管路、孔口、管嘴的水力计算

【工程案例导入】

西气东输工程于2000年2月由国务院批准启动，有我国距离最长、口径最大的输气管道，该工程是仅次于长江三峡工程的又一重大投资项目，是拉开“西部大开发”序幕的标志性建设工程。西气东输一线工程西起塔里木盆地的轮南，东至上海，全线采用自动化控制，供气范围覆盖中原、华东、长江三角洲地区，东西横贯新疆、甘肃、宁夏、陕西、山西、河南、安徽、江苏、上海9个省（区、市），全长4200km。西气东输二线工程西起新疆霍尔果斯，东达上海，南抵广州，横贯中国东西两端，途经14个省（区、市），管道主干线和八条支干线全长9102km，年输气能力达300亿m^3/年，可稳定供气30年以上。西气东输三线工程途经新疆、甘肃、宁夏、陕西、河南、湖北、湖南、江西、福建、广东等10个省（区），总长度约为7378km，设计年输气量300亿m^3。其主要气源来自中亚国家，国内塔里木盆地增产气和新疆煤制气为补充气源（图5-1）。

图5-1　西气东输工程管线

西气东输长输管道设计需符合大口径管道建设的特点和要求，更新管道设计理念，减少弯头使用，方便管道施工。长距离输送管道还要因地制宜，根据需要科学地设置压气站，优选压缩机组。

流体力学也广泛应用于水利工程、动力工程、航空工程、化工工程和机械工程等领域。本章主要讲述流体力学的基本理论在工程实际中的一些应用，介绍管路、孔口、管嘴的水力计算等内容。

第一节 黏性流体的两种流动状态

黏性流体的两种流动状态

在不同的初始和边界条件下，黏性流体质点的运动会出现两种不同的运动状态，一种是所有流体质点做定向有规则的运动，另一种是做无规则不定向的混杂运动。前者称为层流状态，后者称为湍流状态。英国物理学家雷诺在 1883 年用实验首先证明了两种流态的存在，确定了流态的判别方法。

一、雷诺实验

图 5-2 所示为雷诺实验装置。实验时，利用溢水管保持水箱的水位恒定，轻轻打开玻璃管末端的节流阀 A，然后打开颜色水杯上的阀 B，向管流中注颜色水。

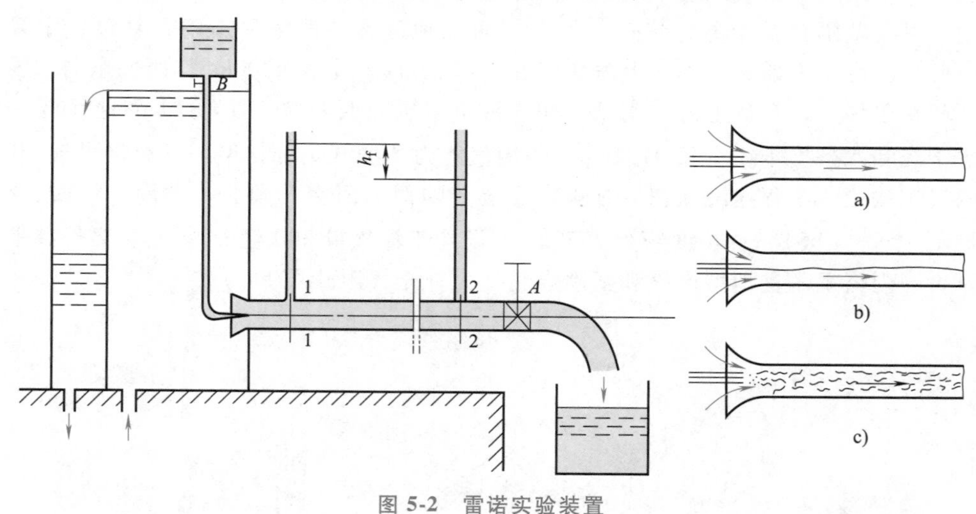

图 5-2 雷诺实验装置

a）层流 b）过渡状态 c）湍流

当玻璃管中流速较小时，可以看到颜色水在玻璃管中呈明显的直线形状，如图 5-2a 所示。颜色水的直线形状都很稳定，这说明此时整个管中的水都是做平行于轴向的流动，流体质点没有横向运动，不互相混杂，这时流动呈层流状态。

将节流阀逐渐开大，颜色水开始抖动，直线形状破坏，如图 5-2b 所示，这是一种过渡状态。节流阀开大到一定程度，也就是管中流速增大到一定程度，则颜色水不再保持完整形状，而是破裂成如图 5-2c 所示那样杂乱无章、瞬息变化的状态。这说明此时管中流体质点有剧烈的互相混杂，质点运动速度不仅在轴向而且在纵向均有不规则的脉动现象，这时流动状态呈湍流。

如果此时再将节流阀逐渐关小，紊乱现象逐渐减轻、管中流速降低到一定程度时，颜色水又恢复直线形状出现层流。

从雷诺实验看到颜色水显示出流体运动呈现层流和湍流两种流动状态，是黏性流体运动普遍存在的两种流动状态。

二、流态的判别

由雷诺实验，流体呈现何种运动状态与管径、流体的黏度以及流体的速度有关。如果管径 d 及流体运动黏度 ν 一定，则称从层流变湍流时的断面平均速度为上临界速度，以 v_c' 表示；从湍流变层流时的断面平均速度称为下临界速度，以 v_c 表示，$v_c'>v_c$。

如果管径 d 或流体运动黏度 ν 改变，则下临界速度也随之改变。但是，不论 d、ν、v_c 怎样变化，而相应的转化量纲一的数 v_cd/ν 却总是一定的。将 vd/ν 这一量纲一的数，称为雷诺数 Re，有

$$Re=\frac{vd}{\nu} \tag{5-1}$$

对应于上、下临界速度有上、下临界雷诺数

$$Re_c'=\frac{v_c'd}{\nu} \tag{5-2}$$

$$Re_c=\frac{v_cd}{\nu} \tag{5-3}$$

雷诺通过测定得知对于圆管流动，有

$$Re_c'=13800\sim40000,\qquad Re_c\approx2320$$

以上说明圆管流动的下临界雷诺数为一定值，而层流失去稳定转变为湍流的上临界雷诺数与试验时遇到的外界扰动有关。由于实际流动中扰动总是存在的，因此上临界雷诺数对于判别流态无实际意义。一般以下临界雷诺数 Re_c 作为层流与湍流流态的判别标准，即

当 $Re<2320$ 时，管中是层流；当 $Re>2320$ 时，管中是湍流。

计算雷诺数时，对于非圆形断面的管道，常以当量直径 d_e 进行计算，但对应的下临界雷诺数不同。

例 5-1 某管道直径 $d=50\text{mm}$，通过温度为 10℃ 的中等燃料油，其运动黏度 $\nu=5.16\times10^{-6}\text{m}^2/\text{s}$。试求保持层流状态的最大流量。

解 由 $Re_c=\dfrac{\bar{v}_cd}{\nu}$ 得

$$\bar{v}_c=\frac{Re_c\nu}{d}=\frac{2320\times5.16\times10^{-6}}{0.05}\text{m/s}=0.24\text{m/s}$$

所以

$$q_{max}=\bar{v}_cA=\left(\frac{\pi}{4}\times0.05^2\times0.24\right)\text{m}^3/\text{s}=4.71\times10^{-4}\text{m}^3/\text{s}$$

第二节 圆管的层流运动

圆管层流与圆管湍流

一、充分发展的圆管层流

本节讨论不可压缩黏性流体在等截面水平直圆管中的定常层流运动。

如图 5-3 所示，在圆管内取一半径为 r，长度为 l 的圆柱流束。作用在两截面中心点压强为 p_1 和 p_2，圆柱表面上的切应力为 τ，在定常流动中，作用在圆柱流束上的外力在 y 方向的投影和为零，即

$$(p_1-p_2)\pi r^2-2\pi rl\tau=0 \tag{5-4}$$

式（5-4）是圆管层流运动的基本方程。

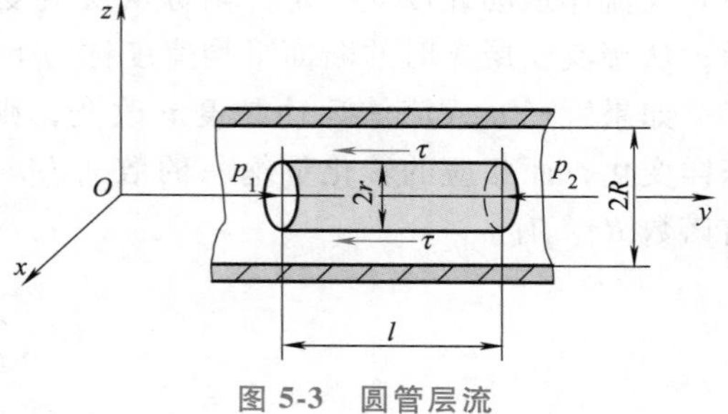

图 5-3　圆管层流

黏性流体的层流运动，应满足牛顿内摩擦定律 $\tau=-\mu\,(\mathrm{d}v/\mathrm{d}r)$，代入式（5-4），得

$$\frac{\mathrm{d}v}{\mathrm{d}r}=-\frac{p_1-p_2}{2\mu l}r=\frac{-\Delta p}{2\mu l}r \tag{5-5}$$

1. 速度分布

对式（5-5）积分，得

$$v=-\frac{\Delta p}{4\mu l}r^2+C$$

由圆管的边界条件，管壁上的速度为零，则 $r=R$ 时，$v=0$，代入上式求得积分常数 $C=\Delta pR^2/(4\mu l)$。所以

$$v=\frac{\Delta p}{4\mu l}(R^2-r^2) \tag{5-6}$$

式（5-6）为圆管层流的速度分布公式，表明断面速度沿半径 r 呈抛物线分布，如图 5-4 所示。

2. 流量和平均流速

由式（5-6）可计算通过断面的流量 q。图 5-5 中半径为 r 处宽度为 $\mathrm{d}r$ 的微小环形面积流量为 $\mathrm{d}q=2\pi rv\mathrm{d}r$，则通过断面的总流量为

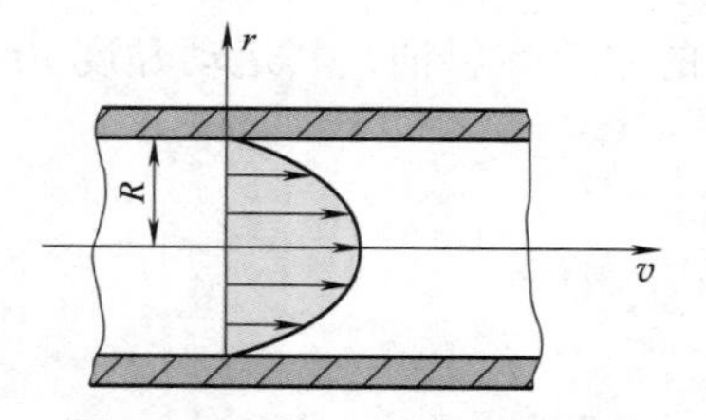

图 5-4　圆管层流的速度分布

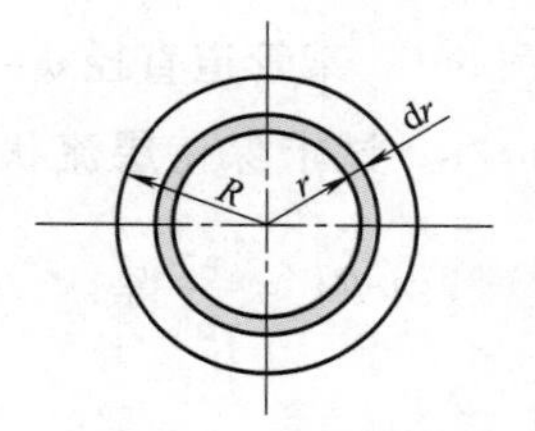

图 5-5　微小环形断面积

$$q=\int_0^R 2\pi rv\mathrm{d}r=\int_0^R\frac{\Delta p}{4\mu l}(R^2-r^2)2\pi r\mathrm{d}r$$

所以

$$q=\frac{\pi\Delta pR^4}{8\mu l}=\frac{\pi\Delta pd^4}{128\mu l} \tag{5-7}$$

管中平均流速为

$$\bar{v}=\frac{q}{A}=\frac{\pi\Delta pR^4}{8\mu l\pi R^2}=\frac{\Delta p}{8\mu l}R^2 \tag{5-8}$$

管中最大速度在 $r=0$ 处，由式(5-6) 得

$$v_{\max}=\frac{\Delta pR^2}{4\mu l} \tag{5-9}$$

因此

$$\bar{v}=\frac{1}{2}v_{\max}$$

3. 切应力

将式（5-6）代入牛顿内摩擦定律，可得圆管中的切应力分布，即

$$\tau=-\mu\frac{\mathrm{d}v}{\mathrm{d}r}=\frac{\Delta pr}{2l} \tag{5-10}$$

式（5-10）说明在圆管层流过流断面上，切应力与半径成正比，其分布规律如图 5-6 所示。

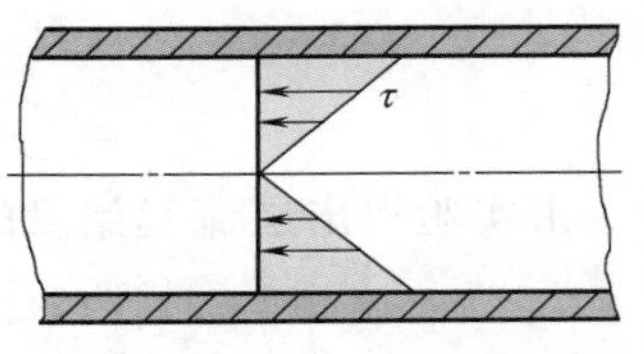

图 5-6　圆管层流的切应力分布

4. 动能及动量修正系数

因圆管层流的速度和断面平均速度已知，可计算出圆管层流的动能修正系数 α 和动量修正系数 β，即

$$\alpha=\frac{\int_A v^3\mathrm{d}A}{\bar{v}^3A}=\frac{\int_0^R\left[\frac{\Delta p}{4\mu l}(R^2-r^2)\right]^3 2\pi r\mathrm{d}r}{\left(\frac{\Delta pR^2}{8\mu l}\right)^3\pi R^2}=2$$

$$\beta=\frac{\int_A v^2\mathrm{d}A}{\bar{v}^2A}=\frac{4}{3}$$

5. 沿程损失

由伯努利方程，并考虑到等截面水平直管 $\bar{v}_1=\bar{v}_2$，$z_1=z_2$，则沿程水头损失就是管路两断面间压强水头之差，得

$$h_{\mathrm{f}}=\frac{\Delta p}{\rho g}$$

将式（5-8）代入上式，得

$$h_{\mathrm{f}}=\frac{8\mu l\bar{v}}{\rho gR^2}=\frac{64\mu}{\rho\bar{v}d}\frac{l\bar{v}^2}{2dg}=\lambda\frac{l}{d}\frac{\bar{v}^2}{2g}$$

则层流沿程阻力系数

$$\lambda = \frac{64\nu}{\bar{v}d} = \frac{64}{Re} \tag{5-11}$$

由以上讨论可看出，层流运动的沿程水头损失与断面平均流速的一次方成正比，其沿程阻力系数 λ 只与雷诺数有关，这些结论都已被实验所证实。

二、层流起始段

从大容器接出的一段长直圆管，如图 5-7 所示，层流的抛物线速度分布并不是在管道入口就形成，而是要经过一段距离的调整后，在流体黏性的作用下才能形成的，这段距离称为层流起始段 l'。

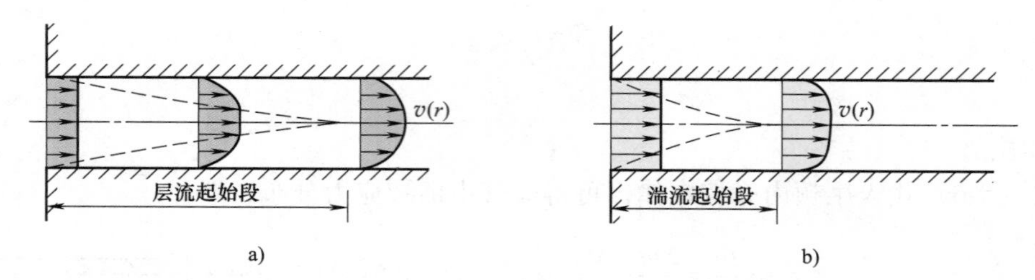

图 5-7 层流和湍流起始段

由实验得出层流起始段的长度经验公式为

$$\frac{l'}{d} = 0.02875Re$$

式中，d 为管径；Re 为液体的雷诺数。当 $Re=2320$ 时，$l'=67d$。

在起始段中各过流断面的动能修正系数 $\alpha \neq 2$，沿程阻力系数 $\lambda = \frac{A}{Re}$，其中 A 为量纲一的数。α 及 A 随入口后的距离而改变，其值见表 5-1。

表 5-1 层流起始段的 α 及 A 值表

$\frac{l'}{dRe} \times 10^3$	2.5	5	7.5	10	12.5	15	17.5	20	25	28.75
α	1.405	1.552	1.642	1.716	1.779	1.820	1.866	1.906	1.964	2
A	122	105	96.66	88	82.4	79.16	76.41	74.375	71.5	69.56

在计算 h_f 时，如果管长 $l \gg l'$，则不必考虑起始段；如果管长 $l<l'$，如在液压传动中的许多油管，则沿程阻力系数的计算公式可近似为 $\lambda = \frac{75}{Re}$，这样可适当地修正起始段的影响。

图 5-7b 表示湍流起始段，由于湍流质点互相混杂，因而流体进入管道后较短距离就可以完成湍流速度分布规律的调整。通常，湍流的起始段比层流起始段要短，起始段长度可表示为

$$L = 4.4dRe^{1/6}$$

通常 $L<30d$。

第三节 圆管的湍流运动

一、湍流特点及流动参数的时均化

流体在做湍流运动时，质点的运动相互混杂，流体的运动参数如流速、压强等均随时间不停地变化。图 5-8 所示为湍流运动流场中某空间点的瞬时速度随时间的变化曲线。可以看出，瞬时速度随时间 t 不停地变化，但始终围绕一“平均值”脉动，这种现象称为脉动现象。

如取时间间隔 T，瞬时速度在 T 时段内的平均值，称为时间平均速度，简称时均速度，可表示为

$$\bar{v}=\frac{1}{T}\int_{0}^{T}v\mathrm{d}t$$

由图 5-8 可见，瞬时速度为

$$v=\bar{v}+v'$$

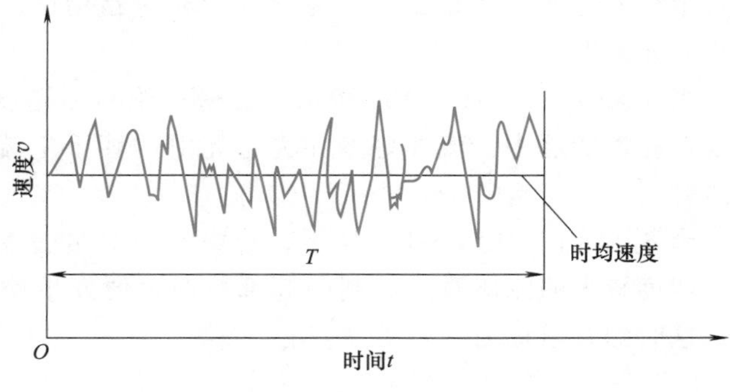

图 5-8 湍流的瞬时速度

式中，v'为脉动速度，为瞬时速度与时均速度之差，但脉动速度值不一定小于时均速度值。

类似地，某点压强的时均值为

$$\bar{p}=\frac{1}{T}\int_{0}^{T}p\mathrm{d}t$$

瞬时压强可表示为时均压强 $\bar{p}$ 与脉动压强 p'之和，即

$$p=\bar{p}+p'$$

由以上讨论可知，湍流运动总是非定常的，但从时均意义上分析，如果流场中各空间的流动参量的时均值不随时间变化，就可以认为是定常流动。因此，对于湍流所讨论的定常流动，是指时间平均的定常流动。在工程实际的一般问题中，只需研究各运动参量的时均值，用运动参量的时均值来描述湍流运动即可。这样就可使问题大大简化。但在研究湍流的物理实质时，例如研究湍流阻力时，就必须考虑脉动的影响。湍流运动规律将在后续章节做详细介绍。

二、圆管湍流结构

流体在圆管中做湍流运动时，绝大部分的流体处于湍流状态。紧贴固壁有一层很薄的流体，受壁面的限制，沿壁面法向的速度梯度 $\mathrm{d}v/\mathrm{d}n$ 很大，黏滞应力 $\tau=\mu\ (\mathrm{d}v/\mathrm{d}n)$ 起很大作用的这一薄层称为黏性底层。距壁面稍远，壁面对流体质点的影响减少，质点间的混杂程度增强，经过很薄的一段过渡层之后，便发展成为完全的湍流，称为湍流核心。这就是湍流断面上存在的三种流态结构，如图 5-9 所示。

黏性底层厚度很薄，通常只有几分之一毫米。但是它对湍流流动的能量损失以及流体与壁面的换热等物理现象却有着重要的影响。它还是区分水力光滑与水力粗糙的条件之一，在

计算能量损失时，有重要意义。直径为 d 的管道其黏性底层的厚度用 δ'表示，可用半经验公式计算，即

$$\delta' = \frac{32.8d}{Re\sqrt{\lambda}} \tag{5-12}$$

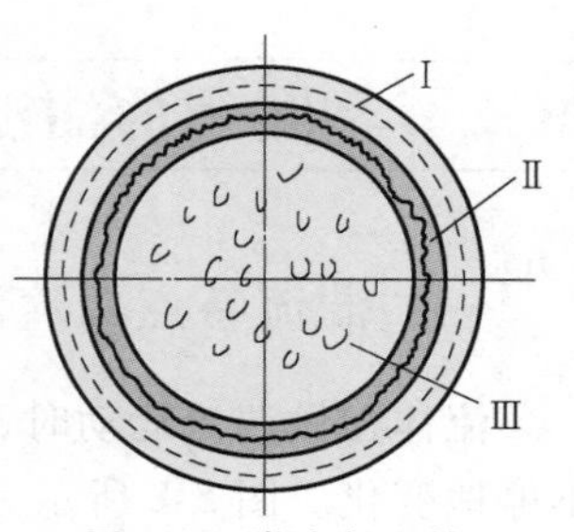

图 5-9 湍流断面的流态结构
I—黏性底层
II—过渡层
III—湍流核心

任何管道，由于材料性质、加工条件、使用情况和年限等因素的影响，管壁表面总是凹凸不平的。管壁表面上峰谷之间的平均距离 Δ 称为管壁的绝对粗糙度。绝对粗糙度 Δ 与管径 d 或管半径 r 之比 Δ/d 或 Δ/r 称为管壁的相对粗糙度。其倒数称为相对光滑度。

当 $\delta'>\Delta$ 时，如图 5-10a 所示，管壁的绝对粗糙度 Δ，完全淹没在黏性底层中，流体好像在完全光滑的管子中流动，这时管道称为水力光滑管。

当 $\delta'<\Delta$ 时，如图 5-10b 所示，管壁的绝对粗糙度 Δ，大部分或完全暴露在黏性底层之外。速度较大的流体质点冲到凸起部位时，便发生撞击并分离形成旋涡，造成新的能量损失，这时的管道称为水力粗糙管。

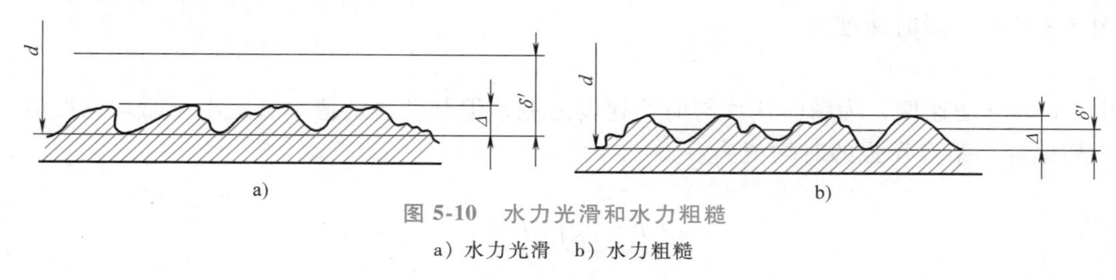

图 5-10 水力光滑和水力粗糙
a）水力光滑 b）水力粗糙

三、湍流流速分布

1. 湍流附加切应力

在湍流中，切应力由两部分组成：

1）因流层之间相对滑动，而引起的黏性切应力 τ_ν，有 $\tau_\nu=\mu\dfrac{\mathrm{d}\bar{v}}{\mathrm{d}y}$。

2）由于流体质点做复杂的无规则运动，在流层之间必然要引起动量交换，从而增加能量损失，出现湍流附加切应力 τ_t，有 $\tau_t=-\rho\overline{v_x'v_y'}$。该式表明，湍流附加切应力 τ_t 与黏性切应力 τ_ν 不同，它与液体黏性无直接关系，只与液体密度和脉动强弱有关，是由流体微团惯性引起的，因此又称 τ_t 为惯性切应力或雷诺应力。

在充分发展的湍流中，黏性切应力与附加切应力相比甚小，可以忽略不计。

2. 混合长理论

普朗特混合长理论的基本思想是把湍流脉动与气体分子运动相比拟，并仿照牛顿内摩擦定律，将湍流附加切应力表示为 $\tau_t=\mu_t\dfrac{\mathrm{d}\bar{v}}{\mathrm{d}y}$。

根据混合长理论，湍流附加切应力还可表示为

$$\tau_t=\rho L^2\left(\frac{\mathrm{d}\bar{v}_x}{\mathrm{d}y}\right)^2 \tag{5-13}$$

若将该式改写成 $\tau_t=\mu_t\frac{\mathrm{d}\bar{v}}{\mathrm{d}y}$的形式，则

$$\mu_t=\rho L^2\left|\frac{\mathrm{d}\bar{v}_x}{\mathrm{d}y}\right|$$

式中，μ_t 为湍流运动的黏性系数。

通常，L 称为混合长度，但没有直接物理意义。在固体边壁或近壁处，因质点交换受到制约而被减少至零，故普朗特假定混合长度 L 正比于质点到管壁的径向距离 y，即

$$L=ky$$

式中，k 为卡门常数，其值等于 0.4。

而在湍流核心区，混合长度可按萨特克奇（A. A. Саткевич）公式计算，有

$$L=ky\sqrt{1-\frac{y}{R}} \tag{5-14}$$

3. 圆管湍流速度分布

（1）黏性底层的速度分布　在黏性底层内流体质点没有混掺，切应力主要为黏性切应力 τ_ν，湍流附加切应力 τ_t 近似为 0。黏性底层内速度梯度可认为是常数，则切应力 $\tau=\tau_0=$常数。由此，在黏性底层，$y<\delta$ 时，有

$$\tau=\mu\frac{\mathrm{d}\bar{v}_x}{\mathrm{d}y}=\mu\frac{\bar{v}_x}{y}$$

设 $v^*=\sqrt{\frac{\tau}{\rho}}$，它是具有速度量纲的量，称为切向应力速度，有

$$\bar{v}_x=\frac{\tau}{\mu}y=v^{*2}\frac{\rho y}{\mu}\quad 或\quad \frac{\bar{v}_x}{v^*}=\frac{\rho v^* y}{\mu}=\frac{v^* y}{\nu}$$

上式表明，在黏性底层，速度 $\bar{v}_x$ 与 y 成正比，为线性分布。

（2）湍流核心区的速度分布　在黏性底层外，$y>\delta$，湍流附加切应力 τ_t 远大于黏性切应力 τ_ν，可只考虑湍流附加切应力的影响，所以

$$\tau\approx\tau_t=\rho L^2\frac{\mathrm{d}\bar{v}_x}{\mathrm{d}y}^2$$

对于圆管均匀流，在过流断面上，流体的切应力沿 r 呈线性分布，将 r 换成壁面坐标，即 $r=R-y$，有

$$\frac{\tau}{R-y}=\frac{\tau_0}{R}$$

式中，R 为圆管内半径。

该式可改写为

$$\tau=\tau_0\left(1-\frac{y}{R}\right) \tag{5-15}$$

将式（5-13）和式（5-14）代入式（5-15），有

$$\tau=\tau_0\left(1-\frac{y}{R}\right)=\rho k^2y^2\left(1-\frac{y}{R}\right)\left(\frac{\mathrm{d}\bar{v}_x}{\mathrm{d}y}\right)^2$$

化简得

$$d\bar{v}_x=\sqrt{\frac{\tau_0}{\rho}}\frac{dy}{ky}=v^*\ \frac{dy}{ky} \tag{5-16}$$

积分得

$$\bar{v}_x=v^*\ \frac{1}{k}\ln y+C \tag{5-17a}$$

将式（5-16）无量纲化

$$\frac{d\bar{v}_x}{v^*}=\frac{1}{k}\ \frac{d\left(\frac{v^*y}{\nu}\right)}{\frac{v^*y}{\nu}}$$

得

$$\frac{\bar{v}_x}{v^*}=\frac{1}{k}\ln\frac{v^*y}{\nu}+C \tag{5-17b}$$

式（5-17b）说明湍流核心区的速度按对数规律分布，如图 5-11 所示，其特点是速度梯度小，速度比较均匀，这是由于湍流中流体质点脉动混掺发生强烈的动量交换所造成的。

湍流水力光滑管中，在黏性底层中的流速分布近乎线性分布，在管壁上流速为零。水力光滑管的湍流核心区速度分布为

$$\frac{\bar{v}_x}{v^*}=2.5\ln\frac{v^*y}{\nu}+5.5$$

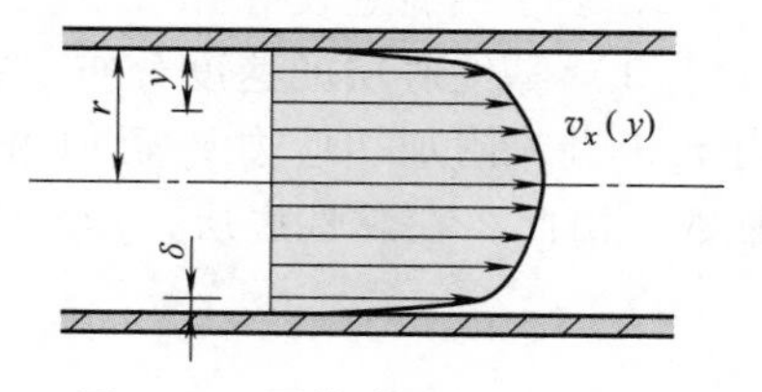

图 5-11 圆管湍流的速度分布

湍流水力粗糙管中，黏性底层的厚度远小于管壁的粗糙度，黏性底层已无实际意义。在这种情况下，整个过水断面的流速分布均符合式（5-17a），而式中的积分常数 C 仅与管壁粗糙度 Δ 有关。水力粗糙管断面各点速度分布为

$$\frac{\bar{v}_x}{v^*}=2.5\ln\frac{y}{\Delta}+8.5$$

将速度分布公式代入动能修正系数与动量修正系数的表达式中，求出圆管湍流的动能修正系数 $\alpha\approx1.0$，动量修正系数 $\beta\approx1.0$。

湍流中沿程损失的计算，关键要确定湍流中的沿程阻力系数 λ。在一般情况下，$\lambda=f(Re,\Delta/d)$，即 λ 不仅与流动的雷诺数 Re 有关，还与管壁相对粗糙度 Δ/d 有关。湍流中的沿程阻力系数 λ 的计算公式，下节将详细介绍。

第四节 流动阻力与能量损失

管路水力计算的目的，是在一定流量下决定管路的尺寸，或在管路系统的几何尺寸已知的情况下，决定管路中的流量或水头损失。这是用总流的伯努利方程、一元流动连续性方程来解决的工程实际问题。首先讨论流动阻力及能量损失问题。

一、流动阻力及能量损失的两种形式

黏性流体运动时要遇到阻力，克服阻力就要产生能量损失。其流动阻力及能量损失通常

分为两大类。

1. 沿程阻力与沿程损失

黏性流体运动时，由于流体的黏性形成阻碍流体运动的力，称为沿程阻力。流体克服沿程阻力所消耗的机械能，称为沿程损失。单位重量流体的沿程损失用 h_f 表示，h_f 也称为沿程水头损失。

由量纲分析（见第六章）可以得出管道流动中的沿程水头损失 h_f 与管长 l、管径 d、平均流速 $\bar{v}$ 的关系式为

$$h_f=\lambda\frac{l}{d}\frac{\bar{v}^2}{2g} \tag{5-18}$$

式（5-18）称为达西（Darcy）公式，λ 称为沿程阻力系数。它与雷诺数 Re 和管道表面的粗糙度有关，是一个量纲一的数，由实验确定。

2. 局部阻力与局部损失

黏性流体流经各种局部障碍装置如阀门、弯头、变截面管等时，由于过流断面变化、流动方向改变，速度重新分布，质点间进行动量交换而产生的阻力称为局部阻力。流体克服局部阻力所消耗的机械能，称为局部损失。单位重量流体的局部损失用 h_j 表示，h_j 也称为局部水头损失。

通常局部水头损失可用下式表示，即

$$h_j=\zeta\frac{\bar{v}^2}{2g} \tag{5-19}$$

式中，ζ 为局部阻力系数，是一个由实验确定的量纲一的数。

工程上的管路系统既有直管段又有阀门弯头等局部管件。在应用总流的伯努利方程进行管路水力计算时，所取两断面之间的能量损失既有沿程损失又有局部损失，应分段计算再叠加，即

$$h_w=\sum h_f+\sum h_j \tag{5-20}$$

式（5-20）为水头损失叠加公式。

3. 沿程水头损失与流态的关系

黏性流体流动的水头损失除了与流动的外部边界情况有关外，还与流动形态有关。

雷诺曾在实验中测定了沿程损失随流速的变化规律，证实了沿程损失与流态密切相关。在如图 5-2 所示的雷诺试验装置中的试验管段 1—1、2—2 两断面处，安装两根测压管。在 1—1、2—2 两断面列实际总流的伯努利方程，即

$$z_1+\frac{p_1}{\rho g}+\frac{\alpha_1\bar{v}_1^2}{2g}=z_2+\frac{p_2}{\rho g}+\frac{\alpha_2\bar{v}_2^2}{2g}+h_f$$

因实验管段为水平放置等截面直管，所以水头损失为沿程水头损失，$z_1=z_2$，$\bar{v}_1=\bar{v}_2$，$\alpha_1=\alpha_2$，则

$$\frac{p_1-p_2}{\rho g}=h_f$$

改变管中平均流速 $\bar{v}$，逐次测量出沿程水头损失 h_f，并在对数坐标上绘出实际曲线，如图 5-12 所示，其方程为

$$\lg h_{\mathrm{f}}=\lg k+m\lg\bar{v}$$

由此得到

$$h_{\mathrm{f}}=k\bar{v}^{m} \tag{5-21}$$

式中，$m=\tan\theta$。

层流时，$m=\tan45°=1$，即

$$h_{\mathrm{f}}=k\bar{v}$$

表明层流沿程水头损失与平均流速的一次方成正比。

湍流时，$m=1.75\sim2$，即

$$h_{\mathrm{f}}=k\bar{v}^{1.75\sim2}$$

表明湍流沿程水头损失与平均流速1.75~2次方成正比。

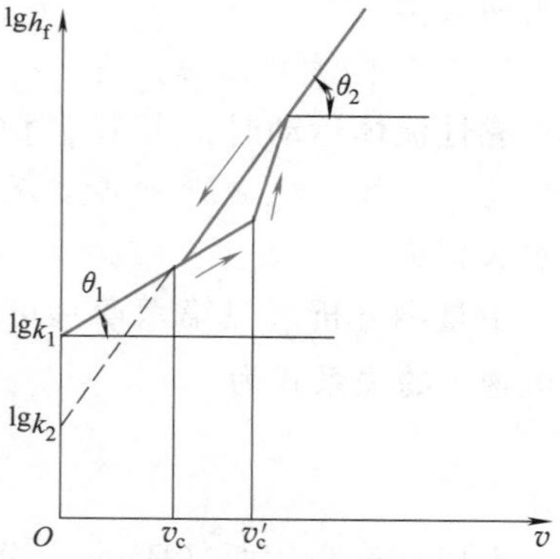

图 5-12 沿程损失与流速的关系

二、沿程阻力系数

对于层流，沿程阻力系数既可以用解析方法求出，又可由实验求出；对于湍流，沿程阻力系数只能借助实验得到的经验与半经验公式求出。下面介绍确定沿程阻力系数 λ 的尼古拉兹（Nikuradse）实验曲线、沿程阻力系数 λ 的公式和对工业管道比较实用的莫迪（Moody）图。

1. 尼古拉兹实验及沿程阻力系数 λ 的计算公式

尼古拉兹在管壁上黏结颗粒均匀的砂粒，做成人工粗糙管，对不同管径、不同流量的管流进行了实验。实验时测出 $\bar{v}$、h_{f}，然后代入式（5-18），在各种相对粗糙度的管道下，算出 λ 和 Re，并绘出它们之间的关系曲线，如图5-13所示。尼古拉兹实验曲线可以分为五个区域，不同的区域内用不同的经验公式计算 λ 值。

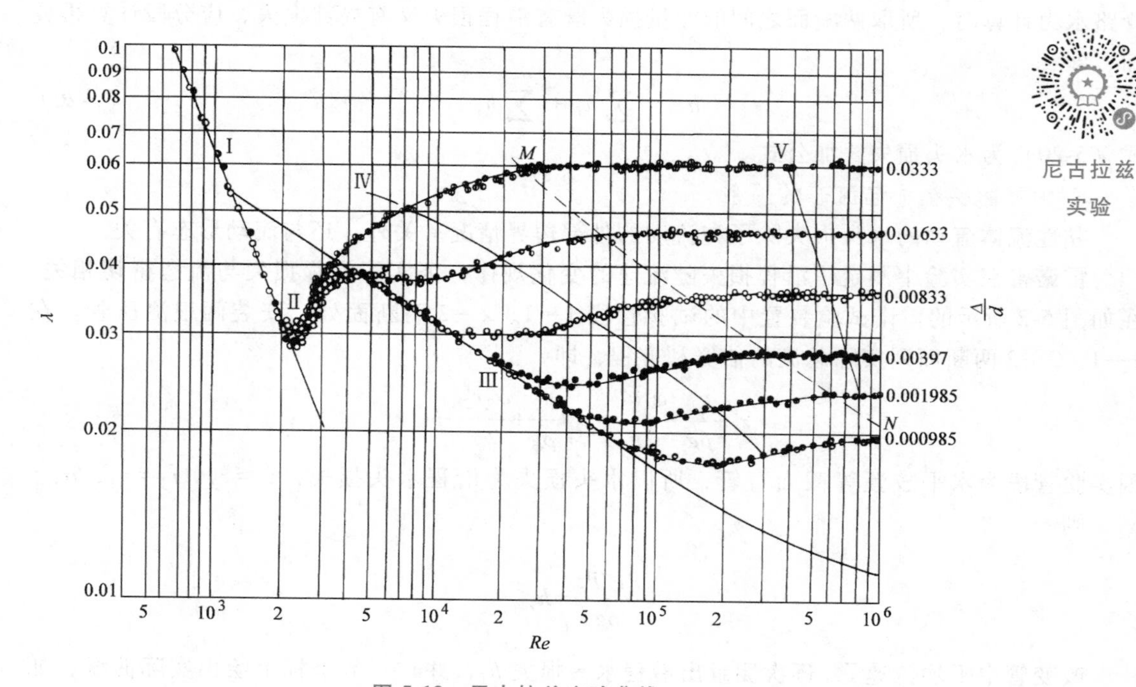

图 5-13 尼古拉兹实验曲线

（1）层流区 $Re<2320$。这时不同相对粗糙度的实验点均落在同一条直线Ⅰ上。这说明在层流的情况下，λ 只与 Re 有关，而与粗糙度无关，沿程阻力系数 λ 只是雷诺数的函数，即 $\lambda=f(Re)$。直线Ⅰ的方程为

$$\lambda=\frac{64}{Re} \tag{5-22}$$

式（5-22）为层流沿程阻力系数公式。将式（5-22）代入式（5-18）计算沿程损失时，可知层流沿程水头损失 h_f 与速度 $\bar{v}$ 成正比。

（2）层湍流过渡区 $2320<Re<4000$。此区为层流向湍流的过渡区Ⅱ，此区范围较小，工程实际中 Re 在这个区域的较少，对它的研究也较少，未总结出此区的 λ 计算公式，如果涉及此区，通常按下述湍流水力光滑区处理。

（3）湍流水力光滑区 $4000<Re<26.98\ (d/\Delta)^{8/7}$。此区各种相对粗糙度的实验点都落在同一条直线Ⅲ上。这说明沿程阻力系数 λ 与相对粗糙度 Δ/d 无关，只与雷诺数 Re 有关，λ 也只是 Re 的函数，$\lambda=f(Re)$。这是因为在水力光滑的情况下，绝对粗糙度 Δ 的影响控制在黏性底层内，对 λ 没有影响，此区的雷诺数上限与相对粗糙度有关。随着 Δ/d 比值的不同，各种管道离开此区的实验点的位置不同，Δ/d 越大离开此区越早，水力光滑区的雷诺数范围越窄。

此区的沿程阻力系数 λ 的计算式有：

当 $4000<Re<10^5$ 时，可用布拉修斯（Blasius）公式，即

$$\lambda=\frac{0.3164}{Re^{0.25}} \tag{5-23}$$

当 $10^5<Re<3\times10^6$ 时，可用尼古拉兹公式，即

$$\lambda=0.0032+\frac{0.221}{Re^{0.237}} \tag{5-24}$$

将式（5-23）代入式（5-18）计算沿程损失时，可知湍流水力光滑区，沿程水头损失 h_f 与流速的1.75次方成正比。

（4）湍流水力过渡区 $26.98\ (d/\Delta)^{8/7}<Re<4160\ (0.5d/\Delta)^{0.85}$。此区随着雷诺数 Re 的增大，黏性底层变薄，管壁绝对粗糙度 Δ 对流动阻力的影响亦越来越明显。因而脱离光滑区线段Ⅲ，而将过渡进入水力粗糙区Ⅳ，此区的沿程阻力系数与相对粗糙度 Δ/d 和雷诺数有关，λ 是 Δ/d 和 Re 的函数，$\lambda=f(Re,\ \Delta/d)$。可用洛巴耶夫（Добаев）公式计算，即

$$\lambda=\frac{1.42}{\left[\lg\left(Re\frac{d}{\Delta}\right)\right]^2} \tag{5-25}$$

一般对工业管道采用柯罗布鲁克(Colebrook)公式，即

$$\frac{1}{\sqrt{\lambda}}=-2\lg\left(\frac{\Delta}{3.7d}+\frac{2.51}{Re\sqrt{\lambda}}\right) \tag{5-26}$$

（5）湍流水力粗糙区（阻力平方区） $4160\ (0.5d/\Delta)^{0.85}<Re$。此区是 MN 线右侧区域Ⅴ。在此区，沿程阻力系数 λ 只与相对粗糙度 Δ/d 有关，与雷诺数无关，表现为水平线，λ 只是相对粗糙度的函数，$\lambda=f(\Delta/d)$。这是因为粗糙度掩盖了黏性底层，黏性底层对 λ 不起作用。可用尼古拉兹提出的阻力平方区公式计算，即

$$\lambda=\frac{1}{\left(1.74+2\lg\frac{d}{2\Delta}\right)^{2}} \tag{5-27}$$

因 λ 与 Re 无关，从式（5-18）可知，在水力粗糙区，沿程损失 h_f 与流速的平方成正比，所以，此区又称为阻力平方区。

在尼古拉兹实验中所用的粗糙管是用人工方法制成的。工业管道的管壁粗糙度不会如此均匀。在进行 λ 值的计算时，要使用管道的当量粗糙度。当量粗糙度表示在阻力的效果上与人工粗糙的管道相当的绝对粗糙度，通过实验和计算确定，用符号 Δ_e 表示。几种常用管壁的当量粗糙度见表 5-2。

表 5-2 几种常用管道的当量粗糙度

管道种类	Δ_e/mm	管道种类	Δ_e/mm
新氯乙烯管及玻璃管	0.001~0.002	焊接钢管(中度生锈)	0.5
铜 管	0.001~0.002	新铸铁管	0.2~0.4
钢 管	0.03~0.07	旧铸铁管	0.5~1.5
涂锌铁管	0.1~0.2	混凝土管	0.3~3.0

2. 工业管道的莫迪图

莫迪于 1944 年提供了工业管道沿程阻力系数 λ 与雷诺数 Re、相对粗糙度 Δ/d 之间的关系曲线，如图 5-14 所示，称为莫迪图。图中湍流水力过渡区是按柯罗布鲁克公式绘制的。按所求出的 Re 及管道的 Δ/d 值，在莫迪图中可直接查出 λ 值。

对于非圆形截面管道的沿程损失计算，仍可用式（5-18）及相应的 λ 公式。式中的管径用当量直径 $d_e=4A/\chi$ 替换。

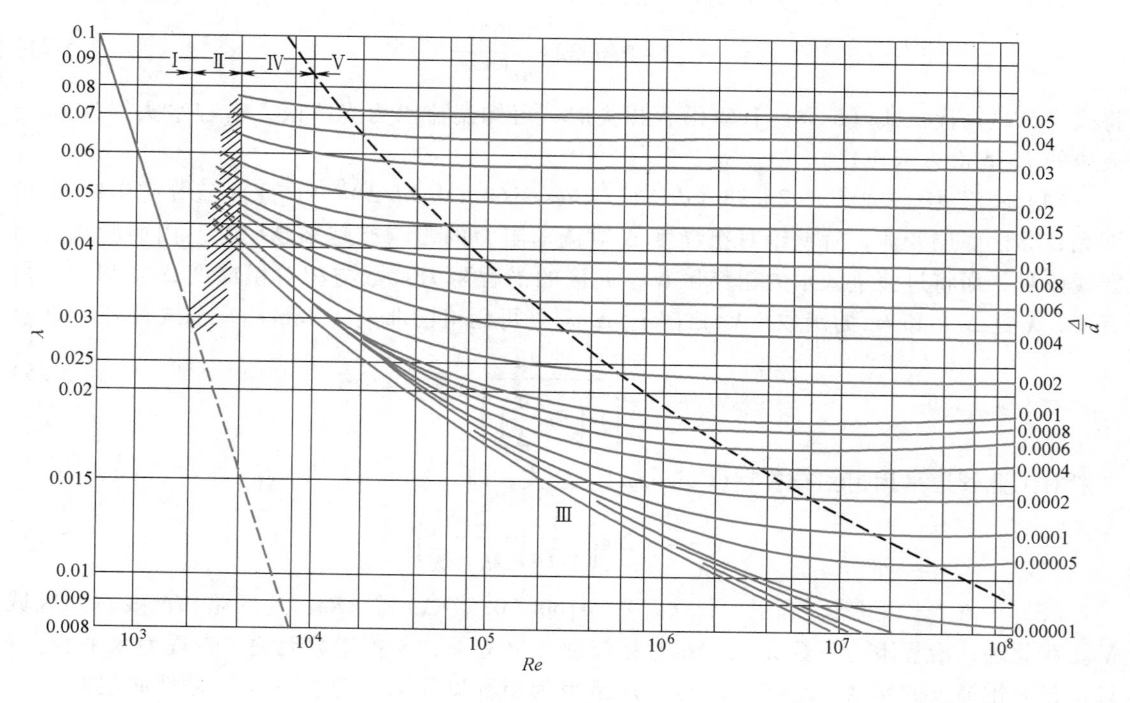

图 5-14 莫迪图

例 5-2　长度 $l=1000\text{m}$，内径 $d=200\text{mm}$ 的普通镀锌钢管，用来输送运动黏度 $\nu=0.355\times10^{-4}\text{m}^2/\text{s}$ 的重油，已经测得其流量 $q=0.038\text{m}^3/\text{s}$。问其沿程损失为多少？（$\Delta=0.2\text{mm}$）

解　确定流动类型，计算 Re 数。

$$\bar{v}=\frac{q}{A}=\frac{4q}{\pi d^2}=\frac{4\times0.038}{3.14\times0.2^2}\text{m/s}=1.21\text{m/s}$$

雷诺数
$$Re=\frac{\bar{v}d}{\nu}=\frac{1.21\times0.2}{0.355\times10^{-4}}=6817$$

因为
$$Re=6817>4000$$

计算边界雷诺数 Re_1

$$Re_1=26.98\left(\frac{d}{\Delta}\right)^{8/7}=26.98\times\left(\frac{200}{0.2}\right)^{8/7}=72379>6817$$

即 $4000<Re<Re_1$，故为水力光滑区。

又因 $Re=6817<10^5$，应用布拉修斯公式计算 λ 值，有

$$\lambda=\frac{0.3164}{Re^{0.25}}=\frac{0.3164}{6817^{0.25}}=0.0348$$

因此 h_f（油柱）为　$h_f=\lambda\dfrac{l}{d}\dfrac{\bar{v}^2}{2g}=0.0348\times\dfrac{1000}{0.2}\times\dfrac{1.21^2}{2\times9.8}\text{m}=12.99\text{m}$

例 5-3　有一涂锌铁管。已知：$d=0.2\text{m}$，$l=40\text{m}$，$\Delta=0.15\text{mm}$，管内输送干空气，温度 $t=20℃$，风量 $q=1700\text{m}^3/\text{h}$。求气流的沿程损失为多少？

解　1）确定流动所在区域。

据 $t=20℃$，查表得空气的 $\rho=1.2\text{kg/m}^3$，$\nu=15.7\times10^{-6}\text{m}^2/\text{s}$。

$$\bar{v}=\frac{4q}{\pi d^2}=\frac{4\times1700}{\pi\times0.2^2\times3600}\text{m/s}=15\text{m/s}$$

$$Re=\frac{\bar{v}d}{\nu}=\frac{15\times0.2}{15.7\times10^{-6}}=1.91\times10^5$$

分界点的 Re 计算，有

$$26.98\left(\frac{d}{\Delta}\right)^{8/7}=26.98\times\left(\frac{200}{0.15}\right)^{8/7}=100600<1.98\times10^5$$

$$4160\left(\frac{d}{2\Delta}\right)^{0.85}=1.05\times10^6>1.98\times10^5$$

所以流动处在水力光滑与粗糙的过渡区。按式（5-26）计算，即

$$\frac{1}{\sqrt{\lambda}}=-2\lg\left(\frac{\Delta}{3.7d}+\frac{2.51}{Re\sqrt{\lambda}}\right)$$

由于此式对 λ 是隐函数，需试算。先选取 $\lambda=0.02$ 代入上式，有

等式左边
$$\frac{1}{\sqrt{\lambda}}=\frac{1}{\sqrt{0.02}}=7.1$$

等式右边
$$-2\lg\left(\frac{0.15}{200\times3.7}+\frac{2.51}{\sqrt{0.02}}\times\frac{1}{1.98\times10^5}\right)=7$$

再设 $\lambda=0.0204$，等式左边≈7，等式右边≈7，等式两边基本相等，故得解 $\lambda=0.0204$。

2）压强损失计算。

$$\Delta p=\lambda\frac{l}{d}\frac{\rho\bar{v}^2}{2}=0.0204\times\frac{40}{0.2}\times\frac{1.2\times15^2}{2}\text{Pa}=550.8\text{Pa}$$

若用莫迪图，由 $Re=1.98\times10^5$ 及 $\Delta/d=0.15/200=0.00075$，在图中查出 $\lambda=0.02$，与计算结果基本相同。

三、局部阻力系数

局部水头损失 h_j 可按式（5-19）计算，问题在于局部阻力系数如何确定。只有管道截面突然扩大可用解析方法求得局部阻力系数，其他都由实验确定。

1. 管道截面突然扩大

如图 5-15 所示，流体从断面较小的管道流入断面较大的管道时，由于流体有惯性，它不可能按照管道的形状突然扩大，而是逐渐地扩大。因此，在管壁拐角与主流束之间形成旋涡，旋涡靠主流束带动旋转，旋涡又把得到的能量消耗在旋转运动中。另外，管道截面突然扩大，流速重新分布也引起附加能量损失。管道截面突然扩大的能量损失可以用解析的方法加以推导计算。

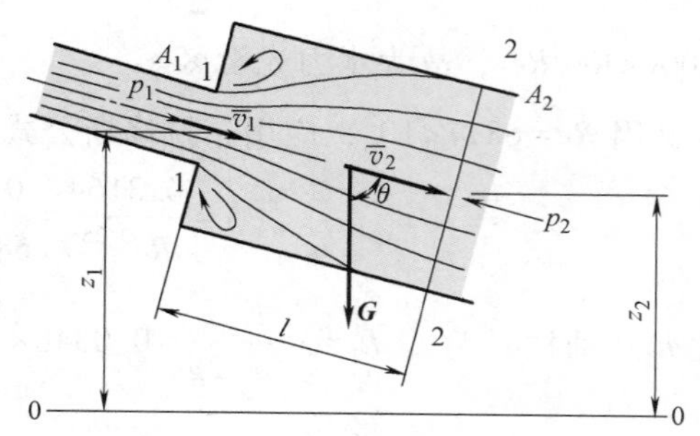

图 5-15 突然扩大局部损失

为此，取断面 1—1、2—2 及两断面之间的管壁为控制面，列两断面之间的伯努利方程

$$z_1+\frac{p_1}{\rho g}+\frac{\alpha_1\bar{v}_1^2}{2g}=z_2+\frac{p_2}{\rho g}+\frac{\alpha_2\bar{v}_2^2}{2g}+h_j$$

取 $\alpha_1=\alpha_2=1$，则

$$h_j=\left(z_1+\frac{p_1}{\rho g}\right)-\left(z_2+\frac{p_2}{\rho g}\right)+\frac{\bar{v}_1^2-\bar{v}_2^2}{2g} \tag{5-28}$$

对控制面内的流体沿管轴方向列动量方程，重力 G 与水流方向的夹角为 θ，略去管侧壁面的摩擦切应力时有

$$p_1A_1-p_2A_2+p'(A_2-A_1)+\rho gA_2l\cos\theta=\rho q(\beta_2\bar{v}_2-\beta_1\bar{v}_1) \tag{5-29}$$

式中，p' 为涡流区环形面积 A_2-A_1 上的平均压强；p_1、p_2 分别为断面 1—1、2—2 上的压强；l 为断面 1—1、2—2 之间的距离。实验证明 $p'\approx p_1$，取 $\beta_2=\beta_1=1$，考虑到 $\cos\theta=(z_1-z_2)/l$，于是式(5-29) 可写为

$$(p_1-p_2)A_2+\rho gA_2(z_1-z_2)=\rho q(\bar{v}_2-\bar{v}_1)$$

由此得

$$\left(z_1+\frac{p_1}{\rho g}\right)-\left(z_2+\frac{p_2}{\rho g}\right)=\frac{\bar{v}_2}{g}(\bar{v}_2-\bar{v}_1) \tag{5-30}$$

将式(5-30) 代入式(5-28)，得

$$h_j=\frac{(\bar{v}_1-\bar{v}_2)^2}{2g}$$

按连续性方程$\bar{v}_1A_1=\bar{v}_2A_2$，上式可改写成

$$h_j=\left(1-\frac{A_1}{A_2}\right)^2\frac{\bar{v}_1^2}{2g}=\zeta_1\frac{\bar{v}_1^2}{2g} \tag{5-31}$$

或

$$h_j=\left(\frac{A_2}{A_1}-1\right)^2\frac{\bar{v}_2^2}{2g}=\zeta_2\frac{\bar{v}_2^2}{2g} \tag{5-32}$$

式中，$\zeta_1=(1-A_1/A_2)^2$，对应于小截面的速度水头；$\zeta_2=(A_2/A_1-1)^2$，对应于大截面的速度水头。

当管道出口与大容器相连接时，如图 5-16 所示，因$A_2\gg A_1$，$A_1/A_2\approx0$，于是$\zeta_1\approx1$，$h_j\approx\bar{v}_1^2/(2g)$。即管道出口处，流体的全部速度水头耗散于下游容器之中。

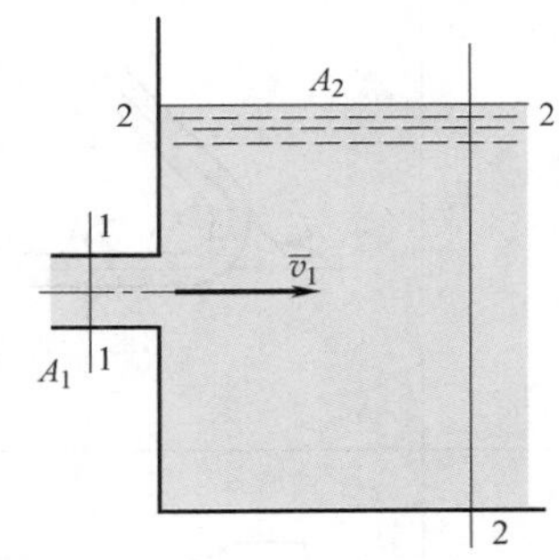

图 5-16　管道出口

2. 局部阻力系数的实验数据及经验公式

本节讨论的局部阻力系数的实验数据及经验公式，以局部阻力装置后的速度水头$\bar{v}_2^2/(2g)$表示h_j时的ζ值给出。

(1) 管道截面突然缩小的局部阻力系数　如图 5-17 所示，一管道截面突然收缩的管段，其局部阻力系数随截面A_2/A_1不同而异，见表 5-3。

表 5-3　突然收缩管的局部阻力系数

A_2/A_1	0.01	0.10	0.20	0.30	0.40	0.50	0.60	0.70	0.80	0.90	1.0
ζ	0.50	0.47	0.45	0.38	0.34	0.30	0.25	0.20	0.15	0.09	0

(2) 管道直角入口的局部阻力系数　如图 5-18 所示，管道以直角形式入口，这是管道截面突然缩小情况。当$A_1\approx\infty$，$A_2/A_1\approx0$，由表 5-3 及实验可知，$\zeta=0.5$。

对于常见的局部装置如渐扩管、渐缩管、弯头、闸阀等的局部阻力系数的实验数据及经验公式，不再一一讨论，部分列入表 5-4，以便查取。对工程实际遇到的其他形式的ζ值，可查有关手册。

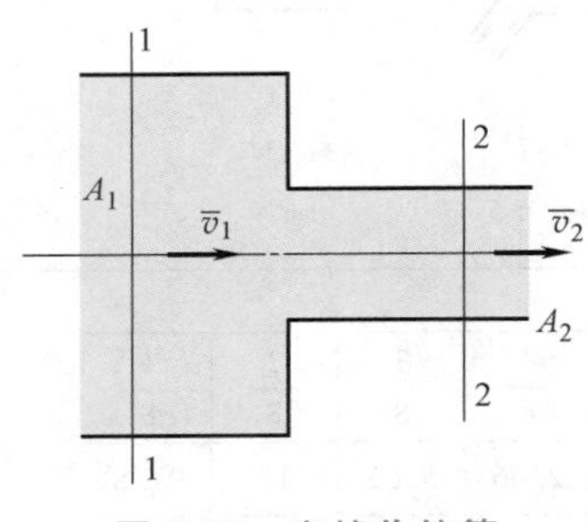

图 5-17　突然收缩管

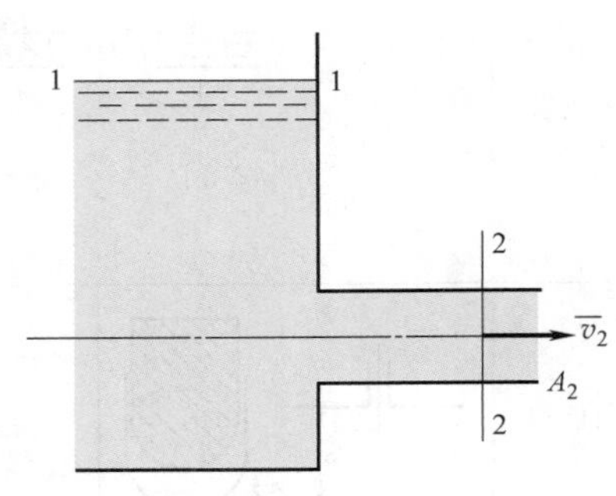

图 5-18　管道直角入口

表 5-4 常见局部装置的局部阻力系数

<table>
<tr><th>类 型</th><th>示 意 图</th><th>局部阻力系数 ζ</th></tr>
<tr><td>管道入口</td><td></td><td>斜角入口 $\zeta=0.5+0.303\sin\alpha+0.266\sin^2\alpha$

圆角入口 $\zeta=0.05\sim0.10$</td></tr>
<tr><td>弯 头</td><td></td><td>$\zeta=\left[0.13+0.163\left(\frac{d}{R}\right)^{3.5}\right]\frac{\alpha}{90^\circ}$
$\alpha=90^\circ$ 时，
<table>
<tr><td>$\frac{d}{R}$</td><td>0.2</td><td>0.4</td><td>0.6</td><td>0.8</td><td>1.0</td><td>1.2</td><td>1.4</td><td>1.6</td><td>1.8</td><td>2.0</td></tr>
<tr><td>ζ</td><td>0.132</td><td>0.14</td><td>0.16</td><td>0.21</td><td>0.29</td><td>0.44</td><td>0.66</td><td>0.98</td><td>1.41</td><td>1.98</td></tr>
</table></td></tr>
<tr><td>渐缩管</td><td></td><td>$\theta<30^\circ$，$\zeta=\frac{\lambda}{8\sin(\theta/2)}\left[1-\left(\frac{A_2}{A_1}\right)^2\right]$
$\theta=30^\circ\sim90^\circ$，$\zeta=\frac{\lambda}{8\sin(\theta/2)}\left[1-\left(\frac{A_2}{A_1}\right)^2\right]+\frac{\theta}{1000^\circ}$（$\lambda$ 为沿程阻力系数）</td></tr>
<tr><td>渐扩管</td><td></td><td>$\zeta=k\left(1-\frac{A_1}{A_2}\right)^2$
<table>
<tr><td>θ</td><td>7.5°</td><td>10°</td><td>15°</td><td>20°</td><td>30°</td></tr>
<tr><td>k</td><td>0.14</td><td>0.16</td><td>0.27</td><td>0.43</td><td>0.81</td></tr>
</table></td></tr>
<tr><td>折圆管</td><td></td><td>$\zeta=0.946\sin^2\frac{\theta}{2}+2.05\sin^4\frac{\theta}{2}$
<table>
<tr><td>θ</td><td>20°</td><td>30°</td><td>45°</td><td>60°</td><td>90°</td></tr>
<tr><td>ζ</td><td>0.03</td><td>0.073</td><td>0.183</td><td>0.365</td><td>0.99</td></tr>
</table></td></tr>
<tr><td>分支管</td><td colspan="2">0.1　1.3　0.5　3.0
$\zeta=0.1$　$\zeta=1.3$　$\zeta=0.5$　$\zeta=3.0$　$\zeta_{fen}=1$, $\zeta_{hui}=1.5$　$\zeta_{fen}=2$, $\zeta_{hui}=3$</td></tr>
<tr><td>闸板阀</td><td></td><td>
<table>
<tr><td>$\frac{h}{d}$</td><td>全开</td><td>$\frac{7}{8}$</td><td>$\frac{6}{8}$</td><td>$\frac{5}{8}$</td><td>$\frac{4}{8}$</td><td>$\frac{3}{8}$</td><td>$\frac{2}{8}$</td><td>$\frac{1}{8}$</td></tr>
<tr><td>ζ</td><td>0.05</td><td>0.07</td><td>0.26</td><td>0.81</td><td>2.06</td><td>5.52</td><td>17</td><td>97.8</td></tr>
</table></td></tr>
</table>

（续）

类　型	示　意　图	局部阻力系数ζ									
活栓阀		α	5°	10°	15°	20°	25°	30°	40°	50°	60°
		ζ	0.05	0.29	0.75	1.56	3.1	5.47	17.3	52.6	206
蝶阀		α	5°	10°	15°	20°	25°	30°	40°	50°	60°
		ζ	0.24	0.52	0.9	1.54	2.51	3.91	10.8	32.6	118

第五节　管路的水力计算

前面已讨论了管流的沿程损失和局部损失的计算方法，现可应用黏性流体的总流伯努利方程解决管路的水力计算问题。如果管路系统的局部损失与出流的速度水头之和，与其沿程损失相比，占的比重很少，通常小于5%时，可忽略不计局部损失和出流的速度水头。

管路系统的水力计算可分为简单管路的水力计算和复杂管路的水力计算。等径无分支管的管路系统称为简单管路。除简单管路外的管路系统为复杂管路，如串联管路、并联管路等。

一、简单管路的水力计算

简单管路的水力计算正是前面所介绍方法的应用，无特殊原则，以实例予以说明。

例 5-4　如图 5-19 所示，水泵将水自池抽至水塔，已知：水泵的功率 $P_p=25\text{kW}$，流量 $q=0.06\text{m}^3/\text{s}$，水泵效率 $\eta_p=75\%$，吸水管长度 $l_1=8\text{m}$，压水管长度 $l_2=50\text{m}$，吸水管直径 $d_1=250\text{mm}$，压水管直径 $d_2=200\text{mm}$，沿程阻力系数 $\lambda=0.025$，带底阀滤水网的局部阻力系数 $\zeta_{fv}=4.4$，弯头阻力系数 $\zeta_b=0.2$（2个），阀门 $\zeta_v=0.5$，单向阀 $\zeta_{sv}=5.5$，

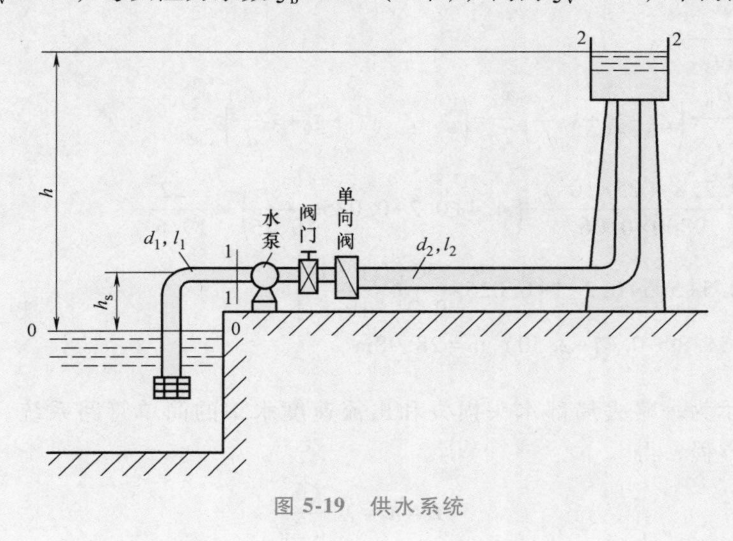

图 5-19　供水系统

水泵的允许真空度 $h_v=6\text{m}$。试求：

1）水泵的安装高度 h_s。

2）水泵的提水高度 h。

解 1）以水池水面为基准，列断面0—0、1—1的能量方程，采用绝对压强，取 $\alpha=1.0$，则

$$0+\frac{p_a}{\rho g}+0=h_s+\frac{p_1}{\rho g}+\frac{\bar{v}_1^2}{2g}+h_{w0-1}$$

所以 $$h_s=\left(\frac{p_a}{\rho g}-\frac{p_1}{\rho g}\right)-\frac{\bar{v}_1^2}{2g}-h_{w0-1}=h_v-\frac{\bar{v}_1^2}{2g}-\left(\lambda\frac{l_1}{d_1}+\zeta_{fv}+\zeta_b\right)\frac{\bar{v}_1^2}{2g}$$

$$=6-\left(1+0.025\times\frac{8}{0.25}+4.4+0.2\right)\frac{\bar{v}_1^2}{2g}=6-6.4\frac{\bar{v}_1^2}{2g}$$

进水管流速 $$\bar{v}_1=\frac{q}{A_1}=\frac{0.06}{0.785\times0.25^2}\text{m/s}=1.22\text{m/s}$$

压水管流速 $$\bar{v}_2=\frac{q}{A_2}=\frac{0.06}{0.785\times0.20^2}\text{m/s}=1.91\text{m/s}$$

所以 $$h_s=\left(6-6.4\times\frac{1.22^2}{19.6}\right)\text{m}=5.51\text{m}$$

2）仍以水池水面为基准列断面0—0、2—2的能量方程，H_p 为水泵扬程，则

$$0+\frac{p_a}{\rho g}+0+H_p=h+\frac{p_a}{\rho g}+0+h_{w0-2}$$

所以 $$h=H_p-h_{w0-2}$$

又 $$P_p=\frac{\rho gqH_p}{\eta_p}$$

所以 $$H_p=\frac{\eta_pP_p}{\rho gq}$$

于是 $$h=\frac{\eta_pP_p}{\rho gq}-h_{w0-2}$$

$$=\frac{\eta_pP_p}{\rho gq}-\left(\zeta_{fv}+\zeta_b+\lambda\frac{l_1}{d_1}\right)\frac{\bar{v}_1^2}{2g}-\left(\zeta_v+\zeta_{sv}+\zeta_b+\zeta_0+\lambda\frac{l_2}{d_2}\right)\frac{\bar{v}_2^2}{2g}$$

$$=\left[\frac{0.75\times(25\times10^3)}{9800\times0.06}-\left(4.4+0.2+0.025\times\frac{8}{0.25}\right)\times\frac{1.22^2}{19.6}-\left(0.5+5.5+0.2+1+0.025\times\frac{50}{0.2}\right)\times\frac{1.91^2}{19.6}\right]\text{m}$$

$$=(31.89-0.41-2.50)\text{m}=28.98\text{m}$$

图5-20所示为一略去局部水头损失和出流速度水头的简单管路系统。在断面1—1和2—2列伯努利方程，得

$$H=h_f=\lambda\frac{l}{d}\frac{\bar{v}^2}{2g}$$

如用 $\bar{v}=q/A$ 代入上式，得

$$H=\lambda\frac{l}{d}\frac{q^2}{2g\left(\frac{\pi}{4}d^2\right)^2}=\frac{8\lambda}{g\pi^2d^5}lq^2 \quad (5\text{-}33)$$

令

$$K=\sqrt{\frac{g\pi^2d^5}{8\lambda}} \quad (5\text{-}34)$$

式中，K 为流量模数，具有流量的单位（m^3/s）。将式（5-34）代入式（5-33）得

$$H=\frac{lq^2}{K^2} \quad (5\text{-}35)$$

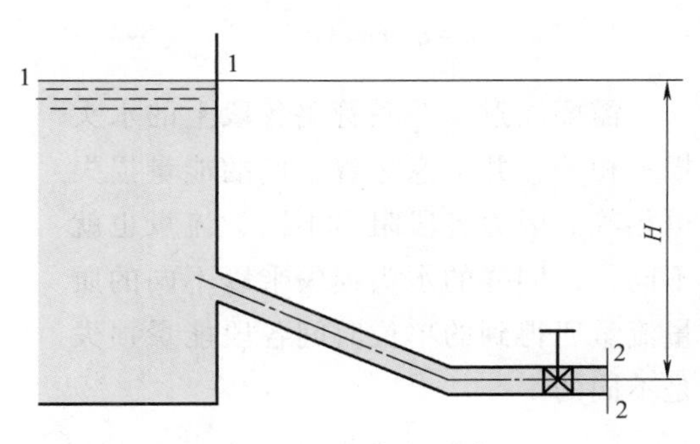

图 5-20　简单管路系统

同时

$$q=K\sqrt{\frac{H}{l}} \quad (5\text{-}36)$$

实际计算时，流量模数 K 可以由式（5-34）计算，也可以查有关手册。表 5-5 列举了铸铁管的流量模数 K 值。

表 5-5　铸铁管的流量模数 K 值

d/m	0.05	0.1	0.2	0.3	0.4	0.5	0.6	0.8	1.0
$K/m^3\cdot s^{-1}$	0.0099	0.0614	0.3837	1.1206	2.397	4.3242	6.9993	14.9642	26.485

二、复杂管路的水力计算

以串联和并联管路为例讨论复杂管路的水力计算问题，并且忽略管路中局部水头损失和出流速度水头。

（1）串联管路　图 5-21 所示为 3 段不同直径长管串联组成的串联管路系统。串联管路的特点是各管段流量相等，总水头等于各段沿程损失之和。即

$$q_1=q_2=q_3=q \quad (5\text{-}37)$$

$$H=h_{f1}+h_{f2}+h_{f3} \quad (5\text{-}38)$$

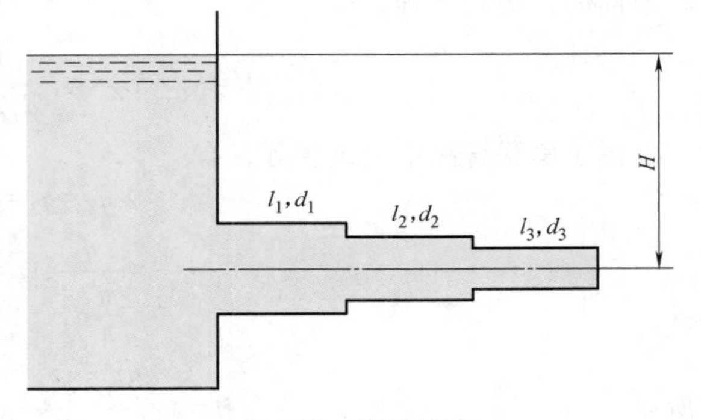

图 5-21　串联管路

将式（5-35）和式（5-37）代入式（5-38）得

$$H=q^2\left(\frac{l_1}{K_1^2}+\frac{l_2}{K_2^2}+\frac{l_3}{K_3^2}\right) \quad (5\text{-}39)$$

由此得流量为

$$q=\frac{\sqrt{H}}{\sqrt{\frac{l_1}{K_1^2}+\frac{l_2}{K_2^2}+\frac{l_3}{K_3^2}}} \quad (5\text{-}40)$$

（2）并联管路　图 5-22 所示为三条简单管路组成的并联管路，分支点为 A，汇合点为 B。并联管路的特点是各分路阻力损失相等，总流量等于各分路流量之和。即

$$h_{f_1}=h_{f_2}=h_{f_3}=h_{f_{AB}}=\frac{q_1^2l_1}{K_1^2}=\frac{q_2^2l_2}{K_2^2}=\frac{q_3^2l_3}{K_3^2} \quad (5\text{-}41)$$

$$q=q_1+q_2+q_3 \tag{5-42}$$

需要注意，并联管路各段上的水头损失相等，并不意味着它们的能量损失也相等。因为各段阻力不同，流量也就不同，以同样的水头损失乘以不同的质量流量所得到的单位时间各段能量损失是不同的。

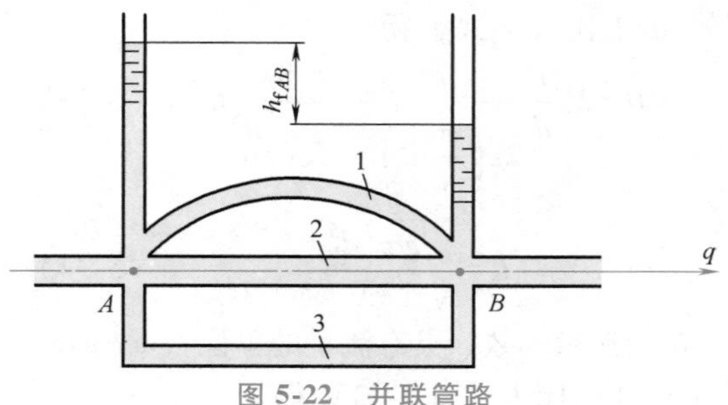

图 5-22 并联管路

例 5-5 水沿着如图 5-23 所示的串联管道流动，已知两水箱水位差 $H=20\text{m}$，$l_1=l_2=400\text{m}$，$d_1=60\text{mm}$，$d_2=80\text{mm}$，沿程损失系数 $\lambda_1=0.03$，$\lambda_2=0.025$，不计局部损失，求：

1）通过管道的流量 q。

2）若对其中 l_1、d_1 的管路并联同样长度、管径及同样布置的支管时，假设沿程损失系数 λ_1、λ_2 不变，管路总流量 q 如何变化，试写出 q 与 H 的关系式。

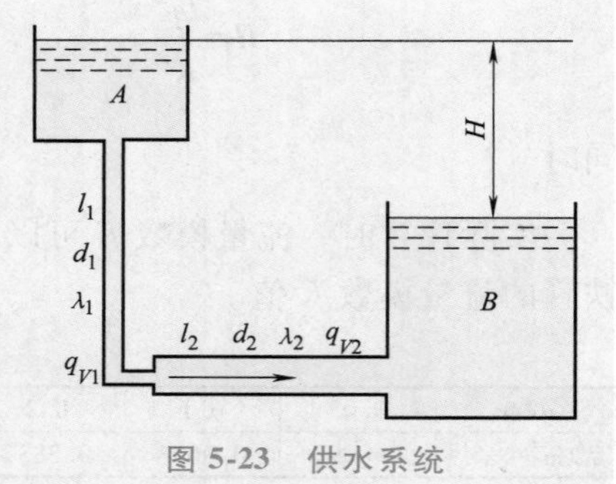

图 5-23 供水系统

解 1）以 B 水箱自由表面为基准面，由 A—B 水箱液面的伯努利方程，得

$$H=h_{f1}+h_{f2}=\lambda_1\frac{l_1}{d_1}\frac{\bar{v}_1^2}{2g}+\lambda_2\frac{l_2}{d_2}\frac{\bar{v}_2^2}{2g}$$

由于串联管路中流量相等，有

$$q_1=q_2=q$$

$$\bar{v}_1=\frac{q}{A_1}=\frac{q}{\dfrac{\pi}{4}d_1^2},\ \bar{v}_2=\frac{q}{A_2}=\frac{q}{\dfrac{\pi}{4}d_2^2}$$

所以

$$H=\lambda_1\frac{8l_1}{d_1^5}\frac{q^2}{\pi^2 g}+\lambda_2\frac{8l_2}{d_2^5}\frac{q^2}{\pi^2 g}$$

得

$$q=\sqrt{\frac{\pi^2 gH}{8\left(\dfrac{\lambda_1 l_1}{d_1^5}+\dfrac{\lambda_2 l_2}{d_2^5}\right)}}=\sqrt{\frac{3.14^2\times9.8\times20}{8\times\left(\dfrac{0.03\times400}{0.06^5}+\dfrac{0.025\times400}{0.08^5}\right)}}=0.0036\text{m}^3/\text{s}$$

2）l_1、d_1 管路并联同样形式的支管后，根据并联管路的特性，由 A—B 水箱液面的伯努利方程，得

$$H=\lambda_1\frac{8l_1}{d_1^5}\frac{\left(\dfrac{q}{2}\right)^2}{\pi^2 g}+\lambda_2\frac{8l_2}{d_2^5}\frac{q^2}{\pi^2 g}$$

整理得

$$q=\sqrt{\frac{\pi^2 gH}{8\left(\dfrac{\lambda_1 l_1}{4d_1^5}+\dfrac{\lambda_2 l_2}{d_2^5}\right)}}=\sqrt{\frac{3.14^2\times9.8\times20}{8\times\left(\dfrac{0.03\times400}{4\times0.06^5}+\dfrac{0.025\times400}{0.08^5}\right)}}=0.0059\text{m}^3/\text{s}$$

(3) 枝状管路 枝状管路是工程中又一种常用的管路形式，它将流体自主干路引向不同的使用地点，在供水系统中广泛采用。图 5-24 所示为一枝状管路的示意图。

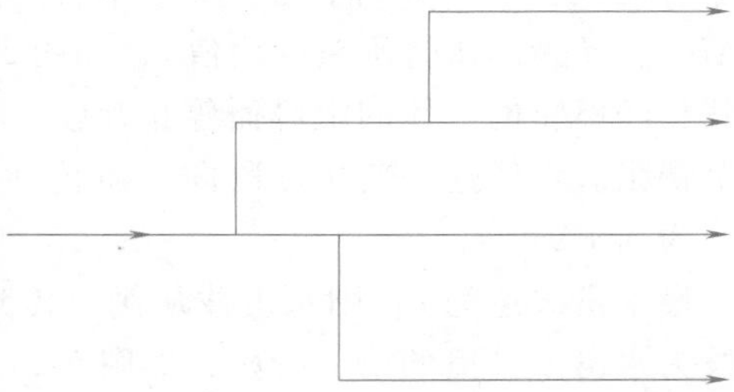

图 5-24 枝状管路

对于分支管路，分支点与支管端点之间建立能量方程，按各管段计算沿程损失

$$h_{fi}=\frac{q^2 l_i}{K_i^2}$$

对各分支点建立连续性方程，并用能量损失叠加原理，找出损失最大的路径，计算干管所需的总水头为

$$H=\sum h_{f_j}+\sum h_{f_i}$$

式中，j 为各主管段；i 为各分支管段。

第六节 管路中的水击

在有压管道中，由于某种原因如阀门、泵突然启闭或水轮机、液压缸突然变化负荷，使流速急剧变化，水流的动量急剧变化。由动量定理可知，作用在流体上的管内压强就会突变。压强突变使管壁产生振动并伴有锤击声。因此，在有压管道中的流速发生急剧变化时，引起压强的剧烈波动，并在整个管长范围内传播的现象称为水击或水锤。水击的危害性很大，有可能使管壁爆裂或产生严重变形。水击是管道设计、液压传动及流体工程中不容忽视的重要问题之一。水击是一种非定常管流水力现象，本章讨论水击的物理过程、最大水击压强值的计算及减弱水击的一般措施，以便对水击的现象有一个基本了解。

一、水击的物理过程

水击压强在管道内以弹性波的形式传播，这个弹性波又称为水击波。

在讨论水击波的物理过程时，为简明起见，假定以阀门瞬时完全关闭且不计水流阻力的理想情况进行分析。

图 5-25 所示为一简单引水管，管长为 L，管径 D 与管壁厚度 e 均沿程不变。引水管的前部与水池连接，管道末端设有阀门。当管中水流为定常流时，其平均流速和压强分别为 v_0 和 p_0。因不计水流阻力和速度水头，测压管水头线为水平线。

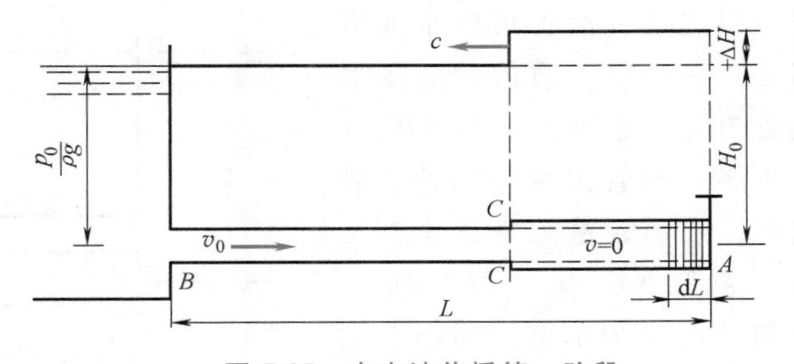

图 5-25 水击波传播第一阶段

当阀门突然完全关闭时，紧靠阀门的一段长为 dL 的微小水体立即停止流动，流速突然减小到零。该水体的动量也发生相应的变化，压强突然增大，水体受到压缩，密度增大，同时亦使周围的管壁膨胀。因为不计管中流速水头和水头损失，阀门 A

处原有的压强 $p_0=\rho gH_0$，在阀门关闭的瞬时，微小水体的压强突然增大到 $p_0+\Delta p$，而$\Delta p=\rho g\Delta H$（ΔH 为测压管水头的增值），如图 5-25 所示。接着紧靠这一水体的另一微小水体由于受到已经停止的水体的阻碍而停止流动，其流速亦由 v_0 减小到零，水体受到压缩，周围的管壁膨胀。水体这一变化逐段向上游传播，直到管道进口 B 处。此时全管流速均为零，压强均为 $p_0+\Delta p$。

设水击波速为 c，则水击波从阀门传到管道进口所需的时间为 $t=L/c$。从 $t=0$ 到 $t=L/c$ 时段为水击波传播的第一阶段，如图 5-25 所示。

由于水池容量很大，水位不因管中发生水击而变化，则管道进口断面的压强将始终保持为定常流时的压强 p_0。在 $t=L/c$ 瞬时，全管的水体处于静止和被压缩状态。此时断面 B 左侧的压强为 p_0，右侧的压强为 $p_0+\Delta p$。在这一压强差作用下，管中的水体从静止状态以速度 v_0 向水池方向流动。于是，B 处的水体从压缩状态恢复原状，其周围管壁亦从膨胀状态恢复原状，压强由 $p_0+\Delta p$ 降为原来的 p_0。由于水体的可压缩性及管壁弹性的影响，随后，各层水体和周围的管壁也相继恢复原状。这种现象也可看作为一个由进口沿管道向阀门方向传播的反向水击波，它是第一阶段中水击波的反射波。因为水的压缩性和管壁的弹性是一定的，故反射波的传播速度也等于 c。在 $t=2L/c$ 瞬时，这一反射波正好传到阀门处，此时全管内水体的压强均恢复到 p_0，受压缩的水和膨胀的管壁也都复原。全管水体均以流速 v_0 向水池流动。从 $t=L/c$ 到 $t=2L/c$ 这一时段为水击波传播的第二阶段，如图 5-26 所示。

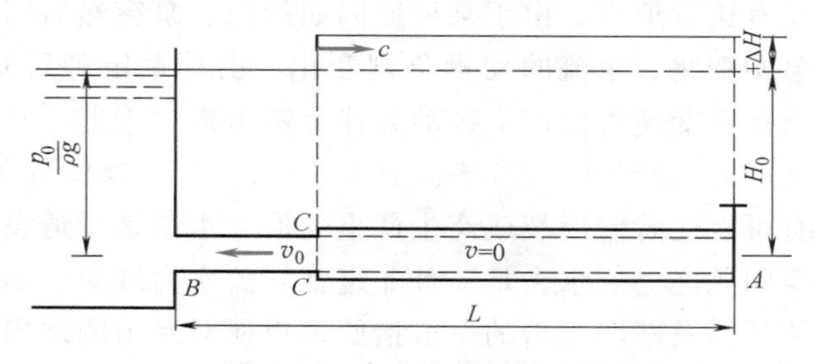

图 5-26　水击波传播第二阶段

在第二阶段末全管水体的密度和膨胀的管壁均已恢复原状。但由于惯性作用，紧邻阀门 A 的水体继续以流速 v_0 向水池倒流。因阀门完全关闭，紧靠阀门的水体有脱离阀门的趋势。根据连续性的要求，这是不可能的。因此，流动被迫停止，流速又从 v_0 减小到零。由于流速发生了变化，相应地，动量也发生变化，这必然引起外力的变化，故压强由 p_0 降低 Δp，使得水体膨胀，密度减小，管壁收缩。这种状态又自阀门处逐段相继传递到管道进口。即在阀门处产生一个降压正向波，以速度 c 沿管道向水池方向传播。它是第二阶段中降压反向波由阀门反射回去的波。在 $t=3L/c$ 时刻，全管内水体均处于静止状态，全部管壁收缩，全管压强由 p_0 降低 Δp。从 $t=2L/c$ 到 $t=3L/c$ 这一时段为水击波传播的第三阶段，如图 5-27 所示。

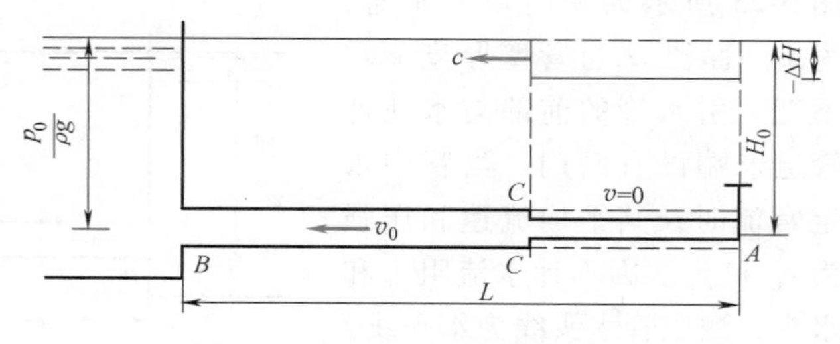

图 5-27　水击波传播第三阶段

在 $t=3L/c$ 瞬时，全管水体处于静止、低压和膨胀状态，整个管壁都收缩。进口断面 B 处的一段水体，左边压强为 p_0，右边压强为 $p_0-\Delta p$。在压强差 Δp 的作用下，B 处的水又以流速 v_0 向阀门方向流动，膨胀的水体受到压缩，压强随即恢复到 p_0，收缩的管壁也恢复原状，水体逐段发生同样的变化，即以一个增压反向波自管道进口以速度 c 向阀门传播。在 $t=4L/c$ 时刻，增压波到达阀门 A 处，全管内的水体及管壁均恢复到水击发生以前的状态，即流速为 v_0，压强为 p_0，从 $t=3L/c$ 到 $t=4L/c$ 这一时段为水击波传播的第四阶段，如图 5-28 所示。

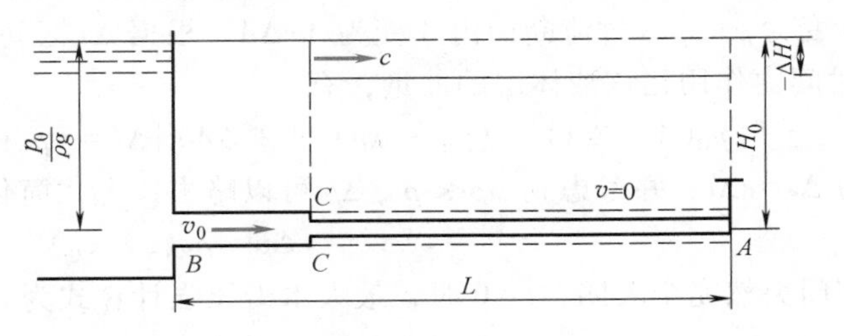

图 5-28　水击波传播第四阶段

在 $t=4L/c$ 瞬时，如果阀门仍然关闭，则水击波的传播将重复上述四个阶段，周而复始地持续进行。实际上，由于存在阻力，水击波不可能无休止地传播下去，而是逐渐衰减，最后消失，达到新的定常状态。水击物理过程的四个传播阶段见表 5-6。

表 5-6　水击物理过程的四个传播阶段

阶段	时　程	流　向	流速变化	水击波传播方向	压强及流速变化	阶段末液体及管壁的状态
1	$0<t<\frac{L}{c}$	$B\to A$	$v_0\to 0$	$A\to B$	升高 Δp 减速 $+v_0\to 0$	液体压缩，管壁膨胀
2	$\frac{L}{c}<t<\frac{2L}{c}$	$A\to B$	$0\to -v_0$	$B\to A$	恢复到 p_0 增速 $0\to -v_0$	恢复原状
3	$\frac{2L}{c}<t<\frac{3L}{c}$	$A\to B$	$-v_0\to 0$	$A\to B$	下降 Δp 减速 $-v_0\to 0$	液体膨胀，管壁收缩
4	$\frac{3L}{c}<t<\frac{4L}{c}$	$B\to A$	$0\to v_0$	$B\to A$	恢复到 p_0 增速 $0\to +v_0$	恢复原状

二、直接水击与间接水击

水击波自阀门向水池传播并反射回到阀门所需的时间称为水击的相，以 t_r 表示，两相为一个周期。即

$$t_r=\frac{2L}{c} \tag{5-43}$$

实际上阀门关闭总需要一定时间，以 t_s 表示。按照 t_s 和 t_r 的大小把水击分为两类。若阀门的关闭时间 $t_s\leqslant t_r$，则水击波还没有来得及自水池返回阀门，阀门已关闭完毕。那么阀门处的水击增压，不受水池反射的减压波的削弱，而达到可能出现的最大值，这类水击称为直接水击。若阀门的关闭时间 $t_s>t_r$，即水击波已从水池返回阀门，而关闭仍在进行。那么，由于受水池反射的减压波的削弱作用，阀门处的水击增压比直接水击为小，称为间接水击。因此，工程上尽可能避免发生直接水击。

三、最大水击压强的计算

1. 直接水击最大压强计算式

设有管道如图 5-29 所示布置，管端阀门突然关闭造成水击。若水击传播速度为 c，经过时间 Δt，水击波由断面 m—m 传至断面

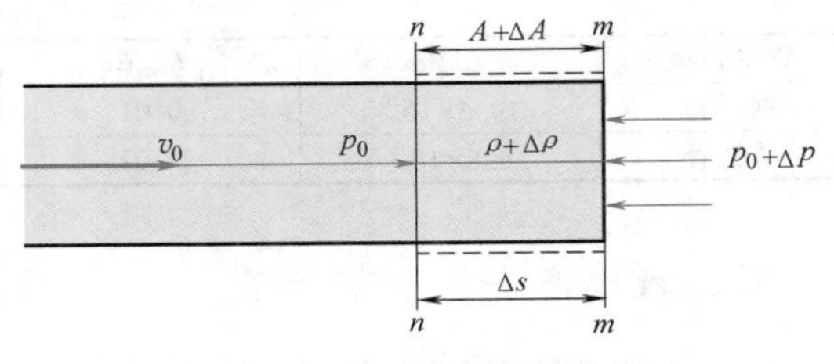

图 5-29　Δt 时间内水波传播

$n—n$，如图 5-29 所示。因此，液体层 Δs 的速度由 v_0 变为 v，压强由 p_0 突增为 $p_0+\Delta p$，密度由 ρ 变为 $\rho+\Delta\rho$，过流断面由 A 变为 $A+\Delta A$。根据 Δs 区间液体层在 Δt 始末的动量变化应等于 Δt 时间内作用在该液体层的冲量，有

$$[p_0(A+\Delta A)-(p_0+\Delta p)(A+\Delta A)]\Delta t=(\rho+\Delta\rho)(A+\Delta A)\Delta s(v-v_0)$$

因为 $\Delta s=c\Delta t$，并考虑到 $\Delta\rho\ll\rho$，$\Delta\rho$ 可以略去，上式简化为

$$\Delta p=\rho c(v-v_0) \tag{5-44}$$

当阀门突然完全关闭，$v=0$ 时，最大水击压强计算式为

$$\Delta p=\rho c v_0 \tag{5-45}$$

2. 间接水击最大压强计算式

间接水击最大压强值可近似用下式计算，即

$$\Delta p\approx\rho c v_0\frac{t_r}{t_s} \tag{5-46}$$

按式（5-46）计算的值较实际值略大，偏于安全。由式（5-46）可以看出 t_s 越大，则 Δp 越小。

四、水击波速

水击波速对水击问题的分析与计算是一个很重要的参数。

如果只考虑液体的弹性而不考虑管壁弹性时，由物理学知，弹性波在连续介质中的传播速度为

$$c=\sqrt{\frac{K_0}{\rho}} \tag{5-47}$$

式中，K_0 为液体体积模量。

水的体积模量 $K_0=20.6\times10^8\text{Pa}$ 时，弹性波在水中的传播速度 $c=1435\text{m/s}$，这也是声波在水中的传播速度。

当考虑水的压缩性和管壁的弹性时，对于均质材料的薄壁圆管，从理论分析可得水击波速公式为

$$c=\frac{\sqrt{\dfrac{K_0}{\rho}}}{\sqrt{1+\dfrac{K_0 d}{Ee}}} \tag{5-48}$$

式中，e 为管壁厚度；E 为管壁材料的弹性模量；d 为管道内径。

常用管道材料的弹性模量见表 5-7。

表 5-7 常用管道材料的弹性模量 E 值及 K_0/E 值

管材种类	E/Pa	K_0/E	管材种类	E/Pa	K_0/E
钢　管	19.6×10^{10}	0.01	混凝土管	20.58×10^{9}	0.10
铸铁管	9.8×10^{10}	0.02	木　管	9.8×10^{9}	0.20

五、减小水击压强的措施

减小水击压强的措施有：

1）适当延长阀门开闭时间，使 $t_s>t_r$，避免直接水击。

2）尽量采用管径较大的管道，减小管内流速。

3）缩短管道长度，使管中水体质量减小。

4）采用弹性好的管壁材料，减小水击压强。

5）在管道适当位置上设置蓄能器，对水击压强起缓冲作用。

6）在管道上安装安全阀，以便出现水击时及时减弱水击压强的破坏作用。

例 5-6　一钢管内径 $d=500\text{mm}$，壁厚 $e=9\text{mm}$，管材弹性模量 $E=20\times10^{10}\text{Pa}$，管中水的流速 $v_0=4\text{m/s}$，水的体积模量 $K_0=20.25\times10^8\text{Pa}$，管路上游入口端接一水箱，管长10m，管路末端有一阀门，若阀门在 0.005s 内关闭，试确定水击压强 Δp 及水击波的传播速度 c，已知水的密度 $\rho=1000\text{kg/m}$。

解　先求水击波的传播速度，由式（5-48），得

$$c=\frac{\sqrt{\dfrac{K_0}{\rho}}}{\sqrt{1+\dfrac{K_0 d}{Ee}}}=\frac{\sqrt{\dfrac{20.25\times10^8}{1000}}}{\sqrt{1+\dfrac{20.25\times10^8\times0.5}{20\times10^{10}\times0.009}}}\text{m/s}=1138.4\text{m/s}$$

则水击波从阀门到管路进口，再由管路进口到阀门往返一次所需时间为

$$t_r=\frac{2L}{c}=\frac{2\times10}{1138.4}\text{s}=0.018\text{s}>0.005\text{s}$$

因此，此水击为直接水击。

水击压强为

$$\Delta p=\rho c v_0=1000\times1138.4\times4\text{Pa}=4.55\times10^6\text{Pa}$$

如果管壁是绝对刚性的，即 $E\to\infty$，则

$$c=\sqrt{\frac{K_0}{\rho}}=\sqrt{\frac{20.25\times10^8}{1000}}\text{m/s}=1423\text{m/s}$$

$$\Delta p=\rho c v_0=1000\times1423\times4\text{Pa}=5.69\times10^6\text{Pa}$$

由此可见，管壁弹性影响使水击压强下降了约 20%。

第七节　孔口与管嘴出流

在盛有液体的容器的侧壁或底部开一孔口，液体经孔口流出，称为孔口出流。在孔口上装一段长度为 3~4 倍孔径的短管，称为管嘴；液体经管嘴流出，称为管嘴出流。

孔口、管嘴出流有一个共同特点，在水力计算中局部水头损失起主要作用，用能量方程和连续性方程导出计算流速和流量的公式，并由实验确定式中的系数。

按孔口直径或高度 d_0 与水头 H 的比值的大小，可以把孔口分为大孔口和小孔口。当 $d_0<H/10$ 时称为小孔口，当 $d_0\geqslant H/10$ 时称为大孔口。

按孔口边缘厚度是否影响孔口出流情况，可以把孔口分为薄壁孔口和厚壁孔口。孔口边缘的厚度 $\delta/d_0\leqslant2$ 时，其厚度不影响孔口出流称为薄壁孔口，$2\leqslant\delta/d_0\leqslant4$ 时为厚壁孔口。一

般若不加说明均指薄壁孔口。

按照液流在出口处的状况，孔口和管嘴可分为自由出流和淹没出流两种情况，在大气中的出流为自由出流，在液面下的出流为淹没出流。

一、孔口出流

孔口自由出流如图 5-30 所示，当液体从孔口出流时，由于惯性作用，流线不可能成折角地改变方向。因此，液体在流出孔口后有收缩现象，在离孔口不远的地方，过流断面达到最小值，这个最小的过流断面称为收缩断面 c，其面积用 A_c 表示。

收缩断面面积 A_c 与孔口面积 A 的比值用 ε 表示，即

$$\frac{A_c}{A}=\varepsilon$$

式中，ε 为量纲一的数，称为收缩系数，由实验测定。

如果沿孔口的所有周界上液体都有收缩，称为全部收缩，反之为部分收缩。全部收缩又分为完善收缩和不完善收缩。实验表明，孔口任一边缘到容器侧壁的距离大于在同一方向上孔口宽度的三倍，可视为完善收缩，如图 5-31 中的孔口 1，反之为不完善收缩，如图 5-31 孔口 2。经测定圆形小孔口完善收缩时的收缩系数 $\varepsilon=0.63\sim0.64$。

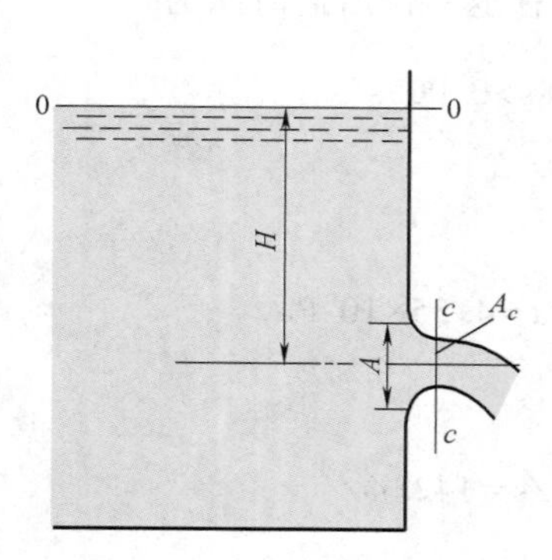

图 5-30　孔口自由出流

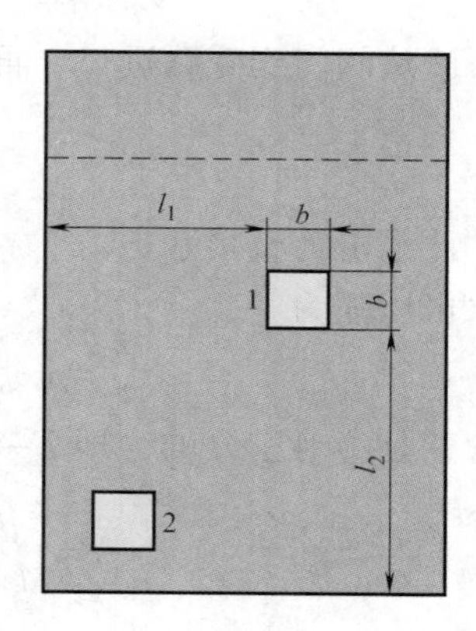

图 5-31　孔口位置

孔口出流的流速和流量公式可用能量方程求出。如图 5-30 所示，以通过孔口中心的水平面为基准面，对孔口上游断面 0—0 和收缩断面 c—c 列能量方程

$$H+\frac{\alpha_0\bar{v}_0^2}{2g}=0+\frac{\alpha_c\bar{v}_c^2}{2g}+h_w$$

式中，$\bar{v}_c$ 为收缩断面的平均流速；$H+\dfrac{\alpha_0\bar{v}_0^2}{2g}=H_0$ 为孔口的总水头；h_w 为断面 0 至断面 c 之间的水头损失，令 $h_w=\zeta\dfrac{\bar{v}_c^2}{2g}$，$\zeta$ 为孔口局部损失系数。

将以上关系式代入能量方程整理得

$$\bar{v}_c=\varphi\sqrt{2gH_0} \tag{5-49}$$

式中，φ 为流速系数。

由于孔口收缩断面流速分布比较均匀，可取 $\alpha_c=1$，则流速系数 $\varphi=1/\sqrt{1+\zeta}$ 与局部阻力系数 ζ 值有关。而局部阻力系数 ζ 值与壁孔的形状、孔的大小、位置、进口形式等因素有关。φ 值由实验测定。对完善收缩的小孔口一般可取 $\varphi=0.97$。

孔口自由出流的流量为 $q=\bar{v}_c A_c$。

由于 $q=\varphi\sqrt{2gH_0}A_c$，而 $A_c=A\varepsilon$，故

$$q=\varphi\varepsilon A\sqrt{2gH_0}=\mu A\sqrt{2gH_0} \tag{5-50}$$

并且

$$\mu=\varepsilon\varphi \tag{5-51}$$

式中，μ 为流量系数，其值通常由实验测定。

对完善收缩的圆形小孔口，取 $\varepsilon=0.64$，$\varphi=0.97$ 时，$\mu=\varphi\varepsilon=0.97\times0.64=0.62$。小孔口不完善或部分收缩时的流量系数均有经验公式可查用，在此不一一列举。

大孔口的流量仍用式（5-50）计算，因为不论哪种形式的孔口出流都必须遵循能量方程，并且只计局部损失，不计沿程损失。在实际工程中，大孔口出流往往属于部分和不完善收缩。近似计算时，大孔口的流量系数 μ 可按表 5-8 选用。

表 5-8　大孔口的流量系数 μ 值

孔口形式和出流收缩的情况	流量系数 μ	孔口形式和出流收缩的情况	流量系数 μ
中型孔口出流，全部收缩	0.65	底孔出流，底部无收缩，两侧收缩适度	0.70~0.75
大型孔口出流，全部、不完善收缩	0.70	底孔出流，底部和两侧均无收缩	0.80~0.85
底孔出流，底部无收缩，两侧收缩显著	0.65~0.70		

孔口淹没出流时，作用于孔口任一点的上、下游水头差相等，因此对淹没出流而言，孔口无大、小之分。如图 5-32 所示，孔口淹没出流对断面 1—1 与 2—2 列能量方程，以下游水面为基准面，得

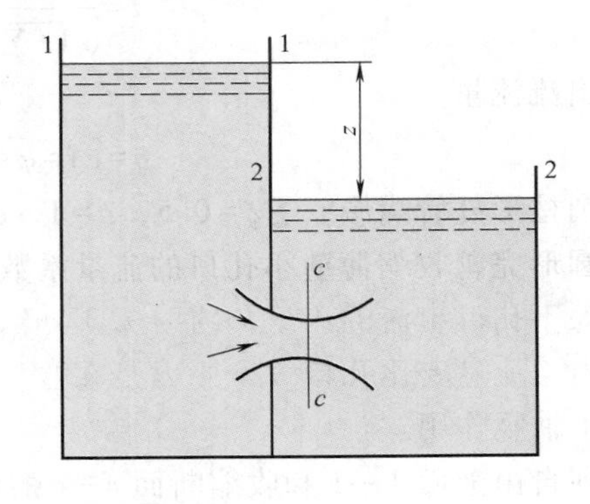

图 5-32　孔口淹没出流

$$z+\frac{\alpha_1\bar{v}_1^2}{2g}=\frac{\alpha_2\bar{v}_2^2}{2g}+h_w$$

式中，断面 1—1 至 2—2 的能量损失为 $h_w=\zeta'\dfrac{\bar{v}_c^2}{2g}$，可看作断面 1—1 至 c—c 的能量损失与断面 c—c 至 2—2 的能量损失之和。前者与自由出流的能量损失相同，为 $\zeta\dfrac{\bar{v}_c^2}{2g}$，后者可以近似地看作圆管突然扩大的能量损失 $(1-A_c/A_2)^2\dfrac{\bar{v}_c^2}{2g}\approx\dfrac{\bar{v}_c^2}{2g}$。即

$$h_w=\zeta'\frac{\bar{v}_c^2}{2g}=\zeta\frac{\bar{v}_c^2}{2g}+\frac{\bar{v}_c^2}{2g}=(1+\zeta)\frac{\bar{v}_c^2}{2g}$$

将以上关系代入能量方程，并注意到 $\dfrac{\alpha_1\bar{v}_1^2}{2g}\approx\dfrac{\alpha_2\bar{v}_2^2}{2g}\approx0$，整理得

$$\bar{v}_c=\varphi'\sqrt{2gz} \tag{5-52}$$

式中，$\varphi'=1/\sqrt{1+\zeta}$ 为淹没出流的速度系数，与自由出流流速系数 φ 的表达式相同。

孔口淹没出流的流量为

$$q=\bar{v}_c A_c=\varphi'\sqrt{2gz}\,\varepsilon A=\mu' A\sqrt{2gz} \tag{5-53}$$

实验表明淹没出流的流量系数μ'与自由出流的流量系数μ几乎没有差别，可取$\mu'=\mu$。

二、管嘴出流

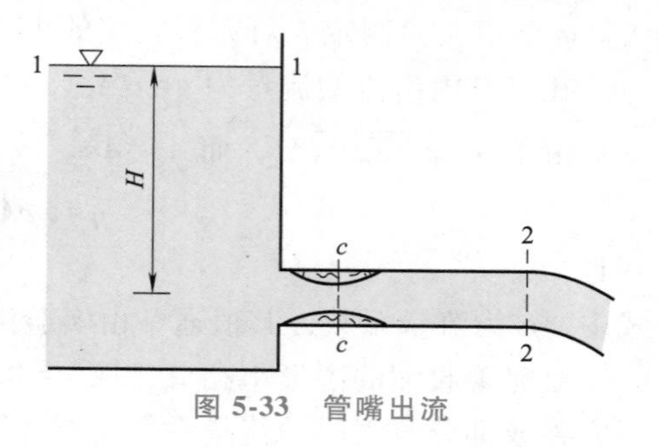

图 5-33 管嘴出流

管嘴出流的特点是当液体进入管嘴后过流形成收缩，在收缩断面 c—c 附近形成旋涡区，然后又逐渐扩大，在管嘴出口断面上液体完全充满整个断面。如图 5-33 所示，以管嘴中心线所在平面为基准，对过流断面 1—1、2—2 列伯努利方程，有

$$H+\frac{p_1}{\rho g}+\frac{\alpha_1\bar{v}_1^2}{2g}=0+\frac{p_2}{\rho g}+\frac{\alpha_2\bar{v}_2^2}{2g}+h_{\mathrm{w}}$$

式中，$H+\frac{\alpha_1\bar{v}_1^2}{2g}=H_0$为管嘴的总水头；取$\alpha_1=\alpha_2=1.0$，$p_1=p_2=p_{\mathrm{a}}$，$v_2=v$；$h_{\mathrm{w}}=\frac{v^2}{2g}\sum\zeta$，$\sum\zeta$为管嘴局部阻力系数，此处为进口、扩大、沿程阻力系数之和，代入上式得

$$H_0=(1+\sum\zeta)\frac{v^2}{2g}$$

所以

$$v=\frac{1}{\sqrt{1+\sum\zeta}}\sqrt{2gH_0}=\varphi\sqrt{2gH_0} \tag{5-54}$$

管嘴出流流量

$$q=vA=\varphi A\sqrt{2gH_0}=\mu A\sqrt{2gH_0} \tag{5-55}$$

圆柱形外管嘴中，$\sum\zeta=0.5$，$\varepsilon=1$，$\varphi=0.82$，$\mu=0.82$。

圆形完善收缩薄壁小孔口的流量系数为$\mu=0.62$，在相同直径、相同作用水头下，管嘴出流大于孔口出流的流量，约为 1.32 倍。在孔口处接上短管后，其阻力要比孔口大，但管嘴的出流流量要比孔口大，原因是在收缩断面 c—c 处，液流和管壁脱离形成环状真空，从而产生抽吸作用。

列自由液面 1—1 和收缩断面 c—c 的伯努利方程，有

$$H=\frac{p_c}{\rho g}+\frac{v_c^2}{2g}+\zeta_c\frac{v_c^2}{2g}$$

即

$$\frac{p_c}{\rho g}=H-(1+\zeta_c)\frac{v_c^2}{2g}$$

其中

$$v_c=\frac{q}{A_c}=\frac{\mu A\sqrt{2gH}}{\varepsilon A}=\frac{\mu}{\varepsilon}\sqrt{2gH}$$

取$\zeta_c=0.06$，$\mu=0.82$，$\varepsilon=0.64$代入可得

$$\frac{p_c}{\rho g}=H-(1+\zeta_c)\left(\frac{\mu}{\varepsilon}\right)^2H=H\left[1-(1+\zeta_c)\left(\frac{\mu}{\varepsilon}\right)^2\right]$$

$$=H\left[1-(1+0.06)\left(\frac{0.82}{0.64}\right)^2\right]=-0.74H$$

为了保证管嘴正常工作，则必须保证管嘴中真空区的存在，但是，如果真空度过大，即当收缩断面 $c—c$ 处绝对压强小于液体的汽化压强时，液体将汽化，从而产生汽蚀。因此应对管嘴内的真空度有所限制。对于水，常取允许压强水头 $p_c/\rho g=7\text{m}$，则作用水头

$$H \leqslant \frac{7}{0.74}=9.5\text{m}$$

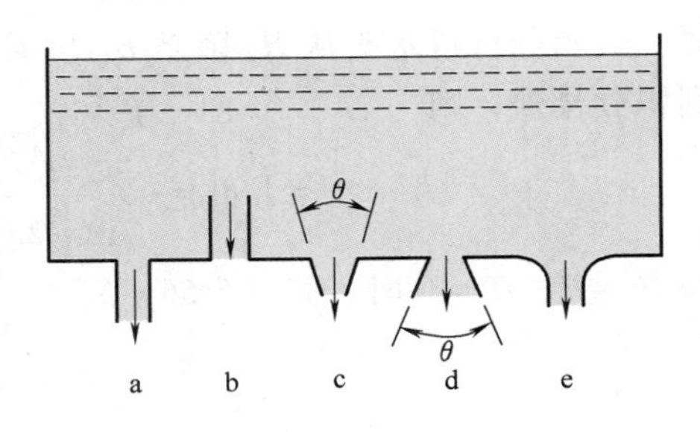

图 5-34 管嘴出流

管嘴的长度是一个重要参数，如果太短，则会来不及扩大，或真空区离出口太近，容易引起真空破坏。如果太长，则沿程损失不可忽略，也达不到增加流量的目的，根据实验，管嘴长度的最佳值为

$$l=(3\sim4)d$$

如图 5-34 所示，常见的管嘴有五种形式：a 为圆柱形外管嘴，b 为圆柱形内管嘴，c 为圆锥形收敛管嘴，d 为圆锥形扩张管嘴，e 为流线型管嘴。

自由出流时，各种管嘴的 φ、ε、μ 值见表 5-9。现以圆柱形外管嘴为例讨论管嘴出流的特性。

表 5-9 各种管嘴的 φ、ε、μ 值

形　　式	流速系数 φ	收缩系数 ε	流量系数 μ
薄壁小孔口	0.97	0.64	0.62
圆柱形外管嘴	0.82	1.00	0.82
圆柱形内管嘴	0.71	1.00	0.71
圆锥形收敛管嘴 $\theta=13°$	0.95	1.00	0.95
圆锥形扩张管嘴	0.45	1.00	0.45
流线型管嘴	0.97	1.00	0.97

管嘴在淹没出流时的流速和流量公式仍然是式（5-54）和式（5-55）。同样，管嘴在淹没出流时的流量系数 μ' 与自由出流的流量系数 μ 相同。

三、变水头孔口出流

容器在变水头下的泄水和充水是水利工程中经常遇到的问题。变水头出流是非定常流问题，但在水位随时间变化的速率较小的情况下，如果把整个水头变化范围分为若干等份，则每一等份可近似地看作定常流，通常称这种定常流为准定常流。

现以柱形容器、没有流量注入、孔口自由泄流的简单情况为例来讨论变水头的出流问题。如图 5-35 所示，容器内自由表面积为 Ω，在 $\text{d}t$ 时段内水头的增量为 $\text{d}H$（泄水时 $\text{d}H$ 取负值），则 $\text{d}t$ 时段内孔口的泄水量为 $q\text{d}t=-\Omega\text{d}H$，应用定常流孔口自由出流的流量公式（5-50），并取 $H_0\approx H$，则

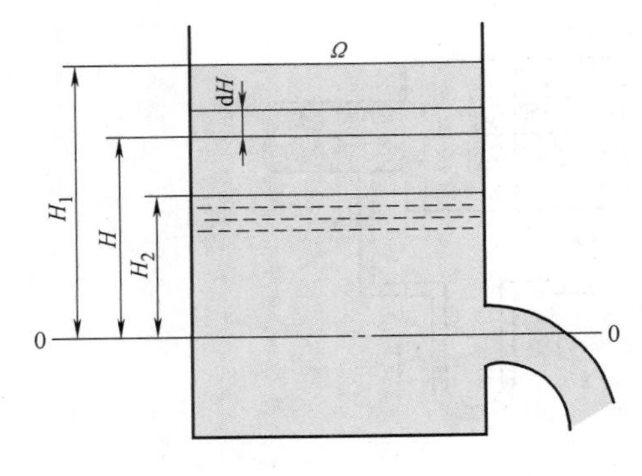

图 5-35 变水头孔口

$$\mu A\sqrt{2gH}\,\mathrm{d}t=-\Omega\mathrm{d}H$$

即

$$\mathrm{d}t=-\frac{\Omega}{\mu A\sqrt{2g}}\frac{\mathrm{d}H}{\sqrt{H}}$$

对上式积分可得水头从 H_1 降至 H_2 所需的时间 t。柱形容器内自由表面积 Ω 为常数，可以提到积分号外，则

$$t=\int_0^t \mathrm{d}t=-\frac{\Omega}{\mu A\sqrt{2g}}\int_{H_1}^{H_2}\frac{\mathrm{d}H}{\sqrt{H}}=\frac{2\Omega}{\mu A\sqrt{2g}}(\sqrt{H_1}-\sqrt{H_2}) \tag{5-56}$$

当 $H_1=H$、$H_2=0$ 时，式（5-56）写为

$$t=\frac{2\Omega H}{\mu A\sqrt{2gH}} \tag{5-57}$$

因 $\Omega H/(\mu A\sqrt{2gH})$ 为孔口定常出流时泄放体积为 ΩH 的水体所需要的时间，因此，式（5-57）表明非定常流的泄水时间相当于相同水头下定常泄放同样体积所需时间的两倍。

习　　题

5-1　试判别以下两种情况下的流态：

1）某管路的直径 $d=10\mathrm{cm}$，通过流量 $q=4\times10^{-3}\mathrm{m^3/s}$ 的水，水温 $T=20$℃。

2）条件与上相同，但管中流过的是重燃油，运动黏度 $\nu=150\times10^{-6}\mathrm{m^2/s}$。

5-2　1）水管的直径 10mm，管中水流流速 $\bar{v}=0.2\mathrm{m/s}$，水温 $T=10$°C，试判别其流态。

2）若流速与水温同上，管径改为 30mm，管中流态又如何？

3）流速与水温同上，管流由层流转变为湍流的直径多大？

5-3　一输水管直径 $d=250\mathrm{mm}$，管长 $l=200\mathrm{m}$，测得管壁的切应力 $\tau_0=46\mathrm{N/m^2}$。试求：

1）在 200m 管长上的水头损失。

2）在圆管中心和半径 $r=100\mathrm{mm}$ 处的切应力。

5-4　某输油管道由 A 点到 B 点长 $l=500\mathrm{m}$，测得 A 点的压强 $p_A=3\times10^5\mathrm{Pa}$，$B$ 点压强 $p_B=2\times10^5\mathrm{Pa}$，通过的流量 $q=0.016\mathrm{m^3/s}$，已知油的运动黏度 $\nu=100\times10^{-6}\mathrm{m^2/s}$，$\rho=930\mathrm{kg/m^3}$。试求管径 d 的大小。

5-5　如图 5-36 所示，水平突然缩小管路的 $d_1=15\mathrm{cm}$，$d_2=10\mathrm{cm}$，水的流量为 $q=2\mathrm{m^3/min}$，用水银测压计测得 $h=8\mathrm{cm}$。试求突然缩小的水头损失。

5-6　如图 5-37 所示的实验装置，用来测定管路的沿程阻力系数 λ 和当量粗糙度 Δ，已知：管径 $d=200\mathrm{mm}$，管长 $l=10\mathrm{m}$，水温 $T=20$℃，测得流量 $q=0.15\mathrm{m^3/s}$，水银测压计读数 $\Delta h=0.1\mathrm{m}$。试求：

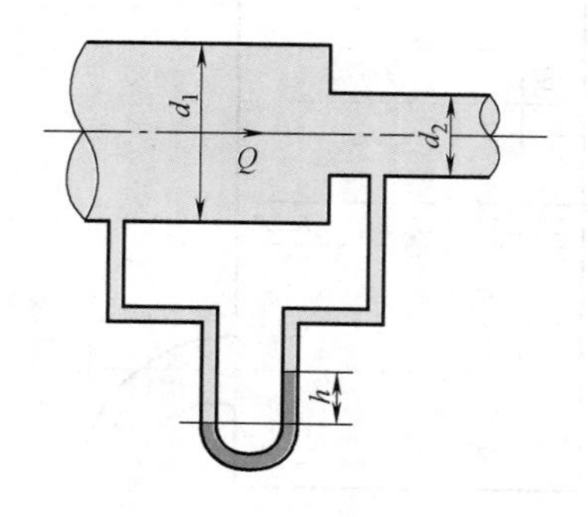

图 5-36　题 5-5 图

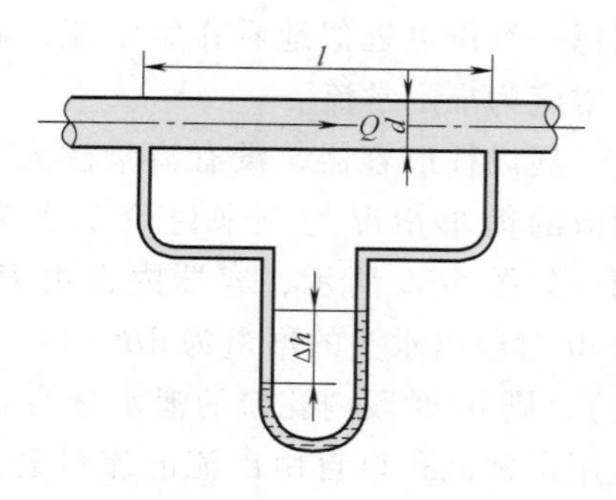

图 5-37　题 5-6 图

1）沿程阻力系数 λ。

2）管壁的当量粗糙度 Δ_e。

5-7 在图 5-38 所示的管路中，已知：管径 $d=10\text{cm}$，管长 $l=20\text{m}$，当量粗糙度 $\Delta_e=0.20\text{mm}$，圆形直角转弯半径 $R=10\text{cm}$，闸门相对开度 $h/d=0.6$，水头 $H=5\text{m}$，水温 $T=20℃$。试求管中流量 q。

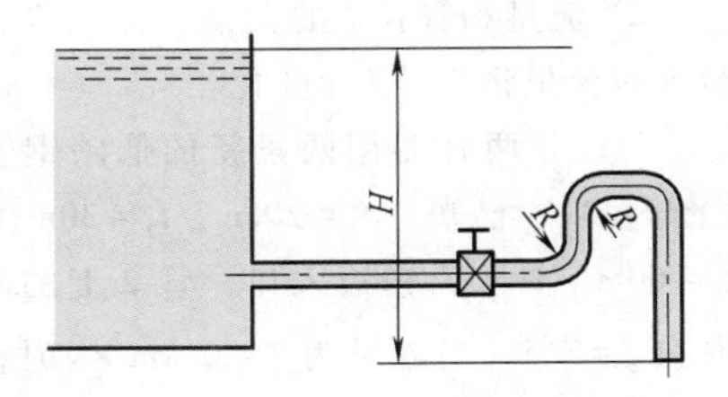

图 5-38 题 5-7 图

5-8 如图 5-39 所示，用一根普通铸铁管由 A 水池引向 B 水池，已知：管长 $l=60\text{m}$，管径 $d=200\text{mm}$。有一弯头，其弯曲半径 $R=2\text{m}$，有一阀门，相对开度 $h/d=0.5$，当量粗糙度 $\Delta_e=0.6\text{mm}$，水温 $T=20℃$。试求当水位差 $z=3\text{m}$ 时管中的流量 q。

5-9 如图 5-40 所示，水由具有固定水位的贮水池中沿直径 $d=100\text{mm}$ 的输水管流入大气。管路是由同样长度 $l=50\text{m}$ 的水平管段 AB 和倾斜管段 BC 组成，$h_1=2\text{m}$，$h_2=25\text{m}$。试问为了使输水管 B 处的真空压强水头不超过 7m，阀门的损失系数 ζ 应为多少？此时流量 q 为多少？取 $\lambda=0.035$，不计弯曲处损失。

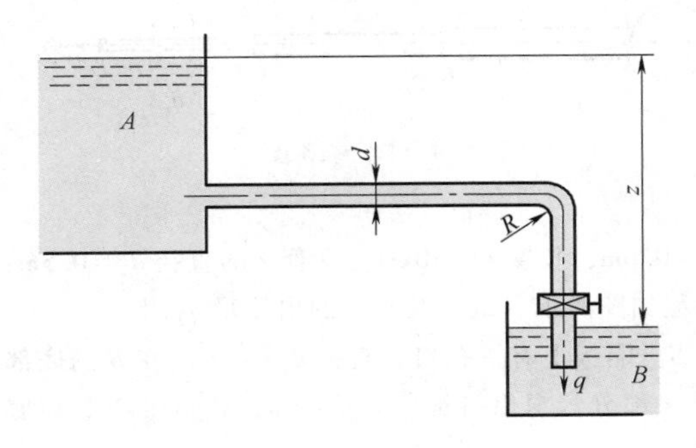

图 5-39 题 5-8 图

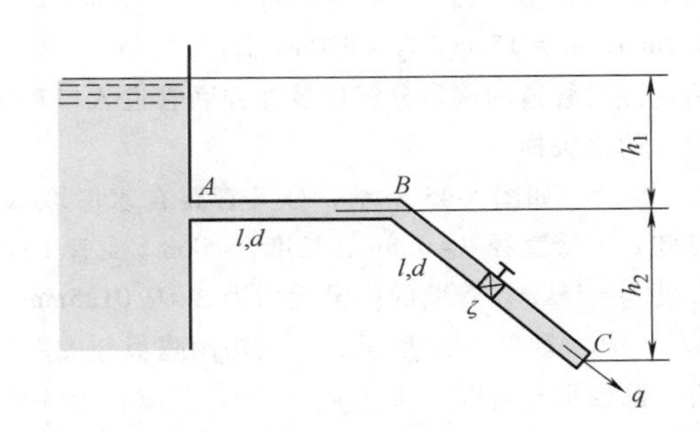

图 5-40 题 5-9 图

5-10 如图 5-41 所示，要求保证自流式虹吸管中液体流量 $q=10^{-3}\text{m}^3/\text{s}$，只计沿程损失，试确定：

1）当 $H=2\text{m}$，$l=44\text{m}$，$\nu=10^{-4}\text{m}^2/\text{s}$，$\rho=900\text{kg/m}^3$ 时，为保证层流，d 应为多少？

2）若在距进口 $l/2$ 处断面 A 上的极限真空的压强水头为 5.4m，输油管在上面贮油池中油面以上的最大允许超高 z_{max} 为多少？

5-11 如图 5-42 所示，水从水箱沿着高 $l=2\text{m}$ 及直径 $d=40\text{mm}$ 的铅垂管路流入大气，不计管路的进口损失，取 $\lambda=0.04$。试求：

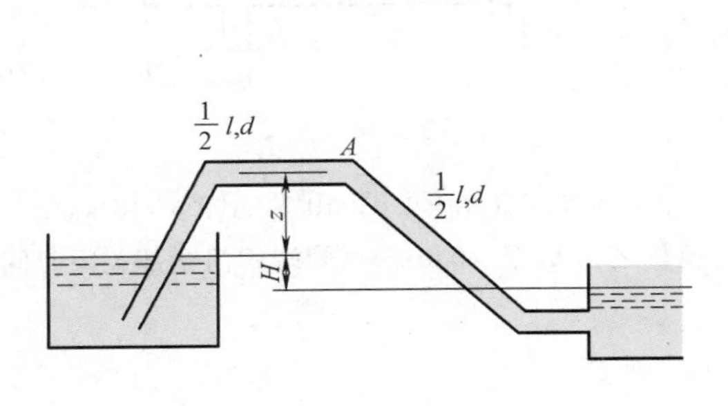

图 5-41 题 5-10 图

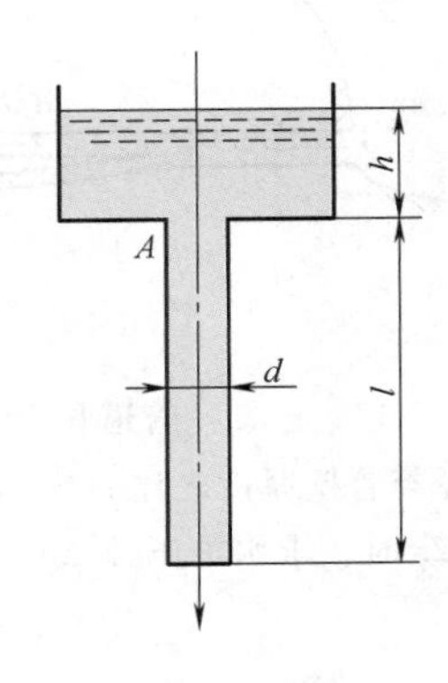

图 5-42 题 5-11 图

1）管路起始断面 A 的压强与箱内所维持的水位 h 之间的关系式，并求当 h 为多少时，此断面绝对压强等于 0.098MPa（1 个工程大气压）。

2）流量和管长 l 的关系，并指出在怎样的水位 h 时流量将不随 l 而变化。

5-12 两容器用两段新的低碳钢管连接起来（图 5-43），已知：$d_1=20\text{cm}$，$l_1=30\text{m}$，$d_2=30\text{cm}$，$l_2=60\text{m}$，管 1 为锐边入口，管 2 上的阀门的阻力系数 $\zeta=3.5$。当流量为 $q=0.2\text{m}^3/\text{s}$ 时，求必需的总水头 H。

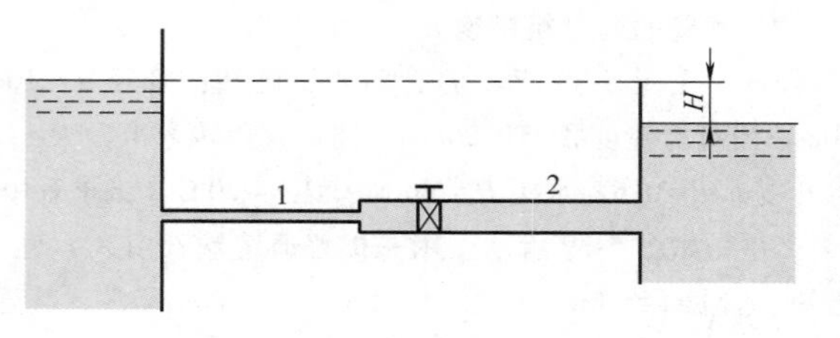

图 5-43 题 5-12 图

5-13 一水泵向如图 5-44 所示的串联管路的 B、C、D 点供水，D 点要求自由水头 $h_F=10\text{m}$。已知：流量 $q_B=0.015\text{m}^3/\text{s}$，$q_C=0.01\text{m}^3/\text{s}$，$q_D=5\times10^{-3}\ \text{m}^3/\text{s}$；管径 $d_1=200\text{mm}$，$d_2=150\text{mm}$，$d_3=100\text{mm}$；管长 $l_1=500\text{m}$，$l_2=400\text{m}$，$l_3=300\text{m}$。试求水泵出口 A 点的压强水头 $p_A/(\rho g)$。

5-14 在总流量为 $q=25\text{L/s}$ 的输水管中，接入两个并联管道。已知：$d_1=10\text{cm}$，$l_1=500\text{m}$，$\Delta_1=0.2\text{mm}$，$d_2=15\text{cm}$，$l_2=900\text{m}$，$\Delta_2=0.5\text{mm}$。试求沿此并联管道的流量分配以及在并联管道入口和出口间的水头损失。

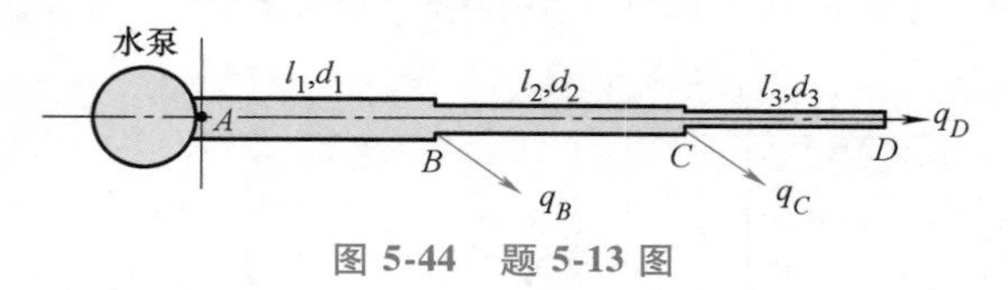

图 5-44 题 5-13 图

5-15 如图 5-45 所示，分叉管路自水库取水。已知：干管直径 $d=0.8\text{m}$，长度 $l=5\text{km}$，支管 1 的直径 $d_1=0.6\text{m}$，长度 $l_1=10\text{km}$，支管 2 的直径 $d_2=0.5\text{m}$，长度 $l_2=15\text{km}$。管壁的粗糙度均为 $\Delta=0.0125\text{mm}$，各处高程如图所示。试求两支管的出流量 q_1 及 q_2。

5-16 如图 5-46 所示，一水箱用隔板分成两部分 A 和 B。隔板上有一孔口，直径 $d_1=4\text{cm}$。在 B 的底部有一圆柱形外管嘴，直径 $d_2=3\text{cm}$，管嘴长 $l=10\text{cm}$。水箱 A 部分水深保持恒定，$H=3\text{m}$，孔口中心到箱底的距离 $h_1=0.5\text{m}$。试求：

1）水箱 B 部分内水位稳定之后的 h_2 和 h_3。

2）流出水箱的流量 q。

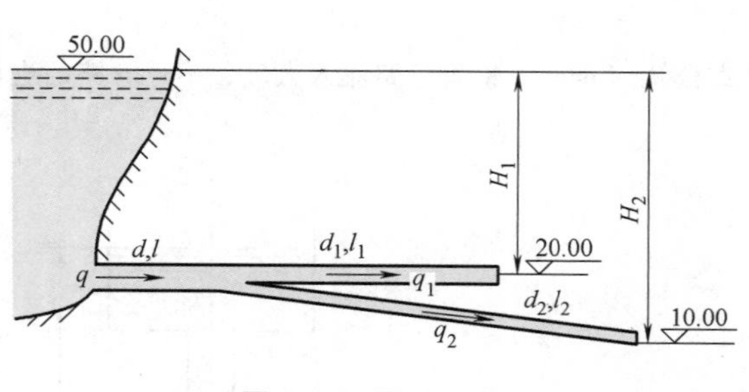

图 5-45 题 5-15 图

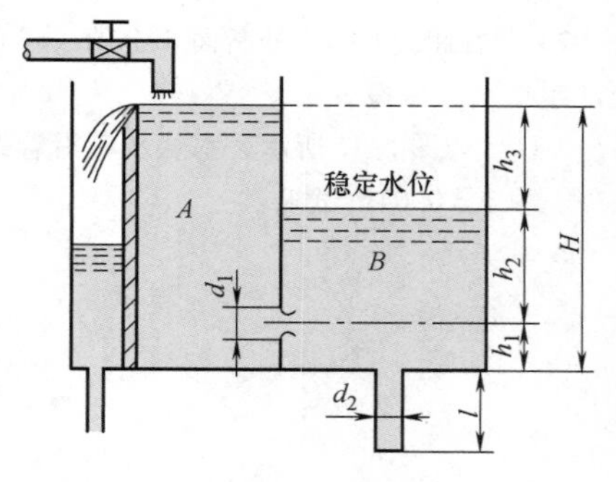

图 5-46 题 5-16 图

5-17 已知：管道长 $l=800\text{m}$，管内水流流速 $v_0=1\text{m/s}$，水的体积模量 $K_0=2.03\times10^9\text{N/m}^2$，$\rho=10^3\text{kg/m}^3$，管径与管壁厚度之比 $D/e=100$，水的体积模量与管壁弹性模量之比 $K_0/E=0.01$。当管端阀门全部关闭时间 $t_s=2\text{s}$ 时，求水击压强 Δp。

第六章

相似理论与量纲分析

相似理论与量纲分析

【工程案例导入】

港珠澳大桥全长55km，是世界最长的跨海大桥，由桥岛隧和粤港澳连接线组成（图6-1）。大桥设计参数要求可抵御16级台风，而桥梁跨度大，结构的刚度和阻尼下降，对风的敏感性增强。因此，如何保证桥梁的抗风稳定性，减小在风载荷作用下的振动问题，是桥梁抗风设计中需要考虑的重要内容。由于相关的空气动力学理论尚不成熟，只能通过风洞试验来寻找措施，改善截面的气动性能。专家们针对港珠澳大桥抗风设计面临的关键技术问题，对3座通航孔桥和深水区非通航孔桥，开展了常规节段模型、大比例尺节段模型、全桥气动弹性模型以及施工期桥塔自立状态气动弹性模型风洞试验（图6-2）。研究结果表明：港珠澳大桥原设计方案主梁存在颤振临界风速低、涡激振动振幅超限以及桥塔驰振等抗风问题。通过采用气动措施和机械措施，有效解决了港珠澳大桥的抗风问题，为大桥的抗风设计提供了科学依据和指导，确保了大桥的抗风安全和服役性能。

图6-1　港珠澳大桥

岛隧工程是港珠澳大桥核心控制性工程，因为其综合技术难度在世界上首屈一指，也被称为交通工程中的“珠穆朗玛峰”。港珠澳大桥工程岛隧标段沉管隧道长度6700m，其中沉管段长5664m，隧道埋深大，回淤层厚，地质、水文条件复杂，是目前世界上综合建设难度最大的沉管隧道。在国内缺乏、国际上亦无成熟案例可供借鉴的情况下，中交天津港湾工程研究院有限公司研究团队通过波浪整体和断面物理模型试验，开展了海上人工岛的越浪、防洪排涝设施的实验验证，为我国人工岛的建设提供了宝贵的试验数据和参考，试验成果为港珠澳大桥抵御极端自然环境考验，满足120年使用期内，人工岛防洪排涝及排水构筑物排水能力的要求提供了科学参考依据，为保障人工岛的安全运营和有效管理，起到有效解决实际工程问题的作用。

针对港珠澳大桥开展的一系列科研实验研究，模型的制造、模型实验数据与原型流动的对应，需按相似理论进行，实验方案的设计、实验数据的分析及流动规律的总结，其基础则为量纲分析。

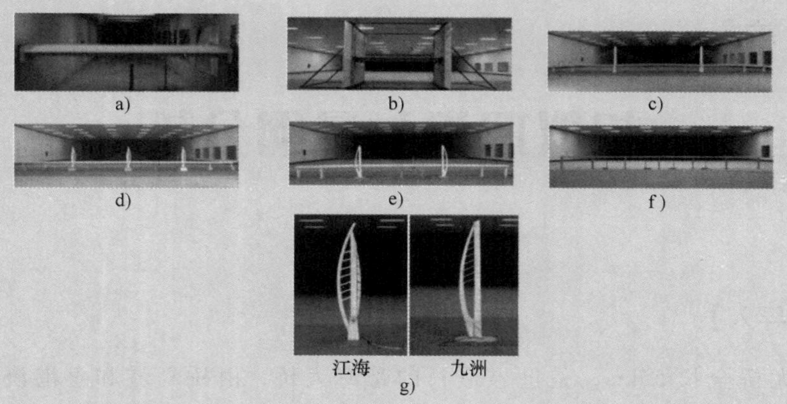

图 6-2 港珠澳大桥风洞试验

a) 1∶50节段模型试验 b) 1∶20大比例节段模型试验 c) 青州航道桥全桥模型试验 d) 江海直达船航道桥全桥模型试验 e) 九洲航道桥全桥模型试验 f) 深水区非通航孔全桥模型试验 g) 自立桥塔模型试验

本章将分别简要介绍相似理论与量纲分析的基本方法及其应用。

第一节 相似理论

一、力学相似

为使模型流动表现出原型流动的主要现象和特性，并能从模型流动上预测原型流动的结果，必须使模型流动及与其相似的原型流动保持力学相似关系。所谓力学相似，是指模型流动与原型流动在对应点上的对应物理量都具有一定的比例关系。具体地说，力学相似包括三个方面，即几何相似、运动相似和动力相似。

1. 几何相似

几何相似是指模型流动与原型流动有相似的边界形状，一切对应的线性尺寸成比例，对应角相等，图 6-3 所示为两个相似的翼型。

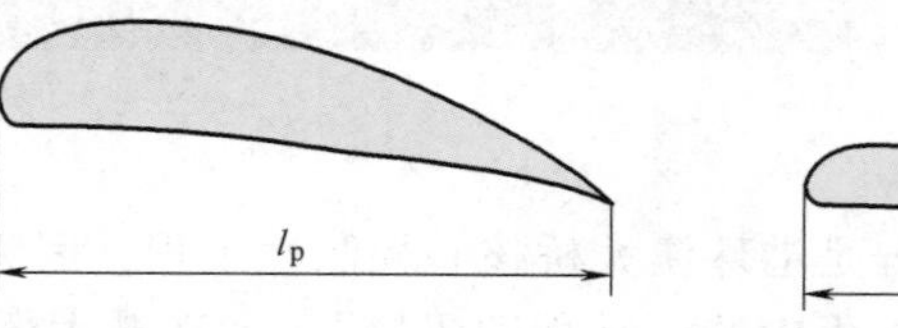

图 6-3 几何相似

如果用下标 m 表示模型，p 表示原型，则线性比例尺

$$k_l=\frac{l_m}{l_p} \tag{6-1}$$

是应该确定的基本比例尺，在线性尺寸成相同比例的情况下，对应的夹角都相等。由线性比例尺不难得出

面积比例尺

$$k_A=\frac{A_m}{A_p}=\frac{l_m^2}{l_p^2}=k_l^2$$

体积比例尺

$$k_V=\frac{V_m}{V_p}=\frac{l_m^3}{l_p^3}=k_l^3$$

严格来说，模型和原型表面粗糙度也应该具有相同的线性比例尺，但实际上往往只能近似地做到。

因为线性尺寸 l 的量纲是 $[\mathrm{L}]$，面积 A 的量纲是 $[\mathrm{L}^2]$，体积 V 的量纲是 $[\mathrm{L}^3]$，对照导出物理量的量纲，可以直接写出导出物理量的比例尺，这一结论不但适用于几何相似，也适用于下面将要讨论的运动相似和动力相似。

几何相似是力学相似的前提，只有在几何相似的流动中，才有可能存在相应的点，从而进一步探讨对应点上其他物理量的相似问题。

2. 运动相似

运动相似是指模型流动与原型流动的流线几何相似，而且对应点上的速度方向相同，大小成比例。图 6-4 所示绕翼型流动，流动中任一点 A 处，速度 v 大小成比例，方向相同。

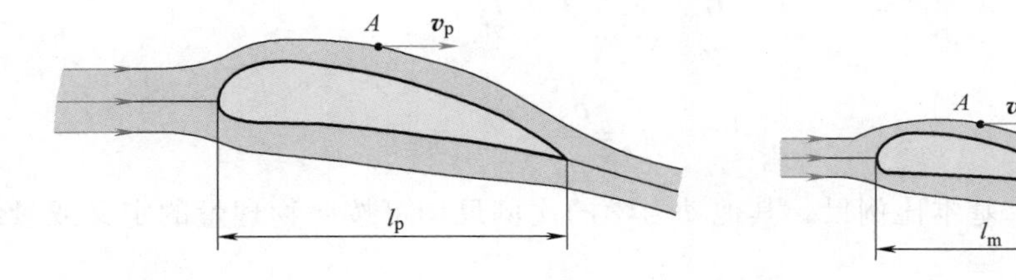

图 6-4　运动相似

速度比例尺

$$k_v=\frac{v_m}{v_p} \tag{6-2}$$

是应该确定的又一个基本比例尺，其他运动学的比例尺可以按照物理量的定义或量纲由 k_l 及 k_v 确定，即

时间比例尺

$$k_t=\frac{t_m}{t_p}=\frac{l_m/v_m}{l_p/v_p}=\frac{k_l}{k_v}$$

加速度比例尺

$$k_a=\frac{a_m}{a_p}=\frac{v_m/t_m}{v_p/t_p}=\frac{k_v}{k_t}=\frac{k_v^2}{k_l}$$

流量比例尺

$$k_q = \frac{q_m}{q_p} = \frac{l_m^3/t_m}{l_p^3/t_p} = \frac{k_l^3}{k_t} = k_l^2 k_v$$

运动黏度比例尺

$$k_\nu = \frac{\nu_m}{\nu_p} = \frac{l_m^2/t_m}{l_p^2/t_p} = \frac{k_l^2}{k_t} = k_l k_v$$

角速度比例尺

$$k_\omega = \frac{\omega_m}{\omega_p} = \frac{v_m/l_m}{v_p/l_p} = \frac{k_v}{k_l}$$

由以上关系式可以看出，只要确定了 k_l 及 k_v，则一切运动学比例尺都可以确定。

3. 动力相似

动力相似是指模型流动与原型流动受同种外力作用，而且对应点上力的方向相同，大小成比例。对图 6-4 中的绕翼型流动，作用在翼型上的重力 $\boldsymbol{G}$、压力 $\boldsymbol{F}$、黏附力 $\boldsymbol{T}$、惯性力 $\boldsymbol{I}$ 等力大小成正比，方向相同，力矢多边形几何相似（图 6-5）。即

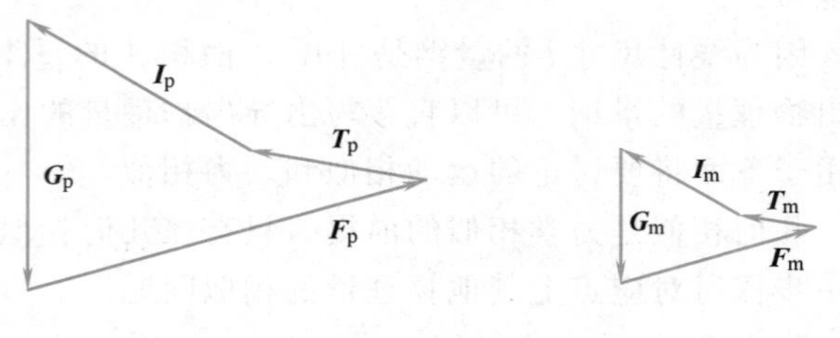

图 6-5 动力相似

$$\frac{G_m}{G_p} = \frac{F_m}{F_p} = \frac{T_m}{T_p} = \frac{I_m}{I_p}$$

密度比例尺

$$k_\rho = \frac{\rho_m}{\rho_p} \tag{6-3}$$

是应该确定的第三个基本比例尺，其他动力学的比例尺均可按照物理量的定义或量纲由 k_ρ、k_l 及 k_v 确定，即

质量比例尺

$$k_m = \frac{m_m}{m_p} = \frac{\rho_m V_m}{\rho_p V_p} = k_\rho k_l^3$$

力的比例尺

$$k_F = \frac{F_m}{F_p} = \frac{m_m a_m}{m_p a_p} = k_m k_a = k_\rho k_l^2 k_v^2$$

力矩（功、能）比例尺

$$k_M = \frac{F_m l_m}{F_p l_p} = k_F k_l = k_\rho k_l^3 k_v^2$$

压强（应力）比例尺

$$k_p = \frac{F_m/A_m}{F_p/A_p} = \frac{k_F}{k_A} = k_\rho k_v^2$$

动力黏度的比例尺

$$k_\mu = \frac{\mu_m}{\mu_p} = \frac{\rho_m \nu_m}{\rho_p \nu_p} = k_\rho k_\nu = k_\rho k_l k_v$$

功率的比例尺

$$k_P=\frac{P_{\mathrm{m}}}{P_{\mathrm{p}}}=\frac{k_\rho k_l^3 k_v^2}{k_t}=k_\rho k_l^2 k_v^3$$

值得注意的是，量纲一的系数的比例尺

$$k_C=1 \tag{6-4}$$

即在相似的模型流动与原型流动之间存在着一切量纲一的系数都对应相等的关系，这提供了在模型流动上测定原型流动中的流速系数、流量系数、阻力系数等的可能性。

所有这些力学相似的比例尺均列于表6-1中，基本比例尺 k_l、k_v、k_ρ 是各自独立的，基本比例尺确定之后，其他一切物理量的比例尺都可确定，模型流动与原型流动之间的一切物理量的换算关系也就都确定了。

在上述的几何相似、运动相似和动力相似中，几何相似是必须满足的，几何相似只需将模型按比例缩小或放大就可做到。动力相似则是流动相似的主导因素，只有动力相似才能保证运动相似，达到流动相似。

两个流动要实现动力相似，作用在对应点上的各种力的比例尺要满足一定的约束关系，一般把这种约束关系称为相似准则。

二、相似准则

描写流体运动和受力关系的是流体运动微分方程，两个相似流动必须满足这同一运动微分方程（N-S方程）。现分别写出模型流动和原型流动的不可压缩流体运动微分方程标量形式的第一式

$$\left.\begin{aligned}\frac{\partial v_{x\mathrm{m}}}{\partial t_{\mathrm{m}}}+v_{x\mathrm{m}}\frac{\partial v_{x\mathrm{m}}}{\partial x_{\mathrm{m}}}+v_{y\mathrm{m}}\frac{\partial v_{x\mathrm{m}}}{\partial y_{\mathrm{m}}}+v_{z\mathrm{m}}\frac{\partial v_{x\mathrm{m}}}{\partial z_{\mathrm{m}}}=f_{x\mathrm{m}}-\frac{1}{\rho_{\mathrm{m}}}\frac{\partial p_{\mathrm{m}}}{\partial x_{\mathrm{m}}}+\nu_{\mathrm{m}}\nabla^2 v_{x\mathrm{m}}\\ \frac{\partial v_{x\mathrm{p}}}{\partial t_{\mathrm{p}}}+v_{x\mathrm{p}}\frac{\partial v_{x\mathrm{p}}}{\partial x_{\mathrm{p}}}+v_{y\mathrm{p}}\frac{\partial v_{x\mathrm{p}}}{\partial y_{\mathrm{p}}}+v_{z\mathrm{p}}\frac{\partial v_{x\mathrm{p}}}{\partial z_{\mathrm{p}}}=f_{x\mathrm{p}}-\frac{1}{\rho_{\mathrm{p}}}\frac{\partial p_{\mathrm{p}}}{\partial x_{\mathrm{p}}}+\nu_{\mathrm{p}}\nabla^2 v_{x\mathrm{p}}\end{aligned}\right\}$$

所有同类的物理量均具有同一比例系数，因此有

$$x_{\mathrm{m}}=x_{\mathrm{p}}k_l,\quad y_{\mathrm{m}}=y_{\mathrm{p}}k_l,\quad z_{\mathrm{m}}=z_{\mathrm{p}}k_l$$

$$v_{x\mathrm{m}}=v_{x\mathrm{p}}k_v,\quad v_{y\mathrm{m}}=v_{y\mathrm{p}}k_v,\quad v_{z\mathrm{m}}=v_{z\mathrm{p}}k_v$$

$$t_{\mathrm{m}}=t_{\mathrm{p}}k_t,\quad \rho_{\mathrm{m}}=\rho_{\mathrm{p}}k_\rho,\quad \nu_{\mathrm{m}}=\nu_{\mathrm{p}}k_\nu,\quad p_{\mathrm{m}}=p_{\mathrm{p}}k_p,\quad f_{\mathrm{m}}=f_{\mathrm{p}}k_f$$

由对模型和对原型的两运动微分方程以及同类物理量有同一比例的关系并经对比可写出

$$\frac{k_v}{k_t}=\frac{k_v^2}{k_l}=k_g=\frac{k_p}{k_\rho k_l}=\frac{k_v k_\nu}{k_l^2} \tag{6-5}$$

式中各项分别表示单位质量流体的时变惯性力、位变惯性力、质量力、压强、摩擦力。因此，式（6-5）就表示模型流动和原型流动的力多边形相似。

用位变惯性力项 k_v^2/k_l 除式（6-5）全式，整理得

$$\frac{k_l}{k_v k_t}=\frac{k_l k_g}{k_v^2}=\frac{k_p}{k_\rho k_v^2}=\frac{k_\nu}{k_l k_v}=1 \tag{6-6}$$

式中各项表示模型流动和原型流动在动力相似时各比例系数之间的约束，并非各比例系数的数值可随便选取，对其进一步的分析会得出以下各相似准则：

1. 斯特劳哈尔（Strouhal）相似准则 $Sr=l/(vt)$

由式（6-6）的第一项

$$\frac{k_l}{k_v k_t}=1$$

即
$$\frac{l_m}{v_m t_m}=\frac{l_p}{v_p t_p}$$

这一量纲一的组合数 $l/(vt)$ 以 Sr 表示，称为斯特劳哈尔数，即动力相似中要求

$$Sr_m=Sr_p \tag{6-7}$$

表示模型流动和原型流动的斯特劳哈尔数的数值相等。斯特劳哈尔数是一个量纲一的量，它是由 l、v、t 这三个物理量组合的一个综合物理量，它代表了时变惯性力和位变惯性力之比，反映了流体运动随时间变化的情况。

2. 弗劳德（Froude）相似准则 $Fr=v^2/(gl)$

由式（6-6）的第二项，有

$$\frac{k_v^2}{k_g k_l}=1$$

即
$$\frac{v_m^2}{g_m l_m}=\frac{v_p^2}{g_p l_p}$$

将量纲一的组合数 $v^2/(gl)$ 称为弗劳德数，以 Fr 表示，即动力相似中要求

$$Fr_m=Fr_p \tag{6-8}$$

表示模型流动的弗劳德数的数值应该和原型流动的弗劳德数的数值相等。弗劳德数也是一个量纲一的量，是由 v、g、l 这三个物理量组合的一个综合物理量，它代表了流动中惯性力和重力之比，反映了流体流动中重力所起的作用。

3. 欧拉相似准则 $Eu=p/(\rho v^2)$

由式（6-6）的第三项

$$\frac{k_p}{k_\rho k_v^2}=1$$

即
$$\frac{p_m}{\rho_m v_m^2}=\frac{p_p}{\rho_p v_p^2}$$

将量纲一的组合数 $p/(\rho v^2)$ 称为欧拉数，以 Eu 表示，即动力相似中要求

$$Eu_m=Eu_p \tag{6-9}$$

表示模型流动的欧拉数的数值应该和原型流动的欧拉数的数值相等。欧拉数也是一个量纲一的量，是 p、ρ、v 这三个物理量组合的一个综合物理量，它代表了流动中所受的压力和惯性力之比。

4. 雷诺相似准则 $Re=vl/\nu$

由式（6-6）的第四项，有

$$\frac{k_v k_l}{k_\nu}=1$$

即
$$\frac{v_{\mathrm{m}}l_{\mathrm{m}}}{\nu_{\mathrm{m}}}=\frac{v_{\mathrm{p}}l_{\mathrm{p}}}{\nu_{\mathrm{p}}}$$

将量纲一的数 vl/ν 称为雷诺数，以 Re 表示，即动力相似中要求

$$Re_{\mathrm{m}}=Re_{\mathrm{p}} \tag{6-10}$$

表示模型流动的雷诺数的数值应该和原型流动的雷诺数的数值相等。雷诺数也是一个量纲一的量，是 v、l、ν 这三个物理量组合的一个综合物理量，它代表了流动中的惯性力和所受的黏性力之比。

5. 马赫（Mach）相似准则 $Ma=v/c$

除上述几个相似准则以外，还可以从其他流动方程中推得另外一些相似准则。例如，用 c 表示声速——微小扰动在流体中的传播速度，则对于可压缩流，由

$$c^2=\frac{\mathrm{d}p}{\mathrm{d}\rho}$$

以及由式（6-6）的第三项

$$\frac{k_p}{k_\rho k_v^2}=1 \quad 得 \quad \frac{k_v}{k_c}=1$$

即
$$\frac{v_{\mathrm{m}}}{c_{\mathrm{m}}}=\frac{v_{\mathrm{p}}}{c_{\mathrm{p}}}$$

量纲一的数 v/c 称为马赫数，以 Ma 表示，表示在动力相似中要求

$$Ma_{\mathrm{m}}=Ma_{\mathrm{p}} \tag{6-11}$$

即模型流动的马赫数的数值应该和原型流动的马赫数的数值相等。马赫数 Ma 代表了流动中的流体的可压缩程度。$Ma<1$ 为亚声速流，$Ma>1$ 为超声速流。一般来说，马赫数小于 0.15 时，可将此流动作为不可压缩流动来处理。

此外，还有其他相似准则，在此不再一一介绍。由上面分析可以看出，动力相似若用相似准则来表示，则有 $Sr_{\mathrm{m}}=Sr_{\mathrm{p}}$，$Fr_{\mathrm{m}}=Fr_{\mathrm{p}}$，$Eu_{\mathrm{m}}=Eu_{\mathrm{p}}$，$Re_{\mathrm{m}}=Re_{\mathrm{p}}$，$Ma_{\mathrm{m}}=Ma_{\mathrm{p}}$，…。

因此，动力相似也就意味着模型流动和原型流动中，各相似准则必须各自相等，但是，要使模型流动和原型流动之间达到完全的动力相似实际上是做不到的。所以，流体力学中寻求的是主要动力相似，而不是追求完全的动力相似。

三、近似模型法

近似模型法

对不可压缩流体的定常流动，如果模型流动和原型流动力学相似，则它们的弗劳德数、欧拉数、雷诺数必须各自相等，于是

$$\left.\begin{aligned}Fr_{\mathrm{m}}&=Fr_{\mathrm{p}}\\Eu_{\mathrm{m}}&=Eu_{\mathrm{p}}\\Re_{\mathrm{m}}&=Re_{\mathrm{p}}\end{aligned}\right\} \tag{6-12}$$

式（6-12）称为不可压缩流体定常流动的力学相似准则。

对于欧拉相似准则，它代表了流场的速度、压强之间的关系，由流体流动的基本方程，决定了流动相似的结果是压强场也相似。因此，在弗劳德相似准则和雷诺相似准则满足相等时，欧拉相似准则是能同时满足相等的。

相似准则不但是判别相似的标准，而且也是设计模型的准则，因为满足相似准则实质上意味着相似比例尺之间要保持下列互相制约的关系，即

$$\left.\begin{aligned} k_v^2 &= k_g k_l \\ k_\nu &= k_l k_v \end{aligned}\right\} \tag{6-13}$$

设计模型时，所选择的三个基本比例尺 k_l、k_v、k_ρ 如果能满足这一制约关系，当然模型流动与原型流动是完全力学相似的，但这是有困难的。因为，一般重力加速度的比例尺 $k_g=1$，于是由式（6-13）得

$$\left.\begin{aligned} k_v &= k_l^{\frac{1}{2}} \\ k_v &= \frac{k_\nu}{k_l} \end{aligned}\right\}$$

因此

$$k_\nu = k_l^{\frac{3}{2}}$$

模型可大可小，即线性比例尺是可以任意选择的，但流体运动黏度的比例尺 k_ν 要保持 $k_l^{\frac{3}{2}}$ 的数值这就不容易了。模型实验一般以水和空气为工作介质，如水洞实验、风洞实验等，因此，模型流体的黏度通常不能满足上式的要求。

一般情况下，模型与原型流动中的流体往往就是同一种介质（例如：航空器械在风洞中做实验，水工模型用水做实验，液压元件用工作油液做实验），此时 $k_\nu=1$，于是

$$\left.\begin{aligned} k_v &= k_l^{\frac{1}{2}} \\ k_v &= \frac{1}{k_l} \end{aligned}\right\}$$

显然速度比例尺不可能使这两者同时满足，除非 $k_l=1$，但这又不是模型而是原型实验了。由于比例尺制约关系的限制，同时满足弗劳德数和雷诺数准则是困难的，因而一般模型实验难于实现全面的力学相似。欧拉数准则与上述两个准则并无矛盾，因此，如果放弃上述两个准则，或者放弃其一，那么选择基本比例尺就不会遇到困难，这种不能保证全面力学相似的模型设计方法叫作近似模型法。

近似模型法也不是没有科学根据的，弗劳德数代表惯性力与重力之比，雷诺数代表惯性力与黏性力之比，这三种力在一个具体问题上不一定具有同等的重要性，只要能够针对所要研究的具体问题，保证它在主要方面不致失真，而有意识地放弃次要因素，不仅无碍于实际问题的研究，而且从突出主要方面来说甚至是有益的。

近似模型法有以下三种。

1. 弗劳德模型法

在水利工程及明渠无压流动中，处于主要地位的力是重力。用水位落差形式表现的重力是支配流动的原因，用静水压强表现的重力是水工结构中的主要矛盾。黏性力有时不起作用，有时作用不甚显著，因此弗劳德模型法的主要相似准则是

$$\frac{v_{\mathrm{m}}^2}{g_{\mathrm{m}} l_{\mathrm{m}}} = \frac{v_{\mathrm{p}}^2}{g_{\mathrm{p}} l_{\mathrm{p}}} \tag{6-14}$$

一般模型流动与原型流动中的重力加速度是相同的，于是

$$\frac{v_m^2}{l_m}=\frac{v_p^2}{l_p}$$

或

$$k_v=k_l^{\frac{1}{2}}$$

此式说明在弗劳德模型法中，速度比例尺可以不再作为需要选取的基本比例尺，弗劳德模型法在水利工程上应用甚广。大型水利工程设计必须首先经过模型实验的论证而后方可投入施工。

2. 雷诺模型法

管中有压流动是压差作用下克服管道摩擦而产生的流动，黏性力决定压差的大小及管内流动的性质，此时重力是次要因素，因此雷诺模型法的主要准则是

$$\frac{v_m l_m}{\nu_m}=\frac{v_p l_p}{\nu_p} \tag{6-15}$$

或

$$k_v=\frac{k_\nu}{k_l}$$

这说明速度比例尺 k_v 依变于线性比例尺 k_l 和运动黏度比例尺 k_ν。

雷诺模型法的应用范围也很广泛，管道流动、液压技术、水力机械等方面的模型实验多数采用雷诺模型法。

3. 欧拉模型法

黏性流动中存在一种特殊现象，即当雷诺数增大到一定界限以后，黏性力的影响相对减弱，此时继续提高雷诺数，也不再对流动现象和流动性能发生影响，此时尽管雷诺数不同，但黏性效果却是一样的，这种现象称为自动模型化。如圆管流动时的阻力平方区，产生这种现象的雷诺数范围称为自动模型区，雷诺数处在自动模型区时，雷诺相似准则失去判别相似的作用。

也就是说，研究雷诺数处于自动模型区时的黏性流动，不满足雷诺数准则也会自动出现黏性力相似。因此设计模型时，黏性力可以不必考虑。如果是管中流动，或者是气体流动，其重力也不必考虑，这样只需考虑代表压强和惯性力之比的欧拉相似准则，即

$$\frac{p_m}{\rho_m v_m^2}=\frac{p_p}{\rho_p v_p^2} \tag{6-16}$$

或

$$k_p=k_\rho k_v^2$$

这是力学相似中的压强比例尺，说明需要独立选取基本比例尺的仍然是 k_l、k_v、k_ρ，于是按欧拉相似准则设计模型实验时，其他物理量的比例尺与力学相似的比例尺是完全一致的。

欧拉模型法用于自动模型区的管中流动、风洞实验及气体绕流等情况。

以上三种近似模型法的有关公式及由此得出的各物理量的比例尺和基本比例尺的关系均列于表 6-1 中。

表 6-1 力学相似及近似模型法的比例尺

模型法	力学相似	重力相似 弗劳德模型法	黏性力相似 雷诺模型法	压强相似 欧拉模型法
相似准则	$Fr_{\mathrm{m}}=Fr_{\mathrm{p}}$ $Re_{\mathrm{m}}=Re_{\mathrm{p}}$ $Eu_{\mathrm{m}}=Eu_{\mathrm{p}}$	$\frac{v_{\mathrm{m}}^2}{g_{\mathrm{m}}l_{\mathrm{m}}}=\frac{v_{\mathrm{p}}^2}{g_{\mathrm{p}}l_{\mathrm{p}}}$	$\frac{v_{\mathrm{m}}l_{\mathrm{m}}}{\nu_{\mathrm{m}}}=\frac{v_{\mathrm{p}}l_{\mathrm{p}}}{\nu_{\mathrm{p}}}$	$\frac{p_{\mathrm{m}}}{\rho_{\mathrm{m}}v_{\mathrm{m}}^2}=\frac{p_{\mathrm{p}}}{\rho_{\mathrm{p}}v_{\mathrm{p}}^2}$
比例尺的制约关系	k_l、k_v、k_ρ 各自独立	$k_v=k_l^{\frac{1}{2}}$	$k_v=\frac{k_\nu}{k_l}$	$k_p=k_\rho k_v^2$
线性比例尺 k_l	基本比例尺	基本比例尺	基本比例尺	与“力学相似”栏相同
面积比例尺 k_A	k_l^2	k_l^2	k_l^2	
体积比例尺 k_V	k_l^3	k_l^3	k_l^3	
速度比例尺 k_v	基本比例尺	$k_l^{\frac{1}{2}}$	$\frac{k_\nu}{k_l}$	
时间比例尺 k_t	$\frac{k_l}{k_v}$	$k_l^{\frac{1}{2}}$	$\frac{k_l^2}{k_\nu}$	
加速度比例尺 k_a	$\frac{k_v^2}{k_l}$	1	$\frac{k_\nu^2}{k_l^3}$	
流量比例尺 k_q	$k_l^2k_v$	$k_l^{\frac{5}{2}}$	$k_\nu k_l$	
运动黏度比例尺 k_ν	k_lk_v	$k_l^{\frac{3}{2}}$	基本比例尺	
角速度比例尺 k_ω	$\frac{k_v}{k_l}$	$k_l^{-\frac{1}{2}}$	$\frac{k_\nu}{k_l^2}$	
密度比例尺 k_ρ	基本比例尺	基本比例尺	基本比例尺	
质量比例尺 k_m	$k_\rho k_l^3$	$k_\rho k_l^3$	$k_\rho k_l^3$	
力的比例尺 k_F	$k_\rho k_l^2k_v^2$	$k_\rho k_l^3$	$k_\rho k_\nu^2$	
力矩比例尺 k_M	$k_\rho k_l^3k_v^2$	$k_\rho k_l^4$	$k_\rho k_lk_\nu^2$	
功、能比例尺 k_E	$k_\rho k_l^3k_v^2$	$k_\rho k_l^4$	$k_\rho k_lk_\nu^2$	
压强(应力)比例尺 k_p	$k_\rho k_v^2$	$k_\rho k_l$	$\frac{k_\rho k_\nu^2}{k_l^2}$	
动力黏度比例尺 k_μ	$k_\rho k_lk_v$	$k_\rho k_l^{\frac{3}{2}}$	$k_\rho k_\nu$	
功率比例尺 k_P	$k_\rho k_l^2k_v^3$	$k_\rho k_l^{\frac{7}{2}}$	$\frac{k_\rho k_\nu^3}{k_l}$	
量纲一的系数比例尺 k_C	1	1	1	
适用范围	原理论证、自动模型区的管流等	水工结构、明渠水流、波浪阻力、闸孔出流等	管中流动、液压技术、孔口出流、水力机械等	自动模型区的管流、风洞实验、气体绕流等

例 6-1 如图 6-6 所示，已知一轿车高为 $h=1.5\text{m}$，速度 $v=108\text{km/h}$，试用模型实验求出其迎面空气阻力 F。（设在风洞内风速为 $v_{\infty m}=45\text{m/s}$，测得模型轿车的迎面空气阻力$F_m=1500\text{N}$）

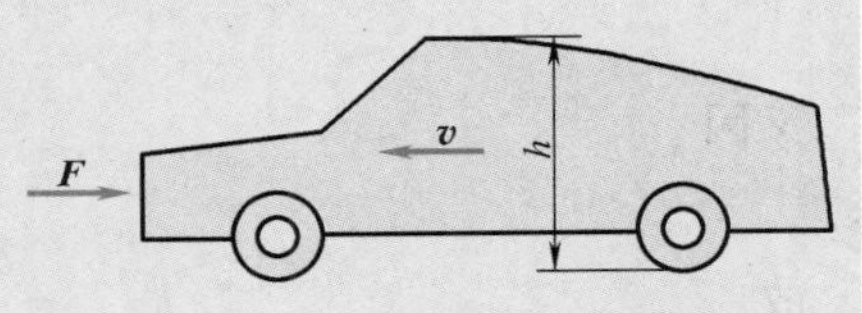

图 6-6 汽车阻力模型实验

解 此模型实验在风洞中进行，实验要求模型轿车的流场必须与原型轿车的流场力学相似。轿车在地面行驶时，显然空气的黏性摩擦决定其迎面阻力，而重力的作用则很小，所以这里采用雷诺模型法，即有

$$Re_m=Re_p \quad 或 \quad \frac{v_{\infty m}l_m}{\nu_m}=\frac{v_{\infty p}l_p}{\nu_p}$$

其中，$v_{\infty m}=45\text{m/s}$，$v_{\infty p}=108\text{km/h}=30\text{m/s}$。

$$l_p=h=1.5\text{m}$$

$$\rho_p=\rho_m,\ \nu_p=\nu_m \quad（都是空气流）$$

代入雷诺相似准则得

$$l_m=h_m=\frac{v_{\infty p}l_p}{v_{\infty m}}=\frac{30\times1.5}{45}\text{m}=1.0\text{m}$$

即模型轿车高为 $h=1.0\text{m}$，模型轿车的其他尺寸也应按此比例来决定。

由表 6-1 中雷诺模型法对应的力的比例尺

$$k_F=k_\rho k_\nu^2$$

因 $$\rho_m=\rho_p,\ \nu_m=\nu_p$$

故 $$k_F=1,\ 即\ F=1500\text{N}$$

例 6-2 如图 6-7 所示的一个管嘴出流装置，已知：$d_p=250\text{mm}$，$q_p=140\text{L/s}$，模型实验线性比例尺为 5，模型实验时，在水箱自由表面出现旋涡时的水头 $h_{minm}=60\text{mm}$。试求模型实验时的流量 q_m 和实际出流出现旋涡时的水头 h_{minp}。

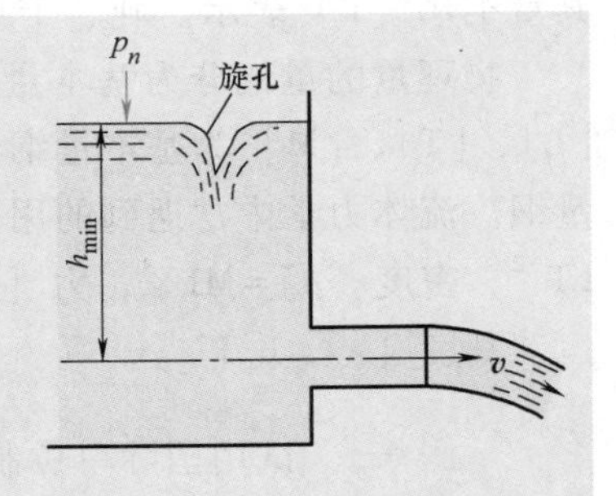

图 6-7 管嘴出流模型实验

解 这种具有自由表面的管嘴出流中，重力起主要作用。因流程较短，黏性力可不予以考虑。采用弗劳德模型法，则有

$$Fr_m=Fr_p$$

即 $$\frac{v_m^2}{gl_m}=\frac{v_p^2}{gl_p}$$

其中 $$v_p=\frac{4q_p}{\pi d^2}=\frac{4\times140\times10^{-3}}{\pi\times0.25^2}\text{m/s}=2.853\text{m/s}$$

$$l_p=d_p=0.25\text{m},\ l_m=\frac{l_p}{5}=d_m=0.05\text{m}$$

则 $$v_m^2=\frac{gl_m}{gl_p}v_p^2=\frac{1}{5}v_p^2$$

$$v_m=\frac{1}{\sqrt{5}}v_p=1.276\text{m/s}$$

故
$$q_m=\frac{\pi d_m^2}{4}v_m=\frac{\pi\times0.05^2}{4}\times1.276\text{m}^3/\text{s}=2.5\times10^{-3}\text{m}^3/\text{s}=2.5\text{L/s}$$

又因
$$\frac{d_p}{d_m}=\frac{h_{minp}}{h_{minm}}$$

故
$$h_{minp}=\frac{d_p}{d_m}h_{minm}=\frac{0.25}{0.05}\times60\text{mm}=300\text{mm}$$

第二节　量纲分析

量纲分析法

量纲分析是与相似理论密切相关的另一种通过实验去探索流动规律的重要方法，特别是对那些很难从理论上进行分析的流动问题，更能显出其优越性。

量纲分析常用的有瑞利法和 π 定理，它们都是通过对流动中有关物理量的量纲进行分析，使各物理量函数关系中的自变量减为最少，以使实验大大简化。

一、单位和量纲

在工程中大多数物理量是有单位的，例如力的单位取为牛顿（N）。

物理量单位的种类称为量纲。例如，小时、分、秒是时间的不同单位，但这些单位属于同一个种类，即皆为时间单位，它们的量纲为［T］。米、毫米、尺、码同属长度的单位，其量纲用［L］表示。吨、千克、克同属质量的单位，其量纲用［M］表示。

物理量的量纲分为基本量纲和导出量纲，通常流体力学中取长度、时间和质量的量纲［L］、［T］、［M］为基本量纲，在与温度有关的问题中，还要增加温度的量纲［Θ］为基本量纲。流体力学中常遇到的用基本量纲表示的导出量纲有：速度 $[v]=\text{LT}^{-1}$，加速度 $[a]=\text{LT}^{-2}$，密度 $[\rho]=\text{ML}^{-3}$，力 $[F]=\text{MLT}^{-2}$，压强 $[p]=\text{ML}^{-1}\text{T}^{-2}$，动力黏度 $[\mu]=\text{ML}^{-1}\text{T}^{-1}$，运动黏度 $[\nu]=\text{L}^2\text{T}^{-1}$。

例 6-3　试用国际单位制表示流体动力黏度 μ 的量纲。

解　利用牛顿内摩擦公式 $\tau=\mu\frac{\text{d}u}{\text{d}y}$，可知

$$[\mu]=[\tau][l]/[v]$$

$$[\mu]=(\text{ML}^{-1}\text{T}^{-2})(\text{L}/\text{LT}^{-1})=\text{ML}^{-1}\text{T}^{-1}$$

二、量纲和谐性原理

一个正确、完善地反映客观规律的物理方程中，各项的量纲是一致的，这就是量纲和谐性原理，也称量纲一致性原理。现以流体力学中的连续性方程、伯努利方程、动量方程来给予说明。

连续性方程

$$v_1A_1=v_2A_2$$

每一项的量纲皆为

$$(LT^{-1})\ (L^2)\ =L^3T^{-1}$$

即连续性方程每一项皆为流量的量纲，量纲是和谐的。

伯努利方程

$$z_1+\frac{p_1}{\rho g}+\frac{\alpha_1 v_1{}^2}{2g}=z_2+\frac{p_2}{\rho g}+\frac{\alpha_2 v_2{}^2}{2g}+h_w$$

每一项的量纲皆为 L，即各项皆为长度的量纲，量纲也是和谐的。

动量方程

$$\sum \boldsymbol{F}=\rho q\ (\beta_2\boldsymbol{v}_2-\beta_1\boldsymbol{v}_1)$$

每一项的量纲皆为 MLT^{-2}，即各项皆为力的量纲，也符合量纲和谐性原理。

量纲和谐性原理还可以用来确定方程中系数的量纲，以及分析经验公式的结构是否合理。量纲和谐性原理的最重要用途还在于能确定方程中物理量的指数，从而找到物理量间的函数关系，以建立结构合理的物理、力学方程，量纲和谐性原理是量纲分析法的理论依据。

三、瑞利法

如果对某一物理现象经过大量的观察、实验、分析，找出影响该物理现象的主要因素 y，x_1，x_2，…，x_n，它们之间待定的函数关系为

$$y=f\ (x_1,\ x_2,\ \cdots,\ x_n) \tag{6-17}$$

瑞利（Rayleigh）法是用物理量 x_1，x_2，…，x_n 的某种幂次乘积的函数来表示物理量 y 的，即

$$y=kx_1^{\alpha_1}x_2^{\alpha_2}\cdots x_n^{\alpha_n} \tag{6-18}$$

式中，k 是量纲一的数，由实验确定；α_1，α_2，…，α_n 为待定指数，根据量纲和谐性原理确定。

下面通过例题介绍瑞利法的解题步骤。

例 6-4 流动有两种状态，即层流和湍流，流态相互转变时的流速称为临界流速。实验指出，恒定有压管流下临界流速 v_c 与管径 d、流体密度 ρ、流体动力黏度 μ 有关。试用瑞利法求出它们的函数关系。

解 首先写出待定函数形式

$$v_c=f\ (d,\ \rho,\ \mu)$$

按瑞利法将上式写成幂次乘积的形式，即

$$v_c=kd^{\alpha_1}\rho^{\alpha_2}\mu^{\alpha_3}$$

用基本量纲表示方程中各物理量的量纲，写成量纲方程，则有

$$LT^{-1}=L^{\alpha_1}\ (ML^{-3})^{\alpha_2}\ (ML^{-1}T^{-1})^{\alpha_3}$$

根据物理方程量纲和谐性原理

$$\left.\begin{array}{ll}[L] & 1=\alpha_1-3\alpha_2-\alpha_3\\ [M] & 0=\alpha_2+\alpha_3\\ [T] & -1=-\alpha_3\end{array}\right\}$$

求解这一方程组，可得 $\alpha_1=-1$，$\alpha_2=-1$，$\alpha_3=1$。将这些指数值代入幂次乘积关系式中得

$$v_c=k\frac{\mu}{\rho d}=k\frac{\nu}{d}$$

将上式化为量纲一的形式后，有

$$k=\frac{v_c d}{\nu}$$

这一量纲一的系数 k 称为临界雷诺数，以 Re_c 表示，即

$$Re_c=\frac{v_c d}{\nu}$$

根据雷诺实验，该值在恒定有压圆管流动中为 2000~2320，可以用来判别层流与湍流。

四、π 定理

下面介绍量纲分析法的另一个重要定理，即 π 定理，又称白金汉（Buckingham）定理。

π 定理可描述如下：某一物理现象与 n 个物理量 x_1，x_2，…，x_n 有关，而这 n 个物理量存在函数关系

$$f(x_1,\ x_2,\ \cdots,\ x_n)=0 \tag{6-19}$$

若这 n 个物理量的基本量纲数为 m，则这 n 个物理量可组合成 $n-m$ 个独立的量纲一的数 π_1，π_2，…，π_{n-m}，这些量纲一的数也存在某种函数关系

$$F(\pi_1,\ \pi_2,\ \cdots,\ \pi_{n-m})=0 \tag{6-20}$$

π 定理在流体力学中应用很广，运用 π 定理时，关键问题是如何确定独立的量纲一的数，现将方法介绍如下：

1）如果 n 个物理量的基本量纲为 M、L、T，即基本量纲数 $m=3$，则在这 n 个物理量中选取 m 个作为循环量，例如选取 x_1、x_2、x_3。循环量选取的一般原则是：为了保证几何相似，应选取一个长度变量，如直径 d 或长度 l；为了保证运动相似，应选一个速度变量，如 v；为了保证动力相似，应选一个与质量有关的物理量，如密度 ρ。通常这 m 个循环量应包含 L、M、T 这三个基本量纲。

2）用这三个循环量与其他 $n-m$ 个物理量中的任一量组合成量纲一的数，这样就得到 $n-m$ 个独立的量纲一的数。

下面通过例题介绍 π 定理的求解过程。

例 6-5 管中流动的沿程水头损失公式——达西公式。

根据实际观测知道，管中流动由于沿程摩擦而造成的压强差 Δp 与下列因素有关：管路直径 d、管中平均速度 v、流体密度 ρ、流体动力黏度 μ，管路长度 l、管壁的绝对粗糙度 Δ。试求水管中流动的沿程水头损失。

解 根据题意知

$$\Delta p=f(d,\ v,\ \rho,\ \mu,\ l,\ \Delta)$$

选择 d、v、ρ 作为循环量，于是有

$$\pi=\frac{\Delta p}{d^{\alpha}v^{\beta}\rho^{\gamma}},\quad \pi_4=\frac{\mu}{d^{\alpha_4}v^{\beta_4}\rho^{\gamma_4}}$$

$$\pi_5=\frac{l}{d^{\alpha_5}v^{\beta_5}\rho^{\gamma_5}},\quad \pi_6=\frac{\Delta}{d^{\alpha_6}v^{\beta_6}\rho^{\gamma_6}}$$

各物理量的量纲如下：

物理量	d	v	ρ	Δp	μ	l	Δ
量纲	L	LT^{-1}	ML^{-3}	$ML^{-1}T^{-2}$	$ML^{-1}T^{-1}$	L	L

首先，分析 Δp 的量纲，因为其分子、分母的量纲应该相同，所以有

$$ML^{-1}T^{-2}=(L)^{\alpha}(LT^{-1})^{\beta}(ML^{-3})^{\gamma}=M^{\gamma}L^{\alpha+\beta-3\gamma}T^{-\beta}$$

由此解得

$$\alpha=0,\ \beta=2,\ \gamma=1$$

故

$$\pi=\frac{\Delta p}{v^2\rho}$$

其次，再分析 μ 的量纲，同理有

$$ML^{-1}T^{-1}=(L)^{\alpha_4}(LT^{-1})^{\beta_4}(ML^{-3})^{\gamma_4}=M^{\gamma_4}L^{\alpha_4+\beta_4-3\gamma_4}T^{-\beta_4}$$

由此解得

$$\alpha_4=1,\ \beta_4=1,\ \gamma_4=1$$

故

$$\pi_4=\frac{\mu}{dv\rho}$$

然后，再分析 l 的量纲，同理有

$$L=(L)^{\alpha_5}(LT^{-1})^{\beta_5}(ML^{-3})^{\gamma_5}=M^{\gamma_5}L^{\alpha_5+\beta_5-3\gamma_5}T^{-\beta_5}$$

由此解得

$$\alpha_5=1,\ \beta_5=0,\ \gamma_5=0$$

故

$$\pi_5=\frac{l}{d}$$

同理可得

$$\pi_6=\frac{\Delta}{d}$$

将所有 π 值汇总可得

$$\frac{\Delta p}{v^2\rho}=f\left(\frac{\mu}{dv\rho},\ \frac{l}{d},\ \frac{\Delta}{d}\right)$$

因为管中流动的水头损失为 $$h_{\mathrm{f}}=\frac{\Delta p}{\rho g}$$

令

$$Re=\frac{vd}{\nu}=\frac{vd\rho}{\mu}$$

则

$$h_{\mathrm{f}}=\frac{\Delta p}{\rho g}=\frac{v^2}{g}f\left(\frac{1}{Re},\ \frac{l}{d},\ \frac{\Delta}{d}\right)$$

从实验得出沿程损失与管长 l 成正比，与管径 d 成反比，故 l/d 可从函数符号中提出。另外，Re 倒数的函数与 Re 的函数是一个意思，为写成动能形式，在分母上乘以 2 亦不影响公式的结构，故最后公式可写成

$$h_{\mathrm{f}}=f\left(Re,\frac{\Delta}{d}\right)\frac{l}{d}\frac{v^2}{2g}=\lambda\frac{l}{d}\frac{v^2}{2g} \tag{6-21}$$

式（6-21）称为达西（Darcy）公式，它是计算管路沿程水头损失的一个重要公式，式中，

$$\lambda=f\left(Re,\frac{\Delta}{d}\right)$$

称为沿程阻力系数，它只依变于雷诺数 Re 和管壁的相对粗糙度 Δ/d，在实验中只要改变这两个自变量即可得出 λ 的变化规律。这种实验曲线称为莫迪图，利用莫迪图及达西公式即可解决沿程损失的计算。由此可见量纲分析法在解决未知流动规律和指导实验方面的作用。

习　题

6-1　相似流动中，各物理量的比例系数是一个常数，它们是否都是同一个常数？各物理量的比例系数值都可以随便取吗？

6-2　何谓决定性相似准数？如何选定决定性相似准数？

6-3　如何安排模型流动？如何将模型流动中测定的数据换算到原型流动中去？

6-4　何谓量纲？何谓基本量纲？何谓导出量纲？在不可压缩流体流动问题中，基本量纲有哪几个？量纲分析法的依据是什么？

6-5　用量纲分析法时，把原有 n 个有量纲的物理量所组合的函数关系式转换成由 $i=n-m$ 个量纲一的量（用 π 表示）组成的函数关系式。这些“量纲一的量”实际是由几个有量纲物理量组成的综合物理量。试写出以下这些量纲一的量 Fr、Re、Eu、Sr、Ma、C_L（升力系数）、C_D（阻力系数）、C_p（压强系数）分别是由哪些物理量组成的？

6-6　Re 越大，意味着流动中黏性力相对于惯性力来说就越小。试解释为什么当管流中 Re 值很大时（相当于水力粗糙管流动），管内流动已进入了黏性自模区。

6-7　水流自滚水坝顶下泄，流量 $q=32\mathrm{m^3/s}$，现取模型和原型的尺度比 $k_l=l_{\mathrm{m}}/l_{\mathrm{p}}=1/4$，问：模型流动中的流量 q_{m} 应取多大？若测得模型流动的坝顶水头 $H_{\mathrm{m}}=0.5\mathrm{m}$。问：真实流动中的坝顶水头 H_{p} 有多大？

6-8　有一水库模型和实际水库的尺度比例是 1/225，模型水库开闸放水 4min 可泄空库水。问：真实水库将库水放空所需的时间 t_{p} 多大？

6-9　有一离心泵输送运动黏度 $\nu_{\mathrm{p}}=18.8\times10^{-5}\mathrm{m^2/s}$ 的油液，该泵转速 $n_{\mathrm{p}}=2900\mathrm{r/min}$，若采用叶轮直径为原型叶轮直径 1/3 的模型泵来做实验，模型流动中采用 20°C 的清水（$\nu_{\mathrm{m}}=1\times10^{-6}\mathrm{m^2/s}$）。问：所采用的模型离心泵的转速 n_{m} 应取多大？

6-10　气流在圆管流动的压降拟通过水流在有机玻璃管中实验得到。已知：圆管中气流的 $v_{\mathrm{p}}=20\mathrm{m/s}$，$d_{\mathrm{p}}=0.5\mathrm{m}$，$\rho_{\mathrm{p}}=1.2\mathrm{kg/m^3}$，$\nu_{\mathrm{p}}=15\times10^{-6}\mathrm{m^2/s}$；模型采用 $d_{\mathrm{m}}=0.1\mathrm{m}$，$\rho_{\mathrm{m}}=1000\mathrm{kg/m^3}$，$\nu_{\mathrm{m}}=1\times10^{-6}\mathrm{m^2/s}$。试确定：

1）模型流动中水流 v_{m}。

2）若测得模型管流中 2m 长管流的压降 $\Delta p_{\mathrm{m}}=2.5\mathrm{kN/m^2}$，问：气流通过 20m 长管道的压降 Δp_{p} 有多大？

6-11　Re 是流速 v、物体特征长度 l、流体密度 ρ 及流体动力黏度 μ 这四个物理量的综合表达，试用 π 定理推出 Re 的表达形式。

6-12　机翼的升力 L 和阻力 D 与机翼的平均气动弦长 l、机翼的面积 A、飞行速度 v、冲角 α、空气密度 ρ、动力黏度 μ 及声速 c 等因素有关。试用量纲分析法求出其与诸因素的函数关系式。

第七章

流动的测量与显示技术

【工程案例导入】

中科院理化技术研究所与清华大学联合研究小组在液态金属基础研究中取得了进展，实验中首次观察到了液态金属流体宏观体系中的波粒二象性，为借助金属流体行为认识量子世界乃至更多物理体系开启了一条全新的途径。

流体导航波体系的实验系统由一个上下振动的液池和“悬浮”在上边的液滴组成。虽然液池和液滴是同一种液体，但是一种叫作雷诺润滑的流体效应可以有效地防止两者的融合。从而液滴可以在液池上维持周期性的弹跳，这场景就像液滴被置于一个流体蹦床上。液滴每一次落到流体蹦床上的时候，都会在液面留下一个以液滴为中心向外扩散的波场。这样一来，液滴与其在液面上产生的涟漪恰好构成了一个宏观的波粒二象性体系。

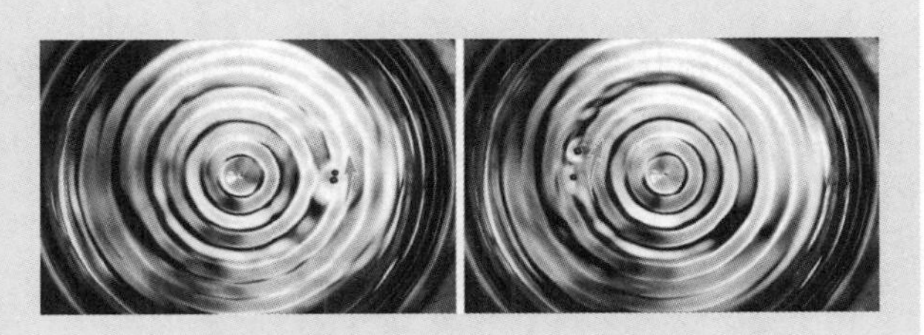

图 7-1　液态金属液池表面的量子化轨道和在轨追逐的液态金属液滴

研究小组设计了一系列实验来探究液态金属液滴对的轨道化追逐效应背后的原理，通过采用高速成像、数字图像跟踪、粒子成像测速等方法，揭示了振动的液态金属液池和弹跳液滴的流体力学特性，如图 7-1～图 7-3 所示。

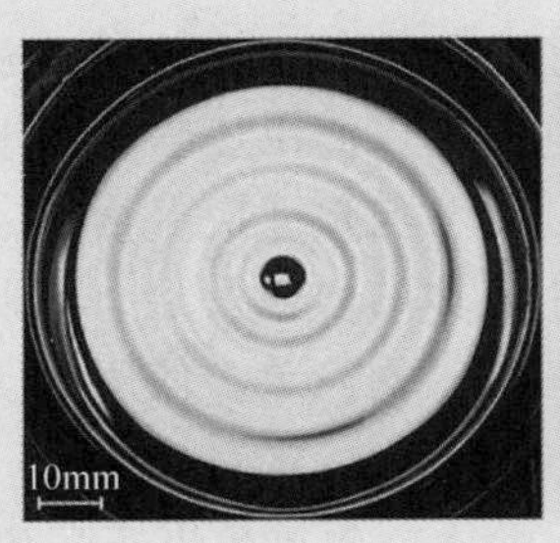

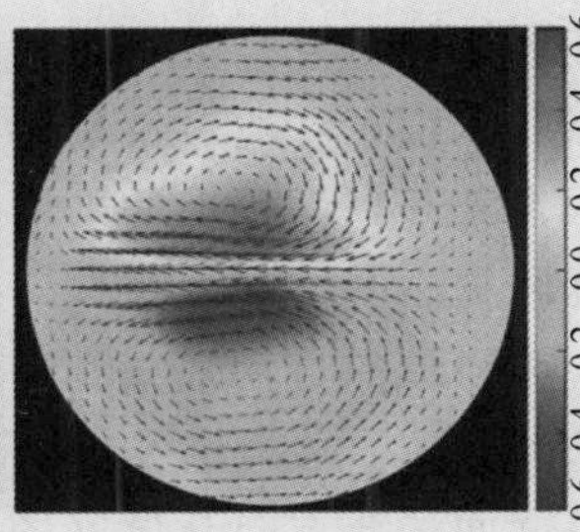

图 7-2　液态金属液池振动过程中表面形成的涡场及其可视化

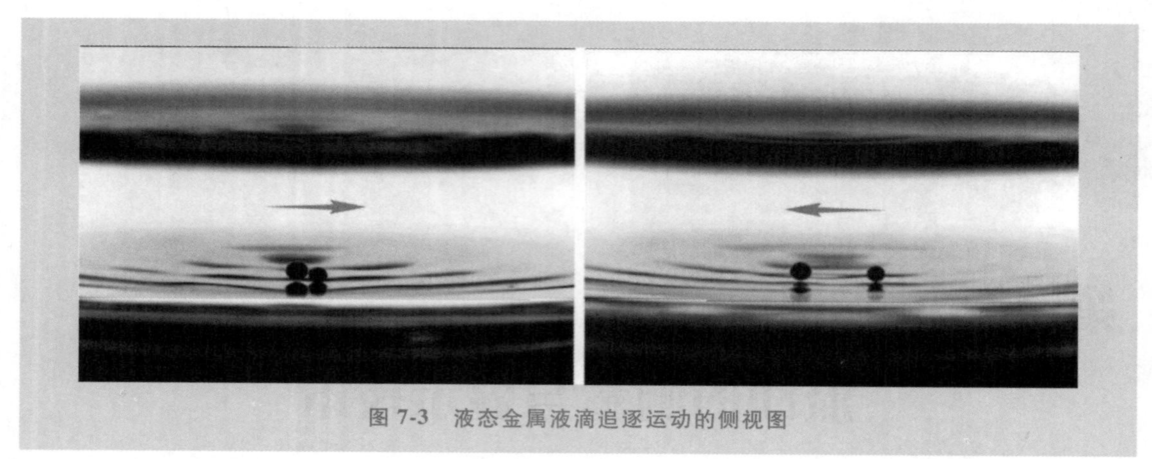

图 7-3 液态金属液滴追逐运动的侧视图

流体的流动是极为复杂的，流动的测量与显示技术在流体力学发展中起着重要的作用。研究流体受力和运动规律就是确定流体流动过程中各流动参数之间量的关系，这就离不开流动参数的测量。随着科学技术的发展，流动参数测量技术也不断发展，有的本身已形成一个专门的学科，有力地推动了流体力学的发展。本章介绍压强、流速和流量三个主要流动参数常见的测量技术，着重介绍其原理。另外，流体多为无色或者颜色均匀的透明或半透明物质，其流动情况无法直接观察。将流动变成可直接观察而采用的技术称为流动显示技术。流动显示技术不但使研究者获得流动的宏观图像，在某些情况下还可通过图像处理等办法得到定量的流动参数。

第一节 压强的测量

压强是流体流动的重要参数，与其他流动参数相比，压强测量较易实现，往往根据测得的压强再通过计算来得到流速等其他的流动参数。所以几乎所有的流动测量中，都有压强测量。

一、压强测量系统

压强测量系统由压强传感器、压强信号变送和处理以及显示部分组成。

压强传感器是直接感受流体中压强的元器件，根据其工作原理的不同，将感受到的压强变成力或者电的信号。

1. 测压管和测压孔

它们是在固体壁面上开设的小孔和各种形状的开口管子。开口管子直接插入流动中的测量点感受该点的压强，并通过传输管与压强表或测压管等连通，以测出压强的大小，它感受的压强是作用在其开口面积上的平均压强。测压管和测压孔的几何尺寸应尽量小，以减少其对流动的干扰和提高其空间分辨率。由于测压管和传输管中流体的惯性及阻力的影响，其动态响应很低，压强值的自动采集和记录较麻烦。但这种传感器结构简单，使用方便，是最常用的压强传感器。

测压孔沿壁面法线方向开设（图 7-4）以测量该点处的静压。测量精度主要由静压孔的几何参数和测压孔附近的边界层特性决定。一般建议测压孔径在 0.5~1.0mm 范围内，孔深为孔径的 3~10 倍，孔的边缘光滑，不能有毛刺和凹凸不平。为便于加工，常用带圆角的测压孔，此时引起的测量误差为 0.5%~1.0%。

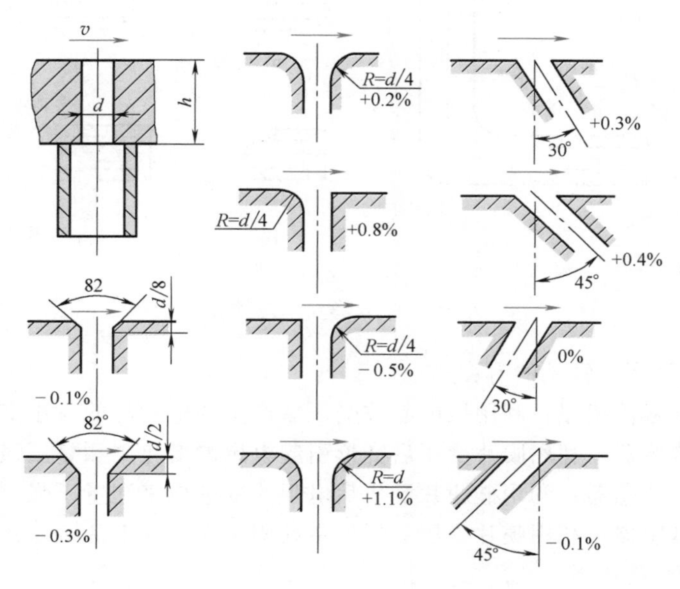

图 7-4　测压孔形状及对测量精度的影响

L 形静压探针通常为一具有球形头部的 L 形管子（图 7-5），距头部一定距离的某一断面上沿圆周均匀开设 2~7 个测压小孔，小孔垂直管轴线。探针插入流体中测量时对流动有干扰，但前端和支杆对测点压强的影响正好相反，因而测压孔有一最佳位置。设 D 为探针直径，测压孔距前缘应大于（3~4）D，距支杆应大于（8~10）D，测压孔孔径约为（1/10~3/10）D，允许的探针方向偏斜角 $\alpha=\pm6°$。

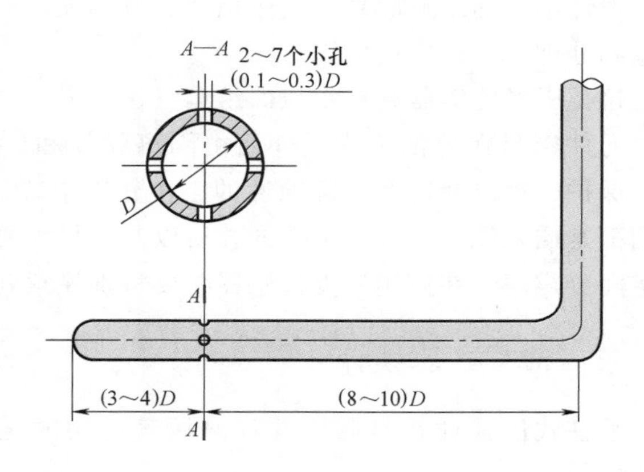

图 7-5　L 形静压探针

L 形总压探针具有多种形状的头部（图 7-6），其测压孔对准流动方向，以量测该点处的总压。总压探针应当尽量减小几何尺寸以减小对流动的干扰，并且希望对方向性不要太敏感。总压探针的头部形状及测压孔孔径和探针外径之比，很大程度上决定了探针的方向敏感性。图 7-6a 所示为结构最简单的总压探针，当测压孔径与外径之比 $d_2/d_1=0.6$ 和方向偏斜角小于 15°时，对测量不会有显著影响。而圆头形头部的总压探针对方向性反而敏感（图 7-6b）。图 7-6e 所示的总压探针装在具有喇叭形进口的圆形导管内，这种结构的总压探针在偏斜角 40°以内，Ma 在 0~1 范围中均能准确测出总压值。

2. 电磁式压强传感器

利用压强改变时引起电和磁的改变的物理现象做成的传感器统称为电磁式压强传感器。

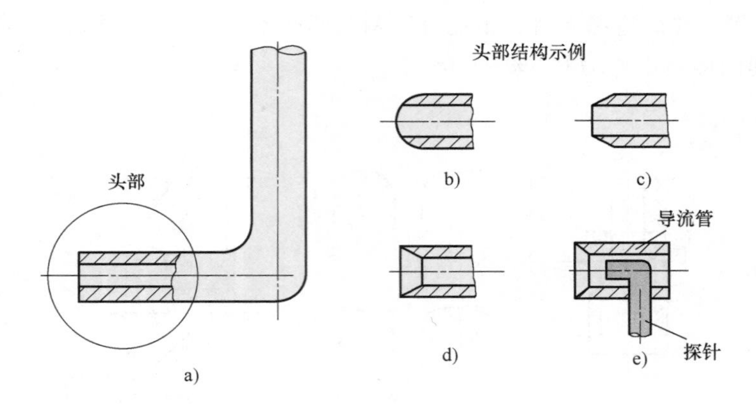

图 7-6 L 形总压探针

这种传感器的种类很多，常见的有：

1）压电晶体压强传感器：利用压电晶体受压后产生的电动势的大小来测量压强。

2）电感压强传感器：利用膜片受压后变形引起电感的变化来测量压强。

3）硅膜片压强传感器：利用硅膜片受压后电阻改变效应来测量压强。

4）霍尔压强传感器：利用膜片受压变形，带动固定在膜片上的霍尔元件在磁场中运动，从而产生直流信号测量压强。

这类压强传感器将压强的变化转换为电信号，惯性小，动态响应高，便于信号自动采集、传输和处理，得到广泛应用。

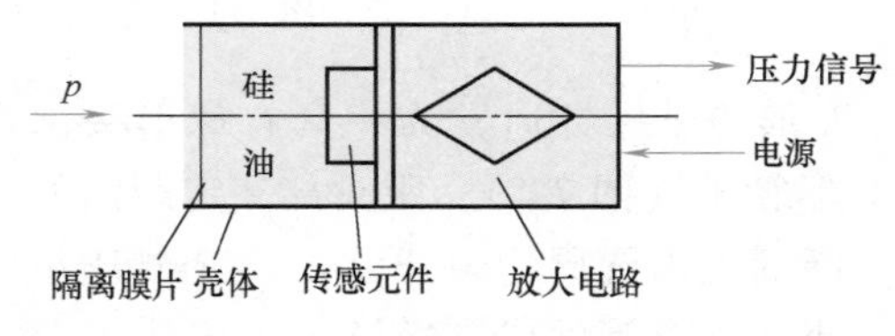

图 7-7 电磁式压强传感器

这类压强传感器具有相似的结构（图 7-7）。传感元件密封在硅油之中，外面由隔离膜片和壳体保护，可以使用在强腐蚀性的工作介质中。它们都是插入流体中进行工作的，所以几何尺寸要尽可能小以减少对流动的干扰和提高测量的空间分辨率。在使用这类传感器时要特别注意其使用的压强值范围。

二、液柱式压强计

液柱式压强计是与测压孔和测压管连用的压强显示装置。

1. U 形管压强计

由装有工作液体的 U 形管和标尺组成（图 7-8）。当其一臂与测压孔和测压管连通时，测压孔（管）传输来的压强与 U 形管两臂间液柱差产生的压强平衡，U 形管两臂间液柱差显示压强的值。设被测流体密度为 ρ_1，被测压强为 p，U 形管中注入的工作流体密度为 ρ，则

$$p+\rho_1 gh_1=p_0+\rho gh \tag{7-1}$$

$$p=p_0+\rho gh-\rho_1 gh_1 \tag{7-2}$$

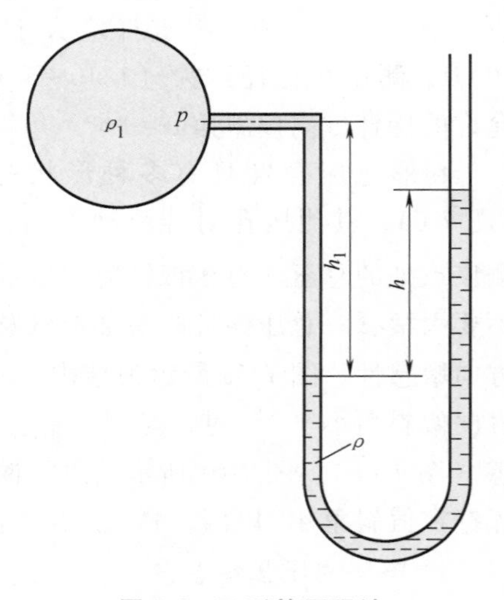

图 7-8 U 形管压强计

若已知被测流体密度 ρ_1、测压点和压强计的相对安置位置及压强计工作液体的密度 ρ，以及压强计另一臂中的表面压强 p_0，则压强计两臂中液柱的高度差，即指示了所测压强 p 的大小。改变工作流体的密度，即可放大或缩小 U 形管压强计中的读数值 h。例如注入密度小的工作液体，如煤油、酒精等，在同样被测压强下，其读数 h 增大，可减小读数相对误差；而在测量大压强时，注入密度大的工作液体，常用的为水银，以减少 U 形管压强计的几何尺寸。但要注意的是工作液体不得和与其接触的流体起化学反应。

2. 单管压强计

在使用 U 形管压强计时，必须同时读取两臂液面的高度，再计算出压强值，读数和计算都很麻烦，不直接。如将 U 形管的一臂做成面积很大的容器（图 7-9），使其工作过程中液面上、下的变化可以忽略不计，此时只要读取一个读数，即可得到测点的压强，使用方便，这就是单管压强计。

3. 倾斜式压强计

在使用液柱式压强计测量微小压强时，常将其倾斜放置（图 7-10），此时

$$p=p_0+\rho gh=p_0+\rho gl\sin\theta \tag{7-3}$$

读数值 l 与 h 相比较，放大了很多，相应地减少了读数相对误差。

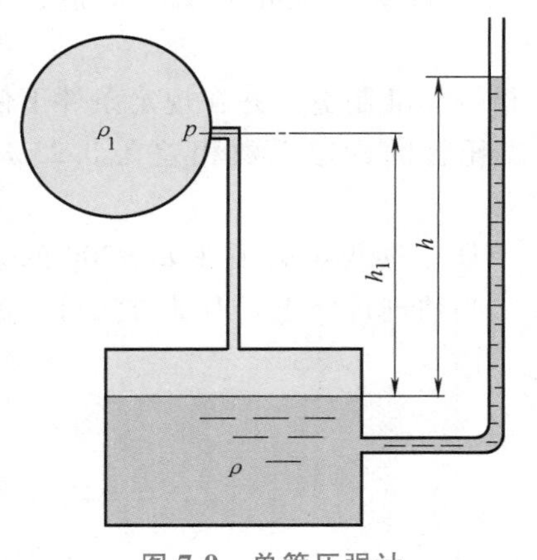

图 7-9 单管压强计

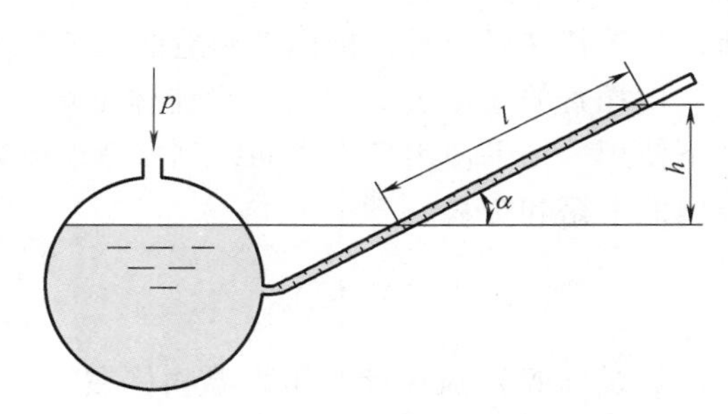

图 7-10 倾斜式压强计

第二节 流速的测量

流速是描述流动的基本参数之一，流速测量的方法很多，这里介绍用得较多的皮托管、热线（膜）风速计和激光多普勒测速计。

一、皮托管

由第一节压强测量的原理可知，如果将测量总压的总压探针和测量静压的静压探针组合在一起，同时测出某点的总压 p_0 和静压 p_1，设该点的流速为 v_1，被测流体的密度为 ρ，则有

$$p_0=p_1+\frac{1}{2}\rho v_1^2$$

$$v_1=\sqrt{\frac{2(p_0-p_1)}{\rho}} \tag{7-4}$$

即可以得到该点的流速，这种组合探针称为皮托管（图 7-11）。

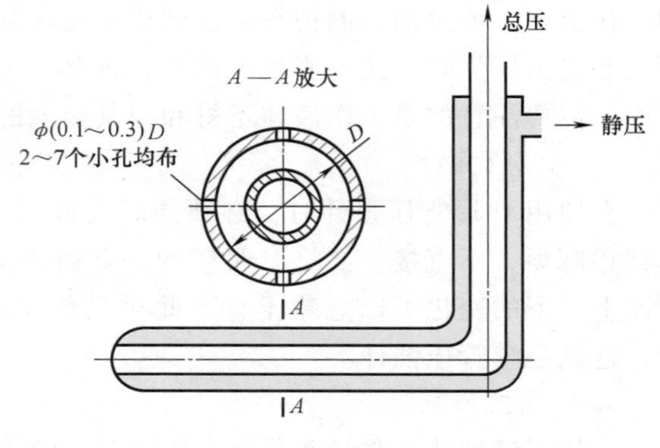

图 7-11 皮托管

总压测孔和静压测孔不可能在同一位置，探头对流场不可避免地有干扰，流体也是有黏性的，必须对式（7-4）进行修正，即

$$v_1=\alpha\sqrt{\frac{2(p_0-p_1)}{\rho}} \tag{7-5}$$

式中，α 为皮托管的标定系数。

皮托管结构简单，使用方便、价格低廉，被广泛应用。只要精心设计制造，细心标定和修正，在一定范围内可以达到很高的精度。国际标准化组织颁布了皮托管测流标准 ISO 3966，对皮托管的设计、制造、标定、使用做了详细的规定。

皮托管的标定是很不容易的，大量研究表明，如果严格按标准制造，并在规定条件下使用，其标定系数变化很小。例如，ISO 3966 推荐的三种皮托管的标定系数相差在 0.25%，所以，无特殊要求时，按标准制造的皮托管不必进行标定。

皮托管的基本公式是在假设流体不可压缩下得到的，ISO 标准规定必须在 $Re>200$ 的条件下使用。如果使用条件不同，例如考虑流体的压缩性等，必须进行修正，有关方法可参阅专门的书籍和资料。

二、热线（膜）风速计

热线（膜）风速计利用高温物体在流体中散热速度与流体的流速有关这一物理现象来测量流体的速度。流体的流动速度越快，高温物体散热越快，反之则越慢。

直径为 d、长度为 l 及电阻为 R_W 的金属丝置于流动的流体中（图 7-12），通以电流 I 加热至某一温度，电流通过金属丝时提供的热量为

$$Q_W=I^2R_W \tag{7-6}$$

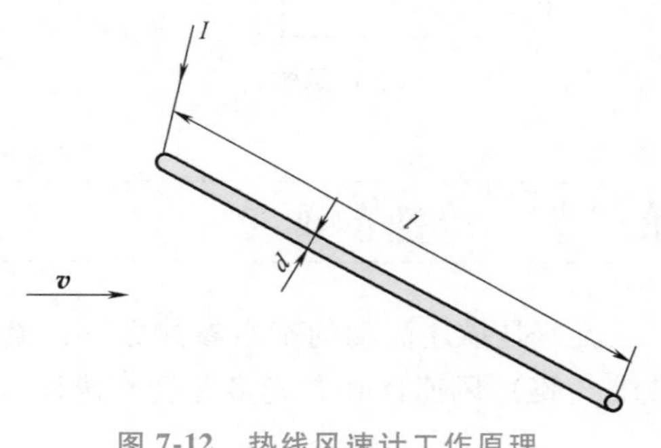

图 7-12 热线风速计工作原理

如果流体带走的热量 Q 超过 Q_W，则金属丝的温度下降，如果要保持金属丝的温度恒定，则必须增加供电的电流 I。通过保持电流恒定，测量金属丝温度的变化，或者保持金属丝温度恒定测量电流的变化，即可间接测定流体的流速。利用前者制成的热线（膜）风速计称为恒流式热线（膜）风速计，而利用后者制成的热线（膜）风速计称为恒温式热线（膜）风速计。

金氏（King）在研究了无限长线与流体间热交换后，于 1914 年提出了该条件下的热对

流基本方程

$$Nu = A_1 + B_1 \sqrt{Re} \tag{7-7}$$

为热线（膜）风速计奠定了理论基础，该方程称为金氏方程。式中，A_1、B_1 为一定条件下的常数；Re 为雷诺数；Nu 称为努塞特（Nusselt）数。

$$Nu = \frac{Q}{\pi l \lambda_f (T_W - T_f)} \tag{7-8}$$

式中，λ_f 为流体的热导率；T_W 为金属丝的温度；T_f 为流体的温度。

将金氏公式写成有量纲的形式，即

$$Q = \pi l \lambda_f (T_W - T_f)(A_1 + B_1 \sqrt{Re}) \tag{7-9}$$

若已知流体介质、金属线的长度和直径时，则 π、l、λ_f、v、d 都是常数，并入常数 A_1 和 B_1 中成为常数 A 和 B，可得

$$Q = (T_W - T_f)(A + B\sqrt{v}) \tag{7-10}$$

根据热平衡原理，金属丝中产生的热量应当等于热对流中耗散的热量，即

$$Q = Q_W$$

$$I^2 R_W = (T_W - T_f)(A + B\sqrt{v}) \tag{7-11}$$

金属丝的电阻与温度有关，有

$$R_W = R_f [1 + \alpha_f (T_W - T_f)] \tag{7-12}$$

所以

$$T_W - T_f = \frac{R_W - R_f}{\alpha_f R_f} \tag{7-13}$$

式中，R_f 为温度为 T_f 时金属丝的电阻；α_f 为温度为 T_f 时金属丝的电阻温度系数；R_W 为温度为 T_W 时金属丝的电阻。

将式（7-12）、式（7-13）代入式（7-11）中得

$$\frac{I^2 R_W}{R_W - R_f} = \frac{1}{\alpha_f R_f}(A + B\sqrt{v})$$

$$\frac{I^2 \alpha_f R_W R_f}{R_W - R_f} = A + B\sqrt{v} \tag{7-14}$$

由于式中 α_f、R_f、A、B 均为常数，所以 I、R_W、v 之间有着确定的函数关系。

1. 恒流式热线风速计

这种风速计中，I 保持为定值，此时 R_W 和 v 之间有确定的对应关系

$$R_W = \frac{-R_f (A + B\sqrt{v})}{I^2 \alpha_f R_f - (A + B\sqrt{v})} \tag{7-15}$$

式（7-15）称为热线风速计的恒流静态方程。此时测定热线的电阻就间接测定了热线的温度，进而间接测定了流体的流速。

2. 恒温式热线风速计

这种风速计保持热线的温度不变，即 R_W 为常数，则 I 和 v 之间有确定的对应关系

$$I = \sqrt{\frac{(R_W - R_f)(A + B\sqrt{v})}{\alpha_f R_f R_W}} \tag{7-16}$$

式（7-16）称为热线风速计的恒温静态方程，而金属丝确定后，通过金属丝的电流与金属丝两端的电压 E 有确定的关系，所以恒温静态方程可以写成

$$E^2=A+Bv^2 \tag{7-17}$$

测定热线两端的电压 E，即可间接测量流体的流速 v。

由于恒温式热线风速计具有热滞后效应小、动态响应宽等特点，所以绝大多数热线风速计都是恒温式的。

3. 热线和热膜探头的结构

热线探头由金属丝（热线）、叉杆、保护罩和引出线构成（图 7-13）。根据热线风速计的工作原理，热线的材料应具有电阻温度系数高、机械强度好、电阻率大、热导率小的特性，一般常用钨丝、铂丝和镀铂钨丝。为了减小热惯性，提高动态响应和空间分辨力，金属丝的直径多在 2.5~5μm 之间，长度直径比在 100~500 之间，此时的空间分辨力约为 0.5~1mm，热线探头十分娇弱，极易损坏，在流速高或者流体介质不是气体的场合使用时，要特别注意。为了解决这一问题，发展了热膜探头。

热膜探头（图 7-14）通常是喷溅在衬底上的铂金膜，其厚度仅为 100~200nm，衬底则是石英或硼硅玻璃等绝缘物做成的圆柱体、锥头圆柱体或圆锥头圆锥体，热膜探头要比热线探头大一些，其典型直径约为 50μm。

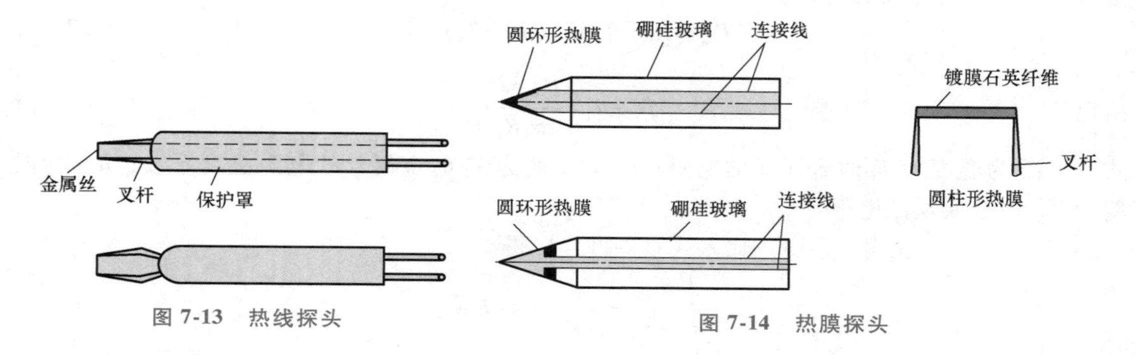

图 7-13 热线探头

图 7-14 热膜探头

4. 热线及热膜探头的校正

热线及热膜风速计是利用连续流中热线（膜）的热耗散这一物理现象来间接测量流速的，连续流中热耗散是极其复杂的物理现象，它与环境及探头本身的结构尺寸都有关系，所以每一个探头都必须在专门的风洞或者喷管中进行校正，建立起风速 v 和输出电压 E 之间的关系曲线，即该探头的特性曲线。探头在使用一段时间后还必须清洗和重新校准。

5. 热线和热膜风速计的应用

热线风速计是 20 世纪初流速测量技术一个极其重要的发展，由于其动态响应高，20 世纪 60 年代前几乎垄断了湍流脉动测量领域。热线（膜）技术有插入流场的探头，未能避免对流场的干扰，同时热线极为脆弱，性能的稳定性不好，每支探头都要进行烦冗的校正，这是其缺点。

三、激光多普勒测速计

波源 O 发出频率为 F_0 的波，由接收器 S 接收，接收到的波动频率为 F_S，当波源和接收器有相对运动时，F_S 不等于 F_0，其差值 F_D 与相对运动的速度有关，这就是多普勒效应，

F_D 称为多普勒频移。利用多普勒效应做成的测速计称为多普勒测速计，得到广泛应用。

光是一种波动，激光是单色性很好的光源，其频率单一，能量集中，是作为多普勒测速计理想的波源，用激光作波源的多普勒测速计称为激光多普勒（Laser Doppler Velocimetry，LDV）测速计。

设静止的激光光源 O、运动微粒 P、静止的光接收器 S 的相对位置如图 7-15 所示，微粒 P 的运动速度为 $\boldsymbol{u}$，当频率为 F_O 的激光照射到随流体一起以速度 $\boldsymbol{u}$ 运动的微粒 P 上时，按多普勒效应，微粒 P 接收到的光波频率 F_P 为

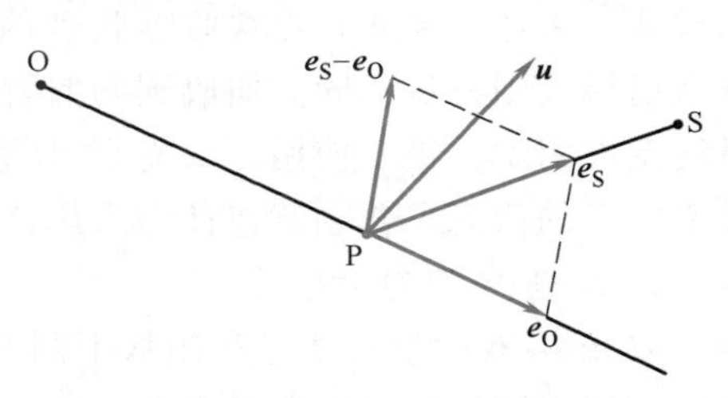

图 7-15　激光多普勒测速计工作原理

$$F_P=F_O\frac{1-\dfrac{\boldsymbol{u}\cdot\boldsymbol{e}_O}{c}}{\sqrt{1-\left(\dfrac{\boldsymbol{u}\cdot\boldsymbol{e}_O}{c}\right)^2}} \tag{7-18}$$

式中，$\boldsymbol{e}_O$ 为入射光方向的单位矢量；c 为流体介质中的光速。

当 $\boldsymbol{u}\cdot\boldsymbol{e}_O\ll c$ 时，略去高次项，可得近似式

$$F_P=F_O\left(1-\frac{\boldsymbol{u}\cdot\boldsymbol{e}_O}{c}\right) \tag{7-19a}$$

这时运动的微粒 P 又向四周散射频率为 F_P 的激光，当静止的接收器接收这些散射光时，由于它们有相对运动，所以静止的接收器收集的散射光频率为

$$F_S=F_P\left(1+\frac{\boldsymbol{u}\cdot\boldsymbol{e}_S}{c}\right) \tag{7-19b}$$

式中，$\boldsymbol{e}_S$ 为散射光方向的单位矢量。

在 $u\ll c$ 的条件下，将式（7-19a）代入式（7-19b）得到

$$F_S=F_O\left[1+\frac{\boldsymbol{u}\cdot(\boldsymbol{e}_S-\boldsymbol{e}_O)}{c}\right] \tag{7-20}$$

即经过两次多普勒效应，接收器所感受的频率和光源反射光的频率差为

$$F_D=F_S-F_O=\frac{\boldsymbol{u}\cdot(\boldsymbol{e}_S-\boldsymbol{e}_O)}{\lambda}=\frac{1}{\lambda}\left|\boldsymbol{u}\cdot(\boldsymbol{e}_S-\boldsymbol{e}_O)\right| \tag{7-21}$$

式中，λ 为激光的波长。

所以当光源的波长已知，光源和接收器的位置确定后，F_D 与 $\boldsymbol{u}$ 成正比，测出 F_D 即可以得到 u。由此可见，激光多普勒测速计测得的是悬浮在流体中随流体一同运动的散射粒子的速度，并不是流体本身的速度。

1. 激光多普勒测速计光学布置的基本模式

可见光的频率都是很高的，都在 10^{14}Hz 左右，与之相比，通常流速下产生的多普勒频移要小得多，最高不超过 10^9Hz。现有的光电器件的分辨率难于直接检测光的频率的变化，即直接检测多普勒频移值。在激光多普勒测速计中主要用光学外差技术将多普勒频移分离出来进行检测。

光学外差技术常见的有三种基本模式：参考光模式、单光束-双散射模式和双光束-双散射模式。参考光模式是将接收器收到的光和光源的光进行差频来检出多普勒频移，单光束-双散射模式则将从不同方向收到的散射光进行差频来检出多普勒频移。这两种模式由于光学系统调准困难，很少使用。双光束-双散射模式由于其光学系统稳固、易调准等优点，目前几乎所有的激光多普勒测速计均采用这种模式。

2. 双光束-双散射模式

双光束-双散射模式是利用从不同方向照射同一粒子产生的散射光，在同一方向接收到光检测器上进行差频而获得多普勒频移。其光路布置如图 7-16 所示。

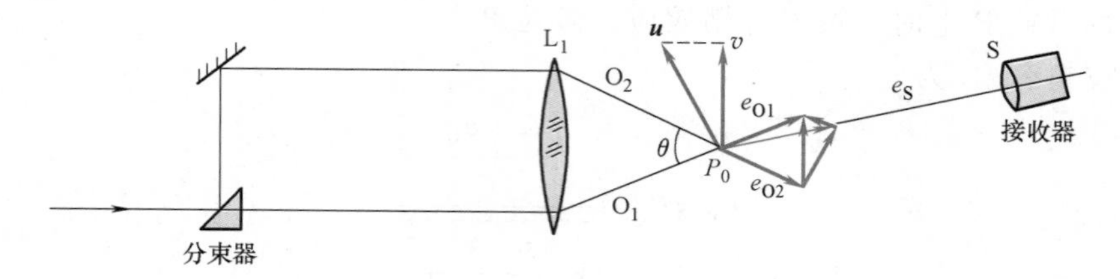

图 7-16 双光束-双散射模式光路布置

一束激光经分束器分成两束平行光，经透镜 L_1 聚焦到流场中的测量点 P_0，当流体中速度为 $\boldsymbol{u}$ 的悬浮粒子 P 经过 P_0 点时，两束光 O_1 和 O_2 同时被粒子散射，散射光由同一接收器 S 接收。由式（7-21），接收器收到的 O_1 和 O_2 两束光在 e_S 方向的散射光频率分别为

$$F_{S_1}=F_O+\frac{1}{\lambda}\boldsymbol{u}\cdot(\boldsymbol{e}_S-\boldsymbol{e}_{O_1}) \tag{7-22}$$

$$F_{S_2}=F_O+\frac{1}{\lambda}\boldsymbol{u}\cdot(\boldsymbol{e}_S-\boldsymbol{e}_{O_2}) \tag{7-23}$$

于是两者在接收器上检得的差频为

$$F_D=F_{S_1}-F_{S_2}=\frac{1}{\lambda}|\boldsymbol{u}\cdot(\boldsymbol{e}_{O_1}-\boldsymbol{e}_{O_2})| \tag{7-24}$$

而 $\boldsymbol{e}_{O_1}-\boldsymbol{e}_{O_2}$ 在两入射光所在平面上并垂直于两束入射光的分角线，所以

$$F_D=\frac{1}{\lambda}2v\sin\frac{\theta}{2} \tag{7-25}$$

$$v=\frac{\lambda}{2\sin\frac{\theta}{2}}F_D \tag{7-26}$$

式中，θ 为两束入射光的交角；v 为粒子速度在入射光所在平面上并垂直于入射光分角线方向的分量。

由此可见，此时多普勒频移仅与入射光方向有关而与散射光方向和接收器位置无关，这样可以将接收器放置在任何位置，且可以采用大口径接收器以提高收集的散射光的功率，当入射光路系统布置好后，θ 为定值，光波长为已知值，因而粒子在两条入射光所在平面上及垂直于入射光分角线方向上的速度分量与多普勒频移成正比。

3. 激光多普勒测速计的应用

激光多普勒测速计是非接触式测量，无插入流场的探头，对流场没有干扰，动态响应高，激光束可以聚集到很小的体积，其空间分辨率高，测量流速范围大，而且是绝对测量，无须校准，其精度取决于数据处理系统，这是其独特的优越性，近年来得到迅速发展。其缺点是只能测量透明的流体，必须开设让激光透入的窗口，测量的实际上是悬浮在流体中的粒子的速度，所以流体中必须有悬浮的散射粒子，这些粒子对流体的运动必须有很好的跟随性，其数据采集和处理系统价格高。

四、粒子图像测速技术

粒子图像测速技术（Particle Image Velocimetry，PIV）是光学测速技术的一种，它能获得视场内某一瞬时整个流动的信息，而其他方法是测量某一点的速度，如 LDV 等，其精确度及分辨率与其他测量方法测量结果相近。而对于高不稳定和随机流动，PIV 得到的信息是其他方法无法得到的。PIV 的出现是20世纪流体流动测量的重大进展，也是流动显示技术的重大进展，它把传统的模拟流动显示技术推进到数字式流动显示技术。

落花总知流水意（2020 年诗画流体力学创作大赛作品）

（一）工作原理

PIV 的工作原理既直观又简单，它是通过测量某时间间隔示踪粒子移动的距离来测量粒子的平均速度。

脉冲激光束经柱面镜和球面镜组成的光学系统形成很薄的（约 2mm 厚）片光源。在时刻 t_1 用它照射流动的流体形成很薄的明亮的流动平面，该流面内随流体一同运动的粒子散射光线，用垂直于该流面放置的照相机记录视场内流面上粒子的图像（图 7-17）。经一段时间间隔 Δt 的时刻 t_2 重复上述过程，得到该流面上第二张粒子图像。比对两张照片，识别出同一粒子在两张照片上的位置，测量出在该流面上粒子移动的距离，则 Δt 中粒子移动的平均速度为

$$u_x=\frac{x_2-x_1}{t_2-t_1}$$

$$u_y=\frac{y_2-y_1}{t_2-t_1}$$

对流面所有粒子进行识别、测量和计算，就得到整个流面上的速度分布。这就是 PIV 的工作原理（图 7-18）。像平面上用来进行计算和分析的区域称为查问区或诊断区。

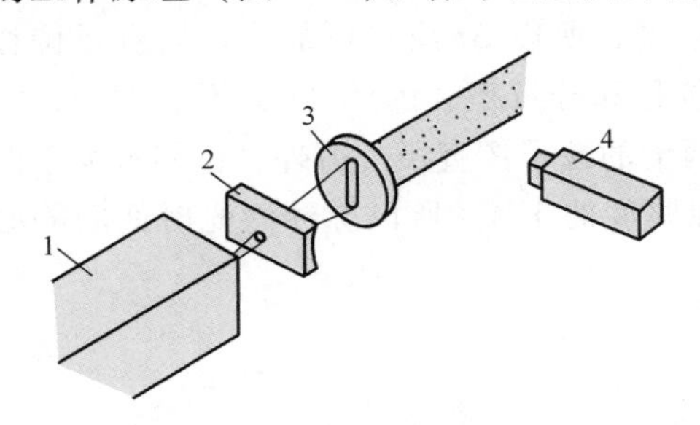

图 7-17 PIV 测速的光路系统

1—脉冲激光 2—柱面镜
3—球面镜 4—摄像机

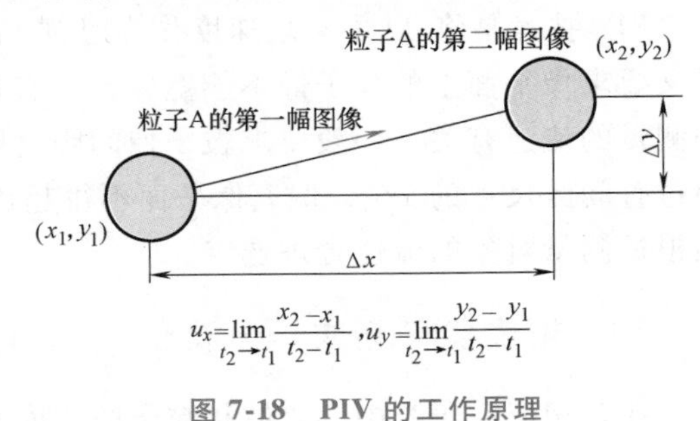

图 7-18 PIV 的工作原理

（二）PIV 系统的基本构成

根据 PIV 的工作原理，PIV 系统（图 7-19）由光学成像系统、同步控制器，以及数据

采集和处理系统组成。

1. 光学成像系统

PIV 使用的激光光源有 Ar-ion 激光、Ruby 激光和 YAG 激光等。激光束通过光学器件使其展为厚度可调的片光源。两张一组的粒子图像通过控制光源的发光时间先后摄取。激光器可以使用脉冲激光器，也可使用两台轮换发光的激光器，由同步装置外部触发产生激光脉冲。目前多采用两台 YAG 激光器。

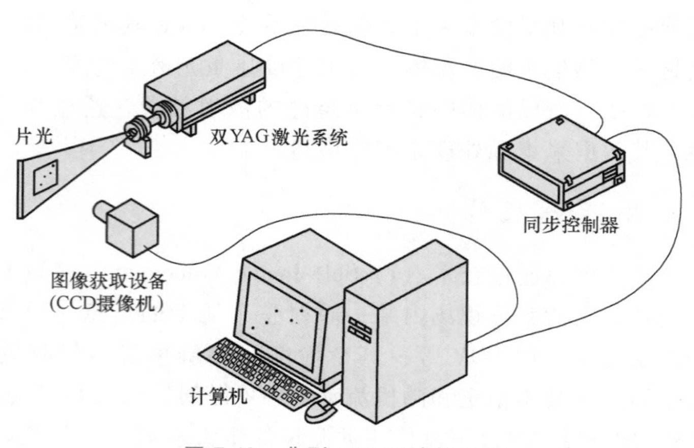

图 7-19 典型 PIV 系统的组成

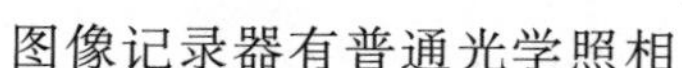

图像记录器有普通光学照相机和电子照相机两类。光学照相机使用的胶卷具有较高的分辨率，适用于需要高分辨率和宽动态响应的流场测量，但需要进行胶片冲洗和烦琐的图像判读和处理，效率低。电子照相机包括固态充电耦合装置（CCDs）和固态二极管阵列相机，其分辨率相对较低，但其摄取的图像可直接数值化输入计算机处理，随着电子照相机技术的迅速提高，其分辨率和灵敏度正在迅速接近甚至超过光学照相机，现在已很少采用光学照相机。

2. 同步控制器

同步控制器用来按要求的频率触发激光器发光、图像记录器工作，触发数据处理系统接收、存储和处理数据，并按要求输出处理结果，给出测量区的流场信息。同步控制器是系统的控制中枢。

3. 数据采集和处理系统

它用来采集、存储和处理成相系统获得的数据，输出查问区的流场信息。PIV 属于高成像密度图像处理技术，采用光学和数字处理技术。光学方法采用杨氏干涉条纹法，数字方法有快速傅里叶变换法、直接空间相关法、粒子间距概率统计法等，目前多采用互相关分析法。

（三）PIV 参数的设定

PIV 技术是将 Δt 中平均速度作为时刻 t 的瞬时速度，所以 Δt 应尽可能小。而测量位移量又要求像平面上的粒子像不能重叠，要有足够的位移和分辨率，因此 Δt 又不能太小，它和测量的流速有关。一般要求粒子像间距离要大于两倍的粒子像直径。另外，位移最大不能超过查问区尺寸的 1/4，偏离像平面不得超出片光源厚度的 1/4。所以脉冲激光时间间隔必须根据测量对象的流速合理选定。

五、相位多普勒粒子分析仪（PDA）

在多相流动研究中，离散相粒子的速度和粒子直径是主要的流动参数，激光多普勒技术解决了粒子速度测量的问题，但实时的粒子直径测量十分困难。20 世纪 70 年代 Van de Dust 在激光多普勒测速技术的基础上提出了球形粒子相位测量方法，1982 年在此理论指导下开发出相位多普勒粒子分析仪（Phase Doppler Paticle Analyzer，PDPA 或 PDA），同时测量粒子的速度和直径，已成为公认的同时测量球形粒子尺寸和速度的标准方法。粒子速度的测量是利用激光多普勒效应，前面已做了详细介绍。粒子尺寸测量是建立在光散射测量技术之上的，其精度很高，对流动无干扰，无须进行经常的标定。下面对相位多普勒粒子分析技术做简要介绍。

1. 光的散射模式

当激光照射流体中球形透明的散射粒子时，散射光主要有三种，平行入射光相对球面入射角不同，部分反射回流体介质，部分折射后进入球形粒子内，在粒子内，传播以不同角度到达内球面，部分折射后进入流体介质，形成一阶折射光，部分经球形粒子内表面再次反射到内表面另一点，又部分折射后进入流体介质，形成二阶折射光，其余更高阶折射光很微弱，略去不计，所以散射光主要由反射光和一阶及二阶折射光组成（图 7-20）。由于入射光相对球面入射角不同，进入流体的方式不同，所以散射光到达流体中某点的光程不同，其相位和偏振方向也不相同，相位的变化与散射粒子直径、粒子折射率、光散射模式接收点位置及光的波长有关。而散射光的频率只与粒子移动的速度有关。激光多普勒粒子分析仪正是利用这一特性工作的。

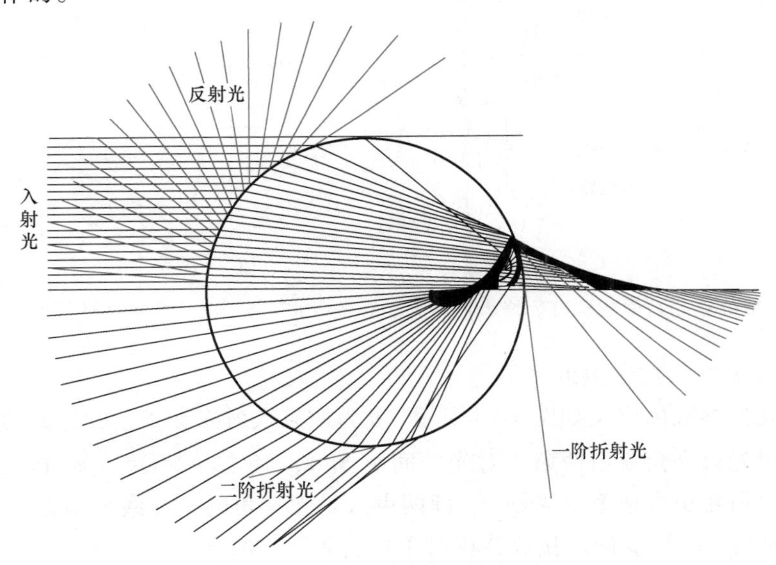

图 7-20　光的散射模式

2. 相位差与光接收器位置的关系

在相对粒子的两个不同方向设置两个光接收器，由于光散射模式不同，光频不同，散射光抵达光接收器的光程不同，因而相位和温度不同，如图 7-21 所示，设散射光抵达两个接收器表面的时间差为 Δt，则两个接收器接收的散射光相应的相位差 ϕ_{12} 为

$$\phi_{12} = 2\pi f \Delta t \tag{7-27}$$

式中，f 为散射光频率。

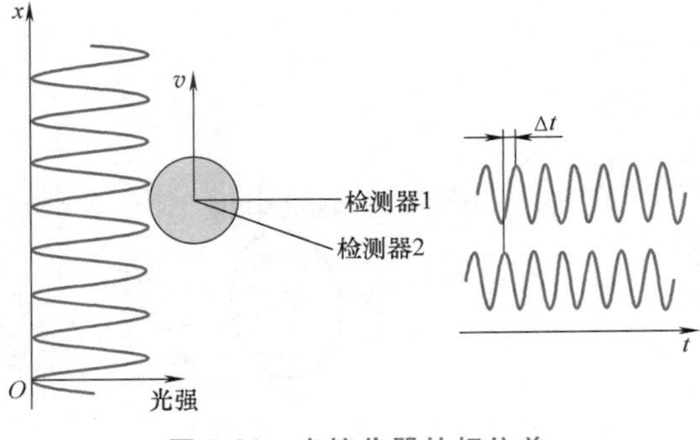

图 7-21　光接收器的相位差

3. 相位差与散射粒子直径的关系

当所有光学系统几何参数保持不变，则两个接收器接收的多普勒信号的相位差与散射粒

子直径有关，大散射粒子的相位差比小散射粒子的相位差大（图 7-22）。用 ϕ_i 表示接收器 i 的信号相位，有

$$\phi_i = \alpha\beta_i \tag{7-28}$$

式中，β_i 为与散射模式及光学系统几何参数有关的参数。

$$\alpha = \pi \frac{n_1}{\lambda} D \tag{7-29}$$

式中，n_1 为散射介质的折射率；λ 为真空中的激光波长；D 为散射粒子直径。

当系统设置好后，散射粒子的直径和两个接收器接收信号的相位差有直线关系（图 7-23）。

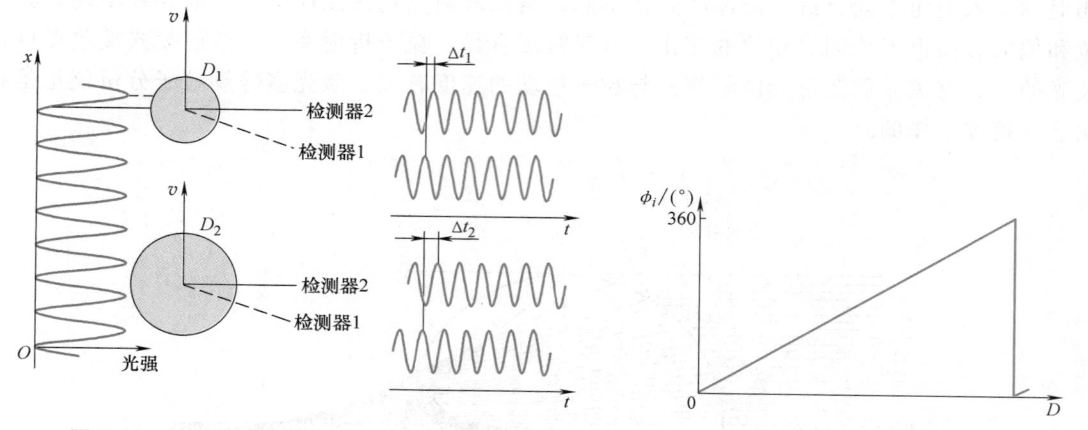

图 7-22 相位差随散射粒子直径增大而增大

图 7-23 理想的散射粒子直径和相位差的关系

4. 相位差与光学系统参数的关系

光学系统几何参数的定义如图 7-24 所示，θ 为两束入射光交角，φ 及 ψ 为光接收器的方位角。两束入射光束夹角 θ 由两束入射光的间距 S_t 和聚焦透镜焦距 f_t 确定，它决定了干涉条纹的间距。散射角由发射系统光轴 z（即两束入射光夹角的平分线）算起，ψ 是在 xOy 平面上绕 z 轴的转角，ψ 和 φ 确定接收器相对于控制体形心的方位。

同时确定散射粒子直径和接收信号间相位差的参数 β 还和散射模式有关。

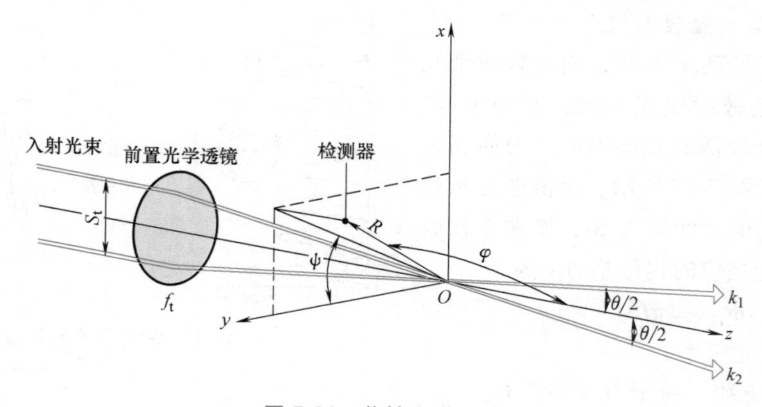

图 7-24 共轴光学系统

对反射光模式，有

$$\beta=\frac{4\pi}{\lambda}\left(\sqrt{1+\cos\frac{\theta}{2}\cos\varphi\cos\psi+\sin\frac{\theta}{2}\sin\psi}-\sqrt{1+\cos\frac{\theta}{2}\cos\varphi\cos\psi-\sin\frac{\theta}{2}\sin\psi}\right) \tag{7-30}$$

对一阶折射模式，有

$$\beta=\frac{4\pi}{\lambda}\left(\sqrt{1+n_{\mathrm{rel}}^2-\sqrt{2}\,n_{\mathrm{rel}}\sqrt{f_+}}-\sqrt{1+n_{\mathrm{rel}}^2-\sqrt{2}\,n_{\mathrm{rel}}\sqrt{f_-}}\right) \tag{7-31}$$

其中

$$n_{\mathrm{rel}}=\frac{n_2}{n_1}$$

式中，n_2 为散射粒子折射率。

$$f_{\pm}=1+\cos\frac{\theta}{2}\cos\varphi\cos\psi\pm\sin\frac{\theta}{2}\sin\psi \tag{7-32}$$

对二阶折射模式 β 无解析解，必须用迭代求取数值解。

由上述 β 计算式可以看到，相位多普勒粒子分析仪可通过改变 θ、φ 及 ψ 来改变其灵敏度和测量范围。但是这些角度并不是可以自由选择的。例如，散射角 φ 的选择就受到相当多的限制，要么保证粒子光散射模式，或者保证足够的信噪比，或者考虑测量的具体情况确定。测量系统的工作距离也影响 θ 和 ψ 的可选择范围。

当两个光接收器间角度增加时，即 ψ_{12} 增加时，粒子直径和相位差关系曲线斜率增加（图 7-25），而干涉条纹间距随入射光束夹角 θ 增大而减小。即改变 ψ_{12} 仅影响分析仪的灵敏度和粒子直径测量范围而不影响速度频率关系。

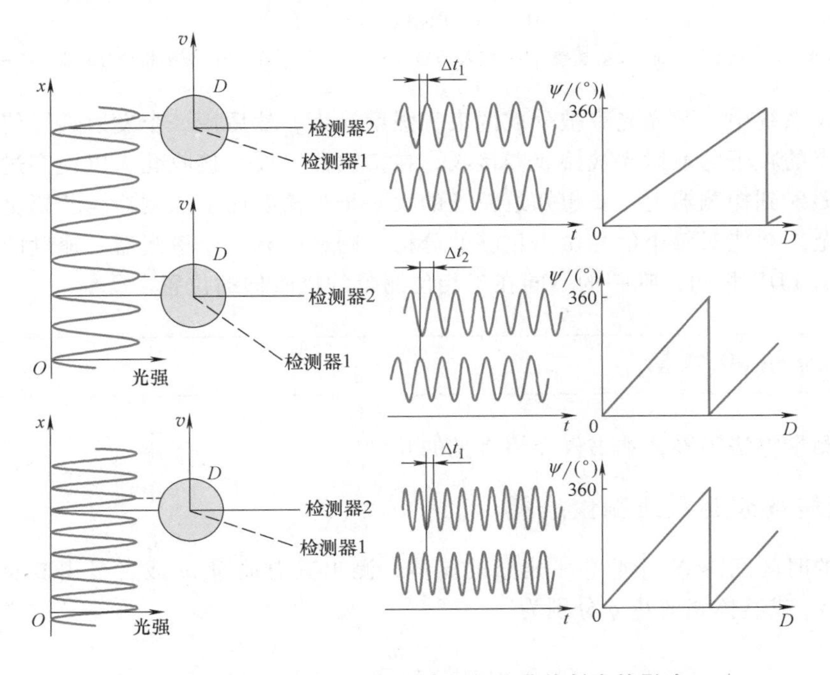

图 7-25　方位角 ψ 对粒子直径相位曲线斜率的影响

5. 传统 PDPA 系统的基本构成

图 7-26 所示是 PDPA 基本系统。除了在接收器中有三个探测器以及接收器的位置不能在发射光束的对称轴上以外，光路与一维 LDV 相同。在实际应用中，同 LDV 系统一样，它在本质上是一个单粒子计数器，也就是说，它严格要求采样体每次只能通过一个粒子。这就对保证仪器可靠工作的最大粒子含量提出了限制。接收器较好的接收光位置是在偏轴角 θ 为 $20°\sim40°$。

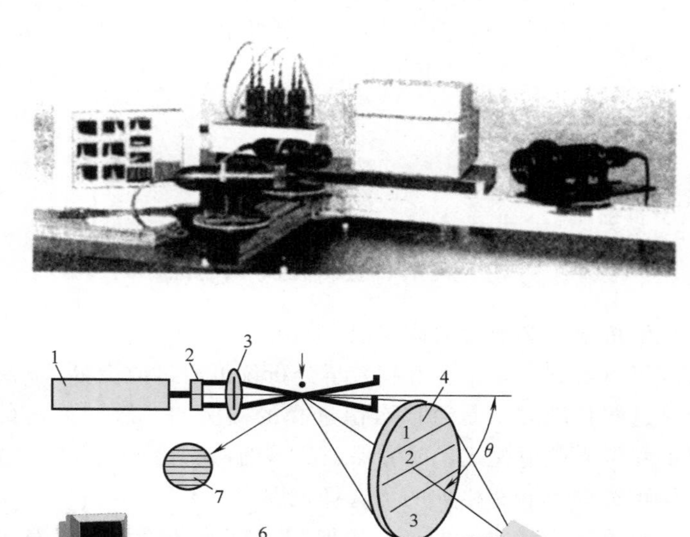

图 7-26 PDPA 基本系统

1—激光器 2—分光镜 3—发射透镜 4—接收透镜 5—光电倍增管 6—频率相位处理器 7—测量体

在 PDPA 系统中，激光光束被分成两束等强度光束，然后用一个发射透镜使这两束光聚焦。穿过焦点的粒子的散射光被接收器接收，在接收器上设一接收孔，以使穿过焦点处的粒子的散射光照射到探测器上。要想知道粒子的大小至少需要两个探测器。若要更精确地测定粒子直径的范围并能对每个信号做出足够的分析，则最好有三个探测器。速度的二维和三维系统的测量与 LDV 相同，唯一的不同在于相位测量的接收器的位置。

第三节 流量的测量

流量的测量方法很多，本书仅介绍常见的几种。

一、质量法或容积法测量流量

在一定的时间间隔 Δt 中收集一定量的流体，测出其总质量 m 或者量出其总体积 V，则其质量流量 q_m 或其体积流量 q 分别为

$$q_m=\frac{m}{\Delta t}$$

$$q=\frac{V}{\Delta t}$$

这是最直接，也是最准确的方法。但是这种方法不能实时测量，主要用来测量小流量和对其他流量计进行静态标定。

二、节流式流量计

由总流的伯努利方程可知，总流的任意两个过流断面 1 和 2 上各流动参数之间的关系为

$$z_1+\frac{p_1}{\rho g}+\frac{\alpha_1 v_1^2}{2g}=z_2+\frac{p_2}{\rho g}+\frac{\alpha_2 v_2^2}{2g}+h_w$$

式中，α_1、α_2 常取 1.0；h_w 是过流断面 1 与 2 之间的水头损失。

设过流断面 1 和 2 的面积分别为 A_1 与 A_2，则连续性方程为

$$v_1A_1=v_2A_2=q$$

$$v_1=\frac{q}{A_1},\qquad v_2=\frac{q}{A_2}$$

于是伯努利方程可写成

$$z_1+\frac{p_1}{\rho g}+\frac{1}{2g}\left(\frac{q}{A_1}\right)^2=z_2+\frac{p_2}{\rho g}+\frac{1}{2g}\left(\frac{q}{A_2}\right)^2+h_w$$

当流体介质和流道的几何结构确定后，则相应的水头损失和过水断面的面积已知，上式可改写为

$$\frac{p_1-p_2}{\rho g}+(z_1-z_2)=\left(\frac{q}{K}\right)^2$$

$$q=K\sqrt{\frac{p_1-p_2}{\rho g}+(z_1-z_2)} \tag{7-33}$$

将流量的测量转化为较容易实现的压强测量，K 称为流量系数，与工作介质的黏性和流道的几何结构有关。

根据上述原理，在流道中加入过流断面几何尺寸变化的元件，例如收缩管、孔板、喷嘴等，在相应部位测出其压强变化，即可间接测量流量。加入的这类元件称为节流元件，按这一原理做成的流量计统称为节流式流量计。根据所采用的节流元件，属于这类流量计的有文丘里流量计（图 7-27）、孔板流量计（图 7-28）、喷嘴流量计（图 7-29）等，其流量系数在

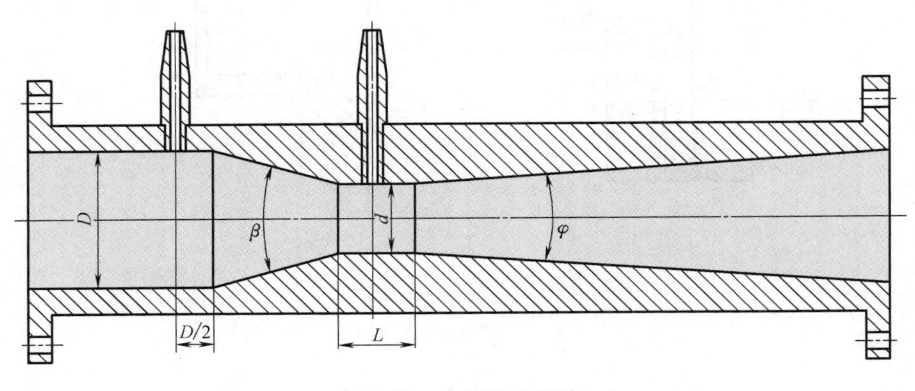

图 7-27　文丘里流量计

流量计标定时确定。

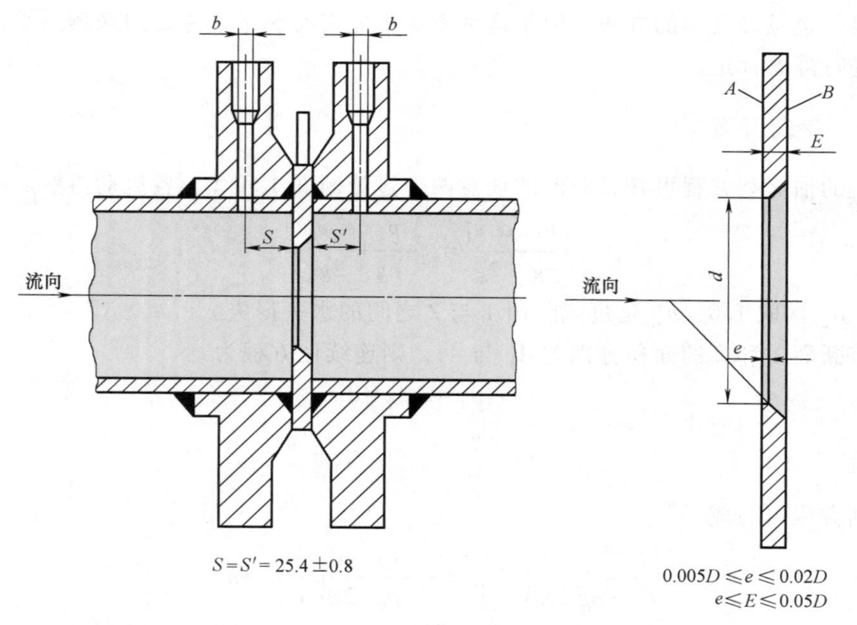

图 7-28 孔板流量计

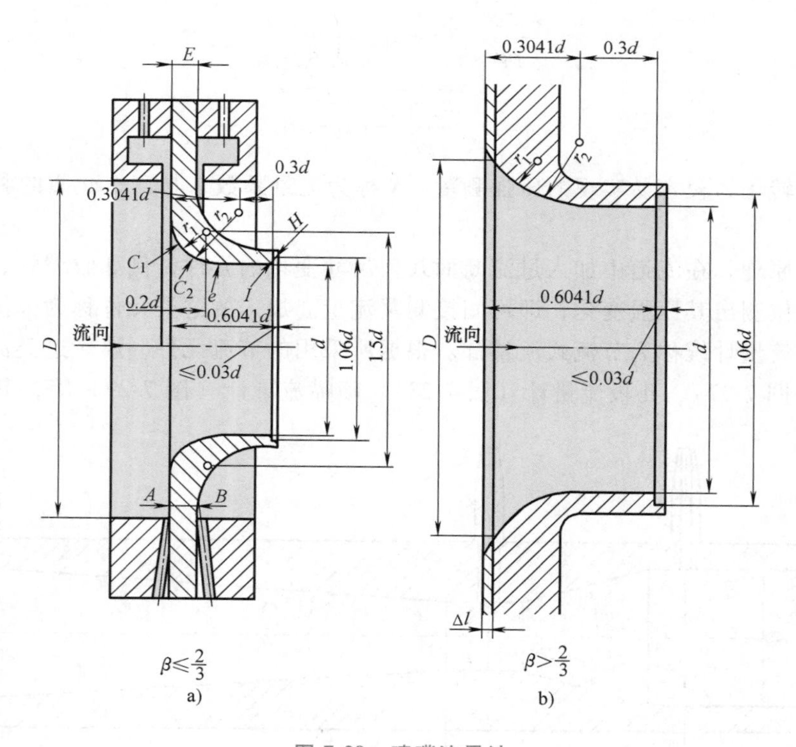

图 7-29 喷嘴流量计

文丘里流量计、孔板流量计和喷嘴流量计已有国际和国家标准。为保证流量计的测量精度和稳定性，这类流量计都有严格的制造和使用安装要求，这类流量计通常水平放置，前后应分别有大于 8 倍和 5 倍管径的光滑直管段。流量计的标定是十分麻烦的，如果严格按标准制造和使用流量计，可使用标准所推荐的流量系数。

三、其他常用流量计

1. 转子（浮子）流量计

转子（浮子）流量计由竖直安放的锥形玻璃管中放置一锥形转子（浮子）构成（图 7-30），当流体从底部进入流量计，转子上升，转子和玻璃管间的节流流道面积增加，节流力度减小，转子上、下游压强差减小。至某一高度，由于节流效应引起的作用在转子上、下底的压力之差和转子的重力平衡，转子悬停在平衡位置不动，由转子悬停的位置即可测出通过流量计的流量。从原理上说，转子流量计仍属节流式流量计。

2. 涡轮流量计

涡轮流量计由壳体、叶轮、前后导架及磁电感应器组成（图 7-31）。当流体通过流量计时推动叶轮旋转，叶轮叶片切割磁电传感器的磁场发出脉冲信号，即可测得叶轮的转速。叶轮的转速与通过流量计的流量成正比，比例系数在流量计出厂时进行标定，并标明在流量计上，称为流量计常数。

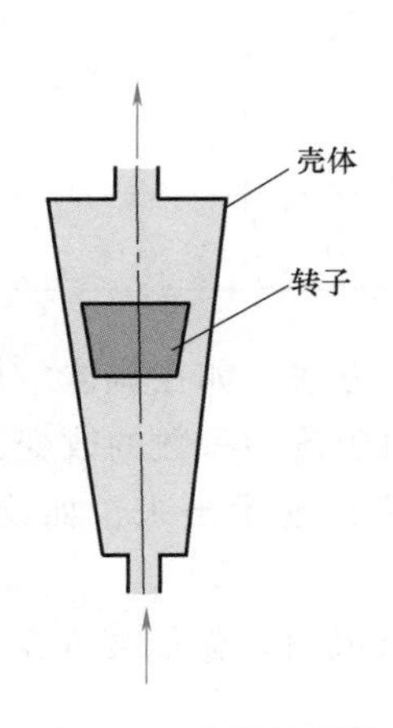

图 7-30 转子流量计

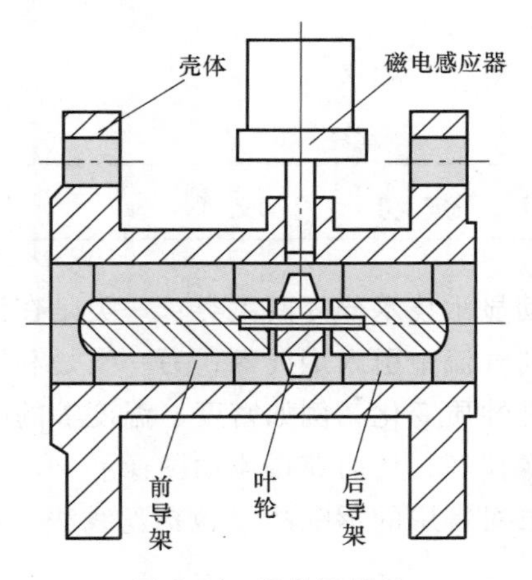

图 7-31 涡轮流量计

涡轮流量计应水平安装，前后直管段分别大于 20 倍和 15 倍流量计通径。使用中流量计应定期拆洗，流量计修理后必须重新标定。当流体介质运动黏度大于 $5mm^2/s$ 时，流量计必须进行专门标定。

3. 电磁流量计

电磁流量计是基于法拉第（M Faraday）电磁感应定律工作的。当导电流体在场强为 B 的磁场中做切割磁力线运动时，导电流体中产生感应电动势 E，E 的大小与流量成正比，即

$$E = KBq \tag{7-34}$$

式中，K 为比例常数。

感应的电压由两个水平放置并与流体直接接触的电极检出（图 7-32）。

这种流量计要求被测流体具有一定的电导率和应用于一定的流速范围，常见的电磁流量

计要求流体电导率大于 20μS/cm，而自来水和天然水的电导率在 100~500μS/cm 之间，使用流速要求在 0.25~12m/s 范围内，这一点可通过改变管径来达到。电磁流量计最大的优点是无节流元件，能量损失小，流量计前后所要求的直管段长度短，一般大于 5 倍流量计通径即可，同时只有管道内衬和电极与工作流体接触，测量值与流体压强、温度、密度、黏度等无关，可用于腐蚀、磨损严重、工作条件恶劣、大流量测量场合。经仔细标定后，也可达到较高的测量精度。

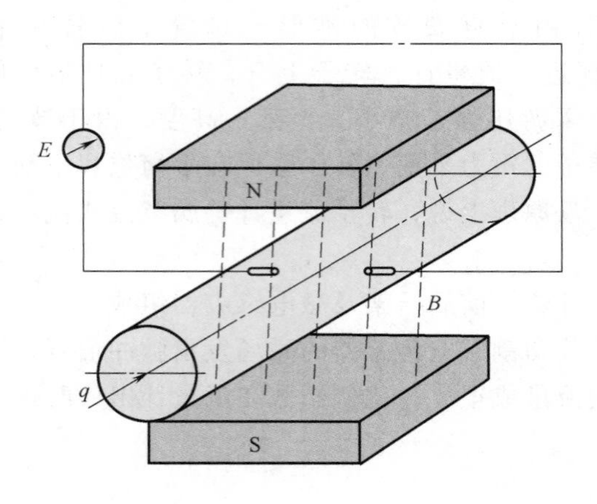

图 7-32　电磁流量计

第四节　流动显示技术

流动显示技术分为两大类：一类是在流体中加入可见物的示踪方法，如在流体中加入染色剂，向气流中引入烟线等；另一类是利用流体在流动过程中，由于流动参数的改变引起的流体物理性质变化，例如密度、温度等的变化，再用光学或其他手段显示出来，如纹影仪、红外成像仪等，从而获得流动图像。

本书对常用的示踪法（包括丝线法、示踪粒子法、染色法和烟风洞）做简要介绍。

一、丝线法

为了获得靠近固体壁面处流动的情况，最简单的方法是将一些短丝线的一端粘贴在固体壁面上，丝线随流体飘动。这种方法在层流时能很好地反映局部流动的方向，湍流时丝线呈不稳定运动。丝线尺寸和材料的选择根据流动状态和模型尺寸而定，为了减少丝线对流动的影响，克劳德（Crowder）1982 年采用直径只有 20μm 的荧光尼龙单丝，并在观察和拍照时用紫外光照明，以增强其可见度，取得了很好的效果。

图 7-33 所示是江苏大学用丝线法进行的汽车风洞试验。

二、示踪粒子法

示踪粒子法是向流体中注入粒子，观察粒子的运动来获得流动的信息。因此，要求注入的粒子可见度高，同时对流动的跟随性好，通常要求悬浮在流体中的粒子在观察试验时间

图 7-33 丝线法汽车风洞试验

Δt 内沉降的距离不超过一个粒子的直径。根据这一要求，设粒子直径为 d_p，密度为 ρ_p，流体密度为 ρ_f，黏度为 ν_f，根据斯托克斯（Stokes）定律，其沉降速度 v_s 为

$$v_s = \frac{g d_p^2}{18\nu_f}\left(\frac{\rho_p}{\rho_f}-1\right) \tag{7-35}$$

故示踪粒子的直径应为

$$d_p \leqslant \frac{18\nu_f}{g\Delta t\left(\frac{\rho_p}{\rho_f}-1\right)} \tag{7-36}$$

式中，g 为重力加速度。

所以粒子的密度和流体的密度越接近，粒子允许的直径就越大。人们尝试了各种工作介质和示踪粒子的组合，例如向水中注入中空的玻璃球、铝和镁的片状粉末等作为示踪粒子，以取得预期的效果。

三、染色法

向流体中注入染料，将部分流体染成可见的颜色，或者注入荧光剂，使部分流体在紫外线照射下显现出来，以观察流动的方法，称为染色法。染色法是示踪法的一种。染色的流体在流动的过程中会与周围流体混合，特别在湍流时这种混合和扩散更为激烈，使染色线清晰度降低，所以这种方法主要用于层流和低速流动中。人们努力寻求稳定性高的染色物质以扩大这一方法的使用范围。

四、烟风洞

向气流中引入烟来显示流动的技术已成为风洞试验中的一种标准方法。1953 年鹿特丹大学（全称鹿特丹伊拉斯姆斯大学）的布朗（Brown）系统地研究了风洞中烟流产生的方法、性能，后来称这种风洞为烟风洞。

烟并不限于燃烧产物，也包括在空气中可看见的水蒸气、雾、气溶胶等，要求它们具有颗粒小、无毒、抗混合稳定性好、高可见度等性能。风洞试验中烟从一根或一排管子沿流动的主流方向施放，施放位置应在风洞收缩段的入口以保持其稳定。

图 7-34 所示是江苏大学为某汽车厂所进行的汽车模型试验。通过外形的试验研究，阻力下降了 10%以上。

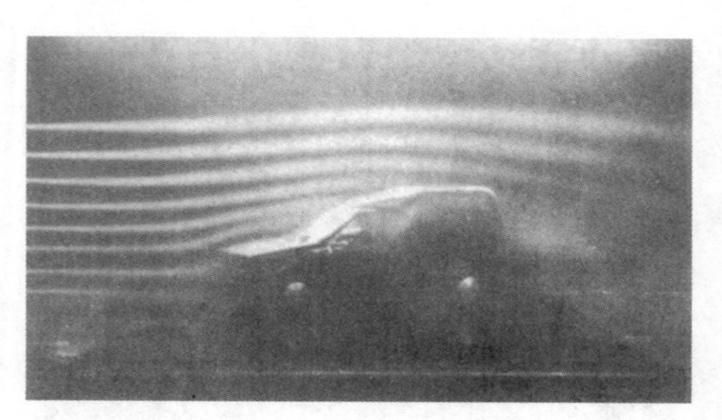

图 7-34 汽车烟风洞试验

习 题

7-1 测压孔开设的原则和要求是什么?

7-2 对L形静压和总压探针的几何尺寸有哪些要求?

7-3 试述电磁式压强传感器的优缺点及使用中的注意事项。

7-4 用总压探针测量风洞中某点的总压,用以水作为介质的U形压强计测得的压强水头读数为10mm,读数误差为0.5mm,其读数相对误差多少?今改用与水平成30°角、以水作为介质的倾斜式测压计,此时读数数值是多少?如果读数误差仍为0.5mm,其读数相对误差减少了多少?

7-5 用皮托管测量输气管道轴心处速度 v,用倾斜酒精压差计测压(图 7-35)。已知:$d=200\text{mm}$,$\sin\alpha=0.2$,$l=75\text{mm}$,皮托管标定常数为1。求流速 v。

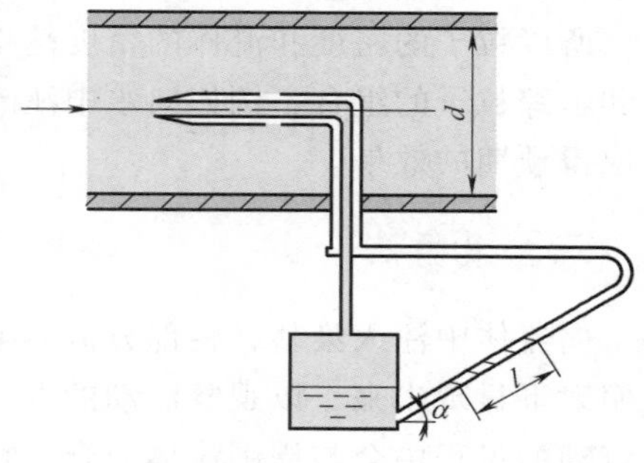

图 7-35 题 7-5 图

7-6 用单管压强计测量某点压强,当工作介质为水时,其压强水头读数为30mm,读数误差为0.5mm,为提高其测量精度,改用密度为 808kg/m^3 的煤油作为工作介质,读数误差仍为0.5mm,此时读数是多少?读数相对误差是多少?

7-7 试述热线风速计的优缺点。

7-8 用激光多普勒测速计测量风洞中某点流速,激光光源为氦-氖激光($\lambda=632.8\text{nm}$),两束入射激光交角为 $\theta=3°$,测得的多普勒频移为 $F_D=10\text{kHz}$,试求:

1) 相应的流速。

2) 测得的流速是哪个方向的速度分量。

7-9 直径 $D=100\text{mm}$ 的输水水平管中,装有 $d=60\text{mm}$ 的喷嘴来测量流量,节流部位和流量计前的压强差为 $h=400\text{mmHg}$,设流量计系数为0.3,求此时管中的流量。

7-10 转子流量计、节流式流量计和涡轮流量计使用和安装有哪些要求?

7-11 什么叫作流动显示技术?

7-12 用注入染料方法显示一水平管中水流的流动,其流速约为1m/s,要求观察区长度大于3m,染料的密度为 1500kg/m^3,求染料颗粒最大允许的直径。

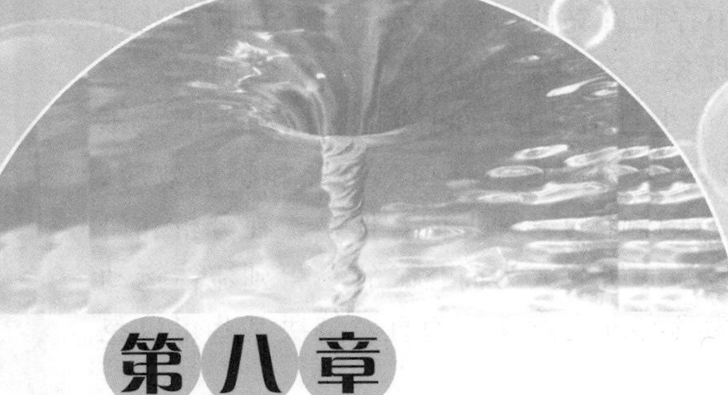

第八章

理想流体动力学

【诗画流体力学案例】

1000 多年前，唐代诗人韦应物写下的山水诗《滁州西涧》：

独怜幽草涧边生，
上有黄鹂深树鸣。
春潮带雨晚来急，
野渡无人舟自横。

“春潮带雨晚来急，野渡无人舟自横”，描述了郊野渡口拴着的一条无人驾驭的小船，在春雨里小河湍急的流动中，横在河里，随波荡漾（图 8-1）。这里形象又真实地描绘了在河中荡漾的小船，因要处于一个稳定的平衡位置，它总要横在河中。

图 8-1　野渡无人舟自横

水中荡漾的船横在水面上，涉及在流体运动状态下，小船的平衡位置及其稳定性问题，唐代诗人韦应物的观察总结，完成了对此现象的定性分析。西方学者经过持续的努力，在 19 世纪末、20 世纪初，完成了类似的定性分析。也就是说，中国对船体稳定性问题的观察，比起西方精确描述的出现要早 1200 多年。

小船可以用一个细长椭圆柱体来代表，水流是理想不可压缩流体，这样，水流中船的绕流问题就简化为理想流体作用下的椭圆柱体绕流问题。要寻找它的相对平衡位置，并分析其稳定性，需计算流体对椭圆柱体的作用力和力矩，先获得速度场和压强场，而椭圆柱体绕流流场的分析可以基于圆柱体绕流和茹科夫斯基变化实现。

自然界中的各种流体都是黏性流体。由于流体中存在着黏性，流体的一部分机械能将不可逆地转化为热能，并使流体流动出现许多复杂现象。有些流体黏度很小（例如水、空气），有些则很大（例如甘油、油漆）。当流体黏度很小且流体质点间的相对运动速度又不大时，黏性应力是很小的，即可看成理想流体。理想流体一般也不存在热传导和扩散效应，实际上，理想流体在自然界中是不存在的，它只是真实流体的一种近似。但是，在分析和研究许多流体流动时，采用理想流体模型能使流体动力学的研究大为简化，容易得到流体运动的基本规律。这样不仅对研究工程中的流体运动规律具有理论意义，而且对解决某些可以忽略黏性的流体运动问题具有实际意义。

第一节　平面势流

平面流动（或二维流动）是指对任一时刻，流场中各点的流体速度都平行于某一固定平面的流动，并且流场中的物理量（如速度、压强、密度等）在流动平面的垂直方向上没有变化。即所有决定运动的函数仅与两个坐标及时间有关。

显然，实际流动中并不存在严格的平面流动，只是在不少情况下，平面流动不失为良好的近似。当流动的物理量在某一个方向的变化相对其他方向上的变化可以忽略，而且在此方向上的速度很小时，就可简化为平面流动问题处理，通过研究这一平面上的运动，就可以了解整个空间的流动。例如空气绕过翼型的流动可以作为平面流动处理，如图 8-2 所示。

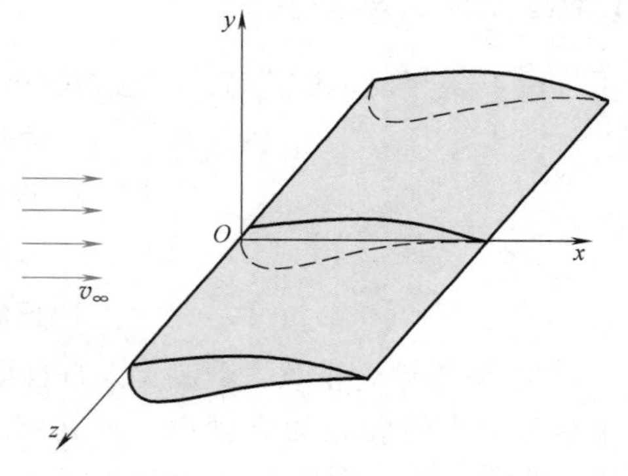

图 8-2　绕翼型的流动

如果这种流动是有势的，即流体微团本身没有旋转运动，则这种流动称为平面有势流动，简称平面势流。

第二节　速度势函数和流函数

一、速度势函数

在无旋流动中任一流体微团的角速度都为零，即

$$\boldsymbol{\omega} = \omega_x \boldsymbol{i} + \omega_y \boldsymbol{j} + \omega_z \boldsymbol{k} = \boldsymbol{0}$$

或

$$\frac{\partial v_z}{\partial y} = \frac{\partial v_y}{\partial z}, \quad \frac{\partial v_x}{\partial z} = \frac{\partial v_z}{\partial x}, \quad \frac{\partial v_y}{\partial x} = \frac{\partial v_x}{\partial y} \tag{8-1}$$

由数学分析可知，式（8-1）三个微分关系式的存在正是 $v_x \mathrm{d}x + v_y \mathrm{d}y + v_z \mathrm{d}z$ 成为某一函数 Φ（x，y，z，t）全微分的充分必要条件，其中 t 为参变量，即

$$\mathrm{d}\Phi = v_x \mathrm{d}x + v_y \mathrm{d}y + v_z \mathrm{d}z \tag{8-2}$$

函数 Φ（x，y，z，t）的全微分为

$$\mathrm{d}\Phi=\frac{\partial \Phi}{\partial x}\mathrm{d}x+\frac{\partial \Phi}{\partial y}\mathrm{d}y+\frac{\partial \Phi}{\partial z}\mathrm{d}z \tag{8-3}$$

比较式（8-2）和式（8-3），得

$$\frac{\partial \Phi}{\partial x}=v_x,\quad \frac{\partial \Phi}{\partial y}=v_y,\quad \frac{\partial \Phi}{\partial z}=v_z \tag{8-4}$$

这一由数学分析知识根据无旋条件所得的函数 Φ（x，y，z，t），因它的偏导数和速度之间的关系而称为速度势函数或简称势函数。因此无旋运动又称为有势流动，简称势流。由式（8-4）可以看出，当流动为有势时，则流体力学的问题将会得到很大简化，不必求解三个未知函数 v_x、v_y、v_z，而只要求一个未知函数 $\Phi(x,y,z,t)$。由势函数可求出速度分布，然后再根据伯努利方程可得到流场中的压强分布。

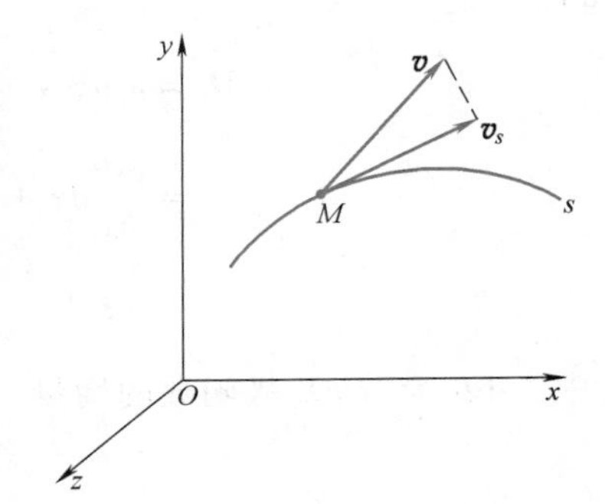

图 8-3 推导流速与速度势关系用图

势函数有下列特性：

1. 势函数的方向导数等于速度在该方向上的投影

如图 8-3 所示，任意曲线 s 上一点 M（x，y，z）处的速度分量为 v_x、v_y、v_z。取势函数的方向导数

$$\frac{\partial \Phi}{\partial s}=\frac{\partial \Phi}{\partial x}\frac{\mathrm{d}x}{\mathrm{d}s}+\frac{\partial \Phi}{\partial y}\frac{\mathrm{d}y}{\mathrm{d}s}+\frac{\partial \Phi}{\partial z}\frac{\mathrm{d}z}{\mathrm{d}s}$$

其中

$$\frac{\partial \Phi}{\partial x}=v_x,\quad \frac{\partial \Phi}{\partial y}=v_y,\quad \frac{\partial \Phi}{\partial z}=v_z$$

而 $$\frac{\mathrm{d}x}{\mathrm{d}s}=\cos\langle s,x\rangle,\quad \frac{\mathrm{d}y}{\mathrm{d}s}=\cos\langle s,y\rangle,\quad \frac{\mathrm{d}z}{\mathrm{d}s}=\cos\langle s,z\rangle$$

将以上关系代入方向导数式中，则得

$$\frac{\partial \Phi}{\partial s}=v_x\cos\langle s,x\rangle+v_y\cos\langle s,y\rangle+v_z\cos\langle s,z\rangle=v_s$$

上式中的几何关系是明显的，速度$\boldsymbol{v}$ 的分量 v_x、v_y、v_z 分别在曲线 s 的切线上的投影之和当然等于速度矢量$\boldsymbol{v}$ 本身的投影 v_s。即势函数 Φ 沿任意方向取偏导数之值等于该方向上的速度分量。

2. 存在势函数的流动一定是无旋流动

设某一流动，存在势函数 Φ（x，y，z，t），其流动的角速度分量

$$\omega_x=\frac{1}{2}\left(\frac{\partial v_z}{\partial y}-\frac{\partial v_y}{\partial z}\right)=\frac{1}{2}\left[\frac{\partial}{\partial y}\left(\frac{\partial \Phi}{\partial z}\right)-\frac{\partial}{\partial z}\left(\frac{\partial \Phi}{\partial y}\right)\right]=0$$

类似可以求得 $\omega_y = \omega_z = 0$。

由此可见，流场存在势函数则流动无旋，也就是说流动无旋的充分必要条件是流场有势函数存在。

3. 等势面与流线正交

在任意瞬时 t_0，势函数取同一值的那些点构成流动空间的一个连续曲面，叫作等势面。对应于不同值的等势面，组成等势面族：$\boldsymbol{\Phi}(x, y, z, t_0) = C$，它们是势函数的几何形象。过等势面上一点 O 并在该面上任取一微元矢量 $\mathrm{d}\boldsymbol{L} = \mathrm{d}x\boldsymbol{i} + \mathrm{d}y\boldsymbol{j} + \mathrm{d}z\boldsymbol{k}$，求它与该点速度矢量 $\boldsymbol{v} = v_x\boldsymbol{i} + v_y\boldsymbol{j} + v_z\boldsymbol{k}$ 的标量积（图 8-4）。

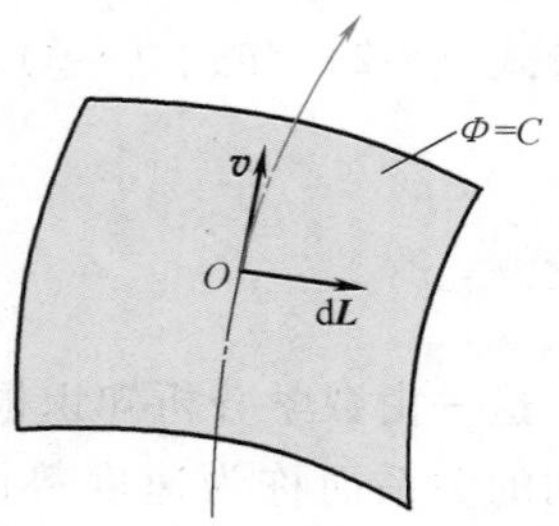

图 8-4 等势面与流线

$$
\begin{aligned}
\boldsymbol{v} \cdot \mathrm{d}\boldsymbol{L} &= v_x \mathrm{d}x + v_y \mathrm{d}y + v_z \mathrm{d}z \\
&= \frac{\partial \boldsymbol{\Phi}}{\partial x}\mathrm{d}x + \frac{\partial \boldsymbol{\Phi}}{\partial y}\mathrm{d}y + \frac{\partial \boldsymbol{\Phi}}{\partial z}\mathrm{d}z \\
&= \mathrm{d}\boldsymbol{\Phi}
\end{aligned}
$$

式中，$\mathrm{d}\boldsymbol{\Phi}$ 为沿 $\mathrm{d}\boldsymbol{L}$ 势函数的增量，应该等于零，从而导出

$$
\boldsymbol{v} \cdot \mathrm{d}\boldsymbol{L} = 0
$$

这说明一点的速度矢量与过该点的等势面是垂直的。又因为速度矢量与流线平行，所以推知流线与等势面是正交的。

4. 在不可压缩流体中势函数是调和函数

不可压缩流体的连续性方程为

$$
\frac{\partial v_x}{\partial x} + \frac{\partial v_y}{\partial y} + \frac{\partial v_z}{\partial z} = 0
$$

对于有势流动，速度分量为

$$
v_x = \frac{\partial \boldsymbol{\Phi}}{\partial x}, \quad v_y = \frac{\partial \boldsymbol{\Phi}}{\partial y}, \quad v_z = \frac{\partial \boldsymbol{\Phi}}{\partial z}
$$

代入上式得 $\boldsymbol{\Phi}$ 满足的方程

$$
\frac{\partial^2 \boldsymbol{\Phi}}{\partial x^2} + \frac{\partial^2 \boldsymbol{\Phi}}{\partial y^2} + \frac{\partial^2 \boldsymbol{\Phi}}{\partial z^2} = 0
$$

这说明，任何不可压缩流体无旋运动的势函数，必满足拉普拉斯（Laplace）方程。满足拉普拉斯方程的函数，叫作调和函数。对不可压缩流体无旋运动，求解速度场（矢量场）的问题，可转换成确定满足拉普拉斯方程的势函数（标量场）的问题。拉普拉斯方程在数理方程中研究得比较透彻，其解具有可叠加性，若干个满足拉普拉斯方程的函数代数相加后所得的函数仍然满足拉普拉斯方程。利用这一性质，分析研究一些简单的势流，然后叠加可组成比较复杂的势流。

例 8-1　有一个速度大小为 v（定值），沿 x 轴方向的均匀流动，求它的势函数。

解　首先判断流动是否有势

$$\omega_x = \frac{1}{2}\left(\frac{\partial v_z}{\partial y} - \frac{\partial v_y}{\partial z}\right) = 0$$

$$\omega_y = \frac{1}{2}\left(\frac{\partial v_x}{\partial z} - \frac{\partial v_z}{\partial x}\right) = 0$$

$$\omega_z = \frac{1}{2}\left(\frac{\partial v_y}{\partial x} - \frac{\partial v_x}{\partial y}\right) = 0$$

流动无旋，故为有势流动。由式（8-4）得

$$\frac{\partial \Phi}{\partial x} = v, \quad \frac{\partial \Phi}{\partial y} = 0, \quad \frac{\partial \Phi}{\partial z} = 0 \tag{8-5}$$

式（8-5）第一式积分可得

$$\Phi = vx + f(y, z)$$

式中，$f(y, z)$ 为积分函数。

由式（8-5）第二、三式确定 $f(y, z) = C$（常数），则

$$\Phi = vx + C$$

因常数 C 对 Φ 所代表的流场无影响，故可令 $C = 0$，而取

$$\Phi = vx$$

图 8-5 在 xOy 平面上绘出了此流动的等势线（虚线）及流线（实线）。

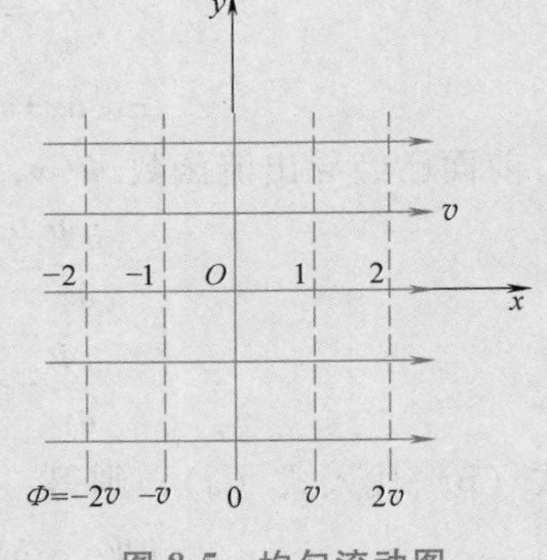

图 8-5　均匀流动图

二、流函数

势函数可以描述一个流场，在平面流动中还存在流函数，它比势函数具有更明确直观的物理和几何意义。

在平面流动中，不可压缩流体的连续性方程为

$$\frac{\partial v_x}{\partial x} + \frac{\partial v_y}{\partial y} = 0$$

或写成

$$\frac{\partial v_x}{\partial x} = \frac{\partial}{\partial y}(-v_y) \tag{8-6}$$

由数学分析知，式（8-6）正是 $-v_y \mathrm{d}x + v_x \mathrm{d}y$ 成为某一函数 $\Psi(x, y, t)$ 全微分的充分必要条件，其中 t 为参变量，即

$$\mathrm{d}\Psi = (-v_y)\,\mathrm{d}x + v_x \mathrm{d}y \tag{8-7}$$

$\Psi(x, y, t)$ 的全微分为

$$d\Psi = \frac{\partial \Psi}{\partial x}dx + \frac{\partial \Psi}{\partial y}dy \tag{8-8}$$

比较式（8-7）和式（8-8），得

$$\left.\begin{aligned} \frac{\partial \Psi}{\partial x} &= -v_y \\ \frac{\partial \Psi}{\partial y} &= v_x \end{aligned}\right\} \tag{8-9}$$

符合式（8-9）条件的函数 $\Psi(x, y, t)$ 叫作二维不可压缩流场的流函数。

流函数 $\Psi(x, y, t)$ 有下列特性。

1. 沿同一流线流函数值为常数

如图 8-6 所示，在流场中任取一条流线 s，则流线 s 上任一点的速度 $\boldsymbol{v}$ 与流线相切，它与该点处流线上微元线段 $d\boldsymbol{s}$ 的分量 dx、dy 之间的关系（即流线微分方程）为

$$\frac{dx}{v_x} = \frac{dy}{v_y}$$

或

$$-v_y dx + v_x dy = 0 \tag{a}$$

前面已经导出流函数 $\Psi(x, y, t)$ 与速度之间的关系，即

$$\left.\begin{aligned} \frac{\partial \Psi}{\partial x} &= -v_y \\ \frac{\partial \Psi}{\partial y} &= v_x \end{aligned}\right\} \tag{b}$$

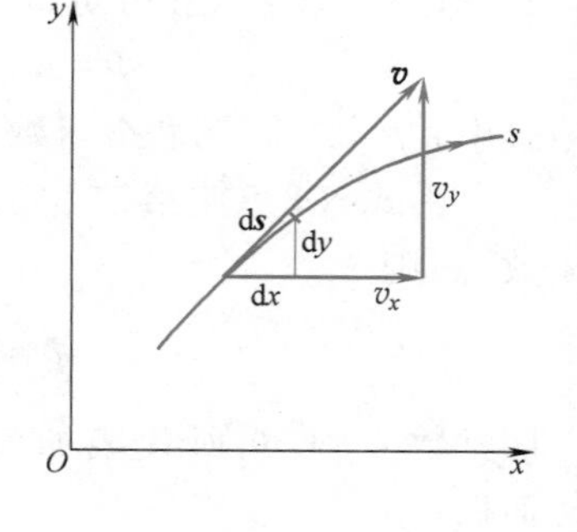

图 8-6 推导流函数特性 1 用图

将式（b）代入式（a），则得

$$\frac{\partial \Psi}{\partial x}dx + \frac{\partial \Psi}{\partial y}dy = 0$$

即

$$d\Psi = 0$$

也就是在流线 s 上，流函数 Ψ 的增量 $d\Psi$ 为零，沿流线的 $\Psi(x, y, t)$ 为常数。反之，流函数的等值线，即 $\Psi(x, y, t) = C$ 就是流线。

当找到流函数 $\Psi(x, y, t)$ 后，不但可以知道流场中各点的速度，而且还可以画出其流函数的等值线（即流线），更加直观地表达一个流场。

2. 两条流线间单位厚度的流量等于其流函数值之差

在图 8-7 中，设 Ψ_1 和 Ψ_2 是两根相邻的流线，在两根流线间绘制一曲线 AB，求通过 AB 两点间单位厚度的流量。

取微元线段 $d\boldsymbol{s} = dx\boldsymbol{i} + dy\boldsymbol{j}$，过微元线段处的速度为 $\boldsymbol{v} = v_x\boldsymbol{i} + v_y\boldsymbol{j}$，则单位厚度的流量 dq 应为通过 dx 的流量 $v_y dx$ 和通过 dy 的流量 $v_x dy$ 之和。但 v_y 为负值，所以 $v_y dx$ 前应冠以负号，即

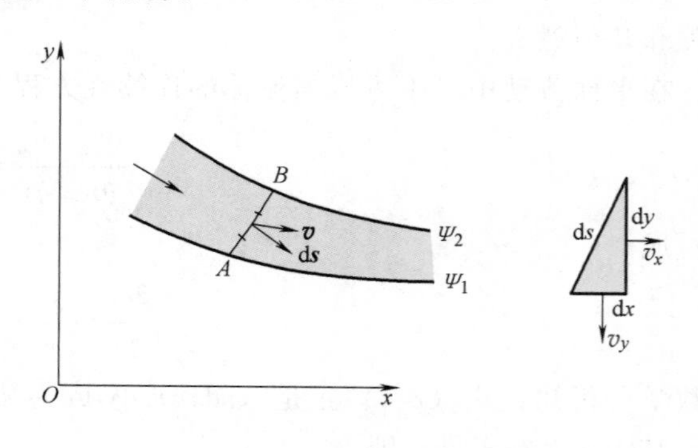

图 8-7 推导流函数特性 2 用图

$$dq = v_x dy - v_y dx = \frac{\partial \Psi}{\partial y} dy + \frac{\partial \Psi}{\partial x} dx = d\Psi$$

沿 AB 线段积分，可得通过 AB 的流量为

$$q = \int_A^B dq = \int_A^B d\Psi = \Psi_B - \Psi_A$$

由于流函数沿着流线为一常数，所以

$$q = \Psi_2 - \Psi_1$$

即平面流动中通过两条流线间单位厚度的流量，等于两条流线的流函数值之差。

3. 在有势流动中流函数也是一调和函数

在不可压缩流体的平面势流中，势函数 Φ（x，y，t）满足拉普拉斯方程。可以证明，流函数 Ψ（x，y，t）也满足拉普拉斯方程。对平面势流有

$$\omega_z = \frac{1}{2}\left(\frac{\partial v_y}{\partial x} - \frac{\partial v_x}{\partial y}\right) = 0$$

将 $v_x = \frac{\partial \Psi}{\partial y}$，$v_y = -\frac{\partial \Psi}{\partial x}$代入上式得

$$\frac{\partial^2 \Psi}{\partial x^2} + \frac{\partial^2 \Psi}{\partial y^2} = 0$$

因此，在平面有势流动中，流函数 Ψ（x，y，t）也满足拉普拉斯方程，所以也是调和函数。

这样，解平面有势流动问题也可变为解满足一定初始与边界条件的流函数的拉普拉斯方程问题。

例 8-2 如图 8-8 所示，设某一平面流动的流函数为

$$\Psi(x, y, t) = -\sqrt{3}x + y$$

试求该流动的速度分量，并求通过点 A（1，0）和点 B（2，$\sqrt{3}$）的连接线 AB 的流量 q_{AB}（坐标单位为 m）。

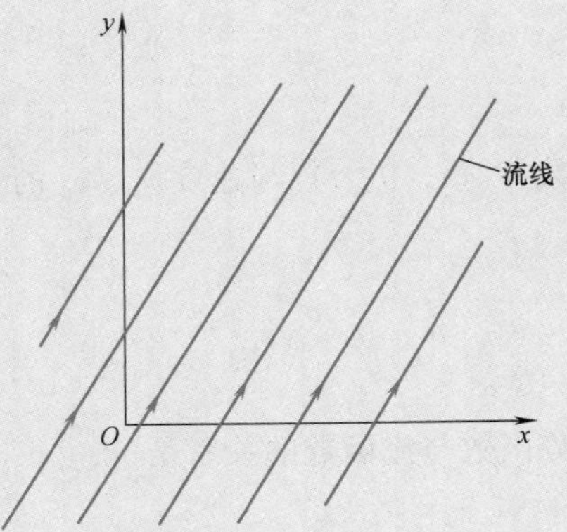

图 8-8 某一平面流动

解 由式（8-9）有

$$v_x = \frac{\partial \Psi}{\partial y} = \frac{\partial}{\partial y}(-\sqrt{3}x + y) = 1\text{m/s}$$

$$v_y = -\frac{\partial \Psi}{\partial x} = -\frac{\partial}{\partial x}(-\sqrt{3}x + y) = \sqrt{3}\text{m/s}$$

即流场中所有各点处的速度都大小相等，方向相同。

$$v = \sqrt{v_x^2 + v_y^2} = \sqrt{1+3}\text{m/s} = 2\text{m/s}$$

$$\alpha = \arctan\frac{v_y}{v_x} = \arctan\frac{\sqrt{3}}{1} = 60°$$

所以流线为与 x 轴成 60°夹角的平行线。

通过 AB 的流量应等于 A 与 B 两点处的流函数的差，即

$$q_{AB}=\Psi_B-\Psi_A$$

$$\Psi_B=-\sqrt{3}x_B+y_B=-\sqrt{3}\times 2+\sqrt{3}=-\sqrt{3}$$

$$\Psi_A=-\sqrt{3}x_A+y_A=-\sqrt{3}\times 1-0=-\sqrt{3}$$

所以

$$q_{AB}=-\sqrt{3}-(-\sqrt{3})=0$$

即通过 AB 连线的流量为零（实际上 AB 在同一条流线上）。

三、流函数和势函数的关系

在平面势流中应有

$$v_x=\frac{\partial\Phi}{\partial x},\qquad v_y=\frac{\partial\Phi}{\partial y}$$

$$v_x=\frac{\partial\Psi}{\partial y},\qquad v_y=-\frac{\partial\Psi}{\partial x}$$

对上面四个式子采用交叉相乘得

$$\frac{\partial\Phi}{\partial x}\frac{\partial\Psi}{\partial x}+\frac{\partial\Phi}{\partial y}\frac{\partial\Psi}{\partial y}=0$$

这就是等势线族 $\Phi(x, y, t)=C_1$ 与流线族 $\Psi(x, y, t)=C_2$ 相互正交的条件。因此，在平面有势流动中，流线族和等势线族组成正交网格，称为流网。这是流函数和势函数的重要性质。

在平面流动中，有时用极坐标 (r, θ) 比用直角坐标更为方便。在极坐标中，径向的微元线段是 $\mathrm{d}r$，圆周的微元线段是 $r\mathrm{d}\theta$，故势函数 $\Phi(r, \theta, t)$ 与 v_r、v_θ 的关系是

$$\left.\begin{aligned}\frac{\partial\Phi}{\partial r}&=v_r\\ \frac{\partial\Phi}{r\partial\theta}&=v_\theta\end{aligned}\right\}$$

流函数 $\Psi(r, \theta, t)$ 与速度 v_r、v_θ 的关系是

$$\left.\begin{aligned}\frac{\partial\Psi}{r\partial\theta}&=v_r\\ -\frac{\partial\Psi}{\partial r}&=v_\theta\end{aligned}\right\}\tag{8-10}$$

因而势函数与流函数的关系是

$$\left.\begin{aligned}\frac{\partial\Phi}{\partial r}&=\frac{\partial\Psi}{r\partial\theta}=v_r\\ \frac{\partial\Phi}{r\partial\theta}&=-\frac{\partial\Psi}{\partial r}=v_\theta\end{aligned}\right\}\tag{8-11}$$

不言而喻，流网的正交性与坐标系的选取是无关的。

四、流网

既然平面无旋运动中同时存在势函数 Φ 和流函数 Ψ，则在平面上任一点就同时有一个

Φ 值和一个 Ψ 值。由 Φ 值相等的点组成等势线，由 Ψ 值相等的点组成流线，它们的方程分别为

$$\Phi(x,y,t)=C_1 \quad \text{（沿同一条等势线）}$$

$$\Psi(x,y,t)=C_2 \quad \text{（沿同一条流线）}$$

前已证明这两组线相互正交，由这两组线组成的网格称为流网，如图 8-9 所示。

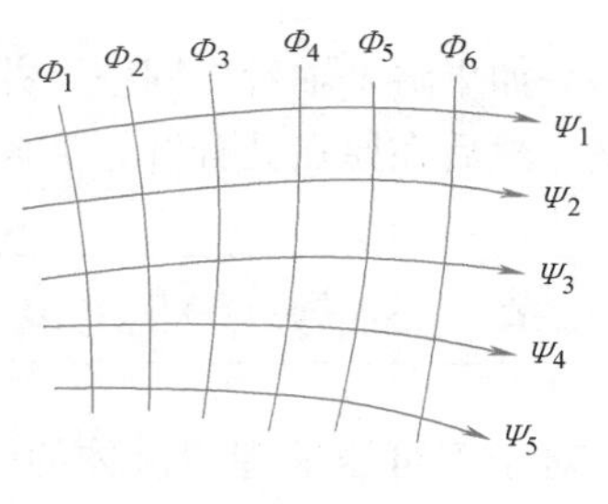

图 8-9 流网

例 8-3 某定常平面流动有

$$v_x = ax$$
$$v_y = -ay$$

a 为常数。求这一流动的流函数 Ψ 及势函数 Φ，并绘制流网。

解 1）检验该流动是否满足平面运动的连续性方程

$$\frac{\partial v_x}{\partial x}+\frac{\partial v_y}{\partial y}=a-a=0$$

可见，该流动满足平面运动连续性方程，存在流函数

$$\mathrm{d}\Psi=\frac{\partial \Psi}{\partial x}\mathrm{d}x+\frac{\partial \Psi}{\partial y}\mathrm{d}y$$

利用式（8-9）对上式积分得

$$\Psi = axy + C$$

所以，流线方程是

$$xy = C_1$$

2）检验流动是否无旋。

$$\omega_z=\frac{1}{2}\left(\frac{\partial v_y}{\partial x}-\frac{\partial v_x}{\partial y}\right)=0$$

可见，该流动是无旋的，存在势函数 Φ，即

$$\mathrm{d}\Phi=\frac{\partial \Phi}{\partial x}\mathrm{d}x+\frac{\partial \Phi}{\partial y}\mathrm{d}y=v_x\mathrm{d}x+v_y\mathrm{d}y=ax\mathrm{d}x-ay\mathrm{d}y$$

积分得

$$\Phi=\frac{a}{2}(x^2-y^2)+C$$

所以，等势线方程为

$$x^2-y^2=C_2$$

3）画流网（图 8-10）。

由上面所得流线方程 $xy=C_1$ 可见，流线是一族以 x 轴和 y 轴为渐近线的双曲线。由等势线方程 $x^2-y^2=C_2$ 可知，等势线是以直角平分线为渐近线的双曲线族。

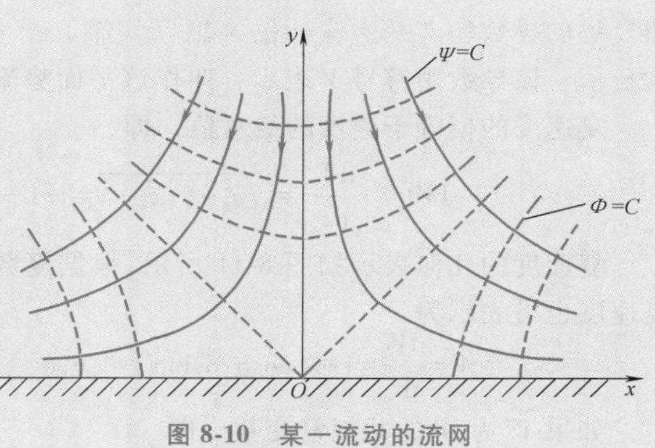

图 8-10 某一流动的流网

如果将 x 轴看作固壁，并且只观察上半平面，则该流动沿 y 轴垂直地自上而下流向固壁，然后在原点处分开，流向两侧。坐标原点是分流点，由于该点速度为零，故亦为驻点。

第三节 复势与复速度

对于不可压缩理想流体的平面无旋运动，可同时引进势函数 Φ 和流函数 Ψ，且已证明势函数 Φ 与流函数 Ψ 都是调和函数，满足拉普拉斯方程，即

$$\frac{\partial^2\Phi}{\partial x^2}+\frac{\partial^2\Phi}{\partial y^2}=0$$

$$\frac{\partial^2\Psi}{\partial x^2}+\frac{\partial^2\Psi}{\partial y^2}=0$$

同时导出了势函数 Φ 与流函数 Ψ 之间存在下列关系，即

$$\left.\begin{aligned}\frac{\partial\Phi}{\partial x}&=\frac{\partial\Psi}{\partial y}\\ \frac{\partial\Phi}{\partial y}&=-\frac{\partial\Psi}{\partial x}\end{aligned}\right\}$$

亦即势函数 Φ 和流函数 Ψ 是互为共轭的调和函数。

现在将平面势流的势函数 Φ 作为某一复变函数的实部，把其流函数 Ψ 作为虚部，即

$$W=\Phi+\mathrm{i}\Psi=f(z) \tag{8-12}$$

那么此复变函数因其实部与虚部为共轭的调和函数（因两者满足柯西-黎曼条件），因而就必定是一个解析的复变函数，这个复变函数可用来代表所讨论的平面势流。这时的坐标自变量不再是 x 与 y，而是一个复数自变量 $z=x+\mathrm{i}y$。这个解析的复变函数 $W(z)$ 叫作该平面势流的复势。

反之，若有一个复变函数是解析的（即其实部与虚部满足柯西-黎曼条件），则其实部就代表某一理论上存在的平面势流的势函数，而其虚部则代表那个流动的流函数。

若已知一平面势流的复势，则流场中任意点处的速度就可求出。实际上将复势对复自变量微分，根据复变函数求导公式得

$$\frac{\mathrm{d}W}{\mathrm{d}z}=f'(z)=\frac{\partial\Phi}{\partial x}+\mathrm{i}\frac{\partial\Psi}{\partial x}=\frac{\partial\Psi}{\partial y}-\mathrm{i}\frac{\partial\Phi}{\partial y}=v_x-\mathrm{i}v_y=V \tag{8-13}$$

即复势的导数的实部为流速的 x 轴（实轴）分量，而其虚部则为流速的 y 轴（虚轴）分量的负值。该导数用符号 V 表示，叫作该平面势流的复速度。

复速度的模等于速度的绝对值，即

$$|V|=\left|\frac{\mathrm{d}W}{\mathrm{d}z}\right|=\sqrt{v_x^2+(-v_y)^2}=|v|$$

复速度的几何表示如图 8-11 所示，根据复数的表示方法，复速度也可表示为

$$V=\frac{\mathrm{d}W}{\mathrm{d}z}=|v|(\cos\alpha-\mathrm{i}\sin\alpha)=|v|\mathrm{e}^{-\mathrm{i}\alpha} \tag{8-14}$$

如果 $\overline{W}$ 为 W 的共轭复变数，即

$$\overline{W}=\Phi-\mathrm{i}\Psi=f(x-\mathrm{i}y)=f(\bar{z})$$

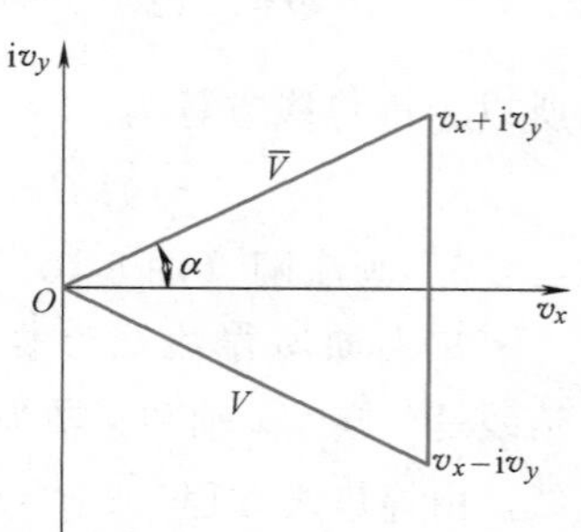

图 8-11 复速度的几何表示

则
$$\frac{\mathrm{d}\overline{W}}{\mathrm{d}\bar{z}}=\frac{\partial\Phi}{\partial x}-\mathrm{i}\frac{\partial\Psi}{\partial x}=v_x+\mathrm{i}v_y=\overline{V}$$

在速度复平面上，$\mathrm{d}\overline{W}/\mathrm{d}\bar{z}$ 是 $\mathrm{d}W/\mathrm{d}z$ 关于实轴 Ov_x 的反影。

又

$$\frac{\mathrm{d}W}{\mathrm{d}z}\frac{\mathrm{d}\overline{W}}{\mathrm{d}\bar{z}}=(v_x-\mathrm{i}v_y)(v_x+\mathrm{i}v_y)=v_x^2+v_y^2=|v|^2$$

所以根据共轭复变数的运算方法可以求出流场中每一点处的速度 v。

这样，又进一步把平面无旋运动归结为寻求流场的复势 $W(z)$ 或复速度 $\mathrm{d}W/\mathrm{d}z$ 的问题，如果求得流场的复势或复速度，那么速度场便可求得。

第四节　几种基本的平面势流

本节讨论几种基本的平面势流，如均匀流、点源和点汇、点涡引起的流动。一些较复杂的流动可由上面这些流动叠加而成，从这个意义上称上述的流动是基本流动。

一、均匀流

流体做等速直线运动，流场中各点速度的大小和方向都相同的流动称为均匀流，如图 8-12 所示。

设均匀流的速度为 v_∞，取坐标轴 Ox 的方向与 v_∞ 相同，则 $v_x=v_\infty$，$v_y=0$。下面求这一流动的势函数 Φ 和流函数 Ψ。

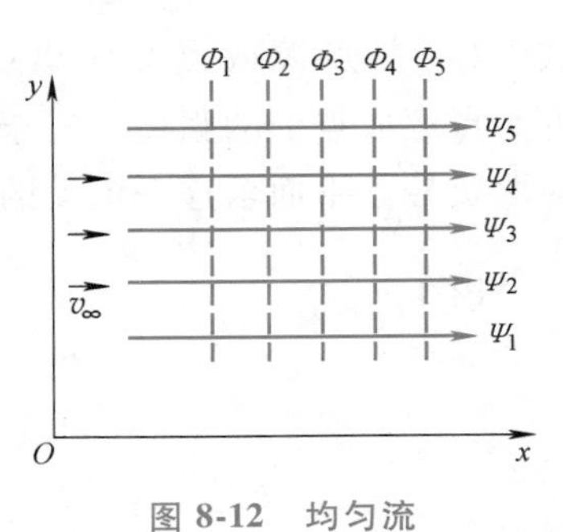

图 8-12　均匀流

由于
$$v_x=\frac{\partial\Phi}{\partial x}=\frac{\partial\Psi}{\partial y}=v_\infty$$
$$v_y=\frac{\partial\Phi}{\partial y}=-\frac{\partial\Psi}{\partial x}=0$$

故
$$\mathrm{d}\Phi=\frac{\partial\Phi}{\partial x}\mathrm{d}x+\frac{\partial\Phi}{\partial y}\mathrm{d}y=v_\infty\mathrm{d}x$$
$$\mathrm{d}\Psi=\frac{\partial\Psi}{\partial x}\mathrm{d}x+\frac{\partial\Psi}{\partial y}\mathrm{d}y=v_\infty\mathrm{d}y$$

将上式积分可得
$$\Phi=v_\infty x+C_1$$
$$\Psi=v_\infty y+C_2$$

积分常数 C_1、C_2 对流动图谱没有影响，可令 $C_1=C_2=0$，所以
$$\left.\begin{aligned}\Phi&=v_\infty x\\\Psi&=v_\infty y\end{aligned}\right\}\tag{8-15}$$

这就是均匀流的势函数与流函数。

均匀流的等势线为 $\Phi=v_\infty x=$ 常数的线，流线为 $\Psi=v_\infty y=$ 常数的线。即等势线是一族平行于 y 轴的直线，流线是一族平行于 x 轴的直线，如取 $\Delta\Phi=\Delta\Psi$，则其流网为正方形网格。

均匀流的复势为

$$W=\Phi+\mathrm{i}\Psi=v_{\infty}x+\mathrm{i}v_{\infty}y=v_{\infty}(x+\mathrm{i}y)=v_{\infty}z \tag{8-16}$$

当均匀流的速度方向与 Ox 轴的夹角为 α 时，则可求得其复势为

$$W=v_{\infty}z\mathrm{e}^{-\mathrm{i}\alpha}$$

二、点源和点汇

若流体从某点向四周呈直线均匀径向流出，则这种流动称为点源，这个点称为源点（图 8-13a）；若流体从四周往某点呈直线均匀径向流入，则这种流动称为点汇，这个点称为汇点（图 8-13b）。

设源点或汇点位于坐标原点，显然在这样的流动中，从源点流出和向汇点流入的都只有径向速度 v_r，而无切向速度 v_θ。根据流动的连续性条件，不可压缩流体通过任一圆柱面的流量 q 都应该相等。所以，通过半径为 r 的单位长度圆柱面流出或流入的流量为

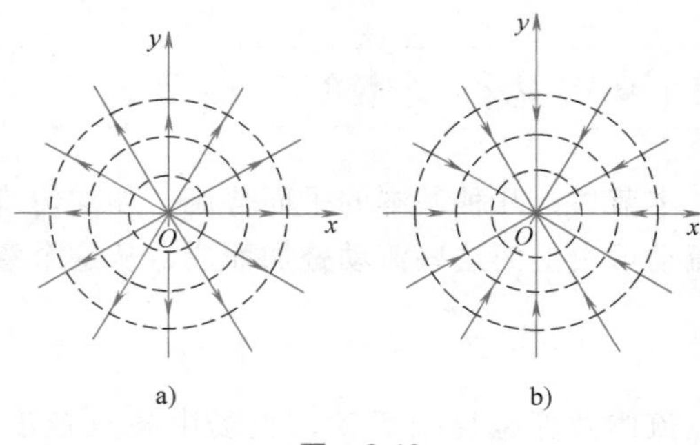

图 8-13

a）点源 b）点汇

$$2\pi r v_r\times 1=\pm q$$

由此得

$$v_r=\pm\frac{q}{2\pi r}$$

$$v_\theta=0$$

式中，q 是点源或点汇流出或流入的流量，称为点源或点汇的强度。对于点源，$\boldsymbol{v}_r$ 与 $\boldsymbol{r}$ 同向，q 前取正号。对于点汇，$\boldsymbol{v}_r$ 与 $\boldsymbol{r}$ 异向，q 前取负号。下面求这一流动的势函数 Φ 和流函数 Ψ。

由于

$$v_r=\frac{\partial\Phi}{\partial r}=\frac{1}{r}\frac{\partial\Psi}{\partial\theta}=\pm\frac{q}{2\pi r}$$

$$v_\theta=\frac{1}{r}\frac{\partial\Phi}{\partial\theta}=-\frac{\partial\Psi}{\partial r}=0$$

且

$$\mathrm{d}\Phi=\frac{\partial\Phi}{\partial r}\mathrm{d}r+\frac{\partial\Phi}{\partial\theta}\mathrm{d}\theta=\pm\frac{q}{2\pi r}\mathrm{d}r$$

$$\mathrm{d}\Psi=\frac{\partial\Psi}{\partial r}\mathrm{d}r+\frac{\partial\Psi}{\partial\theta}\mathrm{d}\theta=\pm\frac{q}{2\pi}\mathrm{d}\theta$$

将上两式积分，并令积分常数为零，得到

$$\left.\begin{aligned}\Phi&=\pm\frac{q}{2\pi}\ln r\\ \Psi&=\pm\frac{q}{2\pi}\theta\end{aligned}\right\} \tag{8-17}$$

这就是点源和点汇的势函数和流函数。

等势线（Φ=常数，即 r=常数）是半径不同的同心圆，流线（Ψ=常数，即 θ=常数）是通过原点极角不同的射线，等势线和流线正交。

当 $r=0$ 时，势函数 Φ 和速度 v_r 都变成无穷大，源点或汇点是流动的奇点，所以势函数

Φ 和速度 v_r 的表达式只有在源点或汇点以外才有意义。

点源和点汇的复势是

$$W=\Phi+\mathrm{i}\Psi=\pm\frac{q}{2\pi}\ln r\pm\mathrm{i}\frac{q}{2\pi}\theta=\pm\frac{q}{2\pi}(\ln r+\mathrm{i}\theta)=\pm\frac{q}{2\pi}\ln(r\mathrm{e}^{\mathrm{i}\theta})$$

或

$$W=\pm\frac{q}{2\pi}\ln z \tag{8-18}$$

若源点和汇点的位置不在原点，而在 z_0 点（图 8-14），则其复势应是

$$W=\pm\frac{q}{2\pi}\ln(z-z_0)$$

三、点涡

流体质点沿着同心圆的轨迹运动，且其速度大小与向径 r 成反比的流动称为点涡，如图 8-15 所示，点涡又称为自由涡。

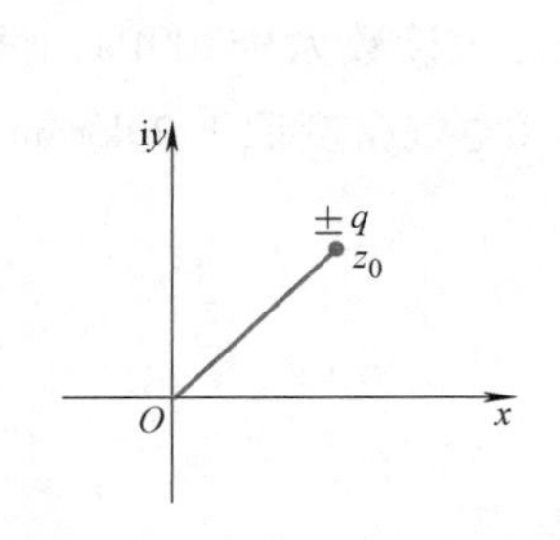

图 8-14 任意位置的源（汇）

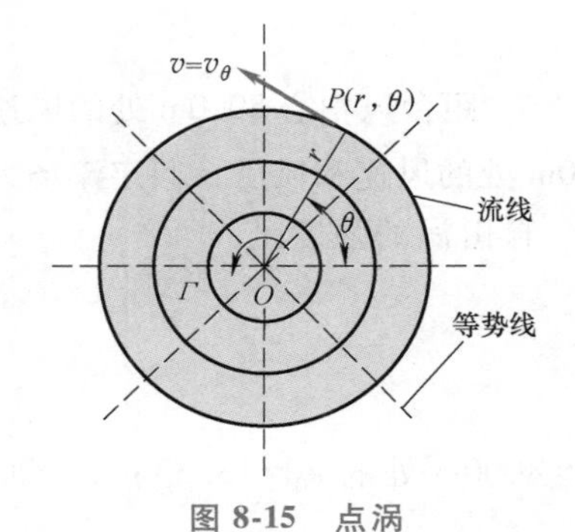

图 8-15 点涡

将坐标原点置于点涡处，设点涡的强度为 Γ，则任一半径 r 处流体的速度可由斯托克斯定理求得

$$\Gamma=2\pi r v_\theta$$

于是

$$v_\theta=\frac{\Gamma}{2\pi r}$$

$$v_r=0$$

下面求点涡的势函数 Φ 和流函数 Ψ。

由于

$$v_\theta=\frac{1}{r}\frac{\partial\Phi}{\partial\theta}=-\frac{\partial\Psi}{\partial r}=\frac{\Gamma}{2\pi r}$$

$$v_r=\frac{\partial\Phi}{\partial r}=\frac{\partial\Psi}{r\partial\theta}=0$$

且

$$\mathrm{d}\Phi=\frac{\partial\Phi}{\partial r}\mathrm{d}r+\frac{\partial\Phi}{\partial\theta}\mathrm{d}\theta=\frac{\Gamma}{2\pi}\mathrm{d}\theta$$

$$\mathrm{d}\Psi=\frac{\partial\Psi}{\partial r}\mathrm{d}r+\frac{\partial\Psi}{\partial\theta}\mathrm{d}\theta=-\frac{\Gamma}{2\pi r}\mathrm{d}r$$

将上两式积分，并令积分常数为零，得到

$$\left.\begin{aligned}\Phi&=\frac{\Gamma}{2\pi}\theta\\ \Psi&=-\frac{\Gamma}{2\pi}\ln r\end{aligned}\right\}\tag{8-19}$$

此即点涡的势函数和流函数。

点涡的等势线为 $\Phi=[\Gamma/(2\pi)]\theta=$常数(即 $\theta=$常数)的线，流线为 $\Psi=-[\Gamma/(2\pi)]\ln r=$常数（即 $r=$常数）的线。即等势线是通过原点不同极角的射线，流线是以坐标原点为圆心的同心圆（图 8-15）。

点涡的复势是

$$W=\Phi+\mathrm{i}\Psi=\frac{\Gamma}{2\pi}\theta-\mathrm{i}\frac{\Gamma}{2\pi}\ln r=\frac{\Gamma}{2\pi}(\theta-\mathrm{i}\ln r)=\frac{\Gamma}{2\pi\mathrm{i}}(\ln r+\mathrm{i}\theta)=\frac{\Gamma}{2\pi\mathrm{i}}\ln(r\mathrm{e}^{\mathrm{i}\theta})$$

或

$$W=\frac{\Gamma}{2\pi\mathrm{i}}\ln z\tag{8-20}$$

例 8-4 距台风中心 8000m 处的风速为 13.33m/s，气压表读数为 98200Pa，试求距台风中心 800m 处的风速和风压，假定流场为自由涡诱导流动（空气密度取 $1.29\mathrm{kg/m^3}$）。

解 自由涡的强度是

$$\Gamma=v\times2\pi r=C$$

即

$$vr=\frac{\Gamma}{2\pi}=C'$$

已知 $r_0=8000\mathrm{m}$ 处的 $v_0=13.33\mathrm{m/s}$，则 $r=800\mathrm{m}$ 处的速度为

$$v=\frac{v_0r_0}{r}=133.3\mathrm{m/s}$$

由伯努利方程可得

$$p=p_0+\frac{\rho}{2}(v_0^2-v^2)=98200\mathrm{Pa}+\frac{1}{2}\times1.29\times(13.33^2-133.3^2)\mathrm{Pa}=86853\mathrm{Pa}$$

第五节 势流的叠加

前面讨论了几种简单的平面无旋流动，但实际上常会遇到很复杂的无旋流动。对这些复杂的无旋流动，往往可以把它们看成由几种简单的无旋流动叠加而成，这是由于无旋流动有一个重要特性，即几个无旋流动叠加后仍然是无旋流动。

设将几个简单无旋流动的速度势 Φ_1，Φ_2，Φ_3，…叠加，得

$$\Phi=\Phi_1+\Phi_2+\Phi_3+\cdots$$

由于速度势函数 Φ_1，Φ_2，Φ_3，…都满足拉普拉斯方程，而拉普拉斯方程又是线性的，所以叠加后的势函数 Φ 仍然满足拉普拉斯方程，即

$$\nabla^2\Phi=\nabla^2\Phi_1+\nabla^2\Phi_2+\nabla^2\Phi_3+\cdots$$

同样，叠加后的流函数 Ψ 也满足拉普拉斯方程，即

$$\nabla^2\Psi=\nabla^2\Psi_1+\nabla^2\Psi_2+\nabla^2\Psi_3+\cdots$$

将势函数 Φ 对 x 取偏导数，得

$$\frac{\partial\Phi}{\partial x}=\frac{\partial\Phi_1}{\partial x}+\frac{\partial\Phi_2}{\partial x}+\frac{\partial\Phi_3}{\partial x}+\cdots$$

势函数 Φ 对 x 的偏导数等于速度在 x 轴方向上的分量，即

$$v_x=v_{x1}+v_{x2}+v_{x3}+\cdots$$

同样，由势函数 Φ 对 y 的偏导数可得

$$v_y=v_{y1}+v_{y2}+v_{y3}+\cdots$$

于是

$$\boldsymbol{v}=\boldsymbol{v}_1+\boldsymbol{v}_2+\boldsymbol{v}_3+\cdots$$

用复势表示：

设流场中存在几个势流，它们的复势分别为

$$W_1=\Phi_1+\mathrm{i}\Psi_1,\ W_2=\Phi_2+\mathrm{i}\Psi_2,\ W_3=\Phi_3+\mathrm{i}\Psi_3,\ \cdots$$

它们的和

$$W=W_1+W_2+W_3+\cdots$$

仍为一解析的复变函数，仍可作为某一流动的复势。即叠加多个流动时，所得合成流动的复势即为分流动的复势的代数和，此即势流的叠加原理。

下面举几种势流叠加的例子。

一、点汇和点涡——螺旋流

在旋风燃烧室、离心式喷油嘴和离心式除尘器等设备中，流体自外沿圆周切向进入，又从中央不断流出，这样的流动可以近似地看成是点汇和点涡的叠加。

点汇和点涡的复势分别为

$$W_1=-\frac{q}{2\pi}\ln z$$

$$W_2=\frac{\Gamma}{2\pi\mathrm{i}}\ln z$$

式中，q 和 Γ 分别为点汇和点涡的强度，则点汇和点涡叠加后流动的复势为

$$W=W_1+W_2=-\frac{q}{2\pi}\ln z+\frac{\Gamma}{2\pi\mathrm{i}}\ln z=-\frac{q+\mathrm{i}\Gamma}{2\pi}\ln z=-\frac{q+\mathrm{i}\Gamma}{2\pi}(\ln r+\mathrm{i}\theta) \tag{8-21}$$

将这一复势的实部和虚部分开，可得叠加后新的流动的势函数和流函数的表达式

$$\left.\begin{aligned}\Phi&=-\frac{1}{2\pi}(q\ln r-\Gamma\theta)\\ \Psi&=-\frac{1}{2\pi}(q\theta+\Gamma\ln r)\end{aligned}\right\} \tag{8-22}$$

令以上两式等于常数，得到的等势线和流线分别为

$$r=C_1\mathrm{e}^{\Gamma\theta/q}$$

$$r=C_2\mathrm{e}^{-q\theta/\Gamma}$$

式中，C_1、C_2 为两个常数。

这是两组相互正交的对数螺旋线族（图 8-16），称为螺旋流。

二、源和汇——偶极子流

设源位于 A 点（$-a$，0），汇位于 B 点（a，0），如图 8-17 所示。

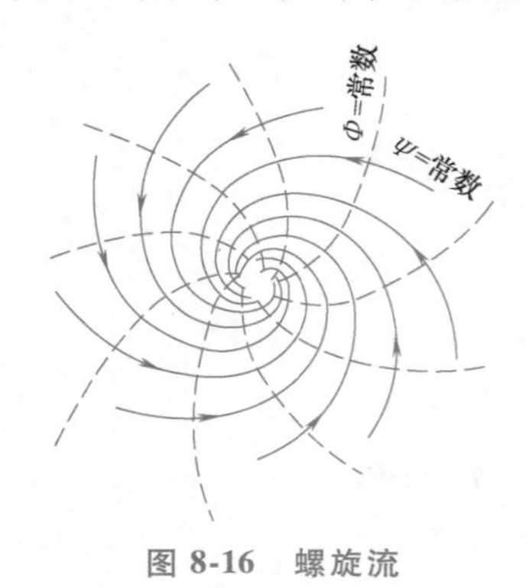

图 8-16 螺旋流

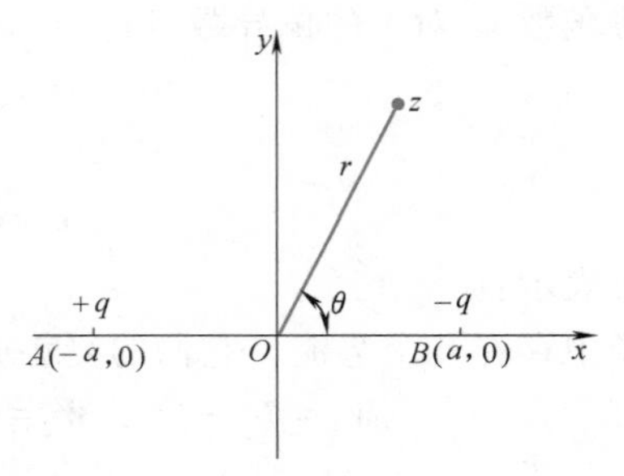

图 8-17 推导偶极子用图

源和汇的复势分别为

$$W_1=\frac{q_A}{2\pi}\ln\ (z+a)$$

$$W_2=-\frac{q_B}{2\pi}\ln\ (z-a)$$

式中，q_A、q_B 分别为源和汇的强度。则源和汇叠加后的流动的复势为

$$W=W_1+W_2=\frac{q_A}{2\pi}\ln(z+a)-\frac{q_B}{2\pi}\ln(z-a)$$

如果源和汇的强度相等，即 $q_A=q_B=q$，则

$$W=\frac{q}{2\pi}[\ln(z+a)-\ln(z-a)]$$

如果源和汇无限接近，即 $2a\to0$，若强度 q 不变，则汇将源中流出的流体全部吸掉而不发生任何流动；但若在 $2a$ 逐渐缩小时，强度 q 逐渐增大，当 $2a$ 减小到零时，q 应增加到无穷大，以使 $2aq\to M$，保持一个有限值。即

$$\lim_{\substack{2a\to0\\q\to\infty}}(2aq)=M\ (常数)$$

这一极限状态下的流动称为偶极子流，M 为偶极矩，这是一个矢量，方向从点汇到点源。

由上述定义的偶极子流的复势为

$$\begin{aligned}W&=\lim_{\substack{2a\to0\\q\to\infty}}\frac{2aq}{2\pi}\frac{\ln(z+a)-\ln(z-a)}{2a}\\&=\frac{M}{2\pi}\lim_{2a\to0}\frac{\ln(z+a)-\ln(z-a)}{2a}\\&=\frac{M}{2\pi}\frac{\mathrm{d}}{\mathrm{d}z}\ln z=\frac{M}{2\pi z}\end{aligned}$$

或
$$W=\frac{1}{2\pi}\frac{M}{re^{i\theta}}=\frac{1}{2\pi}\frac{M}{r}e^{-i\theta}=\frac{1}{2\pi}\frac{M}{r}(\cos\theta-i\sin\theta) \tag{8-23}$$

将其实部和虚部分开可得叠加后新的流动的势函数和流函数的表达式

$$\left.\begin{aligned}\Phi&=\frac{M}{2\pi r}\cos\theta\\ \Psi&=-\frac{M}{2\pi r}\sin\theta\end{aligned}\right\} \tag{8-24}$$

这就是偶极子流的势函数与流函数。

下面求这一流动的等势线和流线。

1. 等势线

令
$$\Phi=\frac{M}{2\pi r}\cos\theta=C$$

将 $\cos\theta=\frac{x}{r}$ 代入上式，得

$$\Phi=\frac{M}{2\pi}\frac{x}{r^2}=\frac{M}{2\pi}\frac{x}{x^2+y^2}=C$$

或
$$\frac{x}{x^2+y^2}=\frac{1}{2C_1}$$

整理得
$$(x-C_1)^2+y^2=C_1^2$$

可见，等势线是一族圆心在 x 轴上，并与 y 轴在原点相切的圆，如图 8-18 中虚线所示。

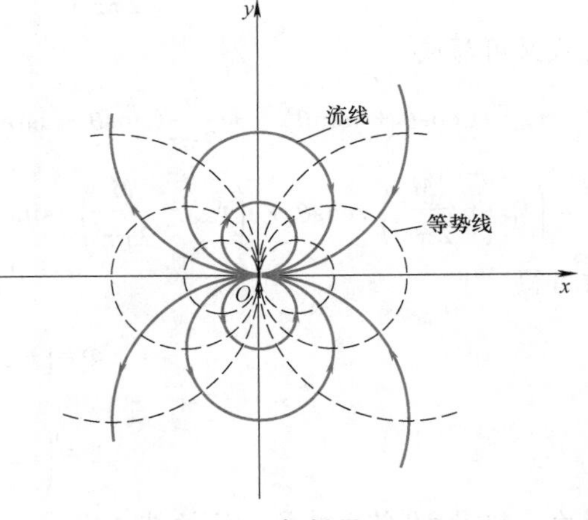

图 8-18　偶极子

2. 流线

令
$$\Psi=-\frac{M\sin\theta}{2\pi}=C$$

将 $\sin\theta=\frac{y}{r}$ 代入上式，得

$$\Psi=-\frac{M}{2\pi}\frac{y}{r^2}=-\frac{M}{2\pi}\frac{y}{x^2+y^2}=C$$

或
$$\frac{y}{x^2+y^2}=\frac{1}{2C_2}$$

整理得
$$x^2+(y-C_2)^2=C_2^2$$

可见，流线是一族圆心在 y 轴上，并与 x 轴于原点处相切的圆，如图 8-18 中实线所示。

第六节　圆柱体绕流

设有一速度为 v_∞ 的均匀流，从与圆柱体轴垂直的方向绕过一半径为 r_0 的无限长圆柱体，这一流动可看成平面流动（图 8-19）。

当均匀流绕过圆柱体时，由于圆柱体的阻挡，流过圆柱体附近的流体质点就会受到扰

动，而偏离其原来的直线路径。很显然，离圆柱体越远，这种扰动就越小，在离圆柱体无穷远的地方可以说完全不受扰动，仍做均匀的直线运动。

下面将绕圆柱体的流动分两种情况进行讨论。

图 8-19 绕无限长圆柱的流动

一、圆柱体无环量绕流

圆柱体无环量绕流

1. 势函数和流函数

圆柱体无环量绕流是由均匀流和偶极子流叠加而成的平面流动，如图 8-20 所示。

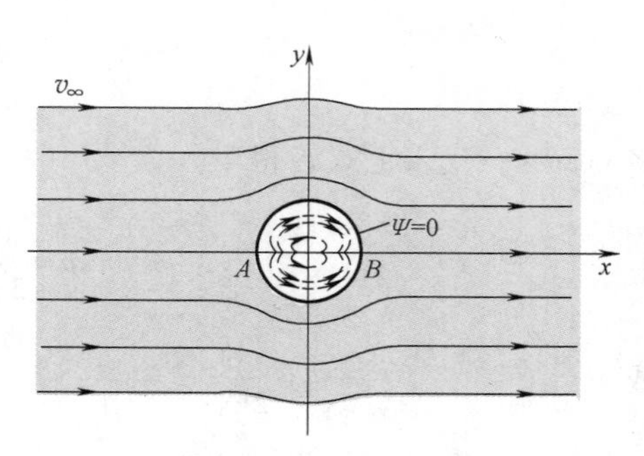

图 8-20 均匀流绕过圆柱体无环量的流动

均匀流和偶极子流的复势分别为

$$W_1=v_\infty z$$

$$W_2=\frac{M}{2\pi z}$$

两者叠加后的复势为

$$W=W_1+W_2=v_\infty z+\frac{M}{2\pi z}$$

上式又可写成

$$W=v_\infty[r(\cos\theta+\mathrm{i}\sin\theta)]+\frac{M}{2\pi r}(\cos\theta-\mathrm{i}\sin\theta)$$

$$=\left(v_\infty+\frac{M}{2\pi r^2}\right)r\cos\theta+\mathrm{i}\left(v_\infty-\frac{M}{2\pi r^2}\right)r\sin\theta$$

故可得

$$\left.\begin{aligned}\Phi&=\left(v_\infty+\frac{M}{2\pi r^2}\right)r\cos\theta\\ \Psi&=\left(v_\infty-\frac{M}{2\pi r^2}\right)r\sin\theta\end{aligned}\right\}\tag{8-25}$$

将流函数 $\Psi=0$ 的流线称为零流线，由式（8-25）得

$$\left(v_\infty-\frac{M}{2\pi r_0^2}\right)r_0\sin\theta=0$$

即零流线为

$$\left.\begin{aligned}r_0\sin\theta&=0\\ r_0&=\sqrt{\frac{M}{2\pi v_\infty}}\end{aligned}\right\}\tag{8-26}$$

由此可见，零流线是一个以坐标原点为圆心、半径为 $r_0=(M/2\pi v_\infty)^{1/2}$ 的圆周和 x 轴。零流线到 A 处分成两股，沿上下两个半圆周流到 B 点，又重新汇合。

因此，一个均匀流绕过半径为 r_0 的圆柱体的平面流动，可以用这个均匀流与偶极子流（强度 $M=2\pi v_\infty r_0^2$）叠加而成的组合流动来代替。

所以，均匀流绕过圆柱体无环量的平面流动的势函数和流函数可以写成

$$\left.\begin{aligned}\Phi&=v_{\infty}\left(1+\frac{r_0^2}{r^2}\right)r\cos\theta\\ \Psi&=v_{\infty}\left(1-\frac{r_0^2}{r^2}\right)r\sin\theta\end{aligned}\right\}\tag{8-27}$$

复势为

$$W=v_{\infty}\left(1+\frac{r_0^2}{r^2}\right)r\cos\theta+\mathrm{i}v_{\infty}\left(1-\frac{r_0^2}{r^2}\right)r\sin\theta\tag{8-28}$$

上面表达式中 $r\geqslant r_0$，因为 $r<0$ 是在圆柱体内，没有实际意义。

2. 速度分布

流场中任一点 P（r，θ）的速度分量为

$$\left.\begin{aligned}v_r&=\frac{\partial\Phi}{\partial r}=v_{\infty}\left(1-\frac{r_0^2}{r^2}\right)\cos\theta\\ v_{\theta}&=\frac{1}{r}\frac{\partial\Phi}{\partial\theta}=-v_{\infty}\left(1+\frac{r_0^2}{r^2}\right)\sin\theta\end{aligned}\right\}\tag{8-29}$$

在 $r\to\infty$ 时，$v_r=v_{\infty}\cos\theta$，$v_{\theta}=-v_{\infty}\sin\theta$，这表明在无穷远处流动变为均匀流。

沿包围圆柱体的圆形周线的速度环量为

$$\Gamma=\oint v_{\theta}\mathrm{d}s=-v_{\infty}r\left(1+\frac{r_0^2}{r^2}\right)\oint\sin\theta\mathrm{d}\theta=0$$

均匀流绕过圆柱体的平面流动速度环量等于零，故称为圆柱体无环量绕流。

当 $r=r_0$ 时，即在圆柱面上有

$$\left.\begin{aligned}v_r&=0\\ v_{\theta}&=-2v_{\infty}\sin\theta\end{aligned}\right\}\tag{8-30}$$

这说明，流体沿圆柱面只有切向速度，没有径向速度。这也证实，该组合流动符合流体既不穿入又不脱离圆柱面（或圆柱表面为流线）的边界条件。在圆柱面上的速度是按照正弦曲线规律分布的，在 $\theta=0$（B 点）和 $\theta=180°$（A 点）处，$v_{\theta}=0$，A、B 两点是分流点，也称为驻点。在 $\theta=\pm90°$处，v_{θ} 达到最大值，$|v_{\theta\max}|=2v_{\infty}$，即等于无穷远处来流速度的 2 倍。

3. 压强分布

由伯努利方程可得圆柱面上任一点的压强，即

$$\frac{p}{\rho}+\frac{v^2}{2}=\frac{p_{\infty}}{\rho}+\frac{v_{\infty}^2}{2}$$

式中，p_{∞}为无穷远处流体的压强，将圆柱表面的速度代入上式，得

$$p=p_{\infty}+\frac{1}{2}\rho v_{\infty}^2(1-4\sin^2\theta)$$

采用压强系数来表示流体作用在物体表面任一点的压强，它的定义为

$$C_p=\frac{p-p_{\infty}}{\frac{1}{2}\rho v_{\infty}^2}$$

将 p 代入上式，得

$$C_p = 1-4\sin^2\theta \tag{8-31}$$

由此可见，沿圆柱面量纲一的压强系数既与圆柱体的半径无关，也与无穷远处的速度和压强无关。量纲一的压强系数的这个特性也可推广到其他形状的物体（例如叶片的叶型等）上去。根据上式计算出的理论量纲一的压强系数曲线如图 8-21 所示。

4. 合力

从图 8-21 中可以看出，$180° \leqslant \theta \leqslant 360°$范围内的理论曲线与 $0° \leqslant \theta \leqslant 180°$ 范围内的完全一样，即圆柱面上的压强分布既对称于 x 轴，又对称于 y 轴。因此，流体在圆柱面上的合力等于零。

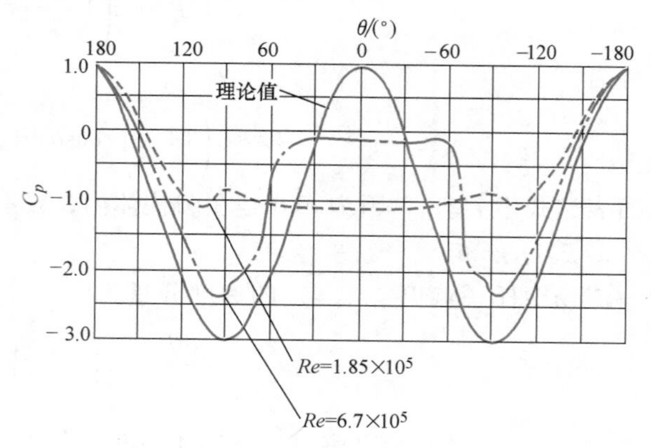

图 8-21 压强系数沿圆柱面的分布

流体作用在圆柱体上的总压力沿 x 轴和 y 轴的分量，即圆柱受到的与来流方向平行和垂直的作用力，分别称为流体作用在圆柱体上的阻力 D 和升力 L。有

$$\left.\begin{aligned} D = F_x = 0 \\ L = F_y = 0 \end{aligned}\right\} \tag{8-32}$$

这就是说，理想流体的均匀流绕过圆柱体的无环量的流动中，圆柱体既不受阻力作用，也不产生升力。

在实际流体中，由于黏性的作用，流体绕过圆柱体时必然产生黏性摩擦，而且在圆柱绕流的后面部分形成脱流和尾迹。流动图形与理想流体绕流截然不同，以致实验测量出的压强分布曲线与理论计算出的有很大的差别，如图 8-21 中虚线所示。因此圆柱体在实际流体中的绕流将产生阻力。

例 8-5 一半径 $a=1\text{m}$ 的圆柱置于水流中，中心位于原点（0，0），在无穷远处有一平行于 x 轴的均匀流，方向沿 x 轴正方向，$v_\infty = 3\text{m/s}$。如图 8-22 所示，试求 $x=-2\text{m}$，$y=1.5\text{m}$ 点处的速度分量。

解 此问题属于圆柱绕流问题，有

$$v_r = v_\infty\left(1 - \frac{a^2}{r^2}\right)\cos\theta$$

$$v_\theta = -v_\infty\left(1 + \frac{a^2}{r^2}\right)\sin\theta$$

$$r = \sqrt{x^2+y^2} = \sqrt{(-2)^2+(1.5)^2}\,\text{m} = 2.5\text{m}$$

$$\theta = \arctan\left(\frac{y}{x}\right) = \arctan\left(\frac{1.5}{-2}\right) = 143.13°$$

$$v_r = 3\times\left(1-\frac{1^2}{2.5^2}\right)\cos143.13°\,\text{m/s} = -2.02\text{m/s}$$

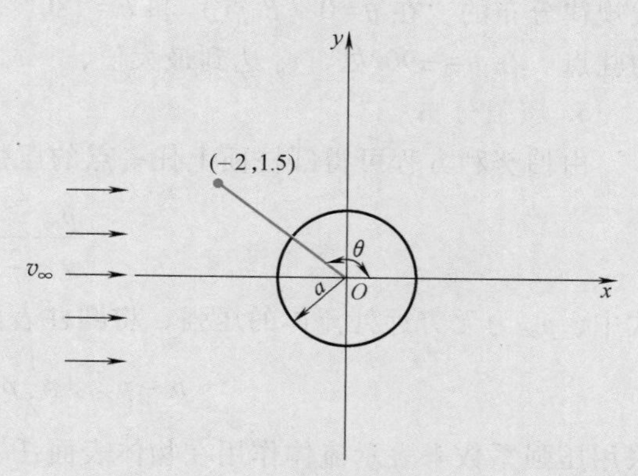

图 8-22 某一圆柱绕流

$$v_\theta = -3\times\left(1+\frac{1^2}{2.5^2}\right)\sin 143.13°\text{m/s} = -2.09\text{m/s}$$

将坐标进行变换，可求出

$$\begin{cases} v_x = 2.87\text{m/s} \\ v_y = 0.46\text{m/s} \end{cases}$$

二、圆柱体有环量绕流

1. 势函数和流函数

假设让前面讨论过的圆柱以等角速度 ω 绕其轴心顺时针旋转，则这一流动就成为均匀流绕过圆柱体有环量的绕流，如图 8-23 所示，其绕流图形同均匀流、偶极子流及点涡三个流动的叠加后的情况相同。即圆柱体的有环量绕流的平面流动是由均匀流绕过圆柱体无环流的平面流动和点涡流动叠加而成的。

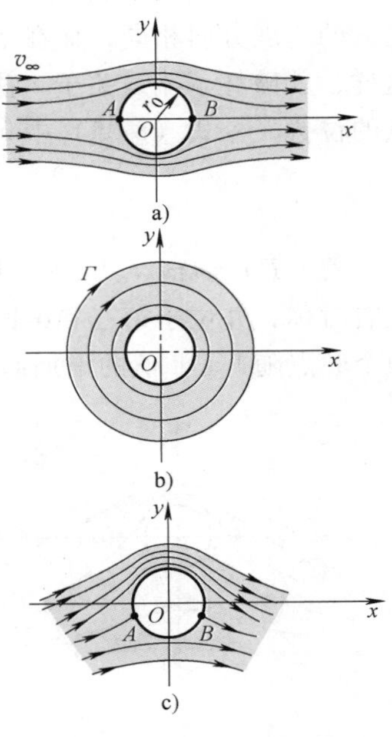

图 8-23 均匀流绕过圆柱体有环量的流动分析

a) 均匀流绕过圆柱体无环量的流动
b) 点涡 c) 均匀流绕过圆柱体有环量的流动

均匀流、偶极子流和点涡的复势分别为

$$W_1 = v_\infty z$$

$$W_2 = \frac{M}{2\pi z}$$

$$W_3 = \frac{\Gamma}{2\pi \mathrm{i}}\ln z$$

式中，Γ 为点涡的强度；M 为偶极矩，$M = 2\pi v_\infty r_0^2$。

组合流动的复势为

$$W = v_\infty z + \frac{M}{2\pi z} + \frac{\Gamma}{2\pi \mathrm{i}}\ln z$$

将 $M = 2\pi v_\infty r_0^2$ 代入上式，并将复势的实部和虚部分开可得势函数和流函数为

$$\left.\begin{aligned} \Phi &= v_\infty\left(1+\frac{r_0^2}{r^2}\right)r\cos\theta + \frac{\Gamma}{2\pi}\theta \\ \Psi &= v_\infty\left(1-\frac{r_0^2}{r^2}\right)r\sin\theta - \frac{\Gamma}{2\pi}\ln r \end{aligned}\right\} \tag{8-33}$$

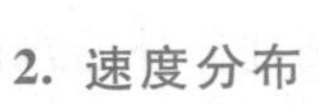

2. 速度分布

流场中任一点 $P(r, \theta)$ 处的速度为

$$\left.\begin{aligned} v_r &= \frac{\partial \Phi}{\partial r} = v_\infty\left(1-\frac{r_0^2}{r^2}\right)\cos\theta \\ v_\theta &= \frac{1}{r}\frac{\partial \Phi}{\partial \theta} = -v_\infty\left(1+\frac{r_0^2}{r^2}\right)\sin\theta + \frac{\Gamma}{2\pi r} \end{aligned}\right\} \tag{8-34}$$

可以根据流动的边界条件来验证式（8-34）就是均匀流绕过圆柱体有环量平面流动的解。

当 $r = r_0$ 时，$\Psi = -\Gamma/(2\pi)\ln r_0 =$ 常数，即 $r = r_0$ 的圆周是一条流线，而在 $r = r_0$ 的圆柱面

上的速度分布为

$$\left.\begin{aligned} v_r &= 0 \\ v_\theta &= -2v_\infty \sin\theta + \frac{\Gamma}{2\pi r_0} \end{aligned}\right\} \tag{8-35}$$

这说明，流体与圆柱体没有分离现象，只有沿着圆周切线方向的速度。所以，满足以 $r=r_0$ 的圆柱体的周线来代替这条流线的边界条件。当 $r\to\infty$ 时，$v_r=v_\infty\cos\theta$，$v_\theta=-v_\infty\sin\theta$，这说明，在远离圆柱体处保持原来的均匀流，满足无穷远处的边界条件。

当叠加的点涡强度 $\Gamma<0$ 时，由图 8-23 可以看出，在圆柱体的上部环流的速度方向与均匀流的速度方向相同，而在下部则相反。叠加的结果在上部速度增高，而在下部速度降低，这样，就破坏了流线关于 x 轴的对称性，使驻点 A 和 B 离开了 x 轴，向下移动。为了确定驻点的位置，令式（8-35）中 $v_\theta=0$，得驻点的位置角为

$$\sin\theta = \frac{\Gamma}{4\pi r_0 v_\infty} \tag{8-36}$$

若 $|\Gamma|<4\pi r_0 v_\infty$，则 $|\sin\theta|<1$，又 $\sin(-\theta)=\sin[-(\pi-\theta)]$，则圆柱面上的两个驻点左右对称，并位于第三和第四象限内，如图 8-24a 所示。在 v_∞ 保持常数值的情况下，A、B 两个驻点随 $|\Gamma|$ 值的增加而向下移动，并互相靠拢。

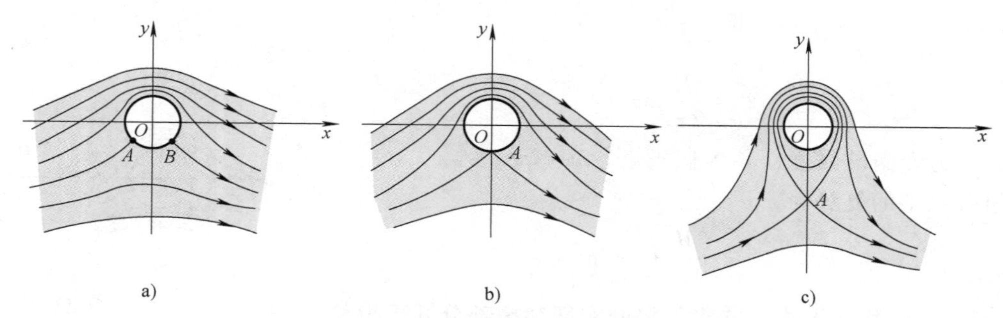

图 8-24 均匀流绕过圆柱体有环量的流动

若 $|\Gamma|=4\pi r_0 v_\infty$，则 $|\sin\theta|=1$，这就是说，两个驻点重合成一点，并位于圆柱面的最下端，如图 8-24b 所示。

若 $|\Gamma|>4\pi r_0 v_\infty$，则 $|\sin\theta|>1$，这时在圆柱面上已不存在驻点，驻点脱离圆柱面沿 y 轴向下移到某一位置。令式（8-34）中的 $v_r=0$ 和 $v_\theta=0$，便可得到两个位于 y 轴上的驻点坐标，一个在圆柱体内，另一个在圆柱体外。但在这种流动中，只有一个在圆柱体外的自由驻点 A，如图 8-24c 所示。这样，全流场便由经过驻点 A 的闭合流线划分为内、外两个区域。外部区域是均匀流绕过圆柱体有环量的流动，而在闭合流线和圆柱面之间的内部区域却自成闭合环流，但流线不是圆形的。

如果叠加的点涡强度 $\Gamma>0$，由式（8-36）显然可见，驻点的位置与上面讨论的情况正好相差 180°，即当 $\Gamma<4\pi r_0 v_\infty$ 时，驻点 A、B 位于第一、第二象限；当 $\Gamma=4\pi r_0 v_\infty$ 时，重合的驻点 A 位于圆柱面的最上端；当 $\Gamma>4\pi r_0 v_\infty$ 时，自由驻点 A 在圆柱体外的正 y 轴上。

由此可知，驻点的位置不是简单地取决于 Γ，而是取决于 $\Gamma/(4\pi r_0 v_\infty)$。也就是说，在给定圆柱体半径 r_0 和均匀流来流速度 v_∞ 的情况下，驻点的位置才只取决于速度环量。

3. 压力分布

将圆柱面上的速度分布公式（8-35）代入伯努利方程

$$\frac{p}{\rho}+\frac{v^2}{2}=\frac{p_\infty}{\rho}+\frac{v_\infty^2}{2}$$

得

$$p=p_\infty+\frac{1}{2}\rho v_\infty^2-\frac{1}{2}\rho(v_r^2+v_\theta^2)$$

$$=p_\infty+\frac{1}{2}\rho\left[v_\infty^2-\left(-2v_\infty\sin\theta+\frac{\Gamma}{2\pi r_0}\right)^2\right] \tag{8-37}$$

4. 合力

野渡无人舟自横（诗画流体力学）

如图 8-25 所示，在单位长的圆柱体上取一微元线段 ds，其上的作用力为

$$\mathrm{d}\boldsymbol{F}=-p\boldsymbol{n}\mathrm{d}s$$

则力沿 x 和 y 轴方向的分量为

$$\mathrm{d}F_x=-|\mathrm{d}F|\cos\theta=-p\mathrm{d}s\cos\theta$$

$$\mathrm{d}F_y=-|\mathrm{d}F|\sin\theta=-p\mathrm{d}s\sin\theta$$

注意到 $\mathrm{d}s=r_0\mathrm{d}\theta$，将上式沿整个圆柱表面（$\theta$ 从 $0\sim2\pi$）进行积分得

$$D=F_x=\int_0^{2\pi}(-pr_0\cos\theta)\mathrm{d}\theta$$

$$L=F_y=\int_0^{2\pi}(-pr_0\sin\theta)\mathrm{d}\theta$$

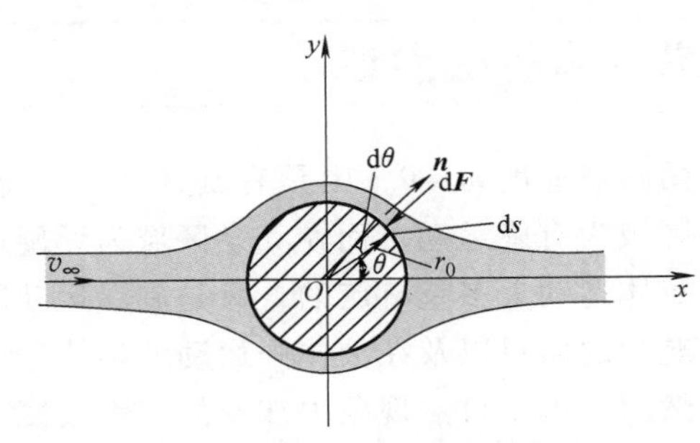

图 8-25　推导理想流体对圆柱体的作用力的用图

上式中 D 是阻力，L 是升力。将圆柱表面压强代入上式，得

$$D=F_x=-\int_0^{2\pi}\left\{p_\infty+\frac{1}{2}\rho\left[v_\infty^2-\left(-2v_\infty\sin\theta+\frac{\Gamma}{2\pi r_0}\right)^2\right]\right\}r_0\cos\theta\mathrm{d}\theta$$

$$=-r_0\left(p_\infty+\frac{1}{2}\rho v_\infty^2-\frac{\rho\Gamma^2}{8\pi^2r_0^2}\right)\int_0^{2\pi}\cos\theta\mathrm{d}\theta-\frac{\rho v_\infty\Gamma}{\pi}\int_0^{2\pi}\sin\theta\cos\theta\mathrm{d}\theta+2r_0\rho v_\infty^2\int_0^{2\pi}\sin^2\theta\cos\theta\mathrm{d}\theta$$

$$=0$$

说明在理想流体中，当均匀流绕过圆柱体时即便有环量存在，流体作用在圆柱上的合力沿均匀流流动方向的分量也等于零。

$$L=F_y=-\int_0^{2\pi}\left\{p_\infty+\frac{1}{2}\rho\left[v_\infty^2-\left(-2v_\infty\sin\theta+\frac{\Gamma}{2\pi r_0}\right)^2\right]\right\}r_0\sin\theta\mathrm{d}\theta$$

$$=-r_0\left(p_\infty+\frac{1}{2}\rho v_\infty^2-\frac{\rho\Gamma^2}{8\pi^2r_0^2}\right)\int_0^{2\pi}\sin\theta\mathrm{d}\theta-\frac{\rho v_\infty\Gamma}{\pi}\int_0^{2\pi}\sin^2\theta\mathrm{d}\theta+2r_0\rho v_\infty^2\int_0^{2\pi}\sin^3\theta\mathrm{d}\theta$$

$$=-\frac{\rho v_\infty\Gamma}{\pi}\left[-\frac{1}{2}\cos\theta\sin\theta+\frac{1}{2}\theta\right]_0^{2\pi}=-\rho v_\infty\Gamma \tag{8-38}$$

这就是库塔-茹科夫斯基（Kutta-Joukowski）升力公式。

从上面公式可以得出下列两点：

1）在理想流体中有环量的圆柱绕流时，流体作用于单位长度圆柱体上的合力垂直于均

匀来流（即受到升力），大小等于流体密度、来流速度和速度环量三者的乘积。

2）升力的方向由来流速度的方向沿环量的反方向旋转 90°来确定，如图 8-26 所示。

库塔-茹科夫斯基升力公式也可推广应用于理想流体均匀流绕过任何形状有环量无分离的平面流动，例如具有流线型的翼型绕流等。

在日常生活和工程上，常遇到许多有关升力的问题，例如鸟在空中飞翔，球类运动中的旋转球，泵、风机、水轮机等流体机械等。

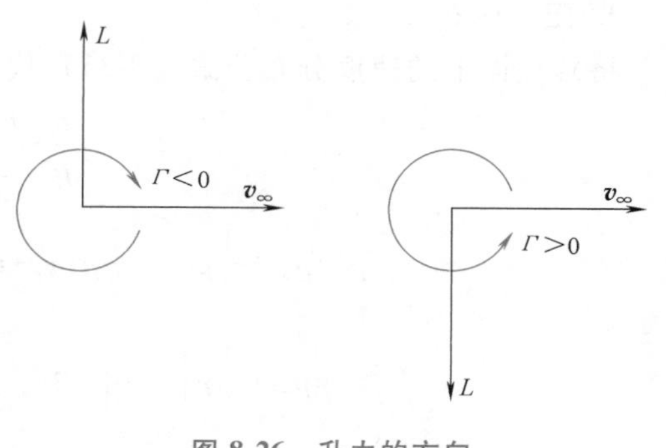

图 8-26 升力的方向

第七节 理想流体的旋涡运动

如果流体微团的角速度 $\omega\neq0$，则是有旋运动，或称旋涡运动。也可将流场划分为若干个区域，在某些区域为有旋运动，而在其余区域为无旋运动。

自然界中的流体运动大多是有旋的，只是旋涡运动剧烈的程度不同而已。例如，桥墩后的旋涡区、正在航行的船只以及在液体中运动的物体后面的尾迹、大气中的龙卷风等都是旋涡运动的例子。然而，由于自然现象中涉及的因素较多，运动又很复杂，为了研究旋涡的运动规律，一般认为流体是理想不可压缩的，并在此基础上分析流场中旋涡的特性和规律。

在旋涡运动这几节中首先引入涡线、涡管和旋涡强度等概念，其中，旋涡强度这一物理量可以用速度环量来度量（斯托克斯定理）；然后叙述旋涡的速度环量随时间的变化规律（汤姆逊定理）和在空间的变化规律（亥姆霍兹定理），以及旋涡在流体中所诱导的速度分布（毕奥-沙伐尔公式）；最后介绍卡门涡街的概念。

一、涡线、涡管和涡束

1. 涡线

对有旋运动，在任一固定时刻 t，在流场中任一点 (x, y, z) 都有一个确定的旋涡矢量，于是形成了一个用旋转角速度 $\boldsymbol{\omega}(x, y, z, t)$ 表示的旋涡场。像速度场中用流线使流动图形化那样，在旋涡场中引进与之对应的涡线这一几何概念后，也可使旋涡场图形化。

涡线是某一瞬时旋涡场中的一条曲线，曲线上任意一点的切线方向与该点流体微团的旋转角速度方向一致，如图 8-27 所示。

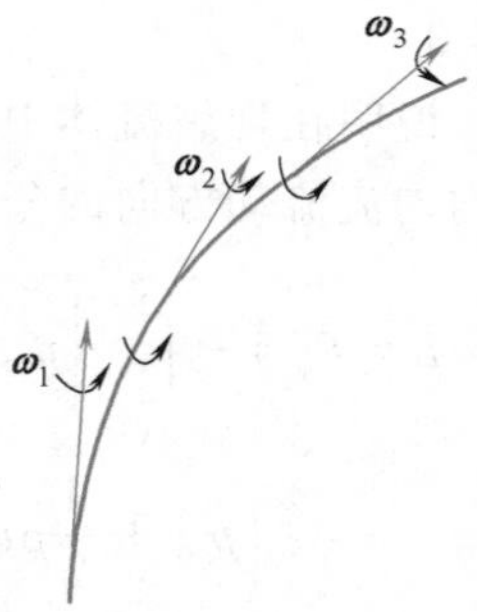

图 8-27 涡线

由以上涡线的定义又可导出其微分方程，设某一点上流体微团的瞬时角速度为

$$\boldsymbol{\omega}=\omega_x\boldsymbol{i}+\omega_y\boldsymbol{j}+\omega_z\boldsymbol{k}$$

涡线上的微元线段矢量为

$$\mathrm{d}\boldsymbol{s}=\mathrm{d}x\boldsymbol{i}+\mathrm{d}y\boldsymbol{j}+\mathrm{d}z\boldsymbol{k}$$

根据定义，这两个矢量方向一致，矢量积为零，于是可得出涡线的矢量表达式为

$$\boldsymbol{\omega}\times \mathrm{d}\boldsymbol{s}=\mathbf{0}$$

写成投影形式为

$$\frac{\mathrm{d}x}{\omega_x}=\frac{\mathrm{d}y}{\omega_y}=\frac{\mathrm{d}z}{\omega_z} \tag{8-39}$$

即是涡线的微分方程。

涡线具有瞬时的概念，不同瞬时它有不同的形状，在定常流动中，它的形状将保持不变。

2. 涡管

某一瞬时，在旋涡场中任取一封闭曲线 c（不是涡线），通过曲线上每一点绘制涡线，这些涡线形成一封闭的管形曲面称为涡管，如图 8-28 所示。显然，随着曲线 c 取的大小，涡管可以是有限断面的，也可以是微小断面的，微小断面的涡管称为微元涡管。

与涡线垂直的断面称为涡管断面，在微小断面上，各点的旋转角速度 $\boldsymbol{\omega}$ 可以认为相同。

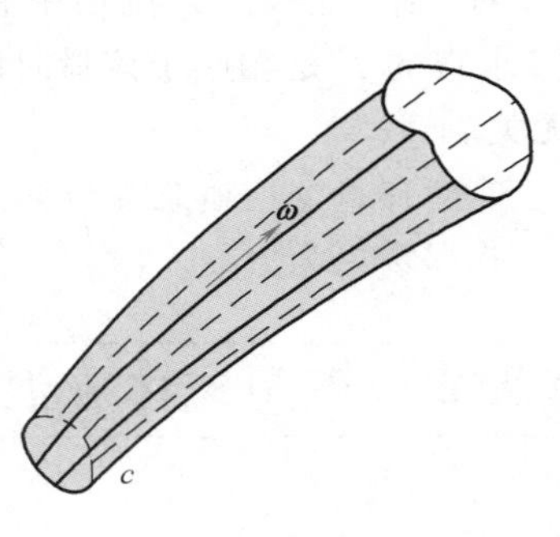

图 8-28　涡管

3. 涡束

涡管内充满着做旋转运动的流体称为涡束，微元涡管中的涡束称为微元涡束。

二、涡通量和速度环量

1. 涡通量

在微元涡管中，涡通量定义为：两倍角速度与涡管断面面积 $\mathrm{d}A$ 的乘积称为微元涡管的涡通量（旋涡强度）$\mathrm{d}J$，有

$$\mathrm{d}J=2\omega \mathrm{d}A$$

对任一微元面积 $\mathrm{d}A$，如图 8-29 所示，$\mathrm{d}J$ 为

$$\mathrm{d}J=2\boldsymbol{\omega}\cdot \mathrm{d}\boldsymbol{A}=2\omega_n \mathrm{d}A$$

对有限面积，通过这一面积的涡通量为

$$J=2\iint_A \omega_n \mathrm{d}A \tag{8-40}$$

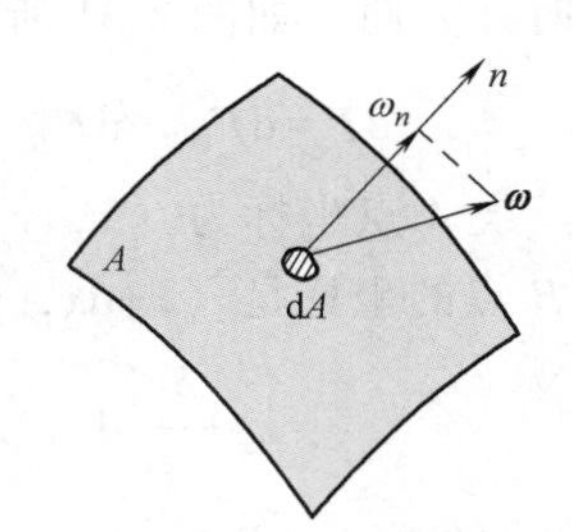

图 8-29　旋涡强度

2. 速度环量

为了计算涡通量而引入速度环量这一概念，其定义如下：

某一瞬时在流场中取任意闭曲线 l，在曲线上取一微元线段 $\mathrm{d}\boldsymbol{l}$，速度 $\boldsymbol{v}$ 在 $\mathrm{d}\boldsymbol{l}$ 切线上的分量沿闭曲线 l 的线积分，即为沿该闭曲线的速度环量，即

$$\Gamma_l=\oint_l \boldsymbol{v}\cdot \mathrm{d}\boldsymbol{l}=\oint_l v\cos\alpha \mathrm{d}l$$

式中，α 为速度矢量与该点切线方向的夹角，如图 8-30 所示。

将上式写成标量积的形式，则为

$$\Gamma_l = \oint_l \boldsymbol{v} \cdot \mathrm{d}\boldsymbol{l} = \oint_l (v_x \mathrm{d}x + v_y \mathrm{d}y + v_z \mathrm{d}z) \tag{8-41}$$

式中，v_x、v_y、v_z 为速度分量；$\mathrm{d}x$、$\mathrm{d}y$、$\mathrm{d}z$ 为微元线段 $\mathrm{d}\boldsymbol{l}$ 在坐标方向的投影。

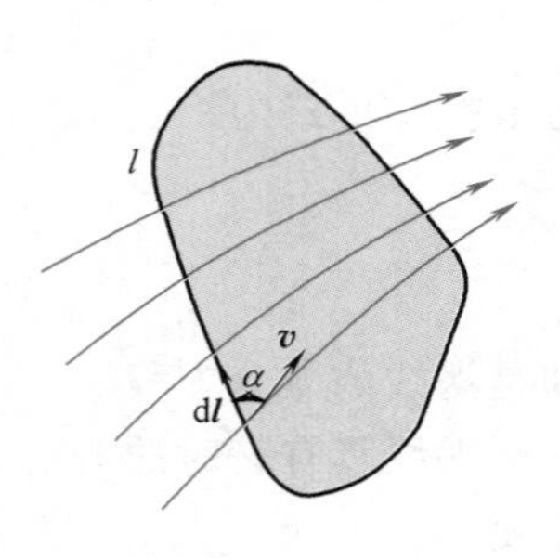

图 8-30 速度环量

速度环量是标量，有正负号，它的正负号不仅与速度的方向有关，而且与线积分的绕行方向有关。为此，规定沿曲线绕行的正方向为逆时针方向。

对于某一瞬时 t，流场中有一定的速度分布。所以，沿闭曲线 l 求得的 Γ 是相应于该瞬时的环量。若流动是定常的，则 Γ 与 t 无关。

速度环量这一概念在流体力学中有重要的地位，它是旋涡强度的量度，通过环量 Γ 来描述旋涡场更为方便。

第八节 理想流体旋涡运动的基本定理

一、斯托克斯定理

对于有旋运动，其流动空间既是速度场，又是旋涡场。这两个场之间的关系，正是斯托克斯定理的内容。

当封闭周线内有涡束时，则沿封闭周线的速度环量等于该封闭周线内所有涡通量之和，这就是斯托克斯定理。

下面对这一定理进行证明：

先证明对于微元封闭周线的斯托克斯定理。在平面 xOy 上取一微元矩形封闭周线，其边长为 $\mathrm{d}x$、$\mathrm{d}y$，沿着此封闭周线的速度环量等于沿着各边的速度环量之和，绕周线的方向为逆时针方向，如图 8-31 所示。

$$\mathrm{d}\Gamma = \mathrm{d}\Gamma_{AB} + \mathrm{d}\Gamma_{BC} + \mathrm{d}\Gamma_{CD} + \mathrm{d}\Gamma_{DA}$$

设 A 点坐标为（x，y），速度分量为 v_x、v_y，则 B 点的坐标是（$x+\mathrm{d}x$，y），速度分量为

$$v_x + \frac{\partial v_x}{\partial x}\mathrm{d}x,\quad v_y + \frac{\partial v_y}{\partial x}\mathrm{d}x$$

C 点的坐标是（$x+\mathrm{d}x$，$y+\mathrm{d}y$），速度分量为

$$v_x + \frac{\partial v_x}{\partial x}\mathrm{d}x + \frac{\partial v_x}{\partial y}\mathrm{d}y,\quad v_y + \frac{\partial v_y}{\partial x}\mathrm{d}x + \frac{\partial v_y}{\partial y}\mathrm{d}y$$

D 点的坐标是（x，$y+\mathrm{d}y$），速度分量为

$$v_x + \frac{\partial v_x}{\partial y}\mathrm{d}y,\quad v_y + \frac{\partial v_y}{\partial y}\mathrm{d}y$$

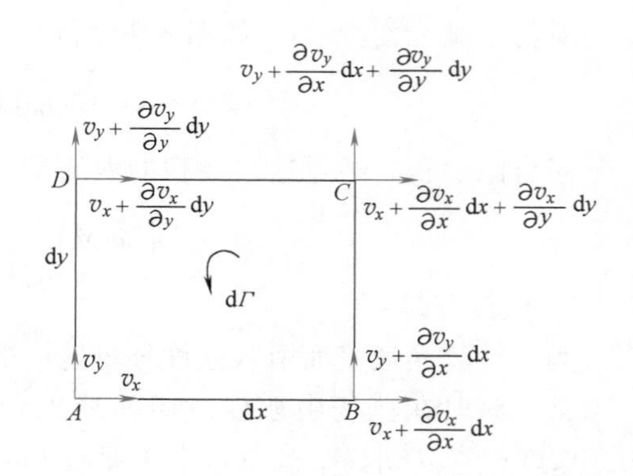

图 8-31 计算微元矩形的速度环量用图

求各边速度环量时，取各边中点的速度乘以该边的长度，可得

$$
\mathrm{d}\Gamma = \frac{1}{2}\left[v_x + \left(v_x + \frac{\partial v_x}{\partial x}\mathrm{d}x\right)\right]\mathrm{d}x + \frac{1}{2}\left[\left(v_y + \frac{\partial v_y}{\partial x}\mathrm{d}x\right) + \left(v_y + \frac{\partial v_y}{\partial x}\mathrm{d}x + \frac{\partial v_y}{\partial y}\mathrm{d}y\right)\right]\mathrm{d}y -
$$

$$
\frac{1}{2}\left[\left(v_x + \frac{\partial v_x}{\partial x}\mathrm{d}x + \frac{\partial v_x}{\partial y}\mathrm{d}y\right) + \left(v_x + \frac{\partial v_x}{\partial y}\mathrm{d}y\right)\right]\mathrm{d}x - \frac{1}{2}\left[\left(v_y + \frac{\partial v_y}{\partial y}\mathrm{d}y\right) + v_y\right]\mathrm{d}y
$$

$$
= \left(\frac{\partial v_y}{\partial x} - \frac{\partial v_x}{\partial y}\right)\mathrm{d}x\mathrm{d}y = 2\omega_z \mathrm{d}A = \mathrm{d}J \tag{8-42}
$$

此式证明了对于微元封闭周线的斯托克斯定理，即沿微元封闭周线的速度环量等于通过该周线所包围的面积的涡通量。

对于有限大封闭周线所包围的单连通区域内，有许多微元涡束的情况，可以用两组互相垂直的直线将该区域划分为无数个微元矩形，如图 8-32 所示，有些微元矩形内含有微元涡束。这样，就可将式（8-42）应用于这无数个微元矩形，然后相加，分别求等式两端的总和。在速度环量总和 $\sum \mathrm{d}\Gamma_i$ 的计算中发现，内周线各微元线段的切向速度线积分都要计算两次，而两次所取的方向相反。所以，这些线段上的切向速度线积分都互相抵消，剩下的只有沿外封闭周线 K 各微元线段的切向速度线积分的总和 $\sum \mathrm{d}\Gamma_K$，它正好是沿外封闭周线的速度环量 Γ_K。各微元矩形的涡通量的总和 $\sum \mathrm{d}J$ 就是通过封闭周线 K 所包围的单连通区域的涡通量 $2\iint_A \omega_n \mathrm{d}A$，故有

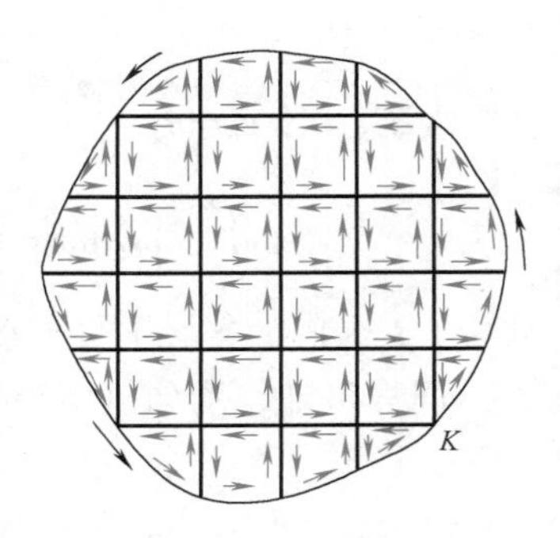

图 8-32 证明有限单连通区域的斯托克斯定理用图

$$
\Gamma_K = \oint_K \boldsymbol{v} \cdot \mathrm{d}\boldsymbol{s} = 2\iint_A \omega_n \mathrm{d}A \tag{8-43}
$$

这就是平面上的有限单连通区域的斯托克斯定理的表达式。它说明沿包围平面上有限单连通区域的封闭周线的速度环量等于通过该区域的涡通量。

显然，这一结论可推广到任意空间曲面上，斯托克斯定理同样成立。

以上结论仅适用于单连通区域，对复连通区域要进行一些变换。例如封闭周线内有一固体物（如叶片的叶型），如图 8-33 所示，将这一区域在 AB 处切开，可将复连通域改变为单连通域，其速度环量可写成

$$
\Gamma_{ABK_2B'A'K_1A} = \Gamma_{AB} + \Gamma_{BK_2B'} + \Gamma_{B'A'} + \Gamma_{A'K_1A}
$$

由于沿线段 AB 和 $A'B'$ 的切向速度线积分大小相等，方向相反，故 $\Gamma_{AB} + \Gamma_{B'A'} = 0$，而沿内周线的速度环量 $\Gamma_{BK_2B'} = -\Gamma_{K_2}$，沿外周线的速度环量 $\Gamma_{A'K_1A} = \Gamma_{K_1}$，于是，根据斯托克斯定理得

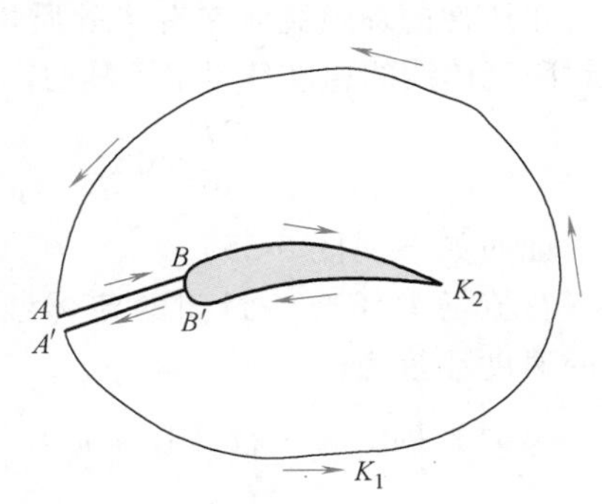

图 8-33 将复连通区域变成单连通区域

$$
\Gamma_{K_1} - \Gamma_{K_2} = 2\iint_A \omega_n \mathrm{d}A
$$

假如在外周线之内有多个内周线，上式便成为

$$
\Gamma_{K_1} - \sum \Gamma_{K_i} = 2\iint_A \omega_n \mathrm{d}A
$$

这就是复连通区域的斯托克斯定理，即通过复连通区域的涡通量等于沿这个区域的外周线的速度环量与所有内周线的速度环量总和之差。

例 8-6 试证明均匀流的速度环量等于零。

解 流体以等速度 v_∞ 水平方向流动，首先求沿如图 8-34a 所示的矩形封闭曲线的速度环量，有

$$\Gamma_{12341}=\Gamma_{12}+\Gamma_{23}+\Gamma_{34}+\Gamma_{41}$$

$$=bv_0+0-bv_0+0=0$$

其次求沿如图 8-34b 所示圆周线的速度环量，有

$$\Gamma_K=\oint_K v_\theta r\mathrm{d}\theta=\int_0^{2\pi} v_\infty \cos\alpha r\mathrm{d}\theta$$

$$=v_0 r\int_0^{2\pi}\cos\alpha\mathrm{d}\theta=0$$

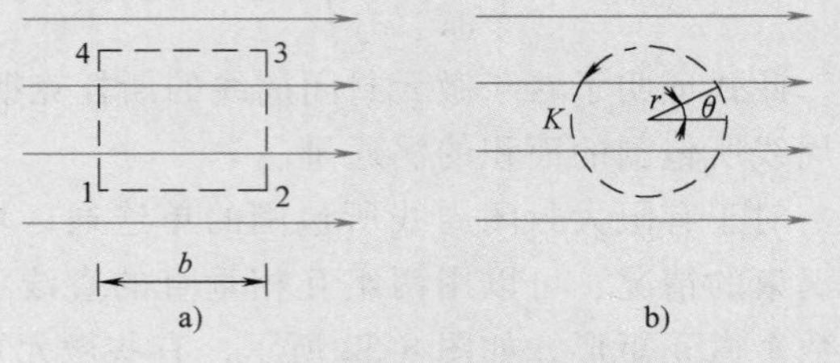

图 8-34 求平行流的速度环量用图

式中，θ 为圆的半径 r 与水平方向的夹角。

同样可证，均匀流中沿任何其他封闭曲线的速度环量也等于零。

二、汤姆逊定理、亥姆霍兹旋涡定理

在阐述旋涡运动的特性以前，首先介绍流体线的概念。

流体线是指在流场中任意指定的一段线，该线段在运动过程中始终是由同样的流体质点所组成的。

研究旋涡的随体变化规律有两种途径，一是直接研究涡通量的随体变化规律，二是先研究速度环量的随体变化规律，然后通过斯托克斯定理再求出涡通量的随体变化规律。由于速度环量的表达式简单，所以下面用第二个方法来推导旋涡运动力学性质的若干定理。

1. 汤姆逊（Thomson）定理

正压性的理想流体在有势的质量力作用下沿任何封闭流体线的速度环量都不随时间而变化，即

$$\frac{\mathrm{d}\Gamma}{\mathrm{d}t}=0$$

证明如下（图 8-35）：

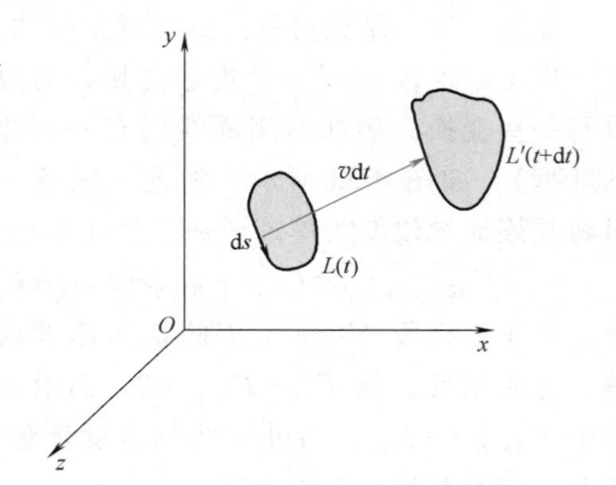

图 8-35 推导汤姆逊定理用图

在流场中任选一封闭的流体线，则沿封闭周线的速度环量为

$$\Gamma=\oint \boldsymbol{v}\cdot\mathrm{d}\boldsymbol{s}=\oint(v_x\mathrm{d}x+v_y\mathrm{d}y+v_z\mathrm{d}z)$$

速度环量随时间的变化率为

$$\frac{\mathrm{d}\Gamma}{\mathrm{d}t}=\frac{\mathrm{d}}{\mathrm{d}t}\oint(v_x\mathrm{d}x+v_y\mathrm{d}y+v_z\mathrm{d}z)$$

$$=\oint\left[v_x\frac{\mathrm{d}}{\mathrm{d}t}(\mathrm{d}x)+v_y\frac{\mathrm{d}}{\mathrm{d}t}(\mathrm{d}y)+v_z\frac{\mathrm{d}}{\mathrm{d}t}(\mathrm{d}z)\right]+\oint\left(\frac{\mathrm{d}v_x}{\mathrm{d}t}\mathrm{d}x+\frac{\mathrm{d}v_y}{\mathrm{d}t}\mathrm{d}y+\frac{\mathrm{d}v_z}{\mathrm{d}t}\mathrm{d}z\right) \tag{8-44}$$

经过 $\mathrm{d}t$ 时间后，这条封闭周线运动到新的位置，式（8-44）等号右边第一个积分式为

$$\oint\left[v_x \frac{\mathrm{d}}{\mathrm{d}t}(\mathrm{d}x) + v_y \frac{\mathrm{d}}{\mathrm{d}t}(\mathrm{d}y) + v_z \frac{\mathrm{d}}{\mathrm{d}t}(\mathrm{d}z)\right] = \oint(v_x \mathrm{d}v_x + v_y \mathrm{d}v_y + v_z \mathrm{d}v_z)$$

$$= \oint\left[\mathrm{d}\left(\frac{v_x^2}{2}\right) + \mathrm{d}\left(\frac{v_y^2}{2}\right) + \mathrm{d}\left(\frac{v_z^2}{2}\right)\right] = \oint \mathrm{d}\left(\frac{v^2}{2}\right)$$

将理想流体欧拉运动微分方程

$$\begin{cases} \dfrac{\mathrm{d}v_x}{\mathrm{d}t} = f_x - \dfrac{1}{\rho}\dfrac{\partial p}{\partial x} \\ \dfrac{\mathrm{d}v_y}{\mathrm{d}t} = f_y - \dfrac{1}{\rho}\dfrac{\partial p}{\partial y} \\ \dfrac{\mathrm{d}v_z}{\mathrm{d}t} = f_z - \dfrac{1}{\rho}\dfrac{\partial p}{\partial z} \end{cases}$$

代入式（8-44）等号右边第二个积分式，正压流体在有势质量力作用下，有

$$\oint\left(\frac{\mathrm{d}v_x}{\mathrm{d}t}\mathrm{d}x + \frac{\mathrm{d}v_y}{\mathrm{d}t}\mathrm{d}y + \frac{\mathrm{d}v_z}{\mathrm{d}t}\mathrm{d}z\right) = \oint\left[\left(f_x - \frac{1}{\rho}\frac{\partial p}{\partial x}\right)\mathrm{d}x + \left(f_y - \frac{1}{\rho}\frac{\partial p}{\partial y}\right)\mathrm{d}y + \left(f_z - \frac{1}{\rho}\frac{\partial p}{\partial z}\right)\mathrm{d}z\right]$$

$$= \oint\left[(f_x \mathrm{d}x + f_y \mathrm{d}y + f_z \mathrm{d}z) - \frac{1}{\rho}\left(\frac{\partial p}{\partial x}\mathrm{d}x + \frac{\partial p}{\partial y}\mathrm{d}y + \frac{\partial p}{\partial z}\mathrm{d}z\right)\right]$$

$$= \oint\left(-\mathrm{d}W - \frac{1}{\rho}\mathrm{d}p\right)$$

对正压流体，定义 $P=(1/\rho)\ \mathrm{d}p$，则上式为

$$\oint\left(\frac{\mathrm{d}v_x}{\mathrm{d}t}\mathrm{d}x + \frac{\mathrm{d}v_y}{\mathrm{d}t}\mathrm{d}y + \frac{\mathrm{d}v_z}{\mathrm{d}t}\mathrm{d}z\right) = \oint(-\mathrm{d}W - \mathrm{d}P)$$

于是，式（8-44）可写成

$$\frac{\mathrm{d}\Gamma}{\mathrm{d}t} = \oint\left[\mathrm{d}\left(\frac{v^2}{2}\right) - \mathrm{d}W - \mathrm{d}P\right] = \oint \mathrm{d}\left(\frac{v^2}{2} - W - P\right) = 0$$

这是因为前已假定，v、W 和 P 都是 x、y、z 和 t 的单值连续函数，所以沿封闭周线的积分等于零，即速度环量是常数。这样，就证明了汤姆逊定理。

根据汤姆逊定理可得出以下结论，对于理想的不可压缩流体和可压缩的正压流体，在有势的质量力作用下，沿任何封闭的流体线的环量永远不会改变。又由斯托克斯定理可知，在此流场中已有的旋涡亦将永远不会消失。换句话说，在这种理想流体中，旋涡不生不灭。这是因为由于理想流体没有黏性，不存在切向应力，不能传递旋转运动，既不能使不旋转的流体微团产生旋转，也不能使已旋转的流体微团停止旋转。

例如，理想流体从静止状态开始运动，由于在静止时对流场中每一条封闭周线的速度环量都等于零，而且没有旋涡，所以在流动中环量仍然等于零，没有旋涡。如果从静止开始流动后，由于某种原因某瞬间流场中产生了旋涡，有了速度环量，则根据汤姆逊定理，在同一瞬间必然会产生一个与此环量大小相等而方向相反的旋涡，以保持流场的总环量等于零。下面将根据以上分析来解释平面翼型起动涡的问题。

设有一翼型，流体开始对翼型做绕流流动，翼型周围的流谱如图 8-36 所示的那样在后驻点 s 处形成了一不连续面。根据不连续面的特性，在离 s 点后不久就破碎成旋涡，并且漂

移到远处，由斯托克斯定理可知，已产生的旋涡相当于产生了速度环量。再根据汤姆逊定理的环量守恒性得知，若包围翼型及在下游远处绘制一任意的封闭围线，则必然在翼型的周围产生相反的环量（$-\Gamma$）以抵消远处的正环量（$+\Gamma$），这个负环量使翼型产生了升力，这便是库塔-茹科夫斯基升力的来由，那个漂移到远方的旋涡就称为“起动涡”。

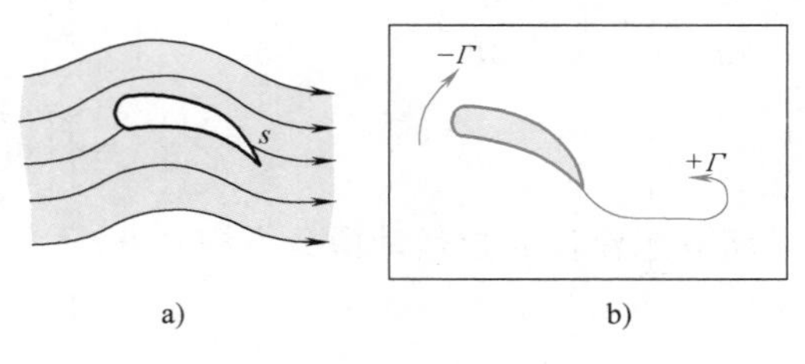

图 8-36 起动涡

2. 亥姆霍兹（Helmholtz）旋涡定理

亥姆霍兹旋涡定理包括研究理想流体有旋流动的三个基本定理，这些定理说明了旋涡的基本性质。

（1）亥姆霍兹第一定理 在同一瞬间涡管各截面上的涡通量都相同。

证明：在涡管上任取两个截面 A 和 B，在涡管的表面上取两条无限邻近的线 AB 和 $A'B'$（辅助线），如图 8-37 所示，于是沿涡管表面形成一空间封闭周线 $ABB'A'A$，现求此周线的速度环量 $\Gamma_{ABB'A'A}$。

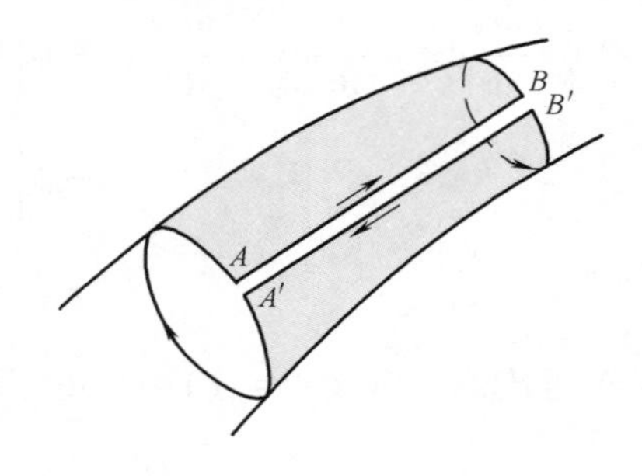

图 8-37 证明亥姆霍兹第一定理用图

由于在封闭空间周线 $ABB'A'A$ 所包围的涡管表面上没有涡线穿过，其表面法线与 $\boldsymbol{\omega}$ 是垂直的，所以根据斯托克斯定理，沿这条封闭周线的速度环量等于零，即 $\Gamma_{ABB'A'A}=0$。另外，沿 AB 和 $B'A'$ 两条线的切向速度线积分大小相等，而方向相反，互相抵消，$\Gamma_{AB}=-\Gamma_{B'A'}$，于是

$$\Gamma_{ABB'A'A}=\Gamma_{AB}+\Gamma_{BB'}+\Gamma_{B'A'}+\Gamma_{A'A}=\Gamma_{BB'}+\Gamma_{A'A}=0$$

所以

$$-\Gamma_{A'A}=\Gamma_{BB'},\ \Gamma_{AA'}=\Gamma_{BB'}$$

上式说明沿包围涡管任一截面封闭周线的速度环量都相等。按斯托克斯定理，这些速度环量都等于穿过封闭周线所包围截面的涡通量，故在涡管各截面上的涡通量都相等，即

$$2\iint_A \omega_n \mathrm{d}A = C$$

这一定理说明，若涡管截面沿其长度变大时，则 ω 将变小，反之 ω 将变大，这种情况和不可压缩流管一样，如果涡管的截面缩小到零，则角速度将趋于无穷大，这是不可能的，所以涡管在流体中既不能开始，也不能终止。根据亥姆霍兹第一定理，我们可以推出以下两个有意义的结果：

1）涡管本身首尾相接，形成一封闭的涡环或涡圈。

2）涡管两端可以终止于所研究流体的边壁上（固体壁面或自由面），如图 8-38 所示。

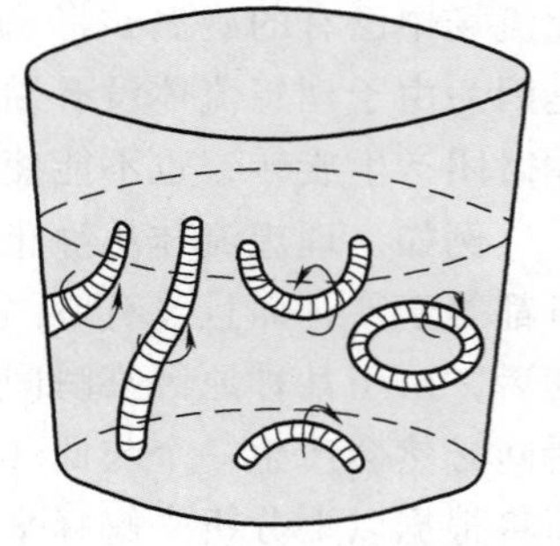

图 8-38 涡管在流体中存在的形状

这一定理说明了在某一时刻空间的变化规律，不涉及力的概念，属于运动学性质。

例如，吸烟者吐出的圆形烟环，水中旋涡和龙卷风（龙卷风就是搭接于地面或水面的一种旋涡）等都是这一定理所表达的自然现象。

（2）亥姆霍兹第二定理（涡管守恒定理） 正压性的理想流体在有势的质量力作用下，涡管永远保持为由相同流体质点组成的涡管。

证明：在涡管的表面上任意取由许多流体质点组成的封闭周线 K，如图 8-39 所示，由于开始时没有涡线穿过周线 K 所包围的面积，所以由斯托克斯定理，当封闭周线内有涡束时，沿封闭周线的速度环量等于该封闭周线内所有涡束的涡通量之和，可知沿周线 K 的速度环量等于零。再根据汤姆逊定理，正压性的理想流体在有势的质量力作用下沿任何由流体质点所组成的封闭周线的速度环量不随时间而变化，可知沿周线 K 的速度环量永远为零。

因此，涡管表面上任何封闭周线所包围的面积中永远没有涡线通过。也就是说，在某一时刻构成涡管的流体质点永远在涡管上，即涡管永远是涡管，但涡管的形状随时间可能有变化。

（3）亥姆霍兹第三定理（涡管强度守恒定理） 在有势的质量力作用下，正压理想流体中任何涡管的强度不随时间而变化，永远保持定值。

证明：如图 8-40 所示，绘制任意封闭围线 L 包围涡管，根据斯托克斯定理，沿封闭围线 L 的速度环量等于通过该围线所围面积上旋涡强度；又根据汤姆逊定理，环量 Γ_L 不随时间而变化，因此涡管的旋涡强度不随时间变化。

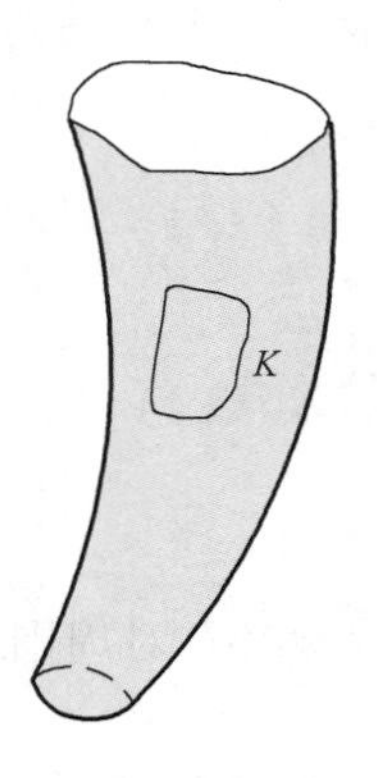

图 8-39 证明亥姆霍兹第二定理用图

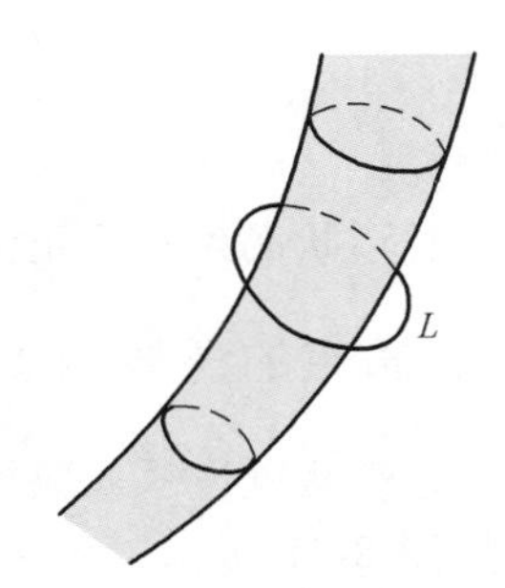

图 8-40 证明亥姆霍兹第三定理用图

涡管随流动可以移位、变化其形状和大小，但其强度在所述条件下不变。

以上在理想、正压流体且质量力有势的条件下，讨论了汤姆逊定理和亥姆霍兹第一、二、三定理，这几个定理完整地描述了旋涡运动规律。对于有旋运动，在以上三个条件下，组成涡线和涡管的流体质点永远组成涡线和涡管，仿佛流体质点凝结于涡线上随涡线一起运动。同时，在运动过程中，涡管强度保持不变。它间接地告诉我们旋涡产生和消失的原因是黏性、非正压、质量力无势。

应当注意，在实际流体的流场中，开始并不存在旋涡，只是流体绕过物体或流体流经突变的边界时才产生了旋涡，随后由于黏性的耗散作用，旋涡又逐渐消失。这表明，旋涡既能在流体中产生也会在流体中消失。例如由于黏性作用，水流绕过桥墩后产生的旋涡，其旋涡强度逐渐衰减，还有吐出的烟环和水中形成的旋涡，经过不长时间便会消失。所以，黏性是旋涡产生和消失的根本原因。

最后指出，只是在理想、正压流体、质量力有势三个特定条件下汤姆逊定理及亥姆霍兹第二、三定理才是正确的，在研究流体短时间内一系列不同状态时，往往认为近似符合这三个条件，环量不变，既大大简化问题，又有足够的准确性。

第九节 旋涡的诱导速度

在实际流场中，有时存在这样的情况，旋涡集中分布在一条曲线的附近区域中，而这个区域之外是无旋的，例如旋风、水中旋涡等。对于这类问题，可以认为旋涡集中分布在面积为 A 的管状体积中（即涡管），则问题转化为求解涡管诱导的速度场。

计算诱导速度可利用涡线与通电导线之间的相似关系，认为涡线相当于通电导线，涡线对周围产生的速度场$\boldsymbol{v}$ 相当于通电导线在其周围感应的磁场 $\boldsymbol{B}$。电流与磁场关系的定律，即毕奥-萨伐尔（Biot-Savart）公式为

$$\mathrm{d}B=\frac{I}{4\pi r^2}\sin\theta\mathrm{d}l$$

对照电流元产生的磁感应强度，强度为 Γ 的任意形状涡束对于任意点 P 的诱导速度为

$$\mathrm{d}v=\frac{\Gamma}{4\pi r^2}\sin\theta\mathrm{d}l$$

其方向按右手螺旋法则，大拇指指示旋涡转动方向，则诱导速度的方向由其余四指给出。将上式沿涡束长度积分，得

$$v=\frac{\Gamma}{4\pi}\int_l\frac{\sin\theta}{r^2}\mathrm{d}l \tag{8-45}$$

这就是任意形状涡束对静止流体中任一点所产生的诱导速度的公式。

一、直线涡束的诱导速度

作为例子，把式（8-45）应用于求强度为 Γ 的一条有限长直涡束 AB 对周围任一点 P 的诱导速度。如图 8-41 所示，设 A、B 两点至点 P 的距离分别为 r_1 和 r_2，在 AB 上取微小涡线段 $\mathrm{d}l$，对点 P 的距离为 r，点 P 至涡线的垂直距离为 r_0，于是可求出涡束 AB 对点 P 的诱导速度

$$\mathrm{d}l\sin\theta=r\mathrm{d}\theta \tag{a}$$

$$r=\frac{r_0}{\sin\theta} \tag{b}$$

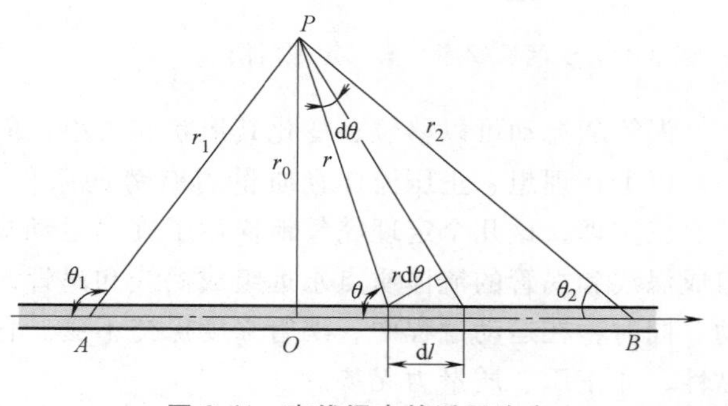

图 8-41 直线涡束的诱导速度

将式（a）、式（b）代入式（8-45），则直涡束 AB 对点 P 所产生的诱导速度为

$$v=\frac{\Gamma}{4\pi r_0}\int_{\theta_1}^{\theta_2}\sin\theta\mathrm{d}\theta$$

$$=-\frac{\Gamma}{4\pi r_0}(\cos\theta_2-\cos\theta_1)$$

下面介绍两个特例：

（1）半无限长涡束　假设涡束段从点 O 向右延伸到无限远，此时

$$\theta_1=\frac{\pi}{2},\ \theta_2=0$$

因而，对点 P 的诱导速度为

$$v=\frac{\Gamma}{4\pi r_0}$$

（2）无限长涡束　假设涡束段从点 O 向两侧延伸到无限远，此时

$$\theta_1=\pi,\ \theta_2=0$$

因而，对点 P 的诱导速度为

$$v=\frac{\Gamma}{2\pi r_0}$$

例 8-7　如图 8-42 所示，有两个烟环，开始时各自的间距 l 相同，假定每一烟环可近似地看作为无穷长的直涡线，其强度为 Γ。已知每一烟环自身的诱导速度 v 正比于 Γ/l，在图示情况下，从它们的相互影响来说明烟环 A 能穿过烟环 B 运动。

解　将烟环简化为两对直线涡，自身的诱导速度为 v_A 和 v_B，如图 8-42b 直线箭头所示。

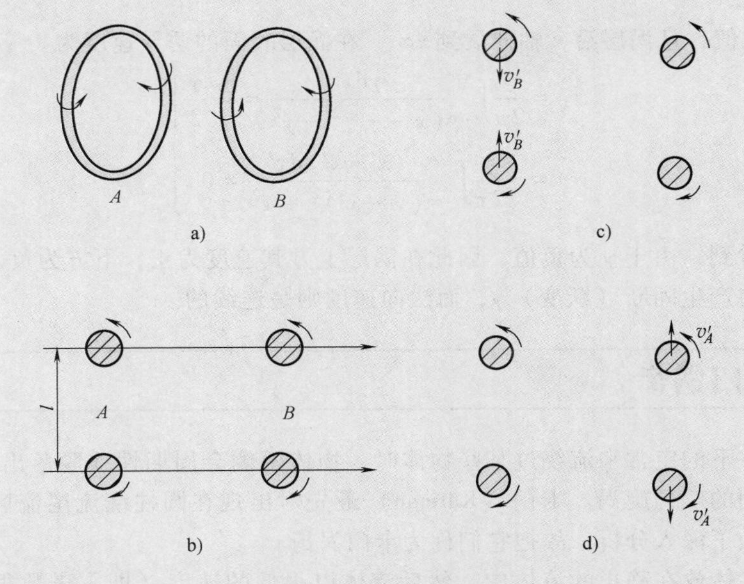

图 8-42　例题用图

两对旋涡彼此相互作用，涡偶 B 对涡偶 A 的作用使涡偶 A 相互接近，如图 8-42c 所示。反之，涡偶 A 对涡偶 B 的作用使涡偶 B 相互远离，如图 8-42d 所示。由于 v 正比于 Γ/l，Γ 相等，所以 l 大，v 小。对 A 环有 l 减小时 v_A 变大；对 B 环有 l 增加时 v_B 减小。使得 $v_A>v_B$，即环 A 穿过环 B 而运动。

二、平面涡层的诱导速度

设在无限的流场中布置一条非常致密的涡列，即旋涡之间的距离无限小，这种连续分布

的旋涡称为“涡层”。

设单位长度的旋涡密度为 $\gamma(x')$，则 dx'上的涡通量为

$$d\Gamma=\gamma(x')\,dx'$$

这样，根据无限长涡束的诱导速度公式可求得微段 dx'上的涡通量 $d\Gamma$ 对 $P(x, y)$ 的诱导速度，如图 8-43 所示。

$$dv_x=\frac{\sin\alpha d\Gamma}{2\pi r_0}=\frac{\gamma(x')}{2\pi}\frac{\sin\alpha dx'}{r_0}=\frac{\gamma(x')}{2\pi}\frac{y dx'}{(x-x')^2+y^2}$$

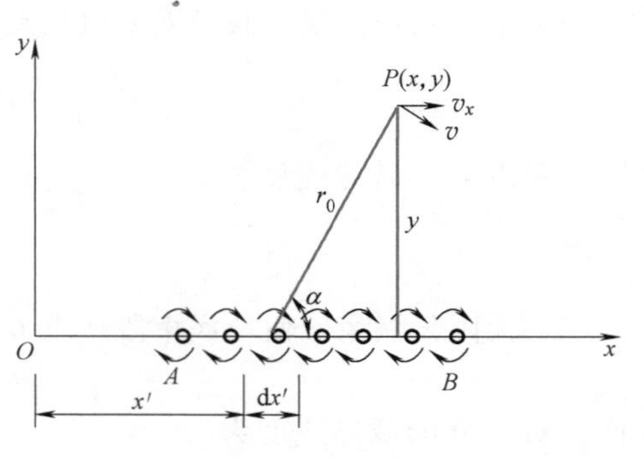

图 8-43　平面涡层的诱导速度

类似地，可求出 y 轴方向的速度分量，在整个涡层 AB 上积分可得点 P 的速度为

$$\left.\begin{aligned}v_x&=\frac{1}{2\pi}\int_A^B\frac{\gamma(x')y dx'}{(x-x')^2+y^2}\\v_y&=-\frac{1}{2\pi}\int_A^B\frac{\gamma(x')(x-x')dx'}{(x-x')^2+y^2}\end{aligned}\right\}\tag{8-46}$$

若 $\gamma(x')$ 为定值，且涡层沿 x 轴伸展到±∞，在涡层表面的诱导速度为

$$\left.\begin{aligned}v_x&=\frac{\gamma}{2\pi}\int_{-\infty}^{+\infty}\frac{y dx'}{(x-x')^2+y^2}=\mp\frac{\gamma}{2}\\v_y&=-\frac{\gamma}{2\pi}\int_{-\infty}^{+\infty}\frac{(x-x')dx'}{(x-x')^2+y^2}=0\end{aligned}\right\}\tag{8-47}$$

从式（8-47）看到，由于 γ 为负值，因此在涡层上方其速度为正，下方为负，即当穿过涡层时，切向速度将产生间断（跃变）γ，而法向速度则是连续的。

第十节　卡门涡街

在一定条件下的定常来流绕过某些物体时，物体两侧会周期性地脱落出旋转方向相反，并排列成有规则的双列旋涡。卡门（Karman）最先对出现在圆柱绕流尾流区的两列这种规则排列的旋涡做了深入分析，故把它们称为卡门涡街。

把一个圆柱体放在静止的流体中，然后流体以很低的速度（即雷诺数很小）绕流圆柱体。在开始瞬间与理想流体绕流圆柱体一样，流体在前驻点速度为零，而后沿圆柱体两侧流动，流动在圆柱体的前半部分是降压，速度逐渐增大到最大值，而后半部分是升压，速度逐渐下降，到后驻点重新等于零（图 8-44a）。然后来流速度逐渐增大，也即雷诺数增大，使圆柱体后半部分的压强梯度增加，以致引起边界层的分离（图 8-44b）。随着来流雷诺数的不断增加，圆柱体后半部分边界层中的流体微团受到更大的阻滞，分离点 S 一直向前移动。

当雷诺数增加到大约 40 时，在圆柱体的后面便产生一对旋转方向相反的对称旋涡（图 8-44c）。雷诺数超过 40 后，对称旋涡不断增长并出现摆动，直到 $Re\approx60$ 时，这对不稳定的对称旋涡分裂，最后形成有规则的、旋转方向相反的交替旋涡，称为卡门涡街（图 8-44d），

它以比来流速度 v 小得多的速度 v_x 运动。

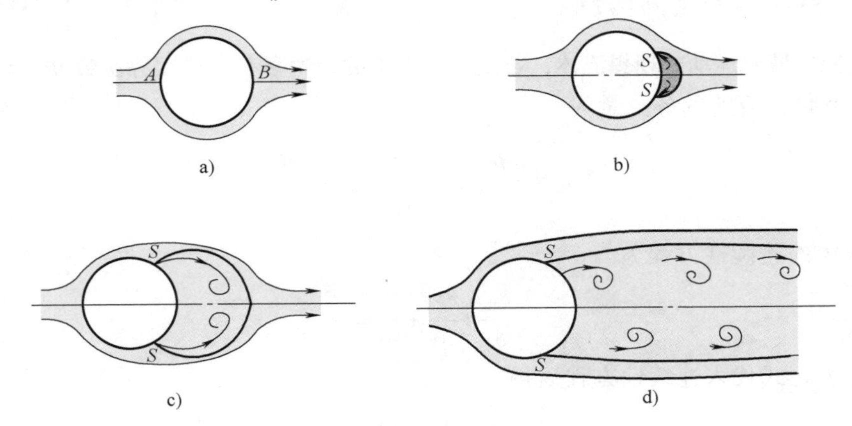

图 8-44　卡门涡街形成示意图

对有规律的卡门涡街，只能在 $Re=60\sim5000$ 的范围内观察到，而且在多数情况下涡街是不稳定的，即受到外界扰动涡街就破坏了。卡门的研究发现，只有当两列旋涡之间距离 h 与同列中相邻两个旋涡间距离 l 之比：$h/l=0.281$ 时，卡门涡街才是稳定的，图 8-45 所示为卡门涡街的流谱。

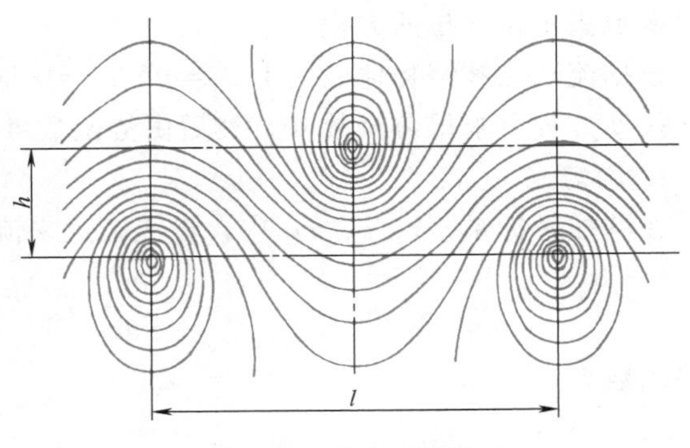

图 8-45　卡门涡街流谱

根据动量定理，对如图 8-45 所示的卡门涡街进行理论计算，得到作用在单位长度圆柱体上的阻力为

$$D=\rho v^2 h\left[2.83\frac{v_x}{v}-1.12\left(\frac{v_x}{v}\right)^2\right] \tag{8-48}$$

式中的速度比 v_x/v 可通过实验测得。

在自然界中常常可以看到卡门涡街现象，例如水流过桥墩等会形成卡门涡街。由于在物体两侧不断产生新的旋涡，必然耗损流动的机械能，从而使物体遭受阻力，当旋涡脱落频率接近于物体固有频率时，共振响应可能会引起结构物的破坏。风吹过电线时发出的嗡鸣声就是由于电线受涡街作用而产生的振动引起的。

第十一节　空间势流

任一时刻，若流场中的任一物理量是空间三个坐标的函数，则这种流动为三维流动，又称空间流动。

流体的一般空间流动是很复杂的，这里只讨论最简单的一类空间流动，即轴对称流动。其目的在于介绍空间流动的某些基本概念和基本求解方法。

一、几种基本的空间势流

在某空间区域中运动的理想流体，若流动是无旋的，就存在一速度势函数 Φ（x，y，z，t），其中 t 为参变量，流速的各分量为

$$v_x=\frac{\partial\Phi}{\partial x},\quad v_y=\frac{\partial\Phi}{\partial y},\quad v_z=\frac{\partial\Phi}{\partial z}$$

不可压缩流体的连续性方程为

$$\frac{\partial v_x}{\partial x}+\frac{\partial v_y}{\partial y}+\frac{\partial v_z}{\partial z}=0$$

将速度分量表达式代入连续性方程后得

$$\frac{\partial^2\Phi}{\partial x^2}+\frac{\partial^2\Phi}{\partial y^2}+\frac{\partial^2\Phi}{\partial z^2}=0$$

即势函数满足拉普拉斯方程。

根据流动在被绕物体表面上 $v_n=\partial\Phi/\partial n=0$ 与在流场无穷远处 $v=v_\infty$ 这两个边界条件，由拉普拉斯方程可求得势函数 Φ，然后由势函数可确定流场的速度分布。

1. 均匀流

在圆柱坐标系（r，θ，z）中，设无穷远来流速度 v_∞ 与 z 轴平行，则速度分量为

$$v_z=\frac{\partial\Phi}{\partial z}=v_\infty,\quad v_r=v_\theta=0$$

故势函数为

$$\Phi=\int v_\infty\,\mathrm{d}z=v_\infty z \tag{8-49}$$

利用柱坐标和球坐标的关系：$z=R\cos\theta$，可得球坐标系（R，θ，β）中的势函数为

$$\Phi=v_\infty R\cos\theta \tag{8-50}$$

2. 空间点源（点汇）

若在坐标原点处放置一个空间点源（点汇），流量为 q。因为只有径向流动，故在球坐标系（R，θ，β）中，$v_\theta=0$，$v_\beta=0$，只存在 v_R。

对于半径为 R 的球面，由流动的连续性条件可知

$$\pm q=4\pi R^2 v_R$$

于是

$$v_R=\pm\frac{q}{4\pi R^2}$$

由于

$$\left.\begin{aligned}v_R&=\frac{\partial\Phi}{\partial R}=\pm\frac{q}{4\pi R^2}\\v_\theta&=\frac{1}{R}\frac{\partial\Phi}{\partial\theta}=0\\v_\beta&=\frac{1}{R\sin\theta}\frac{\partial\Phi}{\partial\beta}=0\end{aligned}\right\}$$

所以

$$\Phi=\mp\frac{q}{4\pi R} \tag{8-51}$$

这就是空间点源（点汇）的速度势函数。

3. 空间偶极子

类似于平面流动中的偶极子，在空间流动中，等强度点源和点汇也可组成空间偶极子。

若将空间点源置于$-z$轴上，点汇置于$+z$轴上，如图 8-46 所示，其流量（或强度）为$\pm q$。用势流叠加原理来确定点源与点汇叠加流动的势函数为

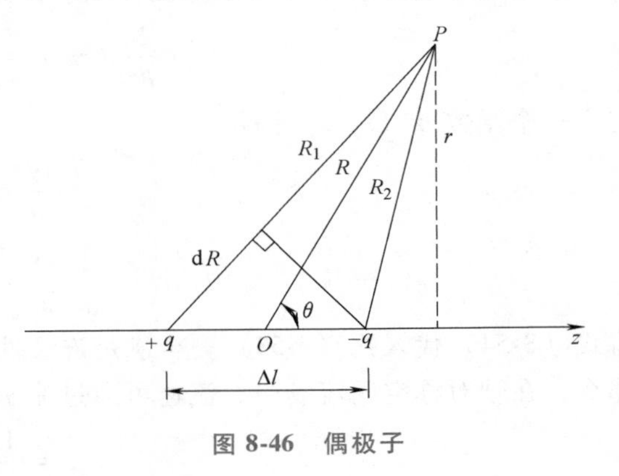

图 8-46　偶极子

$$\Phi=-\frac{q}{4\pi R_1}+\frac{q}{4\pi R_2}=-\frac{q}{4\pi}\left(\frac{1}{R_1}-\frac{1}{R_2}\right)$$

式中，R_1、R_2 分别为流场中任意点 P 到点源、点汇的距离。

设点源和点汇的距离为 Δl，仿照平面偶极子势函数的求法，使点源与点汇无限靠近，同时使其强度无限增大，即（$\Delta l\to 0$，$q\to\infty$），以使

$$\lim_{\substack{\Delta l\to 0\\ q\to\infty}} q\Delta l=M\ (\text{常数})$$

M 为一有限值，这样就能得到类似于平面偶极子的空间偶极子，常数 M 称为空间偶极子的强度（或偶极矩）。

这时势函数为

$$\Phi=\lim_{\substack{\Delta l\to 0\\ q\to\infty}}\left(-\frac{q\Delta l}{4\pi}\frac{\frac{1}{R_1}-\frac{1}{R_2}}{\Delta l}\right)$$

在极限情况下，R_1 与 R_2 接近于 R，则

$$\Phi=-\frac{M}{4\pi}\frac{\mathrm{d}}{\mathrm{d}l}\left(\frac{1}{R}\right)$$

从图 8-46 可得

$$\frac{\mathrm{d}}{\mathrm{d}l}\left(\frac{1}{R}\right)=-\frac{1}{R^2}\frac{\mathrm{d}R}{\mathrm{d}l}=-\frac{\cos\theta}{R^2}$$

于是偶极子的速度势函数为

$$\Phi=\frac{M}{4\pi R^2}\cos\theta \tag{8-52}$$

二、轴对称流动的流函数

所谓轴对称流动，是指流体在过某空间固定轴（例如 z 轴）的所有平面上的运动情况完

全相同的流动。因此，只要研究其中一个平面上的流动就可以了解整个空间内流体的运动情况。例如，圆管中的流动、沿轴向流经回转体的流动以及水轮机叶轮内流体的流动等都可以认为是轴对称流动。

1. 柱坐标系（r，θ，z）中的流函数Ψ（r，z）

把流动的对称轴取作柱坐标系中的z轴，则流动各参数与坐标θ无关，且在许多情况下$v_\theta=0$。在柱坐标系中，不可压缩流体轴对称流动满足的连续性方程为

$$\frac{\partial}{\partial r}(rv_r)+\frac{\partial}{\partial z}(rv_z)=0 \tag{8-53}$$

定义一个函数$\boldsymbol{\Psi}$（r，z）满足

$$\left.\begin{aligned}\frac{\partial \boldsymbol{\Psi}}{\partial r}&=rv_z\\ \frac{\partial \boldsymbol{\Psi}}{\partial z}&=-rv_r\end{aligned}\right\} \tag{8-54}$$

将式（8-54）代入式（8-53）完全满足连续性方程，由此定义的$\boldsymbol{\Psi}$（r，z）函数为流函数。那么，在轴对称空间流场中，流速可通过流函数表示为

$$\left.\begin{aligned}v_z&=\frac{1}{r}\frac{\partial \boldsymbol{\Psi}}{\partial r}\\ v_r&=-\frac{1}{r}\frac{\partial \boldsymbol{\Psi}}{\partial z}\end{aligned}\right\} \tag{8-55}$$

这就是柱坐标系中的轴对称流动的流函数$\boldsymbol{\Psi}$与流速分量之间的关系式。

2. 球坐标系（R，θ，β）中的流函数Ψ（R，θ）

在球坐标系中，不可压缩流体轴对称流动满足的连续性方程为

$$\frac{\partial(R^2 v_R\sin\theta)}{\partial R}+\frac{\partial(Rv_\theta\sin\theta)}{\partial\theta}=0$$

同样，可以定义一个函数$\boldsymbol{\Psi}$（R，θ）满足

$$\left.\begin{aligned}\frac{\partial \boldsymbol{\Psi}}{\partial R}&=-Rv_\theta\sin\theta\\ \frac{\partial \boldsymbol{\Psi}}{\partial \theta}&=R^2 v_R\sin\theta\end{aligned}\right\} \tag{8-56}$$

此函数$\boldsymbol{\Psi}$（R，θ）称为轴对称流动的流函数。

在轴对称流动中，流速分量与流函数之间的关系为

$$\left.\begin{aligned}v_R&=\frac{1}{R^2\sin\theta}\frac{\partial \boldsymbol{\Psi}}{\partial\theta}\\ v_\theta&=-\frac{1}{R\sin\theta}\frac{\partial \boldsymbol{\Psi}}{\partial R}\end{aligned}\right\} \tag{8-57}$$

3. 流函数的性质

1）等流函数线就是流线。在柱坐标系中，由流函数$\boldsymbol{\Psi}$（r，z）的定义可得

$$\mathrm{d}\boldsymbol{\Psi}=\frac{\partial \boldsymbol{\Psi}}{\partial r}\mathrm{d}r+\frac{\partial \boldsymbol{\Psi}}{\partial z}\mathrm{d}z=rv_z\mathrm{d}r-rv_r\mathrm{d}z$$

对于等流函数线（$\boldsymbol{\Psi}=C$），$\mathrm{d}\boldsymbol{\Psi}=0$，得

$$\frac{\mathrm{d}r}{v_r}=\frac{\mathrm{d}z}{v_z}$$

上式正是 r-z 平面内的流线方程，可见等流函数线是流线。

2）在通过包含对称轴线的流动平面上，任意两点的流函数值之差的 2π 倍，等于通过这两点间的任意连线的回转面的流量。

如图 8-47 所示，在 r-z 平面上任取 A、B 两点，曲线 AB 是其间的任意连线，曲线 AB 也即是以 z 轴为轴线的某一回转面的母线。通过此回转面的体积流量为

$$q=\int_A^B \boldsymbol{v}\cdot\boldsymbol{n}\times 2\pi r\mathrm{d}l=2\pi\int_A^B r(v_r n_r+v_z n_z)\,\mathrm{d}l$$

由于
$$n_r=-\frac{\mathrm{d}z}{\mathrm{d}l},\quad n_z=\frac{\mathrm{d}r}{\mathrm{d}l}$$

$$v_r=-\frac{1}{r}\frac{\partial\Psi}{\partial z},\quad v_z=\frac{1}{r}\frac{\partial\Psi}{\partial r}$$

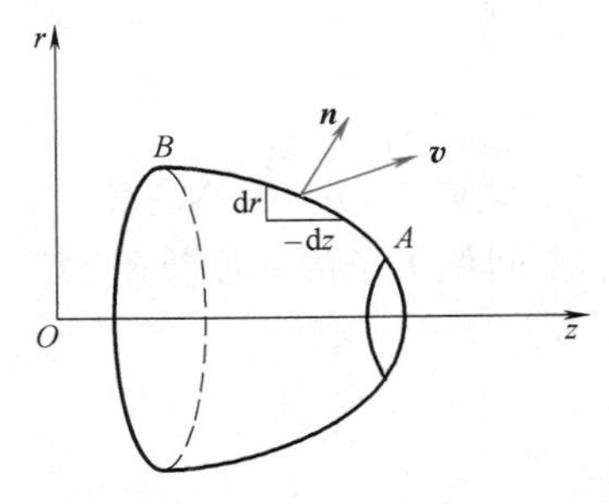

图 8-47　推导流函数性质 2）的用图

所以

$$q=2\pi\int_A^B r\left(\frac{1}{r}\frac{\partial\Psi}{\partial z}\frac{\mathrm{d}z}{\mathrm{d}l}+\frac{1}{r}\frac{\partial\Psi}{\partial r}\frac{\mathrm{d}r}{\mathrm{d}l}\right)\mathrm{d}r=2\pi\int_A^B \mathrm{d}\Psi=2\pi(\Psi_B-\Psi_A)$$

这说明通过任意曲线 AB 为母线的回转面的体积流量，恰好等于该曲线两端点的流函数值之差的 2π 倍。

三、几个基本的轴对称流动的流函数

1. 均匀流的流函数

设有一速度为 v_∞ 的空间均匀流，当把 z 轴取为 v_∞ 方向时，在球坐标系（R，θ，β）中即为一轴对称流（流动参数和 β 无关）。在空间某点 M（R，θ，β）处有

$$v_R=v_\infty\cos\theta,\qquad v_\theta=-v_\infty\sin\theta$$

由速度分量和流函数的关系式得

$$\frac{\partial\Psi}{\partial R}=-Rv_\theta\sin\theta=v_\infty R\sin^2\theta$$

$$\frac{\partial\Psi}{\partial\theta}=R^2v_R\sin\theta=v_\infty R^2\sin\theta\cos\theta$$

积分可得

$$\Psi=\frac{1}{2}v_\infty R^2\sin^2\theta \tag{8-58}$$

此即空间均匀流的流函数。

2. 空间点源（点汇）的流函数

设在坐标原点有一点源，强度为 q。空间某点 M（R，θ，β）的速度为 $\boldsymbol{v}$，则必有

$$v_R=\frac{q}{4\pi R^2},\qquad v_\theta=0$$

即
$$\frac{\partial\Phi}{\partial R}=\frac{q}{4\pi R^2},\qquad \frac{\partial\Phi}{\partial\theta}=0$$

由速度分量和流函数的关系式得

$$\frac{\partial \Psi}{\partial R}=-Rv_{\theta}\sin\theta=0$$

$$\frac{\partial \Psi}{\partial \theta}=R^2 v_R \sin\theta=R^2\sin\theta\,\frac{q}{4\pi R^2}=\frac{q}{4\pi}\sin\theta$$

积分可得

$$\Psi=-\frac{q}{4\pi}\cos\theta \tag{8-59}$$

3. 空间偶极子的流函数

空间偶极子的速度势函数为

$$\Phi=\frac{M}{4\pi R^2}\cos\theta$$

于是

$$\frac{\partial \Phi}{\partial \theta}=-\frac{M}{4\pi R^2}\sin\theta,\qquad \frac{\partial \Phi}{\partial R}=-\frac{M}{2\pi R^3}\cos\theta$$

可得

$$\frac{\partial \Psi}{\partial R}=\frac{M}{4\pi R^2}\sin^2\theta,\qquad \frac{\partial \Psi}{\partial \theta}=-\frac{M}{2\pi R}\sin\theta\cos\theta$$

积分得空间偶极子的流函数

$$\Psi=-\frac{M}{4\pi R}\sin^2\theta \tag{8-60}$$

四、圆球绕流

在不可压缩理想流体轴对称无旋流动中，如果将均匀流、点源、点汇和偶极子进行适当组合，一定能组成新的轴对称流场，也一定满足势函数和流函数的微分方程，用简单流动叠加求解较为复杂的流动问题的方法称为奇点法。下面利用均匀流和偶极子流的组合来讨论圆球绕流场。

如图 8-48 所示的一绕圆球的流动，在无穷远处有速度为 v_∞ 的均匀流。把一强度为 M 的偶极子放在坐标原点处，并与均匀来流叠加。

合成流场的流函数应为均匀流的流函数与偶极子的流函数相加，即

$$\Psi=\Psi_u+\Psi_d=\frac{1}{2}v_\infty R^2\sin^2\theta-\frac{M}{4\pi R}\sin^2\theta=\left(\frac{1}{2}v_\infty R^2-\frac{M}{4\pi R}\right)\sin^2\theta \tag{8-61}$$

$\Psi=0$ 的流线（面）为零流线（面），其方程为

$$\left(\frac{1}{2}v_\infty R^2-\frac{M}{4\pi R}\right)\sin^2\theta=0$$

即

$$\left.\begin{array}{l}\frac{1}{2}v_\infty R^2-\frac{M}{4\pi R}=0\\ \theta=0,\ \pi\end{array}\right\}$$

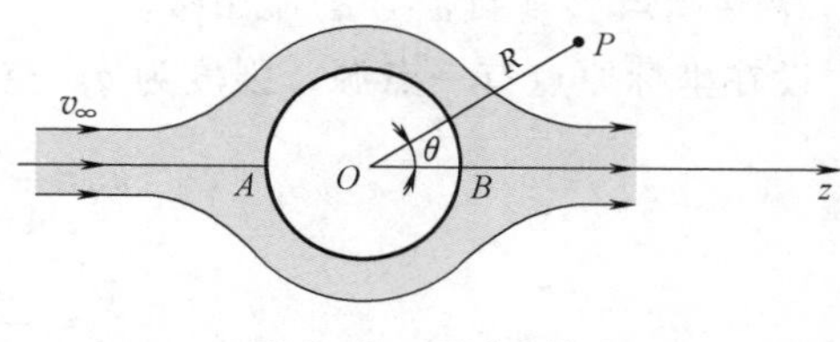

图 8-48 圆球绕流

前一方程为球面方程，写成标准形式即为

$$R^3-\frac{M}{2\pi v_\infty}=0 \tag{8-62}$$

即零流线（面）是半径为 $a=\sqrt[3]{M/2\pi v_\infty}$ 的圆（球）。后一方程表示还有 z 轴也是零流线（面）。

因此，若想得到一个均匀流绕一半径为 a 的球的流场，则偶极子的强度必须是

$$M=2\pi a^3 v_\infty$$

将上式代入式（8-61）后即得均匀流绕半径为 a 的球的流动的流函数

$$\Psi=\frac{1}{2}v_\infty R^2\left[1-\left(\frac{a}{R}\right)^3\right]\sin^2\theta \tag{8-63}$$

均匀流绕半径为 a 的圆球流动的势函数应是均匀流势函数与以 $M=2\pi a^3 v_\infty$ 为强度的偶极子的势函数的和，即

$$\Phi=v_\infty R\cos\theta+\frac{M}{4\pi R^2}\cos\theta=v_\infty R\cos\theta+\frac{2\pi a^3 v_\infty}{4\pi R^2}\cos\theta=v_\infty R\left[1+\frac{1}{2}\left(\frac{a}{R}\right)^3\right]\cos\theta \tag{8-64}$$

流场中任一点的速度为

$$\left.\begin{aligned}v_R&=\frac{\partial\Phi}{\partial R}=v_\infty\left[1-\left(\frac{a}{R}\right)^3\right]\cos\theta\\ v_\theta&=\frac{1}{R}\frac{\partial\Phi}{\partial\theta}=-v_\infty\left[1+\frac{1}{2}\left(\frac{a}{R}\right)^3\right]\sin\theta\end{aligned}\right\} \tag{8-65}$$

在圆球表面上有 $R=a$，代入式（8-65）即可得圆球表面上的速度，即

$$\left.\begin{aligned}v_R&=0\\ v_\theta&=-\frac{3}{2}v_\infty\sin\theta\end{aligned}\right\} \tag{8-66}$$

当 $\theta=0$，π 时，$v_\theta=0$，即 A 与 B 点处速度为零，故称此两点为驻点。最大速度发生在 $\theta=\pm\pi/2$ 处，速度为

$$|v_\theta|_{\max}=\frac{3}{2}v_\infty$$

把此结果与绕圆柱流动做比较发现，绕圆球时表面速度最大值不如绕圆柱时的大，这一点从物理过程可直观地理解，因在绕圆球时流体有较宽裕的空间流过物体，故流速增大的程度较小。

圆球表面压强分布，可根据伯努利方程求出，即

$$\frac{p}{\rho}+\frac{v^2}{2}=\frac{p_\infty}{\rho}+\frac{v_\infty^2}{2}$$

压强系数为

$$C_p=\frac{p-p_\infty}{\frac{1}{2}\rho v_\infty^2}=1-\left(\frac{v}{v_\infty}\right)^2=1-\frac{9}{4}\sin^2\theta \tag{8-67}$$

由式（8-67）可知，在圆球表面上压强分布是关于水平轴及竖直轴对称的，因而其合力应该等于零。故圆球被均匀流绕过时不受流体的合力作用。

五、轴对称体绕流

轴对称体也称回转体，轴对称体在均匀来流中的绕流可以用奇点法来求解，即利用轴对称流动的基本解的组合来求解。

如图 8-49 所示的轴对称体的零攻角绕流场，可选择适当的源、汇和偶极子流等基本流动进行叠加，并使它们和均匀流叠加后的势函数和流函数能满足物体表面和无穷远处的边界条件。

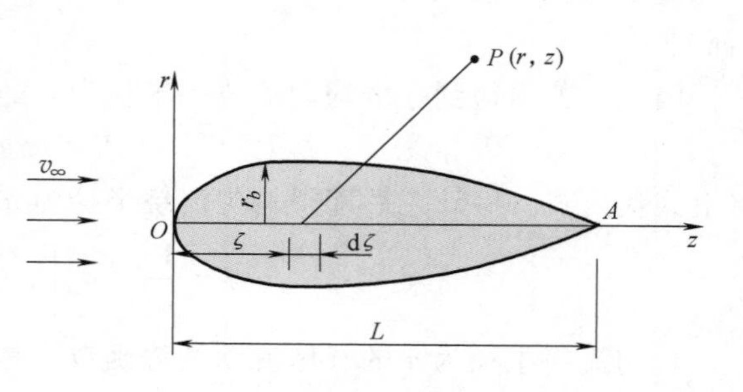

图 8-49　绕回转体的流动

设轴对称物体的物面方程为

$$r_b = r_b(z)$$

均匀来流的速度为 v_∞。采用柱坐标系，将奇点布置在对称轴上，当然也可以轴对称地布置在物体内部。如果在对称轴的 OA 段上连续布置源（汇），设单位长度上的源（汇）强度分布为 $q(\zeta)$，则任一微元段 $\mathrm{d}\zeta$ 的源汇强度为

$$\mathrm{d}q = q(\zeta)\,\mathrm{d}\zeta$$

设 ζ 轴与 z 轴重合，它对空间任一点 P 引起的势函数和流函数分别为

$$\mathrm{d}\Phi_1 = -\frac{q(\zeta)\,\mathrm{d}\zeta}{4\pi\sqrt{r^2+(z-\zeta)^2}}$$

$$\mathrm{d}\Psi_1 = -\frac{q(\zeta)\,\mathrm{d}\zeta(z-\zeta)}{4\pi\sqrt{r^2+(z-\zeta)^2}}$$

于是整个 OA 线段上所有源（汇）引起的势函数和流函数分别为

$$\Phi_1 = -\frac{1}{4\pi}\int_0^l \frac{q(\zeta)\,\mathrm{d}\zeta}{\sqrt{r^2+(z-\zeta)^2}}$$

$$\Psi_1 = -\frac{1}{4\pi}\int_0^l \frac{(z-\zeta)q(\zeta)\,\mathrm{d}\zeta}{\sqrt{r^2+(z-\zeta)^2}}$$

另外，来流速度 v_∞ 表达的均匀流场的势函数和流函数分别为

$$\Phi_2 = v_\infty z$$

$$\Psi_2 = \frac{1}{2}v_\infty r^2$$

均匀来流和线源（汇）叠加的流场的势函数和流函数分别为

$$\left.\begin{aligned}\Phi &= \Phi_1 + \Phi_2 = v_\infty z - \frac{1}{4\pi}\int_0^l \frac{q(\zeta)\,\mathrm{d}\zeta}{\sqrt{r^2+(z-\zeta)^2}}\\ \Psi &= \Psi_1 + \Psi_2 = \frac{1}{2}v_\infty r^2 - \frac{1}{4\pi}\int_0^l \frac{(z-\zeta)q(\zeta)\,\mathrm{d}\zeta}{\sqrt{r^2+(z-\zeta)^2}}\end{aligned}\right\} \tag{8-68}$$

显然，式（8-68）表达的势函数 Φ 和流函数 Ψ 已经满足了流场无穷远处的边界条件，因为

源（汇）在无穷远处的速度为零。现在只需要选择源（汇）的适当强度 $q(\zeta)$，使它满足物体表面边界条件，在绕流物体表面上的边界条件是流体速度方向只能与物体表面相切，即要求物体表面边界成为一条流线，可表示为

$$(\Psi)_b=0$$

或

$$\left(\frac{v_r}{v_z}\right)_b=\left(\frac{\mathrm{d}r}{\mathrm{d}z}\right)_b \tag{8-69}$$

可以利用式（8-69）来确定源（汇）的强度 $q(\zeta)$。从流函数出发，要求流函数满足

$$\frac{1}{2}v_\infty r_b^2-\frac{1}{4\pi}\int_0^l\frac{(z-\zeta)q(\zeta)\mathrm{d}\zeta}{\sqrt{r_b^2+(z-\zeta)^2}}=0 \tag{8-70}$$

式（8-70）原则上可以确定 $q(\zeta)$。若用解析方法来确定 $q(\zeta)$ 是困难的，通常采用数值求解的近似方法来解 $q(\zeta)$，即将式（8-70）积分方程化为一个代数方程组再求其近似解。例如采用差分法来求解，将 L 的区间分成 n 个网格，相应地具有 n 个未知数 $q_i(\zeta)$，$i=n$。然后在物体表面上任取 n 个点，代入上述方程，即得到 n 个包括 n 个未知数 $q_i(\zeta)$ 的代数方程组，联立求解此方程组就可获得 $q_i(\zeta)$。解得 $q_i(\zeta)$ 值之后，可得流函数为

$$\Psi=\frac{1}{2}v_\infty r^2-\sum_{i=1}^{n}\frac{q_i(\zeta)(z-\zeta_i)}{\sqrt{r^2+(z-\zeta_i)^2}}\Delta\zeta_i$$

若从势函数出发求解，可以先找出速度分量 v_r 和 v_z，即

$$\left.\begin{aligned}v_r&=\frac{\partial\Phi}{\partial r}=\frac{r}{4\pi}\int_0^l\frac{q(\zeta)\mathrm{d}\zeta}{[r^2+(z-\zeta)^2]^{3/2}}\\ v_z&=\frac{\partial\Phi}{\partial z}=v_\infty+\frac{1}{4\pi}\int_0^l\frac{(z-\zeta)q(\zeta)\mathrm{d}\zeta}{[r^2+(z-\zeta)^2]^{3/2}}\end{aligned}\right\} \tag{8-71}$$

将式（8-70）、式（8-71）代入式（8-69）得

$$\frac{r_b}{4\pi}\int_0^l\frac{q(\zeta)\mathrm{d}\zeta}{[r_b^2+(z-\zeta)^2]^{3/2}}=\frac{\mathrm{d}r_b}{\mathrm{d}z}\left[v_\infty+\frac{1}{4\pi}\int_0^l\frac{(z-\zeta)q(\zeta)\mathrm{d}\zeta}{[r_b^2+(z-\zeta)^2]^{3/2}}\right] \tag{8-72}$$

从式（8-71）积分方程原则上同样可以确定 $q(\zeta)$，与处理式（8-70）一样，应用数值求解的近似方法来具体确定 $q_i(\zeta)$。

当确定了源（汇）的强度 $q(\zeta)$，也就是确定了轴对称体的零攻角绕流场的势函数 Φ 和流函数 Ψ。那么，任意轴对称体的零攻角绕流场的速度分布和压强分布问题也就解决了。

习　题

8-1　平面不可压缩流体的速度分布为

1）$v_x=y$，$v_y=-x$。

2）$v_x=x-y$，$v_y=x+y$。

3）$v_x=x^2-y^2+x$，$v_y=-(2xy+y)$。

试判断它们是否满足 Φ 和 Ψ 的存在条件，并将存在的 Φ 或 Ψ 求出。

8-2　绘出下列流函数所表示的流动图形（标明流动方向），计算其速度、加速度，并求出势函数，绘出等势线。

1) $\Psi=x+y$。

2) $\Psi=xy$。

3) $\Psi=x/y$。

4) $\Psi=x^2-y^2$。

8-3 理想不可压缩流体做平面有势流动，其势函数为 $\Phi=ax(x^2-3y^2)$，$a<0$，试确定其运动速度及流函数，并求通过连接 $A(0,0)$ 及 $B(1,1)$ 两点的直线段的流体流量。

8-4 试讨论由复位势 $W=a(1-\mathrm{i})z$ 所确定的流动，并求在 $|z|=\sqrt{2}$ 处的流体运动速度。

8-5 设在坐标原点放置一个强度为 $q_1=30\mathrm{m}^3/\mathrm{s}$ 的点源，在点（1，0）（单位为 m）处放另一个点源，强度为 $q_2=20\mathrm{m}^3/\mathrm{s}$。试求：

1) 点 $A(-1,0)$ 处的流速分量 v_x 与 v_y。

2) 假设无穷远处压强为零，密度 $\rho=2\mathrm{kg/m}^3$，计算点 $A(-1,0)$ 处的压强。

8-6 已知两个点源布置在 x 轴上相距为 a 的位置，强度为 $3q$ 的点源位于坐标原点，而强度为 q 的点源位于 $x=a$、$y=0$ 的位置。试求：

1) 过驻点的流线方程。

2) 在该流线上的速度。

8-7 已知平面流动由均匀流、点源和点汇叠加而成，均匀流以速度 v_∞ 沿 x 轴向运动，点源强度为 q，在 $x=-a$、$y=0$ 的位置。点汇强度亦为 q，在 $x=a$，$y=0$ 的位置，试确定此流动能代表什么样物体的绕流？写出流动复势 $W(z)$ 和零流线方程，并画出流动示意图。

8-8 已知流动复势 $W(z)=m\ln\left(z-\dfrac{1}{z}\right)$，$m$ 为常数（$m>0$），试确定：

1) 此流动由哪些简单流动叠加而成。

2) 流动的流函数 Ψ，并画出流谱。

3) 通过连接 $z_1=1$，$z_2=1/2$ 两点连线的流量。

8-9 有一半径 $a=2\mathrm{m}$ 的圆柱体被速度为 $v_\infty=5\mathrm{m/s}$ 的均匀流绕过。如果发现绕过圆柱体时只在圆柱表面上有一个驻点（0，-2m）。试问绕此圆柱时是否有环量存在？若有，试求此环量。

8-10 已知一个半径 $R=0.5\mathrm{m}$ 的无限长圆柱体，在密度 $\rho=1000\mathrm{kg/m}^3$ 的水中以 $v=1.5\mathrm{m/s}$ 的速度自左向右做水平运动，同时加在圆柱体上有逆时针环量 $\Gamma=47.1\mathrm{m}^2/\mathrm{s}$。试求：

1) 画出这个圆柱体的定常绕流图谱，并标明驻点方位角的大小。

2) 单位长度圆柱体所受到的流体作用力。

3) 当 Γ 保持不变，增加来流速度时，驻点向何处移动？

8-11 如图 8-50 所示，在无界流场中有一对等强度 Γ 的平行线涡，方向相反，分别放在点（0，h）和（0，$-h$）上，无穷远处有一股来流 v_∞ 恰好使这两根涡线停留不动。试求流动复势 $W(z)$ 和流线方程。

8-12 如图 8-51 所示，均匀流绕半径为 a 的圆柱流动，在圆柱后还有两个固定的点涡，一个在 $z_0=be^{ia}$ 处，一个在 $\bar{z}_0$ 处，强度均为 Γ，但方向相反。试确定流动复势 $W(z)$。

图 8-50 题 8-11 图　　图 8-51 题 8-12 图

8-13　将速度为 v_∞ 平行于 x 轴的均匀流和在原点 O 强度为 q 的点源，叠加而成如图 8-52 所示绕平面半柱体的流动。试求它的势函数和流函数，并证明平面半柱体的外形方程为 $r=q(\pi-\theta)/(2\pi v_\infty \sin\theta)$，它的宽度等于 q/v_∞。

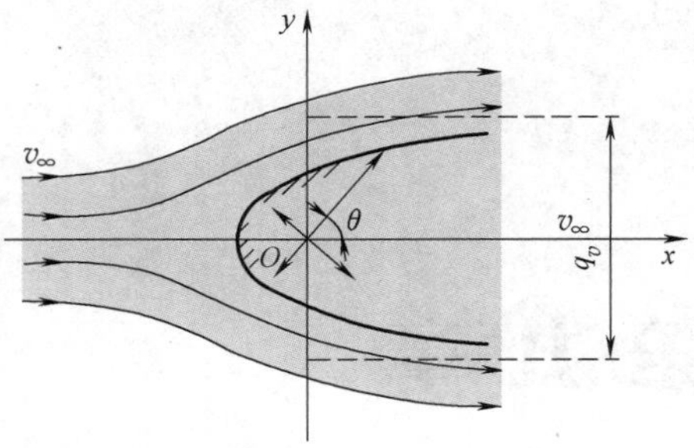

8-14　叙述旋涡强度和速度环量的定义，并说明它们之间的关系。

8-15　设在点（1，0）置有 $\Gamma=\Gamma_0$ 的旋涡，在点（-1，0）置有 $\Gamma=-\Gamma_0$ 的旋涡。试求沿下列路线的速度环量：

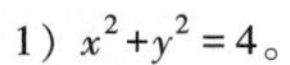

图 8-52　题 8-13 图

1）$x^2+y^2=4$。

2）$(x-1)^2+y^2=1$。

3）$x=\pm2$，$y=\pm2$ 的一个方形框。

4）$x=\pm0.5$，$y=\pm0.5$ 的一个方形框。

8-16　给定流场为

$$v_x=-\frac{cy}{x^2+y^2},\qquad v_y=\frac{cx}{x^2+y^2},\qquad v_z=0$$

其中，c 为常数。绘制一条围绕 Oz 轴的任意封闭围线。试用斯托克斯定理求此封闭围线的速度环量，并说明此环量值与所取封闭围线的形状无关。

8-17　流体在平面环形区域 $a_1<r<a_2$ 中涡量等于一个常数，而在 $r<a_1$、$r>a_2$ 的区域中流体静止，设圆 $r=a_1$、$r=a_2$ 是流线，且 $r=a_1$ 上流体速度为 v，$r=a_2$ 上流体速度趋于零。试证涡量值

$$\Omega=\frac{2a_1v}{a_1^2-a_2^2}$$

第九章

黏性流体动力学基础

【工程案例导入】

黏性流体绕流现象很多，如图 9-1 所示的汽车测试、飞机飞行等。浸没在流体中的物体运动时会受到升力和阻力，黏性效应在边界层区域和尾迹区域起着至关重要的作用。如何减小汽车的阻力、提高飞机的升阻比、优化流体机械内部结构是实现低碳降碳的重要手段，解决这些问题的关键就是运用好黏性流体动力学的有关理论。

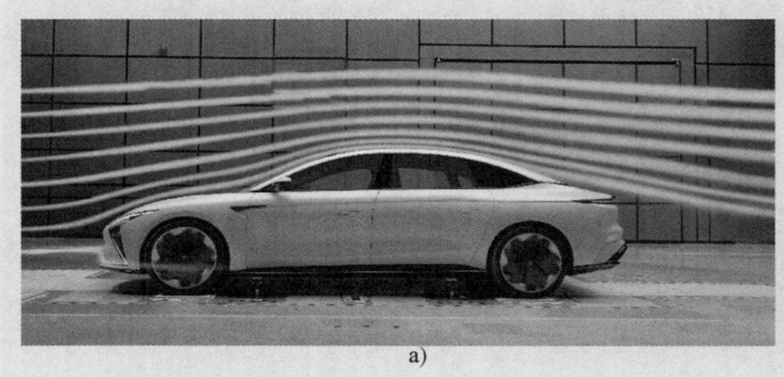

a)

b)

图 9-1　物体在流体中的运动

正如本书开始时所述，建立流体力学原理与方法的最终目的是求流体与固体边界之间的作用力，有时还需求其间的传热量。在前述势流理论中已介绍了一些流体力学的重要原理与方法。但也发现，根据它们所得出的一些结论不完全与实际相符。如根据茹科夫斯基公式只能求得流体作用于被绕流物体上的升力，而得到的阻力却为零，这与实验结果不符。其原因是所用原理中未考虑流体的一个重要物理性质——黏性对流体运动的影响。所以若想正确地求出流体与物体之间的作用力，单依靠势流理论已不够，而必须考虑流体黏性的作用。

本章首先建立具有黏性的实际流体运动所应遵循的动量方程，即纳维-斯托克斯方程。然后针对黏性流体的层流运动讲解如何用该方程求一些具体的黏性流动速度场的精确解。接着将针对工程中普遍存在的边界层内的流动，建立它应遵守的运动方程——边界层方程，并叙述用它来求边界层速度分布与黏性摩擦力的一些方法。本章的后半部分将讨论黏性流体更普遍的流动形态——湍流时均流场的求解原理与方法，建立湍流运动所应遵守的运动方程——雷诺方程，介绍用此方程如何求解湍流时均速度分布与黏性切应力。

第一节 黏性流体运动的纳维-斯托克斯方程

一、应力形式的动量方程

运动着的流体中在任一时刻和任一空间点处的流体质点，在各种外力作用下和与外界做热交换时，将会以一定方式改变其运动学参数（如速度与加速度）和热力学参数（如压强、密度及温度），而且诸参数的变化都是相互关联的。建立它们之间关系的根据是自然界中客观存在的一些守恒定律。在流体力学中所用的守恒定律是质量守恒、动量守恒与能量守恒定律。将动量守恒定律用于运动着的黏性流体质点上，即可得到诸流动参数间的特定关系，其数学表达形式即为本节所要推导的黏性流体运动的纳维-斯托克斯方程。

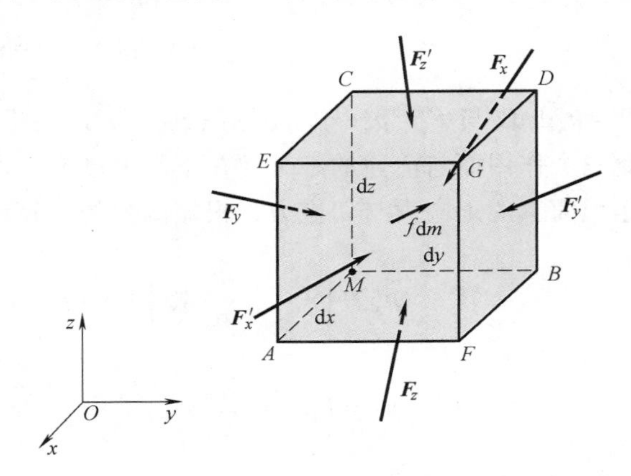

图 9-2 流体质点受力分析

在流场中任取一空间点 $M(x,\ y,\ z)$，并以该点为一顶点绘制一微小正六面体。边长分别为 $\mathrm{d}x$、$\mathrm{d}y$ 与 $\mathrm{d}z$，如图 9-2 和图 9-3 所示。现在用动量守恒定律或牛顿第二定律来分析在时刻 t 流过微小六面体的流体质点的运动。设此时流体在点 M 处的速度 $\boldsymbol{v}\ (x,\ y,\ z,\ t)$ 的三个坐标分量分别为 $v_x\ (x,\ y,\ z,\ t)$、$v_y\ (x,\ y,\ z,\ t)$ 与 $v_z\ (x,\ y,\ z,\ t)$，密度为 $\rho\ (x,\ y,\ z,\ t)$。六面体流体质点的质量为 $\mathrm{d}m=\rho\mathrm{d}x\mathrm{d}y\mathrm{d}z$。其加速度为 $\boldsymbol{a}=\mathrm{d}\boldsymbol{v}/\mathrm{d}t$，三个坐标分量各为 $a_x=\mathrm{d}v_x/\mathrm{d}t$、$a_y=\mathrm{d}v_y/\mathrm{d}t$ 与 $a_z=\mathrm{d}v_z/\mathrm{d}t$。

作用于该流体质点上的外力为质量力 $\rho\boldsymbol{f}\mathrm{d}x\mathrm{d}y\mathrm{d}z$ 和六个表面上的表面力。由于该质点与其周围流体之间有黏性作用，此表面力在一般情况下已不再垂直各自的作用面。用 $\boldsymbol{F}_x$、$\boldsymbol{F}_y$ 与 $\boldsymbol{F}_z$ 分别表示作用于 $MBDC$、$MCEA$ 与 $MAFB$ 三个表面上的表面力，则

$$\boldsymbol{F}_x=\boldsymbol{p}_x\mathrm{d}y\mathrm{d}z,\ \boldsymbol{F}_y=\boldsymbol{p}_y\mathrm{d}z\mathrm{d}x,\ \boldsymbol{F}_z=\boldsymbol{p}_z\mathrm{d}x\mathrm{d}y$$

式中的 $\boldsymbol{p}_x$、$\boldsymbol{p}_y$ 与 $\boldsymbol{p}_z$ 分别为各作用面上的表面应力。将它们分解为垂直于各自作用面的正应力和位于作用面上的切应力，即

$$\left.\begin{aligned}\boldsymbol{p}_x&=p_{xx}\boldsymbol{i}+p_{xy}\boldsymbol{j}+p_{xz}\boldsymbol{k}\\\boldsymbol{p}_y&=p_{yx}\boldsymbol{i}+p_{yy}\boldsymbol{j}+p_{yz}\boldsymbol{k}\\\boldsymbol{p}_z&=p_{zx}\boldsymbol{i}+p_{zy}\boldsymbol{j}+p_{zz}\boldsymbol{k}\end{aligned}\right\}\tag{9-1}$$

式中，p_{xx}，p_{yx}，…称作应力的分量，它们的第一下标表示其作用面的法线方向，第二下标表示其应力的作用方向。所以，p_{xx}、p_{yy} 与 p_{zz} 为正应力分量，其余的 p_{xy}，p_{xz}，…则为切应力分量。

作用于上述流体质点上的表面力还有 $GEAF$、$GFBD$ 与 $GDCE$ 三个面上的 $\boldsymbol{F}'_x=\boldsymbol{p}'_x\mathrm{d}y\mathrm{d}z$、

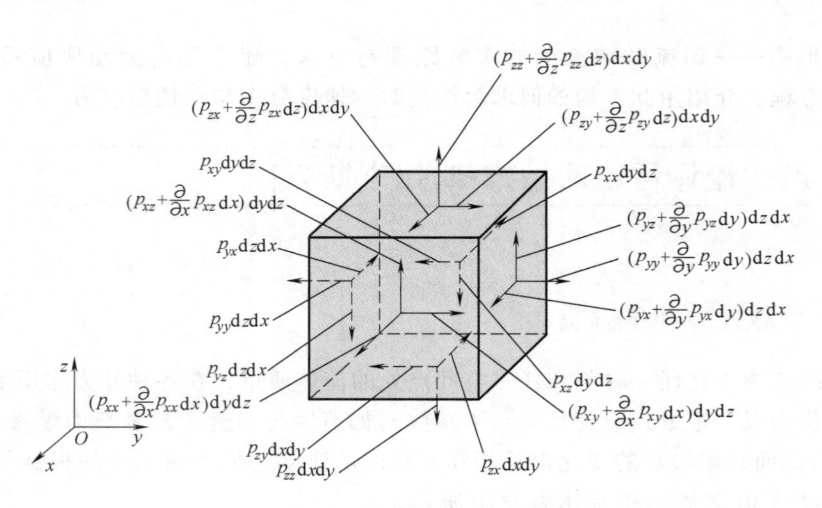

图 9-3 用应力表示的流体质点表面力

$\boldsymbol{F}'_y=\boldsymbol{p}'_y\mathrm{d}z\mathrm{d}x$ 与 $\boldsymbol{F}'_z=\boldsymbol{p}'_z\mathrm{d}x\mathrm{d}y$（见图 9-2）。这些也可分解成各自作用面上的法向与切向分量。此三个作用面与前述的三个面在空间上已有一段微小的坐标改变，即 $\mathrm{d}x$、$\mathrm{d}y$ 与 $\mathrm{d}z$，所以各作用面上的正应力与切应力，根据函数的泰勒展开并舍去高阶量，可表示为

$$\boldsymbol{p}'_x=\left(p_{xx}+\frac{\partial p_{xx}}{\partial x}\mathrm{d}x\right)\boldsymbol{i}+\left(p_{xy}+\frac{\partial p_{xy}}{\partial x}\mathrm{d}x\right)\boldsymbol{j}+\left(p_{xz}+\frac{\partial p_{xz}}{\partial x}\mathrm{d}x\right)\boldsymbol{k}$$

$$\boldsymbol{p}'_y=\left(p_{yx}+\frac{\partial p_{yx}}{\partial y}\mathrm{d}y\right)\boldsymbol{i}+\left(p_{yy}+\frac{\partial p_{yy}}{\partial y}\mathrm{d}y\right)\boldsymbol{j}+\left(p_{yz}+\frac{\partial p_{yz}}{\partial y}\mathrm{d}y\right)\boldsymbol{k}$$

$$\boldsymbol{p}'_z=\left(p_{zx}+\frac{\partial p_{zx}}{\partial z}\mathrm{d}z\right)\boldsymbol{i}+\left(p_{zy}+\frac{\partial p_{zy}}{\partial z}\mathrm{d}z\right)\boldsymbol{j}+\left(p_{zz}+\frac{\partial p_{zz}}{\partial z}\mathrm{d}z\right)\boldsymbol{k}$$

现在根据牛顿第二定律即可写出流体质点在三个坐标方向的运动方程，即由 $\mathrm{d}m\cdot a_x=F_x$ 可得 x 轴方向的运动方程

$$\rho\mathrm{d}x\mathrm{d}y\mathrm{d}z\frac{\mathrm{d}v_x}{\mathrm{d}t}=f_x\rho\mathrm{d}x\mathrm{d}y\mathrm{d}z-p_{xx}\mathrm{d}y\mathrm{d}z+\left(p_{xx}+\frac{\partial p_{xx}}{\partial x}\mathrm{d}x\right)\mathrm{d}y\mathrm{d}z-$$
$$p_{yx}\mathrm{d}z\mathrm{d}x+\left(p_{yx}+\frac{\partial p_{yx}}{\partial y}\mathrm{d}y\right)\mathrm{d}z\mathrm{d}x-p_{zx}\mathrm{d}x\mathrm{d}y+\left(p_{zx}+\frac{\partial p_{zx}}{\partial z}\mathrm{d}z\right)\mathrm{d}x\mathrm{d}y$$

化简上式可得

$$\rho\frac{\mathrm{d}v_x}{\mathrm{d}t}=\rho f_x+\frac{\partial p_{xx}}{\partial x}+\frac{\partial p_{yx}}{\partial y}+\frac{\partial p_{zx}}{\partial z}\tag{9-2}$$

或写成

$$\rho\left(\frac{\partial v_x}{\partial t}+v_x\frac{\partial v_x}{\partial x}+v_y\frac{\partial v_x}{\partial y}+v_z\frac{\partial v_x}{\partial z}\right)=\rho f_x+\frac{\partial p_{xx}}{\partial x}+\frac{\partial p_{yx}}{\partial y}+\frac{\partial p_{zx}}{\partial z}\tag{9-3}$$

因流体质点很小，式中各参数均可用点 M 处的相应值代表它，且皆为时间 t 与空间坐标 x、y、z 的函数。

同样，在 y 与 z 轴方向运用牛顿第二定律也可得到与式（9-2）相仿的等式，它们一起

组成下列方程组，即

$$\left.\begin{aligned}\rho\frac{\mathrm{d}v_x}{\mathrm{d}t}&=\rho f_x+\frac{\partial p_{xx}}{\partial x}+\frac{\partial p_{yx}}{\partial y}+\frac{\partial p_{zx}}{\partial z}\\\rho\frac{\mathrm{d}v_y}{\mathrm{d}t}&=\rho f_y+\frac{\partial p_{xy}}{\partial x}+\frac{\partial p_{yy}}{\partial y}+\frac{\partial p_{zy}}{\partial z}\\\rho\frac{\mathrm{d}v_z}{\mathrm{d}t}&=\rho f_z+\frac{\partial p_{xz}}{\partial x}+\frac{\partial p_{yz}}{\partial y}+\frac{\partial p_{zz}}{\partial z}\end{aligned}\right\}\tag{9-4}$$

式（9-4）即为黏性流体运动应力形式的动量方程。流体运动时其密度、速度及其他运动参数在流场中任一点与任一时刻都必须满足式（9-4）的微分关系。在此方程中的九个量 p_{xx}，p_{yx}，…是点 M 处的应力分量。下面将会看到它们不是独立的流动参数，而是与 M 处的流体质点的变形速度及流体自身的物理性质有关的量。

二、广义的牛顿内摩擦定律

式（9-4）中的九个量 p_{xx}，p_{yx}，…为过点 M 的三个相互垂直面上的表面应力分量，其中三个为正应力，在图 9-3 中表示为拉应力方向，六个为切应力分量。在流体中该正应力为一压应力，即 p_{xx}、p_{yy} 与 p_{zz} 为负的。当流体静止时即为静压强 p。当作为理想流体处理时，此正应力也即为流体的热力学压强，通常也用 p 来表示，压强 p 在过点 M 的任一面上都为同一数值，和该面的方向如何选取无关，即压强 p 只是空间点坐标与时间的一个标量函数。但是，当实际流体运动时，流体质点还要做线性变形与剪切变形。正是由于这种线性变形才使得点 M 处的三个相互垂直平面上的正应力变为三个不等的压应力 p_{xx}、p_{yy} 与 p_{zz}。它们和 p 之差与流体质点在三个坐标轴方向的线变形速度有关。同样，由于流体质点在运动过程中有剪切变形，在上述三个面上就出现了切应力 p_{yx}，p_{zx}，…。可以证明，在流体介质中存在切应力互等关系，即 $p_{yx}=p_{xy}$，$p_{zx}=p_{xz}$，$p_{yz}=p_{zy}$。

正应力、切应力与流体质点线变形速度及剪切变形速度之间的关系用广义的牛顿内摩擦定律给定。对最简单的黏性流动，即平面平行流中两层流体之间的黏性摩擦力的关系式，写为

$$\tau=\mu\frac{\mathrm{d}v}{\mathrm{d}n}$$

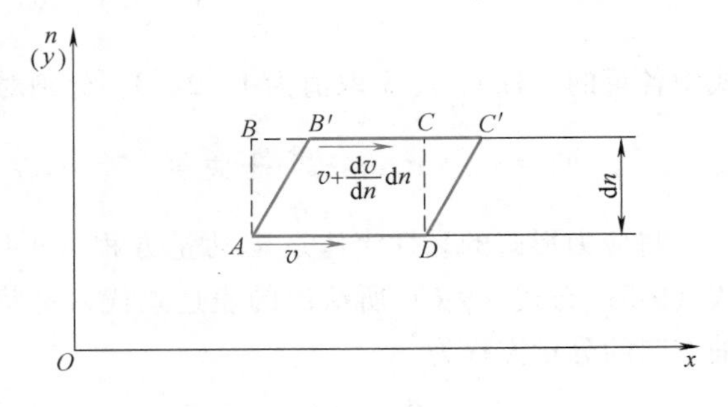

图 9-4 牛顿内摩擦定律

该式中的 τ 为两层流体间的切应力，它相当于前述的 p_{xz}；v 为流速，它相当于前述的 v_x；n 为两层流体界面的法向坐标，它相当于前述的 y；μ 为流体动力黏度或称动力黏性系数，为流体的物理性质；而 $\mathrm{d}v/\mathrm{d}n$ 则为 n 方向的速度梯度，如图 9-4 所示。速度梯度 $\mathrm{d}v/\mathrm{d}n$ 代表的物理意义是两层流体间的流体质点 $ABCD$ 在 xOy 面内的剪切变形速度的两倍。把此概念推广到做一般运动的黏性流体质点上，并运用剪切变形速度的各表达式，可得下列各式，即

$$
\left.\begin{aligned}
p_{xy} &= \mu\left(\frac{\partial v_y}{\partial x} + \frac{\partial v_x}{\partial y}\right)\\
p_{yz} &= \mu\left(\frac{\partial v_z}{\partial y} + \frac{\partial v_y}{\partial z}\right)\\
p_{xz} &= \mu\left(\frac{\partial v_z}{\partial x} + \frac{\partial v_x}{\partial z}\right)
\end{aligned}\right\} \tag{9-5}
$$

至于各面上的正应力，在黏性流体做运动时，将伴随流体质点的线变形，其体积也将膨胀或收缩。这使各面上的正应力与 p 出现差别，它们和线变形速度 $\partial v_x/\partial x$、$\partial v_y/\partial y$、$\partial v_z/\partial z$ 及体积膨胀率 $\partial v_x/\partial x+\partial v_y/\partial y+\partial v_z/\partial z$ 之间有下列关系：

$$
\left.\begin{aligned}
p_{xx} &= -p + \lambda\left(\frac{\partial v_x}{\partial x} + \frac{\partial v_y}{\partial y} + \frac{\partial v_z}{\partial z}\right) + 2\mu\frac{\partial v_x}{\partial x}\\
p_{yy} &= -p + \lambda\left(\frac{\partial v_x}{\partial x} + \frac{\partial v_y}{\partial y} + \frac{\partial v_z}{\partial z}\right) + 2\mu\frac{\partial v_y}{\partial y}\\
p_{zz} &= -p + \lambda\left(\frac{\partial v_x}{\partial x} + \frac{\partial v_y}{\partial y} + \frac{\partial v_z}{\partial z}\right) + 2\mu\frac{\partial v_z}{\partial z}
\end{aligned}\right\} \tag{9-6}
$$

式中，λ 为第二黏性系数，它也是流体的物理性质，在通常的可压缩黏性流动中可近似地取为 $\lambda=-2\mu/3$。

式（9-5）与式（9-6）即为广义的牛顿内摩擦定律的数学表达式，这六个应力表达式严格的数学推导过程，见参考文献［5］。

式（9-5）与式（9-6）合在一起用张量形式书写将变得非常简洁，其表达式为

$$
p_{ij} = -\left(p + \frac{2}{3}\mu\frac{\partial v_k}{\partial x_k}\right)\delta_{ij} + \mu\left(\frac{\partial v_j}{\partial x_i} + \frac{\partial v_i}{\partial x_j}\right) \tag{9-7}
$$

式中各量的下标 i、j、k 取值为 1、2、3，分别对应 x、y、z，而 k 为求和下标。

三、纳维（Navier）-斯托克斯（Stokes）方程（简称 N-S 方程）

将应力形式的黏性流体运动动量方程（9-4）中的各应力分量，用广义牛顿内摩擦定律式（9-5）与式（9-6）所给出的表达式代入并将式子整理后即得纳维-斯托克斯方程。如其 x 轴方向的分量方程为

$$
\rho\frac{\mathrm{d}v_x}{\mathrm{d}t} = \rho f_x + \frac{\partial}{\partial x}\left[-p - \frac{2}{3}\mu\left(\frac{\partial v_x}{\partial x} + \frac{\partial v_y}{\partial y} + \frac{\partial v_z}{\partial z}\right) + 2\mu\frac{\partial v_x}{\partial x}\right] +
$$

$$
\frac{\partial}{\partial y}\left[\mu\left(\frac{\partial v_y}{\partial x} + \frac{\partial v_x}{\partial y}\right)\right] + \frac{\partial}{\partial z}\left[\mu\left(\frac{\partial v_x}{\partial z} + \frac{\partial v_z}{\partial x}\right)\right]
$$

将上式等号右端第二项展开，并经整理后得

$$
\rho\frac{\mathrm{d}v_x}{\mathrm{d}t} = \rho f_x - \frac{\partial p}{\partial x} + 2\frac{\partial}{\partial x}\left(\mu\frac{\partial v_x}{\partial x}\right) + \frac{\partial}{\partial y}\left[\mu\left(\frac{\partial v_y}{\partial x} + \frac{\partial v_x}{\partial y}\right)\right] +
$$

$$\frac{\partial}{\partial z}\left[\mu\left(\frac{\partial v_x}{\partial z}+\frac{\partial v_z}{\partial x}\right)\right]-\frac{2}{3}\frac{\partial}{\partial x}\left[\mu\left(\frac{\partial v_x}{\partial x}+\frac{\partial v_y}{\partial y}+\frac{\partial v_z}{\partial z}\right)\right]$$

在上式中动力黏度 μ 应视作变量。在可压缩流动中 μ 将随温度变化，而温度本身是时间与坐标的函数，故 μ 也将是时间与坐标的函数。在 y 与 z 轴方向也可推导出与上式相仿的等式。于是最后得可压缩黏性流体运动的纳维-斯托克斯方程为

$$\left.\begin{aligned}
\rho\frac{\mathrm{d}v_x}{\mathrm{d}t}&=\rho f_x-\frac{\partial p}{\partial x}+2\frac{\partial}{\partial x}\left(\mu\frac{\partial v_x}{\partial x}\right)+\frac{\partial}{\partial y}\left[\mu\left(\frac{\partial v_y}{\partial x}+\frac{\partial v_x}{\partial y}\right)\right]+\\
&\quad\frac{\partial}{\partial z}\left[\mu\left(\frac{\partial v_x}{\partial z}+\frac{\partial v_z}{\partial x}\right)\right]-\frac{2}{3}\frac{\partial}{\partial x}\left[\mu\left(\frac{\partial v_x}{\partial x}+\frac{\partial v_y}{\partial y}+\frac{\partial v_z}{\partial z}\right)\right]\\
\rho\frac{\mathrm{d}v_y}{\mathrm{d}t}&=\rho f_y-\frac{\partial p}{\partial y}+\frac{\partial}{\partial x}\left[\mu\left(\frac{\partial v_y}{\partial x}+\frac{\partial v_x}{\partial y}\right)\right]+2\frac{\partial}{\partial y}\left(\mu\frac{\partial v_y}{\partial y}\right)+\\
&\quad\frac{\partial}{\partial z}\left[\mu\left(\frac{\partial v_y}{\partial z}+\frac{\partial v_z}{\partial y}\right)\right]-\frac{2}{3}\frac{\partial}{\partial y}\left[\mu\left(\frac{\partial v_x}{\partial x}+\frac{\partial v_y}{\partial y}+\frac{\partial v_z}{\partial z}\right)\right]\\
\rho\frac{\mathrm{d}v_z}{\mathrm{d}t}&=\rho f_z-\frac{\partial p}{\partial z}+\frac{\partial}{\partial x}\left[\mu\left(\frac{\partial v_x}{\partial z}+\frac{\partial v_z}{\partial x}\right)\right]+\frac{\partial}{\partial y}\left[\mu\left(\frac{\partial v_z}{\partial y}+\frac{\partial v_y}{\partial z}\right)\right]+\\
&\quad 2\frac{\partial}{\partial z}\left(\mu\frac{\partial v_z}{\partial z}\right)-\frac{2}{3}\frac{\partial}{\partial z}\left[\mu\left(\frac{\partial v_x}{\partial x}+\frac{\partial v_y}{\partial y}+\frac{\partial v_z}{\partial z}\right)\right]
\end{aligned}\right\}\tag{9-8}$$

式（9-8）和流体运动的连续性方程与能量方程共同组成流体力学的基本方程。有了这些方程，再加上热力学的一些方程即可求出流场中的场变量 v_x、v_y、v_z、p、ρ、T、e 随时间与空间坐标的变化。由于基本方程是微分方程，故在求解场变量时要使用流场的初始条件与边界条件。初始条件与边界条件的具体给定方法待后面叙述具体的黏性流动时再详细讨论。

如果运动的流体可被视为不可压缩的，如水流、油流或低速气流，动力黏度 μ 即可当作常数，这时纳维-斯托克斯方程可简化为

$$\begin{aligned}
\rho\frac{\mathrm{d}v_x}{\mathrm{d}t}&=\rho f_x-\frac{\partial p}{\partial x}+2\mu\frac{\partial^2 v_x}{\partial x^2}+\mu\frac{\partial}{\partial y}\left(\frac{\partial v_y}{\partial x}+\frac{\partial v_x}{\partial y}\right)+\mu\frac{\partial}{\partial z}\left(\frac{\partial v_x}{\partial z}+\frac{\partial v_z}{\partial x}\right)\\
&=\rho f_x-\frac{\partial p}{\partial x}+\mu\left(\frac{\partial^2 v_x}{\partial x^2}+\frac{\partial^2 v_x}{\partial y^2}+\frac{\partial^2 v_x}{\partial z^2}\right)+\mu\frac{\partial}{\partial x}\left(\frac{\partial v_x}{\partial x}+\frac{\partial v_y}{\partial y}+\frac{\partial v_z}{\partial z}\right)\\
&=\rho f_x-\frac{\partial p}{\partial y}+\mu\nabla^2 v_x
\end{aligned}$$

式中，

$$\nabla^2=\frac{\partial^2}{\partial x^2}+\frac{\partial^2}{\partial y^2}+\frac{\partial^2}{\partial z^2}$$

在上述简化中使用了不可压缩流动的连续性方程。同样，可得 y 与 z 轴的投影形式的方程。然后将各简化了的方程两端同除以密度 ρ，并考虑到 $\mu/\rho=\nu$ 后便得到不可压缩黏性流动的纳维-斯托克斯方程的三个投影形式，即

$$\left.\begin{aligned}\frac{\mathrm{d}v_x}{\mathrm{d}t}&=f_x-\frac{1}{\rho}\frac{\partial p}{\partial x}+\nu\nabla^2 v_x\\\frac{\mathrm{d}v_y}{\mathrm{d}t}&=f_y-\frac{1}{\rho}\frac{\partial p}{\partial y}+\nu\nabla^2 v_y\\\frac{\mathrm{d}v_z}{\mathrm{d}t}&=f_z-\frac{1}{\rho}\frac{\partial p}{\partial z}+\nu\nabla^2 v_z\end{aligned}\right\}\tag{9-9}$$

纳维-斯托克斯方程的矢量形式为

$$\frac{\mathrm{d}\boldsymbol{v}}{\mathrm{d}t}=\boldsymbol{f}-\frac{1}{\rho}\nabla p+\nu\nabla^2\boldsymbol{v}\tag{9-10}$$

如果忽略黏性的影响，即视流体为理想的，则式（9-9）即可简化为欧拉运动微分方程。

为了本书后面的讲述方便起见，下面直接给出纳维-斯托克斯方程的柱坐标与球坐标形式。柱坐标形式为

$$\left.\begin{aligned}&\frac{\partial v_r}{\partial t}+v_r\frac{\partial v_r}{\partial r}+\frac{v_\theta}{r}\frac{\partial v_r}{\partial\theta}-\frac{v_\theta^2}{r}+v_z\frac{\partial v_r}{\partial z}=-\frac{1}{\rho}\frac{\partial p}{\partial r}+\nu\left(\nabla^2 v_r-\frac{v_r}{r^2}-\frac{2}{r^2}\frac{\partial v_\theta}{\partial\theta}\right)+f_r\\&\frac{\partial v_\theta}{\partial t}+v_r\frac{\partial v_\theta}{\partial r}+\frac{v_\theta}{r}\frac{\partial v_\theta}{\partial\theta}+\frac{v_r v_\theta}{r}+v_z\frac{\partial v_\theta}{\partial z}=-\frac{1}{\rho}\frac{1}{r}\frac{\partial p}{\partial\theta}+\nu\left(\nabla^2 v_\theta-\frac{v_\theta}{r^2}+\frac{2}{r^2}\frac{\partial v_r}{\partial\theta}\right)+f_\theta\\&\frac{\partial v_z}{\partial t}+v_r\frac{\partial v_z}{\partial r}+\frac{v_\theta}{r}\frac{\partial v_z}{\partial\theta}+v_z\frac{\partial v_z}{\partial z}=-\frac{1}{\rho}\frac{\partial p}{\partial z}+\nu\nabla^2 v_z+f_z\end{aligned}\right\}\tag{9-11}$$

式中，$\nabla^2=\frac{1}{r}\frac{\partial}{\partial r}\left(r\frac{\partial}{\partial r}\right)+\frac{1}{r^2}\frac{\partial^2}{\partial\theta^2}+\frac{\partial^2}{\partial z^2}$；$r$、$\theta$、$z$ 为空间点的柱坐标；v_r、v_θ、v_z 为速度的三个坐标分量。

球坐标形式为

$$\left.\begin{aligned}&\frac{\partial v_r}{\partial t}+v_r\frac{\partial v_r}{\partial r}+\frac{v_\theta}{r}\frac{\partial v_r}{\partial\theta}+\frac{v_\beta}{r\sin\theta}\frac{\partial v_r}{\partial\varepsilon}-\frac{v_\theta^2+v_\beta^2}{r}=\\&\quad-\frac{1}{\rho}\frac{\partial p}{\partial r}+\nu\left(\nabla^2 v_r-\frac{2}{r^2}v_r-\frac{2}{r^2}\frac{\partial v_\theta}{\partial\theta}-\frac{2}{r^2}v_\theta\cot\theta-\frac{2}{r^2\sin\theta}\frac{\partial v_\varepsilon}{\partial\varepsilon}\right)+f_r\\&\frac{\partial v_\theta}{\partial t}+v_r\frac{\partial v_\theta}{\partial r}+\frac{v_\theta}{r}\frac{\partial v_\theta}{\partial\theta}+\frac{v_\beta}{r\sin\theta}\frac{\partial v_\theta}{\partial\varepsilon}+\frac{v_r v_\theta}{r}\cot\theta=\\&\quad-\frac{1}{\rho}\frac{1}{r}\frac{\partial p}{\partial\theta}+\nu\left(\nabla^2 v_\theta+\frac{2}{r^2}\frac{\partial v_r}{\partial\theta}-\frac{v_\theta}{r^2\sin^2\theta}-\frac{2\cos\theta}{r^2\sin^2\theta}\frac{\partial v_\beta}{\partial\varepsilon}\right)+f_\theta\\&\frac{\partial v_\beta}{\partial t}+v_r\frac{\partial v_\beta}{\partial r}+\frac{v_\theta}{r}\frac{\partial v_\beta}{\partial\theta}+\frac{v_\beta}{r\sin\theta}\frac{\partial v_\beta}{\partial\varepsilon}+\frac{v_r v_\beta}{r}+\frac{v_\theta v_\beta}{r}\cot\theta=\\&\quad-\frac{1}{\rho}\frac{1}{r\sin\theta}\frac{\partial p}{\partial\beta}+\mu\left(\nabla^2 v_\beta+\frac{2}{r^2\sin\theta}\frac{\partial v_r}{\partial\theta}+\frac{2\cos\theta}{r^2\sin^2\theta}\frac{\partial v_\theta}{\partial\beta}-\frac{v_\beta}{r^2\sin^2\theta}\right)+f_\beta\end{aligned}\right\}\tag{9-12}$$

式中，$\nabla^2=\frac{1}{r^2}\frac{\partial}{\partial r}\left(r^2\frac{\partial}{\partial r}\right)+\frac{1}{r^2\sin\theta}\frac{\partial}{\partial\theta}\left(\sin\theta\frac{\partial}{\partial\theta}\right)+\frac{1}{r^2\sin^2\theta}\frac{\partial^2}{\partial\beta^2}$；$r$、$\theta$、$\beta$ 为空间点的球坐标；v_r、v_θ、v_β 为流速的三个坐标分量。

第二节　在简单边界条件下纳维-斯托克斯方程的精确解

黏性流体运动的纳维-斯托克斯方程为一很难解的二阶非线性偏微分方程。另外，在工程中常遇到的黏性流动都有很复杂的流动边界，而且在流场中的流动参数往往都随时间与空间位置的不同做着相互影响的变化。所以在用纳维-斯托克斯方程及相应的初始条件及边界条件寻求流场中的速度、压强、温度等流动参数的分布时，往往会产生数学上的困难，只能求助于数值解。但一些流动边界较简单、可变流动参数的数目较少的黏性流动的解析解，还是可以得到的。有一些这样的流动，其本身在工程上就有实用意义。有些情况下精确解也可作为数值解法精确程度的评定标准。下面将给出一些有精确解析解的黏性流动的解法。

一、库埃特流动

如图 9-5 所示，有两个相距为 h，平面尺寸比 h 大得多的不动平行平板。其间有动力黏度为 μ 的不可压缩流体沿平板朝某一确定方向做定常的层流运动。首先建立一坐标系 $Oxyz$，

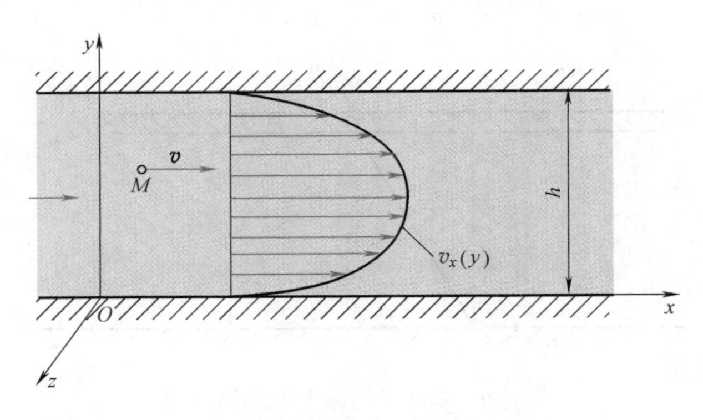

图 9-5　库埃特黏性流动

x 轴指向流动方向，y 轴垂直平板，z 轴与之构成一右手直角坐标系。两平板间的流动有如下特点：任一点 M（x，y，z）处的速度 $\boldsymbol{v}$ 只有 x 轴分量，即 $v_y=v_z=0$。另外，由于平板很大，所以速度与坐标 x、z 无关，即 $v_x=v_x(y)$。流动的另一特点是其压强 p 与 y、z 无关。这是因为在该两方向上无流动，所以在黏性力和惯性力作用的同时，由于 h 较小，可忽略 y 方向的重力作用，代入纳维-斯托克斯方程在 y、z 两方向上不会有压差产生，因而有 $p=p(x)$。这时流动的纳维-斯托克斯方程（9-9）将大为简化，即

$$0=-\frac{1}{\rho}\frac{\mathrm{d}p}{\mathrm{d}x}+\nu\frac{\mathrm{d}^2v_x}{\mathrm{d}y^2}\quad \text{或}\quad \frac{\mathrm{d}^2v_x}{\mathrm{d}y^2}-\frac{1}{\mu}\frac{\mathrm{d}p}{\mathrm{d}x}=0$$

这是一个求速度 $v_x(y)$ 的二阶常微分方程。因 $\mathrm{d}p/\mathrm{d}x$ 是 x 的函数，与 y 无关，故此方程积分两次后可得

$$v_x(y)=\frac{1}{\mu}\frac{\mathrm{d}p}{\mathrm{d}x}\left(\frac{y^2}{2}+C_1y+C_2\right)$$

积分常数 C_1 与 C_2 可用流动的边界条件 $v_x(0)=v_x(h)=0$ 来确定，得到 $C_1=-h/2$，$C_2=0$。故

$$v_x(y) = -\frac{1}{2\mu}\frac{\mathrm{d}p}{\mathrm{d}x}y(h-y) \tag{9-13}$$

这就是两平行平板间黏性流动速度分布的精确解析解。

已知 v_x（y）分布后即可求平板表面处速度在 y 方向的梯度，进而可用牛顿内摩擦定律求出该处的切应力和一段板长上的黏性阻力。

下面再来讨论另一种简单流动边界的黏性流。与上述流动相仿，但两板之一（例如上板）不再是静止的，而是以一恒速 v_∞ 沿本身所在平面向 x 轴的正向运动，如图 9-6 所示。设此时在 x 方向无压强变化，即 $\mathrm{d}p/\mathrm{d}x=0$。这时仍有 $v_x=v_x$（y）、$v_y=v_z=0$，在两板间 $p=$ const。于是纳维-斯托克斯方程呈如下形式，即

$$0=\mu\frac{\mathrm{d}^2 v_x}{\mathrm{d}y^2}$$

积分两次后可得

$$v_x(y) = C_1 y + C_2$$

根据边界条件（无滑动条件）v_x（0）$=0$，v_x（h）$=v_\infty$，可得 $C_1=v_\infty/h$，$C_2=0$，则

$$v_x(y) = \frac{v_\infty}{h}y \quad 或 \quad \frac{v_x(y)}{v_\infty}=\frac{y}{h} \tag{9-14}$$

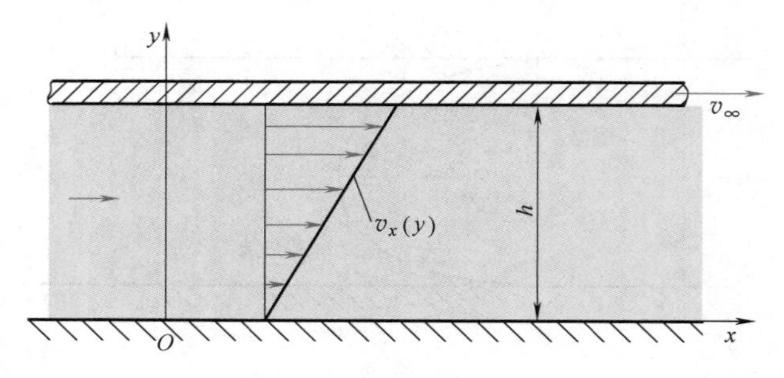

图 9-6 无压力梯度的库埃特流动

可见这时的速度分布为线性，如图 9-6 所示。在下板表面处（$y=0$）速度为零，而在上板表面处（$y=h$）速度为 v_∞。

如果流动在 x 方向有压强梯度，同时上板还以速度 v_∞ 运动，此时平板间的速度可仿照上述方法求出。因为线性方程的解存在叠加性，也可直接将前述的两流动的解相加而得到，即此时

$$v_x(y) = \frac{v_\infty}{h}y - \frac{1}{2\mu}\frac{\mathrm{d}p}{\mathrm{d}x}y(h-y) \tag{9-15}$$

速度分布曲线如图 9-7 所示，它为图 9-5 与图 9-6 上的两速度分布曲线的叠加，图中 $P=\frac{\mathrm{d}p}{\mathrm{d}x}$。在图上给出了 $P>0$、$P=0$ 及 $P<0$ 三种情况下的速度分布形式。在 $P<0$ 时平板间的流动中有部分反向流，此时上平板运动造成的流动已不足以克服反向压差造成的流动，因而出现反向流。

二、圆管中的黏性层流

如图 9-8 所示，一直径为 $2R$ 的圆断面直管中的不可压缩黏性流体在管轴方向的定压差作

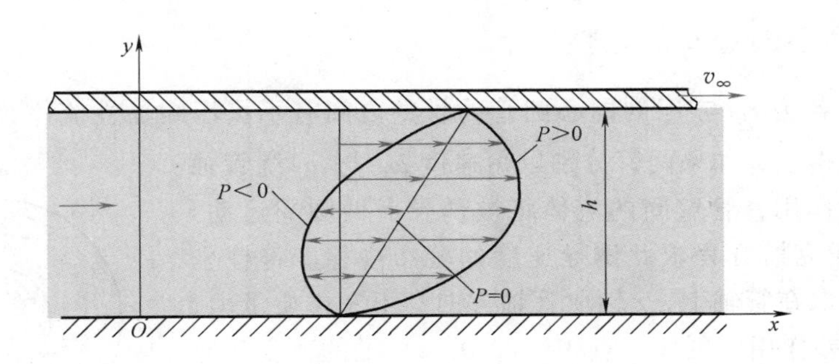

图 9-7 一般的库埃特流动

用下沿圆管做定常层流运动。在这里用柱坐标系纳维-斯托克斯方程求解最合适,设管轴为 z 轴,坐标原点位于管轴之任意处。这时管中任一点 $M(r,\theta,z)$ 处速度应只有 z 轴分量,即 $v_r=v_\theta=0$。假设管长远大于管径,并因圆断面为轴对称的,故 $v_z=v_z(r)$,而与 θ、z 无关。由于在径向与周向不存在流动,故在此两方向也就无压强的变化,即压强只与 z 有关,$p=p(z)$。

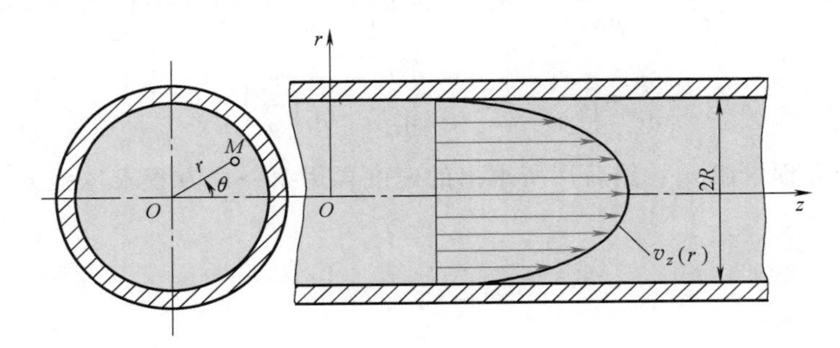

图 9-8 圆管层流

在这种流动边界下纳维-斯托克斯方程(9-11)将呈以下形式:

$$0=-\frac{\mathrm{d}p}{\mathrm{d}z}+\mu\nabla^2 v_z=-\frac{\mathrm{d}p}{\mathrm{d}z}+\mu\frac{1}{r}\frac{\mathrm{d}}{\mathrm{d}r}\left(r\frac{\mathrm{d}v_z}{\mathrm{d}r}\right)$$

或

$$\frac{1}{r}\frac{\mathrm{d}}{\mathrm{d}r}\left(r\frac{\mathrm{d}v_z}{\mathrm{d}r}\right)=\frac{1}{\mu}\frac{\mathrm{d}p}{\mathrm{d}z}$$

因 p 与 r 无关,则上式经两次积分后得

$$v_z(r)=\frac{1}{\mu}\frac{\mathrm{d}p}{\mathrm{d}z}\frac{r^2}{4}+C_1\ln r+C_2$$

积分常数 C_1、C_2 可用边界条件 $v_z(R)=0$,$v_z(0)=$有限值来定。将此二条件代入上式后得 $C_1=0$,$C_2=-(\mathrm{d}p/\mathrm{d}z)R^2/(4\mu)$。所以

$$v_z(r)=-\frac{1}{4\mu}\frac{\mathrm{d}p}{\mathrm{d}z}(R^2-r^2) \tag{9-16}$$

这就是要求的圆管层流的速度分布,流速呈抛物线形分布。

三、旋转同心圆管间的黏性流动

在两个半径各为 r_0 与 r_i 的同心圆管的管壁之间有不可压缩黏性流体，如图 9-9 所示。设管长比管径大得多，如果两管分别以角速度 ω_0 与 ω_i 绕管轴旋转，则因黏性作用，管壁间的流体将被诱导而做圆周运动。现在用纳维-斯托克斯方程求此诱导速度的分布规律。将柱坐标系的坐标原点取在管轴上，z 轴取管轴方向。不考虑质量力，且设 z 方向无压差作用，则任一点 M（r，θ，z）处的速度只能有圆周向分量 v_θ，即 $v_r=v_z=0$。另外，因管很长且为圆断面，所以，v_θ 应与 z 和 θ 无关，即 $v_\theta=v_\theta(r)$。由于流体做圆周运动，各处将产生径向惯性力（向心力）。这将导致压强在径向发生变化，即 $p=p(r)$（由于流动的轴对称性，p 与 θ 无关）。

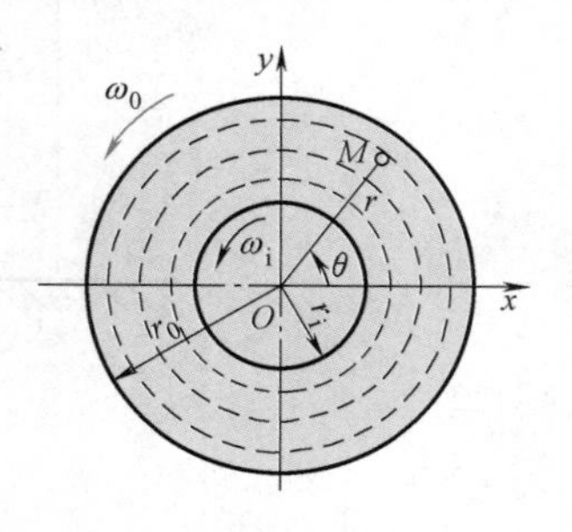

图 9-9 同心圆管间的黏性流动

在这样的流动边界下纳维-斯托克斯方程呈如下形式，有

$$-\frac{v_\theta^2}{r}=-\frac{1}{\rho}\frac{\mathrm{d}p}{\mathrm{d}r} \quad 及 \quad 0=\mu\left[\frac{1}{r}\frac{\mathrm{d}}{\mathrm{d}r}\left(r\frac{\mathrm{d}v_\theta}{\mathrm{d}r}-\frac{v_\theta}{r^2}\right)\right]$$

即

$$\frac{\mathrm{d}p}{\mathrm{d}r}=\rho\frac{v_\theta^2}{r} \quad 及 \quad \frac{\mathrm{d}^2v_\theta}{\mathrm{d}r^2}+\frac{\mathrm{d}}{\mathrm{d}r}\left(\frac{v_\theta}{r}\right)=0$$

由上面的第二个方程求出 v_θ，然后用所求出的速度再用第一个方程求压强 p。把第二个方程积分两次得

$$v_\theta(r)=C_1\frac{r}{2}+\frac{C_2}{r}$$

积分常数 C_1 与 C_2 用边界条件 $v_\theta(r_i)=\omega_i r_i$ 与 $v_\theta(r_0)=\omega_0 r_0$ 来确定，得到

$$C_1=\frac{2(\omega_0r_0^2-\omega_ir_i^2)}{r_0^2-r_i^2},\quad C_2=-r_i^2r_0^2\frac{\omega_0-\omega_i}{r_0^2-r_i^2}$$

$$v_\theta(r)=\frac{1}{r_0^2-r_i^2}\left[(\omega_0r_0^2-\omega_ir_i^2)r-(\omega_0-\omega_i)\frac{r_i^2r_0^2}{r}\right] \tag{9-17}$$

这就是管壁间流体运动速度的分布规律。将此 v_θ 表达式代入简化了的纳维-斯托克斯方程后可得

$$\frac{\mathrm{d}p}{\mathrm{d}r}=\frac{\rho}{(r_0^2-r_i^2)^2}\left[(\omega_0r_0^2-\omega_ir_i^2)^2r-2(\omega_0-\omega_i)(\omega_0r_0^2-\omega_ir_i^2)\frac{r_i^2r_0^2}{r}+(\omega_0-\omega_i)^2\frac{r_i^4r_0^4}{r^3}\right]$$

积分后得

$$p(r)=\frac{\rho}{(r_0^2-r_i^2)^2}\left[(\omega_0r_0^2-\omega_ir_i^2)^2\frac{r^2}{2}-2r_i^2r_0^2(\omega_0-\omega_i)(\omega_0r_0^2-\omega_ir_i^2)\ln r-\frac{r_i^4r_0^4}{2}(\omega_0-\omega_i)^2\frac{1}{r^2}\right]+C \tag{9-18}$$

式（9-18）中的积分常数 C 可用圆管壁面上所给定的压强 $p(r_0)$ 或 $p(r_i)$ 来确定。

四、可压缩流体的库埃特流动

前面已讨论过不可压缩流体的库埃特流动，在同样的边界条件下如果流体可压缩，问题将复杂得多。除速度分布外，温度在两平板间的分布也是另一要求解的问题。有了速度与温度两者的分布才能确定工程中最关心的平板阻力与热交换。在可压缩流动中除速度与压强外，密度与温度也是变化的流动参数。因而在一定边界与初始条件下只根据连续性方程和纳维-斯托克斯方程已不能确定上述各流动参数，还必须求助于能量方程及气体状态方程

$$\rho\left(\frac{\partial e}{\partial t}+v_x\frac{\partial e}{\partial x}+v_y\frac{\partial e}{\partial y}+v_z\frac{\partial e}{\partial z}\right)=-p\left(\frac{\partial v_x}{\partial x}+\frac{\partial v_y}{\partial y}+\frac{\partial v_z}{\partial z}\right)+\frac{\partial}{\partial x}\left(\lambda\frac{\partial T}{\partial x}\right)+$$

$$\frac{\partial}{\partial y}\left(\lambda\frac{\partial T}{\partial y}\right)+\frac{\partial}{\partial z}\left(\lambda\frac{\partial T}{\partial z}\right)-\frac{2}{3}\mu\left(\frac{\partial v_x}{\partial x}+\frac{\partial v_y}{\partial y}+\frac{\partial v_z}{\partial z}\right)^2+\mu\left[2\left(\frac{\partial v_x}{\partial x}\right)^2+\right.$$

$$\left(\frac{\partial v_y}{\partial x}+\frac{\partial v_x}{\partial y}\right)\frac{\partial v_y}{\partial x}+\left(\frac{\partial v_x}{\partial z}+\frac{\partial v_z}{\partial x}\right)\frac{\partial v_z}{\partial x}+\left(\frac{\partial v_y}{\partial x}+\frac{\partial v_x}{\partial y}\right)\frac{\partial v_x}{\partial y}+2\left(\frac{\partial v_y}{\partial y}\right)^2+$$

$$\left.\left(\frac{\partial v_z}{\partial y}+\frac{\partial v_y}{\partial z}\right)\frac{\partial v_z}{\partial y}+\left(\frac{\partial v_x}{\partial z}+\frac{\partial v_z}{\partial x}\right)\frac{\partial v_x}{\partial z}+\left(\frac{\partial v_z}{\partial y}+\frac{\partial v_y}{\partial z}\right)\frac{\partial v_y}{\partial z}+2\left(\frac{\partial v_z}{\partial z}\right)^2\right] \tag{9-19}$$

$$\frac{p}{\rho}=R_gT \tag{9-20}$$

另外，在可压缩流动中动力黏度 μ 不再是常数，而主要随温度以下列关系变化

$$\frac{\mu}{\mu_0}=\left(\frac{T}{T_0}\right)^n \tag{9-21}$$

式中，μ_0、T_0 为流场某特定点处相应值；n 为常数，且在温度较低时 $n=1$，在温度较高时 $n=1/2$。

动力黏度 μ 与能量方程中出现的热导率（导热系数）λ，根据气体运动论有下列关系：

$$\frac{\mu c_p}{\lambda}=Pr \tag{9-22}$$

式中，Pr 为普朗特数，它是气体的一个物理性质，与温度无关；c_p 是气体的比定压热容，也是气体的物理性质，可认为是一常数。

有了上述方程及关系式后，现在来讨论如何求图 9-10 所示的可压缩黏性定常层流的速度与温度分布。图 9-10 所示为两个相距为 h 的相互平行的无限大平板之间有可压缩的黏性流体。设下板静止，上板以常速$\boldsymbol{v}_\infty$在它本身所在的平面上运动。下板温度为 T_1，上板温度为 T_2。现建立一坐标系，其 x 轴取在下板上，方向与$\boldsymbol{v}_\infty$一致。y 轴垂直板面向上，而 z 轴则与其他两轴构成右手坐标系。如果在 x 方向无压差，则流体的运动只能是由上板运动及流体的黏性作用引起的。所以，流体任一点处的速度只能有 x 轴分量 v_x，即 $v_y=v_z=0$。另外因平板很大，此速度 v_x 应与 x、z 无关，即 $v_x=v_x(y)$。根据黏性流体在固体边界上的无滑动条件应有 $v_x(0)=0,v(h)=v_\infty$。由于流体无 y 与 z 轴方向的运动，并且忽略质量力的作用，则压强在此两方向也不应改变。于是在整个流场中有 $p=\text{const}$。此外，不考虑流动刚刚发生时的过渡状态的流动，而只讨论其稳态下的流动，所以流动与时间无关，为定常的。

在上述的特定流动中连续性方程自然满足，纳维-斯托克斯方程(9-8)呈现的形式为

$$\frac{\mathrm{d}}{\mathrm{d}y}\left(\mu\frac{\mathrm{d}v_x}{\mathrm{d}y}\right)=0$$

能量方程则为

$$\frac{\mathrm{d}}{\mathrm{d}y}\left(\lambda\frac{\mathrm{d}T}{\mathrm{d}y}\right)+\mu\left(\frac{\mathrm{d}v_x}{\mathrm{d}y}\right)^2=0$$

现在就来用这些方程及边界条件求速度及温度分布。将纳维-斯托克斯方程积分后得

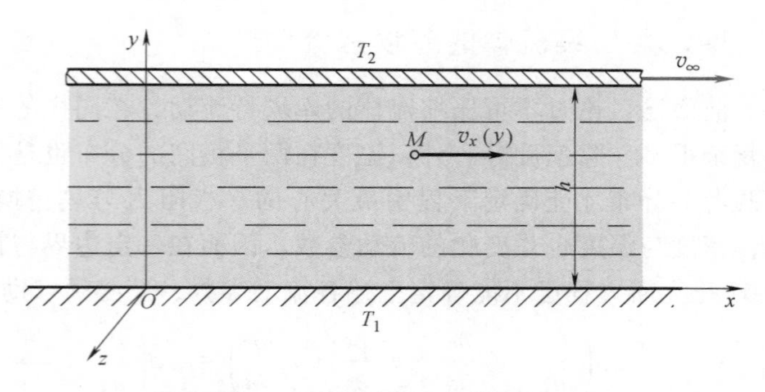

图 9-10 可压缩黏性流体的库特流动

$$\mu\frac{\mathrm{d}v_x}{\mathrm{d}y}=C$$

此积分结果表明，在流场各处的黏性切应力应为一常数 C。设在下平板表面上切应力为 τ_1，则上面的积分常数应为 $C=\tau_1$。于是有

$$\mu\frac{\mathrm{d}v_x}{\mathrm{d}y}=\tau_1 \tag{9-23}$$

即

$$\mathrm{d}v_x=\frac{\tau_1}{\mu}\mathrm{d}y \quad 或 \quad \mathrm{d}y=\frac{\mu}{\tau_1}\mathrm{d}v_x$$

将它们积分后得

$$v_x(y)=\tau_1\int_0^y\frac{1}{\mu(T)}\mathrm{d}y \quad 或 \quad y=\frac{1}{\tau_1}\int_0^{v_x}\mu(T)\,\mathrm{d}v_x \tag{9-24}$$

由前一式可知，欲求 $v_x(y)$ 就必须先找到温度分布 $T(y)$，然后才能由动力黏度与温度的关系式(9-21)得到 $\mu(y)$，最后再用式(9-24)的前一式积分求得 $v_x(y)$。这就需要求助于能量方程。因为 $\mu\mathrm{d}v_x/\mathrm{d}y=\tau_1$，故能量方程变为

$$\frac{\mathrm{d}}{\mathrm{d}y}\left(\lambda\frac{\mathrm{d}T}{\mathrm{d}y}\right)+\tau_1\frac{\mathrm{d}v_x}{\mathrm{d}y}=0$$

积分后得

$$\lambda\frac{\mathrm{d}T}{\mathrm{d}y}+\tau_1 v_x=C$$

积分常数 C 可由下板处的边界条件确定，即当 $y=0$ 时，应有 $v_x(0)=0$ 和 $(\lambda\mathrm{d}T/\mathrm{d}y)_{y=0}=-q_1$。后一条件中的 q_1 为流体与下板之间的热量传递。一般把从壁面向流体的传热视为正的，所以在其前面加了一负号。由该两边界条件可得 $C=-q_1$。代回方程后得

$$\lambda\frac{\mathrm{d}T}{\mathrm{d}y}+\tau_1 v_x=-q_1$$

将此式中的热导率用 $\lambda=\mu c_p/Pr$，切应力用 $\tau_1=\mu\mathrm{d}v_x/\mathrm{d}y$ 替代，并整理可得

$$\frac{\mathrm{d}}{\mathrm{d}y}\left(\frac{c_pT}{Pr}+\frac{1}{2}v_x^2\right)=-\frac{q_1}{\mu} \quad 或 \quad \mathrm{d}\left(\frac{c_pT}{Pr}+\frac{1}{2}v_x^2\right)=-\frac{q_1}{\mu}\mathrm{d}y$$

将后一式两端在区间 $y=0$ 到 $y=y$ 上做积分得

$$\left(\frac{c_pT}{Pr}+\frac{1}{2}v_x^2\right)\Bigg|_{y=0}^{y=y}=-q_1\int_0^y\frac{\mathrm{d}y}{\mu(T)}$$

即

$$\frac{c_p}{Pr}(T-T_1)+\frac{1}{2}v_x^2=-q_1\int_0^y\frac{\mathrm{d}y}{\mu(T)}$$

上式等号右端的积分根据式(9-24)应为 v_x/τ_1。代入上式经整理后得

$$c_p(T-T_1)+\frac{Pr}{2}v_x^2=-\frac{Prq_1}{\tau_1}v_x \tag{9-25}$$

式中，T 与 v_x 分别为任一点 y 处的温度与速度。

将它们用上板处的对应值 T_2 与 v_∞ 代入后可得

$$c_p(T_2-T_1)+\frac{Pr}{2}v_\infty^2=-\frac{Prq_1}{\tau_1}v_\infty$$

故可得

$$T_1=T_2+\frac{Pr}{c_p}\left(\frac{1}{2}v_\infty^2+\frac{q_1}{\tau_1}v_\infty\right)$$

将之代入式(9-25)中并经整理后得

$$c_p(T-T_2)=\frac{Pr}{2}(v_\infty^2-v_x^2)+\frac{Prq_1}{\tau_1}(v_\infty-v_x)$$

或

$$\frac{T}{T_2}=1+\frac{Pr}{c_pT_2}\left[\frac{1}{2}(v_\infty^2-v_x^2)+\frac{q_1}{\tau_1}(v_\infty-v_x)\right]$$

由热力学可知 $c_p=\kappa R_g/(\kappa-1)$，$\kappa$ 为等熵指数，R_g 为气体常数。将此 c_p 代入上式后得

$$\frac{T}{T_2}=1+\frac{Pr(\kappa-1)}{\kappa R_gT_2}\left[\frac{v_\infty^2}{2}\left(1-\frac{v_x^2}{v_\infty^2}\right)+\frac{q_1v_\infty}{\tau_1}\left(1-\frac{v_x}{v_\infty}\right)\right]=$$

$$1+\frac{Pr(\kappa-1)}{2}Ma_2^2\left(1-\frac{v_x^2}{v_\infty^2}\right)+\frac{Pr(\kappa-1)}{v_\infty}\frac{q_1}{\tau_1}Ma_2^2\left(1-\frac{v_x}{v_\infty}\right) \tag{9-26}$$

该式给出了流场中任一点处的温度 T 与速度 v_x 的关系。式中除 τ_1 外其他所有包括于系数中的量皆为已知的。式中的 $Ma_2=v_\infty/\sqrt{\kappa RT_2}$ 为上板表面处的马赫数。

由式（9-21）有（$T/T_2)^n=\mu/\mu_2$，μ_2 为上板处流体的动力黏度。因为上板温度已知，故 μ_2 为已知量。于是有

$$\mu=\mu_2\left(\frac{T}{T_2}\right)^n=\mu_2\left[1+\frac{Pr(\kappa-1)}{2}Ma_2^2\left(1-\frac{v_x^2}{v_\infty^2}\right)+\frac{Pr(\kappa-1)}{v_\infty}\frac{q_1}{\tau_1}Ma_2^2\left(1-\frac{v_x}{v_\infty}\right)\right]^n$$

将此动力黏度代入式（9-24）的后一式可得

$$y=\frac{\mu_2}{\tau_1}\int_0^{v_x}\left[1+\frac{Pr(\kappa-1)}{2}Ma_2^2\left(1-\frac{v_x^2}{v_\infty^2}\right)+\frac{Pr(\kappa-1)}{v_\infty}\frac{q_1}{\tau_1}Ma_2^2\left(1-\frac{v_x}{v_\infty}\right)\right]^n\mathrm{d}v_x$$

上式积分后即得 v_x 与 y 的关系。当 n 不为整数时（一般情况下为非整数，如空气的 $n=0.76$）上述积分只好用数值法。在流动温度不高时可取 $n=1$，此时积分较容易。

现在设下板是绝热的，即 $q_1=0$，并取 $n=1$。这时可得 v_x 与 y 的关系式如下：

$$y=\frac{\mu_2}{\tau_1}\int_0^{v_x}\left[1+\frac{Pr(\kappa-1)}{2}Ma_2^2\left(1-\frac{v_x^2}{v_\infty^2}\right)\right]\mathrm{d}v_x$$
$$=\frac{\mu_2 v_\infty}{\tau_1}\left\{\frac{v_x}{v_\infty}+\frac{Pr(\kappa-1)}{2}Ma_2^2\left[\frac{v_x}{v_\infty}-\frac{1}{3}\left(\frac{v_x}{v_\infty}\right)^3\right]\right\}$$

当 $y=h$ 时 $v_x=v_\infty$，代入上式得

$$\tau_1=\frac{\mu_2 v_\infty}{h}\left(1+\frac{\kappa-1}{3}PrMa_2^2\right)$$

再将 τ_1 表达式代回前式可得

$$y=h\left\{\frac{v_x}{v_\infty}+\frac{\kappa-1}{2}PrMa_2^2\left[\frac{v_x}{v_\infty}-\frac{1}{3}\left(\frac{v_x}{v_\infty}\right)^3\right]\right\}\Big/\left(1+\frac{\kappa-1}{3}PrMa_2^2\right)$$

即

$$\frac{y}{h}=\left\{\frac{v_x}{v_\infty}+\frac{\kappa-1}{2}PrMa_2^2\left[\frac{v_x}{v_\infty}-\frac{1}{3}\left(\frac{v_x}{v_\infty}\right)^3\right]\right\}\Big/\left(1+\frac{\kappa-1}{3}PrMa_2^2\right) \tag{9-27}$$

式（9-27）即为欲求的 v_x（y）的隐函数形式，很难写出其显含式。从该式可知，若流动速度很低，即 $Ma_2\to 0$ 时，式（9-27）即为不可压缩流体的库埃特流动的速度分布 $v_x=v_\infty y/h$，如图 9-11a 中的直线所示。当 Ma_2 较大时，速度呈梯度递减的曲线分布形式。

根据式（9-26）可求出温度 T 与 y 的关系，如图 9-11b 所示。图上给出的温度与坐标的关系曲线是当 $Ma_2=2.0$ 时得到的。

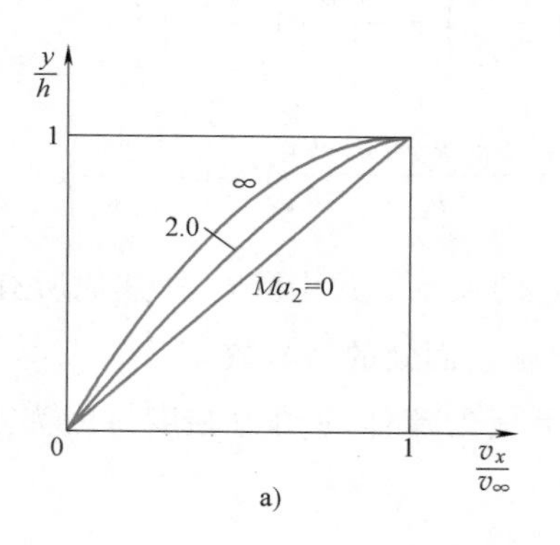

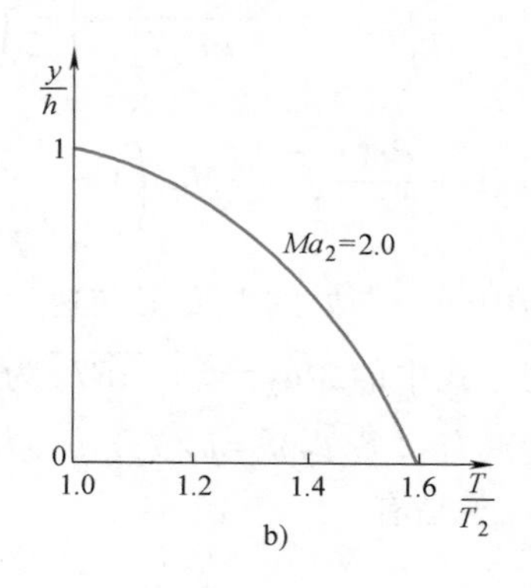

图 9-11　可压缩库埃特流的速度与温度分布

第三节　边界层的概念

边界层的基本概念

一、边界层及流动阻力

当运动的黏性流体以很大的雷诺数流过一物体时，大量实验表明，整个流场可分成速度

分布特征明显不同的两个区域，如图 9-12 所示。在紧靠物体表面附近的流动区域 1（虚线与物体表面之间）和其外面的流动区域 2（虚线之外）。流动区域 1 由前驻点开始向下游逐渐增大其厚度，并一直延伸到被绕流物体后方的尾迹中。在这一区域的流动特征是其速度从物体表面处的零值经过一段很短的法向距离就变成物体外面的势流速度值，即在此区域中速度的法向梯度很大。而在流动区域 2 中则是具有较小法向速度梯度的流动。流动区域 1 中的流动在物体的后面部分一般要脱离开物体（即无后驻点），最后在物体后面形成流动尾迹。由于流体有黏性，在流动区域 1 中即显示出很强的黏性作用。而在流动区域 2 中这种黏性作用却很小，因而忽略其作用而将流体当作理想的来处理时所造成的速度分布的误差不会很大。另外，由于区域 1 的厚度很小，所以区域 2 中的流动即可视为以物体表面为边界的势流。其速度分布及物体与流体之间的作用力完全可用第八章所述的原理去求解。

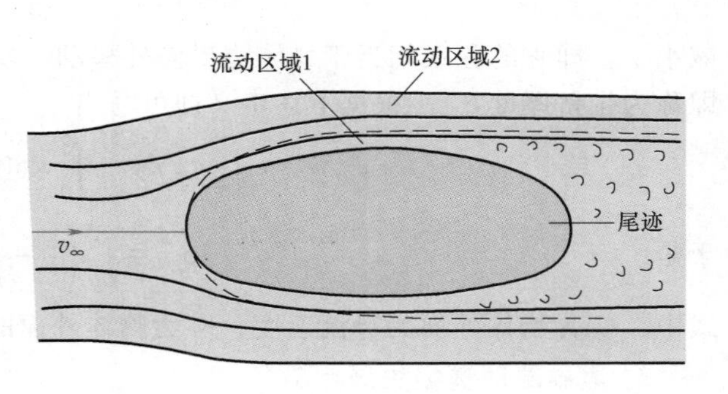

图 9-12　黏性流体绕流

在被绕流物体表面上的一层厚度很小且其中的流动具有很大法向速度梯度和旋度的流动区域 1 称作边界层。在边界层中呈现有较强的黏性作用，并形成对流动的阻力。该阻力产生的根源是流体与物体表面的黏性切应力。另外，边界层脱离而在物体后面形成尾迹，结果将导致物体表面上产生沿流动方向的压差。此压差即构成对流动的另一类阻力——压差阻力或形状阻力。要求得边界层中的黏性阻力与被绕物体的压差阻力，就必须先求出边界层中的速度分布。

二、边界层的厚度

在建立求解边界层中速度分布所需的方程之前先介绍一下常用的边界层的几种厚度的概念与定义。

1. 边界层厚度（几何厚度）δ

它是边界层法向上的这样一段距离（图 9-13a），在该距离处流体的速度等于该处势流速度的 0.99 倍，即当 $y=\delta$ 时，$v_x=0.99v_\infty$。

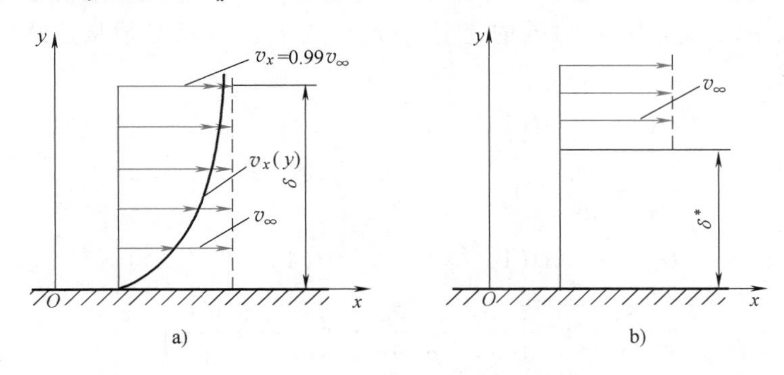

图 9-13　边界层的各种厚度

2. 边界层排挤厚度 δ^*

引出这个厚度概念的出发点是：边界层中由于黏性使本来是以势流速度流过物体的流量

减小了，即它的存在相当于物体边界向外移动一段距离而将流动向外排挤，这一排挤的距离即称为排挤厚度δ^*。根据上述定义即可写出

$$v_\infty \delta^* = \int_0^\infty v_\infty \mathrm{d}y - \int_0^\infty v_x \mathrm{d}y = \int_0^\infty (v_\infty - v_x)\mathrm{d}y$$

于是

$$\delta^* = \int_0^\infty \left(1 - \frac{v_x}{v_\infty}\right)\mathrm{d}y \tag{9-28}$$

式中，v_∞为物体外面的势流速度；v_x为物体外面的真实的黏性流体的速度。

3. 边界层动量损失厚度δ^{**}

边界层的存在使物体界面外势流原有的动量减少了，此减少的动量所对应的势流流层的厚度即定义为动量损失厚度δ^{**}。于是有

$$\rho v_\infty^2 \delta^{**} = \int_0^\infty \rho v_\infty v_x \mathrm{d}y - \int_0^\infty \rho v_x^2 \mathrm{d}y = \rho\int_0^\infty v_x(v_\infty - v_x)\mathrm{d}y$$

因此可得

$$\delta^{**} = \int_0^\infty \frac{v_x}{v_\infty}\left(1 - \frac{v_x}{v_\infty}\right)\mathrm{d}y \tag{9-29}$$

上面定义的三种边界层厚度，即边界层几何厚度δ、排挤厚度δ^*与动量损失厚度δ^{**}在后面的边界层流动的分析与求解中都要经常用到，是很重要的概念。

第四节　边界层方程组及边界条件

将要在本节推导的边界层方程是求边界层内速度分布的基本方程之一，它是用边界层内流动的物理特征作为出发点，根据纳维-斯托克斯方程推出。

现假设不可压缩黏性流体流过一半无穷大平板或一曲率不大的弯曲壁面，且流动的雷诺数（$Re=v_\infty L/\nu$）很大，先取一坐标系如图9-14所示。坐标原点在前驻点，x轴沿壁面且朝向流动方向，y轴垂直壁面。这里只考虑平面定常边界层流动，即流动与坐标z和时间t无关。

根据上节所述的边界层概念，在边界层外的流动可视为势流，边界层中的黏性作用很大。要求解此层中任一点$M(x,y)$处的速度$v_x(x,y)$与$v_y(x,y)$，必须从连续性方程与纳维-斯托克斯方程出发。

$$\left.\begin{aligned}
&\quad O(1) \qquad O(1)\\
&\frac{\partial v_x}{\partial x} + \frac{\partial v_y}{\partial y} = 0\\
&\quad O(1) \qquad O(1) \qquad\qquad\qquad\quad O(1) \quad O(1/\varepsilon^2)\\
&v_x\frac{\partial v_x}{\partial x} + v_y\frac{\partial v_x}{\partial y} = -\frac{1}{\rho}\frac{\partial p}{\partial x} + \nu\left(\frac{\partial^2 v_x}{\partial x^2} + \frac{\partial^2 v_x}{\partial y^2}\right)\\
&\quad O(\varepsilon) \qquad O(\varepsilon) \qquad\qquad\qquad\quad O(\varepsilon) \quad O(1/\varepsilon)\\
&v_x\frac{\partial v_y}{\partial x} + v_y\frac{\partial v_y}{\partial y} = -\frac{1}{\rho}\frac{\partial p}{\partial y} + \nu\left(\frac{\partial^2 v_y}{\partial x^2} + \frac{\partial^2 v_y}{\partial y^2}\right)
\end{aligned}\right\} \tag{9-30}$$

设在坐标为 x 处的边界层厚度为 δ，则除在 $x=0$ 点附近，在所有 $x>0$ 各点都有 $\delta \ll x$。即 δ 与该处的 x 相比应是个小量。若将 x 的数量级当作 1，或写作 $x \sim O(1)$，则 $\delta \sim O(\varepsilon)$，$\varepsilon \ll 1$。另外，上列方程中的诸量 v_x、$\partial v_x/\partial x$、$\partial^2 v_x/\partial x^2$ 的数量级和外面势流的相应量是同等的，也取为 $O(1)$。现在来分析上列方程中的所有各项的数量级。由连续性方程可知

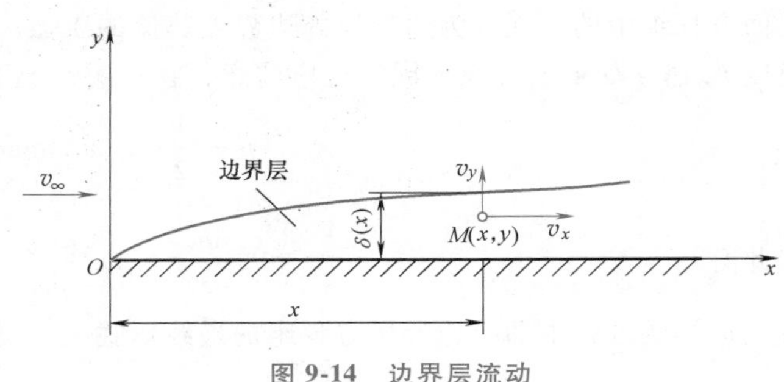

图 9-14 边界层流动

$$\frac{\partial v_x}{\partial x} = -\frac{\partial v_y}{\partial y}$$

故可知 $\partial v_y/\partial y \sim O(1)$。在边界层中有 $y<\delta$，则 $y \sim O(\varepsilon)$，所以有 $v_y \sim O(\varepsilon)$。于是方程中各项的数量级即可做如下判断

$$v_x \frac{\partial v_x}{\partial x} \sim O(1),\quad v_y \frac{\partial v_x}{\partial y} \sim O(1),\quad \frac{\partial^2 v_x}{\partial x^2} \sim O(1),\quad \frac{\partial^2 v_x}{\partial y^2} \sim O(1/\varepsilon^2),$$

$$v_x \frac{\partial v_y}{\partial x} \sim O(\varepsilon),\quad v_y \frac{\partial v_y}{\partial y} \sim O(\varepsilon),\quad \frac{\partial^2 v_y}{\partial x^2} \sim O(\varepsilon),\quad \frac{\partial^2 v_y}{\partial y^2} \sim O(1/\varepsilon)$$

$\partial p/\partial x$ 与 $\partial p/\partial y$ 的数量级取决于方程中其他项的数量级。将各项的数量级分别写在各相应项的上方以便做比较。在式（9-30）第二个方程的右端的黏性项中，$\partial^2 v_x/\partial y^2$ 比 $\partial^2 v_x/\partial x^2$ 大得多，因而后者可略去不计。另外方程两端数量级应相等，即都应是 O（1），所以应该有

$$\nu \frac{\partial^2 v_x}{\partial y^2} \sim O(1)$$

因为 $\partial^2 v_x/\partial y^2 \sim O(1/\varepsilon^2)$，故由上式可知 $\nu \sim O(\varepsilon^2)$，即流动的黏性应很小或流动雷诺数应很大（$Re = v_\infty x/\nu \gg 1$）。

在式（9-30）的第三个方程中，其右端黏性项中的 $\nu \partial^2 v_y/\partial x^2$ 比 $\nu \partial^2 v_y/\partial y^2$ 小得多，可忽略。于是方程左端的惯性项与右端的黏性项的数量级都是 O（ε），即 y 方向的惯性力与黏性力比 x 方向的这些力（O（1））小得多。于是可认为边界层流动速度基本上是由 x 方向方程所限定的，而用不着考虑 y 方向的方程。另外，从 y 方向方程可知

$$\frac{1}{\rho}\frac{\partial p}{\partial y} \sim O(\varepsilon) \quad \text{或} \quad \frac{\partial p}{\partial y} \sim O(\varepsilon)$$

上式说明，在边界层中压强在 y 方向的变化非常小（与 $\partial p/\partial x$ 相比），因此可忽略而认为 $\partial p/\partial y = 0$ 或 $p = p(x)$，与 y 无关。这说明在整个边界层厚度方向压强不变，都等于边界层外边界处的势流压强。

经过上述边界层中的纳维-斯托克斯方程各项数量级大小的比较，即可将方程简化。再加上连续性方程后，得到边界层方程组如下，即

$$\left.\begin{aligned} &\frac{\partial v_x}{\partial x} + \frac{\partial v_y}{\partial y} = 0 \\ &v_x \frac{\partial v_x}{\partial x} + v_y \frac{\partial v_x}{\partial y} = -\frac{1}{\rho}\frac{\mathrm{d}p}{\mathrm{d}x} + \nu \frac{\partial^2 v_x}{\partial y^2} \end{aligned}\right\}$$

上面方程组中的压强 p 为边界层外边界处势流的压强。利用伯努利方程可将此压强与势流的速度 v_∞ 建立如下的关系，同时还应注意，在一般情况下 $v_\infty = v_\infty(x)$，有

$$p + \frac{1}{2}\rho v_\infty^2 = \text{const}$$

因此有

$$\frac{\mathrm{d}p}{\mathrm{d}x} = -\rho v_\infty \frac{\mathrm{d}v_\infty}{\mathrm{d}x}$$

代入边界层方程中即得边界层方程组的最终形式

$$\left.\begin{aligned} &\frac{\partial v_x}{\partial x} + \frac{\partial v_y}{\partial y} = 0 \\ &v_x \frac{\partial v_x}{\partial x} + v_y \frac{\partial v_x}{\partial y} = v_\infty \frac{\mathrm{d}v_\infty}{\mathrm{d}x} + \nu \frac{\partial^2 v_x}{\partial y^2} \end{aligned}\right\} \tag{9-31}$$

求解边界层方程组时所用的三个边界条件是

$$\left.\begin{aligned} &y = 0\text{ 时}, v_x(x,0) = 0, v_y(x,0) = 0 \\ &y \to \infty\text{时}, v_x(x,y) = v_\infty(x) \end{aligned}\right\}$$

可见，欲求解边界层中的速度分布就必须先将势流解 $v_\infty(x)$ 求出，把它作为求解边界层方程的一个边界条件。

在用边界层方程求解具体的边界层流动之前，先定性地分析一下边界层厚度 δ 和哪些量有关是有益的。在推导边界层方程时曾得到过下述结论，即

$$v_x \frac{\partial v_x}{\partial x} + v_y \frac{\partial v_x}{\partial y} \quad \text{与} \quad \nu \frac{\partial^2 v_x}{\partial y^2}$$

是同数量级的。上式中的 v_x 与 v_∞ 同数量级，y 与 δ 同数量级。于是由上式可知

$$\frac{v_\infty^2}{x} \sim \nu \frac{v_\infty}{\delta^2}$$

所以有

$$\delta \sim \sqrt{\frac{\nu x}{v_\infty}} \tag{9-32}$$

可见边界层厚度 δ 与流体的运动黏度 ν 以及边界层所在位置的坐标 x 的平方根成正比，和势流速度的平方根成反比。即流体越黏稠，势流速度越小，边界层越厚，并且边界层的厚度随 x 的增大而不断加厚。

第五节　平板层流边界层的精确解

现在来用边界层方程求不可压缩黏性流体以层流状态流过一半无穷大平板时其边界层中的速度分布，进而求出平板表面上的黏性切应力及一段板长上的黏性阻力。另外，还要求出边界层厚度沿平板的变化规律。

如图 9-15 所示，设在平板前方未受扰动的流动速度为一均匀流速度 v_∞，其方向与平板相切。平板势流在第八章已有讨论，其速度分布为 $v_x = v_\infty$，$v_y = 0$，即沿平板的速度为常量 v_∞。于是边

界层方程（9-31）呈如下形式，即

$$\frac{\partial v_x}{\partial x}+\frac{\partial v_y}{\partial y}=0,\quad v_x\frac{\partial v_x}{\partial x}+v_y\frac{\partial v_x}{\partial y}=\nu\frac{\partial^2 v_x}{\partial y^2} \tag{9-33}$$

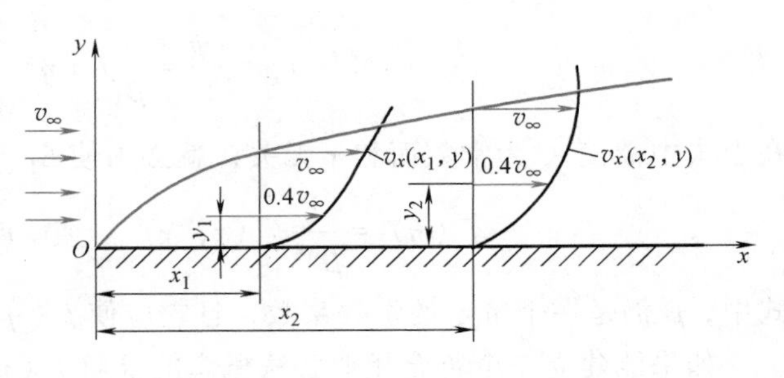

图 9-15　平板边界层

式（9-33）包含两个未知函数 v_x（x，y）与 v_y（x，y），为抛物型偏微分方程。通过平面流动的流函数 ψ（x，y）与 v_x、v_y 的关系，式（9-33）中的第二个式子可写成只含一个未知函数 ψ 的方程

$$\frac{\partial\psi}{\partial y}\frac{\partial^2\psi}{\partial x\partial y}-\frac{\partial\psi}{\partial x}\frac{\partial^2\psi}{\partial y^2}=\nu\frac{\partial^3\psi}{\partial y^3} \tag{9-34}$$

式（9-34）在 20 世纪初首先由普拉修斯用一种“相似性解法”求出了解析解。先讨论一下这个相似性解法是怎样一个概念。如图 9-15 所示，设在边界层中 $x=x_1$ 与 $y=y_1$ 处速度 $v_x=0.4v_\infty$。可以想见，在 $x=x_2$ 处的边界层内必有一点 $y=y_2$ 处的速度也会达到势流速度 v_∞ 的 0.4 倍。换句话说，如果定义一个量纲一的坐标 η，则

$$\eta=\alpha\frac{y}{x^n}$$

式中，α 为一待定常数，它可使 η 成为量纲一的数；n 也为一待定常数。

当
$$\frac{y_1}{x_1^n}=\frac{y_2}{x_2^n}\quad 或\quad \eta_1=\eta_2$$

时，即当 η 为某一常数值时，应有 $v_x(x_1,y_1)=v_x(x_2,y_2)$，或说 v_x/v_∞ 为某一常数值。亦即不管在平板何处（不同的 x），也不管在边界层中的何处（不同的 y），只要由 x 与 y 组成的一个量纲一的数

$$\eta=\alpha\frac{y}{x^n}=\text{const}$$

就应有唯一的一个

$$\frac{v_x(x,\ y)}{v_\infty}=\text{const}$$

和它相对应。如图 9-16 所示，在平板的各处都有相似的速度分布形式或速度剖面。这就是相似解法的概念。

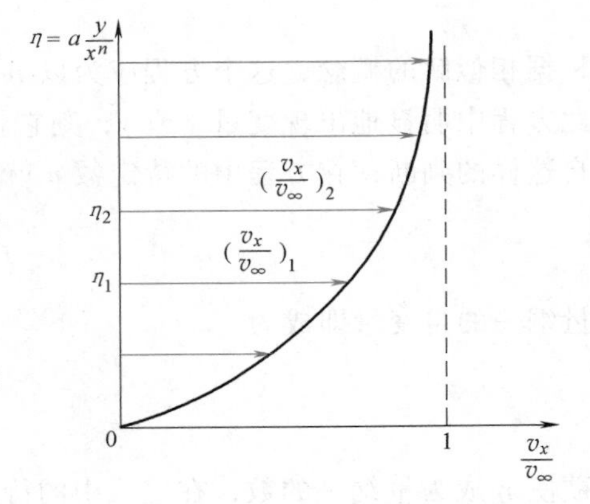

图 9-16　边界层中的相似速度剖面

现在再定义一个以 η 为自变量的量纲一的函数，它和要求解的边界层流动的流函数 ψ（x，y）的关系为

$$f(\eta)=\beta_1\psi(x,\ y)\quad 或\quad \psi(x,\ y)=\frac{1}{\beta_1}f(\eta)$$

式中，β_1 为一待定系数。这个以 η 为自变量的量纲一的函数叫作量纲一的流函数。根据相似解的概念，当 $\eta=\text{const}$ 时，应有

$$v_x=\frac{\partial\psi}{\partial y}=\frac{1}{\beta_1}f'(\eta)\frac{\alpha}{x^n}=\mathrm{const}$$

在上式中欲使 v_x 为常数而和 x 无关，就必须使 $\beta_1=1/(\beta x^n)$。于是量纲一的流函数就成为

$$f(\eta)=\frac{1}{\beta x^n}\psi(x, y) \quad 或 \quad \psi(x, y)=\beta x^n f(\eta)$$

式中，β 仍是一个待定的常数系数，且它应使 $f(\eta)$ 成为量纲一的数。

如果能建立一个符合相似解法概念的求解 $f(\eta)$ 的方程，再确定出 n、α、β 三个待定系数，则边界层流动的流函数就可得到，因而速度 $v_x(x, y)$、$v_y(x, y)$ 随之即可求得。自然，建立这一方程的根据只能是上面已给出的流函数形式的边界层方程（9-34）。为此，先写出此方程各项与 $f(\eta)$ 和 η 的关系，即

$$\left.\begin{aligned}
&\frac{\partial\psi}{\partial x}=\beta\left[nx^{n-1}f+x^nf'\left(-\alpha ny\frac{1}{x^{n+1}}\right)\right]=\beta nx^{n-1}(f-\eta f')\\
&\frac{\partial\psi}{\partial y}=\beta x^nf'\frac{\alpha}{x^n}=\beta\alpha f'\\
&\frac{\partial^2\psi}{\partial y^2}=\beta\alpha f''\frac{\alpha}{x^n}=\beta\frac{\alpha^2}{x^n}f''\\
&\frac{\partial^3\psi}{\partial x^3}=\beta\frac{\alpha^3}{x^{2n}}f'''\\
&\frac{\partial^2\psi}{\partial x\partial y}=\beta\alpha f''\left(-\alpha ny\frac{1}{x^{n+1}}\right)=-\beta\frac{n\alpha}{x}\eta f''
\end{aligned}\right\}\tag{9-35}$$

将上面各式代入式（9-34）可得

$$-\frac{\beta n\alpha^2}{x}(nf'f''+ff''-\eta f'f'')=\nu\beta\frac{\alpha^3}{x^{2n}}f'''$$

整理后得

$$f'''+\frac{\beta nx^{2n-1}}{\nu\alpha}ff''=0$$

根据相似解的概念，这个方程应为以 η 作为自变量的求解 $f(\eta)$ 的一常微分方程。如果在此方程中明显地出现变量 x 或 y，则它就不是 $f(\eta)$ 的常微分方程，也就不会有相似解。出自这样的判断，在方程中的待定数 n 就必须等于 1/2。这时上式呈如下形式，即

$$f'''+\frac{\beta}{2\nu\alpha}ff''=0\tag{9-36a}$$

量纲一的自变量即成为

$$\eta=\alpha\frac{y}{\sqrt{x}}$$

欲使 η 成为量纲一的数，在上式中的待定系数 α 即应取与 $y/\sqrt{x}$ 的量纲成倒数的某个由某些流场特征量组成的数。若取 $\alpha=\sqrt{v_\infty/\nu}$ 则正好满足上述要求。于是有

$$\eta=y/\sqrt{\frac{\nu x}{v_\infty}}\tag{9-36b}$$

再来确定待定系数β，由前述的$\psi\ (x,\ y)\ =\beta\sqrt{x}f\ (\eta)$可知，欲使$f\ (\eta)$成为量纲一的函数，则$\beta\sqrt{x}$的量纲应与$\psi\ (x,\ y)$的量纲一样。$\psi$的量纲是$L^2/T$，$\sqrt{x}$的是$L^{1/2}$，故$\beta$的应是$L^{3/2}/T$。此外$\beta$也须由流场的特征量组成。可发现取$\beta=\sqrt{\nu v_\infty}$则正合适。于是有

$$\psi(x,\ y)=\sqrt{\nu v_\infty x}f(\eta) \tag{9-37}$$

把上面已确定的α与β代入式（9-35）后得

$$f'''+\frac{1}{2}ff''=0 \tag{9-38}$$

这就是求解量纲一的流函数$f\ (\eta)$的常微分方程。它是一个三阶非线性方程，很难用解析法求解，只好求助于数值法。

求解方程所需的边界条件：在考虑了前述的关系式（9-35）后，边界条件应是：

当$y=0$或$\eta=0$时，应有

$$v_x(x,0)=(\partial\psi/\partial y)_{y=0}=(\beta\alpha f')_{\eta=0}=0$$

$$v_y(x,0)=(-\partial\psi/\partial x)_{y=0}=-\beta[nx^{n-1}(f-\eta f')]_{\eta=0}=0$$

所以有

$$f'(0)=0 \quad 与 \quad f(0)=0 \tag{9-39}$$

当$y\to\infty$或$\eta\to\infty$时，应有$v_x(x,\ y)_{y\to\infty}=(\beta\alpha f')_{\eta\to\infty}=v_\infty$，所以有

$$f'(\eta)_{\eta\to\infty}=v_\infty/(\beta\alpha)=1 \tag{9-40}$$

方程（9-38）在边界条件式（9-39）与式（9-40）下的数值解见表9-1。

平板上某点x处的黏性摩擦力为

$$\tau_0(x)=\mu\left(\frac{\partial v_x}{\partial y}\right)_{y=0}=\mu\left(\frac{\partial^2\psi}{\partial y^2}\right)_{y=0}=\mu\sqrt{\frac{v_\infty^3}{\nu x}}f''(0) \tag{9-41a}$$

表9-1　平板边界层的相似解

η	$f'=v_x/v_\infty$	η	$f'=v_x/v_\infty$	η	$f'=v_x/v_\infty$	η	$f'=v_x/v_\infty$
0	0	1.6	0.5168	3.2	0.8761	4.8	0.9878
0.2	0.0664	1.8	0.5748	3.4	0.9018	5.0	0.9915
0.4	0.1328	2.0	0.6298	3.6	0.9233	5.2	0.9942
0.6	0.1989	2.2	0.6813	3.8	0.9411	5.4	0.9962
0.8	0.2647	2.4	0.7290	4.0	0.9555	5.6	0.9975
1.0	0.3298	2.6	0.7725	4.2	0.9670	5.8	0.9984
1.2	0.3938	2.8	0.8115	4.4	0.9759	6.0	0.9990
1.4	0.4563	3.0	0.8460	4.6	0.9827	7.0	0.9999

根据表9-1可得

$$f''(0)=\frac{f'(0.2)-f'(0)}{0.2}=0.332$$

所以

$$\tau_0(x)=0.332\mu\sqrt{\frac{v_\infty^3}{\nu x}}=0.332\sqrt{\frac{\mu\rho v_\infty^3}{x}}$$

切应力系数

$$C_\tau=\frac{\tau_0(x)}{\frac{1}{2}\rho v_\infty^2}=0.664/\sqrt{\frac{v_\infty x}{\nu}}=0.664/\sqrt{Re_x} \tag{9-41b}$$

流体作用于平板一段（0~x）上的力为

$$F_D = \int_0^x \tau_0(x)\,dx = \int_0^x 0.332\sqrt{\frac{\mu\rho v_\infty^3}{\xi}}\,dx = 0.664\sqrt{\mu\rho v_\infty^3 x} \tag{9-41c}$$

阻力系数为

$$C_D = \frac{F_D}{\frac{1}{2}\rho v_\infty^2 x} = 1.328/\sqrt{\frac{v_\infty x}{\nu}} = 1.328/\sqrt{Re_x} \tag{9-41d}$$

边界层厚度为利用下面方法求出。从表 9-1 可知，当 $\eta=5.0$ 时，$v_x/v_\infty=f'\approx0.99$。即 $\eta=5.0$ 对应的是边界层的外边界，有

$$\eta = \left(\frac{y}{\sqrt{\frac{\nu x}{v_\infty}}}\right)_{y=\delta} = 5.0$$

故有

$$\delta = 5.0\sqrt{\frac{\nu x}{v_\infty}} \quad 或 \quad \frac{\delta}{x} = 5.0/\sqrt{Re_x} \tag{9-41e}$$

利用上节所给的排挤厚度与动量损失厚度的定义还可求出

$$\frac{\delta^*}{x} = 1.72/\sqrt{Re_x}, \qquad \frac{\delta^{**}}{x} = 0.664/\sqrt{Re_x}$$

可见 $\delta^{**}<\delta^*<\delta$。

第六节 边界层动量积分关系式

用边界层方程求解流动边界复杂的问题，数学上有困难，必须另寻近似解法求边界层内的速度分布。下面介绍的边界层动量积分关系式即为这种解法的基础。

用边界层方程求速度分布 v_x（x，y）与 v_y（x，y）时应能使动量方程（即边界层方程 9-30）在边界层内每一点（x，y）处都得到满足。而近似解法只希望得到这样的速度分布（v_x 与 v_y），它们不必在边界层内每一点（x，y）处都满足动量方程，但却必须在整个边界层厚度范围内能平均地做到满足。要做到这一点，首先将边界层方程（9-31）在边界层厚度 δ 的区间上积分，即

$$\int_0^\delta\left(v_x\frac{\partial v_x}{\partial x}+v_y\frac{\partial v_x}{\partial y}\right)dy = \int_0^\delta v_\infty\frac{dv_\infty}{dx}dy + \int_0^\delta \nu\frac{\partial^2 v_x}{\partial y^2}dy \tag{9-42a}$$

将式（9-42a）左端的被积函数第一项改写为

$$v_x\frac{\partial v_x}{\partial x} = \frac{\partial v_x^2}{\partial x} - v_x\frac{\partial v_x}{\partial x} = \frac{\partial v_x^2}{\partial x} + v_x\frac{\partial v_y}{\partial y}$$

在上面变换中使用了连续性方程，即 $\partial v_x/\partial x=-\partial v_y/\partial y$。于是式（9-42a）的左端将成为

$$\int_0^\delta\left(v_x\frac{\partial v_x}{\partial x}+v_y\frac{\partial v_x}{\partial y}\right)dy = \int_0^\delta\left(\frac{\partial v_x^2}{\partial x}+v_x\frac{\partial v_y}{\partial y}+v_y\frac{\partial v_x}{\partial y}\right)dy$$

$$= \int_0^\delta \left[\frac{\partial v_x^2}{\partial x} + \frac{\partial}{\partial y}(v_x v_y) \right] \mathrm{d}y = \int_0^\delta \frac{\partial v_x^2}{\partial x} \mathrm{d}y + v_\infty v_y(x, \delta)$$

式（9-42a）右端两项分别为

$$\int_0^\delta v_\infty \frac{\mathrm{d}v_\infty}{\mathrm{d}x} \mathrm{d}y = \frac{\mathrm{d}v_\infty}{\mathrm{d}x} \int_0^\delta v_\infty \mathrm{d}y$$

$$\int_0^\delta \nu \frac{\partial^2 v_x}{\partial y^2} \mathrm{d}y = \int_0^\delta \nu \frac{\partial}{\partial y}\left(\frac{\partial v_x}{\partial y} \right) \mathrm{d}y = \nu \frac{\partial v_x}{\partial y} \bigg|_0^\delta = -\frac{\tau_0}{\rho}$$

式中，τ_0 为平板表面处的切应力。于是式（9-42a）变成

$$\int_0^\delta \frac{\partial v_x^2}{\partial x} \mathrm{d}y + v_\infty v_y(x, \delta) = \frac{\mathrm{d}v_\infty}{\mathrm{d}x} \int_0^\delta v_\infty \mathrm{d}y - \frac{\tau_0}{\rho} \tag{9-42b}$$

但根据连续性方程应有

$$\int_0^\delta \frac{\partial v_x}{\partial x} \mathrm{d}y + \int_0^\delta \frac{\partial v_y}{\partial y} \mathrm{d}y = 0 \quad 或 \quad \int_0^\delta \frac{\partial v_x}{\partial x} \mathrm{d}y + v_y \bigg|_0^\delta = 0$$

故有

$$v_y(x, \delta) = -\int_0^\delta \frac{\partial v_x}{\partial x} \mathrm{d}y$$

代入式（9-42b）得

$$\int_0^\delta \frac{\partial v_x^2}{\partial x} \mathrm{d}y - v_\infty \int_0^\delta \frac{\partial v_x}{\partial x} \mathrm{d}y = \frac{\mathrm{d}v_\infty}{\mathrm{d}x} \int_0^\delta v_\infty \mathrm{d}y - \frac{\tau_0}{\rho} \tag{9-42c}$$

根据莱布尼兹公式则有

$$\int_0^\delta \frac{\partial v_x^2}{\partial x} \mathrm{d}y = \frac{\mathrm{d}}{\mathrm{d}x} \int_0^\delta v_x^2 \mathrm{d}y - v_x^2(x, \delta) \frac{\mathrm{d}\delta}{\mathrm{d}x} + v_x^2(x, 0) \frac{\mathrm{d}}{\mathrm{d}x}(0)$$

$$= \frac{\mathrm{d}}{\mathrm{d}x} \int_0^\delta v_x^2 \mathrm{d}y - v_\infty^2 \frac{\mathrm{d}\delta}{\mathrm{d}x}$$

$$\int_0^\delta \frac{\partial v_x}{\partial x} \mathrm{d}y = \frac{\mathrm{d}}{\mathrm{d}x} \int_0^\delta v_x \mathrm{d}y - v_x(x, \delta) \frac{\mathrm{d}\delta}{\mathrm{d}x} + v_x(x, 0) \frac{\mathrm{d}}{\mathrm{d}x}(0)$$

$$= \frac{\mathrm{d}}{\mathrm{d}x} \int_0^\delta v_x \mathrm{d}y - v_\infty \frac{\mathrm{d}\delta}{\mathrm{d}x}$$

将上面两项代入式（9-42c），并整理为

$$\frac{\mathrm{d}}{\mathrm{d}x} \int_0^\delta v_x^2 \mathrm{d}y - v_\infty^2 \frac{\mathrm{d}\delta}{\mathrm{d}x} - v_\infty \frac{\mathrm{d}}{\mathrm{d}x} \int_0^\delta v_x \mathrm{d}y + v_\infty^2 \frac{\mathrm{d}\delta}{\mathrm{d}x} = \frac{\mathrm{d}v_\infty}{\mathrm{d}x} \int_0^\delta v_\infty \mathrm{d}y - \frac{\tau_0}{\rho}$$

$$\frac{\mathrm{d}}{\mathrm{d}x} \int_0^\delta v_x^2 \mathrm{d}y - \frac{\mathrm{d}}{\mathrm{d}x}\left(v_\infty \int_0^\delta v_x \mathrm{d}y \right) + \frac{\mathrm{d}v_\infty}{\mathrm{d}x} \int_0^\delta v_x \mathrm{d}y = \frac{\mathrm{d}v_\infty}{\mathrm{d}x} \int_0^\delta v_\infty \mathrm{d}y - \frac{\tau_0}{\rho}$$

因此

$$\frac{\mathrm{d}}{\mathrm{d}x} \int_0^\delta v_x^2 \mathrm{d}y - \frac{\mathrm{d}}{\mathrm{d}x} \int_0^\delta v_\infty v_x \mathrm{d}y + \frac{\mathrm{d}v_\infty}{\mathrm{d}x} \int_0^\delta (v_x - v_\infty) \mathrm{d}y = -\frac{\tau_0}{\rho}$$

最后得
$$\frac{\mathrm{d}}{\mathrm{d}x}\left[v_\infty^2\int_0^\delta \frac{v_x}{v_\infty}\left(1-\frac{v_x}{v_\infty}\right)\mathrm{d}y\right]+\frac{\mathrm{d}v_\infty}{\mathrm{d}x}v_\infty\int_0^\delta\left(1-\frac{v_x}{v_\infty}\right)\mathrm{d}y=\frac{\tau_0}{\rho} \tag{9-43}$$

式（9-43）即为黏性流体在整个边界层厚度上应满足的动量守恒方程。任何一个能满足此方程的速度分布 $v_x(x, y)$，都是在物理上的一个真实流动所应有的近似速度分布。此方程中未知函数 v_x 还位于积分号下，所以它是一积分微分方程。将在下一节中讨论如何用它来求解速度分布。

式（9-43）常以另一种形式书写。因为当 $y>\delta$ 时，v_x 与 v_∞ 基本相等，故式中的各积分上限可改写成∞。于是有

$$\frac{\mathrm{d}}{\mathrm{d}x}\left[v_\infty^2\int_0^\infty \frac{v_x}{v_\infty}\left(1-\frac{v_x}{v_\infty}\right)\mathrm{d}y\right]+\frac{\mathrm{d}v_\infty}{\mathrm{d}x}v_\infty\int_0^\infty\left(1-\frac{v_x}{v_\infty}\right)\mathrm{d}y=\frac{\tau_0}{\rho}$$

根据排挤厚度与动量损失厚度的定义，上式可写成

$$\frac{\mathrm{d}}{\mathrm{d}x}(v_\infty^2\delta^{**})+\frac{\mathrm{d}v_\infty}{\mathrm{d}x}v_\infty\delta^*=\frac{\tau_0}{\rho}$$

将上式中乘积的微分展开后并整理即得

$$\frac{\mathrm{d}\delta^{**}}{\mathrm{d}x}+(2\delta^{**}+\delta^*)\frac{1}{v_\infty}\frac{\mathrm{d}v_\infty}{\mathrm{d}x}=\frac{\tau_0}{\rho v_\infty^2} \tag{9-44}$$

式（9-44）即为边界层动量积分关系式。

第七节　平板边界层计算

一、不可压缩流体平板层流边界层

现考虑一个半无穷大平板上方有密度为 ρ、速度为 v_∞ 的不可压缩定常流沿平板表面方向流过，如图 9-17 所示。这时在平板表面上将形成边界层。在第五节已用精确解法求出过其内的速度分布。现在再用上节所给的边界层动量积分关系式求其速度分布的近似解。

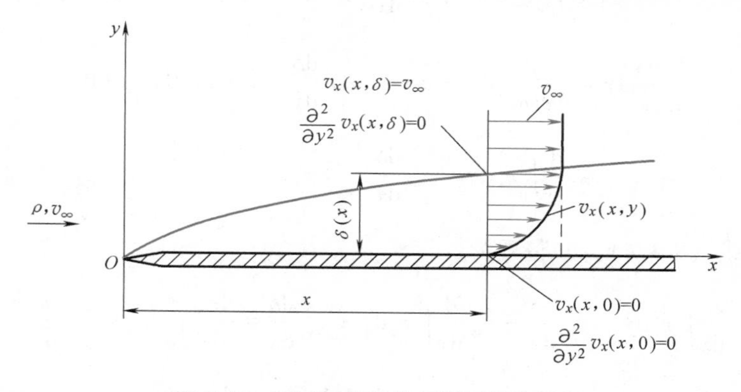

图 9-17　不可压缩流体平板层流边界层

平板边界层外的势流速度为一常数 v_∞，于是边界层动量积分关系式（9-44）简化为

$$\frac{\mathrm{d}\delta^{**}}{\mathrm{d}x}=\frac{\tau_0}{\rho v_\infty^2}\quad 或\quad \frac{\mathrm{d}}{\mathrm{d}x}\int_0^\delta\frac{v_x}{v_\infty}\left(1-\frac{v_x}{v_\infty}\right)\mathrm{d}y=\frac{\tau_0}{\rho v_\infty^2} \tag{9-45a}$$

此处又把积分上限换成 $\delta(x)$，其道理前面已讲过。根据上式求速度 $v_x(x, y)$ 的步骤如下：首先假设某处速度 $v_x(x, y)$ 的分布为一个 y 的幂函数，因为在边界层中不同 x 处都有相似的速度剖面。故可设

$$\frac{v_x}{v_\infty} = a_0 + a_1\frac{y}{\delta} + a_2\left(\frac{y}{\delta}\right)^2 + \cdots + a_n\left(\frac{y}{\delta}\right)^n$$

式中，各待定的常数系数 a_0，a_1，…，a_n 及边界层厚度 $\delta(x)$ 还都是未知的，它们必须由速度分布应遵守的边界条件及边界层动量积分关系式(9-45a) 来确定。所设幂函数形式的速度中，n 根据具体要求选取。现取 $n=3$，则有 a_0、a_1、a_2、a_3 四个待定常数，必须用四个边界条件确定

$$\frac{v_x}{v_\infty} = a_0 + a_1\frac{y}{\delta} + a_2\left(\frac{y}{\delta}\right)^2 + a_3\left(\frac{y}{\delta}\right)^3$$

不管将要求出的 v_x/v_∞ 的形式如何，它首先得满足以下的边界条件，即

$$v_x(x, 0) = 0, \quad v_x(x, \delta) = v_\infty, \quad \frac{\partial}{\partial y}v_x(x, \delta) = 0 \tag{9-45b}$$

第一个是黏性流体的无滑动条件，第二个条件要求在边界层外边界处的速度必须等于势流速度。第三个条件则要求边界层内的速度分布应与势流速度平滑过渡，如图 9-17 所示。此外，根据边界层方程

$$v_x\frac{\partial v_x}{\partial x} + v_y\frac{\partial v_x}{\partial y} = \nu\frac{\partial^2 v_x}{\partial y^2}$$

可知，在平板表面上（$y=0$）有 $v_x=v_y=0$。于是上式成为

$$0 = \nu\left(\frac{\partial^2 v_x}{\partial y^2}\right)_{y=0}$$

所以可得到的最后一个边界条件是

$$\frac{\partial^2}{\partial y^2}v_x(x,0) = 0 \tag{9-45c}$$

将上面四个边界条件用于新假设的速度分布，由

$$0=a_0, \quad 1=a_0+a_1+a_2+a_3, \quad 0=\frac{a_1}{\delta}+2\frac{a_2}{\delta}+3\frac{a_3}{\delta}, \quad 0=2\frac{a_2}{\delta^2}$$

可得 $a_0=a_2=0$，$a_1=3/2$，$a_3=-1/2$。于是满足边界条件的速度分布应是

$$\frac{v_x}{v_\infty} = \frac{3}{2}\frac{y}{\delta} - \frac{1}{2}\left(\frac{y}{\delta}\right)^3 \tag{9-45d}$$

如果取 $n>3$，则还需要更多的边界条件。

式（9-45d）中还有 δ 是未知的，这时就须用动量积分关系式（9-45a）来确定它了。将速度分布（9-45d）代入式（9-45a）后其左端为

$$\frac{d}{dx}\int_0^\delta \frac{v_x}{v_\infty}\left(1-\frac{v_x}{v_\infty}\right)dy = \frac{d}{dx}\int_0^\delta\left[\frac{3}{2}\frac{y}{\delta}-\frac{1}{2}\left(\frac{y}{\delta}\right)^3\right]\left\{1-\left[\frac{3}{2}\frac{y}{\delta}-\frac{1}{2}\left(\frac{y}{\delta}\right)^3\right]\right\}dy$$

$$= \frac{d}{dx}\left\{\delta\int_0^\delta\left[\frac{3}{2}\frac{y}{\delta}-\frac{1}{2}\left(\frac{y}{\delta}\right)^3\right]\left\{1-\left[\frac{3}{2}\frac{y}{\delta}-\frac{1}{2}\left(\frac{y}{\delta}\right)^3\right]\right\}d\left(\frac{y}{\delta}\right)\right\}$$

令 $y/\delta=\eta$，当 $y=\delta$ 时则有 $\eta=1$，所以上式可写成

$$\frac{\mathrm{d}}{\mathrm{d}x}\int_0^\delta \frac{v_x}{v_\infty}\left(1-\frac{v_x}{v_\infty}\right)\mathrm{d}y=\frac{\mathrm{d}}{\mathrm{d}x}\left[\delta\int_0^1\left(\frac{3}{2}\eta-\frac{1}{2}\eta^3\right)\left(1-\frac{3}{2}\eta+\frac{1}{2}\eta^3\right)\mathrm{d}\eta\right]=\frac{39}{280}\frac{\mathrm{d}\delta}{\mathrm{d}x}$$

动量积分关系式右端可写成

$$\frac{\tau_0}{\rho v_\infty^2}=\frac{1}{\rho v_\infty^2}\mu\left(\frac{\partial v_x}{\partial y}\right)_{y=0}=\frac{\mu}{\rho v_\infty\delta}\left[\frac{\partial(v_x/v_\infty)}{\partial(y/\delta)}\right]_{y=0}=\frac{\mu}{\rho v_\infty\delta}\left[\frac{\partial}{\partial\eta}\left(\frac{v_x}{v_\infty}\right)\right]_{\eta=0}$$

$$=\frac{\mu}{\rho v_\infty\delta}\left[\frac{3}{2}-\frac{3}{2}\left(\frac{y}{\delta}\right)^2\right]_{y=0}=\frac{3\nu}{2v_\infty\delta}$$

于是可得

$$\frac{39}{280}\frac{\mathrm{d}\delta}{\mathrm{d}x}=\frac{3\nu}{2v_\infty}\frac{1}{\delta}$$

上式中 δ 为 x 的函数。将上式分离变量后得

$$\delta\mathrm{d}\delta=\frac{140}{13}\frac{\nu}{v_\infty}\mathrm{d}x$$

将之积分，并注意到 $x=0$ 时 $\delta=0$，即得

$$\delta=\sqrt{\frac{140}{13}}\sqrt{\frac{\nu x}{v_\infty}}=4.64\sqrt{\frac{\nu x}{v_\infty}}\quad 或\quad \frac{\delta}{x}=\frac{4.64}{\sqrt{Re_x}}\tag{9-46}$$

将此 δ 代回式（9-45d）即得 $v_x(x,\ y)$ 的具体表达式。但最关心的应是平板表面上的切应力 τ_0，现在来求它，即

$$\tau_0=\mu\left(\frac{\partial v_x}{\partial y}\right)_{y=0}=\mu\left[\frac{v_\infty}{\delta}\frac{\partial(v_x/v_\infty)}{\partial(y/\delta)}\right]_{y=0}=\frac{\mu v_\infty}{\delta}\left[\frac{3}{2}-\frac{3}{2}\left(\frac{y}{\delta}\right)^2\right]_{y=0}$$

$$=\frac{3}{2}\frac{\mu v_\infty}{\delta}=\frac{3}{2}\frac{\rho\nu v_\infty}{4.64\sqrt{\nu x/v_\infty}}=0.323\rho v_\infty^2\Big/\sqrt{\frac{v_\infty x}{\nu}}$$

$$=\frac{0.323\rho v_\infty^2}{\sqrt{Re_x}}\tag{9-47a}$$

平板表面切应力系数为

$$C_\tau=\frac{\tau_0}{\frac{1}{2}\rho v_\infty^2}=\frac{0.646}{\sqrt{Re_x}}\tag{9-47b}$$

从式（9-46）可知，边界层厚度 δ 与其位置 x 的平方根成正比，这和平板边界层相似性解的结论一样，但它所给出的厚度比 $5.0\sqrt{\nu x/v_\infty}$ 要小。当然所得的速度分布也不会相同。如果在当初假设速度分布的幂 n 取不同的值，所得边界层厚度及速度分布就会各不相同，如图 9-18 所示，因而计算出的平板表面切应力 τ_0 也不相同。说明用动量积分关系式求解边界层问题时，其近似程度取决于所设的流速分布表达式。而且在求解过程中仅满足的是所给定的边界条件，边界层中的每一点不一定都满足动量方程。

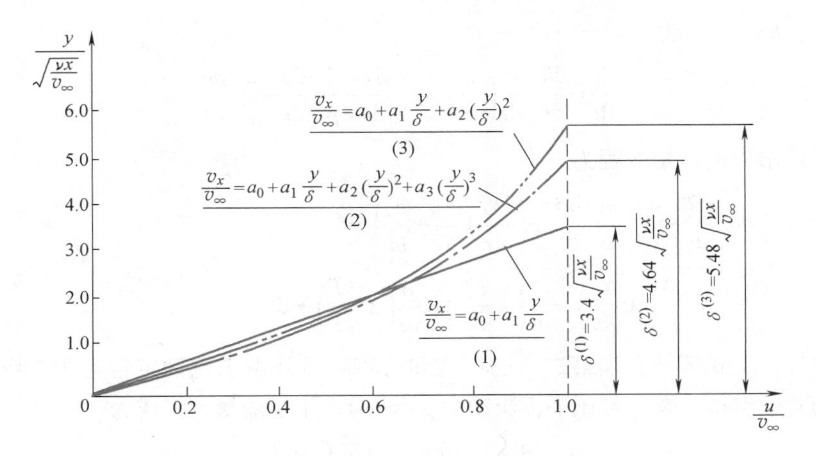

图 9-18　平板层流边界层的动量积分解

二、小流速下不等温平板层流边界层

设一半无穷大平板被一来流速度平行于平板的黏性不可压缩流体绕过，如图 9-19 所示。来流速度、密度与温度分别为 v_∞、ρ_∞ 与 T_∞，平板的温度为 T_w，且它与 T_∞ 的差别不太大，以致所引起的流体密度、黏性及导热性的变化皆可忽略不计。现在来求边界层中的速度与温度分布。

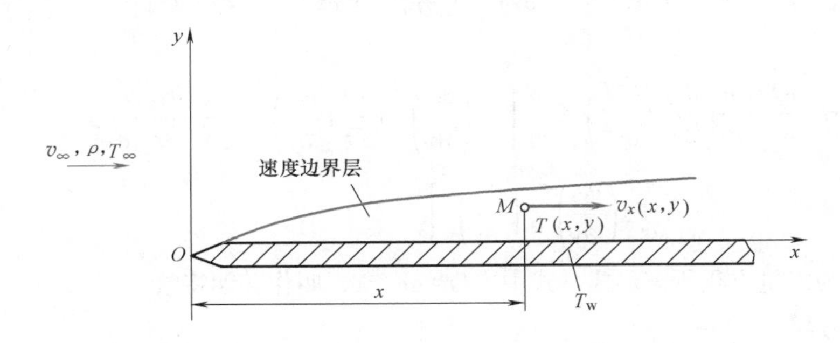

图 9-19　不等温平板边界层

在此问题中涉及平板与流体间的传热问题，所以在求速度场与温度场时必须同时使用连续性方程、纳维-斯托克斯方程及能量方程。

1. 基本方程

这里只考虑定常流动，忽略质量力，且平板绕流为二维流。其连续性方程是

$$\frac{\partial}{\partial x}(\rho v_x)+\frac{\partial}{\partial y}(\rho v_y)=0 \tag{9-48a}$$

纳维-斯托克斯方程为

$$\left.\begin{aligned}\rho\left(v_x\frac{\partial v_x}{\partial x}+v_y\frac{\partial v_x}{\partial y}\right)&=-\frac{\partial p}{\partial x}+\mu\left(\frac{\partial^2 v_x}{\partial x^2}+\frac{\partial^2 v_x}{\partial y^2}\right)\\ \rho\left(v_x\frac{\partial v_y}{\partial x}+v_y\frac{\partial v_y}{\partial y}\right)&=-\frac{\partial p}{\partial x}+\mu\left(\frac{\partial^2 v_y}{\partial x^2}+\frac{\partial^2 v_y}{\partial y^2}\right)\end{aligned}\right\} \tag{9-48b}$$

因为 $e=h-p/\rho$，$h=c_pT$，故

$$\frac{\mathrm{d}e}{\mathrm{d}t}=\frac{\mathrm{d}h}{\mathrm{d}t}-\frac{\mathrm{d}}{\mathrm{d}t}\left(\frac{p}{\rho}\right)=c_p\frac{\mathrm{d}T}{\mathrm{d}t}-\frac{1}{\rho}\frac{\mathrm{d}p}{\mathrm{d}t}+\frac{p}{\rho^2}\frac{\mathrm{d}\rho}{\mathrm{d}t}$$

因而以温度形式给出的能量方程为

$$\rho c_p\frac{\mathrm{d}T}{\mathrm{d}t}=\frac{\mathrm{d}p}{\mathrm{d}t}-\frac{p}{\rho}\frac{\mathrm{d}\rho}{\mathrm{d}t}-p\left(\frac{\partial v_x}{\partial x}+\frac{\partial v_y}{\partial y}+\frac{\partial v_z}{\partial z}\right)+$$
$$\frac{\partial}{\partial x}\left(\lambda\frac{\partial T}{\partial x}\right)+\frac{\partial}{\partial y}\left(\lambda\frac{\partial T}{\partial y}\right)+\frac{\partial}{\partial z}\left(\lambda\frac{\partial T}{\partial z}\right)+\Phi$$

根据连续性方程，上式等号右端第二、三项之和为零。另外由于流动定常且为二维的，故 λ、μ 可近似地作为常数看待。在不可压平板流动中 $p=\text{const}$。于是能量方程成为

$$\rho c_p\left(v_x\frac{\partial T}{\partial x}+v_y\frac{\partial T}{\partial y}\right)=\lambda\left(\frac{\partial^2T}{\partial x^2}+\frac{\partial^2T}{\partial y^2}\right)+\Phi$$

上式中的 Φ（耗散项）代表许多项之和。将它们代回上式并用 ρc_p 除上式两端得

$$v_x\frac{\partial T}{\partial x}+v_y\frac{\partial T}{\partial y}=\frac{\lambda}{\rho c_p}\left(\frac{\partial^2T}{\partial x^2}+\frac{\partial^2T}{\partial y^2}\right)-\frac{2}{3}\frac{\mu}{\rho c_p}\left[\left(\frac{\partial v_x}{\partial x}\right)^2+2\frac{\partial v_x}{\partial x}\frac{\partial v_y}{\partial y}+\left(\frac{\partial v_y}{\partial y}\right)^2\right]+$$
$$\frac{\mu}{\rho c_p}\left[2\left(\frac{\partial v_x}{\partial x}\right)^2+2\left(\frac{\partial v_y}{\partial y}\right)^2+\left(\frac{\partial v_x}{\partial y}\right)^2+\left(\frac{\partial v_y}{\partial x}\right)^2+2\frac{\partial v_x}{\partial y}\frac{\partial v_y}{\partial x}\right]$$

整理上式后得

$$v_x\frac{\partial T}{\partial x}+v_y\frac{\partial T}{\partial y}=\frac{\nu}{Pr}\left(\frac{\partial^2T}{\partial x^2}+\frac{\partial^2T}{\partial y^2}\right)+\frac{\nu}{c_p}\left[\frac{4}{3}\left(\frac{\partial v_x}{\partial x}\right)^2+\frac{4}{3}\left(\frac{\partial v_y}{\partial y}\right)^2-\frac{4}{3}\frac{\partial v_x}{\partial x}\frac{\partial v_y}{\partial y}+\right.$$
$$\left.2\frac{\partial v_x}{\partial y}\frac{\partial v_y}{\partial x}+\left(\frac{\partial v_x}{\partial y}\right)^2+\left(\frac{\partial v_y}{\partial x}\right)^2\right]\tag{9-48c}$$

式（9-48c）即为能量方程所需形式。式中，$Pr=\mu c_p/\lambda$，叫作普朗特数。

2. 边界层方程

根据边界层流动的特点，用本章第四节所述相同的方法可将式（9-48b）简化成边界层方程。于是就有了解不等温平板边界层所需的三个方程，即式（9-48a）、式（9-48c）与边界层方程式(9-33)。另外，由于在一般由水或空气形成的流动中，其 $\nu/Pr\gg\nu/c_p$。如空气在常温下为 $\nu/Pr\approx1400\nu/c_p$，所以在能量方程（9-48c）中，其右端的第二项可忽略。于是解题所需的三个方程即为

$$\left.\begin{aligned}&\frac{\partial v_x}{\partial x}+\frac{\partial v_y}{\partial y}=0\\&v_x\frac{\partial v_x}{\partial x}+v_y\frac{\partial v_x}{\partial y}=\nu\frac{\partial^2v_x}{\partial y^2}\\&v_x\frac{\partial T}{\partial x}+v_y\frac{\partial T}{\partial y}=\frac{\nu}{Pr}\frac{\partial^2T}{\partial y^2}\end{aligned}\right\}\tag{9-49}$$

3. 平板边界层中的速度与温度分布

由方程组（9-49）中前两个可求速度分布，而且所得到的速度分布和能量方程一起还可用以求温度场。速度分布与本章第五节中所求得的解相同。

$$v_x=\frac{\partial\psi}{\partial y}=v_\infty f'(\eta),\quad v_y=-\frac{\partial\psi}{\partial y}=-\frac{1}{2}\sqrt{\frac{\nu v_\infty}{x}}(f-\eta f'),\quad \eta=\frac{y}{\sqrt{\nu x/v_\infty}}$$

f 是量纲一的流函数，它是式（9-38）在下述边界条件下的解：

当 $\eta=0$ 时，$f=f'=0$。

当 $\eta\to0$ 时，$f'\to1$。

其数值解为第五节中的表 9-1 所列的数据。

下面将根据式（9-49）的第三个方程求温度分布及平板与流体之间的传热。为此先定义一量纲一的温度 θ 以取代 T，即

$$\theta=\frac{T_w-T}{T_w-T_\infty}\quad 或\quad T=T_w-(T_w-T_\infty)\theta$$

此时能量方程中各项将是

$$v_x\frac{\partial T}{\partial x}=v_\infty f'(\eta)\frac{\partial T}{\partial\eta}\frac{\partial\eta}{\partial x}=\frac{v_\infty}{2x}(T_w-T_\infty)\eta f'\theta'$$

$$v_y\frac{\partial T}{\partial y}=-\frac{1}{2}\sqrt{\frac{\nu v_\infty}{x}}(f-\eta f')\frac{\partial T}{\partial\eta}\frac{\partial\eta}{\partial y}=\frac{v_\infty}{2x}(T_w-T_\infty)(f-\eta f')\theta'$$

$$\frac{\nu}{Pr}\frac{\partial^2T}{\partial y^2}=\frac{\nu}{Pr}\left(\frac{\partial^2T}{\partial\eta^2}\right)\left(\frac{\partial\eta}{\partial y}\right)^2=-\frac{v_\infty}{xPr}(T_w-T_\infty)\theta''$$

所以能量方程经整理后为

$$\theta''+\frac{Pr}{2}f\theta'=0$$

量纲一的温度 θ 的自变量现在已换成 η，其各阶导数都是指对该自变量取导。解能量方程的边界条件是 $\theta(0)=0,\theta(\infty)=1$。将上面的能量方程积分并考虑上述边界条件后可得

$$\theta(\eta)=\frac{\int_0^\eta e^{-\frac{Pr}{2}\int_0^\eta f(\eta)\mathrm{d}\eta}\mathrm{d}\eta}{\int_0^\infty e^{-\frac{Pr}{2}\int_0^\eta f(\eta)\mathrm{d}\eta}\mathrm{d}\eta}$$

由式（9-38）可知 $f=-2f'''/f''$，因此有

$$\int_0^\eta f(\eta)\mathrm{d}\eta=-\int_0^\eta\frac{2f'''}{f''}\mathrm{d}\eta=-2\ln\frac{f''(\eta)}{f''(0)}$$

所以 $$e^{-\frac{Pr}{2}\int_0^\eta f(\eta)\mathrm{d}\eta}=[f''(\eta)/f''(0)]^{Pr}$$

将之代回 $\theta(\eta)$ 的表达式，并约去常数项 $[f''(0)]^{Pr}$ 后得

$$\theta(\eta)=\frac{\int_0^\eta[f''(\eta)]^{Pr}\mathrm{d}\eta}{\int_0^\infty[f''(\eta)]^{Pr}\mathrm{d}\eta}\tag{9-50}$$

式（9-50）即为要求解的边界层内的温度分布。式中的 $f''(\eta)$ 为已知的速度分布，普朗特数 Pr 为流体的属性，也是已知的。如果 $Pr=1$（例如气体在某些情况下即如此），则有

$$\theta(\eta)=\frac{f'(\eta)}{f'(\infty)}\quad 或\quad \frac{T_w-T}{T_w-T_\infty}=\frac{v_x}{v_\infty}\tag{9-51}$$

式（9-51）表明，边界层中的温度分布规律在上述各前提下和边界层中的速度分布规律相同。如 $Pr\neq1$，温度分布可用式（9-50）借助各种积分方法求得，如图 9-20 所示。

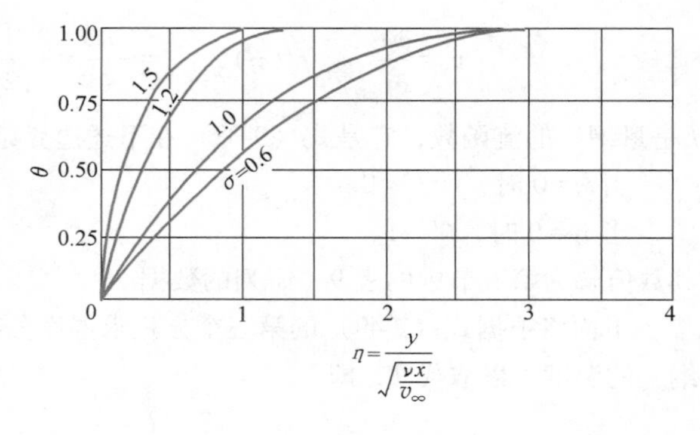

图 9-20 平板温度边界层

由上述可知，在平板表面上除有一层速度边界层之外，还有一层温度分布与之相仿的所谓温度边界层存在，在此流体层中有梯度很大的温度分布。而在此薄层外，温度几乎等于无穷远处的流体温度。

下面求平板与流体之间的传热量。长度为 l 的单位宽平板在单位时间内从平板单面放出的热量（在 $T_w>T_\infty$ 时）为

$$Q=-\int_0^l\lambda\left(\frac{\partial T}{\partial y}\right)_{y=0}\mathrm{d}x$$

在传热工程中常使用传热系数 k，它定义为单位温差下单位面积平板在单位时间的热量传递，即

$$k=\frac{Q}{(T_w-T_\infty)l\times1}$$

由系数 k、平板长度 l 及热导率 λ 所组成的一量纲一的数 $Nu=kl/\lambda$ 称作努塞特数，有

$$Nu=\frac{Q}{\lambda(T_w-T_\infty)}=\int_0^1\left[\frac{\partial\left(\frac{T_w-T}{T_w-T_\infty}\right)}{\partial\left(\frac{y}{l}\right)}\right]_{y=0}\mathrm{d}\left(\frac{x}{l}\right)\tag{9-52}$$

令 $x/l=x'$,则

$$\begin{aligned}Nu&=\int_0^1\left[\frac{\partial\theta}{\partial(y/l)}\right]_{y=0}\mathrm{d}x'=\int_0^1\left[\frac{\mathrm{d}\theta}{\mathrm{d}\eta}\frac{\partial\eta}{\partial(y/l)}\right]_{y=0}\mathrm{d}x'\\&=\int_0^1\left(\frac{\mathrm{d}\theta}{\mathrm{d}\eta}\right)_{\eta=0}\frac{l}{\sqrt{\nu x/v_\infty}}\mathrm{d}x'=\left(\frac{\mathrm{d}\theta}{\mathrm{d}\eta}\right)_{\eta=0}\sqrt{\frac{v_\infty l}{\nu}}\int_0^1\frac{\mathrm{d}x'}{\sqrt{x'}}\\&=2\left(\frac{\mathrm{d}\theta}{\mathrm{d}\eta}\right)_{\eta=0}\sqrt{Re_\infty}=2f(Pr)\sqrt{Re_\infty}\end{aligned}$$

式中，

$$f(Pr)=\left(\frac{\mathrm{d}\theta}{\mathrm{d}\eta}\right)_{\eta=0}=\frac{[f''(0)]^{Pr}}{\int_0^\infty[f''(\eta)]^{Pr}\mathrm{d}\eta}=\frac{1}{\int_0^\infty\left[\frac{f''(\eta)}{f''(0)}\right]^{Pr}\mathrm{d}\eta}$$

根据波尔豪森 1921 年的论文，$f(Pr)$可近似地表示为

$$f(Pr)=0.332\sqrt[3]{Pr}$$

在下面的表 9-2 中给出了由前一式的数值积分所得的$f(Pr)$及帕尔豪森近似式，可见它们的值很接近。

根据$f(Pr)$的近似表达式可得

$$Nu=0.664\sqrt[3]{Pr}\sqrt{Re_\infty}=0.664\sqrt[3]{\frac{\mu c_p}{\lambda}}\sqrt{\frac{v_\infty l}{\nu}}\tag{9-53}$$

表 9-2 $f(Pr)$数值表

Pr	$f(Pr)$	$0.332\sqrt[3]{Pr}$	Pr	$f(Pr)$	$0.332\sqrt[3]{Pr}$
0.6	0.276	0.280	1.1	0.344	0.343
0.7	0.293	0.295	7.0	0.645	0.630
0.8	0.307	0.308	10.0	0.730	0.715
0.9	0.320	0.321	15.0	0.835	0.820
1.0	0.332	0.332			

可见流动的努塞特数完全由流体属性及流动的特征量所确定。知道了 Nu 后，传热量由式（9-52）即可确定为

$$Q=\lambda\ (T_{\mathrm{w}}-T_{\infty})\ Nu \tag{9-54}$$

第八节 边界层分离及减阻

一、边界层分离

当一个无攻角的半无穷大平板被黏性流体绕过时，其边界层中的速度可用边界层方程求解，且求出的边界层厚度从平板前缘开始顺流动方向不断加厚，如图 9-21a 所示。当平板有攻角时，或如图 9-21b 所示的圆柱绕流时，实验表明，当雷诺数足够大时，边界层常常在圆柱体表面压强最低点 C 后面的某处 D 突然加厚，在物体表面有反向流动出现且在边界层中出现顺时针旋转的旋涡。在点 D 之后边界层不复存在，且在圆柱后面形成包含有大量紊乱旋涡的流动尾迹。同样的现象也会在有一定攻角的翼型绕流中出现，如图 9-21c 所示。

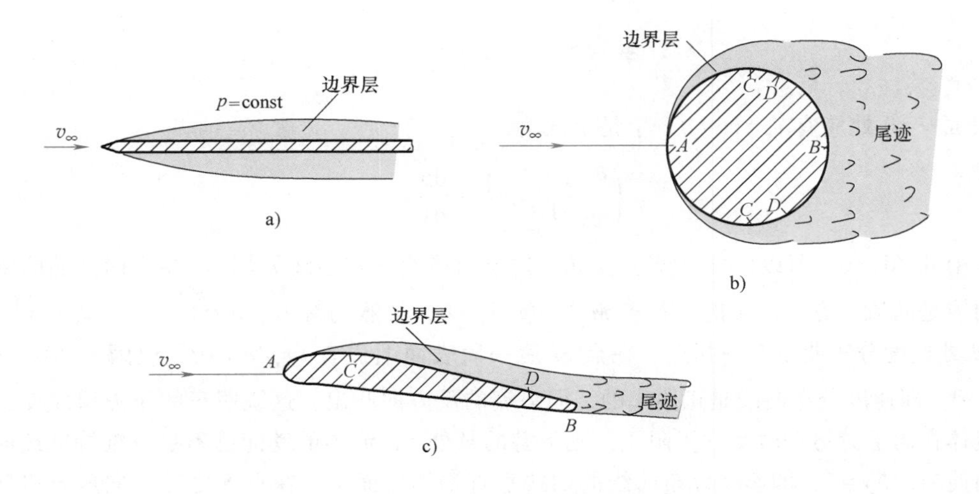

图 9-21 边界层厚度的发展与分离

边界层突然变厚（或称边界层分离）的原因可做如下定性解释。在边界层外的势流在绕过任何物体时经常先出现压强的下降（加速阶段）。当压强达到最低点（C）后其压强又

开始上升（减速阶段）。即势流中压强梯度 $\mathrm{d}p/\mathrm{d}x$ 从小于零到等于零又到大于零。这种方式的压强梯度变化，同样发生在边界层内。在降压区内的负梯度有助于边界层流体去克服黏性力而保持向下游流动，而在正压强梯度区（升压区）的情况正相反。在边界层中本来已受黏性阻力作用的流体又额外受到与流动方向相反的压力作用，结果是其动能已不足以长久地维持流动一直向下游进行，以致在物体表面某处其速度会与势流的速度方向相反，即产生逆流。该逆流会把边界层向势流中排挤，造成边界层突然变厚或分离。另外，该逆流最后会在后面的下游流动中形成破碎的小旋涡区，随同势流一起流向下游，形成流动尾迹。在图 9-22 中可看到上述过程中边界层中不同位置处的速度分布曲线。假设压强在物体表面的点 M 处达到最小值，即 $\mathrm{d}p/\mathrm{d}x=0$。在该点之前为降压区 $\mathrm{d}p/\mathrm{d}x<0$，后面是升压区 $\mathrm{d}p/\mathrm{d}x>0$。在降压区边界层速度分布如图所示，速度 $v_x(x,y)$ 由表面处的零增大到边界层外边界处的势流速度，在表面处有 $\mathrm{d}v_x/\mathrm{d}y>0$。此速度分布应满足边界层方程

$$v_x\frac{\partial v_x}{\partial x}+v_y\frac{\partial v_x}{\partial y}=-\frac{1}{\rho}\frac{\mathrm{d}p}{\mathrm{d}x}+\nu\frac{\partial^2 v_x}{\partial y^2}$$

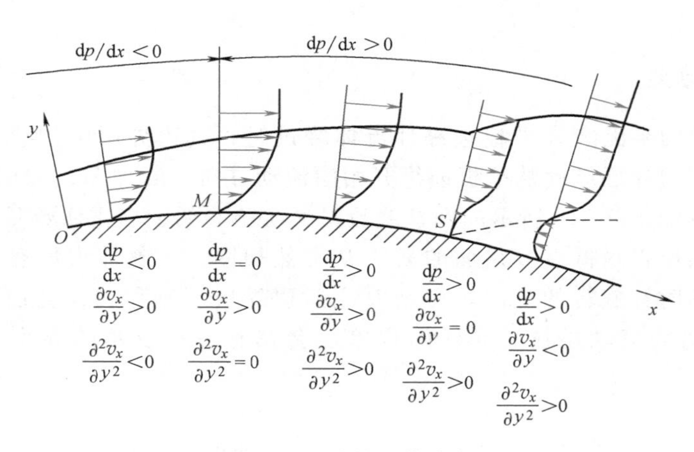

图 9-22 边界层的分离

在物体表面 $y=0$ 处应有 $v_x=v_y=0$，于是上式为

$$\left(\frac{\partial^2 v_x}{\partial y^2}\right)_{y=0}=\frac{1}{\mu}\frac{\mathrm{d}p}{\mathrm{d}x}\tag{9-55}$$

在降压区中 $\mathrm{d}p/\mathrm{d}x<0$，所以$(\partial^2 v_x/\partial y^2)_{y=0}<0$。这说明速度分布曲线 $v_x(x,y)$ 在表面处的曲率为负，即曲线是向流动方向凸出的。在点 M 处 $\mathrm{d}p/\mathrm{d}x=0$，虽然仍有$\partial v_x/\partial y>0$，但$\partial^2 v_x/\partial y^2=0$，即在点 M 处速度分布曲线有一拐点。在点 M 后一段表面上仍有$\partial v_x/\partial y>0$，但因 $\mathrm{d}p/\mathrm{d}x>0$ 使$\partial^2 v_x/\partial y^2>0$，即速度分布曲线是正曲率的，向势流的反方向凸出。这说明正的压强梯度使边界层内的流体在向下游运动时受到了阻止。到下游的某处 S，流体的动能已不足以维持继续向下游流动而使$\partial v_x/\partial y=0$，即速度分布曲线的切线垂直物体表面了。在点 S 之后反向压差将使边界层内流体产生反向速度，在物体表面与边界层之间形成一逆流层，使边界层排挤向势流区，这就是所谓的边界层分离。可见边界层的分离发生在$\partial v_x/\partial y=0$ 的点 S 处。

边界层分离点 S 的位置确定很重要，在点 S 之前流动阻力可根据前述边界层计算获得。

在点 S 之后已形成了边界层分离与流动尾迹。边界层分离后，其流动很复杂，无法用解析法去计算它。尾迹中含有大量紊乱旋涡，它们消耗大量动能，这对流动来说是一种阻力作用。其具体表现为作用于物体后部表面上的压力再不能如同势流那样去平衡物体前部表面上的压力，而是形成一相当大的压差作用于物体上，其方向为流动方向，一般称它为压差阻力或形状阻力。如果物体是非流线型的，此压差阻力往往比边界层中的黏性摩擦阻力大得多。然而要确定边界层分离点的位置却非常困难，原因是点 S 本是按边界层很薄，并用忽略其厚度时物体绕流的势流场所给的压强分布求出的。但边界层分离后就完全改变了势流场原来的边界，也就是说改变了求解 S 点位置的前提，边界层分离点的确定一直是一个凭经验与实验来进行估计的过程。

二、边界层的控制

边界层从物体表面分离会造成很大的压差阻力。从工程观点看这当然不好，它使机翼阻力增大，更使其升力骤减。在叶片式流体机械中它会使机器运行效率下降。因此人们一直在采取各种方法来防止边界层分离，以达到减小阻力的目的。

正如前述，边界层分离是因其中的流体质点在运动中受黏性与反向压差的共同作用而滞止所造成的，这就指出了防止边界层分离的途径。控制边界层的方法很多，下面给出几种实验和工程应用所证实的比较有效的方法。

1. 合理的翼型设计

使被绕流物体的外形设计成流线型，且让最低压强点尽量移向物体的尾缘，可使边界层长久维持，推迟其分离，如航空工业中所采用的层流翼型即属此种。其最大厚度位于靠后的位置，使绕流的降压区加长，而升压区则尽量地移到翼型的尾部。许多叶片式流体机械中的叶轮流道也是采用这种设计原则。这样不但使边界层分离推迟，而且可使边界层中层流到湍流的转捩点后移。层流边界层中的黏性摩擦力比湍流的要小得多（本章后面要讲到），因此这种做法使黏性摩擦阻力和压差阻力两者皆可大大减小。

2. 边界层加速

有时边界层的升压区因运行工况的改变而不可避免地要向边界层前部移动，如机翼攻角的增大或涡轮机工作于非设计工况时就是这种情况，这时欲防止边界层分离就须另图它径。一种方法是向边界层注入高速气流或水流，使即将滞止的流体质点得到新的能量以继续向升压区流动，一直不分离地流向下游，如图 9-23 所示。这种方法对大攻角翼型绕流特别有效。图 9-23a 所示是一种在机翼内部设置一喷气气源，将高速射流从边界层将要分离处喷入边界层。图 9-23b 所示为在机翼前缘处加设一缝翼，它与机翼之间形成一喷嘴缝。机翼下表面处的高压空气通过喷入边界层以防止它分离。这样机翼的攻角可达 26°而不产生边界层分离，使机翼的升力系数增大到 1.8 左右；而一般机翼在攻角为 12°时在其前缘后面不远处即出现边界层的分离，最大升力系数为 1.2 左右。

3. 边界层的吸收

与前一种边界层控制方法相仿的方法是在边界层易分离处设置一窄缝，在机翼内的抽气装置把欲滞止的空气经该缝抽走。这种抽吸作用同样可迫使边界层内的流体质点克服反向压差的作用而继续向下游流动，从而防止了分离，如图 9-23c 所示。这种方法还可使边界层内的层流到湍流的转捩点后移，达到减小黏性摩擦阻力的效果。

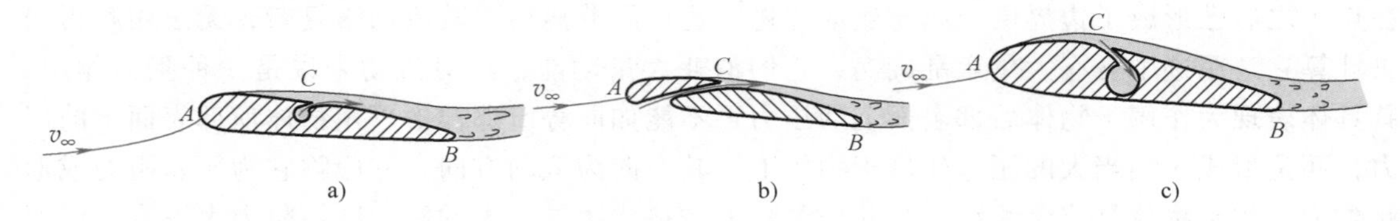

图 9-23 边界层的控制方法

这里只讲述了少数几个边界层的控制方法，很多研究工作者还进行过大量研究与实验来控制边界层分离。例如，使被绕流物体表面冷却以使边界层一直很薄与稳定，达到良好的减小阻力的效果，并已得到工程上的应用。

第九节 湍流概述

一、层流与湍流的特征与定义

流体运动在宏观上有两种形态，即层流与湍流。这两种流动形态有明显的运动学与动力学上的差异，如图 9-24 所示。

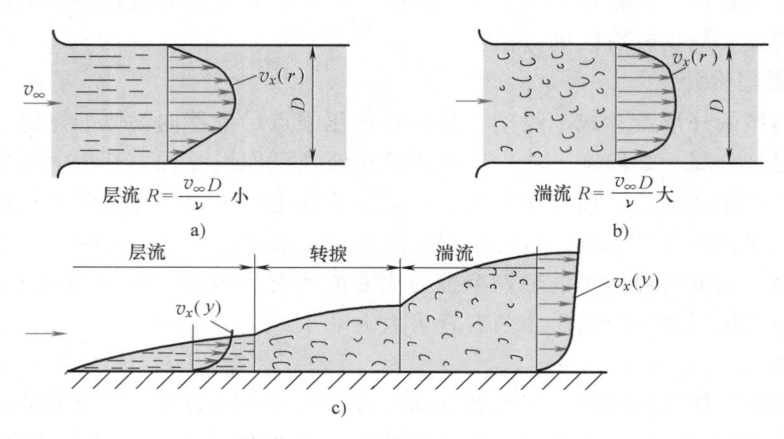

图 9-24 黏性流体的两种流动形态

在边界层流动中，如图 9-24c 所示，同样也存在层流与湍流两种形态。在平板前缘附近流动雷诺数 $Re_x = v_\infty x/\nu$ 或 $Re_\delta = v_\infty \delta/\nu$ 较小，其流动为层流。当边界层向下游延伸时雷诺数将越来越大，这时可从实验观察到与管流同样的现象，即层流会变成湍流的。层流到湍流的转换并非在某一点处突然完成的，而是经过一段距离逐渐发展成湍流的。层流的速度分布不如湍流的饱满，因而它在物体表面处的法向速度梯度较小，故黏性切应力也小。大量实验还表明，如果边界层分离的话，层流比湍流易发生。这是由于湍流中的横向脉动可将速度较高的流体质点带到边界层底部，增加了它向下游流动的动能，因而不易分离。

实验还证实，无论是管流还是边界层中的湍流，在湍流区域与物体壁面之间总有一层极薄的层流存在，这一层流动叫作黏性底层，如图 9-25 所示。因为黏性流体在壁面不滑动，故在紧靠壁面处的速度总是很小，而且壁面还限制流体质点的横向脉动，因而湍流中也必然有这一层黏性底层。

二、湍流的成因

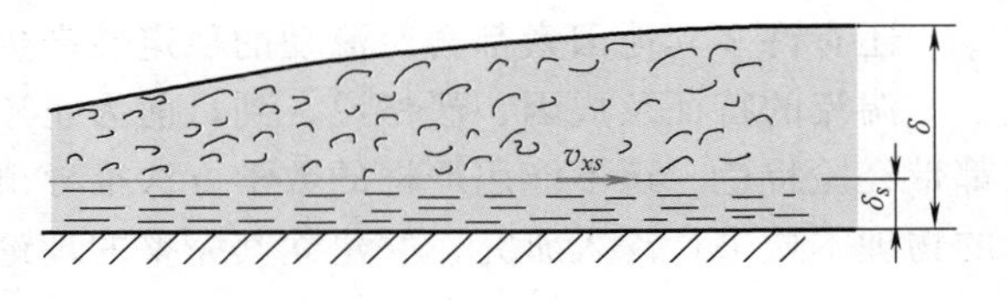

图 9-25　湍流中的黏性底层

在平板边界层上做的精确实验与测量发现，当边界层流动的雷诺数 $Re_x = v_\infty x/\nu$ 小于 3.5×10^5 到 10^6 时为层流，不然则是湍流。人们一直想从理论上和用严密的数学方法证明湍流的发生与雷诺数的关系，进而求出临界雷诺数。直到 20 世纪 30 年代人们才终于认识到湍流的发生和流动的稳定性有关。设在主流上从外界传来一微小的速度扰动，若随时间的推移该扰动可衰减，则主流是稳定的，并保持为层流状态。反之，若此速度扰动随时间不断增大，则流动是不稳定的，流动将由层流转变为湍流。用小扰动法进行了流动稳定性分析与计算，可准确地求出为实验所证实的临界雷诺数。如托尔曼针对无攻角平板边界层流动所做的分析结果，即如图 9-26 所示的稳定性曲线。由此曲线可知，临界雷诺数为 $Re_{cr}=(v_\infty\delta^*/\nu)_{cr}=520$，实验已证实了此值的正确性。

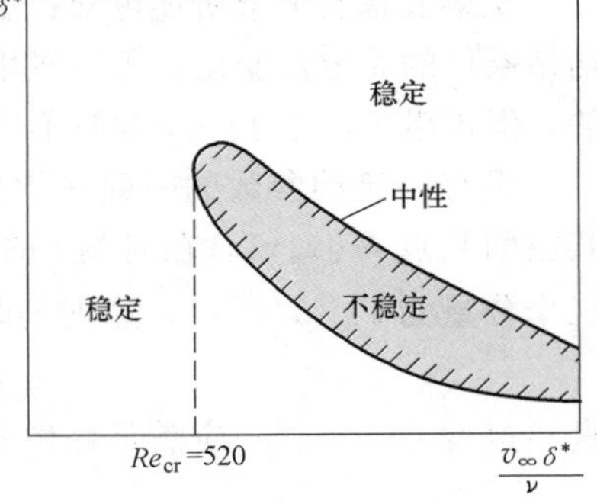

图 9-26　层流的稳定性曲线

影响流动稳定性从而决定层流向湍流转变的因素很多，它们主要是：

1. 压强梯度的影响

上述的平板边界层中 $Re_{cr}=(v_\infty\delta^*/\nu)_{cr}=520$。此时无压强梯度，即 $dp/dx=0$。如果是其他断面的柱体绕流，则在其边界层中的压强沿流动方向是变化的。在其降压区，即 $dp/dx<0$ 时，流动是稳定的，那里的临界雷诺数就要大于 520。反之，在升压区（$dp/dx>0$）流动趋于不稳定，该处的临界雷诺数就要小于 520。

2. 湍流度的影响

边界层外面势流的湍流度的大小也会影响流动的稳定性。湍流度 T 的定义是

$$T=\sqrt{\frac{1}{3}\frac{v'^2_x+v'^2_y+v'^2_z}{v^2_\infty}} \tag{9-56}$$

式中，v'_x、v'_y、v'_z 为势流中的脉动速度三分量。

大量实验证实，势流中的湍流度大的层流变湍流的转换点前移。

3. 物体表面粗糙度的影响

被绕流物体表面上的微小凸起物自然会形成脉动速度。如果凸起高度很大，则层流变湍流的转换点会前移。若凸起高度不大，则它对转换毫无影响。

4. 热传导的影响

热传导的作用是使边界层的温度发生变化，因而使流体的动力黏度 μ 改变。对气流边界层而言，μ 随温度的升高而变大。如果壁面温度比势流温度高，则将使边界层加热。这时在壁面处若有 $d\mu/dy<0$，这将使边界层中的流动趋于不稳定，易变成湍流。反之，如果在壁面处 $d\mu/dy>0$，此时边界层流动趋于稳定。对液体边界层而言，其动力黏度随温度升高而降低。故流动稳定性受传热的影响正和气体边界层相反，即壁面给流体加热时会使流动趋于稳定，反之则趋于不稳定，这已为实验所完全证实。

还有许多其他因素都会对流动的稳定性产生影响，这里不赘述。

湍流的特征及成因，严格说，到目前为止还未完全被人们从理论上弄清，许多有关结论都带经验特色，还不能用严格的数学方法推导出来。所以，湍流问题还有待人们进一步对它的物理本质进行深入研究，并建立其完整的理论与方法。

第十节　雷诺方程及雷诺应力

与黏性流体层流运动一样，当在管路流动中或在边界层流动中出现湍流时，必须有一种方法能用来计算其流动的速度分布，且最终求出管路流动阻力或作用在壁面上的边界层切应力。本节的主要目的就是为能进行这种计算而建立必要的方程与方法。

一、雷诺方程

从第五章及上节所述可知，湍流中某点的速度是随时间做一种目前尚不清楚其边界条件与初始条件的非定常变化。所以想用纳维-斯托克斯方程去求解此不定常流的真实速度是不可能的。但雷诺却建立了一个求解不可压黏性流动的时间平均速度场所需的方程与方法。

设有一流动参数的时间平均值（以下称时均值）不随时间变化的所谓准定常湍流流动，其空间某点 $M(x,y,z)$ 在时刻 t 的真实速度的三个直角坐标分量为 v_x、v_y、v_z，其速度脉动的三个分量为 v'_x、v'_y、v'_z，速度的时均值的三个分量为 $\bar{v}_x$、$\bar{v}_y$、$\bar{v}_z$，则有

$$v_x=\bar{v}_x+v'_x,\ v_y=\bar{v}_y+v'_y,\ v_z=\bar{v}_z+v'_z$$

真实速度 v_x、v_y、v_z 应满足黏性不可压流体的基本方程

$$\frac{\partial v_x}{\partial x}+\frac{\partial v_y}{\partial y}+\frac{\partial v_z}{\partial z}=0 \tag{9-57a}$$

$$\left.\begin{aligned}
\frac{\partial v_x}{\partial t}+v_x\frac{\partial v_x}{\partial x}+v_y\frac{\partial v_x}{\partial y}+v_z\frac{\partial v_x}{\partial z}&=-\frac{1}{\rho}\frac{\partial p}{\partial x}+\nu\left(\frac{\partial^2 v_x}{\partial x^2}+\frac{\partial^2 v_x}{\partial y^2}+\frac{\partial^2 v_x}{\partial z^2}\right)\\
\frac{\partial v_y}{\partial t}+v_x\frac{\partial v_y}{\partial x}+v_y\frac{\partial v_y}{\partial y}+v_z\frac{\partial v_y}{\partial z}&=-\frac{1}{\rho}\frac{\partial p}{\partial y}+\nu\left(\frac{\partial^2 v_y}{\partial x^2}+\frac{\partial^2 v_y}{\partial y^2}+\frac{\partial^2 v_y}{\partial z^2}\right)\\
\frac{\partial v_z}{\partial t}+v_x\frac{\partial v_z}{\partial x}+v_y\frac{\partial v_z}{\partial y}+v_z\frac{\partial v_z}{\partial z}&=-\frac{1}{\rho}\frac{\partial p}{\partial z}+\nu\left(\frac{\partial^2 v_z}{\partial x^2}+\frac{\partial^2 v_z}{\partial y^2}+\frac{\partial^2 v_z}{\partial z^2}\right)
\end{aligned}\right\} \tag{9-57b}$$

利用连续性方程（9-57a）可将纳维-斯托克斯方程（9-57b）的 x 轴投影式写成

$$\frac{\partial v_x}{\partial t}+\frac{\partial}{\partial x}(v_xv_x)+\frac{\partial}{\partial y}(v_xv_y)+\frac{\partial}{\partial z}(v_xv_z)=$$
$$-\frac{1}{\rho}\frac{\partial p}{\partial x}+\nu\left(\frac{\partial^2 v_x}{\partial x^2}+\frac{\partial^2 v_x}{\partial y^2}+\frac{\partial^2 v_x}{\partial z^2}\right)$$

将上式两端时均化可得

$$\frac{\partial \bar{v}_x}{\partial t}+\frac{\partial}{\partial x}(\overline{v_xv_x})+\frac{\partial}{\partial y}(\overline{v_xv_y})+\frac{\partial}{\partial z}(\overline{v_xv_z})=$$
$$-\frac{1}{\rho}\frac{\partial \bar{p}}{\partial x}+\nu\left(\frac{\partial^2 \bar{v}_x}{\partial x^2}+\frac{\partial^2 \bar{v}_x}{\partial y^2}+\frac{\partial^2 \bar{v}_x}{\partial z^2}\right)$$

现在来分析上式中的各乘积项的时均化。利用时均化方法得

$$\overline{v_x v_x}=\overline{(\bar v_x+v'_x)(\bar v_x+v'_x)}=\overline{\bar v^2_x+2\bar v_x v'_x+v'^2_x}=\bar v^2_x+2\bar v_x\overline{v'_x}+\overline{v'^2_x}$$

$$\begin{aligned}\overline{v_x v_y}&=\overline{(\bar v_x+v'_x)(\bar v_y+v'_y)}=\overline{\bar v_x\bar v_y+\bar v_x v'_y+\bar v_y v'_x+v'_x v'_y}\\&=\bar v_x\bar v_y+\bar v_x\overline{v'_y}+\bar v_y\overline{v'_x}+\overline{v'_x v'_y}\end{aligned}$$

$$\begin{aligned}\overline{v_x v_z}&=\overline{(\bar v_x+v'_x)(\bar v_z+v'_z)}=\overline{\bar v_x\bar v_z+\bar v_x v'_z+\bar v_z v'_x+v'_x v'_z}\\&=\bar v_x\bar v_z+\bar v_x\overline{v'_z}+\bar v_z\overline{v'_x}+\overline{v'_x v'_z}\end{aligned}$$

由于是准定常湍流，故各脉动速度分量的时均值皆为零，即 $\overline{v'_x}=\overline{v'_y}=\overline{v'_z}=0$。于是上列各式简化为

$$\overline{v_x v_x}=\bar v^2_x+\overline{v'^2_x},\qquad \overline{v_x v_y}=\bar v_x\bar v_y+\overline{v'_x v'_y},\qquad \overline{v_x v_z}=\bar v_x\bar v_z+\overline{v'_x v'_z}$$

因而纳维-斯托克斯方程的 x 轴投影形式变成

$$\begin{aligned}&\frac{\partial\bar v_x}{\partial t}+\frac{\partial\bar v^2_x}{\partial x}+\frac{\partial}{\partial y}(\bar v_x\bar v_y)+\frac{\partial}{\partial z}(\bar v_x\bar v_z)\\&=-\frac{1}{\rho}\frac{\partial\bar p}{\partial x}+\nu\left(\frac{\partial^2\bar v_x}{\partial x^2}+\frac{\partial^2\bar v_x}{\partial y^2}+\frac{\partial^2\bar v_x}{\partial z^2}\right)-\frac{\partial\overline{v'^2_x}}{\partial x}-\frac{\partial}{\partial y}(\overline{v'_x v'_y})-\frac{\partial}{\partial z}(\overline{v'_x v'_z})\end{aligned}$$

同样可将连续性方程（9-57a）时均化，可得

$$\frac{\partial\bar v_x}{\partial x}+\frac{\partial\bar y_y}{\partial y}+\frac{\partial\bar v_z}{\partial z}=0$$

用此连续性方程即可将上面时均化的纳维-斯托克斯方程写成如下形式，即

$$\begin{aligned}&\frac{\partial\bar v_x}{\partial t}+\bar v_x\frac{\partial\bar v_x}{\partial x}+\bar v_y\frac{\partial\bar v_x}{\partial y}+\bar v_z\frac{\partial\bar v_x}{\partial z}\\&=-\frac{1}{\rho}\frac{\partial\bar p}{\partial x}+\nu\left(\frac{\partial^2\bar v_x}{\partial x^2}+\frac{\partial^2\bar v_x}{\partial y^2}+\frac{\partial^2\bar v_x}{\partial z^2}\right)-\frac{\partial\overline{v'^2_x}}{\partial x}-\frac{\partial}{\partial y}(\overline{v'_x v'_y})-\frac{\partial}{\partial z}(\overline{v'_x v'_z})\end{aligned}$$

用相同的方法可将式（9-57b）的其他两方程时均化，从而得到与上面式子相类似的时均化方程。将它们写在一起即为湍流的时均流动所应遵循的运动方程，即雷诺方程及连续性方程为

$$\left.\begin{aligned}&\rho\left(\frac{\partial\bar v_x}{\partial t}+\bar v_x\frac{\partial\bar v_x}{\partial x}+\bar v_y\frac{\partial\bar v_x}{\partial y}+\bar v_z\frac{\partial\bar v_x}{\partial z}\right)=-\frac{\partial\bar p}{\partial x}+\mu\left(\frac{\partial^2\bar v_x}{\partial x^2}+\frac{\partial^2\bar v_x}{\partial y^2}+\frac{\partial^2\bar v_x}{\partial z^2}\right)+\\&\qquad\frac{\partial}{\partial x}(-\rho\overline{v'^2_x})+\frac{\partial}{\partial y}(-\rho\overline{v'_x v'_y})+\frac{\partial}{\partial z}(-\rho\overline{v'_x v'_z})\\&\rho\left(\frac{\partial\bar v_y}{\partial t}+\bar v_x\frac{\partial\bar v_y}{\partial x}+\bar v_y\frac{\partial\bar v_y}{\partial y}+\bar v_z\frac{\partial\bar v_y}{\partial z}\right)=-\frac{\partial\bar p}{\partial y}+\mu\left(\frac{\partial^2\bar v_y}{\partial x^2}+\frac{\partial^2\bar v_y}{\partial y^2}+\frac{\partial^2\bar v_y}{\partial z^2}\right)+\\&\qquad\frac{\partial}{\partial x}(-\rho\overline{v'_x v'_y})+\frac{\partial}{\partial y}(-\rho\overline{v'^2_y})+\frac{\partial}{\partial z}(-\rho\overline{v'_y v'_z})\\&\rho\left(\frac{\partial\bar v_z}{\partial t}+\bar v_x\frac{\partial\bar v_z}{\partial x}+\bar v_y\frac{\partial\bar v_z}{\partial y}+\bar v_z\frac{\partial\bar v_z}{\partial z}\right)=-\frac{\partial\bar p}{\partial z}+\mu\left(\frac{\partial^2\bar v_z}{\partial x^2}+\frac{\partial^2\bar v_z}{\partial y^2}+\frac{\partial^2\bar v_z}{\partial z^2}\right)+\\&\qquad\frac{\partial}{\partial x}(-\rho\overline{v'_x v'_z})+\frac{\partial}{\partial y}(-\rho\overline{v'_y v'_z})+\frac{\partial}{\partial z}(-\rho\overline{v'^2_z})\\&\frac{\partial\bar v_x}{\partial x}+\frac{\partial\bar v_y}{\partial y}+\frac{\partial\bar v_z}{\partial z}=0\end{aligned}\right\}\qquad(9\text{-}58)$$

雷诺方程及连续性方程（9-58）即为湍流时均速度 $\bar{v}_x$、$\bar{v}_y$、$\bar{v}_z$ 及时均压强 $\bar{p}$ 所应满足的方程。这里有四个方程，而欲求解的有未知场变量除 $\bar{v}_x$、$\bar{v}_y$、$\bar{v}_z$、$\bar{p}$ 外，还有诸如那些脉动速度分量乘积的时均项 $\overline{v'^2_x}$、$\overline{x'_x v'_y}$ 等六个未知量。显然用式（9-58）四个方程来求十个未知量是不够的，亦即方程组不封闭。因此，必须设法找出诸脉动速度乘积的时均值和其他未知场变量的补充关系才能使方程封闭，才可能获得确定解。这些要留待后面几节去详细叙述。

二、雷诺应力

把时均速度应满足的雷诺方程与本章开始时所给的黏性流体应力形式的动量方程（9-4）（忽略质量力）做比较时可发现，在湍流的时均运动中流体的各应力分量 p_{xx}，p_{yx}，…中除原黏性应力分量外还多出了由各脉动速度乘积的时均值 $p'_{xx}=-\rho\overline{v'^2_x}$、$p'_{yx}=-\rho\overline{v'_x v'_y}$ 等构成的附加项。即在湍流时均流动中有

$$p_{xx}=-p+2\mu\frac{\partial\bar{v}_x}{\partial x}+p'_{xx},\quad p_{yx}=\mu\left(\frac{\partial\bar{v}_x}{\partial y}+\frac{\partial\bar{v}_y}{\partial x}\right)+p'_{yx},\ \cdots$$

这些附加项也如同黏性应力项一样可组成一个对称的二阶张量

$$\begin{pmatrix}-\rho\overline{v'^2_x} & -\rho\overline{v'_x v'_y} & -\rho\overline{v'_x v'_z}\\ -\rho\overline{v'_x v'_y} & -\rho\overline{v'^2_y} & -\rho\overline{v'_y v'_z}\\ -\rho\overline{v'_x v'_z} & -\rho\overline{v'_y v'_z} & -\rho\overline{v'^2_z}\end{pmatrix}\tag{9-59}$$

式（9-59）称为雷诺应力或湍流应力张量。可以看到湍流时均运动方程可以写成与纳维-斯托克斯方程在形式上相同的方程，只不过要在其黏性应力项中附加上湍流应力项。

湍流应力项的物理意义：现取其一项为例，如$\partial(-\rho\overline{v'_x v'_y})/\partial y$，它代表的是图 9-27 所示的一个单位长度的流体微团因 y 轴方向的速度脉动 v'_y 而在单位时间内增加的 x 轴方向动量的时均值，即

$$\overline{\rho v'_y v'_x}-\overline{\left[\rho v'_y v'_x+\frac{\partial}{\partial y}(\rho v'_y v'_x)\times 1\right]}=\frac{\partial}{\partial y}(-\rho\overline{v'_x v'_y})$$

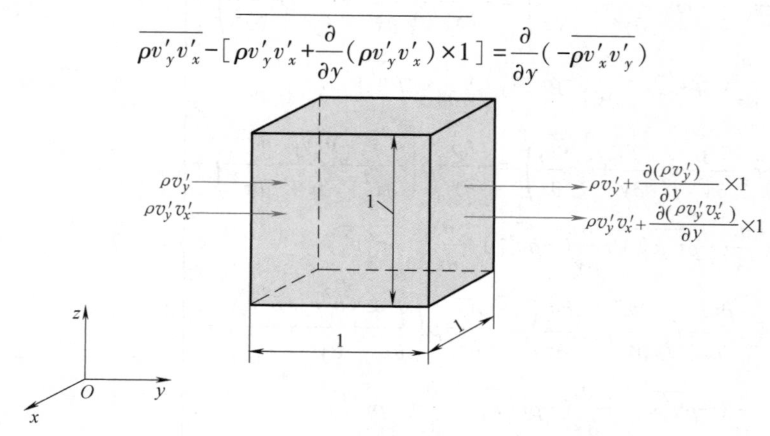

图 9-27 湍流应力

此动量增加率可认为是作用于该单位体积流体微团上的惯性力或湍流应力 $p'_{xy}=-\rho\overline{v'_x v'_y}$ 的效应。

第十一节　湍流的半经验理论

一、混合长度理论

关于各湍流应力$-\rho\overline{v'^2_x}$，$-\rho\overline{v'_xv'_y}$，…人们只知道是由速度脉动造成的，它们和其他场变量$\bar{v}_x$、$\bar{v}_y$、$\bar{v}_z$、$\bar{p}$以及流体的物理性质有何关系是需要弄清楚的问题。普朗特提出一种在物理上合理的带有经验性的“混合长度理论”，经实验证实为一可行的理论与方法。下面就来介绍此理论。为此来考虑较简单的两平行平板间的准定常二维湍流，如图9-28所示。将此湍流运动时均化后，流场任一点处只能有x轴方向的时均速度$\bar{v}_x$，且$\bar{v}_x=\bar{v}_x(y)$，时均流的流线都平行于平板。设在纵坐标为y处的流线上方与下方有两层时均速度不同的流层。此时该两层流动中的y向脉动运动以速度v'_y将上层流体质点带入下层，也可将下层的带到上层去，与此同时也将动量带入。普朗特假设y方向的脉动只在经过某一段距离l'后才将所携带的动量交给相邻层，或者说只有当经过了l'距离后质点的x方向速度才由$\bar{v}_x(y\pm l'/2)$变成$\bar{v}_x(y\mp l'/2)$。这个距离被称作“混合长度”。若在两层间取微元面积$\mathrm{d}S=\mathrm{d}x\times1$，则通过此面积由脉动$v'_y$造成的时均$x$方向动量交换就相当于在此面积上有一“切向力”$p'_{xy}\mathrm{d}S$的作用，且

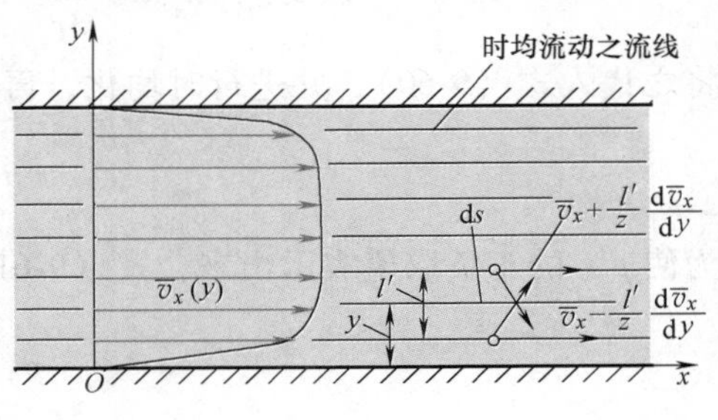

图9-28　湍流的混合长度

$$p'_{xy}\mathrm{d}S=\overline{\rho v'_y\mathrm{d}S\left[\bar{v}_x\left(y+\frac{l'}{2}\right)-\bar{v}_x\left(y-\frac{l'}{2}\right)\right]}$$

式中的两时均速度可近似地写成

$$\bar{v}_x\left(y\pm\frac{l'}{2}\right)=\bar{v}_x(y)\pm\frac{l'}{2}\frac{\mathrm{d}\bar{v}_x}{\mathrm{d}y}$$

代入前面的切向力中，并进行时均化后得

$$p'_{xy}=\rho\overline{v'_yl'}\frac{\mathrm{d}\bar{v}_x}{\mathrm{d}y}=A\frac{\mathrm{d}\bar{v}_x}{\mathrm{d}y}=\rho\varepsilon\frac{\mathrm{d}\bar{v}_x}{\mathrm{d}y}\tag{9-60}$$

式中，$A=\rho\overline{v'_yl'}$为动力湍流黏性系数；$\varepsilon=\overline{v'_yl'}$为运动湍流黏性系数。

从式（9-60）可见，A、ε与层流中的μ、ν分别对应，但各代表的物理本质完全不同。后者代表流体分子微观运动所形成的分子间的动量交换的特性，为流体的内在性质，且μ、ν在流体的各处为一常数。而前者则代表流体的宏观流体质点脉动所造成的流体质点间的动量交换特性，其与v'_y、l'有关，不是流体的内在特质，在流动的不同地点它们是不同的，亦即A、ε是变数。

普朗特认为横向脉动速度 v'_y 正比于 $l'\mathrm{d}\bar{v}_x/\mathrm{d}y$，其根据可用图 9-29 说明。两层流体混合时在上层流体中存在有以 $\bar{v}_{x1}=\bar{v}_x(y)+(l'/2)\mathrm{d}\bar{v}_x/\mathrm{d}y$ 的速度运动的质点，还有来自下层的质点，其速度较小，为 $\bar{v}_{x2}=\bar{v}_x(y)-(l'/2)\mathrm{d}\bar{v}_x/\mathrm{d}y$。因此，两质点间相互作用从而引起横向脉动，其速度为 v'_y。显然，v'_y 的大小应和 $\bar{v}_{x1}$ 与 $\bar{v}_{x2}$ 之差成正比，即

图 9-29 横向脉动速度的成因

$$v'_y \propto \bar{v}_{x1}-\bar{v}_{x2}=l'\frac{\mathrm{d}\bar{v}_x}{\mathrm{d}y}$$

将之代入式（9-60），并进行时均化，再用一新的比例系数 l 取代 l'后可得

$$p'_{xy}=\rho l^2\left(\frac{\mathrm{d}\bar{v}_x}{\mathrm{d}y}\right)^2 \tag{9-61}$$

为使 p'_{xy} 的正负取值表示出来，式（9-61）还可写成

$$p'_{xy}=\rho l^2\left|\frac{\mathrm{d}\bar{v}_x}{\mathrm{d}y}\right|\frac{\mathrm{d}\bar{v}_x}{\mathrm{d}y}$$

于是式（9-60）中的 A 与 ε 即成为

$$A=\rho l^2\left|\frac{\mathrm{d}\bar{v}_x}{\mathrm{d}y}\right|,\quad \varepsilon=l^2\left|\frac{\mathrm{d}\bar{v}_x}{\mathrm{d}y}\right| \tag{9-62}$$

式中，l 为和混合长度 l'成正比的一个长度，不过在这里也称它为混合长度。

到此，已获得了求解湍流时均流动参数 $\bar{v}_x$、$\bar{v}_y$、$\bar{v}_z$、$\bar{p}$ 所需的雷诺方程，用普朗特的混合长度理论将湍流应力与其他流动参数建立关系，而使方程封闭，以便求解。然而在方程组中还有一混合长度 l 这个量仍然是不明确的，还需针对具体的湍流对它做进一步的假设或用实验来确定它，最后求出特定湍流的速度分布与流体绕过物体壁面时的作用力。

二、平板湍流

设有一无穷大平板的上方为沿平板方向流动的湍流，如图 9-30 所示。设想在 $y\to\infty$ 处同样有一无穷大的平行平板以很大的速度在平行于自身平面上向右运动，则它就可能造成刚才所谈到的湍流。这时流体中任一点 $M(x, y)$（这里只讨论平面流动）的速度只能取 x 轴的方向，且只随 y 变化而与 x 无关。如果为层流形态，其速度分布在本章第五节的库埃特流动中已进行了详细的讨论。

现在来讨论人们所关心的湍流问题。在所给流动边界下雷诺方程的形式（时均值上的一横省略）为

$$\mu\frac{\mathrm{d}^2 v_x}{\mathrm{d}y^2}+\frac{\mathrm{d}p'_{xy}}{\mathrm{d}y}=0$$

积分一次后得

$$\mu\frac{\mathrm{d}v_x}{\mathrm{d}y}+p'_{xy}=C \tag{9-63}$$

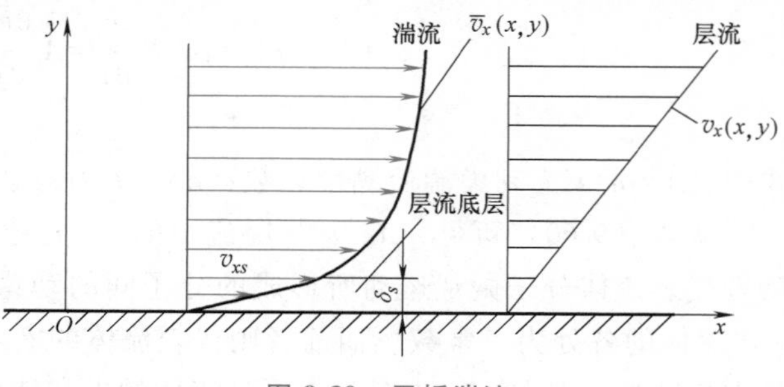

图 9-30 平板湍流

式中，$p'_{xy}=-\rho\overline{v'_x v'_y}$。在平板表面上（$y=0$）有 $v'_y=0$ 或 $p'_{xy}=0$，于是可确定积分

常数 $C=\mu(\mathrm{d}v_x/\mathrm{d}y)_{y=0}=\tau_\mathrm{w}$，$\tau_\mathrm{w}$ 为平板表面上的切应力，代回式（9-63）后得

$$\mu\frac{\mathrm{d}v_x}{\mathrm{d}y}+p'_{xy}=\tau_\mathrm{w} \tag{9-64}$$

在平板邻近处 p'_{xy} 比 $\mu\mathrm{d}v_x/\mathrm{d}y$ 小得多，可忽略。因此，将式（9-64）积分后即得速度 $v_x(x,y)$。在离平板表面较远处情况却与上述的正相反，那里的湍流应力 p'_{xy} 比黏性应力 $\mu\mathrm{d}v_x/\mathrm{d}y$ 要大得多，即式（9-64）左端第一项可忽略。再根据普朗特混合长度理论即可写出

$$p'_{xy}=\tau_\mathrm{w}=\rho l^2\left(\frac{\mathrm{d}v_x}{\mathrm{d}y}\right)^2$$

在现在的边界情况下，普朗特进一步假设 l 与流体质点所在处的纵坐标 y 成正比，即 $l=\kappa y$。其中，系数 κ 为一常数，由实验确定。将此 l 的表达式代入上式并进行积分得

$$v_x=\frac{1}{\kappa}\sqrt{\frac{\tau_\mathrm{w}}{\rho}}\ln y+C_1 \tag{9-65}$$

显然这个速度分布与层流的完全不同。由于这里 v_x 与 y 成对数关系，所以速度分布曲线变得饱满，在平板表面附近有很大的法向速度梯度。积分常数 C_1 不能再用平板表面处的边界条件确定，必须用湍流中的黏性底层的上边界 $y=\delta_s$ 处的速度 $v_x=v_{xs}$ 这一边界条件确定。然而目前此二量 δ_s 与 v_{xs} 尚且大小不明，为求得此二量必须先用流体的物理常量 ρ、μ 及平板表面上切应力 τ_w 组成下列二量 v_* 与 l_*，即

$$v_*=\sqrt{\frac{\tau_\mathrm{w}}{\rho}},\qquad l_*=\frac{\nu}{\sqrt{\dfrac{\tau_\mathrm{w}}{\rho}}}=\frac{\nu}{v_*} \tag{9-66}$$

式中，v_* 的量纲与速度的相同，故称它为切应力速度；l_* 的量纲与长度的相同，故称它为切应力长度。可证明黏性底层的厚度 δ_s 与其上边界处的速度可表示成

$$\left.\begin{aligned}\delta_s&=\alpha l_*=\alpha\frac{\nu}{v_*}=\alpha\frac{\nu}{\sqrt{\tau_\mathrm{w}/\rho}}\\ v_{xs}&=\alpha v_*=\alpha\sqrt{\frac{\tau_\mathrm{w}}{\rho}}\end{aligned}\right\} \tag{9-67}$$

式中，α 为一量纲一的常数，且在 δ_s 与 v_{xs} 的表达式中的 α 是同一个常数。如果用某种方法，也包括实验的方法能求出 α，则 δ_s 与 v_{xs} 即为已知。

利用切应力速度 v_* 的概念，式（9-65）即变成

$$v_x=\frac{v_*}{\kappa}\ln y+C_1 \tag{9-68}$$

现在利用黏性底层上边界处的条件，有

$$v_{xs}=\frac{v_*}{\kappa}\ln\delta_s+C_1$$

再根据式（9-67）即可确定积分常数 C_1 为

$$C_1=\alpha v_*-\frac{1}{\kappa}v_*\ln\left(\alpha\frac{\nu}{v_*}\right)=v_*\left(\alpha-\frac{1}{\kappa}\ln\alpha\right)-\frac{1}{\kappa}v_*\ln\frac{\nu}{v_*}$$

将此 C_1 代回式（9-68）得

$$\frac{v_x}{v_*}=\frac{1}{\kappa}\ln\frac{yv_*}{\nu}+\alpha-\frac{1}{\kappa}\ln\alpha=\frac{1}{\kappa}\ln\frac{y}{l_*}+\alpha-\frac{1}{\kappa}\ln\alpha \tag{9-69}$$

将自然对数换成十进对数（常用对数）后，式（9-69）即为

$$\frac{v_x}{v_*}=\frac{2.303}{\kappa}\lg\frac{yv_*}{\nu}+\alpha-\frac{2.303}{\kappa}\lg\alpha \tag{9-70}$$

现在必须求助于实验来确定速度分布中的 α 及 κ 两量纲一的常数。尼古拉兹用水在长圆管中做湍流实验，在雷诺数 $Re=v_\infty d/\nu$ 很宽的范围内（从临界雷诺数直到 3.24×10^6）系统、准确地测量过圆管断面上的水流速度分布，所得实验点如图 9-31 所示，它们几乎完全分布在一条直线上，与式（9-70）所给速度分布规律非常一致。拟合的实验速度分布曲线为

$$\frac{v_x}{v_*}=5.75\lg\frac{yv_*}{\nu}+5.5 \tag{9-71}$$

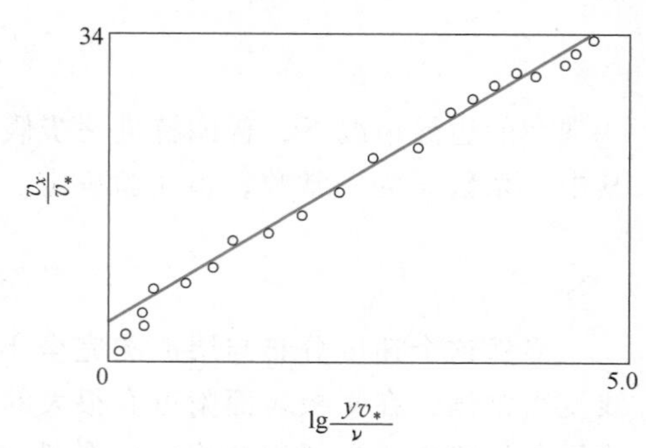

图 9-31　尼古拉兹圆管湍流实验曲线

根据此拟合曲线的参数即可确定出式（9-70）中的常数 α 与 κ。它们是 $\alpha=11.5$、$\kappa=0.4$。

速度分布式（9-70）中还剩 v_* 尚需确定，此切应力速度也需用实验做根据来给定，这留待下面讲述。

三、流道中的湍流

如图 9-32 所示，两无穷大不动的平行平板相距为 $2h$，其间的流体做湍流运动。在图示的坐标系下该湍流的时均流动有下述特点：$v_x=v_x(y)$，$v_y=v_z=0$，$\mathrm{d}p/\mathrm{d}x=\text{const}$。现求其时均速度 $v_x(y)$ 的分布。这时雷诺方程呈简单形式，即

$$\frac{\mathrm{d}p'_{xy}}{\mathrm{d}y}=\frac{\mathrm{d}\tau}{\mathrm{d}y}=\frac{\mathrm{d}p}{\mathrm{d}x}=\text{const}$$

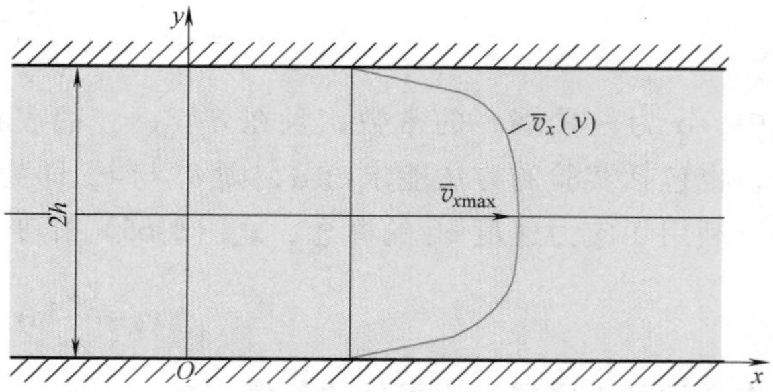

图 9-32　平行平板间的湍流

边界条件为 $y=0$ 时 $\tau=\tau_\mathrm{w}$，$y=h$ 时 $\tau=0$。将雷诺方程积分得

$$\tau=C_1y+C_2$$

利用上述边界条件可得 $C_2=\tau_\mathrm{w}$，$C_1=-\tau_\mathrm{w}/h$。代回上式得

$$\tau=\tau_\mathrm{w}\left(1-\frac{y}{h}\right)$$

根据普朗特混合长度理论有

$$\tau=\rho l^2\left(\frac{\mathrm{d}v_x}{\mathrm{d}y}\right)^2$$

于是从上面两式可得

$$\rho l^2\left(\frac{\mathrm{d}v_x}{\mathrm{d}y}\right)^2=\tau_{\mathrm{w}}\left(1-\frac{y}{h}\right)$$

式中，l 为混合长度。

卡门根据湍流中的相对时均速度分布的相似律曾推出混合长度应取的形式，即

$$l=-\kappa\frac{v'_x(y)}{v''_x(y)} \tag{9-72}$$

式（9-72）中的 $v'_x(y)$ 与 $v''_x(y)$ 表示 $v_x(y)$ 对 y 的一阶与二阶导数，而非指脉动速度；κ 为由实验给出的系数。将式（9-72）代入前一式得

$$\rho\kappa^2\frac{v'^2_x}{v''^2_x}v'^2_x=\tau_{\mathrm{w}}\left(1-\frac{y}{h}\right)\quad 或 \quad \frac{v''_x}{v'^2_x}=\pm\frac{\kappa}{v_*}\frac{1}{\sqrt{1-y/h}}$$

式中，v_* 为前面已定义过的切应力速度$\sqrt{\tau_{\mathrm{w}}/\rho}$。

因为在湍流中 $v'_x>0$，$v''_x<0$，所以上面第二式右端应取负号。故有

$$\frac{v''_x}{v'^2_x}=-\frac{\kappa}{v_*}\frac{1}{\sqrt{1-y/h}}$$

积分一次可得

$$-\frac{1}{v'_x}=2\frac{\kappa}{v_*}h\sqrt{1-y/h}+C_3$$

为确定积分常数 C_3，卡门给出以下形式的边界条件：$y\to0$ 时有 $v'_x\to\infty$。这个条件在物理上是合理的，在平板表面附近速度分布曲线在湍流时确实很陡。用此边界条件可得 $C_3=-2\kappa h/v_*$，代回后得

$$v'_x(y)=\frac{v_*}{2\kappa h}\frac{1}{1-\sqrt{1-y/h}}$$

积分得

$$v_x(y)=\frac{v_*}{\kappa}\left[\ln\left(1-\sqrt{1-\frac{y}{h}}\right)+\sqrt{1-\frac{y}{h}}\right]+C_4$$

利用 $y=h$ 时 $v_x(y)=v_{x,\max}$ 这一边界条件即可得 $C_4=v_{x,\max}$。故

$$v_x(y)=\frac{v_*}{\kappa}[\ln(1-\sqrt{1-y/h})+\sqrt{1-y/h}]+v_{x,\max}$$

或

$$\frac{v_{x,\max}-v_x(y)}{v_*}=-\frac{1}{\kappa}[\ln(1-\sqrt{1-y/h})+\sqrt{1-y/h}] \tag{9-73}$$

式（9-73）即为在用卡门相似律给定的混合长度的前提，所求得的平板间湍流时均速度的分布规律。它和尼古拉兹湍流实验曲线非常接近，如图 9-33 所示，根据该曲线可确定式（9-73）中的常数系数为 $\kappa=0.3$。

在前面所述无穷大平板及两平行平板间的湍流求解中，都有一参数 $v_*=\sqrt{\tau_{\mathrm{w}}/\rho}$ 还是未定的数，确定它的方法如下。

从本书第五章可知，管径为 d 的一段长 l 的管流压强损失为

$$\Delta p=\lambda\frac{l}{d}\frac{\rho v^2}{2}$$

此压强损失 Δp 与阻力系数 λ 有关，而后者又与雷诺数 $Re=vd/\nu$ 有关。但 Δp 是由管壁的摩擦应力 τ_w 造成的，即

$$\Delta p\frac{\pi d^2}{4}=\tau_w\pi dl$$

故有

$$\Delta p=\frac{4l}{d}\tau_w$$

代入前面一式可得 $\tau_w=\lambda\rho v^2/8$。于是

$$v_*^2=\frac{\tau_w}{\rho}=\frac{\lambda}{8}v^2 \quad 或 \quad \frac{v}{v_*}=\frac{2\sqrt{2}}{\sqrt{\lambda}} \tag{9-74}$$

管路阻力系数 λ 由实验确定，它和雷诺数有关。一个为实验所证实的半经验公式为

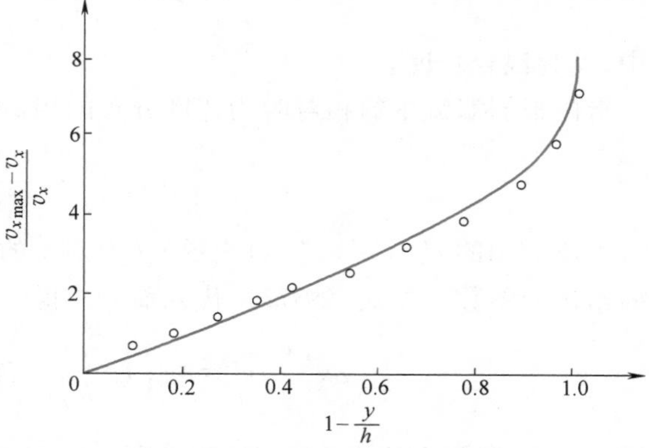

图 9-33 尼古拉兹湍流实验曲线

$$\lambda=0.0032+\frac{0.221}{Re^{0.237}} \tag{9-75}$$

因而只要 $Re=vd/\nu$ 已知，即可得 λ，进而由式（9-74）求出所要求的切应力速度 v_*。

四、平板湍流边界层

速度为 v_∞ 的黏性均匀流沿光滑平板流过时，在此平板表面上形成的边界层如果是湍流的，其边界层内的速度分布 $v_x(y)$ 以及表面切应力是工程上最感兴趣的，必须由合理方法来计算。湍流边界层也必须根据形式上与前述的层流边界层方程或边界层动量积分关系式相仿的方程来求解。要注意的只是方程右端的切应力应包括黏性应力与湍流应力两者在内，即在边界层时均方程

$$\bar{v}_x\frac{\partial\bar{v}_x}{\partial x}+\bar{v}_y\frac{\partial\bar{v}_x}{\partial y}=v_\infty\frac{\mathrm{d}v_\infty}{\mathrm{d}x}+\frac{1}{\rho}\frac{\partial\tau}{\partial y}$$

中的切应力 τ 应是

$$\tau=\mu\frac{\partial\bar{v}_x}{\partial y}-\rho\overline{v_x'v_y'}$$

如果要用动量积分关系式做近似求解，则方程右端的切应力为平板表面上的切应力，它当然只有上式等号右端的第一项。现在用这个动量积分来求湍流边界层的时均速度分布。平板情况下的边界层动量积分为

$$\frac{\mathrm{d}\delta^{**}}{\mathrm{d}x}=\frac{\tau_w}{\rho v_\infty^2},\qquad \delta^{**}=\int_0^\delta\frac{v_x}{v_\infty}\left(1-\frac{v_x}{v_\infty}\right)\mathrm{d}y$$

在这里已把时均参数上方的一横省去。因为边界层为湍流的，在假设 $v_x(y)$ 的分布时可根据半经验的对数分布规律给定，也可按全经验的幂函数规律形式给定。现采用后者，即

$$\frac{v_x(y)}{v_\infty}=\left(\frac{y}{\delta}\right)^n=\eta^n \tag{9-76}$$

式中，$\eta=y/\delta$ 为量纲一的纵坐标；δ 为边界层厚度，它为 x 的未知函数，是要求解的；n 为由实验确定的量纲一的常数。给定这样的速度分布后，有

$$\delta^{**}=\int_0^1(1-\eta^n)\eta^n\delta\mathrm{d}\eta=\delta\frac{n}{(1+n)(1+2n)}$$

根据动量积分可知，壁面上的切应力τ_{w}为

$$\tau_{\mathrm{w}}=\frac{n}{(1+n)(1+2n)}\rho v_{\infty}^2\frac{\mathrm{d}\delta}{\mathrm{d}x} \tag{9-77}$$

另外应注意到，边界层内的速度$v_x(y)$必然与流体密度ρ、运动黏度ν以及平板表面处的切应力τ_{w}有关，从式（9-76）还知道它与y^n有关，写成函数形式即为

$$v_x(y)=f(\rho,\nu,\tau_{\mathrm{w}},y)$$

现在用第六章所讲述过的量纲分析法来求f的具体形式，有

$$v_x(y)=\beta\rho^a\nu^b\tau_{\mathrm{w}}^c y^n$$

式中，系数β应由实验求出。因上式两端量纲相等，即

$$\frac{\mathrm{L}}{\mathrm{T}}=\beta\left(\frac{\mathrm{M}}{\mathrm{L}^3}\right)^a\left(\frac{\mathrm{L}^2}{\mathrm{T}}\right)^b\left(\frac{\mathrm{M}}{\mathrm{LT}^2}\right)^c\mathrm{L}^n$$

所以在比较上式两端的基本量纲时有下列等式成立：

$$0=a+c,\quad -1=-b-2c,\quad 1=-3a+2b-c+n$$

解此联立方程后得

$$a=-\frac{n+1}{2},\quad b=-n,\quad c=\frac{n+1}{2}$$

于是有

$$v_x(y)=\beta\rho^{-\frac{n+1}{2}}\nu^{-n}\tau_{\mathrm{w}}^{\frac{n+1}{2}}y^n$$

或

$$\tau_{\mathrm{w}}=\beta_1 v_x^{\frac{2}{n+1}}\rho\nu^{\frac{2n}{n+1}}y^{-\frac{2n}{n+1}}=\beta_0\rho\frac{v_x^2}{2}\left(\frac{\nu}{yv_x}\right)^{\frac{2n}{n+1}}$$

但因$v_x=v_{\infty}(y/\delta)^n$，代入上式得

$$\tau_{\mathrm{w}}=\beta_0\frac{\rho v_{\infty}^2}{2}\left(\frac{\nu}{v_{\infty}\delta}\right)^{\frac{2n}{n+1}} \tag{9-78}$$

切应力系数C_{τ}为

$$C_{\tau}=\frac{\tau_{\mathrm{w}}}{\frac{1}{2}\rho v_{\infty}^2}=\beta_0\left(\frac{v_{\infty}\delta}{\nu}\right)^{-\frac{2n}{n+1}}$$

将式（9-78）代入式（9-77）左端，得求解边界层厚度δ的关系式，即

$$\delta^{\frac{2n}{n+1}}\mathrm{d}\delta=\frac{(n+1)(2n+1)}{2n}\beta_0\left(\frac{\nu}{v_{\infty}}\right)^{\frac{2n}{n+1}}\mathrm{d}x$$

积分上式后得

$$\frac{n+1}{3n+1}\delta^{\frac{3n+1}{n+1}}=\frac{(n+1)(2n+1)}{2n}\beta_0\left(\frac{v_{\infty}}{\nu}\right)^{-\frac{2n}{n+1}}x+C$$

根据边界条件$x=0$时$\delta=0$，即可得积分常数$C=0$，最后得

$$\delta=\left[\frac{(3n+1)(2n+1)}{2n}\beta_0\right]^{\frac{n+1}{3n+1}}\left(\frac{v_{\infty}x}{\nu}\right)^{-\frac{2n}{3n+1}}x \tag{9-79}$$

将此 δ 代回式（9-76）后即得任一位置 x 处的边界层速度分布 $v_x(y)$（因为式子很烦琐，不在此写出）。平板单面长度为 l 的一段表面上的摩擦阻力（单位板宽）为

$$D=\int_0^l \tau_{\mathrm{w}}\mathrm{d}x=\int_0^l \frac{n}{(n+1)(2n+1)}\rho v_\infty^2\frac{\mathrm{d}\delta}{\mathrm{d}x}\mathrm{d}x=\rho v_\infty^2\frac{n}{(n+1)(2n+1)}\delta(l)$$
$$=\rho v_\infty^2\frac{n}{(n+1)(2n+1)}\left[\frac{(3n+1)(2n+1)}{2n}\beta_0\right]^{\frac{n+1}{3n+1}}\left(\frac{v_\infty l}{\nu}\right)^{-\frac{2n}{3n+1}}l$$

阻力系数为

$$C_D=\frac{D}{\frac{1}{2}\rho v_\infty^2 l}=\frac{2n}{(n+1)(2n+1)}\left[\frac{(3n+1)(2n+1)}{2n}\beta_0\right]^{\frac{n+1}{3n+1}}\left(\frac{v_\infty l}{\nu}\right)^{-\frac{2n}{3n+1}} \tag{9-80}$$

所求得的边界层厚度、速度分布、切应力系数及阻力系数中都包含常数 n 与 β_0，该两常数必须用实验确定。在 $Re<3\times10^6$ 时，由实验确定的数据是 $n=1/7$、$\beta_0=0.045$。代入 $\delta(x)$、C_τ、C_D 的表达式后可得

$$\left.\begin{aligned}\delta&=0.37\left(\frac{v_\infty x}{\nu}\right)^{-\frac{1}{5}}x=0.37Re_x^{-\frac{1}{5}}x\\C_\tau&=0.045Re_\delta^{-\frac{1}{4}}\\C_D&=0.073Re_l^{-\frac{1}{5}}\end{aligned}\right\} \tag{9-81}$$

在这里把上述三参数与以前讲过的层流边界层的相应参数做一下比较是有意义的。在层流边界层中有

$$\delta=4.64Re_x^{-\frac{1}{2}}x,\quad C_\tau=0.646Re_x^{-\frac{1}{2}},\quad C_D=1.292Re_l^{-\frac{1}{2}}$$

可见湍流边界层的厚度比层流的厚得多，阻力也同样大得多。

五、平板混合边界层

当黏性流体流过平板时，在平板前缘附近因雷诺数 $Re_x=v_\infty x/\nu$ 很小，总是先形成一段层流边界层。如果向下游流动时雷诺数始终不过大（如当 v_∞ 较小或 ν 较大），平板又较光滑和外面势流的湍流度又很小时，则边界层可保持很长一段层流状态。但当雷诺数增大到一定数值时（实验测到的是 $Re_x\approx3.5\times10^5\sim5.0\times10^5$）层流会转换成湍流，而且这种转变往往不是在一点处突然完成的，而是有一段转换区，如图 9-34 所示。在转换区开始处层流失去稳定，然后形成扰动波扩展与旋涡，再后则是强旋涡处出现湍流，最后才发展成完全的湍流。在转换区中流动形态很复杂，很难用层流或湍流边界层的方法计算其中的速度分布及阻力。在这种情况下一般的处理方法是假定转换发生在与 $Re_x=(3.5\sim5)\times10^5$ 相对应某点处，在该点前作层流边界层处理，之后作湍流看待，如图 9-35 所示，而且假定边界层厚度在转换点 T 处突然增大。这样处理后，这种所谓的混合边界层的黏性阻力就较易计算。下面即来讨论。

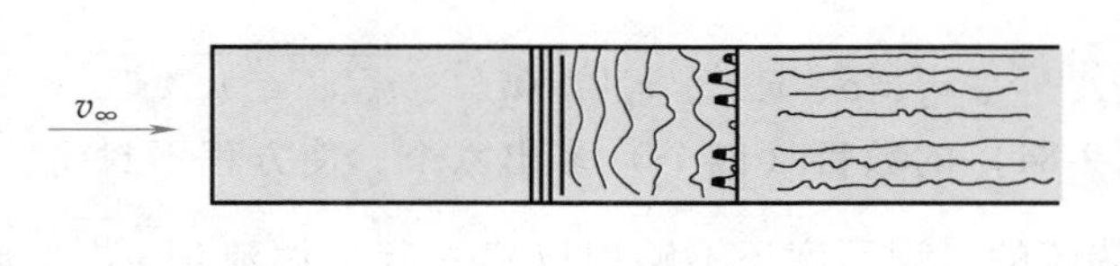

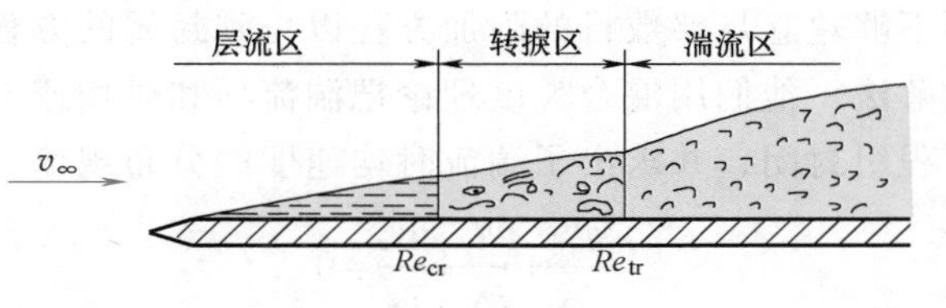

图 9-34 层流到湍流的转变

设平板总长为 l，层流区长为 l_0，阻力系数为 C_{Dl}。若在整个板长上全为湍流时的阻力系数为 C_D，而在 l_0 一段上的阻力系数为 C_{Dt}。这时设欲求的混合边界层阻力系数为 C_{Dm}，因为有

$$\frac{1}{2}\rho v_\infty^2\ lC_{Dm}=\frac{1}{2}\rho v_\infty^2\ (lC_D-l_0C_{Dt}+l_0C_{Dl})$$

所以得

$$C_{Dm}=C_D-\frac{l_0}{l}\ (C_{Dt}-C_{Dl})$$

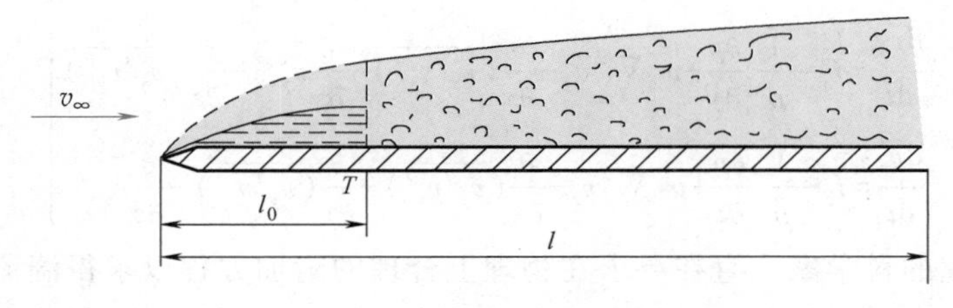

图 9-35 平板混合边界层

但因

$$\frac{l_0}{l}=\frac{v_\infty\ l_0/\nu}{v_\infty\ l/\nu}=\frac{Re_{l0}}{Re_l}$$

于是

$$C_{Dm}=C_D-\frac{Re_{l0}}{Re_l}\ (C_{Dt}-C_{Dl})\ =C_D-\frac{A}{Re_l} \tag{9-82}$$

式中，$A=Re_{l0}\ (C_{Dt}-C_{Dl})$，通过光滑平板实验可得 $A=1700$。如果湍流边界层用幂函数形式的速度分布求解，则可得

$$C_{Dm}=\frac{0.073}{{Re_l}^{1/5}}-\frac{1700}{Re_l} \tag{9-83}$$

当雷诺数很大时，如 $Re_l=10^7$，则包含层流作用在内的式（9-83）右端第一项比第二项大约 10 倍。所以在更大的雷诺数情况下即可将第二项忽略，亦即将整个边界层都当作湍流处理计算其阻力。

第十二节 湍流模式理论

由上节讲述可知，在求解不可压缩黏性湍流中的速度分布时只根据连续性方程和雷诺方程（在考虑传热时还有时均能量方程）加上必要的边界条件已不足以得到其解析解，而必须借助一定的经验性假设和实验数据才能最后得出流道中或边界层内的湍流时均速度分布，进而求出黏性阻力。采用这种半经验或全经验解法的原因在于：求解时均湍流未知场变量

$\bar{v}_x$、$\bar{v}_y$、$\bar{v}_z$、$\bar{p}$、$\overline{v_x'^2}$、$\overline{v_y'^2}$、$\overline{v_z'^2}$、$\overline{v_x'v_y'}$、$\overline{v_x'v_z'}$、$\overline{v_y'v_z'}$的数目（十个）比求解它们的方程式（9-84）的数目（四个）多出六个，使方程不封闭，因而求不出确定的解。直到现在人们对湍流的认识程度还不够用以建立起诸湍流项 $\overline{v_x'^2}$，$\overline{v_x'v_y'}$，…和其他场变量的准确关系，亦即不够建立足够数目的附加方程以得到封闭的方程组，因而就出现了普朗特或卡门的半经验性解法。他们用混合长度理论把湍流项和时均速度的梯度建立了一种较合理的联系，因而使方程组封闭，并求出了湍流时均速度的分布规律。

$$
\left.
\begin{aligned}
&\frac{\partial \bar{v}_x}{\partial x}+\frac{\partial \bar{v}_y}{\partial y}+\frac{\partial \bar{v}_z}{\partial z}=0\\
&\frac{\mathrm{d}\bar{v}_x}{\mathrm{d}t}=f_x-\frac{1}{\rho}\frac{\partial \bar{p}}{\partial x}+\nu\nabla^2\bar{v}_x-\frac{\partial}{\partial x}\overline{v_x'^2}-\frac{\partial}{\partial y}(\overline{v_x'v_y'})-\frac{\partial}{\partial z}(\overline{v_x'v_z'})\\
&\frac{\mathrm{d}\bar{v}_y}{\mathrm{d}t}=f_y-\frac{1}{\rho}\frac{\partial \bar{p}}{\partial y}+\nu\nabla^2\bar{v}_y-\frac{\partial}{\partial x}(\overline{v_x'v_y'})-\frac{\partial}{\partial y}\overline{v_y'^2}-\frac{\partial}{\partial z}(\overline{v_y'v_z'})\\
&\frac{\mathrm{d}\bar{v}_z}{\mathrm{d}t}=f_z-\frac{1}{\rho}\frac{\partial \bar{p}}{\partial z}+\nu\nabla^2\bar{v}_z-\frac{\partial}{\partial x}(\overline{v_x'v_z'})-\frac{\partial}{\partial y}(\overline{v_y'v_z'})-\frac{\partial}{\partial z}\overline{v_z'^2}
\end{aligned}
\right\}
\tag{9-84}
$$

从事湍流研究的科学家一直在寻求在物理上合理的附加方程以求得湍流的封闭解。所建立的各种湍流模式中，尽管仍然需要采用由实验确定的一些常数以求得最终的速度场，但有了合理的附加方程加入解的过程，其解应比前述的半经验或全经验解法更具有普遍性与准确性。下面来讨论如何找出附加方程和建立某种模式来求解湍流时均速度分布（只讨论不可压缩流）。

一、湍流基本方程的几个导出方程

1. 湍流应力微分方程

为求得湍流应力所应满足的方程，要从湍流的瞬时场变量应满足的纳维-斯托克斯方程（忽略质量力）

$$\frac{\partial v_i}{\partial t}+v_k\frac{\partial v_i}{\partial x_k}=-\frac{1}{\rho}\frac{\partial p}{\partial x_i}+\nu\frac{\partial^2 v_i}{\partial x_k\partial x_k}$$

和时均场变量应满足的雷诺方程

$$\frac{\partial \bar{v}_i}{\partial t}+\bar{v}_k\frac{\partial \bar{v}_i}{\partial x_k}=-\frac{1}{\rho}\frac{\partial \bar{p}}{\partial x_i}+\nu\frac{\partial^2 \bar{v}_i}{\partial x_k\partial x_k}-\frac{\partial}{\partial x_k}(\overline{v_i'v_k'})$$

两者着手推导。上面两方程中带下标 i 与 $k(i,k=1,2,3)$ 的场变量代表相应量的 x、y、z 坐标分量。若在表达式某一项中出现重复的下标，则此项应是下标从 1 到 3 的和项。做这样规定后上列两方程中每个都代表三个分量方程，书写起来很简捷。若再给一不同于 i、k 的自由下标 $j=1$，2，3，则同样可写出

$$\frac{\partial v_j}{\partial t}+v_k\frac{\partial v_j}{\partial x_k}=-\frac{1}{\rho}\frac{\partial p}{\partial x_j}+\nu\frac{\partial^2 v_j}{\partial x_k\partial x_k}$$

$$\frac{\partial \bar{v}_j}{\partial t}+v_k\frac{\partial \bar{v}_j}{\partial x_k}=-\frac{1}{\rho}\frac{\partial \bar{p}}{\partial x_j}+\nu\frac{\partial^2 \bar{v}_j}{\partial x_k\partial x_k}-\frac{\partial}{\partial x_k}(\overline{v_j'v_k'})$$

将纳维-斯托克斯方程中的各瞬时值用其时均值加脉动值替代，即将 $v_i=\bar{v}_i+v_i'$，$v_j=\bar{v}_j+v_j'$，$v_k=\bar{v}_k+v_k'$，$p=\bar{p}+p'$代入。然后减去雷诺方程即得湍流脉动运动微分方程

$$\left.\begin{aligned}\frac{\partial v_i'}{\partial t}+\bar{v}_k\frac{\partial v_i'}{\partial x_k}+v_k'\frac{\partial \bar{v}_i}{\partial x_k}+v_k'\frac{\partial v_i'}{\partial x_k}=-\frac{1}{\rho}\frac{\partial p'}{\partial x_i}+\nu\frac{\partial^2 v_i'}{\partial x_k\partial x_k}+\frac{\partial}{\partial x_k}(\overline{v_i'v_k'})\\ \frac{\partial v_j'}{\partial t}+\bar{v}_k\frac{\partial v_j'}{\partial x_k}+v_k'\frac{\partial \bar{v}_j}{\partial x_k}+v_k'\frac{\partial v_j'}{\partial x_k}=-\frac{1}{\rho}\frac{\partial p'}{\partial x_j}+\nu\frac{\partial^2 v_j'}{\partial x_k\partial x_k}+\frac{\partial}{\partial x_k}(\overline{v_j'v_k'})\end{aligned}\right\}\tag{9-85}$$

将式（9-85）第一个方程乘以 v_j'，第二个方程乘以 v_i'，然后两式相加再经整理可得

$$\frac{\partial}{\partial t}(v_i'v_j')+\bar{v}_k\frac{\partial}{\partial x_k}(v_i'v_j')+v_i'v_k'\frac{\partial \bar{v}_j}{\partial x_k}+v_j'v_k'\frac{\partial \bar{v}_i}{\partial x_k}+\frac{\partial}{\partial x_k}(v_i'v_j'v_k')=$$
$$-\frac{1}{\rho}\left[\frac{\partial}{\partial x_i}(p'v_j')+\frac{\partial}{\partial x_j}(p'v_i')\right]+\frac{p'}{\rho}\left(\frac{\partial v_i'}{\partial x_j}+\frac{\partial v_j'}{\partial x_i}\right)+v_j'\frac{\partial}{\partial x_k}(\overline{v_i'v_k'})+$$
$$v_i'\frac{\partial}{\partial x_k}(\overline{v_j'v_k'})+\nu\frac{\partial^2}{\partial x_k\partial x_k}(v_i'v_j')-2\nu\frac{\partial v_i'}{\partial x_k}\frac{\partial v_j'}{\partial x_k}$$

将上式做时均化处理后得

$$\frac{\partial}{\partial t}(\overline{v_i'v_j'})+\bar{v}_k\frac{\partial}{\partial x_k}(\overline{v_i'v_j'})=-\overline{v_i'v_k'}\frac{\partial \bar{v}_j}{\partial x_k}-\overline{v_j'v_k'}\frac{\partial \bar{v}_i}{\partial x_k}-\frac{\partial}{\partial x_k}(\overline{v_i'v_j'v_k'})-$$
$$\frac{1}{\rho}\left[\frac{\partial}{\partial x_i}(\overline{p'v_j'})+\frac{\partial}{\partial x_j}(\overline{p'v_i'})\right]+\overline{\frac{p'}{\rho}\left(\frac{\partial v_j'}{\partial x_i}+\frac{\partial v_i'}{\partial x_j}\right)}+$$
$$\nu\frac{\partial^2}{\partial x_k\partial x_k}(\overline{v_i'v_j'})-2\nu\overline{\frac{\partial v_i'}{\partial x_k}\frac{\partial v_j'}{\partial x_k}}\tag{9-86}$$

式（9-86）即为湍流应力 $\overline{v_i'v_j'}$所应满足的微分方程。该方程说明，湍流应力的随体时间变化率是由等号右端各项引起的。等号右端第一、二项为单位时间湍流应力做的变形功；第三项是与三次湍流脉动速度相关的空间变化；第四项是湍流脉动压强单位时间所做功的时均值的空间变化率；第五项是湍流脉动压强所做的湍流脉动变形功的时均值；第六项是湍流应力的黏性空间扩散；第七项则是黏性耗散项。

2. 时均湍流脉动动能方程（K 方程）

令式（9-86）中的 $i=j$，并用 K 表示 $\overline{v_i'v_j'}/2$。在考虑了湍流脉动运动的连续性方程及时均化的特性后，式（9-86）将变成

$$\frac{\partial K}{\partial t}+\bar{v}_k\frac{\partial K}{\partial x_k}=-\frac{\partial}{\partial x_k}\overline{\left[v_k'\left(\frac{p'}{\rho}+\frac{1}{2}v_i'v_i'\right)\right]}-\overline{v_i'v_k'}\frac{\partial \bar{v}_i}{\partial x_k}+$$
$$\nu\frac{\partial^2 K}{\partial x_k\partial x_k}-\nu\overline{\frac{\partial v_i'}{\partial x_k}\frac{\partial v_i'}{\partial x_k}}\tag{9-87}$$

式（9-87）即为湍流脉动动能方程或 K 方程，它是湍流模式理论中最基本的方程之一。方程等号左端是时均湍流脉动动能的随体时间变化率，它是由等号右端各项引起的。第一项为脉动能量的空间对流扩散；第二项为湍流应力做的变形功，因而是脉动动能的生成项；第三项表示湍流脉动动能的黏性扩散；最后一项为脉动动能的黏性耗散，该项永远为负，即它使

脉动动能减小而变成热量，故称耗散项。

3. 湍流耗散方程（ε 方程）

在 K 方程等号右端有一湍流脉动动能的耗散项 ε，即

$$\varepsilon = \nu \overline{\frac{\partial v_i'}{\partial x_k}\frac{\partial v_i'}{\partial x_k}}$$

这一项与生成项之间的平衡对湍流的存在至关重要。因此建立一个关于耗散项 ε 的微分方程就很重要。建立该方程的过程尽管很直接，但却很烦琐。先把湍流脉动运动方程（9-85）两端对 x_i 求导，并乘以 $2\nu\partial v_i'/\partial x_j$，然后再做时均化处理即可得湍流耗散方程为

$$\frac{\partial \varepsilon}{\partial t} + \bar{v}_j\frac{\partial \varepsilon}{\partial x_j} = -2\nu\overline{v_j'\frac{\partial v_i'}{\partial x_j}\frac{\partial^2 v_i'}{\partial x_j\partial x_k}} + \frac{\partial}{\partial x_j}\left(\nu\frac{\partial \varepsilon}{\partial x_j} - \nu\overline{v_k'\frac{\partial v_i'}{\partial x_j}\frac{\partial v_i'}{\partial x_j}} - \frac{2\nu}{\rho}\overline{\frac{\partial v_j'}{\partial x_k}\frac{\partial p'}{\partial x_k}}\right) - 2\nu\overline{\frac{\partial v_i'}{\partial x_k}\frac{\partial v_j'}{\partial x_k}\frac{\partial v_i'}{\partial x_j}} - 2\nu\frac{\partial \bar{v}_i}{\partial x_k}\left(\overline{\frac{\partial v_i'}{\partial x_j}\frac{\partial v_i'}{\partial x_j}} + \overline{\frac{\partial v_k'}{\partial x_j}\frac{\partial v_k'}{\partial x_i}}\right) - 2\nu^2\overline{\frac{\partial^2 v_i'}{\partial x_k\partial x_j}\frac{\partial^2 v_i'}{\partial x_k\partial x_j}} \tag{9-88}$$

式（9-88）等号左端为耗散 ε 的随体时间变化率，它是由等号右端的五项引起的。第一、四项为耗散的生成项；第二项为湍流扩散项；第三、五项为耗散 ε 的耗散项。其中第五项恒为负，而第三项为负的概率大，此两项总使耗散 ε 减小。

以上给出的湍流基本方程及其导出方程在求解无传热的湍流问题时已够用。如果要计算传热，则还需建立湍流的时均能量方程及湍流脉动传热方程。这些方程在湍流计算中也都是很重要的，读者可参阅参考文献［20］。

二、湍流模式理论

求解不可压缩湍流的目的是在一定的初始与边界条件下求出时均速度 $\bar{v}_i(t,x_i)$、时均压强 $\bar{p}(t,x_i)$ 与温度 $\bar{T}(t,x_i)$ 的分布。求解它们的方程是时均连续性方程、雷诺方程与时均能量方程，共五个。但方程中除了上面列出的未知场变量外还有湍流未知量 $\overline{v_i'v_j'}$ 及 $\overline{v_j'T'}$，共九个。于是可知必须附加一定数量的方程才能得出确定解，本节前面所给的导出方程即可作为这种附加方程。但此时应注意到，在补充了附加方程后将会相继出现更多的未知量。例如，在 K 方程中又多出未知量 $\overline{v_i'p'}$、$\overline{v_i'K}$ 与 $\overline{(\partial v_i'/\partial x_k)(\partial v_i'/\partial x_k)}$。使方程组封闭就必须对一些未知量做物理上合理的假设，即有实验根据的假设。根据附加方程数目的不同就有不同的湍流解法模式，这就是本节标题“湍流模式理论”的由来。

1. 零方程模式

在求解不可压缩定常湍流问题时只依据时均连续性方程和雷诺方程

$$\frac{\partial \bar{v}_i}{\partial x_i} = 0 \quad 与 \quad \bar{v}_k\frac{\partial \bar{v}_j}{\partial x_k} = -\frac{1}{\rho}\frac{\partial \bar{p}}{\partial x_j} + \nu\nabla^2\bar{v}_j - \frac{\partial}{\partial x_k}(\overline{v_j'v_k'})$$

不补充任何附加微分方程来求时均流场的模式叫作零方程模式。这时直接给出湍流应力 $\overline{v_j'v_k'}$ 时均场变量的经验关系式即可使方程封闭，进而求出 $\bar{v}_i$ 与 $\bar{p}$。如用混合长度理论把湍流应力与时均速度梯度联系在一起，即

$$-\rho\overline{v_i'v_j'} = \rho l^2\frac{\partial \bar{v}_i}{\partial x_j}\frac{\partial \bar{v}_i}{\partial x_j} \tag{9-89}$$

零方程模式的湍流解法还有一种用"湍流黏性"的假设给定的，即用与流体的运动黏度 ν 相仿的方式假设一个"湍流黏性系数" ε_m，使

$$-\rho\overline{v_i'v_j'} = \rho\varepsilon_m\left(\frac{\partial\bar{v}_i}{\partial x_j} + \frac{\partial\bar{v}_j}{\partial x_i}\right) \tag{9-90}$$

所假设的 ε_m 为一恒定的流体性质这一想法是与湍流的物理特性不相符的。所以，根据此模式所得的湍流解不如混合长度理论的解准确。

2. 一方程模式

在求解湍流时均场变量时除用连续性方程与雷诺方程外，还要再补充另一附加微分方程的解法叫作"一方程模式"。其附加方程为湍流脉动动能方程。这样，一方程模式的方程组是

$$\left.\begin{aligned}
&\frac{\partial\bar{v}_i}{\partial x_i} = 0\\
&\bar{v}_k\frac{\partial\bar{v}_i}{\partial x_k} = -\frac{1}{\rho}\frac{\partial\bar{p}}{\partial x_i} + \nu\nabla^2\bar{v}_i - \frac{\partial}{\partial x_j}(\overline{v_i'v_j'})\\
&\bar{v}_k\frac{\partial K}{\partial x_k} = -\frac{\partial}{\partial x_k}\left[\overline{v_k'\left(\frac{p'}{\rho} + \frac{1}{2}v_i'v_i'\right)}\right] - \overline{v_i'v_k'}\frac{\partial\bar{v}_i}{\partial x_k} + \nu\frac{\partial^2 K}{\partial x_k\partial x_k} - \nu\overline{\frac{\partial v_i'}{\partial x_k}\frac{\partial v_i'}{\partial x_k}}
\end{aligned}\right\} \tag{9-91}$$

K 方程在此当作了附加方程，这是因为脉动动能是湍流最重要的特征量。于是共有方程五个，未知的场变量除 $\bar{v}_i$、$\bar{p}$ 与 K 外，又多出三个，即 $\overline{v_i'p'}$、$\overline{v_k'K}$ 和 $\overline{(\partial v_i'/\partial x_k)(\partial v_i'/\partial x_k)}$。为使方程封闭，必须根据合理的假设及实验数据将此三项与 K、流体质点变形速度及湍流特征长度建立一经验关系。G. L. Mellor 和 H. J. Herring 所给出的关系式为

$$\left.\begin{aligned}
&-\overline{v_k'\left(\frac{p'}{\rho} + \frac{1}{2}v_i'v_i'\right)} = \beta_I\varepsilon_m\frac{\partial K}{\partial x_k}\\
&\nu\overline{\frac{\partial v_i'}{\partial x_k}\frac{\partial v_i'}{\partial x_k}} = \frac{C_1}{L}K^{3/2}\\
&-\overline{v_i'v_k'} = -\frac{2}{3}\delta_{ki}K + \varepsilon_m\left(\frac{\partial\bar{v}_i}{\partial x_k} + \frac{\partial\bar{v}_k}{\partial x_i}\right)
\end{aligned}\right\} \tag{9-92}$$

式中，L 为湍流特征长度；C_1、β_I 为两个实验常数。

将上述三经验关系代入脉动动能方程得

$$\bar{v}_k\frac{\partial K}{\partial x_k} = -\left[\frac{2}{3}\delta_{ki}K - \varepsilon_m\left(\frac{\partial\bar{v}_i}{\partial x_k} + \frac{\partial\bar{v}_k}{\partial x_i}\right)\right]\frac{\partial\bar{v}_i}{\partial x_k} - \frac{C_1}{L}K^{3/2} + \frac{\partial}{\partial x_k}\left(\beta_I\varepsilon_m\frac{\partial K}{\partial x_k}\right) + \nu\frac{\partial^2 K}{\partial x_k\partial x_k}$$

方程中仍采用了湍流黏性系数 ε_m，但这里它不再是常数，而为 $\varepsilon_m = C_2K^{1/2}L$，其中 C_2 又为一实验常数。

在求解已封闭的方程组时，相应的边界条件包括黏性底层处的速度，以及无穷远处或流道中心处或边界层外势流的速度。这些边界条件要根据具体的湍流给定。

3. 二方程模式

这种模式有许多种，常用的为 K-ε 模式。这时的附加方程有两个，一为 K 方程，一为 ε 方程。这种模式是 W. P. Jones 和 B. K. Launder 于 1972 年提出的。此模式应给出的经验关系式（针对边界层）为

$$\left.\begin{aligned}&-\overline{v_1'v_2'}=\varepsilon_m\frac{\partial\bar{v}_1}{\partial x_2},\ \varepsilon_m=C_\mu f_\mu\frac{K^2}{\varepsilon}\\&\bar{v}_1\frac{\partial K}{\partial x_1}+\bar{v}_2\frac{\partial K}{\partial x_2}=\frac{\partial}{\partial x_2}\left[\left(\frac{\varepsilon_m}{\beta_k}+\nu\right)\frac{\partial K}{\partial x_2}\right]+\varepsilon_m\left(\frac{\partial\bar{v}_1}{\partial x_2}\right)^2-\varepsilon-2\nu\left(\frac{\partial}{\partial x_2}\sqrt{K}\right)^2\\&\bar{v}_1\frac{\partial\varepsilon}{\partial x_1}+\bar{v}_2\frac{\partial\varepsilon}{\partial x_2}=\frac{\partial}{\partial x_2}\left[\left(\frac{\varepsilon_m}{\beta_\varepsilon}+\nu\right)\frac{\partial\varepsilon}{\partial x_2}\right]+C_1f_1\frac{\varepsilon}{K}\varepsilon_m\left(\frac{\partial\bar{v}_1}{\partial x_2}\right)^2-C_2f_2\frac{\varepsilon^2}{K}+2\left[(\nu+\varepsilon_m)\frac{\partial^2\bar{v}_1}{\partial x_2^2}\right]^2\end{aligned}\right\}\tag{9-93}$$

式中，$f_\mu=\exp[-2.5/(1+Re/50)]$，$Re=K^2/(\nu\varepsilon)$，$f_1=1$，$f_2=1-0.3\exp(-Re)^2$。$C_\mu$、$C_1$、$C_2$、$\beta_k$ 与 β_ε 是与雷诺数有关的系数。在大雷诺数情况下，$C_\mu=0.09$，$C_1=1.55$，$C_2=2$，$\beta_k=1$，$\beta_\varepsilon=1.3$。

边界条件为：$x_2=0$ 时 $K=\varepsilon=0$（无滑动条件）；$x_2=\delta$ 时 $\bar{v}_1=v_e(x_1)$，$\bar{v}_2=0$，$\frac{\partial}{\partial x_2}=0$；$v_e(x_1)\left(\frac{\partial K}{\partial x_1}\right)_e=-\varepsilon_e$；$v_e(x_1)\left(\frac{\partial\varepsilon}{\partial x_1}\right)_e=-C_2f_2\frac{\varepsilon_e^2}{K_e}$。

还有一种 K-ω^2 型的二方程模式，是由 P. G. Saffman 等人于 1976 年提出的（ω 是湍流中旋涡的特征频率），这里不再赘述，读者有兴趣可参阅参考文献［20］。

除上述三种湍流模式外还有多方程模式。此外我国著名学者周培源及陈景仁也都在湍流解法上做过大量有价值的研究，提出过自己的湍流模式理论。

尽管国内外学者在半个多世纪中对湍流解法模式上做过许多研究，力图准确给出湍流的物理模型并建立适当的方程来求解湍流，但由于湍流本身的随机性，到现在仍成效不大，不管哪种模式都不可避免引入经验假设与实验数据。

习　题

9-1　以速度 $v=13\text{m/s}$ 滑跑的冰球运动员的冰刀长度 $l=250\text{mm}$，刀刃宽 $b=3\text{mm}$。设在滑行中刀刃与冰面间因压力与摩擦作用而形成一层厚为 $h=0.1\text{mm}$ 的水膜。试近似地计算一下滑行的冰面阻力为多大。

9-2　如图 9-36 所示，厚度为 h 的液膜因重力作用沿倾角为 θ 的斜面下滑。设流动是定常的且可忽略液面上大气压强的作用，试证明液膜中的速度分布与液膜流量分别为

$$u=\frac{\rho g\sin\theta}{2\mu}y\ (2h-y),\quad q=\frac{\rho gh^3\sin\theta}{3\mu}$$

9-3　某流体介质的动力黏度 μ 可用一毛细管黏度计测定。该黏度计的管长为 1m，管径为 0.5mm。当测量 μ 时发现在流量为 $1\times10^{-6}\text{m}^3/\text{s}$ 时所测得的水平管两端压差为 1MPa。试确定此流体介质的动力黏度 μ（图 9-37）。

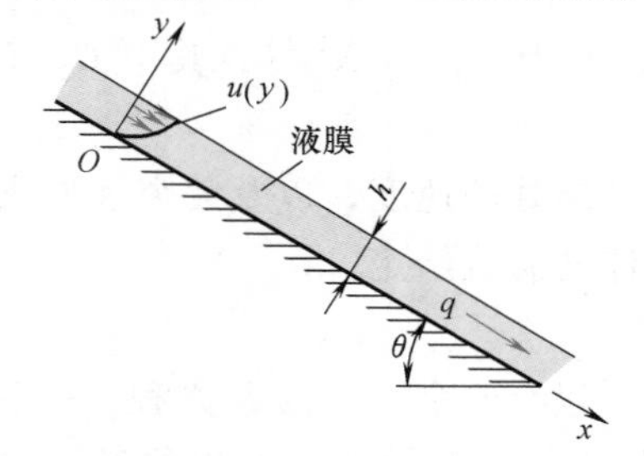

图 9-36　斜面上液膜的流动

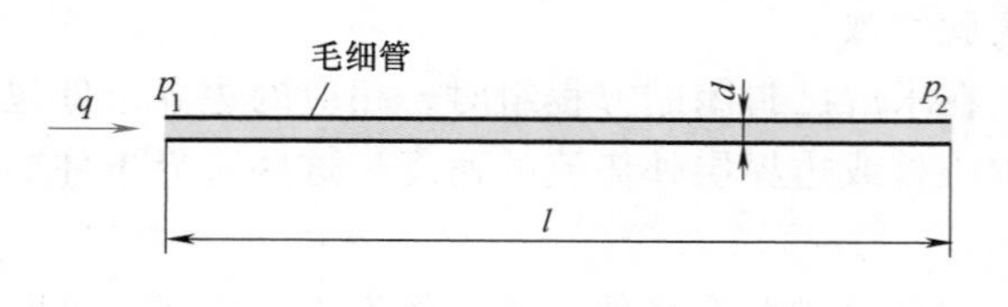

图 9-37　毛细管黏度计

9-4 汽油供给系统中的浮子室的进油管长为 4m，管径为 5mm，油流速度为 0.3m/s，油温为 20°C，$\nu=0.0073\mathrm{cm^2/s}$，水平油管至浮子室底垂直距离为 1m。若浮子室针阀在 $5.06\times10^3\mathrm{Pa}$ 下开启，试问泵出口压强多大？（图 9-38）

9-5 一个半径为 a 的圆轴在无限大黏性流体中以角速度 ω 旋转时，它所诱导的速度分布是什么？并将它与无限大理想流体中一强度为 $\Gamma=2\pi a\omega$ 的线涡（位于轴心处）所诱导的速度场做比较，说明两者间的异同。

9-6 有一涡轮钻机如图 9-39 所示，其传动轴直径为 40mm。所钻下的岩浆沿直径为 160mm 的同心井管被排到地面。设井深 1000m，岩浆动力黏度 $\mu=0.05\mathrm{Pa\cdot s}$，传动轴转速为 500r/min。试求岩浆作用于轴上的阻力矩。（提示：$\tau_{r\theta}=\mu(\partial v_\theta/\partial r-v_\theta/r)$）

9-7 拖动化工泵的屏蔽电动机的转子与定子之间充满化工介质，其动力黏度为 $\mu=0.08\mathrm{Pa\cdot s}$，转子转速为 1950r/min，外径为 200mm，定子内腔直径为 205mm，定子长为 300mm，如图 9-40 所示。若忽略定子与转子端部介质的影响，试求介质作用于转子上的黏性阻力矩。

9-8 板式空冷换热器的一片矩形换热片的面积为 1.0m×0.3m。温度为 15°C 的空气流以 5m/s 的速度流过温度为 300℃ 的换热片表面。试求单位时间的换热量有多大？空气的密度为 $1.22\mathrm{kg/m^3}$，$\nu=1.46\times10^{-5}\mathrm{m^2/s}$，$c_p=1004\mathrm{J/(kg\cdot K)}$，$\kappa=1.4$。

9-9 为利用边界层动量积分较准确地计算平板层流边界层的速度分布，试将速度分布设成四次幂多项式，然后试求边界层厚度 $\delta(x)$。（提示：附加边界条件 $(\partial^2 v_x/\partial y^2)_{y=\delta}=0$）

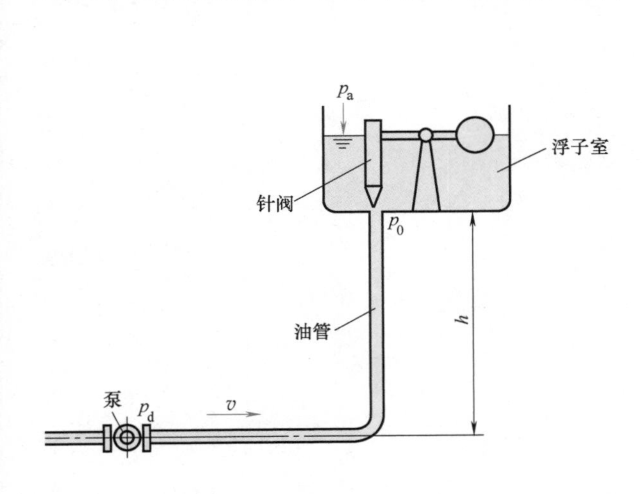

图 9-38 汽油供给系统

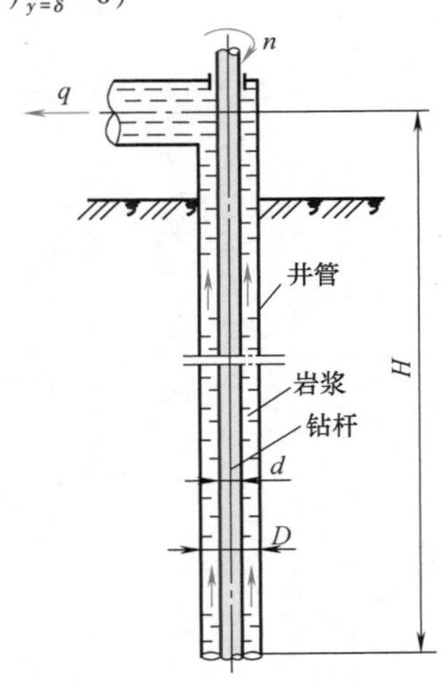

图 9-39 涡轮钻机简图

9-10 现设一平板层流边界层的速度分布为

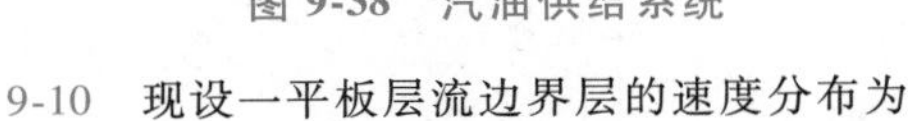

$$v_x/v_\infty=\frac{3}{2}(y/\delta)-\frac{1}{2}(y/\delta)^3$$

试用动量积分来分析上述速度分布是否比上一题的准确。为此须求出该分布下的 δ、δ^*、δ^{**}、C_τ，C_D，并和精确解比较。

9-11 给建造围堰运送石料的一平底机动船的长度为 8m，宽为 2m，吃水深为 1.0m。若河水温度为 15°C，船行速度为 7.2km/h。试近似计算船发动机为克服河水黏性阻力所耗功率（$Re_{\mathrm{cr}}=3\times10^5$）。

9-12 某输油泵的出油管直径为 150mm，管长为

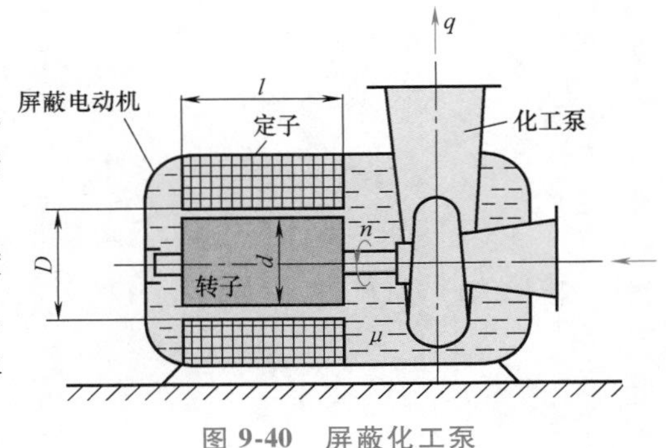

图 9-40 屏蔽化工泵

3000m，密度为 $870kg/m^3$，动力黏度 $\mu=3.6\times10^{-2}Pa\cdot s$。如果输油流量为 $125m^3/h$，试问泵所需功率多大？

9-13 水轮机的24个弦长为500mm、高为300mm的径向导叶可近似地当作平板看待，则当水流无分离地在导叶间流道内沿导叶弦向以10m/s的速度流向转轮室时，试问导叶尾缘处的边界层有多厚？又问水流经过导叶时所受到的黏性阻力有多大？

9-14 在一直径为0.3m的圆断面直管中输送的煤油的流量为4.7L/s。试问管中心处煤油的流速多大？煤油的运动黏度为 $2.4\times10^{-6}m^2/s$。

9-15 一冲浪板长为1.2m，宽为250mm。当它快冲到浪尖处时速度只有2.5mm/s。若海水密度为 $1.026kg/m^3$，运动黏度为 $1.4\times10^{-6}m^2/s$，试大致估计一下滑板遇到多大的海水阻力（$Re_{cr}=3\times10^5$）。

9-16 若上题中的冲浪者以3.0m/s的速度在海水表面滑行，试问其冲浪板的中间有多厚的边界层？

第十章

气体的一元流动

【工程案例导入】

涡轮喷气发动机完全依赖燃气流产生推力，通常用作高速飞机的动力，有离心式与轴流式两种类型。离心式涡轮喷气发动机由英国人弗兰克·惠特尔爵士于1930年发明，但是直到1941年装有这种发动机的飞机才第一次上天。轴流式涡轮喷气发动机诞生在德国，以其作为动力装置的第一种实用喷气式战斗机Me-262于1944年夏投入战场。相比起离心式涡轮喷气发动机，轴流式涡轮喷气发动机具有横截面小、压缩比高的优点，当今的涡轮喷气发动机大多为轴流式。图10-1所示为轴流式涡轮喷气发动机结构示意图，其由进气道、压气机、燃烧室、涡轮、尾喷管等组成。

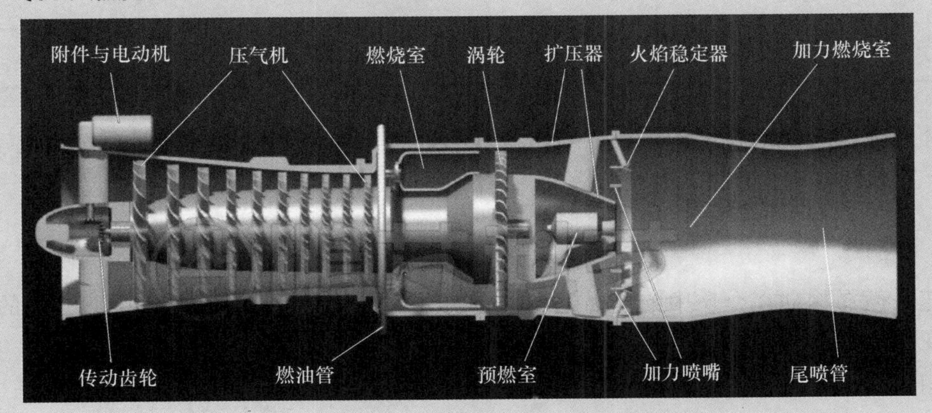

图10-1 轴流式涡轮喷气发动机结构示意图

以空气为工作介质，进气道将所需的外界空气以最小的流动损失顺利地引入发动机，压气机通过高速旋转的叶片对空气做功压缩空气，提高空气的压力，高压空气在燃烧室内和燃油混合燃烧，将化学能转变为热能，形成高温高压的燃气，高温高压的燃气首先在涡轮内膨胀，将燃气的部分焓转变为机械能，推动涡轮旋转，去带动压气机，然后燃气在喷管内继续膨胀，以提高燃气速度，使燃气以较高的速度喷出，产生推力。

发动机的进气道和尾喷管的设计计算以可压缩气体一元流动为基础。进气道减速增压，将动能转变为压力能，提供给发动机，设计要求保证供应发动机所需要的空气流量、进气道总压恢复系数（进气道出口总压与进口总压之比）最大、与飞机的总体布置相协调，使进气道的外部阻力尽量减小；进气道的出口流场均匀、畸变小，气流品质良好。尾喷管又称排气喷管、喷管或推力喷管，它是喷气发动机中使高压燃气（或空气）膨胀加速并以高速排出发动机的部件。喷管形状结构决定了最终排出的气流的状态，主要有以下 3 种：简单收敛式尾喷管、拉伐尔喷管、收敛-扩散式引射喷管。利用燃气主喷流对从冷却通道或专门进气门引进的二次流及三次流的引射作用，可以减小推力损失，从而改善尾喷管的工作条件。

通过本章学习，掌握管道内气体的总压、静压、流量、密度、流速、温度等重要物理量的计算方法，从而确定进气道总压恢复系数、尾喷管的膨胀比和落压比等工作参数，用以分析发动机性能。

在前面各章讨论流体运动时，流体被认为是不可压缩的，其密度 ρ 视为常数。但当气体流动速度较大（$Ma>0.15$）时，密度变化已不能忽视，这时流体的运动应作为可压缩流体流动处理。研究这方面内容的是气体动力学，本章只讨论其中的一元气流。

气体一元流动在很多工程技术领域中会遇到，如气体的管路流动、喷管、气动控制元件、风动工具、风机、压气机、燃气轮机等，都可用一元流动方法求得一些简化而实用的结果。

不可压缩流体流动中，流动参数是速度与压强，寻求的是流场中速度与压强的变化规律。在可压缩流中，流动参数除速度与压强外，还有密度与温度。气体动力学与工程热力学关系非常密切，工程热力学着重分析气流的焓熵特性，而气体动力学则着重分析气流的机械能转换。

第一节　声速与马赫数

气体压缩性对流动性能的影响，可由气流马赫数的大小来判别。马赫数是指流动速度 v 与声速 c 之比。

一、声速

声速是微弱扰动在介质中的传播速度。所谓微弱扰动是指这种扰动所引起介质的压强与密度的变化是微弱的。

如图 10-2 所示，在一个等截面的直长圆管中装一活塞，以微小速度 dv_x 向左运动，紧贴活塞左侧的流体也随之以 dv_x 向左运动，并产生微小的压强增量 dp（微弱扰动）；向左运动的流体又推动它左侧的流体以 dv_x 向左运动，同时产生压强增量 dp。如此自右向左继续下去，这就是微弱扰动的传播过程。其传播的速度叫作波速，也叫作声速。图 10-2 表示微弱扰动波的传播。现假定微弱扰动的波面已传到 $C—C$ 位置，$C—C$ 面之左尚未传到，速度为零，压强为 p，

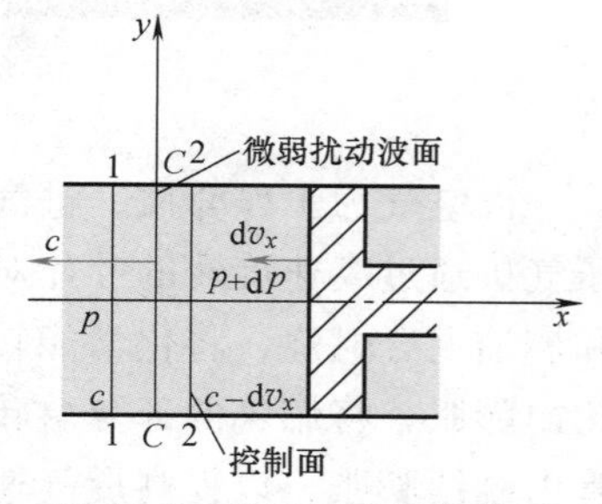

图 10-2　微弱扰动波的传播

密度为 ρ；C—C 面之右为已受扰区，速度、压强和密度分别为 $\mathrm{d}v_x$、$p+\mathrm{d}p$ 和 $\rho+\mathrm{d}\rho$。但对静止的观察者来讲，这是非定常流场。如果取以波速 c 同步运动的动坐标来看待这个流场，则是一个定常流场。此时，流体始终以速度 c 流向波面，其压强和密度分别为 p 和 ρ；同时流体又始终以 $c-\mathrm{d}v_x$ 的速度离开波面，其压强和密度分别为 $p+\mathrm{d}p$ 和 $\rho+\mathrm{d}\rho$。由连续性方程可得

$$\rho cA=(\rho+\mathrm{d}\rho)(c-\mathrm{d}v_x)A$$

忽略二阶微量后可得

$$\mathrm{d}v_x=\frac{c}{\rho}\mathrm{d}\rho$$

取断面 1—1、2—2 之间流体围成的微小控制体，由动量方程（不计黏性影响）

$$pA-(p+\mathrm{d}p)A=\rho cA[(c-\mathrm{d}v_x)-c]$$

可得

$$\mathrm{d}v_x=\frac{1}{\rho c}\mathrm{d}p$$

于是

$$\frac{\mathrm{d}p}{\mathrm{d}\rho}=c^2$$

即得

$$c=\sqrt{\frac{\mathrm{d}p}{\mathrm{d}\rho}} \tag{10-1}$$

在微弱扰动传播过程中，流体的压强、密度和温度的变化都很小，过程中的热交换和摩擦力都可不计。因此，此传播过程可视为等熵过程处理，对等熵过程有

$$\frac{p}{\rho^\kappa}=C$$

得

$$\frac{\mathrm{d}p}{\mathrm{d}\rho}=\kappa\frac{p}{\rho}$$

式中，κ 为气体的等熵指数，对空气，$\kappa=1.4$。

由以上几式可得

$$c=\sqrt{\frac{\kappa p}{\rho}} \tag{10-2}$$

再由气体状态方程 $p=\rho R_g T$ 代入式（10-2），又可得

$$c=\sqrt{\kappa R_g T} \tag{10-3}$$

式中，R_g 为气体常数，对空气，$R_g=287\mathrm{J/(kg\cdot K)}$。

从式（10-1）中可知，当不同的流体受到相同的 $\mathrm{d}p$ 作用时，由 $\mathrm{d}p$ 所引起的密度变化小的流体压缩性小，则流体的 c 值就大；反之，所引起的密度变化大的流体压缩性大，流体的 c 值就小。

例 10-1 0℃和 30℃时空气的声速各为多大?

解 由式(10-3)得

$$c=\sqrt{\kappa R_{g}T}=\sqrt{1.4\times287T}=20\sqrt{T}$$

故 0℃和 30℃空气的声速分别为

$$c_{0}=20\sqrt{273+0}\,\text{m/s}=330.5\text{m/s}$$

$$c_{30}=20\sqrt{273+30}\,\text{m/s}=348.1\text{m/s}$$

可见,不同的流体的声速值是不相等的,而对于同一种流体,则在不同温度时的声速值也是不相等的。

二、马赫数

图 10-3 所示为扰动传播的情况。图 10-3a 中,扰动源固定不动,此时微弱扰动是向各个方向传播开的,波面是个球面,球心与扰动源点的位置 O 相重合。

现扰动源是运动的,其运动速度为 v,则按 v 小于、等于或大于 c 分三种情况来讨论:

1) 图 10-3b 中 $v<c$,扰动的传播仍可传到整个空间,但在扰动源运动的方向上传播得慢,而在扰动源运动的反方向上传播得快。

2) 图 10-3c 中 $v=c$,则在扰动源运动方向上,所有微弱扰动波的波面叠成一个面,扰动只能在以此面(以 $v=c$ 的速度向左运动的面)划分的右半空间内传播。

3) 图 10-3d 中 $v>c$,此时扰动源走在扰动波面之前,所有微弱的波面叠合形成一个圆锥面,扰动只能在此圆锥面(以 v 的速度向左运动的面)以内传播,此圆锥面以外是不受扰动的区域。

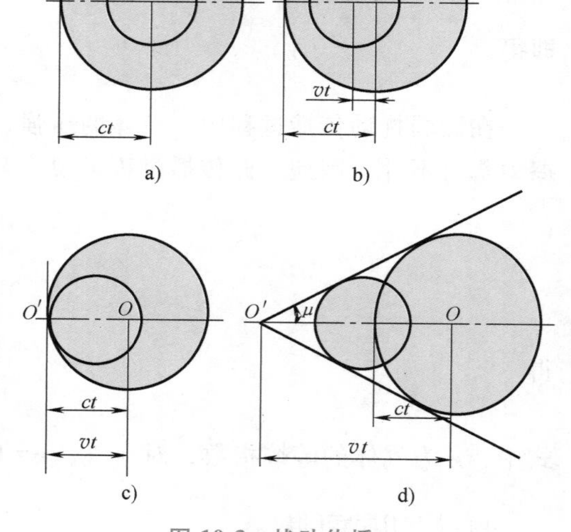

图 10-3 扰动传播

图 10-3d 所示圆锥面将未受扰动区和已受扰动区分开,称它为扰动锥,又称为马赫锥。马赫锥的顶点就是扰动源。其圆锥顶角的一半,称为扰动角,又称为马赫角,用 μ 表示,则

$$\sin\mu=\frac{c}{v}=\frac{1}{Ma} \tag{10-4}$$

式中,Ma 为流速与声速之比,称为马赫数。其表达式为

$$Ma=\frac{v}{c} \tag{10-5}$$

根据马赫数的大小把可压缩流分为

$$\begin{cases} Ma<1\ \text{亚声速流}\begin{cases}\text{亚声速}\ 0.15<Ma\leqslant0.65\\ \text{高亚声速}\ 0.65<Ma<1\end{cases}\\ Ma\sim1\ \text{跨声速流}\\ Ma>1\ \text{超声速流}\begin{cases}\text{超声速}\ 1<Ma\leqslant5\\ \text{高超声速}\ Ma>5\end{cases}\end{cases}$$

例 10-2 一离心压缩机的第一级工作轮出口处的出流速度 $v_2=200\text{m/s}$，出流温度 $t_2=55℃$，气流的气体常数 $R_g=287\text{J/(kg·K)}$，等熵指数 $\kappa=1.4$。试求此离心压缩机第一级工作轮出口处的马赫数 Ma_2。

解 此离心压缩机的第一级工作轮出口处的热力学温度为

$$T_2=(273+55)\text{K}=328\text{K}$$

工作轮出口处的声速

$$c_2=\sqrt{\kappa R_g T_2}=\sqrt{1.4\times287\times328}\text{ m/s}=363.03\text{m/s}$$

故，该工作轮出口处的马赫数为

$$Ma_2=\frac{v_2}{c_2}=\frac{200}{363.03}=0.551$$

第二节 一元恒定等熵气流的基本方程

以下限于对气体是无黏性的、流动是定常的、过程是等熵的情况，讨论这种一元气流所应遵循的规律。

在图 10-4 所示的流管中取出 1-2 段，断面 1—1、2—2 的面积分别为 A_1、A_2，在断面 1—1、2—2 上的流动参数分别为 v_1、p_1、ρ_1、T_1 和 v_2、p_2、ρ_2、T_2。现通过此控制体建立其连续性方程、能量方程。

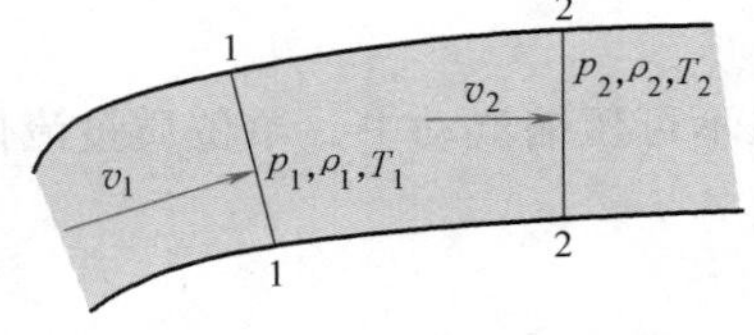

图 10-4 一元恒定等熵气流

一、连续性方程

由质量守恒定律

$$\rho vA=q_m \tag{10-6}$$

式中，q_m 为质量流量。

对式（10-6）求导，可得

$$\frac{\mathrm{d}\rho}{\rho}+\frac{\mathrm{d}v}{v}+\frac{\mathrm{d}A}{A}=0 \tag{10-7}$$

式（10-7）表明，沿流管流体的速度、密度和流管的断面积这三者的相对变化量的代数和必须等于零。

二、能量方程

对于一元恒定等熵气流，可由欧拉运动微分方程并利用等熵关系式沿流线积分得到能量方程。忽略重力影响，一元欧拉运动微分方程 $\frac{\mathrm{d}p}{\rho}+v\mathrm{d}v=0$，沿流线积分有

$$\int\frac{\mathrm{d}p}{\rho}+\frac{v^2}{2}=C \tag{10-8}$$

由等熵过程方程

$$\frac{p}{\rho^{\kappa}}=C \tag{10-9}$$

得到

$$\frac{\kappa}{\kappa-1}\frac{p}{\rho}+\frac{v^2}{2}=C \tag{10-10}$$

式（10-10）即为一元恒定等熵气流的能量方程，还可以写成其他形式

$$\frac{\kappa R_g T}{\kappa-1}+\frac{v^2}{2}=C \tag{10-11}$$

$$\frac{c^2}{\kappa-1}+\frac{v^2}{2}=C \tag{10-12}$$

此外，还可将式（10-10）改写成

$$\frac{1}{\kappa-1}\frac{p}{\rho}+\frac{p}{\rho}+\frac{v^2}{2}=C \tag{10-13}$$

在不可压缩流动中，单位质量流体的机械能等于比位能、比压能和比功能三者之和，即

$$zg+\frac{p}{\rho}+\frac{v^2}{2}=C$$

将其与式（10-13）比较，可压缩等熵气流中，比位能相对比压能、比动能而言很小，通常不计。而能量转换中有热能参与，故应加入比热力学能 u 这一项。因此，式（10-13）中的 $\frac{1}{\kappa-1}\frac{p}{\rho}=u$，能量方程可写作

$$u+\frac{p}{\rho}+\frac{v^2}{2}=C \tag{10-14}$$

由焓 h（J/kg）的定义得

$$h=u+\frac{p}{\rho}=c_p T \tag{10-15}$$

即有

$$h+\frac{v^2}{2}=C \tag{10-16}$$

或

$$c_p T+\frac{v^2}{2}=C \tag{10-17}$$

上述式（10-10）~式（10-12）、式（10-16）、式（10-17）都是一元恒定等熵气流的能量方程表达形式。

将连续性方程、能量方程及等熵过程方程合起来，构成恒定等熵气流的基本方程组。

需要注意的是基本方程组中包含了机械能（动能和压能）与热能，后者在不可压缩流

中是不参与变化的，所以不可压缩流的一元流能量方程中是没有这一项的。而对于一元恒定气流，尽管在实际流动中有摩擦会造成机械能的损失，但只要所讨论的系统与外界不发生热交换，则所损失的机械能仍以热能形式存在于系统中。虽然机械能有所降低但热能却有所增加，总能量并不改变。因此，一元气流的能量方程既适用于理想气体的可逆绝热流动（等熵流动），也同样适用于实际流体的不可逆绝热流动。

第三节　一元恒定等熵气流的基本特性

这里所指的一元恒定等熵气流的基本特性是指一元等熵气流某一参数发生变化时，其他参数将随之发生怎样的变化。由前面的一元恒定等熵气流基本方程组可知，若已知其中某一断面上的参数 v_1、p_1、ρ_1、T_1，并已知另一断面上 v_2、p_2、ρ_2、T_2 中任意一个参数，则其他参数都可由基本方程组解出。已知断面就成为参考断面，此参考断面上的参数称为参考状态参数。以下要介绍的三个参考状态是滞止状态、临界状态和极限状态。

一、滞止状态

流动中某断面或某区域的速度等于零（处于静止或滞止状态），则此断面上的参数称为滞止参数，用下标“0”表示。如 p_0、ρ_0、T_0 分别称为滞止压强（总压）、滞止密度、滞止温度（总温）。如高压气罐中的气体通过喷管喷出，此气罐内的气流速度可以认为是零，气罐内的气体就处于滞止状态。任意断面上的参数 p、T 分别称为静压、静温。现将一元恒定等熵气流的能量方程用滞止断面和另一任意断面上的参数来表示，可写出

$$h_0=h+\frac{v^2}{2} \tag{10-18}$$

$$c_pT_0=c_pT+\frac{v^2}{2} \tag{10-19}$$

$$\frac{\kappa}{\kappa-1}\frac{p_0}{\rho_0}=\frac{\kappa}{\kappa-1}\frac{p}{\rho}+\frac{v^2}{2} \tag{10-20}$$

$$\frac{\kappa}{\kappa-1}R_gT_0=\frac{\kappa}{\kappa-1}R_gT+\frac{v^2}{2} \tag{10-21}$$

或

$$\frac{c_0^2}{\kappa-1}=\frac{c^2}{\kappa-1}+\frac{v^2}{2} \tag{10-22}$$

式中，c_0 为滞止声速。

二、临界状态

当一元恒定等熵气流中某一断面上的速度等于当地声速时，该断面上的参数就称为临界参数，用下标“*”表示。在此断面上 $v=c$，$Ma=1$，称为临界断面。

由等熵气流的过程方程

$$\frac{p}{\rho^{\kappa}}=C$$

及状态方程 $p=\rho R_g T$，可得

$$\frac{p}{p_0}=\left(\frac{T}{T_0}\right)^{\frac{\kappa}{\kappa-1}} \tag{10-23}$$

$$\frac{\rho}{\rho_0}=\left(\frac{T}{T_0}\right)^{\frac{1}{\kappa-1}} \tag{10-24}$$

由式（10-21）可得

$$\frac{T_0}{T}=\left(1+\frac{\kappa-1}{2}Ma^2\right) \tag{10-25}$$

再由式（10-23）和式（10-24），可写出

$$\frac{p_0}{p}=\left(\frac{T_0}{T}\right)^{\frac{\kappa}{\kappa-1}}=\left(1+\frac{\kappa-1}{2}Ma^2\right)^{\frac{\kappa}{\kappa-1}} \tag{10-26}$$

$$\frac{\rho_0}{\rho}=\left(\frac{T_0}{T}\right)^{\frac{1}{\kappa-1}}=\left(1+\frac{\kappa-1}{2}Ma^2\right)^{\frac{1}{\kappa-1}} \tag{10-27}$$

将 $Ma=1$ 代入上面三式，此时的 ρ、p、T 分别写成临界参数 ρ_*、p_*、T_*，有

$$\frac{T_*}{T_0}=\left(1+\frac{\kappa-1}{2}\right)^{-1}=\left(\frac{2}{\kappa+1}\right)^{1} \tag{10-28}$$

$$\frac{\rho_*}{\rho_0}=\left(1+\frac{\kappa-1}{2}\right)^{\frac{-1}{\kappa-1}}=\left(\frac{2}{\kappa+1}\right)^{\frac{1}{\kappa-1}} \tag{10-29}$$

$$\frac{p_*}{p_0}=\left(1+\frac{\kappa-1}{2}\right)^{-\frac{\kappa}{\kappa-1}}=\left(\frac{2}{\kappa+1}\right)^{\frac{\kappa}{\kappa-1}} \tag{10-30}$$

对于空气，$\kappa=1.4$，则

$$\frac{T_*}{T_0}=\frac{c_*^2}{c_0^2}=\frac{2}{1.4+1}=0.8333 \tag{10-31}$$

$$\frac{\rho_*}{\rho_0}=\left(\frac{2}{1.4+1}\right)^{\frac{1}{1.4-1}}=0.6339 \tag{10-32}$$

$$\frac{p_*}{p_0}=\left(\frac{2}{1.4+1}\right)^{\frac{1.4}{1.4-1}}=0.5283 \tag{10-33}$$

式（10-25）~式（10-30）为一元等熵流动中滞止状态、临界状态和任意状态下各参数之间的关系式，若已知滞止状态或临界状态参数值就可求得任意断面上的参数。

例 10-3 某收缩喷管中气流做恒定等熵流动处理，现已知该喷管中某一断面处气流的速度为 $v=100\text{m/s}$，压强 $p=200\text{kPa}$，温度 $T=300\text{K}$。试求：

1）该管流的总压 p_0 和总温 T_0。

2）临界压强 p_* 和临界温度 T_*。

解 该断面上气流的声速为

$$c=\sqrt{\kappa R_g T}=\sqrt{1.4\times287\times300}\text{ m/s}=347.2\text{m/s}$$

该断面上气流的马赫数为

$$Ma=\frac{v}{c}=\frac{100}{347.2}=0.288$$

因此，该断面上气流的滞止压强（总压）为

$$p_0=p\left(1+\frac{\kappa-1}{2}Ma^2\right)^{\frac{\kappa}{\kappa-1}}=200\times\left(1+\frac{1.4-1}{2}\times0.288^2\right)^{\frac{1.4}{1.4-1}}\text{kPa}=211.9\text{kPa}$$

滞止温度（总温）为

$$T_0=T\left(1+\frac{\kappa-1}{2}Ma^2\right)=300\times\left(1+\frac{1.4-1}{2}\times0.288^2\right)\text{K}=305.0\text{K}$$

而对应于临界断面上的临界压强为

$$p_*=p_0\times0.5283=211.9\times0.5283\text{kPa}=111.9\text{kPa}$$

临界温度为

$$T_*=T_0\times0.8333=305.0\times0.8333\text{K}=254.2\text{K}$$

三、极限状态

由能量方程

$$\frac{c_0^2}{\kappa-1}=\frac{c^2}{\kappa-1}+\frac{v^2}{2}$$

若流动中某处的热力学温度为零，声速也成了零，能量全部转换为动能，此时流速达到极限速度。即

$$v_{\max}=\sqrt{\frac{2}{\kappa-1}}\ c_0$$

对空气，$\kappa=1.4$，则

$$v_{\max}=\sqrt{\frac{2}{1.4-1}}\ c_0=\sqrt{5}\ c_0$$

这种热力学能、压能皆为零，只有动能的状态称为极限状态，此时的速度是流动所能达到的极限最大速度。事实上，这是不可能达到的状态，因为流体是不可能达到热力学温度为零、绝对压强为零的。但这个状态指出了流动速度是不会超过这个极限速度值的。从理论上讲，一元恒定等熵气流的总能（包括机械能和热力学能）全部转化为动能时所能达到的最大速度有多大，就可以由这种极限状态计算出来。极限状态参数只有一个，即最大速度 $v_{\max}$，其他极限状态参数皆为零。

滞止、临界、极限这三种状态所对应的马赫数分别为 0、1、∞。

例 10-4 一气罐侧壁开孔装一喷管，气罐内空气的压强为 101.3kPa，密度为 1.5kg/m^3。若气流通过喷管的流动损失不计，且假定喷管出口处的压强为零（绝对真空），问：此时喷管出口处的气流极限速度可达多大？

解 气罐内的空气可视为滞止状态（$v=0$），故

$$p_0=101.3\text{kPa},\ \rho_0=1.5\text{kg/m}^3$$

则
$$T_0=\frac{p_0}{\rho_0 R_g}=\frac{101.3\times10^3}{1.5\times287}\text{K}=235.3\text{K}$$

滞止声速为
$$c_0=\sqrt{\kappa R_g T_0}=\sqrt{1.4\times287\times235.3}\text{m/s}=307.5\text{m/s}$$

于是，可得此喷管出口处的极限速度为

$$v_{\max}=\sqrt{\frac{2}{\kappa-1}}c_0=\sqrt{\frac{2}{1.4-1}}\times307.5\text{m/s}=687.6\text{m/s}$$

第四节 气流参数与通道面积的关系

本节讨论通道面积沿流程增大或减小时流速 v 与压强 p 的变化关系，或者说，通道应怎样收缩或扩张才能保证气流的速度和压强按要求变化。通道内的气流认为是恒定等熵的，工程技术上所遇到的许多一元气流情况常可按恒定等熵流动处理。由连续性方程可写出

$$\frac{\mathrm{d}v}{v}=-\left(\frac{\mathrm{d}A}{A}+\frac{\mathrm{d}\rho}{\rho}\right)$$

并由运动方程可写出

$$\frac{\mathrm{d}v}{v}=-\frac{\mathrm{d}p}{\rho v^2}$$

由上两式可得

$$\frac{\mathrm{d}A}{A}=\frac{\mathrm{d}p}{\rho v^2}-\frac{\mathrm{d}\rho}{\rho}=\frac{\mathrm{d}p}{\rho v^2}\left(1-\frac{v^2}{\mathrm{d}p/\mathrm{d}\rho}\right)=\frac{\mathrm{d}p}{\rho v^2}\left(1-\frac{v^2}{c^2}\right)$$

即
$$\frac{\mathrm{d}A}{A}=\frac{\mathrm{d}p}{\rho v^2}(1-Ma^2) \tag{10-34}$$

或
$$\frac{\mathrm{d}A}{A}=-\frac{\mathrm{d}v}{v}(1-Ma^2) \tag{10-35}$$

上两式建立了通道面积变化与压强的变化和速度的相对变化之间的关系。以下分三种情况讨论：

1. $Ma<1$，即 $v<c$（亚声速）

此时（$1-Ma^2$）>0，由式（10-34）、式（10-35）可以看出：$\mathrm{d}A$ 与 $\mathrm{d}p$ 同号而与 $\mathrm{d}v$ 异号，即沿流向过流面积的增加会使流速不断减小而压强不断增大；反之，沿流向过流面积的减小会使流速不断增大而压强不断减小。一般把沿流向流速增大的管段叫作喷管，把沿流向压强增大的管段叫作扩压管。图 10-5

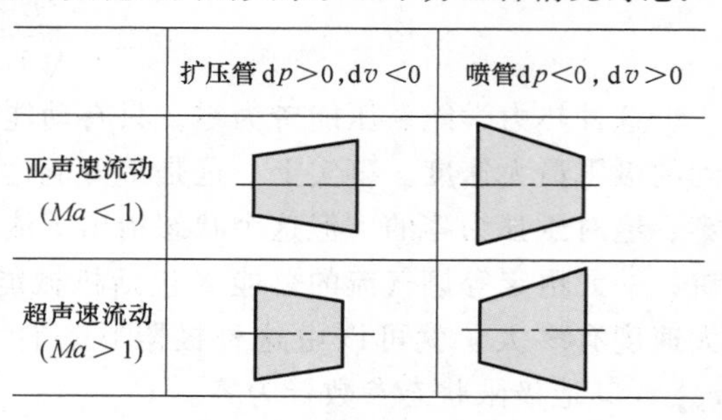

图 10-5 喷管与扩压管

绘出了亚声速和超声速的喷管和扩压管的形状。

2. $Ma>1$，即$v>c$（超声速）

此时（$1-Ma^2$）<0，同样由式（10-34）、式（10-35）可以看出，dA 与 dp 异号而与 dv 同号，即沿流向过流面积的增大反使流速不断增大而压强不断减小；反之，沿流向过流面积的减小会使流速不断减小而压强不断增大。可见，超声速流动流速和压强随过流面积的变化关系与亚声速流的情况正好相反。图 10-5 中，喷管（增速减压的管段，即 $dv>0$ 而 $dp<0$ 的管段）与扩压管（增压减速的管段，即 $dp>0$ 而 $dv<0$ 的管段）在亚声速与超声速正好是进口断面与出口断面位置的对调。

顺便提到，亚声速流动时的速压随通道面积变化的规律与不可压缩流动时的规律总体上是一致的，但数量级上是不同的。不可压缩流的情况可看作亚声速流马赫数 Ma 趋近于零的特殊情况，不可压缩流中，是流速 v（或压强 p）与过流面积 A 两者之间的关系；而亚声速流中，是流速 v（或压强 p）、过流面积 A 与流体密度 ρ 这三者之间的关系。

将式（10-35）代入连续性方程中，就有

$$\frac{d\rho}{\rho}+\frac{dv}{v}+\frac{dA}{A}=\frac{d\rho}{\rho}+\frac{dv}{v}-(1-Ma^2)\frac{dv}{v}=\frac{d\rho}{\rho}+Ma^2\ \frac{dv}{v}=0$$

可得

$$\frac{d\rho}{\rho}=-Ma^2\ \frac{dv}{v} \tag{10-36}$$

式（10-36）说明，密度的变化和速度的变化差一个负号，即速度增加密度下降，速度下降密度增加。在亚声速时，$Ma^2<1$，速度增大比密度减小得快；在超声速时，$Ma^2>1$，速度增大没有密度减小得快。由此，在超声速情况下，随着过流面积增加，流速增大，密度下降，且密度下降的程度要超过速度的增加，气体膨胀非常明显。

3. $Ma=1$，即$v=c$（声速）

从式（10-35）中可看出，当 $Ma=1$ 时，dA 为零，这说明过流面积在此时应取极大值或极小值。但配合图 10-5 可以得出，此时对应的通道面积应是通道最小断面积 A_{min}，即声速发生在通道的喉部。

由以上讨论还可得出结论：亚声速流通过收缩喷管是不可能得到超声速流的。要想获得超声速流必须使气流通过收缩喷管并在末端（最小断面）达到声速，然后再在扩压管中继续加速到超声速。

第五节　喷管

喷管是使气流通过时流速增大的管段。这里介绍两种喷管：收缩形喷管和缩扩形喷管（拉伐尔喷管）。前者用于亚声速气流的加速，后者可使亚声速气流加速到超声速。

一、收缩形喷管

现将收缩形喷管的进口连接到一个很大的容器（如高压气罐）的侧壁上，打开阀门，让容器内的气体通过此收缩形喷管喷出，这样，喷管进口断面参数可作为滞止参数来考虑，如 p_0、ρ_0、T_0。喷管出口断面为 e 断面，用 e_L、e_R 分别表示出口断面前（在喷管内）、后（已出了喷管）的断面，e_L 断面上的参数值作为出口断面参数值，仍用下标“e”来表示，

如喷管出口压强为 p_e；e_R 断面后的压强为环境压强（背压），用 p_B 表示。由喷管进、出口断面列出连续性方程、能量方程、状态方程和等熵方程为

$$q_m=\rho vA=\rho_e v_e A_e$$

$$\frac{\kappa}{\kappa-1}\frac{p_0}{\rho_0}=\frac{\kappa}{\kappa-1}\frac{p_e}{\rho_e}+\frac{v_e^2}{2}$$

$$\frac{p_e}{\rho_e}=R_g T_e$$

$$\frac{p_e}{p_0}=\left(\frac{\rho_e}{\rho_0}\right)^{\kappa}$$

联立求解此方程组，可得用滞止参数和出口断面积 A_e、出口压强 p_e 表示的 v_e、ρ_e、T_e、q_m 的表达式

$$v_e=\sqrt{\frac{2\kappa}{\kappa-1}\frac{p_0}{\rho_0}\left[1-\left(\frac{p_e}{p_0}\right)^{\frac{\kappa-1}{\kappa}}\right]} \tag{10-37}$$

$$\rho_e=\rho_0\left(\frac{p_e}{p_0}\right)^{\frac{1}{\kappa}}$$

$$T_e=\frac{p_e}{\rho_e R_g}=\frac{p_0^{\frac{1}{\kappa}}p_e^{\frac{\kappa-1}{\kappa}}}{\rho_0 R_g}$$

$$q_m=\rho_e v_e A_e=\rho_0 A_e\sqrt{\frac{2\kappa}{\kappa-1}\frac{p_0}{\rho_0}\left[\left(\frac{p_e}{p_0}\right)^{\frac{2}{\kappa}}-\left(\frac{p_e}{p_0}\right)^{\frac{\kappa+1}{\kappa}}\right]} \tag{10-38}$$

若进口断面的压强 p_0 和喷管的形状已定，则喷管出口断面上的压强 p_e 也被确定了。若环境压强（背压）p_B 已定，则分以下几种情况来讨论：

（1）$p_0=p_B$　显然，无压差，管中无流动。

（2）$p_0>p_B>p_*$　p_* 为临界压强，对空气 $p_*=0.5283p_0$。此时喷管中的压强沿流向不断减小，流速在收缩段内是不断增加的，但在管出口处未能达到声速，出流为亚声速，出口压强等于背压。

（3）$p_0>p_B=p_*$　此时喷管中的压强沿流向不断减小，流速则不断增加，在喷管出口处流速达到声速，出口压强等于背压，也就是临界压强。

（4）$p_0>p_*>p_B$　此时喷管出口速度仍为声速，出口断面上 $Ma=1$。因为收缩形喷管是不可能达到超声速的。气流到达出口断面时，$p_e=p_*$，但喷口外的背压 p_B 小于临界压强 p_*，存在着一个压差（p_*-p_B），即喷管出口断面外存在一个扰动，但此扰动不能逆流上传，因为此时喷管出口处已达声速。气流自喷管流出后，遇低压气流就继续膨胀，使压强由管出口处的临界压降低到环境压。

当管进口的总压一定，随着背压的降低，收缩管内的质量流量会增大，当背压下降到临界压时，喷管内的质量流量达到最大值。再降低背压已无助于管内质量流量的提高。一般把这种背压小于临界压时，管内质量流量不再提高的现象称为“阻塞”。

现将临界压与总压的关系代入式（10-37）和式（10-38）中，可得收缩形喷管出口断面的最大流速和喷管内的最大质量流量分别为

$$v_{e,\max}=c_*=\sqrt{\frac{2\kappa}{\kappa-1}\frac{p_0}{\rho_0}\left[1-\left(\frac{p_*}{p_0}\right)^{\frac{\kappa-1}{\kappa}}\right]} \tag{10-39}$$

$$q_{m,\max}=\rho_*A_*c_*=\frac{p_0A_*}{\sqrt{T_0}}\left(\frac{2}{\kappa+1}\right)^{\frac{\kappa+1}{2(\kappa-1)}}\left(\frac{\kappa}{R_g}\right)^{\frac{1}{2}} \tag{10-40}$$

对于空气，$\kappa=1.4$，$R_g=287\text{J}/(\text{kg}\cdot\text{K})$，式（10-40）简化为

$$q_{m,\max}=0.0404A_*\frac{p_0}{\sqrt{T_0}} \tag{10-41}$$

由式（10-41）可以看出，收缩形喷管的最大质量流量取决于滞止参数和临界断面积（即喷管的出口断面积）。以下建立临界断面积的计算式：

用下标“*”表示临界断面（最小断面）上的参数，p、ρ、T、A 分别为喷管任一断面上的压强、密度、温度和断面积，则

$$\rho vA=\rho_*c_*A_*$$

$$\frac{A}{A_*}=\frac{\rho_*}{\rho}\frac{c_*}{v}=\frac{\rho_*}{\rho}\frac{c_*}{c}\frac{1}{Ma}$$

其中

$$\frac{\rho_*}{\rho}=\frac{\rho_*}{\rho_0}\frac{\rho_0}{\rho}=\left(\frac{2}{\kappa+1}\right)^{\frac{1}{\kappa-1}}\left(1+\frac{\kappa-1}{2}Ma^2\right)^{\frac{1}{\kappa-1}}$$

$$\frac{c_*}{c}=\sqrt{\frac{T_*}{T}}=\sqrt{\frac{T_*}{T_0}\frac{T_0}{T}}=\sqrt{\frac{2}{\kappa+1}\left(1+\frac{\kappa-1}{2}Ma^2\right)}$$

于是就可得到

$$\frac{A}{A_*}=\frac{\left(1+\frac{\kappa-1}{2}Ma^2\right)^{\frac{\kappa+1}{2(\kappa-1)}}}{Ma\left(\frac{\kappa+1}{2}\right)^{\frac{\kappa+1}{2(\kappa-1)}}}=\frac{1}{Ma}\left(\frac{1+\frac{\kappa-1}{2}Ma^2}{\frac{\kappa+1}{2}}\right)^{\frac{\kappa+1}{2(\kappa-1)}} \tag{10-42}$$

对于空气，$\kappa=1.4$，代入式（10-42），可得一元恒定等熵气流的面积比与马赫数的关系式，即

$$\frac{A}{A_*}=\frac{(1+0.2Ma^2)^3}{1.728Ma}$$

由上式可求得不同断面上过流的马赫数大小，或者已知某过流断面上通过气流的马赫数来求得对应该流动的临界断面面积大小。

例 10-5 高压气罐中空气的压强为 $2.5\times10^5\text{Pa}$，密度为 2.64kg/m^3，温度为 330K，容器壁接一收缩形喷管，出口面积 $A_e=20\text{cm}^2$，出口处的背压 $p_B=10^5\text{Pa}$，问：

1）此收缩形喷管的出口断面处能否达到声速？

2）出口速度 v_e 有多大？

3）喷管的质量流量 q_m 有多大？

解 1）本题气罐中空气的压强可作为滞止压（总压）看待，背压和总压之比

$$\frac{p_B}{p_0}=\frac{10^5}{2.5\times10^5}=0.4<0.5283=\frac{p_*}{p_0}$$

现背压与总压之比小于 0.5283，此收缩形喷管出口处 $Ma=1$。喷管出口断面看作临界断面计算，于是

$$T_*=T_0\times0.8333=330\times0.8333\text{K}=275.0\text{K}$$

$$\rho_*=\rho_0\times0.6339=2.64\times0.6339\text{kg/m}^3=1.673\text{kg/m}^3$$

2）此收缩喷管的出口速度为

$$v_e=c_*=\sqrt{\kappa R_g T_*}=\sqrt{1.4\times287\times275}\text{m/s}=332.4\text{m/s}$$

3）质量流量为

$$q_m=\rho_* c_* A_*=1.673\times332.4\times20\times10^{-4}\text{kg/s}=1.1122\text{kg/s}$$

本题中喷管出口处的压强为临界压强

$$p_e=p_*=p_0\times0.5283=2.5\times10^5\times0.5283\text{Pa}=1.321\times10^5\text{Pa}$$

现背压比它小，气流流出喷管后还会膨胀，压强值由出口处的 132100Pa 降低到背压值 100000Pa。

例 10-6 已知收缩喷管某断面上 $v=100\text{m/s}$，$p=2\times10^5\text{Pa}$，$T=300\text{K}$，该断面的面积为 A，现使此喷管的出口达临界状态，问：出口断面积比该断面的面积减小了多少？

解 该断面上的马赫数为

$$Ma=\frac{v}{c}=\frac{v}{\sqrt{\kappa R_g T}}=\frac{100}{\sqrt{1.4\times287\times300}}=0.288$$

出口断面处于临界状态，可由下式求得该断面和出口断面的面积比

$$\frac{A}{A_*}=\frac{(1+0.2Ma^2)^3}{1.728Ma}=2.109$$

即
$$\frac{A_*}{A}=\frac{1}{2.109}=0.4742$$

$$\frac{A-A_*}{A}=1-\frac{A_*}{A}=1-0.4742=0.5258=52.58\%$$

所以，出口断面比该断面的面积减小了 52.58%。

二、缩扩形喷管

缩扩形喷管是先收缩，收缩到最小处称为喉部，然后再扩张的管段。这种喷管又称为拉伐尔喷管，简称拉伐尔管。拉伐尔喷管在设计工况下工作时，其收缩段上流动参数的变化和收缩形喷管是一样的，在收缩段的最末，也就是最小断面处，喉部达到声速，然后在扩张段中继续加速到超声速。

拉伐尔喷管的质量流量

$$q_m=\rho vA=q_{m*}=\rho_* v_* A_*$$

上式表明拉伐尔喷管的流量取决于滞止参数和临界断面（喉部）的面积。此式和收缩形喷

管的流量计算式是一致的。本来，收缩形喷管就是拉伐尔喷管的前半段。拉伐尔喷管的临界断面面积计算式也和收缩形喷管的临界断面面积计算式（10-42）是一致的。

拉伐尔喷管内气流参数的计算也可按式（10-23）~式（10-25）来计算。但应用这些式子计算要注意，条件是拉伐尔喷管内的流动是恒定等熵的，即在拉伐尔喷管内未形成激波。

图 10-6 给出了拉伐尔喷管内沿流向马赫数 Ma 与压强 p 的变化曲线。现假定拉伐尔喷管由气罐侧壁接出，这样，把拉伐尔喷管的进口作为滞止状态处理，即，在进口处，$Ma\approx 0$，$p\approx p_0$。气流进入拉伐尔喷管的收缩段后，由于过流断面逐渐减小，流速逐渐增加，压强逐渐减小。到临界断面处，压强值下降到临界压强值，即

$$p_*=p_0\left(\frac{2}{\kappa+1}\right)^{\frac{\kappa}{\kappa-1}}$$

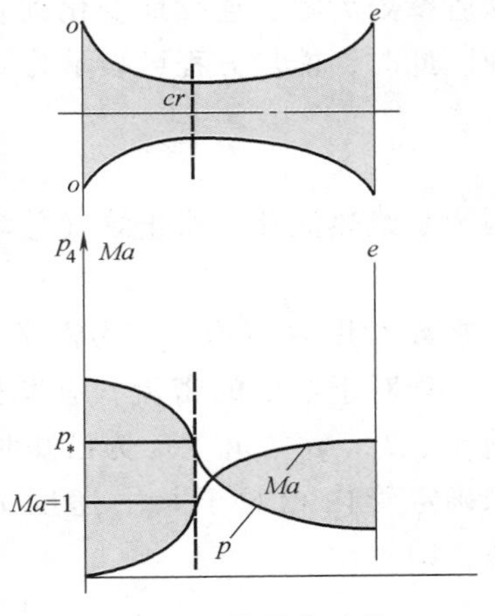

图 10-6　拉伐尔喷管

对空气，$\kappa=1.4$，临界压就等于总压乘以 0.5283，此临界断面上马赫数为 1。而且，在拉伐尔喷管的喉部也必须达到声速，不然的话，未达到声速的气流在扩张段内会不断减速，在喷管的出口处就不会是超声速了。为在拉伐尔喷管的喉部达到声速，其背压与滞止压之比必须小于 0.5283。现假定喉部已达声速，则此气流在其后的扩张管内的流动将会是继续减压增速。到拉伐尔喷管出口处，压强由马赫数、总压、喉部和出口断面积之比计算出来，与喷管出口外的压强——背压不一定相等，这两者谁大谁小，又会出现以下几种情况：

1. $p_e>p_B$

这种出口压大于背压的喷管叫作欠膨胀喷管。此时，气流出喷管后还会继续膨胀，在喷管出口会出现膨胀波，气流通过膨胀波，继续膨胀加速，同时继续减压，直至压强降到等于背压。

2. $p_e=p_B$

喷管的出口压等于背压，这是用来产生超声速气流的理想情况，称为设计工况。

3. $p_e<p_B$

喷管的出口压小于背压，反过来说，背压比喷管出口压要高，又要分两种情况：

（1）$p_B<p_*$　此时，背压虽比出口压高，但比相应于滞止压的临界压要低，这将在喷管的出口处或管内喉部之后的扩张段内出现激波，激波出现的位置将视背压与出口压的压差而定，此压差值越大，激波的位置越靠近喉部。气流通过激波，超声速流动变为亚声速流动，这样，在拉伐尔喷管的扩张段内，通过激波后的流动是亚声速流动，这股流动沿流向随着断面的继续扩大，流速将继续减小，压强值将继续增大，直至到出口断面时达到背压值。这种背压大于出口压但小于临界压的拉伐尔喷管使用情况称为过膨胀喷管，因气流在管内膨胀已过度而得名。以上管内出现了激波，已不属于等熵流动情况。关于激波，将在下一章介绍。

（2）$p_B>p_*$　此时，背压不仅比出口压高，而且比相应于此滞止压的临界压还要高，显然，此时喉部也不会达到声速，整个拉伐尔喷管内的流动全是亚声速流动，先是在收缩段内的加速，后是在扩张段内的减速。此时此喷管已不成为拉伐尔喷管了。

第六节 有摩擦的管内流动

本节讨论等截面直管道内气流的定常、绝热，并考虑管壁的摩擦影响的气流运动。流速从管壁处为零，连续地变化到管轴线上最大值，仍引入断面平均流速 v 来代表断面上的流速。此时，能量方程可表示为

$$h+\frac{v^2}{2}=h_0 \tag{10-43}$$

因为是绝热流动，滞止焓（总焓）h_0 为常数。在断面积不变的情况下连续性方程可表示为

$$\rho v=C=G \tag{10-44}$$

此常数 C 用 G 表示，称为密流，是单位时间通过单位过流面积的质量。

现对于给定的密流，有摩擦的管内流动在滞止状态下的 p_0、T_0、ρ_0、h_0、s_0 为已知时，可以通过以上两式的关系来确定管内相对于某一速度 v 的 ρ、h、s 以及其他参数值，即

$$h=h_0-\frac{1}{2}v^2=c_pT$$

$$\rho=\frac{G}{v}$$

$$s=s_0+R_g\ln\left[\left(\frac{T}{T_0}\right)^{\frac{1}{\kappa-1}}\left(\frac{\rho}{\rho_0}\right)^{-1}\right]$$

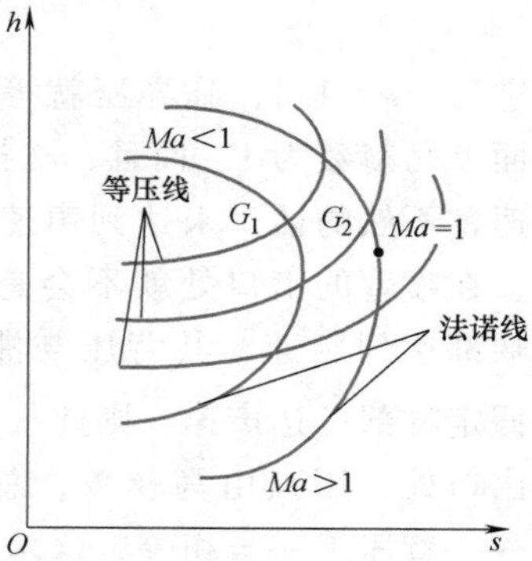

图 10-7 法诺线

这样，可绘制以焓 h 为纵坐标，以熵 s 为横坐标，以密流 G 作为参变量的 h-s（焓-熵）图线。图中的曲线称为法诺线，服从于这种曲线的流动叫作法诺流动。由图 10-7 可知，对于一定的密流，存在一最大的熵值，而出现最大熵值的点正好该处速度等于声速，即该处马赫数为 $Ma=1$。对此，证明如下。对式（10-43）和式（10-44）微分，有

$$\mathrm{d}h+v\mathrm{d}v=0$$

$$(\mathrm{d}\rho/\rho)+(\mathrm{d}v/v)=0$$

又

$$T\mathrm{d}s=\mathrm{d}q=\mathrm{d}h-\mathrm{d}p/\rho$$

因最大熵值处 $\mathrm{d}s=0$，所以有

$$\mathrm{d}h=\mathrm{d}p/\rho$$

于是

$$\mathrm{d}p/\rho=-v\mathrm{d}v$$

即

$$\mathrm{d}v=-\mathrm{d}p/(\rho v)=-v(\mathrm{d}\rho/\rho)$$

得

$$v^2=\mathrm{d}p/\mathrm{d}\rho=c^2$$

以上的证明和法诺线图都说明了有摩擦但绝热的管内流动，若开始是亚声速流，则沿流程虽 Ma 会增加，但不会达到超声速，最大达到 $Ma=1$；若开始是超声速流，则沿流程虽 Ma 会减小，但不会小到亚声速，最小达到 $Ma=1$。

现用 $\mathrm{d}p_f$ 表示 $\mathrm{d}x$ 长管段内流动因摩擦造成的压损，用 λ 表示管内流动沿程阻力系数，则

$$\mathrm{d}p_f=\lambda \frac{\mathrm{d}x}{D}\left(\frac{\rho v^2}{2}\right)$$

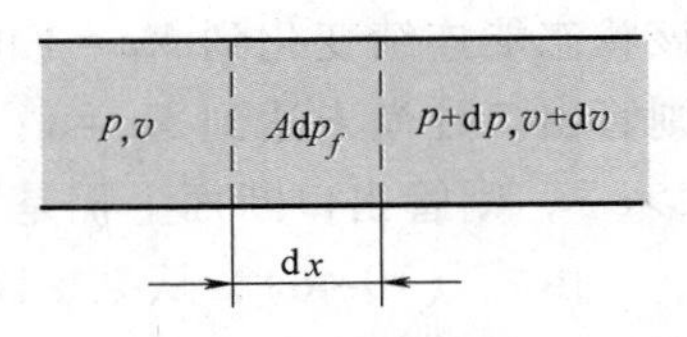

图 10-8 有摩擦管流中取控制体

式中，D 为管径；$\mathrm{d}x$ 为所取的管段长度，如图 10-8 所示。图中取 $\mathrm{d}x$ 长流段为控制体，采用动量守恒定律，有

$$q_m[(v+\mathrm{d}v)-v]=pA-(p+\mathrm{d}p)A-A\mathrm{d}p_f$$

式中，$q_m=\rho vA$，为管中的质量流量，A 为管断面积。整理上式可得

$$\rho vA\mathrm{d}v=-A\mathrm{d}p-A\lambda \frac{\mathrm{d}x}{D}\left(\frac{\rho v^2}{2}\right)$$

即
$$\frac{\mathrm{d}p}{p}+\left(\lambda \frac{\mathrm{d}x}{D}+\frac{\mathrm{d}v^2}{v^2}\right)\frac{\kappa Ma^2}{2}=0 \tag{10-45}$$

式（10-45）就是计及摩擦的管内流动的动量方程，它与能量方程式（10-43）和连续性方程式（10-44）组成绝热有摩擦管流的基本方程组。由这些基本方程可求解出以下一些参数之间的关系式，即

$$\frac{\mathrm{d}Ma^2}{Ma^2}=\frac{\kappa Ma^2\left(1+\frac{\kappa-1}{2}Ma^2\right)}{1-Ma^2}\lambda \frac{\mathrm{d}x}{D} \tag{10-46}$$

$$\frac{\mathrm{d}v^2}{v^2}=\frac{\kappa Ma^2}{1-Ma^2}\lambda \frac{\mathrm{d}x}{D} \tag{10-47}$$

$$\frac{\mathrm{d}p}{p}=-\frac{\kappa Ma^2[1+(\kappa-1)Ma^2]}{2(1-Ma^2)}\lambda \frac{\mathrm{d}x}{D} \tag{10-48}$$

$$\frac{\mathrm{d}p_0}{p_0}=-\frac{\kappa Ma^2}{2}\lambda \frac{\mathrm{d}x}{D} \tag{10-49}$$

又
$$\mathrm{d}s=\frac{\mathrm{d}q}{T}=c_p \frac{\mathrm{d}T}{T}-R_g \frac{\mathrm{d}p}{p}=R_g\left(\frac{\kappa}{\kappa-1}\frac{\mathrm{d}T_0}{T_0}-\frac{\mathrm{d}p_0}{p_0}\right) \tag{10-50}$$

因 $\mathrm{d}T_0=0$，得

$$\mathrm{d}s=-R_g \frac{\mathrm{d}p_0}{p_0}=\frac{\kappa R_g Ma^2}{2}\lambda \frac{\mathrm{d}x}{D} \tag{10-51}$$

式中，x 轴取流动方向为正向，按热力学第二定律，$\mathrm{d}s$ 总是大于零的，又因为 λ 也总是正的，故从式（10-48）可以看出

$$当\ Ma<1\ 时，\frac{\mathrm{d}p}{p}<0$$

$$当\ Ma>1\ 时，\frac{\mathrm{d}p}{p}>0$$

由以上结果以及式（10-46）可以说明：若管内原先是亚声速流动，则马赫数 Ma 的数值向下游会逐渐增大，而压强 p 的数值向下游会逐渐减小；若管内原先是超声速流动，则情况正好和上述相反，朝下游方向 Ma 会减小，而 p 会增大。结合图 10-7 法诺线图可知，在等截面直管段内流动不可能从亚声速连续变化到超声速，也不可能从超声速连续变化到亚声速。不管原先是亚声速流动还是超声速流动，沿流向马赫数总是朝 $Ma=1$ 变化的。现把由

该状态能连续变化到 $Ma=1$ 的管道长度称为此管流的临界长度，用 L_* 表示。若管长 $L<L_*$，则管出口处尚未达到 $Ma=1$；若管长 $L=L_*$，则管出口断面上 $Ma=1$，为临界断面；若管长 $L>L_*$，则管出口断面上仍是 $Ma=1$，且管流量还会减少。

由式（10-46），从某一断面 $x=0$ 马赫数为 Ma 到 $x=L_*$ 马赫数为 1 这一段对马赫数进行积分，即有

$$\int_0^{L_*}\lambda\frac{\mathrm{d}x}{D}=\int_{Ma}^{1}\frac{1-Ma^2}{\kappa Ma^4\left(1+\frac{\kappa-1}{2}Ma^2\right)}\mathrm{d}Ma^2$$

若设沿程阻力系数 λ 为常数，则有

$$\lambda\frac{L_*}{D}=\frac{1}{\kappa}\left(\frac{1}{Ma^2}-1\right)+\frac{\kappa+1}{2\kappa}\ln\frac{\frac{\kappa+1}{2}Ma^2}{1+\frac{\kappa-1}{2}Ma^2}\tag{10-52}$$

由式（10-52）可知，如摩擦管流某一断面上的马赫数已知，就可由式（10-52）计算出由此断面起到 $Ma=1$ 断面间的长度。并由上面的分析可知：对于有摩擦的管内流动，不论是亚声速流动还是超声速流动，摩擦所起的影响总是使管内的总压沿流向减小，同时使马赫数总是沿流向朝 $Ma=1$ 变化的。

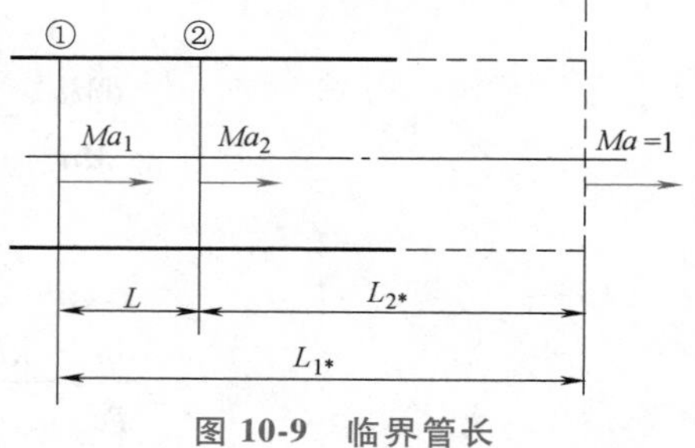

图 10-9 临界管长

设管道内某一断面上的马赫数为 Ma_1，相应此 Ma_1 的临界长度为 L_{1*}，另一断面上的马赫数为 Ma_2，相应此 Ma_2 的临界长度为 L_{2*}，如图 10-9 所示，则由上式可确定这两个断面之间的距离 $L=L_{1*}-L_{2*}$，故有

$$\lambda\frac{L}{D}=\lambda\frac{L_{1*}}{D}-\lambda\frac{L_{2*}}{D}=\frac{Ma_2^2-Ma_1^2}{\kappa Ma_1^2Ma_2^2}+\frac{\kappa+1}{2\kappa}\ln\frac{Ma_1^2\left(1+\frac{\kappa-1}{2}Ma_2^2\right)}{Ma_2^2\left(1+\frac{\kappa-1}{2}Ma_1^2\right)}\tag{10-53}$$

现将临界参数都标以“*”号，对式（10-48）进行积分，又由式（10-46），得

$$\int_p^{p_*}\frac{\mathrm{d}p}{p}=-\int_{Ma}^{1}\frac{1+(\kappa-1)Ma^2}{2\left(1+\frac{\kappa-1}{2}Ma^2\right)}\frac{\mathrm{d}Ma^2}{Ma^2}$$

得

$$\frac{p}{p_*}=\frac{1}{Ma}\sqrt{\frac{\kappa+1}{2\left(1+\frac{\kappa-1}{2}Ma^2\right)}}\tag{10-54}$$

又

$$\int_{p_0}^{p_{0*}}\frac{\mathrm{d}p_0}{p_0}=\int_p^{p_*}\frac{\mathrm{d}p}{p}+\int_{Ma}^{1}\frac{\kappa}{2\left(1+\frac{\kappa-1}{2}Ma^2\right)}\mathrm{d}Ma^2$$

整理成

$$\frac{p_0}{p_{0*}}=\frac{1}{Ma}\left(\frac{1+\frac{\kappa-1}{2}Ma^2}{\frac{\kappa+1}{2}}\right)^{\frac{\kappa+1}{2(\kappa-1)}} \tag{10-55}$$

又
$$\frac{c_0^2}{c^2}=1+\frac{\kappa-1}{2}Ma^2,\ \frac{c_0^2}{c_*^2}=\frac{\kappa+1}{2}$$

$$\frac{c^2}{c_*^2}=\frac{\frac{\kappa+1}{2}}{1+\frac{\kappa-1}{2}Ma^2}=\frac{T}{T_*} \tag{10-56}$$

例 10-7 空气在直径 $D=10$mm，沿程阻力系数 $\lambda=0.02$ 的管道中流动，求对于 $Ma=0.2$ 的临界管长 L_*。

解
$$L_*=\frac{D}{\lambda}\left[\frac{1}{\kappa}\left(\frac{1}{Ma^2}-1\right)+\frac{\kappa+1}{2\kappa}\ln\frac{\frac{\kappa+1}{2}Ma^2}{1+\frac{\kappa-1}{2}Ma^2}\right]$$

对于空气，$\kappa=1.4$，所以有

$$L_*=\frac{0.01}{0.02}\times\left[\frac{1}{1.4}\times\left(\frac{1}{0.2^2}-1\right)+\frac{1.4+1}{2\times1.4}\times\ln\frac{\frac{1.4+1}{2}\times0.2^2}{1+\frac{1.4-1}{2}\times0.2^2}\right]\text{m}=7.267\text{m}$$

例 10-8 有一喉部直径为 6mm，出口直径为 12mm 的拉伐尔喷管，与一管径为 12mm 的直管连接，用来测得管道在空气超声速流动时的沿程阻力系数 λ。已知喷管的总压为 678×10^3Pa，现知从管道入口的下游 21mm 处开设的静压孔上测得该断面上的静压为 24kPa，求此管道的沿程阻力系数 λ。

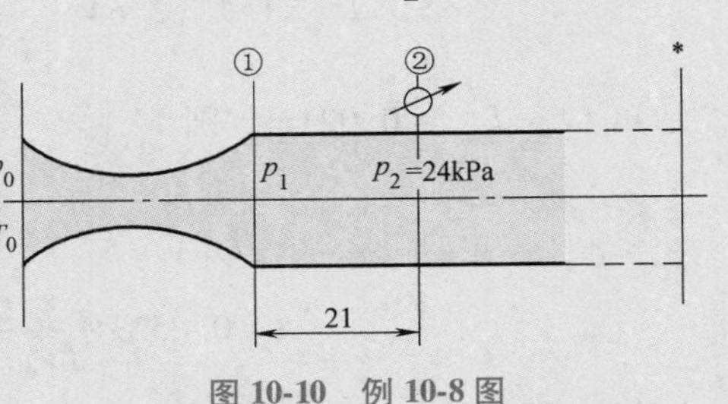

图 10-10 例 10-8 图

解 图 10-10 中，此拉伐尔喷管的出口断面就是直管道的进口断面，该断面上的参数和静压孔断面上的参数分别用下标“1”和“2”表示，临界断面上的参数用下标“*”表示，则由管进口断面和拉伐尔喷管喉部断面的面积之比

$$\frac{A_1}{A_*}=\frac{\pi\times0.012^2/4}{\pi\times0.006^2/4}=4$$

由式 (10-42)，有

$$\frac{A_1}{A_*}=\frac{1}{Ma_1}\left[\frac{2}{\kappa+1}\left(1+\frac{\kappa-1}{2}Ma_1^2\right)\right]^{\frac{\kappa+1}{2(\kappa-1)}}=\frac{1}{Ma_1}\left[\frac{2}{1.4+1}\ (1+0.2Ma_1^2)\right]^3$$

解得
$$Ma_1=2.940$$

所以
$$p_1=p_0\left(1+\frac{\kappa-1}{2}Ma_1^2\right)^{\frac{-\kappa}{\kappa-1}}$$

$$=678\times10^3\times\left(1+\frac{1.4-1}{2}\times2.94^2\right)^{\frac{-1.4}{1.4-1}}\ \text{Pa}=20.20\times10^3\text{Pa}$$

$$p_*=p_1\left[\frac{1}{Ma_1}\sqrt{\frac{\kappa+1}{2\left(1+\frac{\kappa-1}{2}Ma_1^2\right)}}\right]^{-1}$$

$$=20.20\times10^3\times\left[\frac{1}{2.94}\times\sqrt{\frac{1.4+1}{2\times\left(1+\frac{1.4-1}{2}\times2.94^2\right)}}\right]^{-1}\ \text{Pa}=89.55\times10^3\text{Pa}$$

$$\frac{p_2}{p_*}=\frac{1}{Ma_2}\sqrt{\frac{\kappa+1}{2\left(1+\frac{\kappa-1}{2}Ma_2^2\right)}}=\frac{1}{Ma_2}\sqrt{\frac{1.4+1}{2\left(1+\frac{1.4-1}{2}Ma_2^2\right)}}=\frac{24\times10^3}{89.55\times10^3}$$

解得

$$Ma_2=2.641$$

再通过临界长度计算式可得

$$\lambda\frac{L_{1*}}{D}=\frac{1}{1.4}\times\left(\frac{1}{2.94^2}-1\right)+\frac{1.4+1}{2\times1.4}\times\ln\frac{\frac{1.4+1}{2}\times2.94^2}{1+\frac{1.4-1}{2}\times2.94^2}=0.5129$$

$$\lambda\frac{L_{2*}}{D}=\frac{1}{1.4}\times\left(\frac{1}{2.64^2}-1\right)+\frac{1.4+1}{2\times1.4}\times\ln\frac{\frac{1.4+1}{2}\times2.64^2}{1+\frac{1.4-1}{2}\times2.64^2}=0.4606$$

已知 $L_{1*}-L_{2*}=0.021\text{m}$，则

$$\frac{\lambda}{D}\ (L_{1*}-L_{2*})=0.5129-0.4606=0.0523$$

$$\lambda=0.0523\times\frac{D}{L_{1*}-L_{2*}}=0.0523\times\frac{0.012}{0.021}=0.0299$$

故此管道在超声速流动时的沿程阻力系数为 $\lambda=0.0299$。

第七节 有热交换的管内流动

本章前几节所讨论的是等熵流动。上一节虽非等熵流动，但是绝热流动，考虑管内流动有摩擦，但未计及管内流动与外界的热交换。本节要讨论的是管内流动与外界有热交换的情况，但不计流体流动与管壁的摩擦，另外，假定管道的截面积是常数。

一、瑞利线

因截面积是常数，连续方程可写成

$$\rho v=C=G \tag{10-57}$$

式中，G 为密流，表示单位时间通过单位面积的流体质量。又因不考虑摩擦影响，即 $\lambda=0$，

则一元流动运动微分方程为

$$\mathrm{d}p+\rho v\mathrm{d}v=0 \tag{10-58}$$

对式（10-58）进行积分，代入式（10-57）得

$$p+Gv=C$$

或

$$p+\rho v^2=C \tag{10-59}$$

在已知流体的滞止状态参数（p_0，ρ_0，T_0，h_0，s_0，…）下，给定一个 G，就可由式（10-57）和式（10-59）分别确定相对于某一速度 v 值的 p 和 ρ，进而根据状态参数之间的关系式求得对应此情况下的焓 h 和熵 s，构作以 G 为参变量的 h-s 图（焓熵图）。图中的曲线表示对应此 G 的焓熵关系，称此曲线为瑞利线，相应于这种曲线的流动叫瑞利流动。

将瑞利线与法诺线做对比：两者都存在熵值最大位置，相应于最大熵值处 $Ma=1$，为临界断面。但对法诺流动，只存在单行道，即不管原先流动是亚声速流动还是超声速流动，摩擦所起的影响都是使其向前流时马赫数趋向 1；而对瑞利流动，若是从外部对流体加热，也不管原先是亚声速流动还是超声速流动，摩擦所起的影响都是使其向前流时马赫数趋向 1（图 10-11）。若是对流体冷却，则情况正好相反，向前流时马赫数会越来越小（若原先是亚声速流）或者会越来越大（若原先是超声速流）。还有一点它们依然是相同的：不管是法诺流动还是瑞利流动，亚声速流动向前流依然是亚声速流动，超声速流向前流依然是超声速流动。

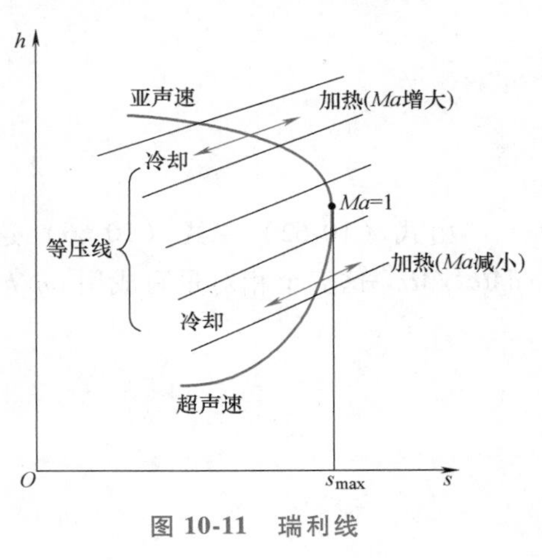

图 10-11 瑞利线

二、热交换对流动各参数影响

在图 10-12 所示的管流中取 $\mathrm{d}x$ 流段作为控制体来建立管流中的能量关系，设加给控制体内每单位质量流体的热量为 $\mathrm{d}q$，则

$$h_0+\mathrm{d}q=h_0+\mathrm{d}h_0$$

这就有

$$\mathrm{d}q=\mathrm{d}h_0$$

也就是说，外界所加给管流的热量等于管内流体总焓的增加量。上式也可写成

$$\mathrm{d}q=c_p\mathrm{d}T_0 \tag{10-60}$$

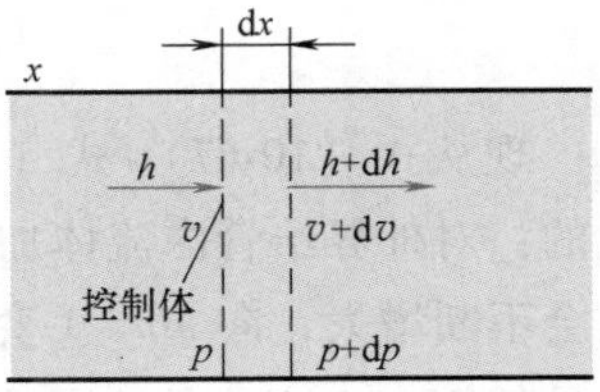

图 10-12 热交换管段中取控制体

又

$$h_0+\mathrm{d}q=h+\mathrm{d}h+\frac{(v+\mathrm{d}v)^2}{2}$$

略去式中的微量项，有

$$\mathrm{d}q=\mathrm{d}h+v\mathrm{d}v=c_p\mathrm{d}T+v\mathrm{d}v \tag{10-61}$$

因 $h=c_pT$，$c_pT=c^2/(\kappa-1)$，把式（10-61）改写成

$$\frac{\mathrm{d}q}{h}=\frac{\mathrm{d}T}{T}+(\kappa-1)Ma^2\frac{\mathrm{d}v}{v} \tag{10-62}$$

再将前面的动量方程式（10-58），利用 $c^2=\kappa p/\rho$ 进行整理，可得

$$\frac{\mathrm{d}p}{p}=-\kappa Ma^2\frac{\mathrm{d}v}{v} \tag{10-63}$$

从状态方程可得

$$\frac{\mathrm{d}p}{p}=\frac{\mathrm{d}\rho}{\rho}+\frac{\mathrm{d}T}{T} \tag{10-64}$$

又从连续性方程可得

$$\frac{\mathrm{d}\rho}{\rho}+\frac{\mathrm{d}v}{v}=0 \tag{10-65}$$

由马赫数的定义

$$Ma^2=\frac{v^2}{c^2}=\frac{v^2}{\kappa R_{\mathrm{g}}T}$$

得

$$\frac{\mathrm{d}Ma^2}{Ma^2}=2\frac{\mathrm{d}v}{v}-\frac{\mathrm{d}T}{T} \tag{10-66}$$

由式（10-62）~式（10-66）这五个式可推出瑞利流动 $\mathrm{d}v/v$、$\mathrm{d}\rho/\rho$、$\mathrm{d}T/T$、$\mathrm{d}p/p$ 和 $\mathrm{d}Ma^2/Ma^2$ 这五个相对量写成用 $\mathrm{d}q/h$ 和 Ma 的表达形式，即

$$\frac{\mathrm{d}T}{T}=(1-\kappa Ma^2)\frac{\mathrm{d}v}{v} \tag{10-67}$$

$$\frac{\mathrm{d}v}{v}=\frac{1}{1-Ma^2}\frac{\mathrm{d}q}{h} \tag{10-68}$$

$$\frac{\mathrm{d}p}{p}=\frac{-\kappa Ma^2}{1-Ma^2}\frac{\mathrm{d}q}{h} \tag{10-69}$$

$$\frac{\mathrm{d}T}{T}=\frac{1-\kappa Ma^2}{1-Ma^2}\frac{\mathrm{d}q}{h} \tag{10-70}$$

$$\frac{\mathrm{d}Ma^2}{Ma^2}=\frac{1+\kappa Ma^2}{1-Ma^2}\frac{\mathrm{d}q}{h} \tag{10-71}$$

现从式（10-67）~式（10-71）来看，有热交换时管内流动的马赫数及其他参数是怎样变化的：对外界给管内流体加热的情况（$\mathrm{d}q>0$），若管内原先为亚声速流动（$Ma<1$），则其马赫数会不断增大，向 $Ma=1$ 变化；若管内原先是超声速流动（$Ma>1$），则其马赫数会不断减小，也是朝 $Ma=1$ 变化的。因 $\mathrm{d}q=T\mathrm{d}s$，$h=c_pT$，现将式（10-70）改写成

$$\frac{\mathrm{d}h}{\mathrm{d}s}=\frac{1-\kappa Ma^2}{1-Ma^2}T \tag{10-72}$$

从式中可以看出

最大焓值处，$\mathrm{d}h=0$，$1-\kappa Ma^2=0$，$Ma=1/\sqrt{\kappa}$。

最大熵值处，$\mathrm{d}s=0$，$1-Ma^2=0$，$Ma=1$。

从式（10-70）中还可看出，当 $Ma<1/\sqrt{\kappa}$ 时，对管内流体加热（$\mathrm{d}q>0$），则管内流体温度会提高，但在 $1/\sqrt{\kappa}<Ma<1$ 范围内，不管怎样加热，流体的温度却是降低的；使管内流体冷却，则情况正好相反。

三、有热交换管流的计算

由式（10-67）~式（10-71）五个式中消去 $\mathrm{d}q/h$，又可得到

$$\frac{\mathrm{d}v}{v}=\frac{1}{1+\kappa Ma^2}\frac{\mathrm{d}Ma^2}{Ma^2} \tag{10-73}$$

于是

$$\int\frac{\mathrm{d}v}{v}=\int\left(\frac{-\kappa}{1+\kappa Ma^2}+\frac{1}{Ma^2}\right)\mathrm{d}Ma^2$$

$$\ln v=-\ln(1+\kappa Ma^2)+\ln Ma^2+C=\ln\frac{Ma^2}{1+\kappa Ma^2}+C$$

式中，积分常数 C 可由 $Ma=1$ 时，$v=v_*$ 得到，这样

$$\frac{v}{v_*}=\frac{(1+\kappa)Ma^2}{1+\kappa Ma^2} \tag{10-74}$$

同样，进行积分可得到其他各式

$$\frac{T}{T_*}=\left[\frac{(1+\kappa)Ma}{1+\kappa Ma^2}\right]^2 \tag{10-75}$$

$$\frac{p}{p_*}=\frac{1+\kappa}{1+\kappa Ma^2} \tag{10-76}$$

$$\frac{\rho}{\rho_*}=\frac{1+\kappa Ma^2}{(1+\kappa)Ma^2} \tag{10-77}$$

又

$$\frac{p_0}{p_{0*}}=\frac{p_0}{p}\frac{p}{p_*}\frac{p_*}{p_{0*}}=\frac{p_0}{p}\frac{p}{p_*}\left(\frac{p}{p_0}\right)_{Ma=1}$$

$$=\left(1+\frac{\kappa-1}{2}Ma^2\right)^{\frac{\kappa}{\kappa-1}}\left(\frac{1+\kappa}{1+\kappa Ma^2}\right)\left(\frac{2}{\kappa+1}\right)^{\frac{\kappa}{\kappa-1}}$$

$$=\left(\frac{1+\kappa}{1+\kappa Ma^2}\right)\left[\frac{2+(\kappa-1)Ma^2}{\kappa+1}\right]^{\frac{\kappa}{\kappa-1}} \tag{10-78}$$

同样的方法可得

$$\frac{T_0}{T_{0*}}=\frac{(1+\kappa)Ma^2[2+(\kappa-1)Ma^2]}{(1+\kappa Ma^2)^2} \tag{10-79}$$

另外，将 $\mathrm{d}q=T\mathrm{d}s$、$h=c_pT=\kappa R_gT/(\kappa-1)$ 代入熵的变化式，可得

$$\mathrm{d}s=c_p\frac{1-Ma^2}{1+\kappa Ma^2}\frac{\mathrm{d}Ma^2}{Ma^2}$$

积分可得

$$s-s_*=c_p\ln\left[Ma^2\left(\frac{1+\kappa}{1+\kappa Ma^2}\right)^{\frac{\kappa+1}{\kappa}}\right] \tag{10-80}$$

式（10-74）~式（10-80）表示有热交换管流的速度、压强、温度、密度与总压、总温、熵随管内流体的等熵指数、管内流动的马赫数的变化关系。

由前述，对管内流动加热，则熵值增加，不管原先是亚声速还是超声速，沿流程马赫数

总是向着 $Ma=1$ 变化的。因此，在某一马赫数流动下加热，能加入的最大热量是使气流达到 $Ma=1$ 时的热量。若超过此热量的过量加入，下游流动的极限状态仍是保持 $Ma=1$，而上游流动则受到影响，部分流量受阻，此现象称为热障现象。

例 10-9 $\kappa=1.3$、$R_g=287\text{J}/(\text{kg}\cdot\text{K})$ 的气体在等截面管道中流动（图 10-13）。不计流体与管壁的摩擦损失，初始总温为 310K，流动中给流体加热，使温度达到 930K，希望由此造成的马赫数不超过 0.8。试求：

1）初始马赫数值。

2）能加给的热量。

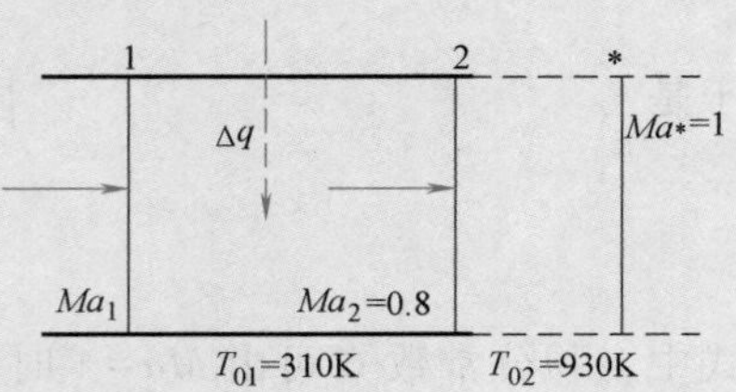

图 10-13 例 10-9 图

解 1）设初始马赫数为 Ma_1，初始总温为 T_{01}，加热后的马赫数为 Ma_2，总温为 T_{02}，由式（10-79），有

$$T_{0*}=T_{02}\frac{(1+\kappa Ma_2^2)^2}{(1+\kappa)Ma_2^2[2+(\kappa-1)Ma_2^2]}$$

$$=930\times\frac{(1+1.3\times0.8^2)^2}{(1+1.3)\times0.8^2(2+0.3\times0.8^2)}\text{K}=967.4\text{K}$$

同样，由式（10-79）可得到

$$\frac{T_{01}}{T_{0*}}=\frac{(1+\kappa)Ma_1^2[2+(\kappa-1)Ma_1^2]}{(1+\kappa Ma_1^2)^2}$$

由此解得初始马赫数为

$$Ma_1=\sqrt{0.0845}=0.291$$

2）所需加入的热量为

$$\Delta q=\Delta h_0=c_p(T_{02}-T_{01})=\frac{\kappa R_g}{\kappa-1}\left(\frac{T_{02}}{T_{01}}-1\right)$$

$$=\frac{1.3\times287}{1.3-1}\times310\times(3-1)\text{J/kg}=7.711\times10^5\text{J/kg}$$

习 题

10-1 试比较一元不可压缩管流的连续性方程和一元可压缩管流的连续性方程，并比较一元不可压缩管流的能量方程和一元可压缩绝热管流考虑与管壁有摩擦情况的能量方程。

10-2 你觉得哪些情况下的管流可作为等熵流动处理？

10-3 对于拉伐尔喷管，进流为亚声速或超声速，在喉部处是否一定能达到临界声速？若在喉部处不能达到 $Ma=1$，则在拉伐尔喷管出口处是否能达到超声速或亚声速？

10-4 为什么在等截面的有摩擦的管流中和有热交换的管流中，流动都不可能从亚声速变化到超声速，也不可能从超声速变化到亚声速？

10-5 在超声速流动中，为什么速度随断面的增大而增大？

10-6 何谓滞止参数？何谓临界参数？

10-7 何谓热障现象？

10-8 对无热交换也不考虑流动摩擦损失的管内空气流，已知其上游断面 1 处的 $v_1=190\mathrm{m/s}$，$T_1=400\mathrm{K}$，$p_1=300\mathrm{kPa}$，在管出口处达到临界状态 $Ma=1$。计算：

1）断面 1 上的流体密度 ρ_1、声速 c_1、马赫数 Ma_1。

2）管出口断面上的压强 p_2、密度 ρ_2、温度 T_2 和速度 v_2。

10-9 飞机在 20000m 高空以 2400km/h 的速度飞行，气温为-50.5℃，问该机飞行的马赫数有多大？

10-10 氢气的 $\kappa=1.405$，其气体常数 $R_g=4142.2\mathrm{J/(kg\cdot K)}$。问：在 40℃氢气中的声速有多大？

10-11 喷嘴断面 1 处的流速 $v_1=100\mathrm{m/s}$，压强 $p_1=1177\times10^3\mathrm{Pa}$，温度 $t_1=27℃$，并已测得断面 2 处 $p_2=980.7\times10^3\mathrm{Pa}$。假定喷嘴内的流体按等熵流动处理，问：喷嘴出口流速有多大？

10-12 若输氧管道内气流流动是等熵的，在管路的断面 1 上已测得 $p_1=102\mathrm{kPa}$，$t_1=2℃$，$v_1=200\mathrm{m/s}$，并在断面 2 上测得 $t_2=18℃$。问：断面 2 上的压强 p_2 和速度 v_2 有多大？（氧气的比定压热容 $c_p=916.9\mathrm{J/(kg\cdot K)}$，等熵指数 $\kappa=1.395$）

10-13 进入涡轮动叶片的过热蒸汽的压强为=4000kPa，温度为 400K，速度为 500m/s。问：此过热蒸汽的滞止压强 p_0 和滞止温度 T_0 有多大？（过热蒸汽的 κ 取 1.333，比定压热容 c_p 取 $1862\mathrm{J/(kg\cdot K)}$）

10-14 储气筒内的压强保持为 300kPa，温度为 290K。筒的侧边装有一喷管，筒内的空气通过喷管出流可作为等熵流动处理。筒外的大气压强为 98.07kPa，喷管出口压与外界大气压相等。求喷管出口断面上的温度、声速和马赫数值。

10-15 飞机在 90kPa 的压强和-20℃的气温下以 $v=300\mathrm{m/s}$ 的速度在高空飞行，试求机头上驻点（$v=0$ 的点）处的压强、温度和密度值。

10-16 由插入氩气流的皮托管测得此氩气流的总压为 $158\times10^3\mathrm{Pa}$，静压为 $104\times10^3\mathrm{Pa}$，温度为 20℃。试确定此氩气流的速度。（氩气的气体常数为 $R_g=208.2\mathrm{J/(kg\cdot K)}$，等熵指数为 $\kappa=1.68$）

10-17 对一涡轮喷气发动机的收缩喷管进行试验，测得进口处燃气的压强为 $230\times10^3\mathrm{Pa}$，温度 $t=655℃$，并知燃气的等熵指数 $\kappa=1.333$，气体常数 $R_g=287\mathrm{J/(kg\cdot K)}$，喷管出口截面积 $A_e=0.1675\mathrm{m}^2$，喷管外为大气压。求通过喷管的燃气质量流量 q_m。

10-18 等截面管中的气流以 $Ma_1=0.4$ 的速度流入，以 $Ma_2=0.8$ 的速度流出，管内流动可认为绝热流动，进、出两断面之间的距离为 10m。现问：距 Ma_1 多远处的断面上能达到马赫数为 $Ma=0.6$？

10-19 一有摩擦的绝热管流，管径为 0.1m，沿程阻力系数为 0.01，气体在进口处的马赫数为 0.5，求：

1）$Ma_1=0.7$ 的断面距进口断面的距离 L_1。

2）$Ma_2=0.9$ 的断面距进口断面的距离 L_2。

10-20 氮气流在内径为 0.2m，沿程阻力系数为 0.02 的等截面管内做绝热流动。氮气的等熵指数为 1.4，气体常数为 $296.8\mathrm{J/(kg\cdot K)}$。在管进口处，$p_1=300\mathrm{kPa}$，$T_1=313\mathrm{K}$，$v_1=550\mathrm{m/s}$。求：

1）管道的临界长度 L_*。

2）当出口断面为临界断面时，此出口断面上的压强 p、温度 T 和速度 v。

第十一章

激　波

【工程案例导入】

在可压缩流动中，经常会遇到激波问题。如在拉伐尔喷管的流动中，以及在流体与物体之间的相对运动的速度大于声速的流动中，都能产生激波。流体参数突变（压强、温度、密度增大而速度减小）的薄层叫作激波。有两种激波：与来流方向垂直的正激波和与来流方向非垂直的斜激波。本章中将分析激波产生的条件、激波的性质、流体通过激波的运动规律以及计算方法。

轴流式涡喷发动机中，空气首先进入进气道，因为飞机飞行的状态是变化的，进气道需要保证空气最后能顺利地进入下一结构——压气机。进气道的主要作用就是将空气在进入压气机之前调整到发动机能正常运转的状态。用进气道总压恢复系数 σ（进气道出口总压与进口总压之比）衡量进气道增压效率，σ 越大，气流的压力损失越小。

在超声速飞行时，机头与进气道口都会产生激波，空气经过激波压力会升高，因此进气道能起到一定的预压缩作用，但是激波位置不适当将造成局部压力的不均匀，甚至有可能损坏压气机。所以一般超声速飞机的进气道口都有一个激波调节锥，根据空速的情况调节激波的位置。图 11-1 所示为调节锥或调节板上的斜激波，可以做成单级双波系的、二

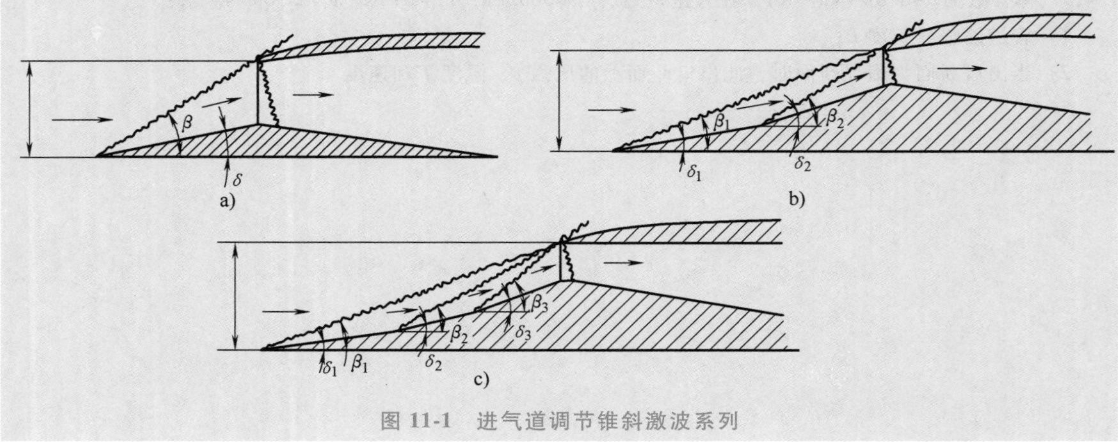

图 11-1　进气道调节锥斜激波系列

级三波系的或三级四波系的。此时，进气道总压恢复系数 σ 等于波系结构中总压恢复系数 $\sigma_{激波}$ 的（0.9~0.95）倍，$\sigma_{激波}=\sigma_1\sigma_2\cdots\sigma_n=\prod_{i=1}^{n}\sigma_i$，其中，$\sigma_i$ 为气流通过一个激波时的总压恢复系数。

第一节　正激波与斜激波

一、马赫波（膨胀波、压缩波）

超声速流动时，气流速度 v 大于扰动传播速度 c，扰动只能被限制在以扰动源为顶点的马赫锥范围内向下游传播。表示扰动传播的马赫锥的母线就是马赫波线。气流通过马赫波后流动参数（压强、密度、温度和速度等）要发生微小的变化。如果扰动源是一个低压源，则气流受扰动后压强将下降，速度将增大。这种马赫波称为膨胀波——降压增速波。反之，如果扰动源是一个高压源，则压强将增大，而速度将减小。这种马赫波称为压缩波——减速增压波。由于通过马赫波时气流参数值变化不大，因此，气流通过马赫波的流动仍可作为等熵流动处理。

二、激波的形成

图 11-2 所示为超声速流流过一个凹面 AE 的情况。在 AB 段，流向与壁面平行，不会产生扰动。从 B 开始，由于壁面弯曲，流动也逐渐转向。由于气流通过此凹面时从 B 开始通道面积逐渐减小，在超声速流情况下，速度就会逐渐减小，压强就会逐渐增大。同时，气流的方向也逐渐转向，产生一系列的微弱扰动，从而产生一系列的马赫波，这些马赫波都是压缩波。气流经过这些马赫波后，速度减小，马赫数减小，而马赫角 μ 则会逐渐增大，这就产生了后波与前波相交。气流沿整个凹曲面的流动，实际上是由这一系列的马赫波汇成一个突跃面，如图 11-2 所示。气流经过这突跃面后，流动参数要发生突跃变化，速度会突跃减小，而压强和密度会突跃增大。这个突跃面是个强间断面，也就是激波面。通过此激波面，流动参数值变化越大，则表示此激波的强度也越大。

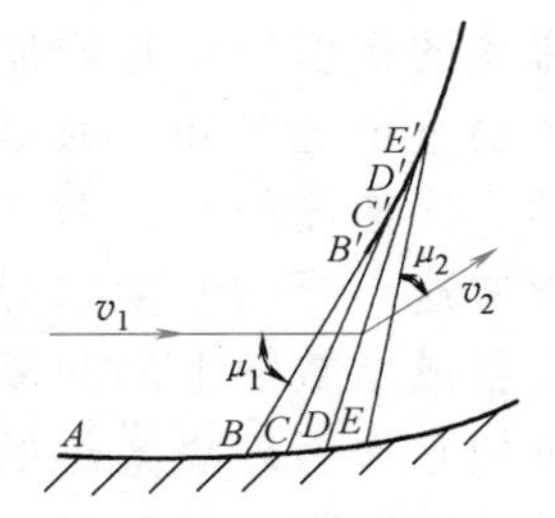

图 11-2　激波的形成

必须注意到，气流通过激波时，流动参数和热力学参数都是突跃变化的，因此通过激波的流动不能作为等熵流动处理。但是，气流经过激波是受激烈压缩的，其压缩过程是很迅速的，因此，通过激波的流动，可以看作绝热过程。

由上可知，激波发生在超声速气流的压缩过程中。而在超声速气流的膨胀过程中，这些膨胀波是互不相交的，也就不会产生激波了。

三、斜激波、正激波、脱体激波

图 11-2 中，气流经过激波后，流动方向要发生变化，这种激波称为斜激波。如超声速气流经凹钝角流动时的斜激波（图 11-3a）和绕流尖头物体时的附体斜激波（图 11-3b）。

气流经过激波后方向不变，激波面与气流方向垂直的激波叫作正激波。如一维管道中产生的激波（图11-4）。又如，绕流钝头体时在钝头体前形成的脱体激波的中间部分也是正激波（图11-5）。

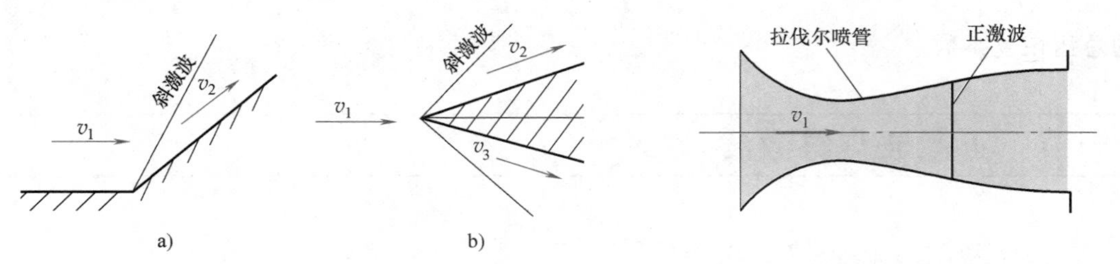

图11-3 斜激波

图11-4 管道中的正激波

对应每一个波前马赫数 Ma_1，气流的转折角超过对应此 Ma_1 的最大转折角 α_{max} 时，激波不再附体，成为脱体激波，如图11-5所示。若来流是沿轴对称物体的轴线方向，且 $\alpha>\alpha_{max}$ 时，激波脱离物体前缘成脱体激波。此脱体激波可看成是由中间部分的正激波和周围部分的斜激波所组成的。

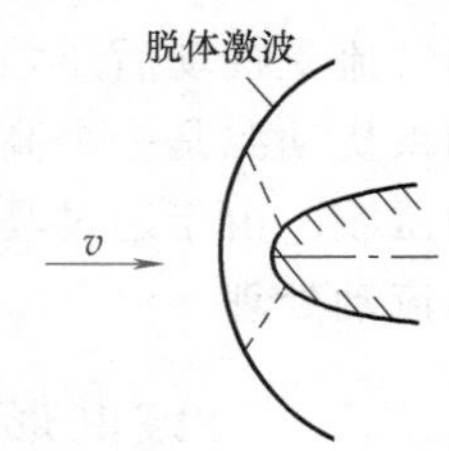

图11-5 脱体激波

激波的厚度是很薄的，它只有分子自由行程大小（0.1μm）的量级。在激波的薄层中，流动的物理量（如速度、压强、密度、温度等）从激波前的数值很快变成激波后的数值，速度梯度和温度梯度都很大。这使得通过激波时的摩擦和热传导问题很明显。通过激波，因摩擦机械能被大量地耗损而转化为热能，因此熵值将增加。由质量守恒定律，要维持流体质量在激波前后不变，而通过激波后速度又是减小的，可见，通过激波后流体的密度应该是增加的。而且，流体通过激波后的动量要小于激波前所具有的动量，由动量定理可知，通过激波后流体的压强值将增大。综上所述，通过激波，流体运动学要素速度减小，而热力学要素压强、密度、温度以及焓、熵的数值都将增大。由于激波这一层的厚度以分子自由行程计，因此，一般情况下可忽略激波层的厚度。把激波看成是数学上的间断面，通过它物理量要发生突变。对激波前和激波后的流动，仍可把它作为理想绝热的完全气体看待，在没有与外界热交换的情况下，激波前和激波后的流动都满足质量守恒、动量守恒、能量守恒、状态方程以及流体力学和热力学的一些基本定律。

第二节 正激波的波前与波后

图11-6表示气体在绝热的管内流动，在途中发生有固定的正激波的情况。激波上游（波前）和下游（波后）的参数分别以下标“1”“2”表示。图中虚线所围成的是所取的控制体，并用 q_m 表示过流的质量流量。若激波是等速移动的，如钝头体以超声速在流体中运动时其前缘处的正激波那样，若用固定参考坐标系来研究此流体运动，所看到的流体的运动是非定常的；若将参考坐标系固连在激波上，即坐标也以激波的速度与激波一起运动，此时所看到的流体运动是定常的。这样，不管激波是固定的还是等速移动的，采用与激波一起运

动的参考坐标系来观测问题。若激波面的面积为 A（垂直于纸面），作用于这个面的左边、右边的压强分别为 p_1、p_2，设激波左边的各参数为已知，则可以根据以下四个方程——连续性方程、动量方程、能量方程和状态方程来建立正激波前后各参数之间的关系式，从而求得正激波右边的各参数值。当然，若下游参数值已知，也可通过这些关系式来获得上游的参数值。

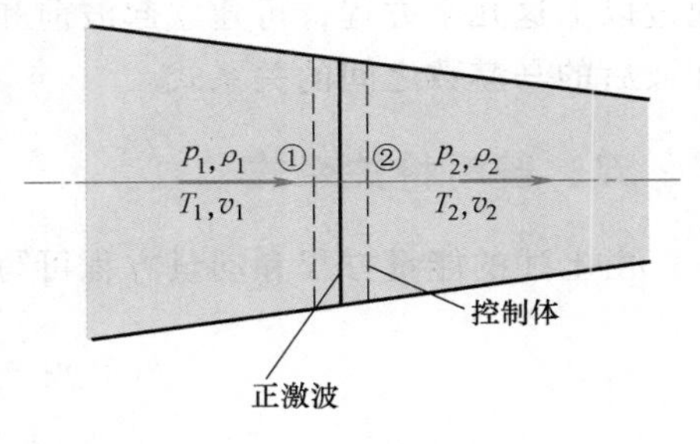

图 11-6 正激波前后

一、连续性方程

按质量守恒定律可以写出

$$q_{m1} = \rho_1 v_1 A_1 = \rho_2 v_2 A_2 = q_{m2}$$

因为控制体的厚度取得很小，可以认为 $A_1 \approx A_2$，因而可得

$$\rho_1 v_1 = \rho_2 v_2 \tag{11-1}$$

式（11-1）就是通过激波的连续性方程。

二、动量方程

通过激波，流体动量的变化是由于波前、波后作用于此控制体上的压差所引起的，故

$$p_1 A_1 - p_2 A_2 = (\rho_2 v_2 A_2) v_2 - (\rho_1 v_1 A_1) v_1$$

同样，因 $A_1 \approx A_2$，上式可写成

$$p_2 - p_1 = \rho_1 v_1^2 - \rho_2 v_2^2 \tag{11-2}$$

式（11-2）就是通过激波的动量方程。注意式（11-2）等号右边是动压差的两倍。

三、能量方程

前已指出，在激波层内的气体被压缩可以认为是绝热的，故通过激波层的能量方程可写成

$$\frac{v_1^2}{2} + \frac{\kappa}{\kappa - 1}\frac{p_1}{\rho_1} = \frac{v_2^2}{2} + \frac{\kappa}{\kappa - 1}\frac{p_2}{\rho_2} \tag{11-3}$$

或写成

$$\frac{v_1^2}{2} + \frac{c_1^2}{\kappa - 1} = \frac{v_2^2}{2} + \frac{c_2^2}{\kappa - 1} = \frac{\kappa + 1}{\kappa - 1}\frac{c_*^2}{2} \tag{11-4}$$

式中，c_1、c_2、c_* 分别是波后、波前、临界断面上的声速。

四、状态方程

状态方程在此表示成

$$\frac{p_1}{\rho_1 T_1} = \frac{p_2}{\rho_2 T_2} \tag{11-5}$$

通过以上这几个方程，可建立起波前和波后各参数之间的关系式。在这之前，先建立起波前和波后的马赫数之间的关系式。

五、普朗特关系式

由上述的能量方程和动量方程可写出

$$v_1 - v_2 = \frac{p_2}{\rho_2 v_2} - \frac{p_1}{\rho_1 v_1} = \frac{c_2^2}{\kappa v_2} - \frac{c_1^2}{\kappa v_1} \tag{11-6}$$

而

$$c_1^2 = \frac{\kappa+1}{2}c_*^2 - \frac{\kappa-1}{2}v_1^2$$

$$c_2^2 = \frac{\kappa+1}{2}c_*^2 - \frac{\kappa-1}{2}v_2^2$$

将上两式代入式（11-6）中，就有

$$v_1 - v_2 = \frac{\kappa+1}{2\kappa}c_*^2\left(\frac{1}{v_2} - \frac{1}{v_1}\right) + \frac{\kappa-1}{2\kappa}(v_1 - v_2)$$

于是得

$$\frac{\kappa+1}{2\kappa}(v_1 - v_2) = \frac{\kappa+1}{2\kappa}c_*^2\frac{v_1 - v_2}{v_1 v_2}$$

因上式中 $v_1 \neq v_2$，因而有

$$c_*^2 = v_1 v_2 \tag{11-7}$$

式（11-7）说明正激波前、后速度的乘积的数值是一定的，就等于临界声速值的平方，此式称为普朗特关系式，此式也可写成

$$Ma_{1*}Ma_{2*} = 1 \tag{11-8}$$

式（11-8）表示有两种可能性：或者，上游是亚声速流动，下游是超声速流动；或者，上游是超声速流动，下游是亚声速流动。事实上，前一种可能是不存在的。因为，这不符合热力学第二定律。因此，正激波的上游必是超声速流动，通过正激波后，下游必是亚声速流动。

六、正激波前、后参数的计算

由以上四个基本方程和普朗特关系式可建立起正激波前、后参数之间的关系式。现由 $Ma_1 = v_1/c_1$、$c_1^2 = \kappa p_1/\rho_1$，以及式（11-2），可建立

$$\frac{v_2}{v_1} = 1 - \frac{1}{\kappa Ma_1^2}\left(\frac{p_2}{p_1} - 1\right) \tag{11-9}$$

即

$$v_2 = v_1\left[1 - \frac{1}{\kappa Ma_1^2}\left(\frac{p_2}{p_1} - 1\right)\right] \tag{11-10}$$

说明气体通过正激波后流速大小不仅取决于激波前的速度，还取决于是什么流体以及波后和波前的压强比。

同样，利用以上的关系式以及式（11-1），可将式（11-3）改写成

$$\frac{\kappa-1}{2}Ma_1^2 + 1 = \left(\frac{v_2}{v_1}\right)^2\frac{\kappa-1}{2}Ma_1^2 + \frac{v_2 p_2}{v_1 p_1} \tag{11-11}$$

再由式（11-9）和式（11-11）中消去 v_2/v_1，可得

$$\left(\frac{p_2}{p_1}\right)^2 - \frac{2\kappa}{\kappa+1}(1+\kappa Ma_1^2)\frac{p_2}{p_1} - \left(\frac{\kappa+1}{2} - \kappa Ma_1^2\right) = 0$$

由此二次方程可解得两个根

$$\frac{p_2}{p_1} = \frac{2\kappa}{\kappa+1}Ma_1^2 - \frac{\kappa-1}{\kappa+1} \tag{11-12}$$

以及

$$\frac{p_2}{p_1} = 1$$

第二个解在物理上是无意义的，因此，只有式（11-12）表示了正激波前后的压强比。从式中可以看到，正激波波后的压强与波前的压强的比值，取决于波前的马赫数以及是什么流体。现再把式（11-12）代回到正激波波后和波前的速度比的式子中，就可整理出

$$\frac{v_2}{v_1} = \frac{\kappa-1}{\kappa+1} + \frac{2}{(1+\kappa)Ma_1^2} = \frac{\frac{2}{\kappa-1} + Ma_1^2}{\frac{\kappa+1}{\kappa-1}Ma_1^2} = \frac{2+(\kappa-1)Ma_1^2}{(\kappa+1)Ma_1^2} \tag{11-13}$$

又，根据连续性方程式（11-1），式（11-13）又可表示成

$$\frac{\rho_2}{\rho_1} = \frac{\frac{\kappa+1}{\kappa-1}Ma_1^2}{\frac{2}{\kappa-1} + Ma_1^2} = \frac{(\kappa+1)Ma_1^2}{2+(\kappa-1)Ma_1^2} \tag{11-14}$$

再由状态方程和式（11-12）、式（11-14）可整理出波后与波前的温度比，即

$$\frac{T_2}{T_1} = \frac{2\kappa Ma_1^2 - (\kappa-1)}{\kappa+1} \cdot \frac{2+(\kappa-1)Ma_1^2}{(\kappa+1)Ma_1^2} \tag{11-15}$$

将式（11-15）开方，又可得波后与波前的声速比，即

$$\frac{c_2}{c_1} = \left[\frac{2\kappa Ma_1^2 - (\kappa-1)}{\kappa+1} \cdot \frac{2+(\kappa-1)Ma_1^2}{(\kappa+1)Ma_1^2}\right]^{0.5} \tag{11-16}$$

由速度比、声速比，进而可得马赫数比，即

$$\frac{Ma_2}{Ma_1} = \sqrt{\frac{Ma_1^{-2} + (\kappa-1)/2}{\kappa Ma_1^2 - (\kappa-1)/2}} \tag{11-17}$$

图 11-7~图 11-10 分别表示 $\kappa=1.4$ 的气流通过正激波时的速度比 v_2/v_1（密度比 ρ_1/ρ_2）、压强比 p_2/p_1、温度比 T_2/T_1 和正激波后的马赫数 Ma_2 随波前马赫数 Ma_1 的变化关系。图中曲线已制成表，见附录 E。

从以上这些参数比的表达式和图中的这些曲线以及制表中所列出的数据都可以看出：

1）气流通过正激波时，速度和马赫数均会减小，流动由超声速变为亚声速。

2）气流通过正激波时，压强、密度和温度均会增大。

3）各参数变化的程度取决于气体的等熵指数 κ 和波前的马赫数 Ma_1。

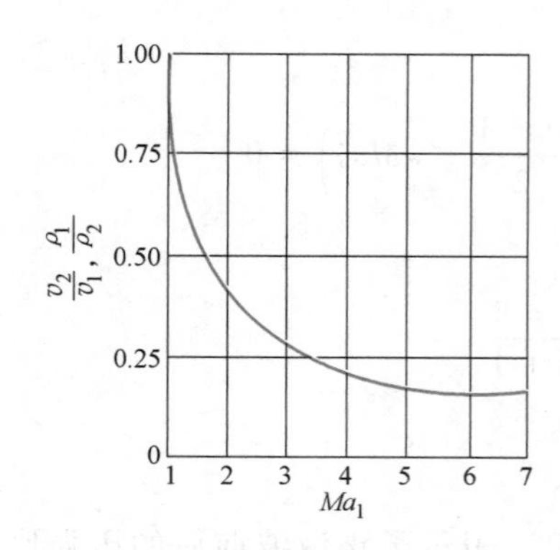

图 11-7 速度比$\dfrac{v_2}{v_1}$$\left(密度比\dfrac{\rho_1}{\rho_2}\right)$-$Ma_1$

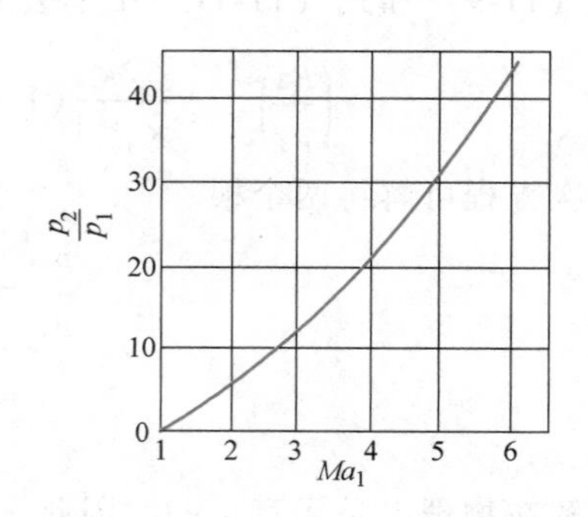

图 11-8 压强比$\dfrac{p_2}{p_1}$-Ma_1

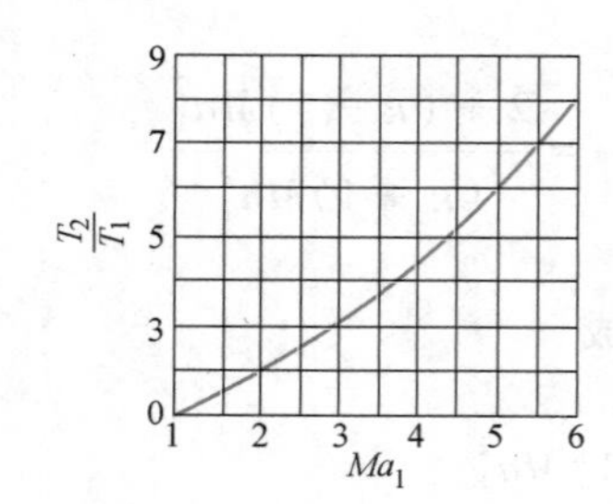

图 11-9 温度比$\dfrac{T_2}{T_1}$-Ma_1

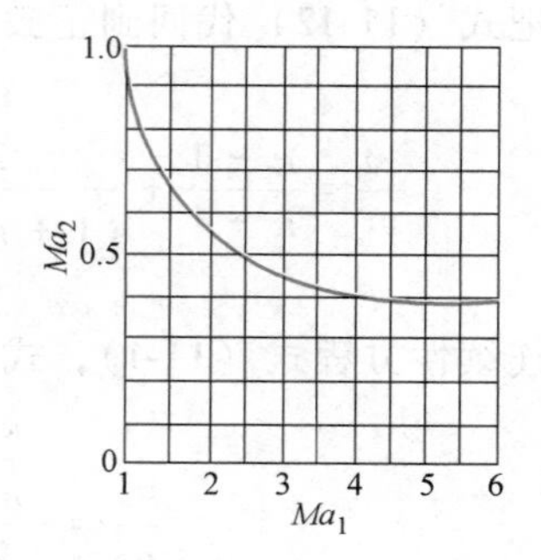

图 11-10 正激波后的马赫数 Ma_2-Ma_1

4）对于空气，$\kappa=1.4$，当波前的马赫数足够大时（$Ma_1>6$），速度比 v_2/v_1 趋于 $1/6=0.1667$，密度比 ρ_2/ρ_1 趋于 6。

5）对于空气，$\kappa=1.4$，当波前的马赫数足够大时（$Ma_1>6$），通过正激波后的马赫数趋于$\sqrt{1/7}=0.3780$。

例 11-1 有一来流，波前的马赫数 $Ma_1=1.9$，绝对压强 $p_1=75\times10^3\text{Pa}$，热力学温度 $T_1=273\text{K}$，求：

1）波前的声速和流速。

2）波后的声速、流速和马赫数。

3）波后的压强值和滞止压强值。

解 1）求波前的声速 c_1 和流速 v_1。

$$c_1=\sqrt{\kappa R_g T_1}=\sqrt{1.4\times287\times273}\text{m/s}=331.2\text{m/s}$$

$$v_1=Ma_1c_1=1.9\times331.2\text{m/s}=629.3\text{m/s}$$

2）求波后的声速 c_2、流速 v_2 和马赫数 Ma_2。

$$\frac{v_2}{v_1}=\frac{\kappa-1}{\kappa+1}+\frac{2}{(\kappa+1)Ma_1^2}=\frac{1.4-1}{1.4+1}+\frac{2}{(1.4+1)\times1.9^2}=0.398$$

故

$$v_2=0.398\times629.3\text{m/s}=250.5\text{m/s}$$

又
$$Ma_2^2=\frac{1+\frac{\kappa-1}{2}Ma_1^2}{\kappa Ma_1^2-\frac{\kappa-1}{2}}=\frac{1+\frac{1.4-1}{2}\times 1.9^2}{1.4\times 1.9^2-\frac{1.4-1}{2}}=0.3548$$

得
$$Ma_2=\sqrt{0.3548}=0.5956$$

故
$$c_2=\frac{v_2}{Ma_2}=\frac{250.5}{0.5956}\text{m/s}=420.6\text{m/s}$$

3）求波后的压强 p_2 和滞止压强 p_{02}。

$$\frac{p_2}{p_1}=\frac{2\kappa}{\kappa+1}Ma_1^2-\frac{\kappa-1}{\kappa+1}=\frac{2\times 1.4}{1.4+1}\times 1.9^2-\frac{1.4-1}{1.4+1}=4.045$$

得
$$p_2=4.045\times 75\times 10^3\text{Pa}=303.4\times 10^3\text{Pa}$$

故
$$p_{02}=p_2\left(1+\frac{\kappa-1}{2}Ma_2^2\right)^{\frac{\kappa}{\kappa-1}}=303.4\times 10^3\left(1+\frac{1.4-1}{2}\times 0.3548\right)^{\frac{1.4}{1.4-1}}\text{Pa}$$
$$=385.7\times 10^3\text{Pa}$$

例 11-2 正激波以 600m/s 的速度在静止的空气中前进，空气的压强 $p_1=103\times 10^3\text{Pa}$，温度 $T_1=293\text{K}$，试求通过激波后的速度、马赫数和压强值。

解 设波前和波后的参数分别用“1”和“2”表示，则波前的声速为

$$c_1=\sqrt{\kappa R_g T_1}=\sqrt{1.4\times 287\times 293}\text{m/s}=343.1\text{m/s}$$

可得波前的马赫数为

$$Ma_1=\frac{v_1}{c_1}=\frac{600}{343.1}=1.749$$

故波后的流速为

$$v_2=v_1\frac{2+(\kappa-1)Ma_1^2}{(\kappa+1)Ma_1^2}=600\times\frac{2+(1.4-1)\times 1.749^2}{(1.4+1)\times 1.749^2}\text{m/s}=263.5\text{m/s}$$

此速是从固连于激波上的参考坐标系得到的，实际上是波后与波前的速度相差值。从固连于地球的静止坐标来看，激波通过后空气的速度为

$$v_2^{ac}=600\text{m/s}-v_2=(600-263.5)\text{m/s}=336.5\text{m/s}$$

方向与激波运动的方向相同。波后与波前的压强比和温度比可分别求得

$$p_2=p_1\left[1+\frac{2\kappa}{\kappa+1}(Ma_1^2-1)\right]=103000\times\left[1+\frac{2\times 1.4}{1.4+1}\times(1.749^2-1)\right]\text{Pa}=350.4\times 10^3\text{Pa}$$

$$T_2=T_1\frac{p_2}{p_1}\frac{\rho_1}{\rho_2}=T_1\frac{p_2v_2}{p_1v_1}=293\times\frac{350.4\times 10^3\times 263.5}{103\times 10^3\times 600}\text{K}=437.7\text{K}$$

故通过此正激波后的马赫数为

$$Ma_2^{ac}=\frac{v_2^{ac}}{c_2}=\frac{336.5}{\sqrt{1.4\times 287\times 437.7}}=0.802$$

第三节 突跃压缩与等熵压缩的比较

气流通过激波的压缩是突跃式的压缩，以下将这种压缩和一般等熵压缩做一对比。在等熵压缩过程中，有

$$\frac{p_0}{p_1}=\left(1+\frac{\kappa-1}{2}Ma_1^2\right)^{\frac{\kappa}{\kappa-1}}$$

$$\frac{\rho_0}{\rho_1}=\left(1+\frac{\kappa-1}{2}Ma_1^2\right)^{\frac{1}{\kappa-1}}$$

$$\frac{T_0}{T_1}=1+\frac{\kappa-1}{2}Ma_1^2$$

同样，可写出 p_0/p_2、ρ_0/ρ_2、T_0/T_2，并可得

$$\frac{p_2}{p_1}=\left(\frac{\rho_2}{\rho_1}\right)^{\kappa}$$

$$\frac{T_2}{T_1}=\frac{p_2/p_1}{\rho_2/\rho_1}=\left(\frac{p_2}{p_1}\right)^{\frac{\kappa-1}{\kappa}}=\left(\frac{\rho_2}{\rho_1}\right)^{\kappa-1}$$

而在通过激波的突跃式压缩中，由上一节所得的压强、密度、温度关系式可建立起以下各式：

$$\frac{p_2}{p_1}=\frac{\frac{\kappa+1}{\kappa-1}\frac{\rho_2}{\rho_1}-1}{\frac{\kappa+1}{\kappa-1}-\frac{\rho_2}{\rho_1}} \tag{11-18}$$

$$\frac{\rho_2}{\rho_1}=\frac{1+\frac{\kappa+1}{\kappa-1}\frac{p_2}{p_1}}{\frac{\kappa+1}{\kappa-1}+\frac{p_2}{p_1}} \tag{11-19}$$

式（11-18）和式（11-19）称为兰金-于戈尼奥（Rankine-Hugoniot）关系式，此式表示通过激波的压强突跃与密度突跃之间存在一定的关系。

利用上面两式和状态方程，还可解出这种突跃压缩过程中压强比与温度比的关系，即

$$\frac{T_2}{T_1}=\frac{\frac{\kappa+1}{\kappa-1}\frac{p_2}{p_1}+\left(\frac{p_2}{p_1}\right)^2}{\frac{\kappa+1}{\kappa-1}\frac{p_2}{p_1}+1} \tag{11-20}$$

现将突跃压缩和等熵压缩做一对比：当波前马赫数很大时，波后与波前的压强比也很大，即，当 $Ma_1\to\infty$ 时，$p_2/p_1\to\infty$，由式（11-19）可知，突跃压缩时密度比有一个极限，即

$$\lim\frac{\rho_2}{\rho_1}=\frac{\kappa+1}{\kappa-1}$$

对空气，$\kappa=1.4$，此密度比的极限值为 6。说明空气被突跃压缩时，波后的密度最多可达到波前密度的 6 倍。而在等熵压缩过程中，当 $p_2/p_1\to\infty$ 时，显然，$\rho_2/\rho_1\to\infty$。但要若 p_2/p_1 比 1 大不了多少，如用 $p_2/p_1\to 1$ 代入突跃压缩和等熵压缩中，两者均得到 $\rho_2/\rho_1\to 1$。可见，当 p_2/p_1 不大时，这两种压缩情况所造成的密度比差不多。同时也可说明，微弱激波、弱扰动波（$p_2/p_1\to 1$ 的那种波）相当于等熵情况下的压缩波。

从温度这方面看，两种压缩的结果使温升也不同。突跃压缩时的温升要比等熵压缩时的温升大。因为突跃压缩时的熵增是不可逆过程，机械能不可逆地转化为热能，加热了气体，因而突跃压缩时的温升要比等熵压缩时的温升高。同样，压缩比越大，两者的温升相差也越大。

现用 p_{01}、p_{02} 分别表示正激波前、后的滞止压强，则激波后与激波前的滞止压之比为

$$\frac{p_{02}}{p_{01}}=\frac{p_{02}}{p_2}\frac{p_2}{p_1}\frac{p_1}{p_{01}}$$

其中，p_{02}/p_2，p_1/p_{01} 可用等熵关系代入，于是有

$$\frac{T_2}{T_1}=\frac{\dfrac{\kappa+1}{\kappa-1}\dfrac{p_2}{p_1}+\left(\dfrac{p_2}{p_1}\right)^2}{\dfrac{\kappa+1}{\kappa-1}\dfrac{p_2}{p_1}+1} \tag{11-21}$$

$$\frac{p_{02}}{p_{01}}=\left(\frac{\dfrac{\kappa+1}{2}Ma_1^2}{1+\dfrac{\kappa-1}{2}Ma_1^2}\right)^{\frac{\kappa}{\kappa-1}}\left(\frac{2\kappa}{\kappa+1}Ma_1^2-\frac{\kappa-1}{\kappa+1}\right)^{\frac{-1}{\kappa-1}} \tag{11-22}$$

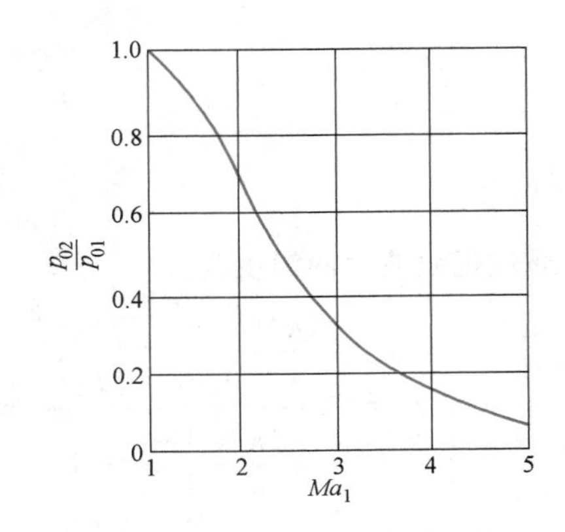

图 11-11　滞止压强比（p_{02}/p_{01}）-Ma_1

式（11-22）用图线表示于图 11-11 中，从图线中可以看出，通过正激波后气流的滞止压强 p_{02} 比等熵压缩的滞止压强 p_{01} 要小。且随 Ma_1 的增大，p_{02}/p_{01} 越小。对于空气，$\kappa=1.4$，不同 Ma_1 计算的 p_{02}/p_{01} 可从附录 E 正激波表中查到。

例 11-3　有一来流，$Ma_1=1.9$，$p_1=75\times10^3\text{Pa}$，$T_1=273\text{K}$。求：

1）通过正激波后的总压。

2）通过正激波这种突跃压缩后的总压与等熵压缩的总压的比值。

3）通过正激波这种突跃压缩后的温升与等熵压缩的温升的比值。

解　现用 p_{01} 表示等熵压缩时的总压，用 p_{02} 表示通过正激波这种突跃压缩后的总压。由例 11-1 中已解得

$$p_2=303.4\times10^3\text{Pa}$$

$$Ma_2^2=0.3548$$

$$p_{02}=385.7\times10^3\text{Pa}$$

而在等熵压缩时，有

$$p_{01}=p_1\left(1+\frac{\kappa-1}{2}Ma_1^2\right)^{\frac{\kappa}{\kappa-1}}$$

$$=75\times10^3\times\left(1+\frac{1.4-1}{2}\times1.9^2\right)^{\frac{1.4}{1.4-1}}\text{Pa}=502.5\times10^3\text{Pa}$$

故这两种情况的滞止压强之比为

$$\frac{p_{02}}{p_{01}}=\frac{385.7\times10^3}{502.5\times10^3}=0.7676=76.76\%$$

也就是说，通过正激波所造成的总压损失达23.24%。

现用 T_1、T_2 分别表示正激波前后的温度；T_{1d}、T_{2d} 分别表示等熵压缩前后的温度。由例11-1中已解得

$$\frac{p_1}{p_2}=\frac{75\times10^3}{303.4\times10^3}=0.2472$$

即

$$\frac{p_2}{p_1}=\frac{1}{0.2472}=4.045$$

通过正激波后的温度为

$$T_2=T_1\frac{\frac{\kappa+1}{\kappa-1}\frac{p_2}{p_1}+\left(\frac{p_2}{p_1}\right)^2}{\frac{\kappa+1}{\kappa-1}\frac{p_2}{p_1}+1}=273\times\frac{\frac{1.4+1}{1.4-1}\times4.045+4.045^2}{\frac{1.4+1}{1.4-1}\times4.045+1}\text{K}=439.0\text{K}$$

而通过等熵压缩对应 $p_2/p_1=4.045$ 时的温度为

$$T_{2d}=T_1\left(\frac{p_2}{p_1}\right)^{\frac{\kappa-1}{\kappa}}=273\times4.045^{\frac{1.4-1}{1.4}}\text{K}=407.0\text{K}$$

通过正激波这种突跃压缩后的温度升高（T_2-T_1）要比通过等熵压缩的温度升高（$T_{2d}-T_1$）高出了9.1K。这是因为，通过正激波机械能不可逆地转化为热能，气流的温升更大了。两者的温升之比为

$$\frac{439.0-273}{407.0-273}=1.239$$

第四节　斜激波的波前与波后

气流通过正激波时，由超声速变为亚声速，速度的大小变了，但流动的方向未变。气流通过斜激波时，不仅气流速度的大小变了，而且流动的方向也变了。以下用下标“t”“n”分别表示与斜激波的波面相平行和相垂直方向上的分量。图11-12中

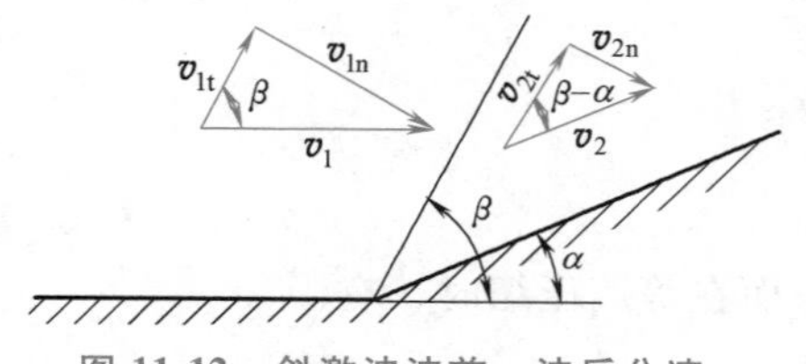

图11-12　斜激波波前、波后分速

表示斜激波前的流速 v_1（v_{1t}，v_{1n}），通过斜激波后速度变为 v_2（v_{2t}，v_{2n}），α 为气流转折角，β 为激波角（正激波的激波角 $\beta=\pi/2$）。现相仿于正激波那样，写出流体通过斜激波的一些基本方程。

一、连续性方程

由于沿激波面方向没有流体通过，所以，按质量守恒定律，通过激波面的质量流量为

$$q_{m1}=\rho_1 v_{1n}A_1=\rho_2 v_{2n}A_2=q_{m2}$$

式中，$A_1\approx A_2$，故通过单位面积激波面的流体质量流量为

$$\rho_1 v_{1n}=\rho_2 v_{2n} \tag{11-23}$$

二、动量方程

激波面法线方向的动量方程为

$$p_1A_1-p_2A_2=(\rho_2 v_{2n}A_2)v_{2n}-(\rho_1 v_{1n}A_1)v_{1n}$$

即

$$p_2-p_1=\rho_1 v_{1n}^2-\rho_2 v_{2n}^2=\rho_1 v_{1n}(v_{1n}-v_{2n}) \tag{11-24}$$

式（11-24）就是斜激波的动量方程。

在激波面的切线方向上无动量变化，因而有

$$\rho_1 v_{1n}(v_{2t}-v_{1t})=0$$

得

$$v_{1t}=v_{2t}=v_t \tag{11-25}$$

这说明气流通过斜激波时，其切向分速度没有变化，只是法向速度有变化。法向分速度由波前的 v_{1n} 减小到波后的 v_{2n}。因此，我们可以把斜激波看成是以其法向分速度为波前速度的正激波。

三、能量方程

气流通过斜激波的压缩过程也可视为绝热过程。也就是，气流通过斜激波时既没有从外界加入热量，也没有系统本身的热量输出，故气流的总能量应该没有变化。因而有

$$h_1+\frac{v_1^2}{2}=h_2+\frac{v_2^2}{2}=h_0$$

式中，h_0 表示气流的总焓。上式表示气流通过斜激波时总焓未变，有

$$v_1^2=v_{1n}^2+v_{1t}^2$$

$$v_2^2=v_{2n}^2+v_{2t}^2$$

于是有

$$h_1+\frac{v_{1n}^2}{2}=h_2+\frac{v_{2n}^2}{2}=h_0-\frac{v_t^2}{2}=h_0^{\oplus}$$

式中，$h_0^{\oplus}$ 表示气流的“法向总焓”。上式表示气流通过斜激波时，“法向总焓”的值还是不变的。

四、斜激波波前、波后参数计算

由以上对斜激波的连续性方程、动量方程、能量方程的建立中可以看出：只要做以下的置换，正激波的各式均可应用到斜激波上，见表 11-1。

表 11-1 正激波、斜激波对应基本方程对照表

	正激波	斜激波
速度下标	1，2	1n，2n
总焓	h_0	$h_0^{\oplus}=h_0-\frac{v_t^2}{2}$
连续性方程	$\rho_1 v_1=\rho_2 v_2$	$\rho_1 v_{1n}=\rho_2 v_{2n}$
动量方程	$p_2-p_1=\rho_1 v_1^2-\rho_2 v_2^2$	$p_2-p_1=\rho_1 v_{1n}^2-\rho_2 v_{2n}^2$
能量方程	$h_1+\frac{v_1^2}{2}=h_2+\frac{v_2^2}{2}=h_0$	$h_1+\frac{v_{1n}^2}{2}=h_2+\frac{v_{2n}^2}{2}=h_0^{\oplus}$

又

$$\frac{v_{1n}}{c_1}=\frac{v_1\sin\beta}{c_1}=Ma_1\sin\beta$$

于是，可得气流通过斜激波时波前、波后各参数之间的关系式：

压强比

$$\frac{p_2}{p_1}=\frac{2\kappa}{\kappa+1}Ma_1^2\sin^2\beta-\frac{\kappa-1}{\kappa+1} \tag{11-26}$$

密度比

$$\frac{\rho_2}{\rho_1}=\frac{\frac{\kappa+1}{\kappa-1}Ma_1^2\sin^2\beta}{\frac{2}{\kappa-1}+Ma_1^2\sin^2\beta} \tag{11-27}$$

同样，法向速度比是密度比的倒数

$$\frac{v_{2n}}{v_{1n}}=\frac{\rho_1}{\rho_2}=\frac{\frac{2}{\kappa-1}+Ma_1^2\sin^2\beta}{\frac{\kappa+1}{\kappa-1}Ma_1^2\sin^2\beta} \tag{11-28}$$

温度比

$$\frac{T_2}{T_1}=\frac{2\kappa Ma_1^2\sin^2\beta-(\kappa-1)}{\kappa+1}\cdot\frac{2+(\kappa-1)Ma_1^2\sin^2\beta}{(\kappa+1)Ma_1^2\sin^2\beta} \tag{11-29}$$

总压比

$$\frac{p_{02}}{p_{01}}=\left(\frac{\frac{\kappa+1}{2}Ma_1^2\sin^2\beta}{1+\frac{\kappa-1}{2}Ma_1^2\sin^2\beta}\right)^{\frac{\kappa}{\kappa-1}}\left(\frac{2\kappa}{\kappa+1}Ma_1^2\sin^2\beta-\frac{\kappa-1}{\kappa+1}\right)^{\frac{-1}{\kappa-1}} \tag{11-30}$$

又，相应于普朗特的正激波关系式 $v_1v_2=c_*^2$，普朗特的斜激波关系式为

$$v_{1n}v_{2n}=c_*^{\oplus 2}=c_*^2-\frac{\kappa-1}{\kappa+1}v_t^2$$

式中，

$$c_*^{\oplus 2}=\frac{2(\kappa-1)}{\kappa+1}h_{*0}=\frac{2(\kappa-1)}{\kappa+1}\left(h_0-\frac{v_t^2}{2}\right) \tag{11-31}$$

五、激波角与转折角的关系

由以上各式可以看出，气流经过斜激波后，各参数的变化与该流体的等熵指数 κ、波前马赫数 Ma_1 以及激波角有关，而激波角 β 又与气流的转折角 α 有关。由图 11-12 可得

$$\tan\beta=\frac{v_{1n}}{v_t}$$

$$\tan(\beta-\alpha)=\frac{v_{2n}}{v_t}$$

则

$$\frac{\tan(\beta-\alpha)}{\tan\beta}=\frac{v_{2n}}{v_{1n}}=\frac{\rho_1}{\rho_2}=\frac{(\kappa-1)Ma_1^2\sin^2\beta+2}{(\kappa+1)Ma_1^2\sin^2\beta}$$

可得

$$\tan\alpha=2\cot\beta\frac{Ma_1^2\sin^2\beta-1}{Ma_1^2(\kappa+\cos2\beta)+2} \tag{11-32}$$

将式（11-32）绘成曲线图 11-13。图中每一条曲线表示在一个给定的 Ma_1 下超声速气流的转折角 α 与激波角 β 之间的关系。从对式（11-32）和对图 11-13 的分析中，可以得出以下一些斜激波的特征。

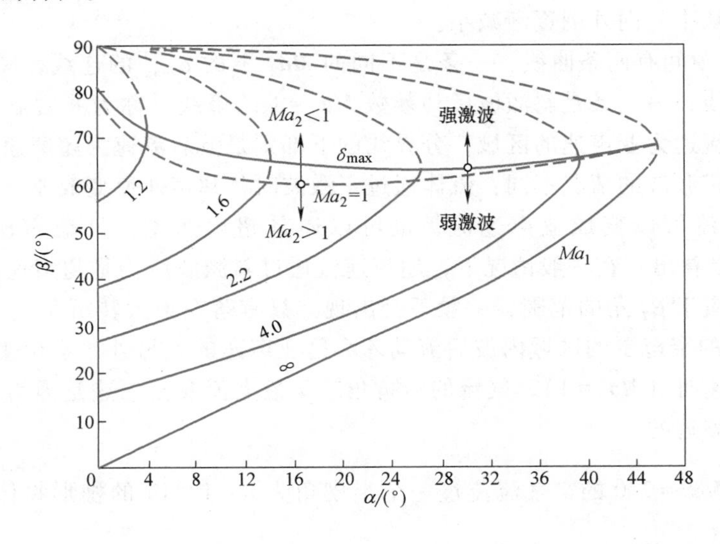

图 11-13 激波角 β 与转折角 α 的关系曲线

1）在下列两种情况下，超声速气流遇到激波没有转折：

① $Ma_1\sin\beta=1$，即 $\sin\beta=1/Ma_1=\sin\mu$。此时，斜激波角等于马赫角，这时斜激波的强度很弱，已弱化为弱扰动波。

② $\cot\beta=0$，即 $\beta=\pi/2$。此时，斜激波的强度已很强，强化为正激波的情况。可见，微弱扰动波（马赫波——膨胀波、压缩波）和正激波都可看成斜激波的一种特殊情况。

2）对应于每一个 Ma_1 曲线都有一个顶点，这个顶点所对应的转折角就是此 Ma_1 下气流通过斜激波时所能转折的最大转折角 α_{max}。若实际情况中，被绕流体的转折角 $\alpha>\alpha_{max}$，气流通过激波后的压强值已大到使激波不能稳定地附在物体上迫使激波向前移动，成为脱体激波。在 Ma_1 一定时，越是钝头的物体（α 越大），激波被向前推移得越远。超声速气流绕流钝头体时常出现脱体激波就是这个原因。

3）对于任何给定的 Ma_1、α（$Ma_1>1$，$\alpha<\alpha_{max}$），由式（11-32）和图 11-13 可以得到两个 β 角：β_1，β_2（$\beta_1<\beta_2$）。对应 β_1 角的激波强度弱，对应 β_2 角的激波强度强。实验表明，通常出现的是对应弱激波的 β_1 角。因为在 Ma_1 一定时，转折角由 α_{max} 减小为 α 时，激波的强度在减弱，β 角也减小。所以，应该是 β_1 角，而 β_2 角在物理上讲也是不成立的。

4）超声速气流流过尖头体（楔形物体）的情况与半楔角 α（相当于转折角）的大小有关。当 α 较小时，在楔形体的尖端产生两条附体的斜激波，激波后的气流速度还是超声速。只有当 α 增加到一定值时，激波后的气流才为亚声速。如果 α 大到对应 Ma_1 的最大转折角 α_{max}，这时附体激波就脱体向前移，成为脱体激波，如图 11-14 所示。脱体激波的中间部分与气流方向垂直，$\beta\approx\pi/2$，近乎正激波。两翼的激波角逐渐减小。所以，脱体激波可看成中间部分的正激波和接着的斜激波以及边缘微弱扰动波所组成的。激波的强度从中间向外围逐渐减小。

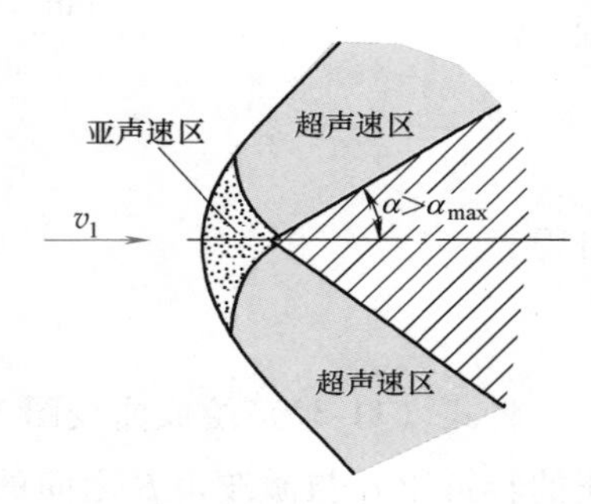

图 11-14　钝体前的脱体激波

5）图 11-13 中间有两条曲线：一条是不同的 Ma_1 下的 α_{max} 的连线，图中以实线表示，称为最大转折角线；另一条是斜激波后马赫数 $Ma_2=1$ 的虚线，称为波后亚超分界线。分界线的上部是波后流速为亚声速的区域，分界线的下部则是波后流速为超声速的区域。流体通过斜激波与通过正激波的情况不同：流体通过正激波时，超声速流变成亚声速流；而通过斜激波时，超声速流可以变成亚声速流，也可以还是超声速流，只是 $Ma_2<Ma_1$。而且从图 11-13 中还可以看出：在一般情况下，超声速流通过斜激波后仍是超声速流。因为，最大转折角线上部对应于 β_2 角的范围，一般不会出现。只有落在最大转折角线（实线）和分界线（虚线）之间的窄范围的区域内波后流动才会是亚声速的。另外，不论来流超声速多大，当波后流速为声速时（$Ma_2=1$），气流的转折角趋于最大值 α_{max}。这是因为，分界线和最大转折角线是非常靠近的。

例 11-4　$Ma_1=2.0$ 的空气流流过一个半楔角为 $\alpha=10°40'$ 的楔形物体，波前空气的温度为 $T_1=20℃$。求：

1）激波后与激波前各参数的比值 p_2/p_1，ρ_2/ρ_1，T_2/T_1。

2）波后的马赫数和流速值。

解 1）波后与波前各参数的比值。由激波角 β 和转折角 α 的曲线图（图 11-13）中，按 $Ma_1=2.0$，$\alpha=10°40'$，查得 $\beta_1=40°$，$\beta_2=84°$，取前者，于是有

$$Ma_{1n}=Ma_1\sin\beta=2.0\sin40°=1.286$$

再由 $Ma_{1n}=1.286$ 从正激波表中查得

$$\frac{p_2}{p_1}=1.763,\quad \frac{\rho_2}{\rho_1}=1.492,\quad \frac{T_2}{T_1}=1.182,\quad \frac{p_{02}}{p_{01}}=0.982$$

2）求波后的马赫数和流速值。波前声速为

$$c_1=\sqrt{\kappa R_g T_1}=\sqrt{1.4\times287\times(273+20)}\text{ m/s}=343.1\text{m/s}$$

波前流速为

$$v_1=Ma_1c_1=2.0\times343.1\text{m/s}=686.2\text{m/s}$$
$$v_{1n}=v_1\sin\beta=686.2\times\sin40°\text{m/s}=441.1\text{m/s}$$
$$v_{1t}=v_1\cos\beta=686.2\times\cos40°\text{m/s}=525.7\text{m/s}$$

由 $Ma_{1n}=1.286$ 从正激波表中查得 $Ma_{2n}=0.7931$，而波后的切向速度应该等于波前的切向速度，即

$$v_{2t}=v_{1t}=525.7\text{m/s}$$

又

$$T_2=(T_2/T_1)T_1=1.182\times(273+20)\text{K}=346.3\text{K}$$

故波后的声速、法向分速度和速度分别为

$$c_2=\sqrt{\kappa R_g T_2}=\sqrt{1.4\times287\times346.3}\text{ m/s}=373.0\text{m/s}$$
$$v_{2n}=Ma_{2n}c_2=0.7931\times373.0\text{m/s}=295.8\text{m/s}$$
$$v_2=\sqrt{v_{2n}^2+v_{2t}^2}=\sqrt{295.8^2+525.7^2}\text{ m/s}=603.2\text{m/s}$$

波后的马赫数为

$$Ma_2=\frac{v_2}{c_2}=\frac{603.2}{373.0}=1.617$$

第五节 激波极线

当斜激波波前的参数值已知，波后各参数值可通过前面所介绍的一些关系式来计算，也可通过激波表来查得波后的各参数值。当然，此时应该用斜激波的法向马赫数 Ma_{1n} 来代替正激波中的波前马赫数 Ma_1。除了上面所说的用公式计算和查表来获得外，还可通过用图解法来得到波后各参数值。所指的“图”就是斜激波速度图，也叫作激波极线图。

取坐标系 v_x、v_y，并使 v_x 轴的方向和斜激波波前的速度方向一致。在图 11-15 中，将激波前、后的速度合在一起，各速度和速度分量以及激波角和流动方向转折的角度之间的几何关系有

$$v_{1n}=v_1\sin\beta$$
$$v_{1t}=v_{2t}=v_t=v_1\cos\beta$$
$$v_{2n}=v_{1n}-\frac{v_{2y}}{\cos\beta}$$

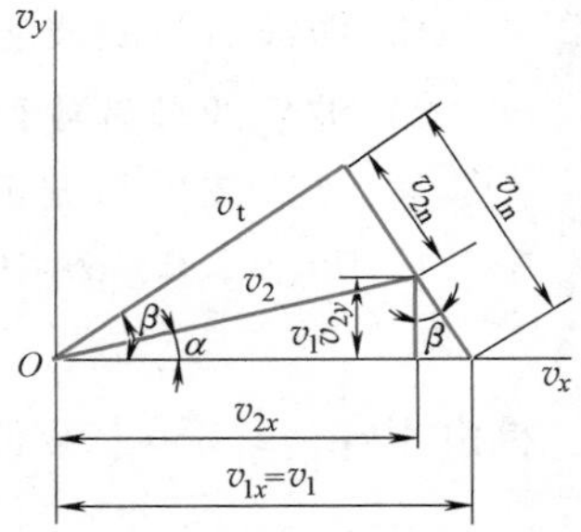

图 11-15 波前波后速度图

将这些式子代进普朗特斜激波关系式中，可得

$$v_1\sin\beta\left(v_1\sin\beta-\frac{v_{2y}}{\cos\beta}\right)=c_*^2-\frac{\kappa-1}{\kappa+1}(v_1\cos\beta)^2 \quad (11\text{-}33)$$

其中 $\tan\beta=(v_1-v_{2x})/v_{2y}$

利用三角关系式，有

$$\cos^2\beta=\frac{1}{1+\tan^2\beta}=\frac{v_{2y}^2}{v_{2y}^2+(v_1-v_{2x})}$$

再代回到式（11-32）中，并经整理后可得

$$v_{2y}^2=(v_1-v_{2x})^2\frac{v_1v_{2x}-c_*^2}{c_*^2+\frac{2}{\kappa+1}v_1^2-v_1v_{2x}} \quad (11\text{-}34)$$

以 c_*^2 除等式两端，可得

$$Ma_{2y}^2=(Ma_1-Ma_{2x})^2\frac{Ma_1Ma_{2x}-1}{1+\frac{2}{\kappa+1}Ma_1^2-Ma_1Ma_{2x}} \quad (11\text{-}35)$$

式中，
$$Ma_{2x}=\frac{v_{2x}}{c_*},\quad Ma_{2y}=\frac{v_{2y}}{c_*}$$

分别表示斜激波后量纲一的速度在 x、y 轴上的分量。

对于一定的来流 Ma_1，式（11-34）和式（11-35）所描写的曲线（环索线）表示在图 11-16 上，此曲线称为激波极线。曲线上任一点与坐标原点的连线所形成的矢量，就代表了斜激波后的量纲一的速度。

事实上，图中线段 OB 是按图形比例尺来表示来流的量纲一的速度值，如果流动转折角为 α，则画上与横坐标成 α 的直线，与此环索线相交在 1、2、3 三个点上。但 $O3$ 所代表的 Ma_2 要大于 OB 所代表的 Ma_1，这表示经过激波气流在膨胀，这与激波的性质是相矛盾的，因此点 3 不可取。同时也可说明，以通过 C 垂直于横轴的虚线为渐近线的 BD 和 BE 两个分支在物理上是没有意义的，可不考虑，剩下的是卵形线，此卵形线就是对应 Ma_1 的激波极线。与卵形线相交的有两点 1 和 2，由实验得知，这两点中应该是点 2，即取其中速度突跃较小的点，故 $O2$ 就代表通过斜激波后的量纲一的速度矢量 Ma_2。

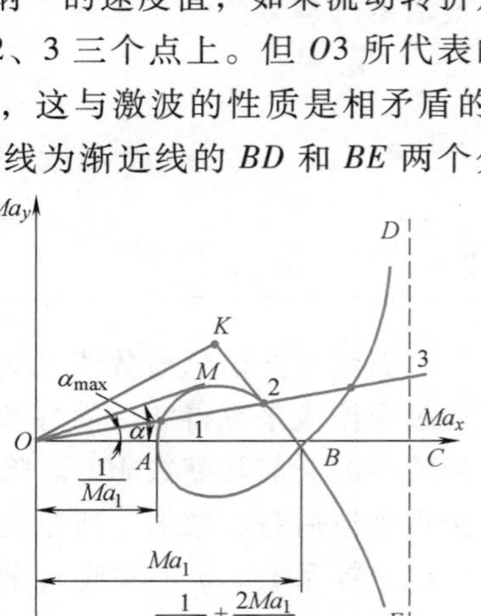

图 11-16 激波极线

由式（11-35）和图 11-16 中可看出，当 $Ma_{2y}=0$ 时，有两种情况，即

$$Ma_{2x}=Ma_2=Ma_1=OB$$
$$Ma_{2x}=Ma_2=\frac{1}{Ma_1}=OA$$

前一种流动情况相当于斜激波弱化为微弱扰动波的情况，后一种流动情况相当于斜激波强化为正激波的情况。

从激波极线图中还可以方便地求出激波的方向。这可以这样来得到：由坐标原点引一条垂直于 $B2$ 延长线的直线，两线交在点 K，OK 的方向就是激波的方向。其中各线段分别表示

$$BK \rightarrow Ma_{1n}$$

$$2K \rightarrow Ma_{2n}$$

$$OK \rightarrow Ma_{1t} = Ma_{2t} = Ma_t$$

从激波极线图中还可以得出对应于此 Ma_1 的最大转折角 α_{max}。这只要由坐标原点绘出此激波极线的相切线，线 OM 与横坐标的夹角就代表了对应此 Ma_1 的最大转折角。如果流动的转折角 $\alpha > \alpha_{max}$，则会出现脱体激波。

第六节　压缩波与膨胀波

这里将压缩波与膨胀波都看作激波在强度很小时的一种极限情况来处理。当激波的强度很小时，以上各节中所得到的一些关系式又可进一步简化，以得到弱激波时的一些关系式。

一、弱激波

当激波的强度很小时，波前后的压强值相差很小，可以认为

$$\frac{p_2}{p_1} = 1 + \varepsilon_* \quad (\varepsilon_* \ll 1) \tag{11-36}$$

对比在斜激波时有

$$\frac{p_2}{p_1} = \frac{2\kappa}{\kappa + 1} Ma_1^2 \sin^2\beta - \frac{\kappa - 1}{\kappa + 1}$$

可设

$$Ma_1^2 \sin^2\beta = 1 + \varepsilon \quad (\varepsilon \ll 1) \tag{11-37}$$

式中，令 $\varepsilon = (1+\kappa)\varepsilon_* / 2\kappa$，这样，激波角 β 与转折角 α 之间的关系式就可写成

$$\tan\alpha \approx \frac{2}{\kappa + 1} \frac{\sqrt{Ma_1^2 - 1}}{Ma_1^2} \varepsilon$$

这就是说，$\tan\alpha$ 与 ε 是属于同一数量级的小量，所以有

$$\alpha \approx \frac{2}{\kappa + 1} \frac{\sqrt{Ma_1^2 - 1}}{Ma_1^2} \varepsilon \tag{11-38}$$

即 ε 是与楔形半顶角 α 属同一数量级的。

再设激波角 β 是由马赫角 μ 加上一个小角 δ 组成，即

$$\sin\beta = \sin(\mu + \delta) \approx \sin\mu + \delta\cos\mu$$

于是得到

$$Ma_1 \sin\beta \approx \frac{1}{\sin\mu}(\sin\mu + \delta\cos\mu) = 1 + \delta\cot\mu = 1 + \delta\sqrt{Ma_1^2 - 1}$$

$$(Ma_1 \sin\beta)^2 \approx 1 + 2\delta\sqrt{Ma_1^2 - 1} \tag{11-39}$$

将上式与式（11-37）比较，可得

$$\varepsilon \approx 2\delta\sqrt{Ma_1^2 - 1} \tag{11-40}$$

再代回式（11-38）中，又得

$$\delta \approx \frac{\kappa + 1}{4}\frac{Ma_1^2}{Ma_1^2 - 1}\alpha \tag{11-41}$$

式（11-41）说明，弱激波时，激波角 β 是在马赫角 μ 上再附加一个与楔形半顶角 α 同数量级的角度 δ，此 δ 是一个小角。

若用 Δp 表示通过弱激波后与波前的压强差值（p_2-p_1），有

$$\frac{\Delta p}{p_1} = \varepsilon_* = \frac{2\kappa}{\kappa + 1}\varepsilon = \frac{\kappa Ma_1^2}{\sqrt{Ma_1^2 - 1}}\alpha \tag{11-42}$$

式（11-42）说明，弱激波的波后与波前的压差 Δp 也是一个小量。

气流通过激波时熵值是增加的，现来看气流通过弱激波时的熵增量。由熵增的表达式

$$\frac{s_2 - s_1}{R} = \ln\frac{p_{01}}{p_{02}} = \ln\left\{\left[1 + \frac{2\kappa}{\kappa + 1}(Ma_1^2\sin^2\beta - 1)\right]^{\frac{1}{\kappa-1}}\left(\frac{\dfrac{\kappa + 1}{2}Ma_1^2\sin^2\beta}{1 + \dfrac{\kappa - 1}{2}Ma_1^2\sin^2\beta}\right)^{\frac{-\kappa}{\kappa-1}}\right\}$$

将式（11-37）代入，经展开并整理后可得

$$\frac{s_2 - s_1}{R} \approx \frac{2\kappa}{(\kappa + 1)^2}\frac{\varepsilon^2}{3} \tag{11-43}$$

式（11-43）说明，弱激波时的熵增量是个微量。因此我们可以说，对于微弱扰动波（弱激波），还是可以把它作为等熵处理的。

现用速度比来表示通过弱激波时的速度改变量，即

$$\frac{v_2^2}{v_1^2} = \frac{v_{2n}^2 + v_t^2}{v_{1n}^2 + v_t^2} = \frac{\tan^2(\beta - \alpha) + 1}{\tan^2\beta + 1} = \frac{\cos^2\beta}{\cos^2(\beta - \alpha)}$$

其中，$\cos^2(\beta-\alpha) \approx \cos^2\beta(1+2\alpha\tan\beta)$，代入上式，可得

$$\frac{v_2}{v_1} \approx 1 - \frac{\alpha}{\sqrt{Ma_1^2 - 1}} \tag{11-44}$$

或

$$\frac{v_2-v_1}{v_1} = \frac{\Delta v}{v_1} \approx \frac{-\alpha}{\sqrt{Ma_1^2-1}} \tag{11-45}$$

式（11-45）说明，通过弱激波时，速度改变量也不大。

二、压缩波

图 11-17a 表示超声速气流通过缓慢变化的凹曲面的情况，图 11-17b 中此凹曲面用多折来代替，使每次的转折角都是一个微小的角度。设壁面 A 之前是均匀的超声速流动，用图 11-17b 的情况来近似代替图 11-17a 中的流动。由于 A 之后比 A 之前增加了一个 Δp，在此处产生一个压缩波 AA'，设 AA' 之前的压强和速度分别为 p_1、v_1，则由式（11-42）和

式（11-44）可分别写出 AA' 之后的压强值和速度值，以及由式（11-43）来得到通过 AA' 的熵增量。

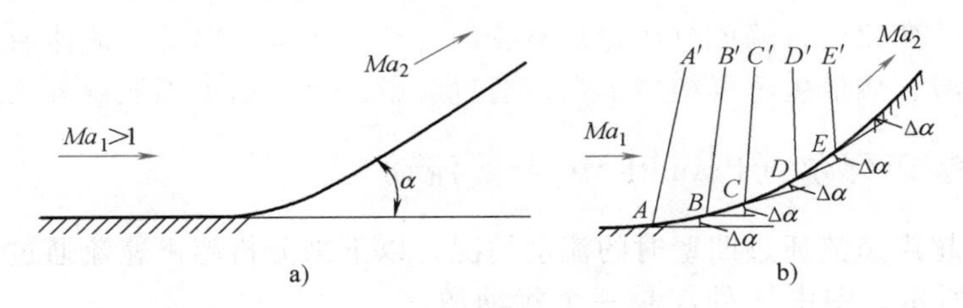

图 11-17 超声速气流流过凹曲面

$$p = p_1\left(1 + \frac{\kappa Ma_1^2}{\sqrt{Ma_1^2 - 1}}\Delta\alpha\right) \tag{11-46}$$

$$v = v_1\left(1 + \frac{1}{\sqrt{Ma_1^2 - 1}}\Delta\alpha\right) \tag{11-47}$$

$$s = s_1 \tag{11-48}$$

以上三式所得的结果都是略去 $(\Delta\alpha)^2$ 以上的高阶微量后的值。同样，到 B 处气流又偏转了一个 $\Delta\alpha$ 角，压强再一次提高，流速再一次减小，熵值依然保持。这样，经过 n 次偏转后，有

$$p_2 - p_1 \propto n\Delta\alpha$$

即

$$p_2 - p_1 \propto \alpha \tag{11-49}$$

$$v_2 - v_1 \propto n\Delta\alpha$$

即

$$v_2 - v_1 \propto \alpha \tag{11-50}$$

$$s_2 - s_1 \propto n(\Delta\alpha)^3 = n\Delta\alpha(\Delta\alpha)^2$$

即

$$s_2 - s_1 \propto \alpha(\Delta\alpha)^2 \tag{11-51}$$

这就是说，由于弱激波所造成的压强值的增加量和速度值的减小量都是与曲壁的转向角 α 成比例的。而就熵的增值来讲，它不仅与曲壁的转向角 α 有关，还与逐步偏转角 $\Delta\alpha$ 的平方成比例。因此，要使超声速气流偏转 α 角，可采用 n 次小偏转来达到。如图 11-17b 所示那样，每次偏转 $\Delta\alpha=\alpha/n$。这样，熵增就大为减小，也就是说，这样做可减小激波的波阻。

若采用曲面壁来完成超声速气流的偏转，如图 11-17a 中那样，这就相当于上述情况中的 $\Delta\alpha\to0$ 的极限情况。弯曲处就会有无数个无限小的弱激波——压缩波群。此时由式（11-49）~式（11-51）可写出

$$\frac{\mathrm{d}p}{p} = \frac{\kappa Ma^2}{\sqrt{Ma^2 - 1}}\mathrm{d}\alpha \tag{11-52}$$

$$\frac{\mathrm{d}v}{v} = \frac{-1}{\sqrt{Ma^2 - 1}}\mathrm{d}\alpha \tag{11-53}$$

$$\mathrm{d}s = 0 \tag{11-54}$$

此时的弱激波就是马赫波了，流体通过这无数马赫波后，压强升高，速度减小，因而这

种马赫波称为压缩波。这无数个压缩波汇交后构成激波。所以，超声速气流通过凹曲面时，靠近壁面弯曲处是一系列的压缩波，然后汇交成激波。因而，近壁处，流体压强的提高和速度的减小都是连续变化的，熵值可认为是不变的。汇交成激波以后，流体通过此激波压强会突增，速度会突减，熵值也不再维持不变，通过此激波的流动也不能做等熵过程处理了。

三、普朗特-迈耶尔（Prandtl-Meyer）流动

以上分析了超声速流通过凹壁时的流动情况，以下来分析超声速流通过凸壁时的流动情况。如图 11-18 所示，图中 A 处就是一个扰动源，发出很多个马赫波。与流过凹壁面时的情况不同，那时这束马赫波是收拢的，最后汇集成激波；现在，这束马赫波是发散的，不可能汇交，不汇成激波。现超声速流通过每一马赫波时，速度稍有增加，压强、温度、密度均略有减小。所以，此时的马赫波是膨胀波。超声速气流通过膨胀波时是不断膨胀的。

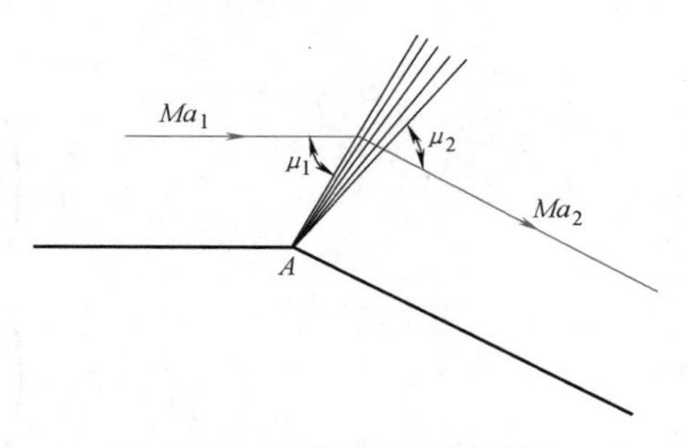

图 11-18　普朗特-迈耶尔流动

现假定图 11-18 中，上游和下游的马赫数分别为 Ma_1、Ma_2，则上、下游的马赫角分别为

$$\mu_1 = \arcsin\frac{1}{Ma_1},\quad \mu_2 = \arcsin\frac{1}{Ma_2}$$

超声速气流流过凸钝角时，马赫角由 μ_1 连续变化（减小）到 μ_2，这种流动叫作普朗特-迈耶尔流动。这种流动中的波是膨胀波，波呈发散状，使气流通过时共偏转了 $\alpha=\mu_1-\mu_2$ 的角度。由式（11-53），即

$$\frac{dv}{v} = \frac{-1}{\sqrt{Ma^2 - 1}}d\alpha$$

而

$$\frac{dv}{v} = \frac{dc}{c} + \frac{dMa}{Ma}$$

其中

$$\frac{dc}{c} = \frac{dMa}{Ma}\left(\frac{1}{1 + \frac{\kappa - 1}{2}Ma^2} - 1\right)$$

于是

$$-d\alpha = \frac{\sqrt{Ma^2 - 1}}{1 + \frac{\kappa - 1}{2}Ma^2}\frac{dMa}{Ma}$$

对此式积分，得$-\alpha$，用 γ 表示，即

$$\gamma = \sqrt{\frac{\kappa + 1}{\kappa - 1}}\arctan\sqrt{\frac{\kappa - 1}{\kappa + 1}(Ma^2 - 1)} - \arctan\sqrt{Ma^2 - 1} \tag{11-55}$$

式中，马赫数 $Ma=1$ 时，$\gamma=0$。γ 叫作普朗特-迈耶尔函数，在超声速的膨胀流动和压缩流动中经常要用到。

图 11-19 表示对空气（$\kappa=1.4$）的普朗特-迈耶尔函数曲线。由式（11-55）可知，γ 只

是马赫数的函数。如果给定了壁面的形状，就可对此求得相应超声速流动的马赫数。对流过凹壁的压缩流动，因为 $d\alpha>0$，所以 γ 值将减小；而对流过凸壁的膨胀流动，则 γ 值将增加。

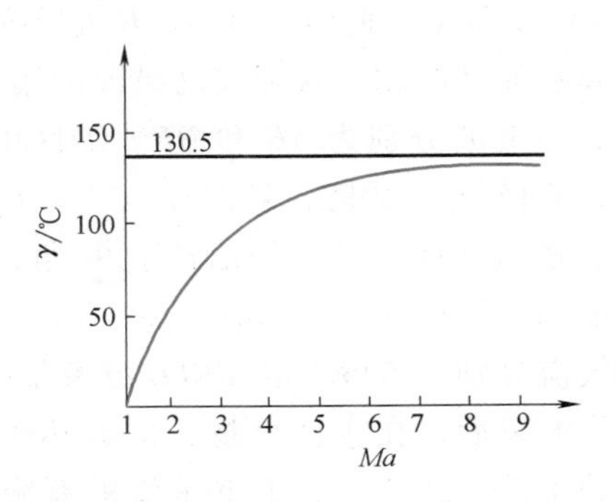

图 11-19 普朗特–迈耶尔函数（$\kappa=1.4$）

由式（11-55）还可得出：当前方来流的马赫数很大时，如取 $Ma\to\infty$，则

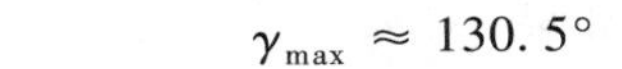

$$\gamma_{\max}=\frac{\pi}{2}\left(\sqrt{\frac{\kappa+1}{\kappa-1}}-1\right)$$

对空气，$\kappa=1.4$，则

$$\gamma_{\max}\approx 130.5°$$

这就是说，超声速气流的最大偏转角不会超过 130.5°（对空气），超过这个角度时，就会在大于这个角度的部位出现空穴。

第七节 膨胀波、激波的反射与相交

以上各节中所研究的超声速流动问题，都指单壁面情况（半自由空间流动），实际上，不论是叶轮机械内的跨叶片流道中的流动，还是管道内或是其他流道内的超声速流动，往往是在有壁面所限定的空间内流动，即是有周壁的情况。波遇到壁面会反射，波与波会相交。也就是说壁面对波要干扰，波与波之间也要相互干扰。这里所指的“壁面”是包括固体壁面和自由边界面（两种不同流体的分界面）。

一、膨胀波的相交与反射

1. 膨胀波的相交

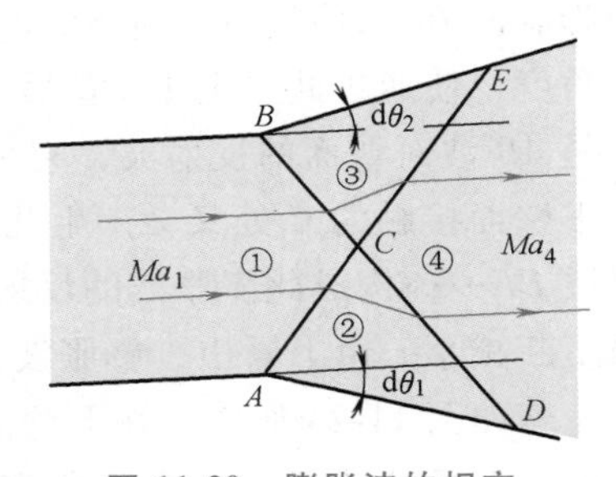

图 11-20 膨胀波的相交

如图 11-20 所示，马赫数为 Ma_1 的超声速流通过一平行平壁之间的流道，流到 A、B 处壁面分别向外各转折了 $d\theta_1$、$d\theta_2$ 的小角度，因而在 A、B 处分别产生一条左伸马赫波 AC 和一条右伸马赫波 BC。这两条马赫波线相交于 C 处。把 ACB 以前的流区作为①区，①区中的流体，上边部分通过 BC 波后进入③区，下边部分通过 AC 波后进入②区。若上、下壁面偏转相同的角度，即 $d\theta_1=d\theta_2$，则由①区经 BC 波进入③区的流速应该和由①区经 AC 波进入②区的流速相等。虽然流速相等，但这两股流的流向因两壁面的偏转方向不同而不相同。③区的流动与壁面 BE 平行，②区的流动与壁面 AD 平行。如果这两股流按此方向一直膨胀下去，在 C 后必形成一个楔形的真空区。实际情况当然不会是这样的，而是膨胀波的相交处 C 成为一个扰动源，由 C 发出两条波 CD 和 CE。②区的气流通过 CD 波进入④区并向左偏转了一个小角度 $d\theta_1$。③区的气流通过 CE 波进入④区并同时偏转了一个小角度 $d\theta_2$。到④区后流动的方向又回到①区时的方向，但流速小了，用马赫数来表示为 $Ma_4<Ma_3=Ma_2<Ma_1$。以上说明，膨胀波相交后所产生的波仍然是膨胀波段，波的性质没有变。

若超声速气流经平行平壁之间流道流至 A、B 处各转折了一个有限角度 θ_1、θ_2，如

图 11-21 所示。此时，在 A、B 处分别产生一簇左伸马赫波和一簇右伸马赫波。这两簇马赫波的第一道波分别为 AC 和 BC，最后一道波分别为 AE 和 BF。①区中的气流下边部分经膨胀波束 CAE 进入②区，且向外偏转了 θ_1 角；上边部分的气流经 CBF 进入③区，且向外偏转了 θ_2 角。CAE 和 CBF 这两股膨胀波束相交以后又产生 $CGLE$ 和 $CHKF$ 这两股波束。②区和③区的气流分别经 $CHKF$ 和 $CGLE$ 波束都进入④区。气流通过上述膨胀波束后，在④区合拢，应该达到压强相等和流速方向相同的条件。现若上、下壁偏转的有限角度不等，假定 $\theta_2>\theta_1$，则④区中气流方向向上偏转了一个角度，其值为 $\theta_2-\theta_1$。如果 $\theta_1=\theta_2$，则④区的气流方向与①区的气流方向相同。此时，同样存在

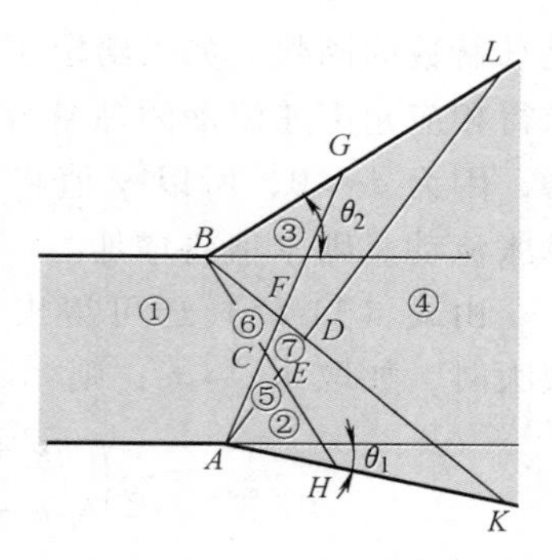

图 11-21 膨胀波束的相交

$$Ma_4 < Ma_3 = Ma_2 < Ma_1$$

2. 膨胀波在平壁上的反射

膨胀波在平壁上的反射是工程中常遇到的现象。如图 11-22 所示，两平行平壁间的超声速气流因下壁在 A 处有一向下的微小的转折，设转折的角度为 $\mathrm{d}\theta$，因而在 A 处会产生一条左伸膨胀波 AB。气流经该左伸膨胀波后向右偏转了一个 $\mathrm{d}\theta$ 的小角度。若经 AB 波后气流就以此方向进行下去，其流动方向必然与上壁面是不平行的，形成一个楔形真空区，这样，B 处的壁面对于波后气流就成为压强的扰动源，于是，在 B 处形成一条右伸的膨胀波 BC，使气流经过 BC 波后又向左偏转了一个 $\mathrm{d}\theta$ 的小角度，使通过此反射波 BC 后气流与上壁面平行。BC 波就是 AB 波对壁面的反射波，它仍然是膨胀波 。当然 BC 波与下壁面接触的 C 处又会产生此 BC 波的反射波 CD，还会有 CD 波的反射波 DE，DE 波的反射波 EF……构成此膨胀波的反射系列。气流经过这一系列的膨胀波后，速度不断增大，压强不断减小。由上看出，膨胀波在平壁面上的反射仍是膨胀波，波的性质未变。

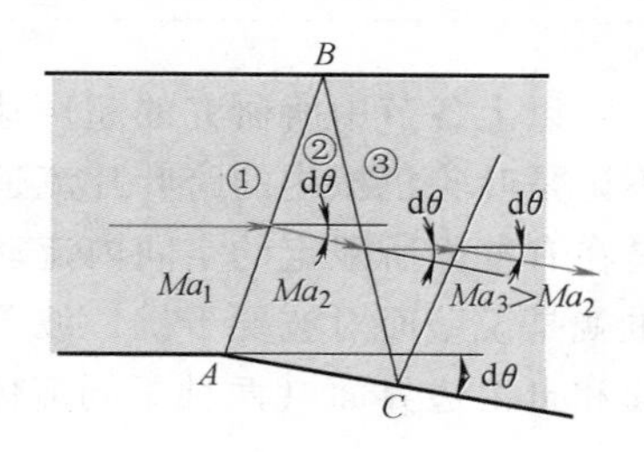

图 11-22 膨胀波在平壁上的反射

若如图 11-23 那样，在下壁面 A 处不是偏转了一个微小角度，而是偏转了一个有限角度，此角度用 θ 表示。此时，在 A 处就会产生一膨胀波束 BAC，其第一道波为 AB 波，最后一道波为 AC 波。BAC 波束通过壁面反射为 $BCED$ 波束，反射波束的第一道波为 BD 波，最后一道波为 CE 波。气流从①区经波束②到③区是膨胀过程，速度增大，压强减小。气流再从③区经反射波束④到⑤区是再一次膨胀，速度继续增大，压强继续减小。同样，反射波束 $BCED$ 与下壁面接触又会产生此反射波束的反射波束。如此，一直继续下去。但膨胀波束遇壁面反射的仍是膨胀波束，性质没有改变。

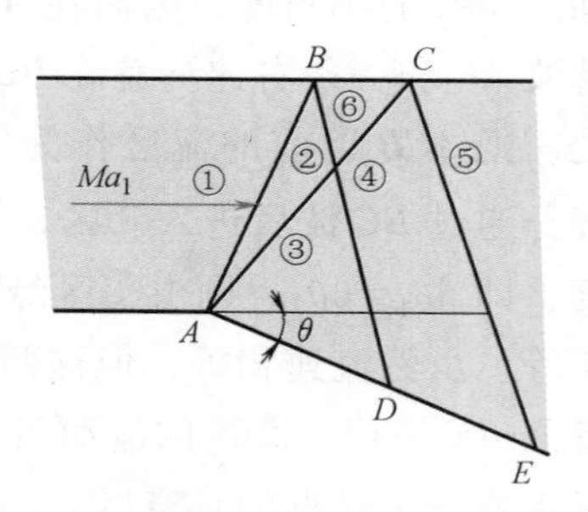

图 11-23 膨胀波束在壁面上的反射

3. 膨胀波在自由界面上的反射

图 11-24 所示为矩形管道出口处波的反射情况。断面 A 为管道的出口断面。出口处的气流速度是超声速，下壁面从 A 处开始向下偏转了一个微小角度 $\mathrm{d}\theta$，上壁面是敞开的，出口

压强 p_e 等于管道出口后外界压强 p_a（大气压）。现由 A 处所引出的一条膨胀波 AB 与上界面（自由界面）相交于 B 处。因为在自由界面上气流的压强应等于外界的大气压，在整个自由界面上大气压保持不变，而气流通过膨胀波 AB 后，压强有所下降，膨胀波后的压强 $p_2<p_1=p_a$，同时，气流向右偏转了一个微小角度 $d\theta$，使之与下壁面平行。由于通过膨胀波 AB 后气流的压强要低于外界大气压，所以在 B 处就成了压强变化的扰动源，在 B 处产生一道反射波 BC，此 BC 波应是压缩波。因为只有这样，使气流通过此 BC 波后，流向又偏转了一个微小角度 $d\theta$，使之与上壁面（自由界面）平行。压缩波 BC 与下壁面接触处又产生一条反射波 CD，此 CD 波应是膨胀波。

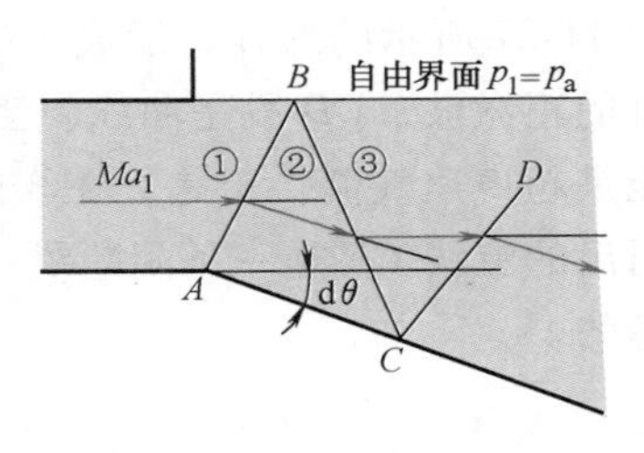

图 11-24 膨胀波在自由界面上的反射

综上所述，膨胀波在自由界面上的反射波是压缩波。反过来也可推知，压缩波在自由界面上的反射波是膨胀波。

同样，若在图 11-24 中，出口下壁面处不是偏转了一个微小角度 $d\theta$，而是偏转了一个有限角度 θ，则在 A 处产生的是膨胀波束，此膨胀波束遇到自由界面反射回来的则是压缩波束。

这种自由界面上波的反射，无论是由膨胀波反射成压缩波，还是由压缩波反射成膨胀波，经过“膨胀”“压缩”，或者“压缩”“膨胀”，气流速度的大小和方向又回到原先的数值和方向，但并未处于平衡，因为气流方向平行了上壁，就平行不了下壁；同样，平行了下壁，就平行不了上壁。因此，这种波的反射会继续下去，通过一系列波的反射，使下游趋于平衡。

二、激波的反射与相交

1. 激波在自由界面上的反射

图 11-25 表示有自由界面的一个超声速流动，当流到 A 处时，遇到下壁面有一个转折，转了 θ 角。上壁面是等压的自由界面（$p=C$）。这样，在 A 处就会产生一个激波，此激波与自由界面交于 B 处。气流由①区经激波 AB 后进入②区，压强提高了（$p_2>p_1$）而③区上气流的压强应等于自由界面上的压强，即应等于①区的压强。所以，气流由②区流向③区时，必然要发生膨胀，即从等压自由界面发生出来的应是膨胀波。

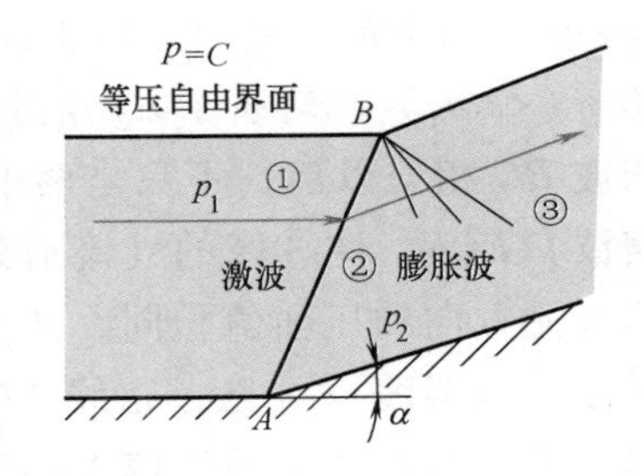

图 11-25 激波在自由界面上的反射

2. 激波在固壁上的反射

若图 11-25 中上边不是等压自由边界面，而是平直的固壁，如图 11-26 所示。此时 A 处产生的激波与固壁相交于 B，并反射出一条激波。从①区来的气流经过激波 AB 到②区要转折 α 角，而③区的气流方向必须与①区的气流方向平行（平行于壁面），因此，气流从②区流向③区时只有经过激波 BC 才能折回此 α 角，使③区的气流流向保持与平直壁面一致。由于 $Ma_2<Ma_1$，所以，反射斜激波的激波角 β_2 会大于入射斜激波的激波角 β_1。

若转折角 α 大于该来流马赫数下的最大转折角 α_{max}，此时入射激波与反射激波就会如

图 11-27 所示的那样，形成 λ 形的激波系。反射波段的开始一段（BC 段）成为与壁面相垂直的正激波，CD 段是曲线斜激波。正激波 BC 后应是亚声速气流，而斜激波 CD 后的气流可能是超声速气流。于是，在③区内的气流，除了压强值相同外，其他参数都不同。图中自 C 引出的流线 CE 是一条间断线。在这条线的两侧压强相等，而速度、密度、温度等都是不相等的。

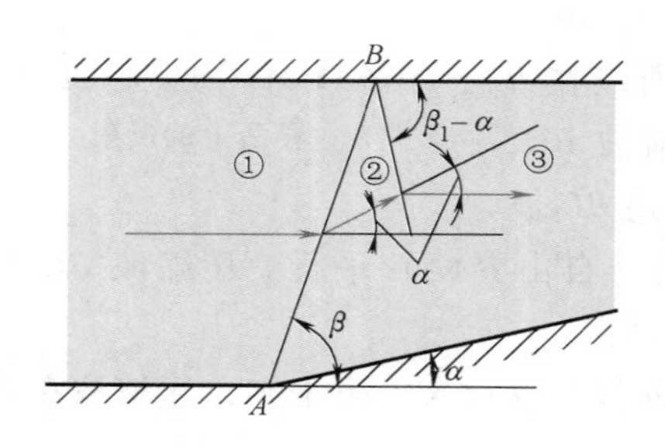

图 11-26 激波遇固壁的反射

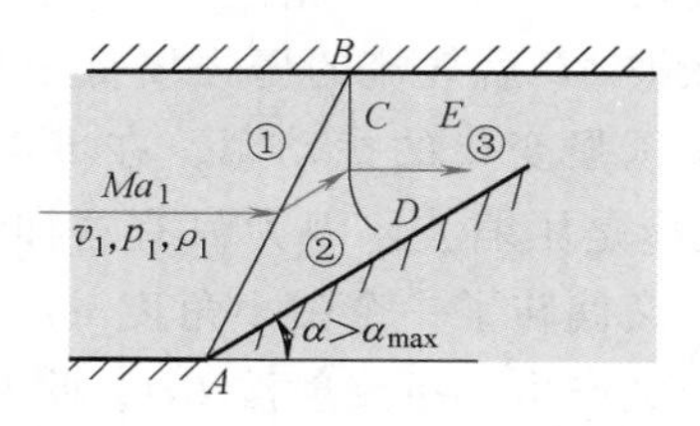

图 11-27 λ 形激波系

3. 激波的相交

图 11-28 表示在壁面的同一侧先后有两次转折，产生两条斜激波 AC 和 BC，这两条斜激波相交于 C 后合成一条较强的斜激波 CD。斜激波 AC 和 BC 在 A、B 处分别转折了 α_1 和 α_2 角。由 C 引一条流线 CG，CG 以上为⑤区，CG 以下为④区。在 CG 线以下，气流由①区经 AC 斜激波进入②区，再经过 BC 斜激波进入③区。与①区相比，流动方向偏转了 $\alpha=\alpha_1+\alpha_2$ 角，压强由 p_1 升到 p_2 又升到 p_3。在线 CG 以上，气流经过强度较强的合成斜激波 CD 进入⑤区，气流方向转折了 α_5 角，压强值则直接由 p_1 升高到 p_5。①区的气流不管是从上部经 CD 波进入③区，还是由下部先后经波 AC 和波 BC 进入⑤区，应当具有相等的压强值和相同的流动方向。但是，上部气流通过波 CD 是按 Ma_1 和转折了 α_5 角后进入⑤区的，压强值由 $p_1 \to p_5$；而下部气流则是先通过波 AC 按 Ma_1 和转折了 α_1 角进入②区后，再通过波 BC 按 Ma_2（$<Ma_1$）和转折了 α_2 角进入③区，压强值由 $p_1 \to p_2 \to p_3$。显然，$p_3 \neq p_5$。因此，波 AC 和波 BC 相交以后，不只是两条波合成一条强波，同时在 C 处还要产生一组膨胀波（或压缩波）ECF，使③区的气流通过这组弱波后到达④区时，其流动方向和压强值均与④区的气流方向和压强值相同。波 CD 是波 AC 和 BC 的合波，是强波；波束 ECF 相交后的反射波，是弱波。可见，在线 CG 上、下的⑤区和④区中，虽气流方向相同，压强值也相等，但这两个区上的流速大小还是不等的。因此，线 CG 是一条速度间断线（面），沿此流线会产生旋涡。

图 11-29 表示超声速气流通过的管道两对壁上都有转折处，上、下壁分别在 A_1、A_2 处转折了 α_1、α_2 角。A_1 处发出的斜激波和 A_2 处发出的斜激波相交于 B 处。②区内的气流方向和③区内的气流方向相差了 $\alpha_1+\alpha_2$ 角。B 处又发出两条斜激波 BC_1 和 BC_2，使②区的气流经波 BC_1 进入④区，使③区的气流经波 BC_2 也进入④区。同样，这两股气流进入④区后应该是气流方向相同，压强值相等。若④区的气流方向相对于①区的气流方向转折了一个 α_4 角，则②区的气流经波 BC_1 到④区转折了 $\alpha_1+\alpha_4$ 角，而③区的气流经波 BC_2 到④区转折了 $\alpha_2+\alpha_4$ 角。

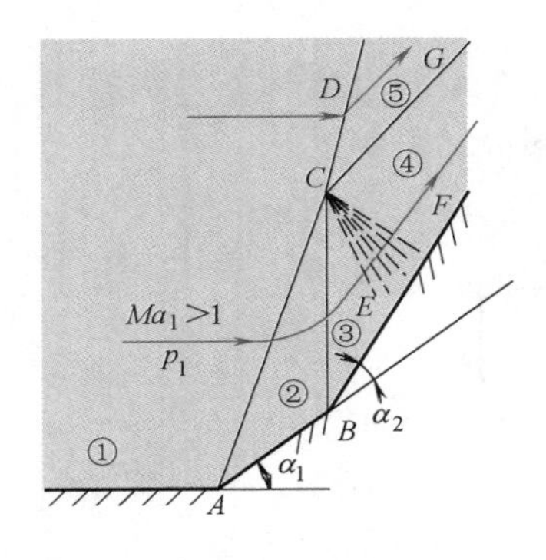

图 11-28 同侧激波的相交

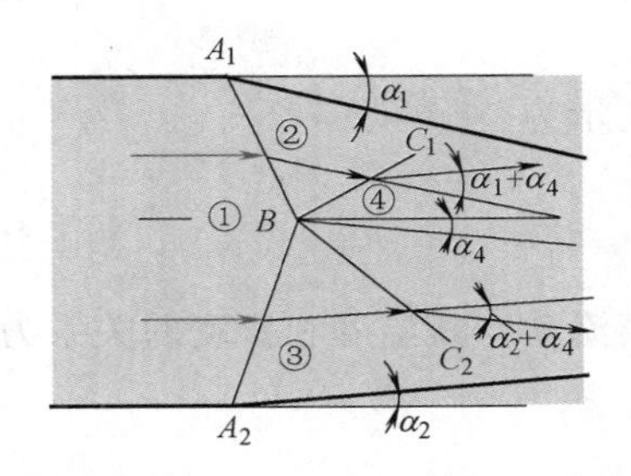

图 11-29 异向转折两斜激波的相交

以上介绍了膨胀波、激波的反射与相交中的几种典型情况。分析膨胀波、激波的反射与相交在工程中有其实际意义。例如，流体动力机械中的超声速喷管在变工况下工作时，如超声速风洞、激波管、拉伐尔喷管内的流动，还有超声速飞行器的飞行等，都要用到这种流动分析。

第八节 波阻

图 11-30 所示为超声速气流中置一个零攻角的菱形断面翼型，此翼型在垂直于纸面方向上的宽度取 1，各边长为 l，中间厚度最大，用 t 表示。菱形前缘、后缘处两条边的夹角均为 2θ。来流为马赫数 Ma_1，压强 p_1 的超声速流流过此菱形翼型，在前缘处，相当于壁面使气流有一个 θ 角的转折，若此转折角不大，在前缘处会产生附体的斜激波。气流通过此斜激波后进入②区，压强提高到 p_2，马赫数减小到 Ma_2。气流由②区进入③区犹如超声速流通过凸形壁面的流动，因而在 C 处会产生一束膨胀波。气流通过此膨胀波束后，压强减小到 p_3，马赫数提高到 Ma_3。气流由③区进入④区犹如超声速流通过凹形壁面的流动，因而在后缘处也会产生斜激波。气流通过此斜激波后，压强升高到 p_4，马赫数减小到 Ma_4。翼型上、下表面的绕流情况相同，如图 11-30 所示。由上分析，可写出单宽翼型在流动方向上所受到的力

$$D = 2(p_2 l\sin\theta - p_3 l\sin\theta) = (p_2 - p_3)t \tag{11-56}$$

由于 $p_2>p_3$，所以，$D>0$。与流动方向相反，此力是阻力，是由激波和膨胀波所造成的阻力，故称为波阻力，简称波阻。即使不计流体黏性，因而不考虑流体流过此翼型的黏性阻力，也会因图 11-30 所示的一些波而产生波阻力。因此，在超声速流动的阻力项中，又增加了一个因波的存在而产生的波阻力。

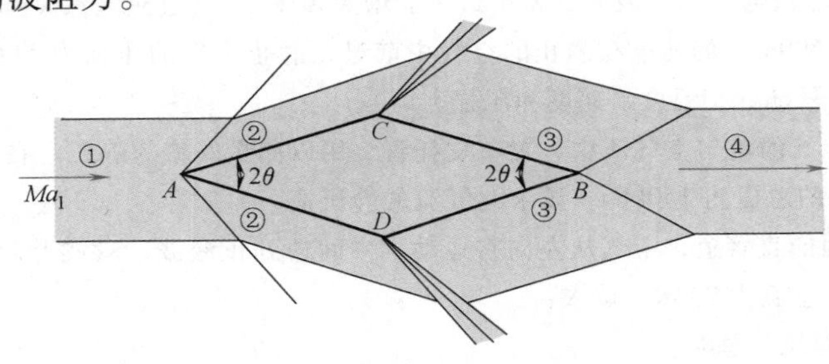

图 11-30 超声速气流流过菱形断面翼型

由热力学第二定律，熵可由下式表示：

$$s = c_V \ln \frac{T}{\rho^{\kappa-1}} + \text{const}$$

熵差可表示为

$$s_2 - s_1 = c_V \ln\left[\frac{T_2}{T_1}\left(\frac{\rho_1}{\rho_2}\right)^{\kappa-1}\right] \tag{11-57}$$

对于等熵流动，其温度和密度的关系为

$$\frac{T_2}{T_1}\left(\frac{\rho_1}{\rho_2}\right)^{\kappa-1} = 1$$

故对等熵流动，有

$$s_2 - s_1 = 0$$

然而，对于有激波的突跃式压缩，由前面所介绍的正激波、斜激波的波前、波后的密度比和温度比的关系式代入式（11-56）中，并考虑到经过激波的气流是绝热流动，$T_{01} = T_{02}$，于是有

$$s_2 - s_1 = c_V \ln\left(\frac{p_{01}}{p_{02}}\right)^{\kappa-1}$$

通过激波后，总压总是下降的，由上式可以看出，通过激波后，熵值总是增加的。这就说明，气流通过激波的突跃压缩是一个不可逆的熵增过程。根据热力学第二定律，熵值增加，就有机械能不可逆地转化为热能。这是一种特殊的阻力，此阻力就是波阻力。

习　题

11-1　试叙述激波的形成。

11-2　试比较正激波与斜激波的连续性方程、动量方程和能量方程。

11-3　为什么说通过激波的流动不能作为等熵流动来处理？

11-4　为什么说通过激波的流动可以作为绝热过程来处理？

11-5　什么情况下会产生脱体激波？

11-6　马赫数 $Ma_1 = 1.5$、压强 $p_1 = 101\text{kPa}$、温度 $T_1 = 293\text{K}$ 的空气通过静止的正激波。试求此气流通过此正激波后马赫数和流速的数值。

11-7　$Ma = 1.2$、$T = 450\text{K}$ 的超声速燃气流（$\kappa = 1.333$）在汽轮机叶片的前驻点上的温度（总温）有多高？

11-8　超声速过热蒸汽通过正激波时，密度最大能增大多少倍？（过热蒸汽 $\kappa = 1.333$）

11-9　一正激波以 600m/s 的速度在静止的空气中前进，静止空气的压强为 111kPa，温度为 303K。试求激波通过后，空气的马赫数、温度、速度和压强。

11-10　马赫数为 1.5 的均匀空气流中，置一皮托管，用以测量气流的静压。在皮托管的前方产生一正激波，由皮托管所测出的总压为 150kPa，试求此气流的静压值。

11-11　有一等截面的直管道，空气从左向右运动，中间遇到正激波，激波上游的马赫数为 3，激波下游的总压为 102.3kPa，总温为 293K。试求：

1）在激波上游的总压、总温。

2）激波下游的静压、静温。

11-12 当激波段上游的马赫数很大时，试证明以下诸近似式成立，即

$$\frac{v_2}{v_1}\approx\frac{\kappa-1}{\kappa+1},\quad \frac{p_2}{p_1}\approx\frac{2\kappa}{\kappa+1}Ma_1^2,\quad \frac{T_2}{T_1}\approx\frac{2(\kappa-1)}{(\kappa+1)^2}\kappa Ma_1^2$$

11-13 温度为20℃、压强为0.1MPa（一个大气压）的空气通过正激波后气流速度减小为原来的一半，试求原空气流的速度和马赫数值。

11-14 超声速气流流过一个顶角为$2\alpha=20°$的楔形物体，在楔形物体的顶点产生斜激波，激波角为50°，现测得激波前的滞止温度为288K。问：此激波前的空气流的马赫数和速度值有多大？

11-15 $Ma_1=2$的超声速空气流流过一个转折角为10°的凹面，试用激波极线求此斜激波的激波角β。

11-16 超声速空气流的马赫数为2，压强为101.3kPa，温度为290K，流过一斜面使气流转折了5°。问：此空气流通过斜激波后的压强、温度和速度是多少？

11-17 空气在两个无摩擦壁面间流动，初始马赫数为$Ma=3$，开始两壁面是平行的，其后下壁面转折了15°，在转折处产生了一条斜激波，并经上壁面反射下来。试求：

1）入射激波的激波角β_{12}。

2）通过此激波后的马赫数Ma_2。

3）反射激波的激波角β_{23}。

4）通过此反射激波的马赫数Ma_3。

11-18 为求得超声速风洞内均匀空气流的马赫数，置放一个顶角为28°的楔形物体，在气流方向与楔形物体的轴线一致的情况下，测得楔形物体尖端所产生的斜激波的激波角为46°。问：该来流的马赫数是多大？

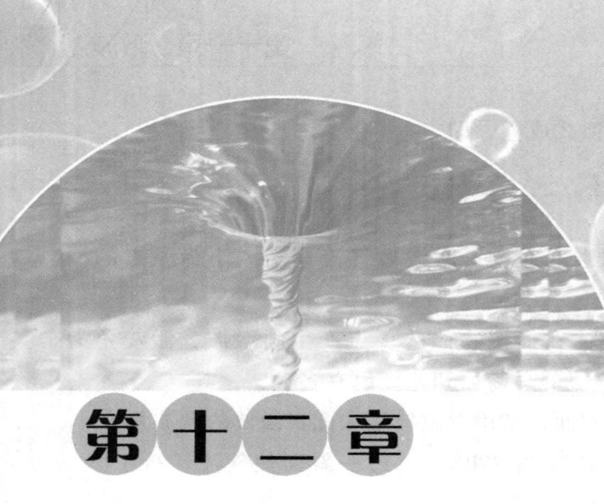

第十二章 计算流体力学基础

【工程案例导入】

离心泵是水力输送的关键设备，广泛应用于采矿、石化、冶金、电力等行业。在实际工程应用中，离心泵经常用于输送含有矿石、沙砾、煤块等固体颗粒的两相流。固体的存在显著影响着离心泵内的流场分布，降低了泵的水力性能；长时间输送含有固体颗粒的两相流容易导致过流部件表面的磨损破坏，缩短设备的使用寿命。

随着计算流体力学的发展，越来越多的科研人员通过数值模拟来研究离心泵内固液两相的流动特性（图 12-1）。通过研究不同叶片包角时叶轮的平均磨损率、液相的速度分布、颗粒的运动、颗粒与壁面的接触次数和接触力发现，随着包角的增大，扬程、效率和平均磨损率均先增大后减小；当包角为 110°时，颗粒与壁面的接触力最大和接触次数最多，导致磨损最为严重，磨损严重区域在吸力面中间与前盖板的交界处；包角从 90°增大到 110°时，颗粒与过流部件壁面之间的接触次数逐渐增多，接触力逐渐增大，增大了离心泵磨损程度；包角从 110°增大到 160°时，聚集在吸力面中间位置的低速颗粒逐渐减少，导致颗粒与过流部件壁面之间的接触次数逐渐减少，接触力逐渐减小，从而减小了磨损严重的区域，减轻了离心泵磨损程度。

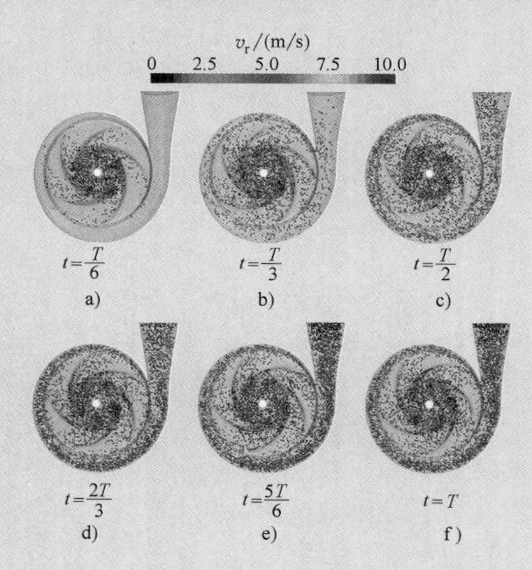

图 12-1 离心泵内不同时刻颗粒的分布及相对速度

在自然界和各种工程领域中广泛存在大量的流体流动现象，描述这些流动的控制方程是一组非线性的偏微分方程，在数学上求解存在很大的困难。只有少量特定条件下的流体流动，如平板绕流、圆管层流等简单边界条件下或者无黏性势流的问题，控制方程和边界条件得到简化，从而可以得到理论解。长期以来，大量的流体流动问题只能依靠实验来解决。随着计算机和计算方法的发展，数值计算已逐渐成为一个研究流体流动问题的重要手段，计算流体力学也成为流体力学的一个重要分支。

第一节 概述

计算流体力学（computational fluid dynamics，CFD）是建立在经典流体力学与数值计算方法基础之上的一门新兴独立学科，通过计算机数值计算和图像显示的方法，在时间和空间上定量描述流体流动、传热乃至燃烧等命题的数值解，从而达到研究物理问题的目的。计算流体力学兼有理论性和实践性的双重特点，建立了许多理论和方法，成功解决了现代科学中许多复杂流动与传热问题。

计算流体力学把原来在时间域及空间域上连续的物理量的场，如速度场和压强场，用一系列有限个离散点上的变量值的集合来代替，即通过一定的原则和方式将描述流体流动的控制方程组离散为空间离散点上场变量之间关系的代数方程组，然后求解代数方程组获得场变量（速度、压强、温度以及浓度等参数）的近似值。

计算流体力学的应用与计算机技术的发展密切相关。计算流体软件最早诞生于 20 世纪 70 年代，但真正得到较广泛的应用是在 21 世纪初。计算流体力学软件现已成为解决各种流体流动与传热问题的强有力工具，成功应用于能源、动力、水利、航运、海洋、环境、食品等各种科学领域。数值计算方法与传统的理论分析方法、实验测量方法共同组成了研究流体流动问题的完整体系。

一、计算流体力学的工作步骤

采用计算流体力学的方法对流体流动进行数值模拟，通常包括如下步骤：

1）建立反映工程问题或物理问题本质的数学模型。具体地说，就是要建立反映问题各个量之间关系的微分方程，确定相应的定解条件，这是数值模拟的出发点。正确完善的数学模型是保证数值计算结果合理和正确的基本前提。流体流动的控制方程通常包括质量守恒方程、动量守恒方程、能量守恒方程，以及这些方程相应的定解条件。

2）高效率、高准确度的计算方法，即建立针对控制方程的数值离散化方法，如有限差分法、有限元法、有限体积法等。计算方法不仅包括微分方程的离散化方法及求解方法，还包括贴体坐标的建立、边界条件的处理等。这些内容是计算流体力学的核心内容。

3）编制程序和进行计算。这部分工作包括计算网格划分、初始条件和边界条件的输入、控制参数的设定等。由于求解的问题比较复杂，比如纳维-斯托克斯方程就是一个十分复杂的非线性偏微分方程，数值求解方法在理论上并不完善，需要通过反复调试程序获得正确的数值解。数值计算又称为数值试验。

4）数值处理和结果显示。大量的数值计算结果一般通过图表等方式形象地展现出来，这对检查和判断分析计算质量和计算结果都有重要参考意义。

二、微分方程的分类

在计算流体力学中，不同流体流动的控制方程按其数学性质可以分为三类，即椭圆型方程、抛物型方程和双曲型方程。例如，拉普拉斯（Laplace）方程

$$\frac{\partial^2 \Phi}{\partial x^2}+\frac{\partial^2 \Phi}{\partial y^2}+\frac{\partial^2 \Phi}{\partial z^2}=0 \tag{12-1}$$

为椭圆型方程。一维扩散方程

$$\frac{\partial u}{\partial t}=\beta \frac{\partial^2 u}{\partial x^2} \tag{12-2}$$

为抛物型方程。一维对流方程

$$\frac{\partial u}{\partial t}+\alpha \frac{\partial u}{\partial x}=0 \tag{12-3}$$

为双曲型方程。式中，Φ、u 为通用变量。

三、数值求解方法简介

计算流体力学由于应变量在节点之间的分布假设及推导离散方程的方法不同，就形成了有限差分法、有限元法和有限体积法等不同类型的离散化方法。

（1）有限差分法　有限差分法（finite difference method，FDM）是数值解法中最经典的方法。它是将求解域划分为差分网格，用有限个网格节点代替连续的求解域，然后将偏微分方程（控制方程）的导数用差商代替，推导出含有离散点上有限个未知数的差分方程组。求差分方程组（代数方程组）的解，就是微分方程定解问题的数值近似解，这是一种直接将微分问题变为代数问题的近似数值解法。

这种方法发展较早，比较成熟，较多地用于求解双曲型和抛物型问题。用它求解边界条件复杂问题，尤其是椭圆型问题，不如有限元法或有限体积法方便。

（2）有限元法　有限元法（finite element method，FEM）与有限差分法都是广泛应用的流体力学数值计算方法。有限元法是将一个连续的求解域任意分成适当形状的许多微小单元，并于各小单元分片构造插值函数，然后根据极值原理（变分或加权余量法），将问题的控制方程转化为所有单元上的有限元方程，把总体的极值作为各单元极值之和，即将局部单元总体合成，形成嵌入了指定边界条件的代数方程组，求解该方程组就得到各节点上待求的函数值。

有限元法的基础是极值原理和划分插值，它吸收了有限差分法中离散处理的内核，采用了变分计算中选择逼近函数并对区域进行积分的合理方法，是这两类方法相互结合、取长补短的结果。它具有很广泛的适应性，特别适用于几何及物理条件比较复杂的问题，而且便于程序的标准化。其对椭圆型方程问题有更好的适用性。

（3）有限体积法　有限体积法（finite volume method，FVM）将计算区域划分为一系列不重复的控制体积，并使每个网格点周围有一个控制体积，即每个控制体积都有一个节点作代表。将待解的微分方程对每一个控制体积积分，得出一组离散方程。其中的未知数是网格点的因变量 Φ 的数值。有限体积法得出的离散方程，要求因变量的积分守恒对任意一组控制体积都得到满足，对整个计算区域，自然也得到满足，这是有限体积法的突出优点。

有限体积法是近年发展非常迅速的一种离散化方法，其特点是计算效率高。目前在计算流体力学领域得到了广泛应用，大多数商用计算流体力学软件都采用这种方法。

四、计算流体力学的应用领域

近些年，计算流体力学有了很大的发展，替代了经典流体力学中的一些近似计算法和图解法；过去的一些典型教学实验，如雷诺实验，现在完全可以借助计算流体力学手段在计算机上实现。所有涉及流体流动、热交换、分子输运等现象的问题，几乎都可以通过计算流体力学的方法进行分析和模拟。计算流体力学不仅作为一个研究工具，而且还作为设计工具在能源动力、水利工程、土木工程、环境工程、食品工程、海洋工程等领域发挥作用。其典型的应用场合及相关的工程问题包括：

1）水轮机、风机和泵等流体机械内部的流体流动。

2）飞机和航天飞机等飞行器的设计。

3）汽车流线外形对性能的影响。

4）洪水波及河口潮流计算。

5）风载荷对高层建筑物稳定性及结构性能的影响。

6）温室及室内的空气流动与环境分析。

7）电子元器件的冷却。

8）换热器性能分析及换热片形状的选取。

9）河流中污染物的扩散。

10）汽车尾气对街道环境的污染。

11）食品中细菌的运移。

对这些问题的处理，过去主要借助于基本的理论分析和大量的物理模型实验，而现在大多采用计算流体力学的方法加以分析和解决，计算流体力学现已发展到完全可以分析三维黏性湍流及旋涡运动等复杂问题的程度。

五、计算流体力学软件的结构

自20世纪80年代以来，出现了如PHOENICS、CFX、STAR-CD、FIDIP、Fluent等多个商用计算流体力学软件，这些软件的显著特点是：功能比较全面、适用性强，可以求解工程中的各种复杂的流动与传热问题。具有比较易用的前后处理系统和与其他CAD及CFD软件的接口能力，便于用户快速完成造型、网格划分等工作。同时还可以让用户扩展自己的开发模块，具有比较完备的容错机制和操作界面，稳定性高。

计算流体力学软件通常包括三个基本环节：前处理、求解和后处理，与之对应的程序模块分别称为前处理器、求解器、后处理器。

（1）前处理器　前处理器（preprocessor）用于完成前处理工作。前处理环节是向计算流体力学软件输入所求问题的相关数据，该过程一般是借助与求解器相对应的对话框等图形界面来完成的。在前处理阶段需要用户进行以下工作：

1）定义所求问题的几何计算域。

2）将计算域划分成多个互不重叠的子区域，形成由单元组成的网格。

3）对所要研究的物理和化学现象进行抽象，选择相应的控制方程。

4）定义流体的属性参数。

5）为计算域边界处的单元指定边界条件。

6）对于瞬态问题，指定初始条件。

流动问题的解是在单元内部的节点上定义的，解的精度由网格中单元的数量所决定。一般来讲，单元越多、尺寸越小，所得到的解的精度越高，但所需要的计算机内存资源及占用CPU时间也相应增加。为了提高计算精度，在物理量梯度较大的区域，以及我们感兴趣的区域，往往要加密计算网格。在前处理阶段生成计算网格时，关键是要把握好计算精度与计算成本之间的平衡。

目前在使用商用计算流体力学软件进行计算时，往往有超过50%以上的时间花在几何区域的定义及计算网格的生成上。我们可以使用计算流体力学软件自身的前处理器来生成几何模型，也可以借用其他商用CFD或CAD/CAE软件（如Patran、ANSYS、I-DEAS、Pro/ENGINEER）提供的几何模型。此外，指定流体参数的任务也是在前处理阶段进行的。

（2）求解器 求解器（solver）的核心是数值求解方案。常用的数值求解方案包括有限差分、有限元、谱方法和有限体积法等，各种数值求解方案的主要差别在于流动变量被近似的方式及相应的离散化过程。总体上讲，这些方法的求解过程大致相同，包括以下步骤：

1）借助简单函数来近似待求的流动变量。

2）将该近似关系代入连续性控制方程中，形成离散方程组。

3）求解代数方程组。

（3）后处理器 后处理的目的是有效地观察和分析流动计算结果。随着计算机图形功能的提高，目前的计算流体力学软件均配备了后处理器（postprocessor），提供了较为完善的后处理功能，包括：

1）计算域的几何模型及网格显示。

2）矢量图（如速度矢量线）。

3）等值线图。

4）填充型的等值线图（云图）。

5）X-Y散点图。

6）粒子轨迹图。

7）图像处理功能（平移、缩放、旋转等）。

借助后处理功能，还可动态模拟流动效果，直观地了解计算结果。

第二节 通用微分方程

流体力学的连续性方程、运动方程、能量方程以及其他补充方程，构成了一组严格的控制方程，为流体力学问题的数值求解提供了基础。将这些不同的方程写成标准形式，有利于编制通用的计算软件。

一、通用微分方程的表达形式

对于描述流动的各控制方程，若用一个通用变量Φ代表某一单位质量的物理量，并作为通用微分方程的描述对象，其形式为

$$\frac{\partial(\rho\boldsymbol{\Phi})}{\partial t}+\nabla\cdot(\rho\boldsymbol{v}\boldsymbol{\Phi})=\nabla\cdot(D\,\nabla\boldsymbol{\Phi})+S \tag{12-4}$$

式中，ρ 为流体的密度；$\boldsymbol{v}$ 为速度；t 为时间；D 为扩散系数；S 为源项。

式（12-4）即为通用微分方程，方程各项依次为：非定常项、对流项、扩散项、（广义）源项。对于不同意义的变量 $\boldsymbol{\Phi}$、扩散系数 D 和源项 S，则方程具有特定的形式。如连续性方程

$$\frac{\partial\rho}{\partial t}+\nabla\cdot(\rho\boldsymbol{v})=0 \tag{12-5}$$

用通用微分方程来表示，则 $\boldsymbol{\Phi}$ 等于 1，D、S 均为零，即扩散项和源项都不存在。

运动微分方程（N-S 方程）

$$\frac{\partial(\rho\boldsymbol{v})}{\partial t}+\boldsymbol{v}\cdot\nabla(\rho\boldsymbol{v})=\rho\boldsymbol{F}-\nabla p+\nabla\cdot(\mu\,\nabla\boldsymbol{v}) \tag{12-6}$$

应取 $\boldsymbol{\Phi}$ 为$\boldsymbol{v}$，D 为 μ（动力黏度），$\rho\boldsymbol{F}-\nabla p$ 归入源项。

将控制微分方程各项的剩余部分归入源项的处理方法也可用于其他复杂流动的控制微分方程中。

二、守恒型方程与非守恒型方程

运动微分方程（N-S 方程）中的对流项为 $\boldsymbol{v}\cdot\nabla(\rho\boldsymbol{v})$，称这一方程为非守恒型方程。通用微分方程（12-4）融入了连续性方程，其对流项为散度形式，称为守恒型方程。

非守恒型方程便于对生成的离散方程进行理论分析，而守恒型控制方程更能保持物理量守恒的性质，特别是在有限体积法中可方便地建立离散方程。因此，得到了较广泛的应用。

三、定解条件

在建立了流动的控制方程后，还必须确定所研究系统的初始条件和边界条件。只有确定了初始条件和边界条件之后，流体的运动才具有唯一解。

1. 初始条件

初始条件是指初始时刻 $t=t_0$ 时，流体运动应该满足的初始状态，即

$$\boldsymbol{\Phi}(x,y,z,t_0)=F_1(x,y,z) \tag{12-7}$$

式中，$F_1(x,\ y,\ z)$ 为已知函数。

对定常流动，一般不提初始条件。

2. 边界条件

边界条件是指流体运动时的边界上方程组的解应满足的条件，边界条件有以下三种形式：

第一类边界条件是在边界 Γ 上给定函数 $\boldsymbol{\Phi}$ 值，即

$$\boldsymbol{\Phi}\big|_{\Gamma}=f_1(x,y,z,t) \tag{12-8}$$

称为本质边界条件，$f_1(x,y,z,t)$ 为已知函数。

第二类边界条件是在边界 Γ 上给定函数 $\boldsymbol{\Phi}$ 的法向导数值，即

$$\left.\frac{\partial \Phi}{\partial n}\right|_{\Gamma}=f_2(x,y,z,t) \tag{12-9}$$

称为自然边界条件，$f_2(x, y, z, t)$ 为已知函数。

第三类边界条件是在边界 Γ 上给定函数 Φ 和它的法向导数之间的一个线性关系，即

$$\left.\left(a\frac{\partial \Phi}{\partial n}+b\Phi\right)\right|_{\Gamma}=f_3(x,y,z,t) \tag{12-10}$$

式（12-10）称为混合边界条件，式中 $a>0$、$b>0$，$f_3(x, y, z, t)$ 为已知函数。

给定边界条件时，可在封闭域上全部给定第一类边界条件，也可全部给定第三类边界条件，但不能在封闭域上全部给定第二类边界条件，因为不能得到唯一解。

例如，一维热传导方程的初始条件及边界条件（图 12-2）

$$\frac{\partial u}{\partial t}=\beta\frac{\partial^2 u}{\partial x^2}+f(x,t)$$

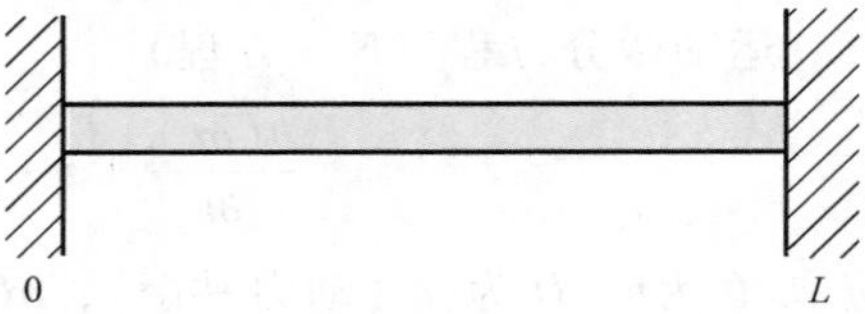

图 12-2 一维热传导问题

1）初值问题。

在区域 $G=\{(x, t)\mid_{x\in(-\infty, +\infty)}, t>0\}$ 内，求上述方程满足初始条件

$$u(x,0)=\varphi(x),\ -\infty<x<+\infty$$

的解。

2）边值问题。

在区域 $G=\{(x, t)\mid_{x\in(0,l)}, t\in(0, T)\}$ 内，求满足初始条件

$$u(x,0)=\varphi(x),\ 0<x<l$$

及第一类边界条件

$$u(0,t)=\eta_1(t),\ u(l,t)=\eta_2(t),\ 0\leqslant t\leqslant T$$

的解，称为第一类边值问题。如果把第一类边值问题换成下面的类型，则分别称为第二类边值问题，或第三类边值问题。

第二类边值条件

$$\left.\frac{\partial u}{\partial x}\right|_{(0,t)}=\alpha_1(t),\ 0\leqslant t\leqslant T$$

$$\left.\frac{\partial u}{\partial x}\right|_{(l,t)}=\alpha_2(t),\ 0\leqslant t\leqslant T$$

第三类边值条件

$$u+a_1(t)\left.\frac{\partial u}{\partial x}\right|_{x=0}=\gamma_1(t),\ 0\leqslant t\leqslant T,\ a_1\geqslant 0$$

$$u+a_2(t)\left.\frac{\partial u}{\partial x}\right|_{x=l}=\gamma_2(t),\ 0\leqslant t\leqslant T,\ a_2\geqslant 0$$

第三节 有限体积法

有限体积法是目前计算流体力学领域广泛使用的方程离散化方法，其特点不仅表现在对

控制方程的离散结果上，还表现在所使用的网格上。本节将介绍有限体积法的基本思想、网格等内容。

一、有限体积法的基本思想

有限体积法又称为控制体积法（control volume method，CVM）。其基本思路是：将计算区域划分为网格，并使每个网格点周围有一个互不重复的控制体积，将待解微分方程（控制方程）对每个控制体积积分，从而得出一组离散方程。其中的未知数是网格点上的因变量 Φ。为了求出控制体积的积分，必须假定 Φ 值在网格点之间的变化规律。从积分区域的选取方法来看，有限体积法属于加权余量法中的子域法；从未知解的近似方法来看，有限体积法属于采用局部近似的离散方法。简言之，子域法加离散，就是有限体积法的基本方法。

有限体积法的基本思想易于理解，并能得出直接的物理解释。离散方程的物理意义，就是因变量 Φ 在有限大小的控制体积中的守恒原理，如同微分方程表示因变量在无限小的控制体积中的守恒原理一样。

有限体积法得出的离散方程，要求因变量的积分守恒对任意一组控制体积都得到满足，对整个计算区域，自然也得到满足。这是有限体积法吸引人的优点。有一些离散方法，例如有限差分法，仅当网格极其细密时，离散方程才满足积分守恒；而有限体积法即使在粗网格情况下，也显示出准确的积分守恒。

就离散方法而言，有限体积法可视作有限元法和有限差分法的中间物。有限元法必须假定 Φ 值在网格节点之间的变化规律（即插值函数），并将其作为近似解。有限差分法只考虑网格点上 Φ 的数值而不考虑 Φ 值在网格节点之间如何变化。有限体积法只寻求 Φ 的节点值，这与有限差分法类似；但有限体积法在寻求控制体积的积分时，必须假定 Φ 值在网格点之间的分布，这又与有限元法类似。在有限体积法中，插值函数只用于计算控制体积的积分，得出离散方程之后，便可忘掉插值函数；如果需要的话，可以对微分方程中不同的项采取不同的插值函数。

二、有限体积法的网格

有限体积法的区域离散过程是：把所计算的区域划分成多个互不重叠的子区域，即计算网格，然后确定每个子区域中的节点位置及该节点所代表的控制体积。以下为有限体积法的四个几何要素：

（1）节点　需要求解的未知物理量的几何位置。

（2）控制体积　应用控制方程或守恒定律的最小几何单位。

（3）界面　它规定了与各节点相对应的控制体积的分界面位置。

（4）网格线　连接相邻两节点而形成的曲线簇。

图 12-3 所示为一维问题的有限体积法计算网格，图中标出了节点、控制体积、界面和网格线。

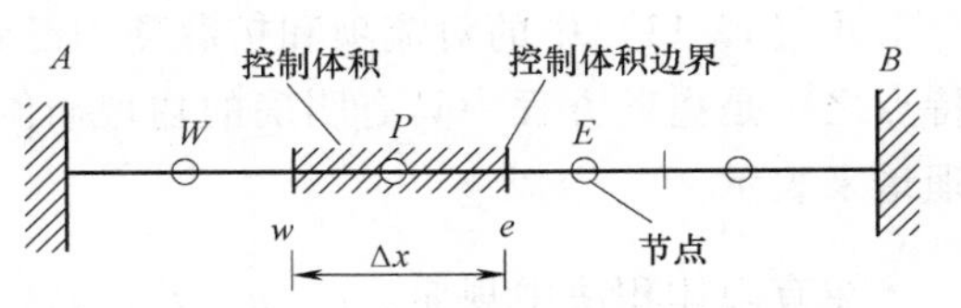

图 12-3　一维问题的有限体积法计算网格

在图 12-3 中，节点排列有序，即当给出了一个节点编号后，立即可以得出其相邻节点的编号，这种网格称为结构网格。

近年来，还出现了非结构网格。非结构网格的节点以一种不规则的方式布置在流场中，这种网格虽然生成过程比较复杂，但却有极大的适应性，尤其对具有复杂边界的流场计算问题特别有效。图 12-4 所示为一个二维非结构网格示意图，采用的是三角形控制体积，三角形的质心是计算节点，如 C_0 点。

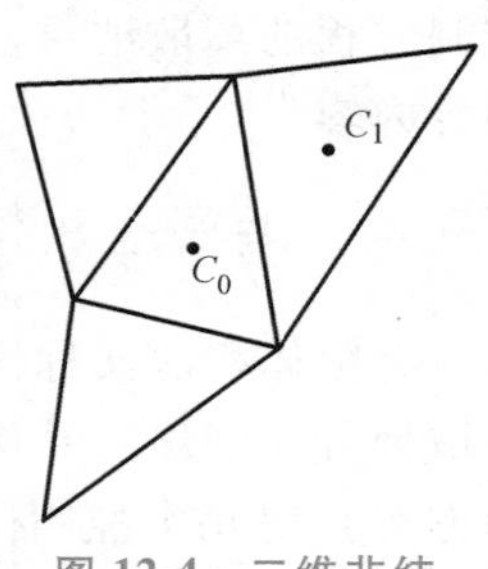

图 12-4　二维非结构网格

三、一维稳态问题

以一维稳态问题为例，对其控制微分方程，说明采用有限体积法生成离散方程的方法和过程，并对离散方程的求解做简要介绍。

（1）问题的描述　流体流动的控制方程，包括连续性方程、动量方程和能量方程，都可以写成通用微分方程的形式。在此，只考虑稳态问题，可写出一维问题的控制方程为

$$\frac{\mathrm{d}(\rho u\phi)}{\mathrm{d}x}=\frac{\mathrm{d}}{\mathrm{d}x}\left(\Gamma\frac{\mathrm{d}\phi}{\mathrm{d}x}\right)+S \tag{12-11}$$

将式（12-11）作为一维模型方程，方程中包含对流项、扩散顶及源项。方程中的 ϕ 是广义变量，可以是速度、浓度或温度等一些待求的物理量；Γ 是相应于 ϕ 的广义扩散系数；S 为广义源项。变量 ϕ 在端点 A、B 的边界值为已知。

（2）生成计算网格　如图 12-5 所示，在空间域上放置一系列节点，将控制体积的边界取在两个节点中间的位置，这样，每个节点由一个控制体积所包围。

用 P 来标识一个广义节点，其东西两侧的相邻节点分别用 E、W 标识。同时，与各节点对应的控制体积也用同一字符标识。控制体积 P 的两个界面分别用 e、w 标识，两个界面的距离用 Δx 表示。E 点至节点 P 的距离用 $(\delta x)_e$ 表示，节点 W 至点 P 的距离用 $(\delta x)_w$ 表示。

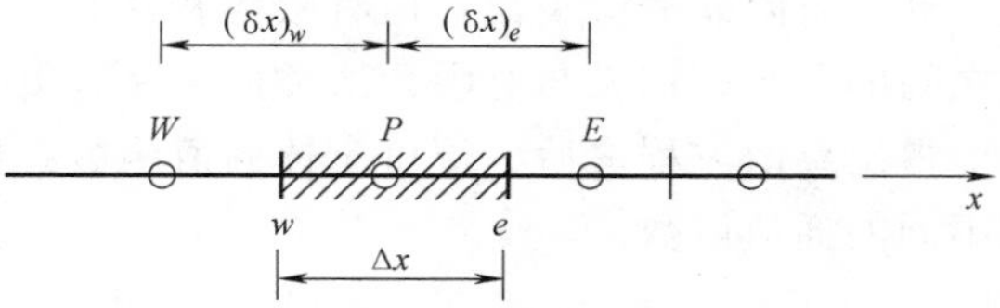

图 12-5　一维问题的计算网格

（3）建立离散方程　有限体积法的关键是在控制体积上对控制微分方程积分，以在控制体积节点上产生离散的方程。对一维模型方程式（12-11）在图 12-5 所示的控制体积 P 上积分，得

$$\int_{\Delta V}\frac{\mathrm{d}(\rho u\phi)}{\mathrm{d}x}\mathrm{d}V=\int_{\Delta V}\frac{\mathrm{d}}{\mathrm{d}x}\left(\Gamma\frac{\mathrm{d}\phi}{\mathrm{d}x}\right)\mathrm{d}V+\int_{\Delta V}S\mathrm{d}V \tag{12-12}$$

式中，ΔV 是控制体积的体积值。当控制体很微小时，ΔV 可以表示为 $A\Delta x$，这里 A 是控制体积界面的面积（对一维问题 $A=1$）。积分式（12-12）得

$$(\rho u\phi A)_e-(\rho u\phi A)_w=\left(\Gamma A\frac{\mathrm{d}\phi}{\mathrm{d}x}\right)_e-\left(\Gamma A\frac{\mathrm{d}\phi}{\mathrm{d}x}\right)_w+S\Delta V \tag{12-13}$$

式（12-13）中的对流项和扩散项均已转化为控制体积界面上的值。有限体积法的显著特点之一是离散方程中具有明确的物理插值，即界面的物理量要通过插值的方式由节点的物理量来表示。

在有限体积法中规定，ρ、u、Γ、ϕ、$\frac{\mathrm{d}\phi}{\mathrm{d}x}$ 等物理量均是在节点处定义和计算的，因此，为了计算界面上的这些物理参数（包括其导数），需要有一个物理参数在节点间的近似分

布。可以想象，线性近似是最直接、最简单的方式，这种分布称为中心差分。

如果网格是均匀的，则扩散系数 Γ 的线性插值是

$$\Gamma_e=\frac{\Gamma_P+\Gamma_E}{2},\ \Gamma_w=\frac{\Gamma_W+\Gamma_P}{2}$$

$\rho u\phi A$ 的线性插值是

$$(\rho u\phi A)_e=(\rho u)_e A_e\frac{\phi_P+\phi_E}{2}$$

$$(\rho u\phi A)_w=(\rho u)_w A_w\frac{\phi_W+\phi_P}{2}$$

扩散项的线性插值为

$$\left(\Gamma A\frac{\mathrm{d}\phi}{\mathrm{d}x}\right)_e=\Gamma_e A_e\frac{\phi_E-\phi_P}{(\delta x)_e}$$

$$\left(\Gamma A\frac{\mathrm{d}\phi}{\mathrm{d}x}\right)_w=\Gamma_w A_w\frac{\phi_P-\phi_W}{(\delta x)_w}$$

对源项 S，它通常是时间和物理量 ϕ 的函数，为简化处理，经常将 S 做如下线性处理：

$$S=S_C+S_P\phi_P$$

式中，S_C 是常数；S_P 是随时间和物理量 ϕ 变化的项。

将以上各式代入式（12-13）中，得

$$(\rho u)_e A_e\frac{\phi_P+\phi_E}{2}-(\rho u)_w A_w\frac{\phi_W+\phi_P}{2}$$

$$=\Gamma_e A_e\frac{\phi_E-\phi_P}{(\delta x)_e}-\Gamma_w A_w\frac{\phi_P-\phi_W}{(\delta x)_w}+(S_C+S_P\phi_P)\Delta V$$

整理后，得

$$\left[\frac{\Gamma_e}{(\delta x)_e}A_e+\frac{\Gamma_w}{(\delta x)_w}A_w-S_P\Delta V\right]\phi_P$$

$$=\left[\frac{\Gamma_w}{(\delta x)_w}A_w+\frac{(\rho u)_w}{2}A_w\right]\phi_W+\left[\frac{\Gamma_e}{(\delta x)_e}A_e-\frac{(\rho u)_e}{2}A_e\right]\phi_E+S_C\Delta V$$

记为

$$a_P\phi_P=a_W\phi_W+a_E\phi_E+b \tag{12-14a}$$

式中，

$$a_W=\frac{\Gamma_w}{(\delta x)_w}A_w+\frac{(\rho u)_w}{2}A_w,\ a_E=\frac{\Gamma_e}{(\delta x)_e}A_e-\frac{(\rho u)_e}{2}A_e$$

$$a_P=\frac{\Gamma_e}{(\delta x)_e}A_e+\frac{\Gamma_w}{(\delta x)_w}A_w-S_P\Delta V=a_E+a_W+\frac{(\rho u)_e}{2}A_e-\frac{(\rho u)_w}{2}A_w-S_P\Delta V$$

$$b=S_C\Delta V$$

对于一维问题，控制体积界面 e 和 w 处的面积 A_e 和 A_w 均为 1，即单位面积，于是 $\Delta V=\Delta x$，上面的系数可简化为

$$a_W=\frac{\Gamma_w}{(\delta x)_w}+\frac{(\rho u)_w}{2},\ a_E=\frac{\Gamma_e}{(\delta x)_e}-\frac{(\rho u)_e}{2}$$

$$a_P=a_E+a_W+\frac{(\rho u)_e}{2}-\frac{(\rho u)_w}{2}-S_P\Delta x,\ b=S_C\Delta x$$

在二维和三维的情况下，相邻节点的数目会增加，但离散方程仍保持式（12-14a）的形式，可将该式缩写为

$$a_P\phi_P=\sum a_{nb}\phi_{nb}+b \tag{12-14b}$$

式中，下标 nb 表示相邻节点；求和记号 $\sum$ 表示对所有相邻节点求和。

（4）离散方程的求解　为了求解给定的流动问题，必须在整个计算域的每一个节点上建立式（12-14b）所示的离散方程，从而每个节点上都有一个相应的方程。这些方程组成了一个含有节点未知量的线性代数方程组。求解这个方程组，就可以得到物理量 ϕ 在各节点处的值。

四、常用的离散格式

采用有限体积法建立离散方程时，特别重要的一步是将控制体积界面上的物理量及其导数通过节点物理量插值求出。不同的离散方式对应于不同的离散结果。因此，插值方式常称为离散格式。

（1）术语与约定　选取一维、稳态、无源项的对流-扩散问题为讨论对象，已知速度场为 u，则对流-扩散方程为

$$\frac{\mathrm{d}(\rho u\phi)}{\mathrm{d}x}=\frac{\mathrm{d}}{\mathrm{d}x}\left(\Gamma\frac{\mathrm{d}\phi}{\mathrm{d}x}\right) \tag{12-15}$$

流动必须满足连续性方程，有

$$\frac{\mathrm{d}(\rho u)}{\mathrm{d}x}=0 \tag{12-16}$$

在图 12-6 所示的控制体积 P 上积分方程式（12-15），得

$$(\rho uA\phi)_e-(\rho uA\phi)_w=\left(\Gamma A\frac{\mathrm{d}\phi}{\mathrm{d}x}\right)_e-\left(\Gamma A\frac{\mathrm{d}\phi}{\mathrm{d}x}\right)_w \tag{12-17}$$

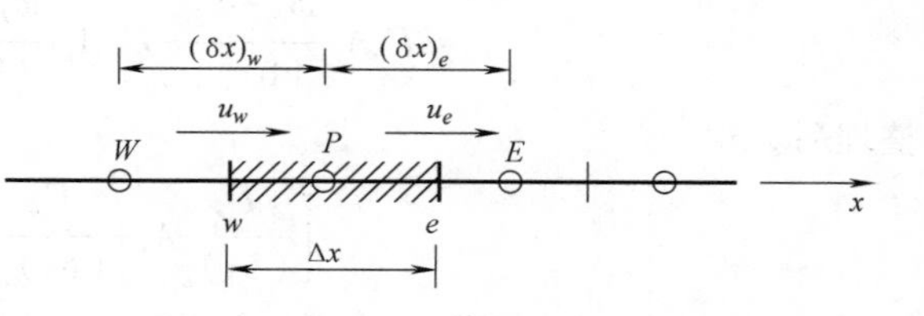

图 12-6　控制体积 P 及界面上的流速

积分连续性方程式（12-16）得

$$(\rho uA)_e-(\rho uA)_w=0 \tag{12-18}$$

为了得到对流-扩散方程的离散方程，必须对界面上的物理量做某种近似处理。为了后面讨论方便，定义两个新的物理量 F 及 D，其中 F 表示通过界面上单位面积的对流质量通量，D 表示界面的扩散传导性，则

$$F=\rho u,\ D=\frac{\Gamma}{\delta x}$$

这样，F、D 在控制体积界面上的值分别为

$$F_w=(\rho u)_w,\ F_e=(\rho u)_e$$

$$D_w=\frac{\Gamma_w}{(\delta x)_w},\ D_e=\frac{\Gamma_e}{(\delta x)_e}$$

在此基础上，定义一维单元的佩克莱（Peclet）数 Pe 如下：

$$Pe=\frac{F}{D}=\frac{\rho u}{\Gamma/\delta x}$$

式中，Pe 表示对流与扩散的强度之比。

可以想象，当 Pe 为零时，对流-扩散问题演变为纯扩散问题，即流场中没有流动，只有扩散；当 $Pe>0$ 时，流体沿正 x 方向流动，当 Pe 很大时，对流-扩散问题演变为纯对流问题，扩散作用可以忽略；当 $Pe<0$ 时，情况正好相反。

此外，假定：①在控制体的界面 e、w 处，$A_w=A_e=A$；②方程右端的扩散项，总是用中心差分格式来表示。

于是，方程式（12-17）可写为

$$F_e\phi_e-F_w\phi_w=D_e(\phi_E-\phi_P)-D_w(\phi_P-\phi_W) \tag{12-19}$$

同时，连续性方程式（12-18）的积分结果为

$$F_e-F_w=0 \tag{12-20}$$

为简化问题的讨论，假定速度场已通过某种方式变为已知，则 F_e、F_w 便已知。为了求解方程式（12-19），需要计算广义未知量 ϕ 在界面 e、w 处的值。必须确定界面物理量如何通过节点物理量插值表示。

（2）中心差分格式　中心差分格式是指界面上的物理量采用线性插值公式来计算。对于给定的均匀网格，写出控制体积的界面上物理量 ϕ 的值，即

$$\phi_e=\frac{\phi_P+\phi_E}{2},\ \phi_w=\frac{\phi_P+\phi_W}{2}$$

将上式代入式（12-19）中的对流项，而扩散项通常采用中心差分格式进行离散，可得

$$\frac{F_e}{2}(\phi_P+\phi_E)-\frac{F_w}{2}(\phi_W+\phi_P)=D_e(\phi_E-\phi_P)-D_w(\phi_P-\phi_W)$$

改写上式得

$$\left[\left(D_w-\frac{F_w}{2}\right)+\left(D_e+\frac{F_e}{2}\right)\right]\phi_P=\left(D_w+\frac{F_w}{2}\right)\phi_W+\left(D_e-\frac{F_e}{2}\right)\phi_E$$

引入连续性方程的离散形式即式（12-20），上式变为

$$\left[\left(D_w-\frac{F_w}{2}\right)+\left(D_e+\frac{F_e}{2}\right)+(F_e-F_w)\right]\phi_P=\left(D_w+\frac{F_w}{2}\right)\phi_W+\left(D_e-\frac{F_e}{2}\right)\phi_E$$

将上式中的 ϕ_P、ϕ_W、ϕ_E 前的系数分别用 a_P、a_W、a_E 表示，得到中心差分格式的对流-扩散方程的离散形式，即

$$a_P\phi_P=a_W\phi_W+a_E\phi_E+b \tag{12-21}$$

式中，$a_W=D_w+\dfrac{F_w}{2}$；$a_E=D_e-\dfrac{F_e}{2}$；$a_P=a_W+a_E+(F_e-F_w)$。

以此可以写出所有网格节点（控制体积中心点）上的式（12-21）形式的离散方程，从而组成一个线性代数方程组，求解这一方程，可得未知量 ϕ 在空间的分布。

可以证明，当 $Pe<2$ 时，中心差分格式的计算结果与精确解基本吻合。但当 $Pe>2$ 时，中心差分格式所得的解就完全失去了物理意义。

（3）一阶迎风格式　在中心差分格式中，界面 w 处的物理量 ϕ 的值总是同时受到 ϕ_P、ϕ_W 的共同影响。在一个对流占据主导地位的由西向东的流动中，上述处理方式明显是不合理的。这是由于 w 界面受节点 W 的影响比受节点 P 的影响更强烈。迎风格式在确定界面的物理量时，则考虑了流动方向，如图 12-7 所示。

一阶迎风格式规定，因对流造成的界面上的 ϕ 值被认为等于上游节点（即迎风侧节点）的 ϕ 值。于是，当流动沿着正方向，即 $u_w>0$、$u_e>0$（$F_w>0$、$F_e>0$）时，存在

$$\phi_w=\phi_W,\ \phi_e=\phi_P$$

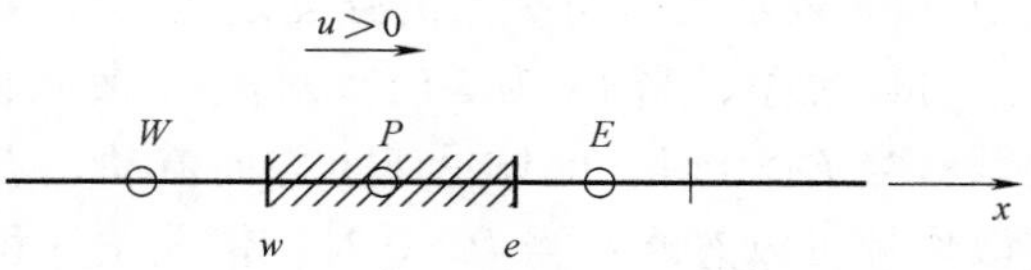

图 12-7 一阶迎风格式示意图

此时，离散方程式（12-16）变为

$$F_e\phi_P-F_w\phi_W=D_e(\phi_E-\phi_P)-D_w(\phi_P-\phi_W)$$

同样，引入连续性方程的离散形式，上式变为

$$[(D_w+F_w)+D_e+(F_e-F_w)]\phi_P=(D_w+F_w)\phi_W+D_e\phi_E$$

当流动沿着负方向，即 $u_w<0$、$u_e<0$（$F_w<0$、$F_e<0$）时，一阶迎风格式规定

$$\phi_w=\phi_P,\ \phi_e=\phi_E$$

此时，离散方程式（12-19）变为

$$F_e\phi_E-F_w\phi_P=D_e(\phi_E-\phi_P)-D_w(\phi_P-\phi_W)$$

即

$$[D_w+(D_e-F_e)+(F_e-F_w)]\phi_P=D_w\phi_W+(D_e-F_e)\phi_E$$

综合以上方程，将式中的 ϕ_P、ϕ_W、ϕ_E 前的系数分别用 a_P、a_W、a_E 表示，得到一阶迎风格式对流-扩散方程的离散形式，即

$$a_P\phi_P=a_W\phi_W+a_E\phi_E \tag{12-22}$$

式中，$a_P=a_W+a_E+(F_e-F_w)$；$a_W=D_w+\max\{F_w,\ 0\}$；$a_E=D_e+\max\{0,\ -F_e\}$。

这里，界面上未知量恒取上游节点的值，而中心差分则取上、下游节点的算术平均值，这是两种格式间的基本区别。由于这种迎风格式具有一阶精度，因而称作一阶迎风格式。

（4）二阶迎风格式　二阶迎风格式（图 12-8）与一阶迎风格式的相同点在于，二者都通过上游单元节点的物理量来确定控制体积界面的物理量。但二阶迎风格式不仅要用到上游最近一个节点的值，还要用到另一个上游节点的值。

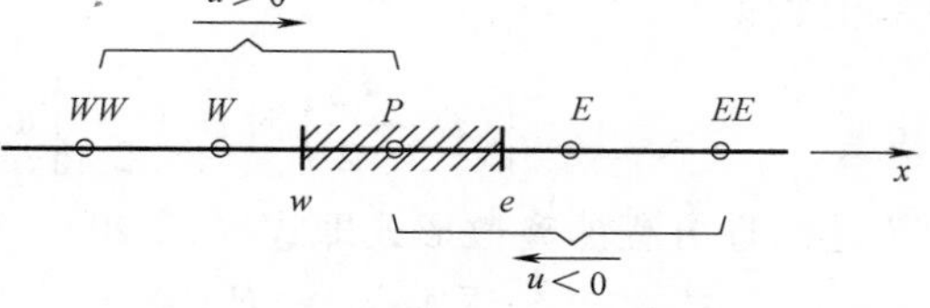

图 12-8 二阶迎风格式示意图

二阶迎风格式规定，当流动沿着正方向，即 $u_w>0$、$u_e>0$（$F_w>0$、$F_e>0$）时，有

$$\phi_w=1.5\phi_W-0.5\phi_{WW},\ \phi_e=1.5\phi_P-0.5\phi_W$$

此时离散方程式（12-19）变为

$$F_e(1.5\phi_P-0.5\phi_W)-F_w(1.5\phi_W-0.5\phi_{WW})=D_e(\phi_E-\phi_P)-D_w(\phi_P-\phi_W)$$

整理，得

$$\left(\frac{3}{2}F_e+D_e+D_w\right)\phi_P=\left(\frac{3}{2}F_w+\frac{1}{2}F_e+D_w\right)\phi_W+D_e\phi_E-\frac{1}{2}F_w\phi_{WW}$$

当流动方向沿着负方向，即 $u_w<0$、$u_e<0$（$F_w<0$、$F_e<0$）时，二阶迎风格式规定

$$\phi_w=1.5\phi_P-0.5\phi_E,\ \phi_e=1.5\phi_E-0.5\phi_{EE}$$

此时，离散方程为

$$F_e(1.5\phi_E-0.5\phi_{EE})-F_w(1.5\phi_P-0.5\phi_E)=D_e(\phi_E-\phi_P)-D_w(\phi_P-\phi_W)$$

整理，得

$$\left(D_e-\frac{3}{2}F_w+D_w\right)\phi_P=D_w\phi_W+\left(D_e-\frac{3}{2}F_e-\frac{1}{2}F_w\right)\phi_E+\frac{1}{2}F_e\phi_{EE}$$

综合以上各式，将式中 ϕ_P、ϕ_W、ϕ_{WW}、ϕ_E、ϕ_{EE} 前的系数分别用 a_P、a_W、a_{WW}、a_E、a_{EE} 表示，得到二阶迎风格式对流-扩散方程的离散形式为

$$a_P\phi_P=a_W\phi_W+a_{WW}\phi_{WW}+a_E\phi_E+a_{EE}\phi_{EE} \tag{12-23}$$

式中，$a_P=a_E+a_W+a_{EE}+a_{WW}+(F_e-F_w)$；$a_W=\left(D_w+\frac{3}{2}\alpha F_w+\frac{1}{2}\alpha F_e\right)$；

$a_E=\left[D_e-\frac{3}{2}(1-\alpha)F_e-\frac{1}{2}(1-\alpha)F_w\right]$；$a_{WW}=-\frac{1}{2}\alpha F_w$，$a_{EE}=\frac{1}{2}(1-\alpha)F_e$。

其中，当流动沿着正方向，即 $F_w>0$ 及 $F_e>0$ 时，$\alpha=1$；当流动沿着负方向，即 $F_w<0$ 及 $F_e<0$ 时，$\alpha=0$。

二阶迎风格式可以看作在一阶迎风格式的基础上，考虑了物理量在节点间分布曲线的曲率影响，其离散方程具有二阶精度。这一格式的显著特点是，单个方程不仅包含了相邻节点的未知量，还包括了相邻节点旁边的其他节点的物理量。

五、有限体积法的四条基本原则

（1）控制体积交界面上的连续原则　当一个表面为相邻的两个控制体积所共有时，在这两个控制体积的离散方程中，通过该界面的通量（包括热通量、质量流量、动量流量）的表达式必须相同。显然，对于某特定界面，从一个控制体积所流出的热通量，必须等于进入相邻控制体积的热通量，否则，总体平衡就得不到满足。

（2）正系数原则　在任何输运过程中，物理量总是连续变化的。计算域内任一物理量升高时，必然引起邻近点相应物理量的升高，否则连续性将被破坏。

这一性质反映在标准形式的离散方程中，所有变量系数的正负号必须相同。不妨规定：离散方程的系数全为正值，称为正系数原则。

（3）源项线性化负斜率原则　在大多数物理过程中，源项及应变量之间存在负斜率关系。如果 S_P 为正值，物理过程可能不稳定。如在热传导问题中，S_P 为正，意味着 T_P 增加时，源项热源也增加，如果没有有效的散热机构，可能会反过来导致 T_P 增加，如此反复下去，造成温度飞升的不稳定现象。从数值计算角度来看，保持 S_P 负值，可避免出现计算不稳定和结果不合理。

（4）系数 a_P 等于相邻节点系数和原则　控制方程一般是微分方程，除源项外，变量 ϕ 都以微分形式出现。若 ϕ 是控制方程的解，则 $\phi+C$ 也一定是这个方程的解。微分方程的这一性质也必须反映在相应的离散代数方程中。因此，中心节点的系数 a_P 必须等于所有相邻节点系数之和，即 $a_P=\sum a_{nb}$。

第四节　Fluent 概述

一、Fluent 的工程应用背景

Fluent 是目前国际上比较流行的商用计算流体力学软件，在美国的市场占有率高达

60%，只要涉及流体、热传递及化学反应等工程问题，大都可以用 Fluent 进行解算。它具有丰富的物理模型、先进的数值方法以及强大的前后处理功能，在航空航天、汽车设计、石油天然气、涡轮机设计等方面都有着广泛的应用。例如，石油天然气工业上的应用包括燃烧井下分析、喷射控制、环境分析、油气消散/聚积、多相流、管道流动等。

Fluent 能够解决的工程问题可以归结为以下几个方面：

1）采用三角形、四边形、四面体、六面体及其混合网格计算二维和三维流动问题。计算过程中，网格可以自适应。

2）可压缩与不可压缩流动问题。

3）稳态和瞬态流动问题。

4）无黏流、层流及湍流问题。

5）牛顿流体及非牛顿流体。

6）对流换热问题（包括自然对流和混合对流）。

7）导热与对流换热耦合问题。

8）辐射换热。

9）惯性坐标系和非惯性坐标系下的流动问题模拟。

10）多运动坐标系下的流动问题。

11）化学组分混合与反应。

12）可以处理热量、质量、动量和化学组分的源项。

13）用拉格朗日轨道模型模拟稀疏相（颗粒、水滴、气泡等）。

14）多孔介质流动。

15）一维风扇、热交换器性能计算。

16）两相及多相流问题。

17）复杂表面形状下的自由面流动。

二、Fluent 的软件包

Fluent 软件设计基于计算流体力学软件群的思想，从用户需求角度出发，针对各种复杂流动和物理现象，采用不同的离散格式和数值方法，以期在特定的领域内使计算速度、稳定性和精度等方面达到最佳组合，从而可以高效率地解决各个领域的复杂流动计算问题。基于上述思想，Fluent 开发了适用于各个领域的流动模拟软件，用于模拟流体流动、传热传质化学反应和其他复杂的物理现象，各模拟软件都采用了统一的网格生成技术和共同的图形界面，它们之间的区别仅在于应用的工业背景不同，因此大大方便了用户。

Fluent 的软件包由以下几个部分组成：

（1）前处理器　Gambit 用于网格的生成，它是具有超强组合构建模型能力的专用计算流体力学前置处理器。Fluent 系列产品皆采用原 Fluent 公司（现 ANSYS 公司）自行研发的 Gambit 前处理软件来建立几何形状及生成网格。另外，TGrid 和 Filters（Translators）是独立于 Fluent 的前处理器，其中 TGrid 用于从现有的边界网格生成体网格，Filters 可以转换由其他软件生成的网格从而用于 Fluent 计算。与 Filters 接口的程序包括 ANSYS、I-DEAS、Nastran、Patran 等。

（2）求解器 它是流体计算的核心，根据专业领域的不同，求解器主要分为以下几种类型：

1）Fluent 4.5：基于结构化网格的通用计算流体力学求解器。

2）Fluent 6.2.16：基于非结构化网格的通用计算流体力学求解器。

3）Fidap：基于有限元法，并且主要用于流固耦合的通用计算流体力学求解器。

4）Polyflow：针对黏弹性流动的专用计算流体力学求解器。

5）Mixsim：针对搅拌混合问题的专用计算流体力学软件接口。

6）Icepak：专用的热控分析计算流体力学软件。

（3）后处理器 Fluent 求解器本身就附带有比较强的后处理功能。另外，Tecplot 也是一款比较专业的后处理器，可以把一些数据可视化，这对于数据处理要求比较高的用户来说是一个理想的选择。

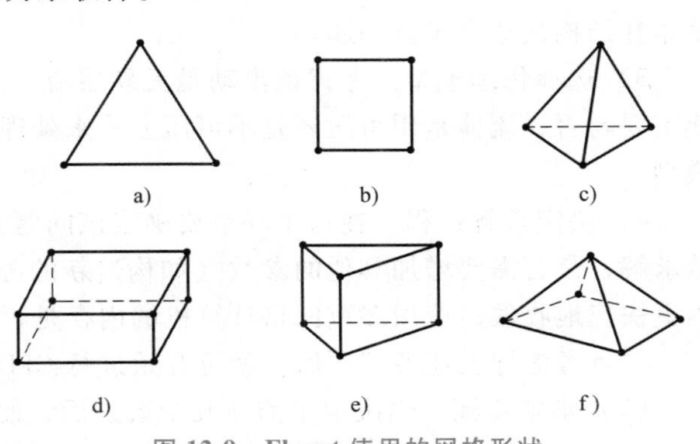

图 12-9 Fluent 使用的网格形状

a）三角形 b）四边形 c）四面体 d）六面体 e）五面体（棱锥） f）五面体（金字塔）

在以上介绍的 Fluent 软件包中，求解器 Fluent 15.0 是应用范围较广的。这个求解器既可使用结构化网格，也可使用非结构化网格。对于二维问题，可以使用四边形网格和三角形网格；对于三维问题，可以使用六面体、四面体、金字塔形以及楔形网格（图 12-9）。Fluent 15.0 可以接受单块和多块网格，以及二维混合网格和三维混合网格。

三、Fluent 软件的基本组成

最基本的流体数值模拟可以通过软件的合作来完成，如图 12-10 所示。UG/AutoCAD 等属于 CAD/CAE 软件，用来生成数值模拟所在区域的几何形状；TGrid、Gambit 及 ICEM 是把计算区域离散化，或进行网格的生成，其中 TGrid 可以从已有边界网格中生成体网格，而 Gambit 自身就可以生成几何图形和划分网格，ICEM 是目前市场上最强大的六面体结构化网格生成工具。ICEM 和 Gambit 同属 ANSYS 公司的同类产品，也是当今最流行的网格生成软件，ICEM 现可为多种主流计算流体力学软件 Fluent、CFX、STAR-CD 等提供高质量的网格。Fluent 求解器是对离散化且定义了边界条件的区域进行数值模拟；Tecplot 可以把从 Fluent 求解器导出的特定格式的数据进行可视化，形象地描述各种量在计算区域内的分布。

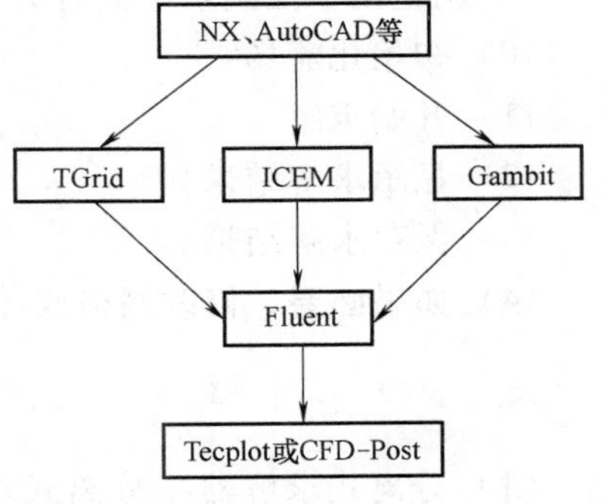

图 12-10 各软件之间的协同关系

四、Fluent 求解步骤

Fluent 是一个 CFD 求解器，在使用 Fluent 进行求解之前，必须借助 Gambit、TGrid 或其他 CAD 软件生成网格模型。Fluent 4 及以前版本，只使用结构网格，而 Fluent 5 之后使用非结构网格，但兼容传统的结构网格和块结构网格等。

（1）制定分析方案　同使用任何 CAE 软件一样，在使用 Fluent 前，首先应针对所要求解的物理问题，制定比较详细的求解方案。制定求解方案需要考虑的因素包括以下内容：

1）决定 CFD 模型目标。确定要从 CFD 模型中获得什么样的结果，怎样使用这些结果，需要怎样的模型精度。

2）选择计算模型。在这里要考虑怎样对物理系统进行抽象概括，计算域包括哪些区域，在模型计算域的边界上使用什么样的边界条件，模型按二维还是三维构造，什么样的网格拓扑结构最适合于该问题。

3）选择物理模型。考虑该流动是无黏层流，还是湍流，流动是稳态还是非稳态，热交换重要与否，流体是用可压还是不可压方式来处理，是否多相流动，是否需要应用其他物理模型。

4）决定求解过程。在这个环节要确定该问题是否可以利用求解器现有的公式和算法直接求解，是否需要增加其他的参数（如构造新的源项），是否有更好的求解方式可使求解过程更快速地收敛，使用多重网格计算机的内存是否够用，得到收敛解需要多久的时间。

一旦考虑好上述各问题后，就可开始进行 CFD 建模和求解。

（2）求解步骤　当决定了前述几个要素后，便可按下列过程开展流动模拟。

1）创建几何模型和网格模型（在 Gambit 或其他前处理软件中完成）。

2）启动 Fluent 求解器。

3）导入网格模型。

4）检查网格模型是否存在问题。

5）选择求解器及运行环境。

6）决定计算模型，即是否考虑热交换，是否考虑黏性，是否存在多相等。

7）设置材料特性。

8）设置边界条件。

9）调整用于控制求解的有关参数。

10）初始化流场。

11）开始求解。

12）显示求解结果。

13）保存求解结果。

14）如果必要，修改网格或计算模型，然后重复上述过程重新进行计算。

五、Fluent 求解器

（1）分离式求解器　分离式求解器（segregated solver）是顺序地、逐一地求解各方程（关于 u、v、w、p 和 T 的方程）。也就是先在全部网格上解出一个方程（如 u 动量方程）后，再解另外一个方程（如 v 动量方程）。由于控制方程是非线性的，且相互之间是耦合的，因此，在得到收敛解之前，要经过多轮迭代。每一轮迭代由如下步骤组成：

1）根据当前解的结果，更新所有流动变量。如果计算刚刚开始，则用初始值来更新。

2）按顺序分别求解 u、v 和 w 动量方程，得到速度场。注意在计算时，压强和单元界面的质量流量使用当前的已知值。

3）得到的速度很可能不满足连续性方程，因此，用连续性方程和线性化的动量方程构造一个泊松（Poisson）型的压强修正方程，然后求解该压强修正方程，得到压强场与速度场的修正值。

4）利用新得到的速度场与压强场，求解其他标量（如温度、湍动能和组分等）的控制方程。

5）对于包含离散相的模拟，当内部存在相间耦合时，根据离散相的轨迹计算结果更新连续相的源项。

6）检查方程组是否收敛。若不收敛，回到第1步，重复进行。

（2）耦合式求解器　耦合式求解器（coupled solver）是同时求解连续性方程、动量方程、能量方程及组分输运方程的耦合方程组，然后，再逐一地求解湍流等标量方程。由于控制方程是非线性的，且相互之间是耦合的，因此，在得到收敛解之前，要经过多轮迭代。每一轮迭代由如下步骤组成：

1）根据当前解的结果，更新所有流动变量。如果计算刚刚开始，则用初始值来更新。

2）同时求解连续性方程、动量方程、能量方程及组分输运方程的耦合方程组。

3）根据需要，逐一地求解湍流、辐射等标量方程。注意在求解之前，方程中用到的有关变量要用前面得到的结果更新。

4）对于包含离散相的模拟，当内部存在相间耦合时，根据离散相的轨迹计算结果更新连续相的源项。

5）检查方程组是否收敛。若不收敛，回到第1步，重复进行。

（3）求解器中的显式与隐式方案　在分离式和耦合式两种求解器中，都要想办法将离散的非线性控制方程线性化为在每一个计算单元中相关变量的方程组。为此，可采用显式和隐式两种方案实现这一线性化过程，这两种方式的物理意义如下：

1）隐式（implicit）：对于给定变量，单元内的未知量用邻近单元的已知和未知值来计算。因此，每一个未知量会在不止一个方程中出现，这些方程必须同时求解才能解出未知量。

2）显式（explicit）：对于给定变量，每一个单元内的未知量用只包含已知值的关系式来计算。因此未知量只在一个方程中出现，而且每一个单元内未知量的方程只需解一次就可以得到未知量的值。

在分离式求解器中，只采用隐式方案进行控制方程的线性化。由于分离式求解器是在全计算域上解出一个控制方程的解之后才去求解另一个方程，因此，区域内每一个单元只有一个方程，这些方程组成一个方程组。假定系统共有 M 个单元，则针对一个变量（如速度 u）生成一个由 M 个方程组成的线性代数方程组。Fluent 使用点隐式高斯-赛德尔（Gauss-Seidel）方法来求解这个方程组。总体来讲，分离式方法同时考虑所有单元来解出一个变量的场分布（如速度 u），然后再同时考虑所有单元解出下一个变量（如速度 v）的场分布，直至所要求的几个变量（如 w、p、T）的场全部解出。

在耦合式求解器中，可采用隐式或显式两种方案进行控制方程的线性化。当然，这里所谓的隐式和显式，只是针对耦合求解器中的耦合控制方程组（即由连续性方程、动量方程、能量方程及组分输运方程组成的方程组）而言的，对于其他的独立方程（即湍流、辐射等方程），仍采用与分离式求解器相同的解法（即隐式方式）来求解。

1）耦合隐式（coupled implicit）：耦合控制方程组中的每个方程在线性化时要生成一个涉及所有相关未知量的方程。如果系统中耦合的控制方程有 N 个（一般是 3~6 个），总共有 M 个单元，则针对计算域中每个单元生成 N 个线性方程。系统总共有 $M \times N$ 个方程。因为每一个单元中有 N 个方程，所以称这种方程组为分块方程组。Fluent 将点隐式高斯-赛德尔方法与代数多重网格方法（AMG）结合在一起来求解分块方程组。总的来讲，耦合隐式方案最后同时解出所有单元内的变量（u、v、w、p 和 T）。

2）耦合显式（coupled explicit）：耦合的一组控制方程都用显式的方式线性化。和隐式方案一样，通过这种方案也会得到区域内每一个单元具有 N 个方程的方程组。然而，方程中的 N 个未知量都是用已知值显式地表示出来，但这 N 个未知量是耦合的。因此，不需要线性方程求解器。取而代之的是，使用多步龙格-库塔（Runge-Kutta）方法来更新各未知量。总的来讲，耦合显式方案同时求解一个单元内的所有变量（u、v、w、p 和 T）。

（4）求解器的比较与选择　分离式求解器以前主要用于不可压流动和微可压流动，而耦合式求解器用于高速可压流动。现在，两种求解器都适用于从不可压到高速可压的很大范围的流动，但总的来讲，当计算高速可压流动时，耦合式求解器比分离式求解器更有优势。

Fluent 默认使用分离式求解器，但是，对于高速可压流动、由强体积力（如浮力或者旋转力）导致的强耦合流动，或者在非常精细的网格上求解的流动，需要考虑耦合式求解器。耦合式求解器耦合了流动和能量方程，常常很快便可以收敛。耦合隐式求解器所需内存大约是分离式求解器的 1.5~2 倍，选择时可以根据这一情况来权衡利弊。在需要耦合隐式的时候，如果计算机的内存不够，就可以采用分离式或耦合显式。耦合显式虽然也耦合了流动和能量方程，但是它还是比耦合隐式需要的内存少，当然它的收敛性也相应差一些。

需要注意的是，在分离式求解器中提供的几个物理模型，在耦合式求解器中是没有的。这些物理模型包括：流体体积（VOF）模型、多项混合模型、欧拉混合模型、PDF 燃烧模型、预混合燃烧模型、部分预混合燃烧模型、烟灰和 NO_x 模型、Rosseland 辐射模型、熔化和凝固等相变模型、指定质量流量的周期流动模型、周期性热传导模型和壳传导模型等。而下列物理模型只在耦合式求解器中有效，在分离式求解器中无效：理想气体模型、用户定义的理想气体模型、NIST 理想气体模型、非反射边界条件和用于层流火焰的化学模型。

一旦决定了采用何种求解器后，便可通过 Solver 对话框在 Fluent 中设定计划采用的求解器。

第五节　计算实例——二维定常速度场计算

图 12-11 所示的二维变径管道计算模型的大径 $D=200\text{mm}$，小径 $d=100\text{mm}$。大径处长度 $L_1=200\text{mm}$，小径处长度 $L_2=200\text{mm}$，入口处的水流速度为 0.5m/s。考虑到本算例管道是轴对称的，只需要建立二维模型计算。Fluent 计算时对称轴要求是 x 轴，所以在 Gambit 建立模型时，将对称轴放在 x 轴上。

对于二维轴对称管道的速度场的数值模拟，首先利用 Gambit 画出计算区域，并且对边

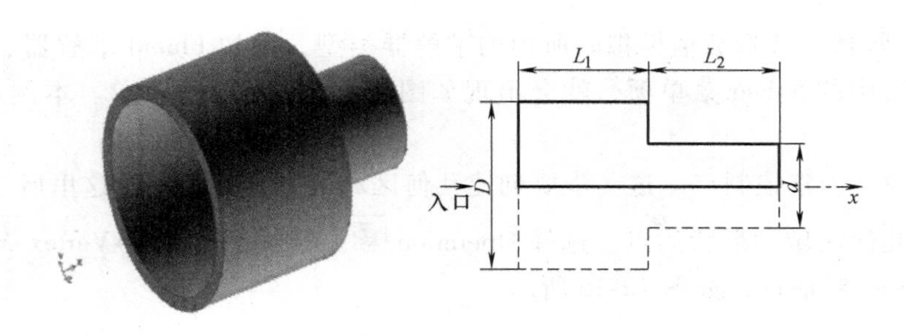

图 12-11　二维变径管道计算模型

界条件类型进行相应的指定，然后导出 Mesh 文件。接着，将 Mesh 文件导入 Fluent 求解器中，再经过一些设置就得到相应的 Case 文件，再利用 Fluent 求解器进行求解。最后，利用 Fluent 显示结果（也可以将 Fluent 求解的结果导入 Tecplot 或 Origin 中，并对感兴趣的结果进行进一步的处理）。

一、利用 Gambit 建立计算区域

（1）步骤 1：文件的创建及求解器的选择

1）启动 Gambit。若是 Gambit 已经安装，并且已经设置好 Gambit 的环境变量，就可以选择“开始”→“运行”打开对话框，在文本框中输入 Gambit，单击“确定”按钮或在桌面单击 Gambit 图标→右键→管理员身份运行，系统就会弹出对话框，单击 Run 按钮就可以启动 Gambit 软件了。其他版本的 Gambit 的启动方法与提到的启动方法类似，这里不再赘述。

2）建立新文件。Gambit 窗口启动之前，可以更改工作目录，如本例更改为 D:\exam，如图 12-12 所示。在图 12-12 中 Session Id 可创建新文件名，如本例文件命名为 2d-pipe flow。

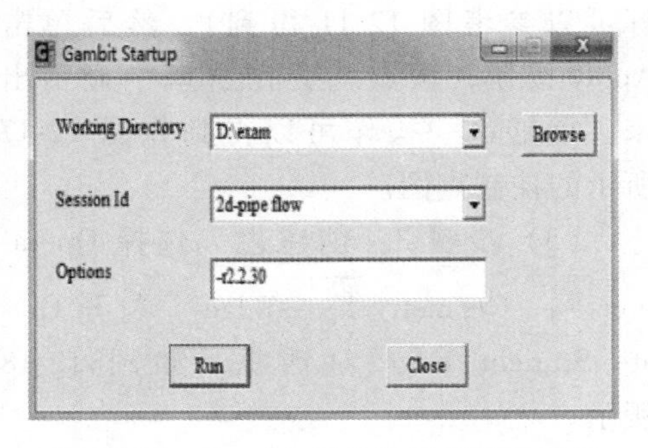

图 12-12　Gambit 工作目录设置对话框

文件名也可在 Gambit 窗口启动以后，选择 File→New 打开如图 12-13 所示的对话框，在 ID 文本框中输入 2d-pipe flow 作为 Gambit 要创建的文件的名称，并且注意要选中 Save current session 复选框（呈现红色）才可以创建新文件。单击 Accept 按钮，会出现如图 12-14 所示的提示。单击 Yes 按钮就可以创建一个名称为 2d-pipe flow 的新文件。

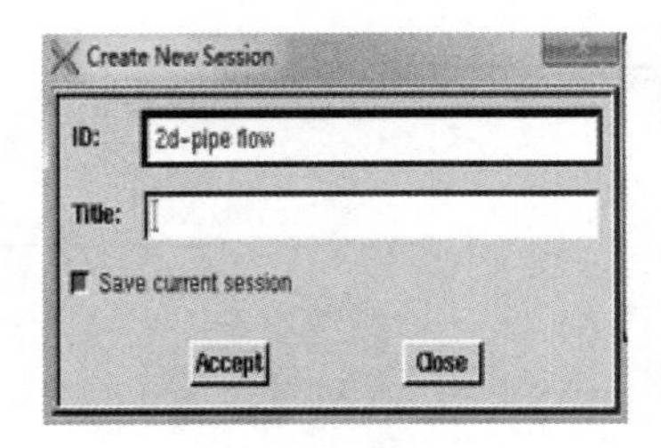

图 12-13　建立新文件

图 12-14　确认保存文件对话框

3）选择求解器。选择数值模拟时所用的求解器类型，例如 Fluent 求解器、ANSYS 求解器等。单击菜单中的 Solver 菜单项，就会出现如图 12-15 所示的子菜单。本例选择 FLUENT 5/6。

（2）步骤 2：创建控制点　这一步要创建几何区域的主要控制点。这里所说的控制点是用于大体确定几何区域的形状的点。选择 Operation →Geometry →Vertex 就可以打开 Create Real Vertex 对话框，如图 12-16 所示。

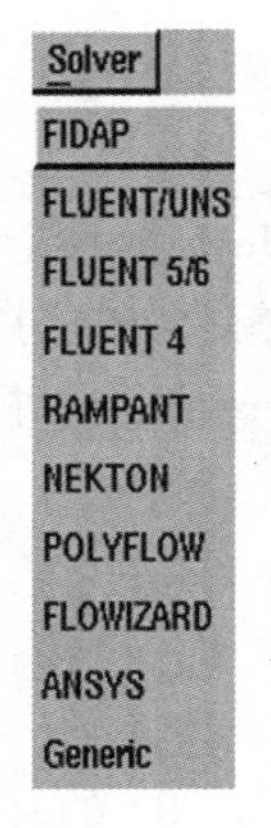

图 12-15　求解器类型

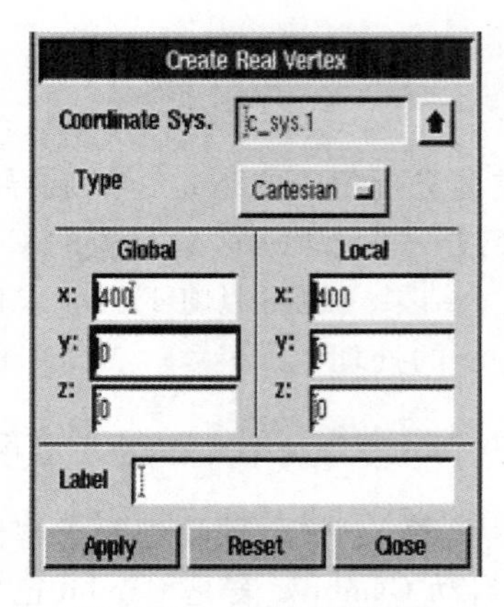

图 12-16　创建点对话框

在 Global 选项区域内的 x、y 和 z 文本框中输入其中一个控制点的坐标（各控制点的坐标可以参考图 12-11 得到），然后单击 Apply 按钮，该点就会在窗口中显示出来。重复这一操作可以得到如图 12-17 所示的控制点图。

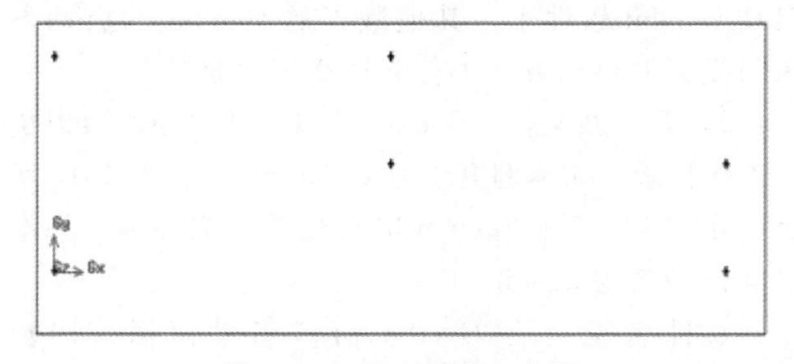

图 12-17　控制点图示意图

（3）步骤 3：创建边　选择 Operation →Geometry →Edge 打开 Create Straight Edge 对话框，如图 12-18 所示。

在对话框的 Vertices 列表中选中将要创建边对应的两个端点，然后单击 Apply 按钮就确定了一条边。或者鼠标单击图 12-18 中 Vertices 选择框后，用 “Shift + 鼠标左键” 来选择创建边对应的两个端点，然后单击图 12-18 中 Apply 按钮就创建一条边。重复上述操作就可以创建出如图 12-19 所示的直边。

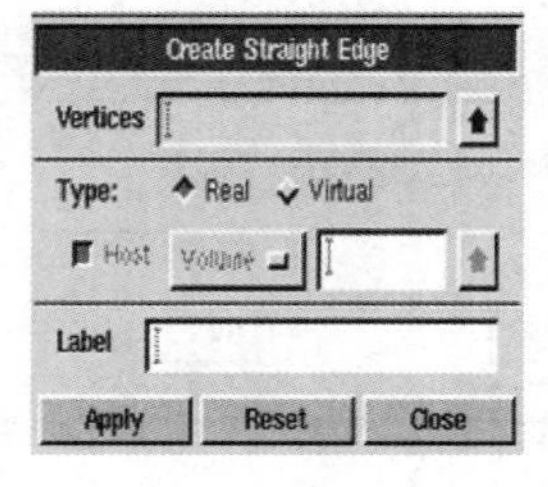

图 12-18　Create Straight Edge 对话框

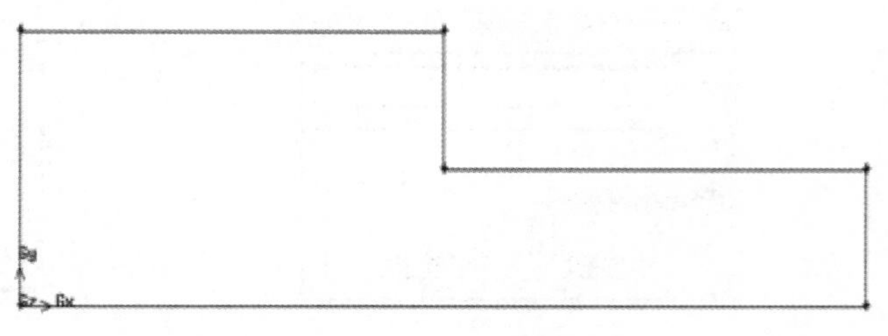

图 12-19　计算区域线框图

（4）步骤 4：创建面　选择 Operation →Geometry →Face 打开 Create Face From Wireframe 对话框，如图 12-20 所示，利用它可以创建面。

单击这个对话框中的 Edges 文本框，呈现黄色后就可以选择要创建的面所需的几何单元。本例单击黄色文本框的向上箭头，选中所有的边（图 12-21）；或用“Shift + 鼠标左键”来选择创建面对应的线，然后单击 Apply 按钮。在图形窗口中，若所有边都变成了蓝色，就说明创建了一个面。

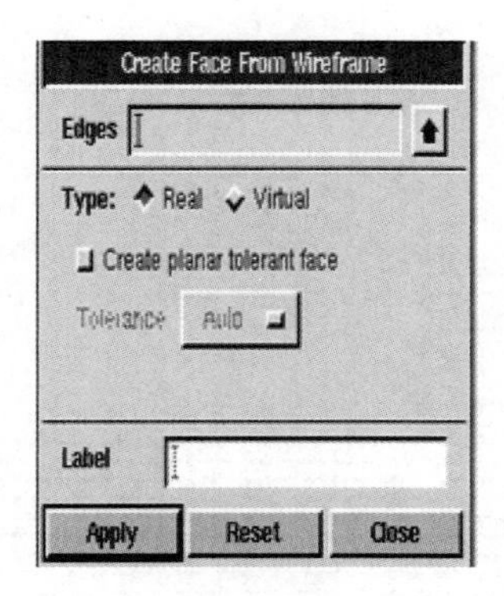

图 12-20　Create Face From Wireframe 对话框

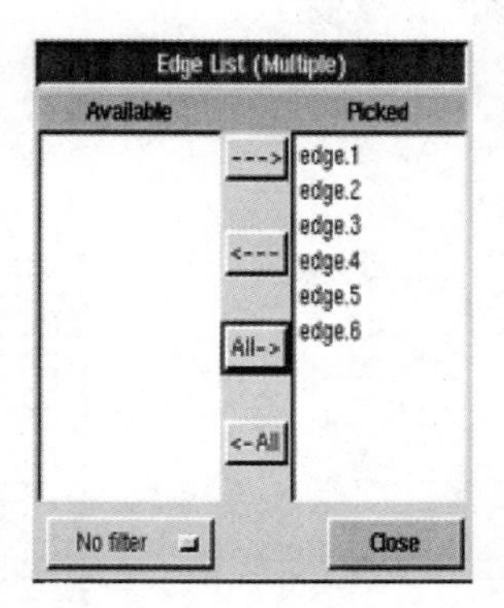

图 12-21　选择边对话框

利用 Gambit 软件右下角 Global Control 中的按钮 ，就可以看到图 12-22 所示的二维面。

图 12-22　二维面示意图

二、利用 Gambit 划分网格和指定边界类型

（1）步骤 1：网格划分

1）边的网格划分。选择 Operation →Mesh →Edge 打开 Mesh Edges 对话框，如图 12-23 所示，利用它可以对线划分网格。设置 Spacing 时，本案例选择 Interval size，在图 12-11 中半径设定为 5，长度 L_1 及 L_2 的数值设为 10（图 12-23），单击 Apply 按钮，可以画出如图 12-24 所示的网格。

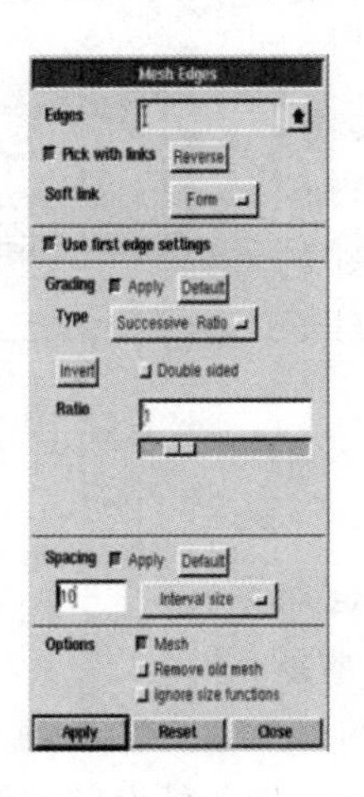

图 12-23　Mesh Edges 对话框

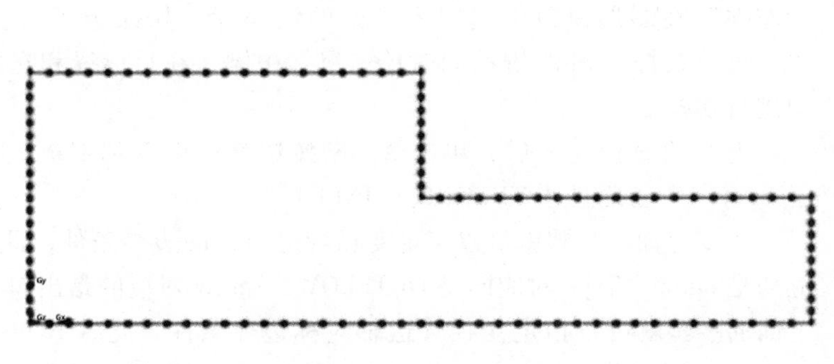

图 12-24　线划分网格示意图

2）面的网格划分。选择 Operation →Mesh →Face 打开 Mesh Faces 对话框如图 12-25 所示，利用它可以对面划分网格。具体操作如下：单击对话框中的 Faces 文本框，呈现黄色后，用“Shift +鼠标左键”选中要进行网格划分的面。由于线已划分网格，设置 Spacing 时，可关闭其 Apply 选项，由线来控制面网格，单击 Apply 按钮，可以画出如图 12-26 所示的网格。

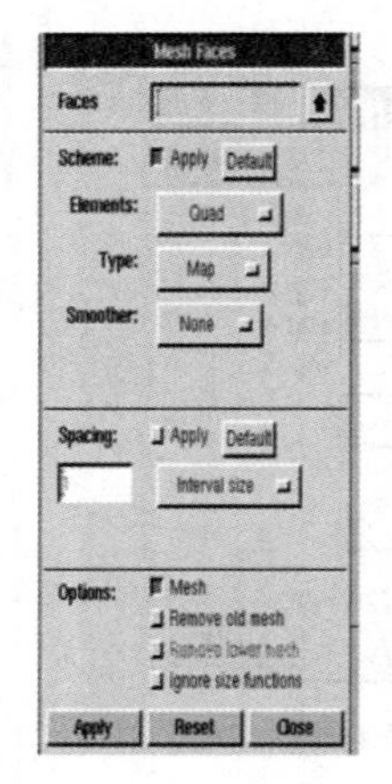

图 12-25 Mesh Faces 对话框

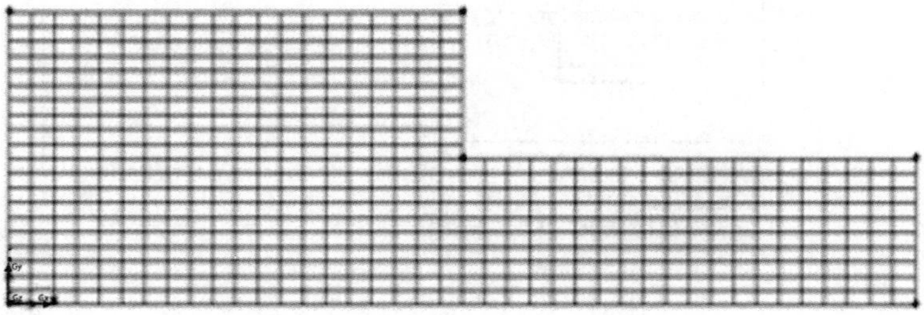

图 12-26 划分后面网格

（2）步骤 2：边界条件类型的指定 选择 Operation →Zones 打开 Specify Boundary Types 对话框，如图 12-27 所示，利用它可以进行边界条件类型设定。具体步骤如下：

1）指定要进行的操作。在 Action 项下选 Add，也就是添加边界条件。

2）给出边界的名称。在 Name 选项后面输入一个名称给指定的几何单元。在本例中指定为 inlet。

3）指定边界条件的类型。在 Fluent 5/6 对应的边界条件中选中 VELOCITY_INLET，选择的方法就是利用鼠标的右键单击类型。

4）指定边界条件对应的几何单元。Entity 对应的几何单元的类型，本例选择 Edges。在 Edges 文本框中单击鼠标左键，然后利用“Shift+鼠标左键”在图形窗口中选中入口处的线单元。如误选了与目标相邻的线，可以在按住 Shift 键的同时单击鼠标中键，在目标线和它的相邻线之间进行切换。

上述的设置完成后，单击 Apply 按钮就可以看到 Name 列表中添加了 inlet；并且类型是 VELOCITY_INLET。

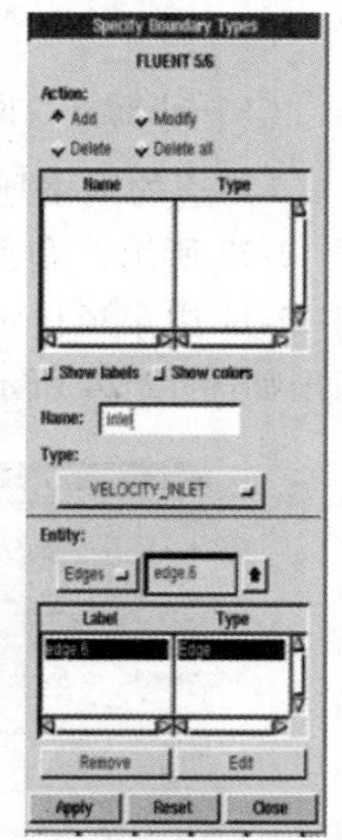

图 12-27 Specify Boundary Types 对话框

重复上面的步骤就可以指定变径管道出口的边界条件，此时 Name 对应的是 outlet，Type 对应的是 OUTFLOW，Entity 对应的是出口截面。重复上面的步骤就可以指定变径管道轴对称边界条件，此时 Name 对应的是 axis，Type 对应的是 AXIS。设置完上述参数后单击 Apply 按钮，可以看到如图 12-28 所示的边界条件设定结果。

Gambit 默认的边界条件类型为 wall 类型，所以，其余的边界条件不需要特意指定。

（3）步骤 3：Mesh 文件的输出　选择 File→Export→Mesh 就可以打开如图 12-29 所示的输出文件的对话框。

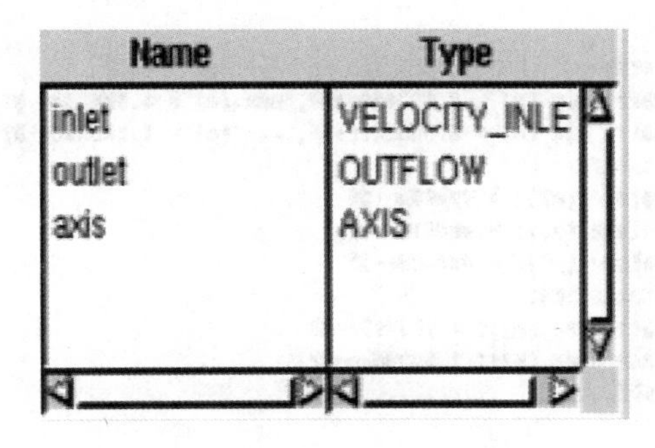

图 12-28　边界条件设定结果

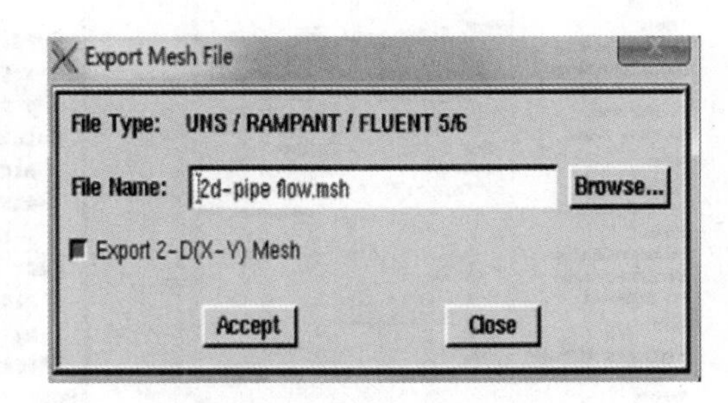

图 12-29　输出文件的对话框

注意：Export 2-D（X-Y）Mesh 选项要选中，因为这个选项用来输出三维的网格文件，而本例中输出的是二维网格文件。文件的输出情况可以从命令记录窗口的 Transcript 的信息看出，若是输出文件有错误，从这里可以找到错误的相关信息，用以指导修改。

三、利用 Fluent 求解器求解

上面的操作是利用 Gambit 软件对计算区域进行几何建构，并且指定边界条件类型，最后输出 2d-pipe flow。下面要把 2d-pipe flow 导入 Fluent 进行求解。

（1）步骤 1：Fluent 求解器的选择　本例中的管道流动是一个二维问题，问题对求解的精度要求不高，所以在启动 Fluent 时，要选择二维的单精度求解器，如图 12-30 所示。单击 OK 按钮就可以启动 Fluent 15.0 求解器。

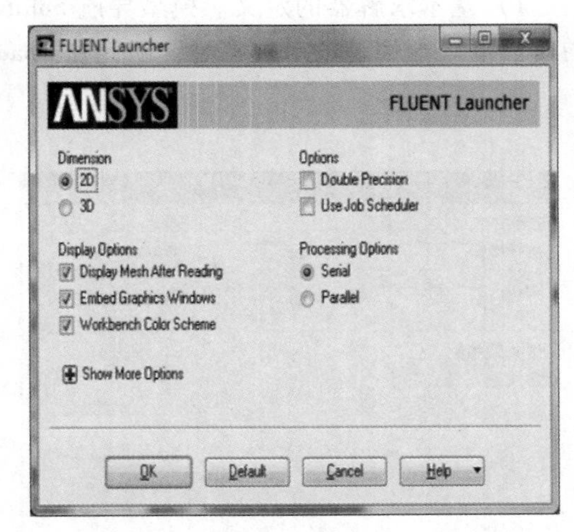

图 12-30　求解器选择

（2）步骤 2：网格的相关操作

1）网格文件的读入。选择 File→Read→Case（或 Mesh）。打开文件导入对话框，找到 2d-pipe fow. msh 文件，单击 OK 按钮，Mesh 文件就被导入 Fluent 求解器中了。

2）检查网格文件。从菜单选择 Mesh→Check（图 12-31 左图）对网格文件进行检查，也可从模型导航 Solution Setup→General→Mesh→Check 对网格文件进行检查，以下示例步骤均以模型导航来说明操作。网格文件读入以后，一定要对网格进行检查。Fluent 求解器检查网格的部分信息，如图 12-31 右图所示。可以看出，网格体积大于 0，否则网格不能用于计算。

3）设置计算区域尺寸。模型导航 Solution Setup→General→Mesh→Scale（图 12-31 左图），打开如图 12-32 所示的对话框，对几何区域的尺寸进行设置。Fluent 默认的单位是 m，而本例给出单位为 mm，在 Mesh Was Created In 列表中选择 mm，选择 View Length Unit In 将单位换成 mm，然后单击 Scale 按钮就可以对计算区域的几何尺寸进行缩放，从而使它符合

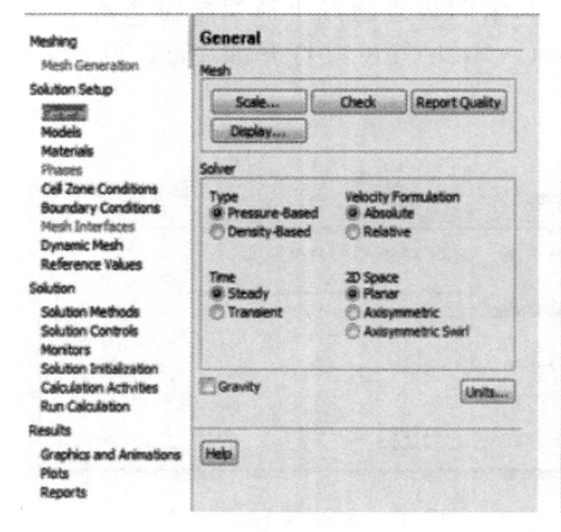


```
Domain Extents:
  x-coordinate: min (m) = 0.000000e+00, max (m) = 4.000000e-01
  y-coordinate: min (m) = 0.000000e+00, max (m) = 1.000000e-01
Volume statistics:
  minimum volume (m3): 4.999990e-05
  maximum volume (m3): 5.000013e-05
    total volume (m3): 3.000000e-02
Face area statistics:
  minimum face area (m2): 4.999995e-03
  maximum face area (m2): 1.000002e-02
Checking mesh.........................
Done.
```

图 12-31　检查网格文件对话框

求解区域的实际尺寸。最后单击 Close 按钮关闭对话框。

4）显示网格。模型导航 Solution Setup→General→Mesh→Display（图 12-31 左图），打开网格显示对话框。网格文件的各个部分的显示可以通过 Surfaces 下拉列表框中某个部分是否选中来控制。

（3）步骤 3：选择计算模型　当网格文件检查完毕后，就可以为这一网格文件指定计算模型。

1）基本求解器的定义。模型导航 Solution Setup→General→Solver，打开如图 12-33 所示的对话框。本例是轴对称模型，因此在 Space 项选择 Axisymmetric，其他采用默认设置即可。

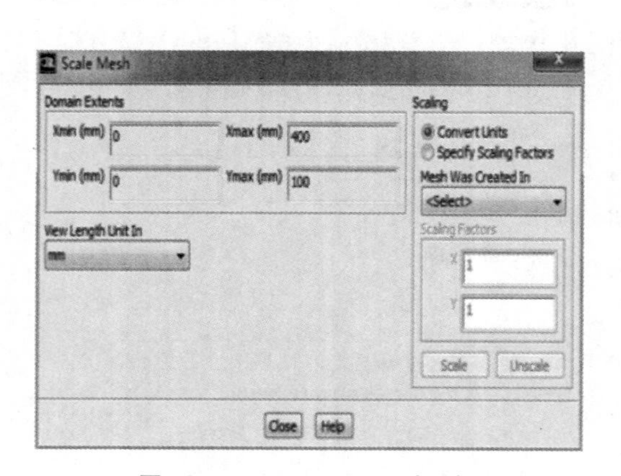

图 12-32　Scale Mesh 对话框

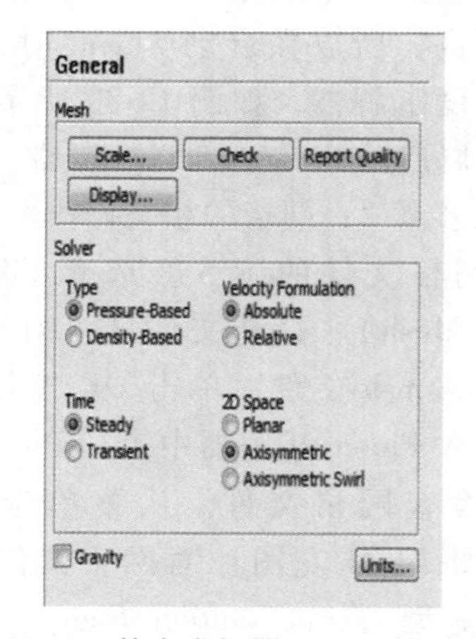

图 12-33　基本求解器 Solver 的对话框

2）湍流模型的指定。模型导航 Solution Setup→Models→Viscous Model。由雷诺数计算可知，本流场的流态为湍流，要对湍流模型进行设置。在 Viscous-双击或在 Models（图 12-34）对话框单击 Edit，湍流模型设置如图 12-35 所示。Fluent 默认的黏性模型是层流（Laminar），本示例选择标准 k-epsilon（κ-ε）湍流模型。设置后，单击 OK 按钮关闭 Viscous Model 设置对话框。

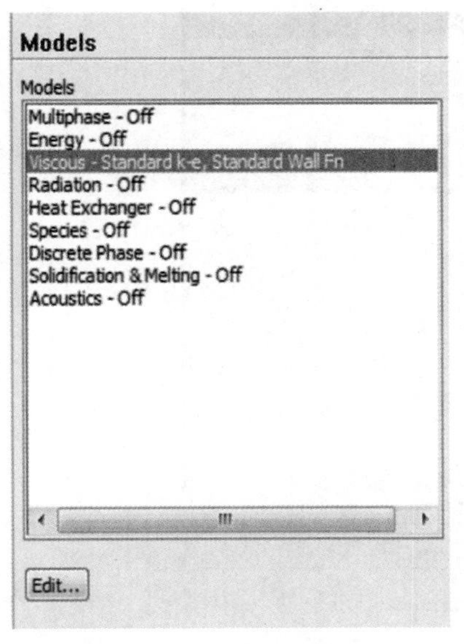

图 12-34 Models 设置对话框

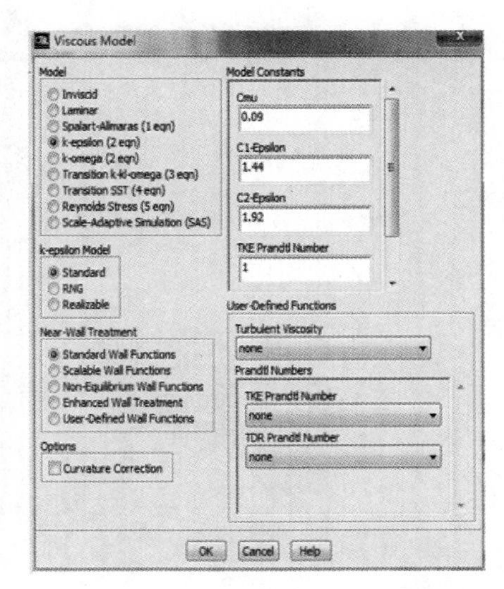

图 12-35 Viscous Model 设置对话框

（4）步骤 4：定义材料的物理性质 模型导航 Solution Setup→Materials→Create/Edit（图 12-36 左图）。在对计算模型进行了定义后，需要定义流体的物理性质。本例中流体为水，关于它的物理性质的定义可以通过上面的操作打开如图 12-36 右图所示的对话框来进行。

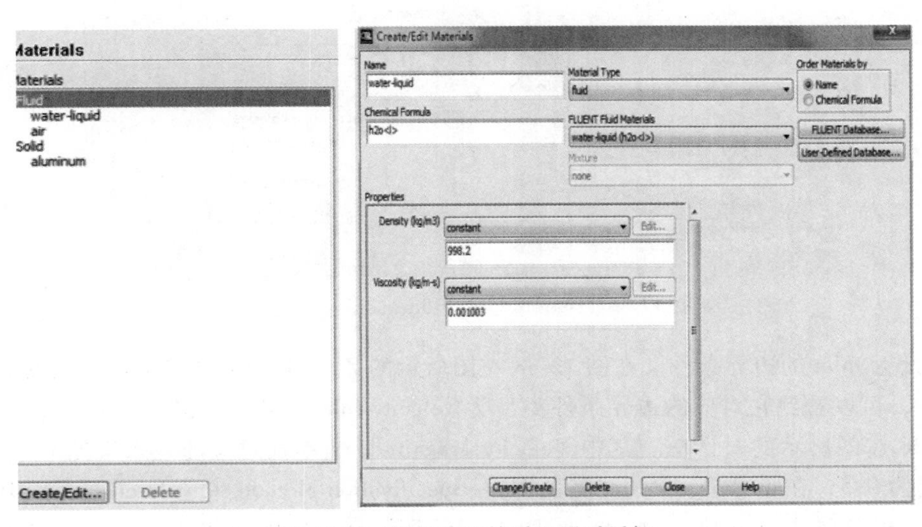

图 12-36 流体物理性质设置对话框

（5）步骤 5：设置流体区域条件 模型导航 Solution Setup→Cell Zone Conditions→Edit（图 12-37 左图），弹出如图 12-37 右图所示对话框，选择 Material Name 为 water-liquid，单击 OK，关闭对话框。

（6）步骤 6：设置边界条件 模型导航 Solution Setup→Boundary Conditions（图 12-38 左图），设定物质性质后，可以用图 12-38 右图所示对话框使得计算区域的边界条件具体化。

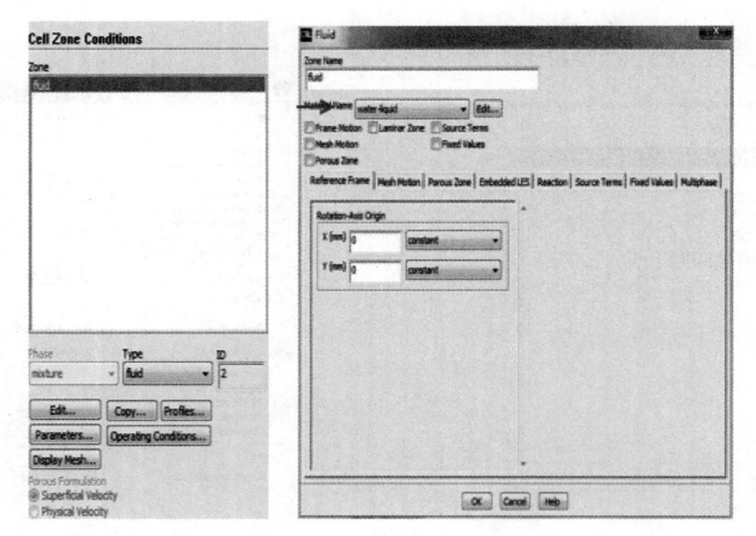

图 12-37　设置流体区域

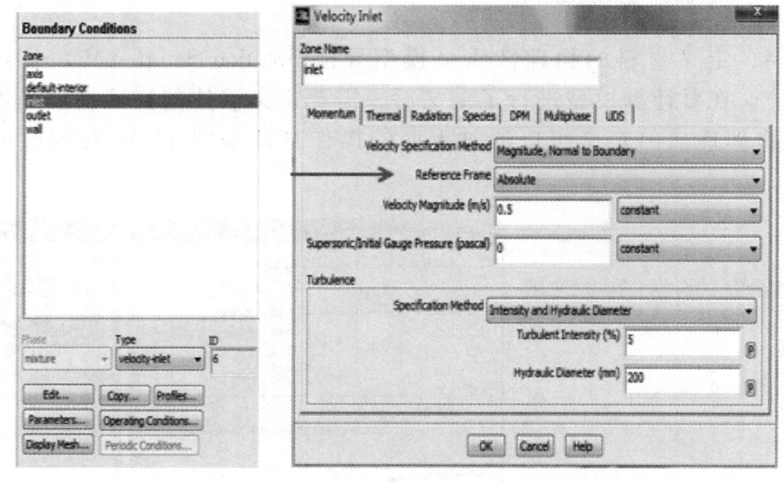

图 12-38　Boundary Conditions 设置对话框

1）设置 inlet 的边界条件。在图 12-38 左图所示的 Zone 列表中选择 inlet，也就是矩形区域的入口，可以看到它对应的边界条件类型为 velocity-inlet，然后单击 Edit 按钮，可以看到如图 12-38 右图所示的对话框。其中 Velocity Magnitude 文本框对应的是入口处的水流速度，此处设定为 0.5，在 Turbulence（湍流强度）→Specification Method 中选 Intensity and Hydraulic Diameter，相应项 Turbulent intensity 及 Hydraulic Diameter 分别设置 5 及 200，单击 OK 按钮退出。

2）设置 outlet 的边界条件。按照同样的方法也可以指定 outlet 的边界条件，其中的参数设置保持默认。

3）设置对称轴 axis 的边界条件。按照同样的方法也可以指定 axis 的边界条件，其中的参数设置保持默认。

4）设置 wall 的边界条件。在本例中，区域 wall 处的边界条件的设置保持默认。

5）操作环境的设置。单击图 12-38 左图中 Operating Conditions 打开操作环境设置对话框。本例默认的操作环境就可以满足要求，所以没有对它进行改动，单击 OK 按钮即可。

（7）步骤 7：求解方法的设置及控制。

1）求解方法。模型导航 Solution→Solution Methods，打开如图 12-39 所示的对话框，保持默认选项。

2）求解控制。模型导航 Solution→Solution Controls，打开如图 12-40 所示的对话框，保持默认选项。

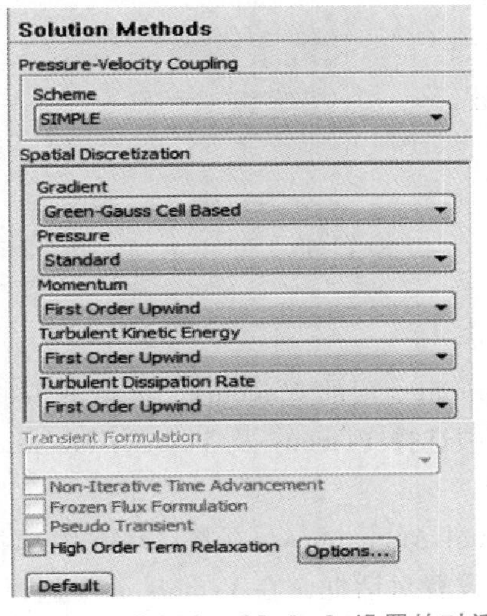

图 12-39 Solution Methods 设置的对话框

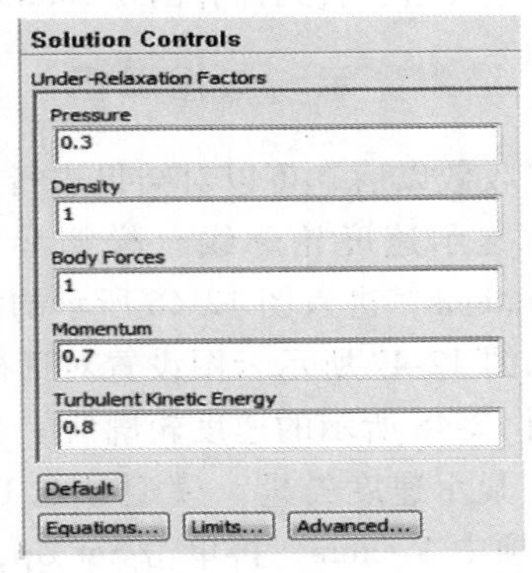

图 12-40 Solution Controls 设置的对话框

3）打开残差图。模型导航 Solution→Monitors→Residuals，打开图 12-41 所示 Monitors 选项框，选择 Residuals，单击 Edit，弹出图 12-42 所示 Residual Monitors 设置对话框。选择 Options 后面的 Plot，从而在迭代计算时动态显示计算残差；Convergence 对应的数值均为 0.001，最后单击 OK 按钮确认以上设置。

4）初始化。模型导航 Solution→Solution Initialization→Initialize，打开如图 12-43 所示的

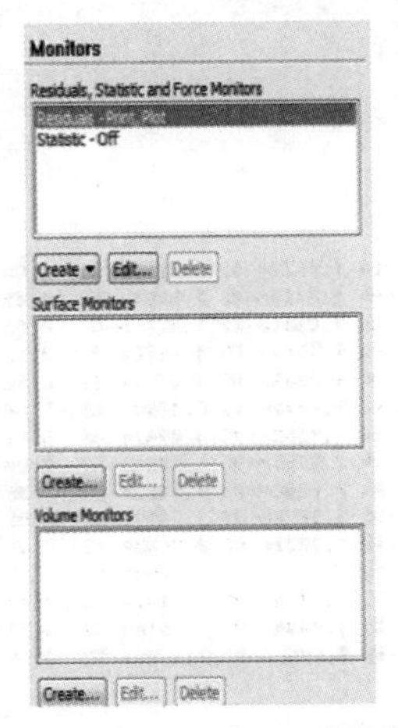

图 12-41 Monitors 选项框

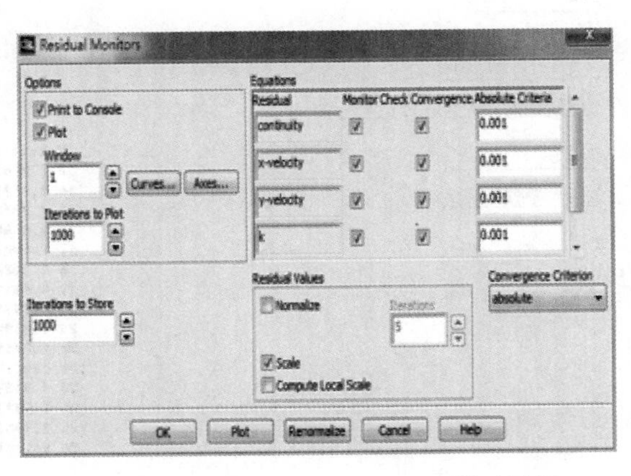

图 12-42 Residual Monitors 设置对话框

对话框。在 Initialization Methods 选择 Standard Initialization，并且设置 Compute from 为 inlet，依次单击 Initialize 按钮。

5）保存当前 Case 及 Data 文件。通过 File→Write→Case & Data，保存前面所做的所有设置。

（8）步骤 8：求解　模型导航 Solution→Run Calculation。保存好所作的设置以后，就可以进行迭代求解了，迭代的设置如图 12-44 所示。单击 Calculate 按钮，Fluent 求解器就会对问题进行求解了。其计算过程残差曲线如图 12-45 所示。稳态求解过程中，要进行足够多迭代次数，收敛准则定好后，直到计算出现 solution is converged。

Solution Initialization
Initialization Methods
Hybrid Initialization
Standard Initialization
Compute from
inlet
Reference Frame
Relative to Cell Zone
Absolute
Initial Values
Gauge Pressure (pascal)
0
X Velocity (m/s)
0.5
Y Velocity (m/s)
0
Turbulent Kinetic Energy (m2/s2)
0.0009374999
Turbulent Dissipation Rate (m2/s3)
0.0003369074
Initialize　Reset　Patch...

图 12-43　Solution Initialization 设置对话框

四、结果显示与数据导出

迭代收敛以后，可以对结果进行显示。

（1）显示速度轮廓线　模型导航 Results→Graphics and Animations，进入图 12-46 所示的对话框，选择在 Graphics 项的 Contours，再单击 Set Up，则弹出如图 12-47 所示云图设置对话框，在 Contours of 中选择 Velocity 及 Velocity Magnitude，就得到图 12-48 所示的速度轮廓线。

（2）显示速度矢量　模型导航 Results→Graphics and Animations。在图 12-46 中选择在 Graphics 项中 Vectors，再单击 Set Up，则弹出速度矢量设置对话框，在 Vectors of 中选择 Velocity，在 Color by 选择 Velocity 及 Velocity Magnitude，就可得到速度矢量图。

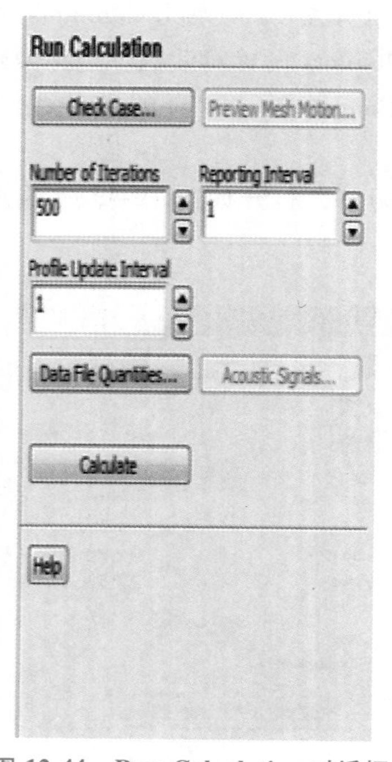

图 12-44　Run Calculation 对话框

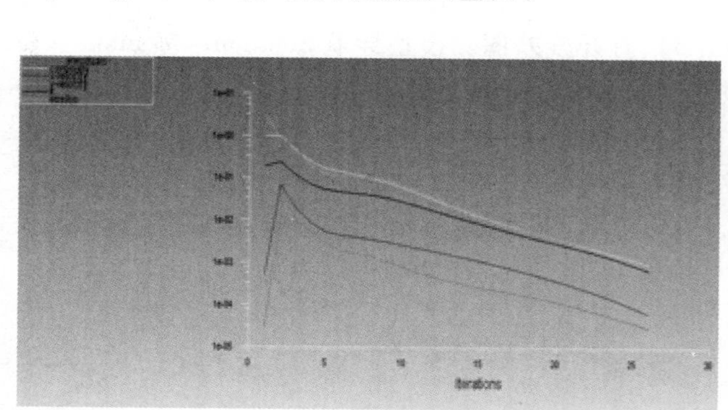

```
  12 3.1472e-02 1.8773e-03 4.5820e-04 1.6872e-02 3.5983e-02  0:00:00  488
  13 2.2561e-02 1.5856e-03 3.7412e-04 1.3160e-02 2.4891e-02  0:00:00  487
  14 1.6620e-02 1.3309e-03 3.0956e-04 1.0544e-02 1.8275e-02  0:00:00  486
  15 1.2476e-02 1.1018e-03 2.5957e-04 8.5518e-03 1.4276e-02  0:00:00  485
  16 9.6544e-03 9.1239e-04 2.2671e-04 6.8060e-03 1.0723e-02  0:00:00  484
  17 7.6047e-03 7.3862e-04 1.9775e-04 5.4219e-03 8.1051e-03  0:00:00  483
  18 6.0077e-03 5.9148e-04 1.6983e-04 4.3542e-03 6.0947e-03  0:00:00  482
  19 4.8014e-03 4.7110e-04 1.4347e-04 3.5559e-03 4.6934e-03  0:00:00  481
  20 3.7998e-03 3.7211e-04 1.1876e-04 2.9208e-03 3.6923e-03  0:08:00  480
  21 3.0132e-03 2.9809e-04 9.6917e-05 2.3898e-03 2.9112e-03  0:06:23  479
  22 2.3965e-03 2.2230e-04 7.8587e-05 1.9337e-03 2.2643e-03  0:05:06  478
iter continuity x-velocity y-velocity          k    epsilon    time/iter
  23 1.9185e-03 1.6763e-04 6.3116e-05 1.5324e-03 1.7147e-03  0:04:04  477
  24 1.5171e-03 1.2405e-04 5.0010e-05 1.1804e-03 1.2616e-03  0:03:15  476
  25 1.1967e-03 8.9845e-05 3.9163e-05 8.8855e-04 9.4593e-04  0:02:36  475
!  26 solution is converged
```

图 12-45　残差曲线

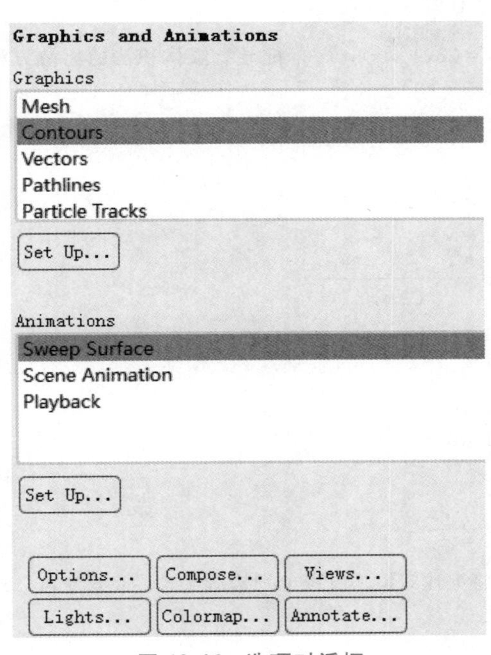

图 12-46　选项对话框

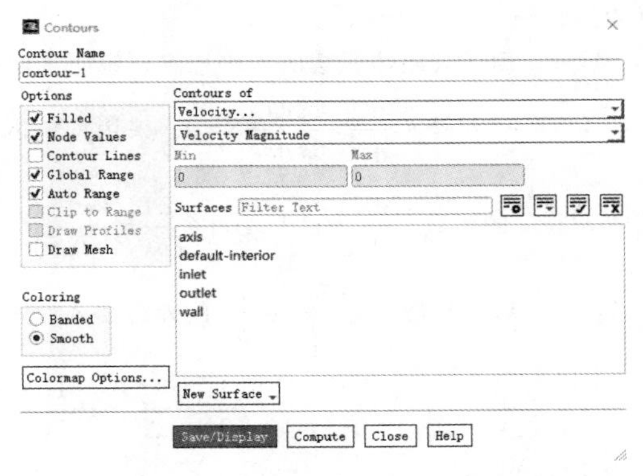

图 12-47　云图设置对话框

图 12-48　速度轮廓线

（3）保存计算后的 Case 和 Data 文件　通过 File→Write→Case & Data，操作步骤如图 12-49 所示。

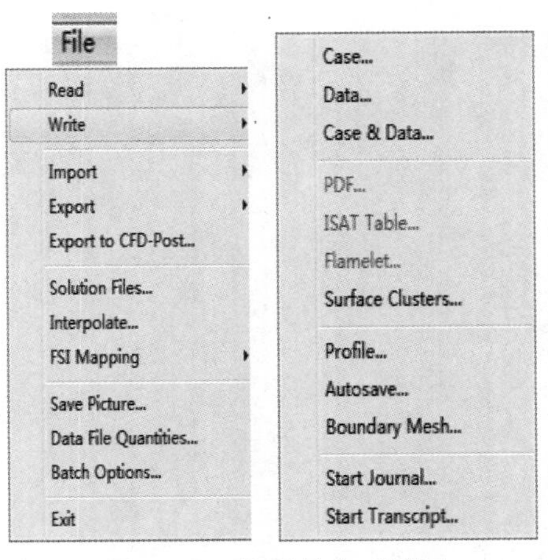

图 12-49　结果保存对话框

习　　题

12-1　计算流体力学的基本任务是什么？

12-2　研究微分方程通用形式的意义何在？请分析微分方程通用形式中各项的意义。

12-3　CFD 商用软件与用户自行设计的 CFD 程序相比，各有何优势？常用的商用 CFD 软件有哪些？特点如何？

12-4 简述有限体积法的基本思想，说明其使用的网格有何特点。

12-5 对方程 $K\frac{\mathrm{d}^2T}{\mathrm{d}x^2}+\frac{\mathrm{d}K}{\mathrm{d}x}\frac{\mathrm{d}T}{\mathrm{d}x}+S=0$，采用均匀网格 $[\Delta x=(\delta x)_e=(\delta x)_w]$ 推导有限体积法的离散方程。其中 K 是 x 的函数，$\frac{\mathrm{d}K}{\mathrm{d}x}$为已知。可令$\frac{\mathrm{d}T}{\mathrm{d}x}=\frac{T_E-T_W}{2\Delta x}$。

12-6 讨论扩散方程$\frac{\partial u}{\partial t}=\beta\frac{\partial^2 u}{\partial x^2}$的差分格式

$$\frac{3}{2}\frac{u_i^{n+1}-u_i^n}{\Delta t}-\frac{1}{2}\frac{u_i^n-u_i^{n-1}}{\Delta t}=\beta\frac{u_{i+1}^{n+1}-2u_i^{n+1}+u_{i-1}^{n+1}}{(\Delta x)^2}$$

的精度($\beta>0$)。

12-7 理想不可压缩流体一维流动的欧拉方程为

$$\frac{\partial u}{\partial t}+u\frac{\partial u}{\partial x}=-\frac{1}{\rho}\frac{\partial p}{\partial x}$$

其守恒型方程为

$$\frac{\partial u}{\partial t}+\frac{\partial}{\partial x}\left(\frac{u^2}{2}\right)=-\frac{1}{\rho}\frac{\partial p}{\partial x}$$

在流动数值计算中，一般用守恒型方程进行数值计算。试将上述守恒型方程分别构造显式、隐式迎风格式。

第十三章 机翼理论与叶栅理论基础

【工程案例导入】

C919 飞机是中国按照国际民航规章自行研制、具有自主知识产权的大型喷气式民用飞机，最大载客人数 192 人，最大航程 5555km。C919 的机翼是国内第一次完全自主设计的超临界机翼，其典型特征是翼型前缘钝圆、上表面平坦、下表面后缘处有反凹，后缘较薄并向下弯曲。下表面气流速度的减慢使激波出现在机翼更加靠后的位置并削弱了激波强度，可以减小阻力，上表面超声速气流区域的扩大可以增加机翼的升力。

相对于传统的古典翼型，超临界翼型可使巡航气动效率提高 20%以上，巡航速度提高 100 多公里每小时；如果用同一厚度的标准来设计古典翼型和超临界翼型，超临界翼型的整体阻力比古典翼型要小 8%左右，因而，超临界翼型具有较大的机翼相对厚度，而这可以减轻飞机的结构重量，增大结构空间及燃油容积。C919 飞机的超临界翼型，还充分考虑了迎角特性、力矩特性、低速特性等众多因素，在保证较高气动效率的同时，还能让飞机飞行更加稳定。

本章将讨论用流体力学的原理和方法来建立流体作用于机翼与叶栅上的力的计算方法。机翼与叶栅是飞行器与涡轮机械的最主要元件。准确计算流体作用于机翼和叶栅上的流体动力，将为它们的设计奠定理论基础。本章首先介绍机翼叶栅的基本组成部分——翼型的几何参数和来自实验的翼型气动特性。接着将运用本书前面各章所述的原理及方法讲述一些理论翼型气动性能的流体力学原理（翼剖面理论），主要讲述保角变换法与奇点分布法。在上述翼剖面理论基础上进一步讨论有限翼展机翼气动力的计算方法，进而讲述高速流动中出现可压缩现象时如何计算翼型的气动力。叶栅是剖面为翼型的一系列叶片的组合，其流体动力的计算方法是本章最后要涉及的问题。

第一节　机翼升力原理

机翼的功用是在流动的空气中产生升力，同时尽量使阻力最小。第八章中所讨论的圆柱绕流中的结论是，当一均匀流流过圆柱并存在围绕圆柱的环量时，圆柱才受升力作用，且此升力大小为 $L=\rho v_{\infty}\Gamma$，另外，在理想流体假设下无阻力存在。在考虑了流体的黏性后，由第九章可知在流动方向还有一流体动力作用，即流动阻力。此阻力是由边界层中的黏性摩擦阻力及由于边界层分离所形成的压差阻力（形状阻力）两者构成的。

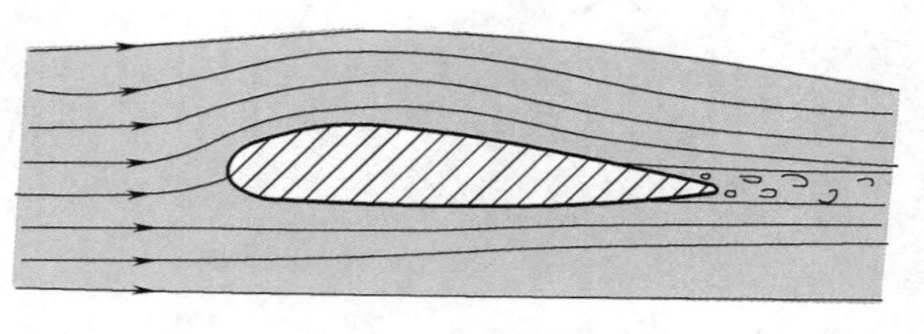

图 13-1 小攻角翼型绕流

低速飞机的机翼是有流线型剖面的柱体。其剖面通常是由圆弧曲线形状的前缘与又尖又细的后缘的细长流线型构成。其上表面的曲线有较大的曲率，下表面则较平直。当空气流过机翼且来流和翼型弦线的夹角不太大时，其流动情况如图 13-1 所示，这种流谱可通过实验观察到。在机翼前方流来的气流在机翼前缘某处分两路绕过翼型上下表面，在其后缘后面形成一条尾迹。由于流经上表面的气流走过的路径比下表面的长，因而其速度较大，压强较小。于是上下表面上形成的合力将是向上的，这就是机翼所受的升力，实验证实了该升力的存在。图 13-2a 所示即为某翼型表面上所实测到的压强分布曲线。上表面上的压强系数几乎全为负值，即其压强比无穷远来流的压强小，而下表面上的压强系数为正值，压强比来流压强大，结果造成一向上的升力。

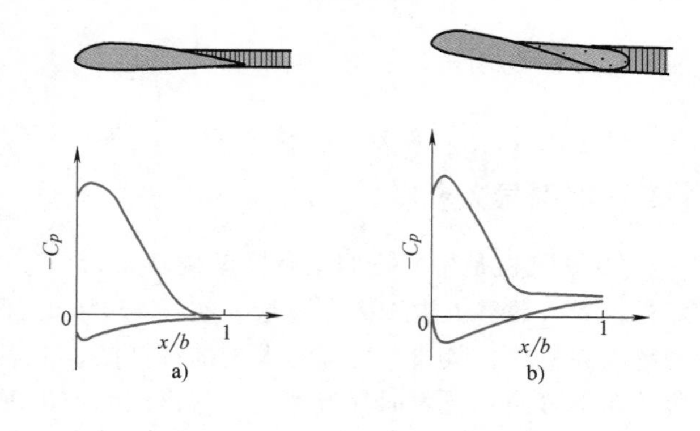

图 13-2 翼型表面压强分布 $\left(C_p=\dfrac{p-p_{\infty}}{\frac{1}{2}\rho v_{\infty}^2}\right)$

如果翼型有较大攻角，则通过实验所观察到的流谱如图 13-3 所示。攻角增大会使上表面边界层提前分离，并且在分离点后形成一旋涡区，它占表面的相当一部分。实测发现旋涡区中的压强是均匀的，大小与来流压强相差无几。在旋涡区后面有一定宽度的尾迹伸向下游，因而升力只能靠旋涡区前面的上表面来产生，实测的表面压强分布如图 13-2b 所示。

当来流攻角再继续增大，则实验所观察到的流谱就将如图 13-4 所示。它表明在翼型前缘后即出现边界层分离，并在其后先是一个较小的旋涡区，然后流动又贴体，接着出现一较大的且更紊乱的旋涡区，最后是翼型后面的一条很宽的尾迹。

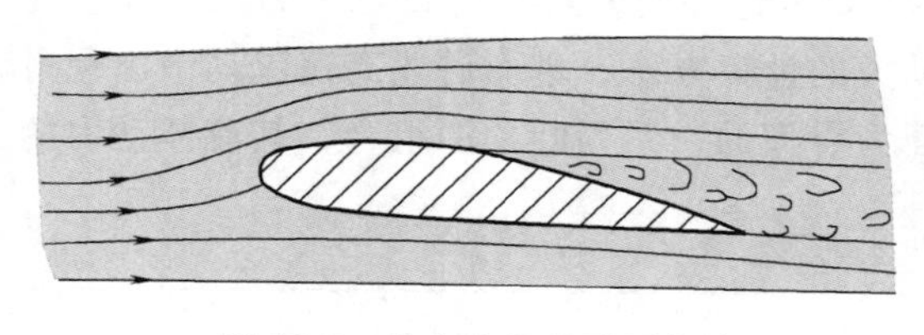

图 13-3 较大攻角的翼型绕流

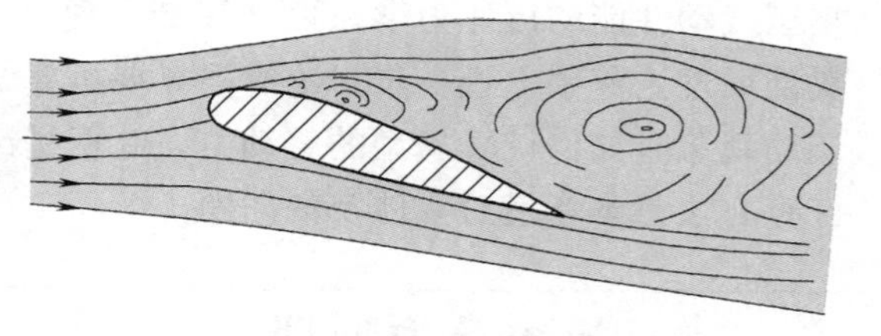

图 13-4 大攻角的翼型绕流

从上述三种翼型绕流形态及实测的表面压强分布可知，机翼被气流绕过时要产生升力，升力来自因这种特殊形状的翼型上下表面气流速度不同而造成的压强分布的不同。上下翼面速度分布的差异可看成是无穷远均匀来流与由翼型形成的有一定环量 Γ 的环流两者叠加而成的，如图 13-5 所示。升力的大小与此环量成正比，且升力 $F_L=\rho v_\infty \Gamma$。在后面各节的叙述中将讨论如何根据不同翼型及流动状况从实验及理论上求出此环量，进而计算出升力。

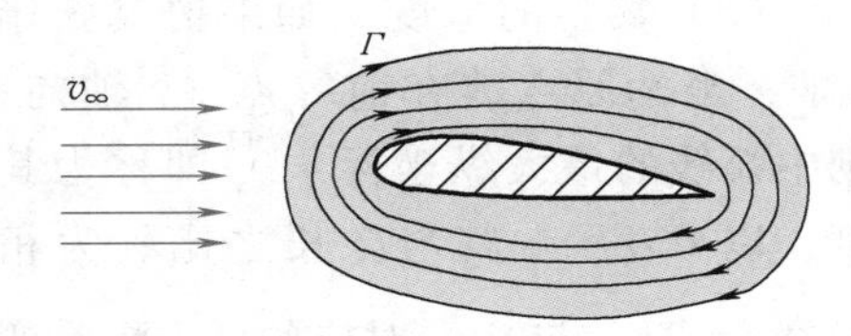

图 13-5 翼型绕流的流动分解

上述三种不同形态的翼型绕流中的环量显然不同。图 13-2 所示流动应有较大环量，因而升力也较大。而图 13-4 所示绕流则因气流的分离与旋涡的出现会使环量大大减小，升力往往会完全消失，称为“失速状态”。流体的黏性是上述三种绕流形态不同的根源，它除使升力减小外，同时还带来大小不等的流动阻力，该阻力由边界层内的黏性摩擦阻力和边界分离而形成的压差阻力两者构成，前者可用边界层理论来求，而后者一般只能根据实验或经验确定。

第二节 机翼与翼型的几何参数

一、机翼的几何参数

低速机翼是有翼型断面的柱体，其平面形状如图 13-6 所示。机翼的主要几何参数有机翼面积 S，翼展 l，翼弦 b，平均几何弦 $b_{av}=S/l$ 与尖削比 $\eta=b_t/b_r$，这些参数都在图上标出。翼展无穷大的机翼叫作无限翼展机翼或二元机翼，不然就称为有限翼展机翼或三元机翼。有时机翼各断面处的翼型的弦线不在同一平面内，这时称它具有几何扭转。有时机翼无几何扭转却存在气动扭转，即其各断面的几何翼弦虽在同一平面内，而气动翼弦却不在同一平面内，气动翼弦的概念在下面给出。

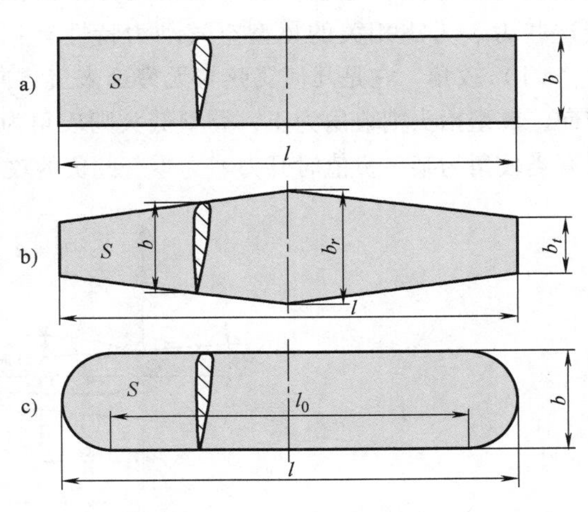

图 13-6 机翼的平面形状

二、翼型的几何参数

翼型是与翼展方向垂直的机翼横断面的轮廓曲线，一般它是瘦长形的，在其前部较厚且有小圆弧状前缘，而其后部较薄且有一较尖的后缘。翼型上表面的前部曲率较大，后部曲率较小。下表面的曲率分布规律与上表面的相仿，但曲率相对说来小一些，如图 13-7 所示，这样的翼型具有较大的升力和较小的阻力。

翼型的几何参数有：

（1）翼弦 过翼型前后缘圆角中心的直线称为翼弦，又称几何翼弦。翼弦被翼型轮廓线所截长度称为弦长，以 b 表示，如图 13-7 所示。

（2）翼型中弧线 翼型轮廓线的内切圆的圆心连线称为中弧线，也称翼型的骨线或中线。

（3）翼型的弯度　如果把翼弦作为 x 轴，坐标原点放在前缘点，y 轴向上，则中弧线的最大纵坐标 $y_{\max}$ 即称为其弯度，以 f 表示。其与弦长之比称为相对弯度 $\bar{f}=f/b$。与 $y_{\max}$ 对应的 x 坐标是弯度的位置，以 x_f 表示。它与弦长之比是弯度的相对位置 $\bar{x}_f=x_f/b$。

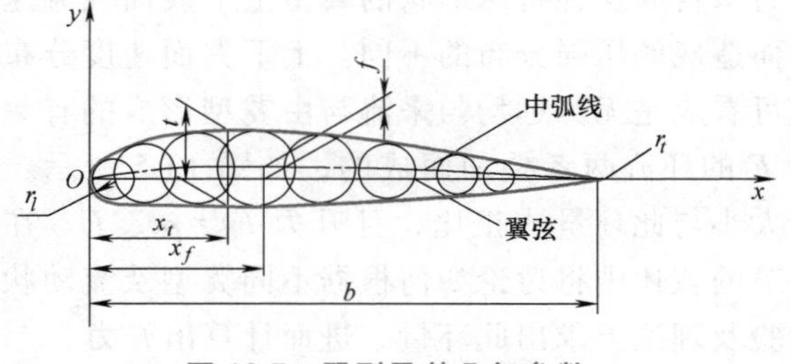

图 13-7　翼型及其几何参数

（4）翼型的厚度　翼弦的各垂线被翼型上下表面型线所截各线段的最大者称为翼型的厚度（或最大厚度），以 t 表示。它与弦长之比称为相对厚度 $\bar{t}=t/b$。它所在位置以 x_t 表示，但常以其相对值书写，即 $\bar{x}_t=x_t/b$。

（5）前后缘半径　翼型的前后缘圆角半径，分别以 r_l 和 r_t 表示。常以其相对值表示，即 $\bar{r}_l=r_l/b$，$\bar{r}_t=r_t/b$。

当机翼和翼型的上述几何参数不同时，在流体绕过它们时就会有不同的空气动力特性，如升力、阻力以及力矩等，下面各节将从实验和理论上寻找它们的定量关系。

第三节　翼型的空气动力特性

当无穷远处速度为 v_∞ 的空气流接近翼型并接着绕过它时，翼型不仅会受一与气流方向垂直的升力作用，还会受有一沿流动方向的推力（对气流而言为一阻力）与一力矩的作用。与这些力、力矩相关的翼型空气动力特性有：

（1）攻角　它是几何翼弦与无穷远来流方向的夹角，用 α 表示。一般规定，相对于来流的方向，翼型抬头则攻角为正，翼型低头则攻角为负。当攻角为零时，一般的翼型仍受升力作用。只有当攻角为某一负值时升力才为零。此负的攻角称为零升力攻角，以 α_0 表示（图 13-8）。

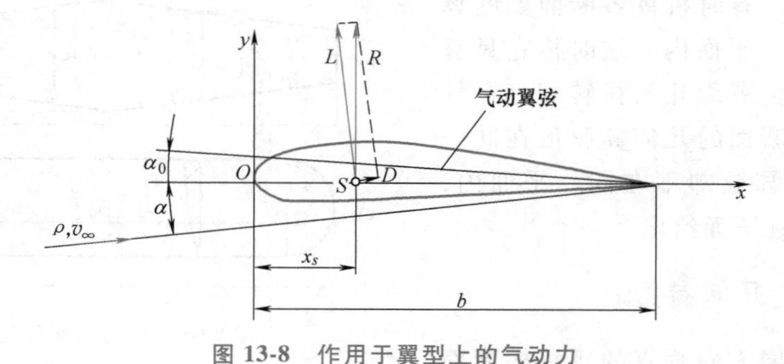

图 13-8　作用于翼型上的气动力

（2）空气动力翼弦　过后缘的零升力来流方向的直线称为该翼型的空气动力翼弦或简称气动翼弦，如图 13-8 所示。

（3）翼型的升力系数与升力系数曲线　如果作用于翼型上（实际是指单位翼展的一段机翼）的升力为 L，则

$$C_l=\frac{L}{\frac{1}{2}\rho v_\infty^2\, b} \tag{13-1}$$

称为翼型的升力系数 C_l。式中的 ρ 为流体密度，v_∞ 为无穷远来流速度，b 为翼型的弦长。对同一翼型而言 C_l 是攻角的函数，即 $C_l=C_l(\alpha)$，该函数曲线被称为升力系数曲线。风洞试验所测出的某翼型在某来流条件下的升力系数曲线如图 13-9 所示。实用翼型的最大升力系数 $C_{l\max}$ 约为 1.5，它所对应的攻角为 15°左右。当 $\alpha<15°$ 时升力系数曲线近似为一斜直线，即 $\mathrm{d}C_l/\mathrm{d}\alpha\approx C$（常数）。零升力攻角 $\alpha_0\approx-5°\sim0°$，这些都是重要的气动特性。

（4）翼型的阻力系数与阻力系数曲线　如果气流作用在翼型上的推力（即流动阻力）为 D，则阻力系数为

$$C_d=\frac{D}{\frac{1}{2}\rho v_\infty^2 b} \tag{13-2}$$

阻力系数 C_d 也随攻角而变化，风洞试验所测得的阻力系数随攻角变化的曲线即为阻力系数曲线 $C_d=C_d(\alpha)$，如图 13-9 所示。C_d 在 $\alpha=0$ 附近的值最小。当攻角离开该区域时 C_d 将逐渐增大，在 $\alpha>15°$ 以后它将急剧增加。

（5）升阻比　翼型升力系数与阻力系数之比 C_l/C_d 称为升阻比，通常约为 20~24。

（6）前缘气动力矩、力矩系数与力矩系数曲线　如图 13-8 所示，由升力与阻力合成的总气动力 R 对前缘点 O 会形成一气动力矩 M_0。力矩系数 C_{m0} 的定义为

$$C_{m0}=\frac{M_0}{\frac{1}{2}\rho v_\infty^2 b^2} \tag{13-3}$$

使翼型抬头的力矩视为正的。C_{m0} 也随攻角而改变，曲线 $C_{m0}=C_{m0}(\alpha)$ 称为力矩系数曲线，如图 13-9 所示。

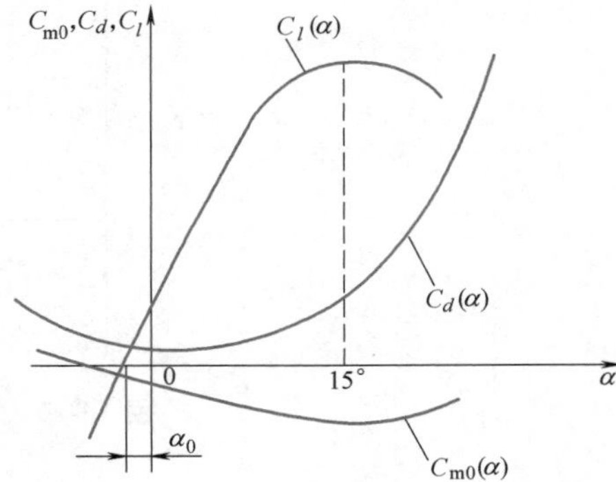

图 13-9　翼型的气动力系数曲线

（7）压力中心　翼型总气动力 R 与翼弦的交点 S 称为压力中心，其位置 x_s 也常用其相对值 $\bar{x}_s=x_s/b$ 表示。对称翼型的压力中心一般在翼弦线上从前缘开始的四分之一弦长处。压力中心的位置随攻角而改变，若翼型上下表面关于翼弦对称且无气流分离，则压力中心的位置变化很小。非对称翼型的压力中心随攻角的改变较大。

（8）焦点　在低速与无气流分离时，在翼型中都存在这样一个几何点，当攻角改变时总气动力对该点的力矩不变，这一点即为焦点，它一般位于离前缘约四分之一弦长处。

（9）极曲线　有两种极曲线，一为翼型升力系数与阻力系数的关系曲线，即曲线 C_l-C_d，如图 13-10 所示，在图中攻角 α 作为参数出现。从坐标原点引向该极曲线上任一点的向径即代表该处对应攻角下的气动力 R（以一定的比例尺）。另一为翼型升力系数与力矩系数的关系曲线 C_l-C_{m0}，如图 13-11 所示。

（10）翼型表面压强分布　当气流在翼型表面分离不大时通过风洞试验所测得的上下表面的典型压强分布如图 13-12 所示。一般上表面上压强系数为负，为吸力面，而下表面上压强系数为正，为压力面。

以上所列翼型气动特性都是由风洞试验测出的。下节将用流体力学原理分析一些理论翼型（它们与实用翼型的几何形状类似）的气动特性，从而可知如何通过改变翼型的几何参数来改变其气动特性。

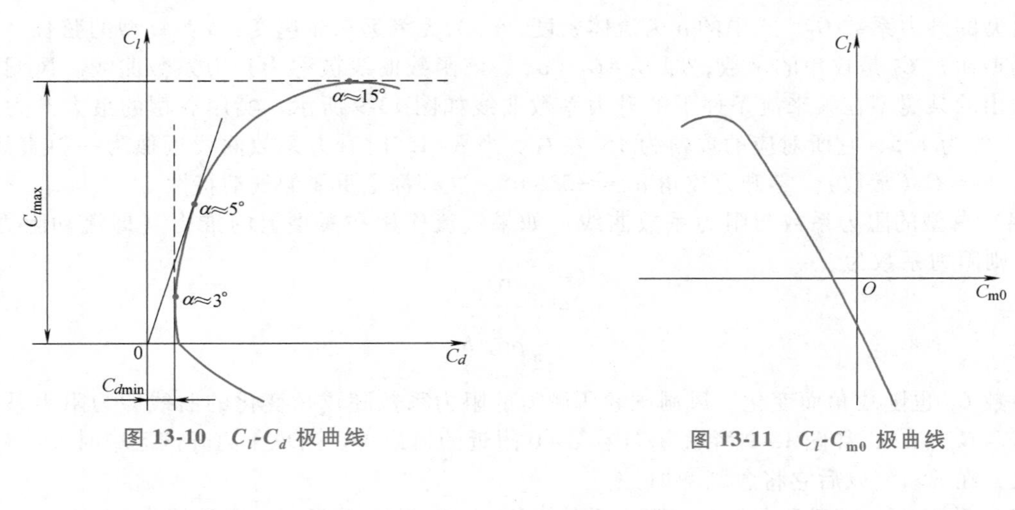

图 13-10 C_l-C_d 极曲线　　图 13-11 C_l-C_{m0} 极曲线

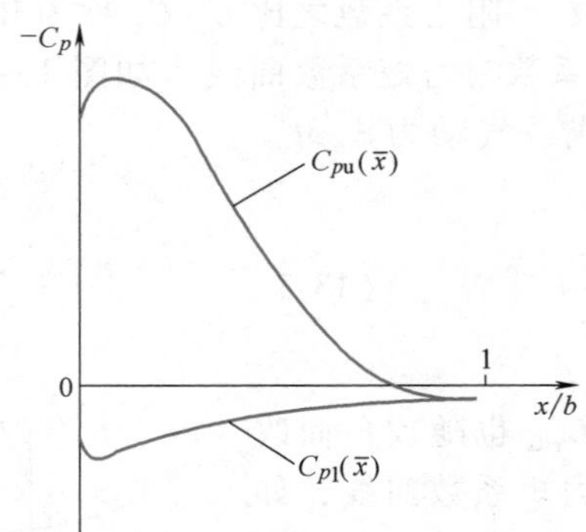

图 13-12 翼型表面压强分布曲线

第四节 茹科夫斯基翼型与保角变换法

一、保角变换法求解平面势流

第八章已给出理想流体绕过一圆柱体的复势。如果把圆柱所在平面作为复平面 $\zeta(\zeta=\xi+i\eta)$，并且可找到一合适的关于 ζ 解析的复变函数 $z=f(\zeta)$，则通过该函数即可将 ζ 平面上的圆域变换成 z 平面上某个和实用翼型相类似的封闭曲线包围的域。从流体力学角度考虑这种变换时最应关注的是这两个平面上的流动有何关系，因为需要由 ζ 平面上的已知流动来寻求 z 平面上的未知流动。

1. 复势在保角变换中的变化

如图 13-13 所示，如果在 ζ 平面（辅助平面）上边界轮廓线为 C_ζ 的物体的平面势流的速度势函数 $\varphi(\xi,\eta)$ 与流函数 $\psi(\xi,\eta)$ 已知，则必有

$$\frac{\partial^2\varphi}{\partial\xi^2}+\frac{\partial^2\varphi}{\partial\eta^2}=0$$

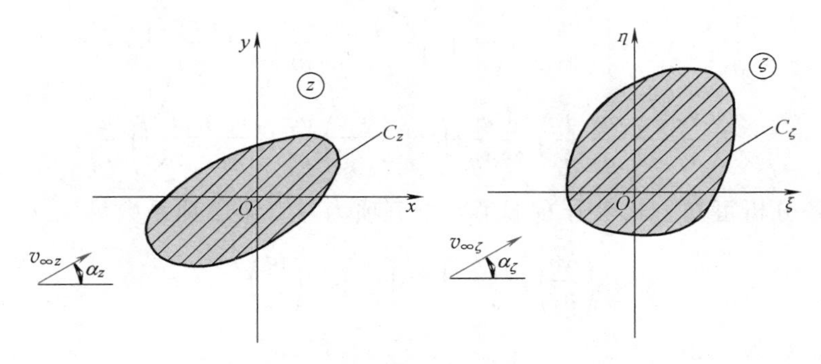

图 13-13 复平面的保角变换

$$\frac{\partial^2\psi}{\partial\xi^2}+\frac{\partial^2\psi}{\partial\eta^2}=0$$

设解析函数 $z=f(\zeta)$ 可使 ζ 平面上的上述周线 C_ζ 变换成 z 平面（物理平面）上某一封闭周线 C_z。现把 ζ 平面流动的复势 $W(\zeta)=\varphi(\xi,\ \eta)+\mathrm{i}\psi(\xi,\ \eta)$ 中的复变量 ζ 用变换函数 $z=f(\zeta)$ 所给的关系换成 z，从而得

$$W(z)=\varphi(x,y)+\mathrm{i}\psi(x,y)$$

可证明所得 $W(z)$ 完全代表某一流动绕过断面为 C_z 所围区域的柱体流动的复势，即 $W(z)$ 的实部与虚部将分别代表该流动的速度势函数与流函数。为此只需证明在做如此变换时所得 $W(z)$ 中的实部 φ（x，y）（或虚部）满足拉普拉斯方程即可，即要证明 $\partial^2\varphi/\partial x^2+\partial^2\varphi/\partial y^2=0$。

为进行该证明应先做如下预备分析。因为

$$\zeta=\xi+\mathrm{i}\eta=f^{-1}(z)=f^{-1}(x+\mathrm{i}y)=\xi(x,y)+\mathrm{i}\eta(x,y)$$

故

$$\xi=\xi(x,y),\quad \eta=\eta(x,y)$$

又因变换是解析的，所以 $f^{-1}(x+\mathrm{i}y)$ 的实部与虚部必满足柯西-黎曼条件，即

$$\frac{\partial\xi(x,y)}{\partial x}=\frac{\partial\eta(x,y)}{\partial y},\qquad \frac{\partial\xi(x,y)}{\partial y}=-\frac{\partial\eta(x,y)}{\partial x}$$

此外 $f^{-1}(z)$ 的实部和虚部皆为调和函数，故有

$$\frac{\partial^2\xi}{\partial x^2}+\frac{\partial^2\xi}{\partial y^2}=0,\qquad \frac{\partial^2\eta}{\partial x^2}+\frac{\partial^2\eta}{\partial y^2}=0$$

有了这些分析即可着手证明所要求的结论。首先有

$$\frac{\partial\varphi}{\partial x}=\frac{\partial\varphi}{\partial\xi}\frac{\partial\xi}{\partial x}+\frac{\partial\varphi}{\partial\eta}\frac{\partial\eta}{\partial x}$$

再按复合函数求导的方法来求 $\partial^2\varphi/\partial x^2$，可得

$$\frac{\partial^2\varphi}{\partial x^2}=\left(\frac{\partial\xi}{\partial x}\right)^2\frac{\partial^2\varphi}{\partial\xi^2}+\left(\frac{\partial\eta}{\partial x}\right)^2\frac{\partial^2\varphi}{\partial\eta^2}+2\frac{\partial\xi}{\partial x}\frac{\partial\eta}{\partial x}\frac{\partial^2\varphi}{\partial\xi\partial\eta}+\frac{\partial^2\xi}{\partial x^2}\frac{\partial\varphi}{\partial\xi}+\frac{\partial^2\eta}{\partial x^2}\frac{\partial\varphi}{\partial\eta}$$

用相同的方法可得

$$\frac{\partial^2\varphi}{\partial y^2}=\left(\frac{\partial\xi}{\partial y}\right)^2\frac{\partial^2\varphi}{\partial\xi^2}+\left(\frac{\partial\eta}{\partial y}\right)^2\frac{\partial^2\varphi}{\partial\eta^2}+2\frac{\partial\xi}{\partial y}\frac{\partial\eta}{\partial y}\frac{\partial^2\varphi}{\partial\xi\partial\eta}+\frac{\partial^2\xi}{\partial y^2}\frac{\partial\varphi}{\partial\xi}+\frac{\partial^2\eta}{\partial y^2}\frac{\partial\varphi}{\partial\eta}$$

于是有

$$\frac{\partial^2\varphi}{\partial x^2}+\frac{\partial^2\varphi}{\partial y^2}=\left[\left(\frac{\partial\xi}{\partial x}\right)^2+\left(\frac{\partial\xi}{\partial y}\right)^2\right]\frac{\partial^2\varphi}{\partial\xi^2}+\left[\left(\frac{\partial\eta}{\partial x}\right)^2+\left(\frac{\partial\eta}{\partial y}\right)^2\right]\frac{\partial^2\varphi}{\partial\eta^2}+$$

$$2\left(\frac{\partial\xi}{\partial x}\frac{\partial\eta}{\partial x}+\frac{\partial\xi}{\partial y}\frac{\partial\eta}{\partial y}\right)\frac{\partial^2\varphi}{\partial\xi\partial\eta}+\left(\frac{\partial^2\xi}{\partial x^2}+\frac{\partial^2\xi}{\partial y^2}\right)\frac{\partial\varphi}{\partial\xi}+\left(\frac{\partial^2\eta}{\partial x^2}+\frac{\partial^2\eta}{\partial y^2}\right)\frac{\partial\varphi}{\partial\eta}$$

根据前面的预备分析可知上式等号右端第四、五项为零。第二项系数为

$$\left(\frac{\partial\eta}{\partial x}\right)^2+\left(\frac{\partial\eta}{\partial y}\right)^2=\left(\frac{\partial\xi}{\partial y}\right)^2+\left(\frac{\partial\xi}{\partial x}\right)^2$$

第三项的系数为

$$\frac{\partial\xi}{\partial x}\frac{\partial\eta}{\partial x}+\frac{\partial\xi}{\partial y}\frac{\partial\eta}{\partial y}=\frac{\partial\xi}{\partial x}\left(-\frac{\partial\xi}{\partial y}\right)+\frac{\partial\xi}{\partial y}\frac{\partial\xi}{\partial x}=0$$

所以有

$$\frac{\partial^2\varphi}{\partial x^2}+\frac{\partial^2\varphi}{\partial y^2}=\left[\left(\frac{\partial\xi}{\partial x}\right)^2+\left(\frac{\partial\xi}{\partial y}\right)^2\right]\left(\frac{\partial^2\varphi}{\partial\xi^2}+\frac{\partial^2\varphi}{\partial\eta^2}\right)=0$$

于是证得了用解析函数 $f^{-1}(z)$ 做 $W(\zeta)$ 的变量代换后所得 $W(z)$ 的实部 $\varphi(x,y)$ 满足拉普拉斯方程。同样也可证其虚部 $\psi(x,y)$ 也满足拉普拉斯方程。而且做这种变换后所得复势 $W(z)=\varphi(x,y)+\mathrm{i}\psi(x,y)$ 还是唯一的，因在边界条件一定时其解是唯一的。

2. 复速度在保角变换时的变化

如果 ζ 平面上无穷远来流速度已知，在变换后 z 平面上无穷远来流速度将如何变化？或更一般地问在两平面上的相应点处的速度有何关系？下面就来讨论此很重要的问题。设在 ζ 平面上的复势为 $W(\zeta)$，则该平面上某点 ζ 处的复速度为 $V(\zeta)=\mathrm{d}W(\zeta)/\mathrm{d}\zeta$。在做保角变换时 $W(\zeta)$ 通过 $z=f(\zeta)$ 变换为 $W(z)$，且 $W(z)$ 是 z 平面上的流动复势。于是有

$$V(\zeta)=\frac{\mathrm{d}W}{\mathrm{d}\zeta}=\frac{\mathrm{d}W}{\mathrm{d}z}\frac{\mathrm{d}z}{\mathrm{d}\zeta}=V(z)\frac{\mathrm{d}z}{\mathrm{d}\zeta}$$

或

$$V(\zeta)=\left|\frac{\mathrm{d}z}{\mathrm{d}\zeta}\right|\mathrm{e}^{\mathrm{i}\arg(\mathrm{d}z/\mathrm{d}\zeta)}V(z) \tag{13-4}$$

从式(13-4)可知在两平面上相应点的复速度不相等，$V(\zeta)$ 的模比 $V(z)$ 的模大 $|\mathrm{d}z/\mathrm{d}\zeta|$ 倍，方向则要转 $\arg(\mathrm{d}z/\mathrm{d}\zeta)$ 大小的角。这样一来，若 ζ 平面上的无穷远来流复速度是 $V(\zeta)=v_{\infty\zeta}\mathrm{e}^{-\mathrm{i}\alpha_\zeta}$，$z$ 平面上相应点处的复速度即应为

$$V(z)\left(\frac{\mathrm{d}z}{\mathrm{d}\zeta}\right)_{\zeta\to\infty}=v_{\infty\zeta}\mathrm{e}^{-\mathrm{i}\alpha_\zeta}$$

3. 流动奇点强度在保角变换中的变化

在两复平面做保角变换时两个平面上流场中的流动奇点，比如点源（点汇）及点涡等的强度如何变化也是必须弄清的。设 ζ 平面上在 C_ζ 所围域中点涡总强度为 Γ_ζ，源（汇）总强度为 q_ζ。根据点涡强度（环量）以及源（汇）强度的定义有

$$\Gamma_\zeta=\oint_{C_\zeta}\boldsymbol{v}\cdot\mathrm{d}\boldsymbol{l}=\oint_{C_\zeta}(v_\xi\mathrm{d}\xi+v_\eta\mathrm{d}\eta),\quad q_\zeta=\oint_{C_\zeta}v_{\mathrm{n}}\mathrm{d}l=\oint_{C_\zeta}(v_\xi\mathrm{d}\eta-v_\eta\mathrm{d}\xi)$$

现在做下面所示的一个复数，即

$$\Gamma_\zeta + \mathrm{i}q_\zeta = \oint_{C_\zeta}(v_\xi - \mathrm{i}v_\eta)\mathrm{d}\xi + (v_\eta + \mathrm{i}v_\xi)\mathrm{d}\eta = \oint_{C_\zeta}V(\zeta)\mathrm{d}\zeta$$

在物理平面上同样有

$$\Gamma_z + \mathrm{i}q_z = \oint_{C_z}V(z)\mathrm{d}z$$

于是，根据两平面上复速度的关系即可写出

$$\Gamma_z + \mathrm{i}q_z = \oint_{C_z}V(z)\mathrm{d}z = \oint_{C_z}V(\zeta)\frac{\mathrm{d}\zeta}{\mathrm{d}z}\mathrm{d}z = \oint_{C_\zeta}V(\zeta)\mathrm{d}\zeta = \Gamma_\zeta + \mathrm{i}q_\zeta$$

从上式即可推断出

$$\Gamma_z = \Gamma_\zeta,\qquad q_z = q_\zeta \tag{13-5}$$

式（13-5）说明，在做保角变换时两流动平面上流动奇点的强度保持不变。

总结上述三点可知平面势流保角变换解法如下：当某平面上绕某物体的流动复势已知时，可通过一解析函数做流动变换。在变换平面上的绕流复势可直接将变换函数代入已知复势，两平面上相应点处的复速度不相等，按式（13-4）来计算。两平面上的流动奇点（点源、点汇、点涡）的强度保持不变。

二、茹科夫斯基变换

茹科夫斯基变换所用的解析变换函数 $z=f(\zeta)$ 是

$$z=\zeta+\frac{c^2}{\zeta} \tag{13-6}$$

式中，c 为一正的实常数。

此变换函数可将 ζ 平面上的圆域变换成 z 平面上一些和实用翼型形状很类似的域。因为在 ζ 平面绕圆的势流解是已知的，故用前述的保角变换原理即可求得 z 平面的流动解。

1. 茹科夫斯基变换的特点

1）它将 ζ 平面上的无穷远点与坐标原点都变成 z 平面上的无穷远点。因为 $z=\zeta+c^2/\zeta$，故当 $\zeta=0$ 时即得 $z\to\infty$。当 $\zeta\to\infty$ 得 $z\to\infty$，即两平面无穷远处不变。

2）在变换平面上有两个无保角性的变换奇点 $\zeta=\pm c$。将变换函数求导得 $\mathrm{d}z/\mathrm{d}\zeta=1-c^2/\zeta^2$。当 $\zeta=\pm c$ 时有 $\mathrm{d}z/\mathrm{d}\zeta=0$，即 $\zeta=\pm c$ 为变换奇点。过该两点之一的某条平滑曲线在变换到 z 平面上时已不再是过相应点 $z=\pm 2c$ 的一条平滑曲线，而是有一定夹角的两条曲线。现来分析这个夹角多大，为此先分别在两平面上任取一对相应点 z 与 ζ，将它们分别与点 $z=\pm 2c$ 与 $\zeta=\pm c$ 相连，连接线长度及与实轴的夹角如图 13-14 所示。由变换函数式（13-6）可得

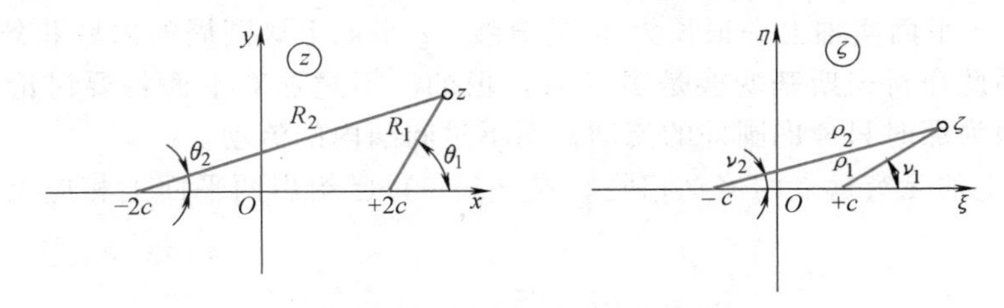

图 13-14 茹科夫斯基变换的变换奇点

$$z+2c=\frac{(\zeta+c)^2}{\zeta},\qquad z-2c=\frac{(\zeta-c)^2}{\zeta}$$

故
$$\frac{z-2c}{z+2c}=\left(\frac{\zeta-c}{\zeta+c}\right)^2$$

或
$$\frac{R_1 e^{i\theta_1}}{R_2 e^{i\theta_2}}=\left(\frac{\rho_1 e^{i\nu_1}}{\rho_2 e^{i\nu_2}}\right)^2, \qquad \frac{R_1}{R_2}e^{i(\theta_1-\theta_2)}=\left(\frac{\rho_1}{\rho_2}\right)^2 e^{i2(\nu_1-\nu_2)}$$

故
$$\frac{R_1}{R_2}=\left(\frac{\rho_1}{\rho_2}\right)^2, \qquad \theta_1-\theta_2=2\ (\nu_1-\nu_2) \tag{13-7}$$

有此式后再来观察一段过点 $\zeta=+c$ 的很短的平滑曲线 $\overline{\zeta_1\zeta_2}$，如图 13-15 所示，因它很短，可近似地当作两段直线看待，设 $\overline{\zeta_1 c}$ 与实轴的夹角为 ν_1'，则 $\overline{\zeta_2 c}$ 与实轴的夹角为 $\pi+\nu_1'=\nu_1''$。点 ζ_1、ζ_2 与点 $\zeta=-c$ 连线与实轴的夹角 ν_2'、ν_2''分别近似为 0 与 2π。再来观察 z 平面，设 z_1 与 z_2 分别是 ζ_1 与 ζ_2 的对应点，z_1 与点 $z=2c$ 连线和实轴的夹角为 θ_1'，z_2 的为 θ_1''。因 ζ_1、ζ_2 两点与点 $\zeta=c$ 无限接近，故 z_1、z_2 离点 $z=2c$ 也非常近。于是 z_1、z_2 与点 $z=-2c$ 的连线和实轴的夹角 θ_2'、θ_2''分别近似为 0、2π。根据式（13-7）有

$$\theta_1'-\theta_2'=2(\nu_1'-\nu_2'), \qquad \theta_1''-\theta_2''=2(\nu_1''-\nu_2'')$$

或
$$\theta_1'=2\nu_1', \qquad \theta_1''=2\pi+2[(\pi+\nu_1')-2\pi]=2\nu_1'$$

故
$$\theta_1'-\theta_1''=2\nu_1'-2\nu_1'=0$$

上式说明点 z_1、z_2 与点 $z=2c$ 的连接线是同一条，因此 ζ 平面上过点 $\zeta=c$ 的平滑曲线经变换后在 z 平面上则成为过点 $z=2c$ 的两条夹角为零的曲线，或说它是夹角为零的尖角。

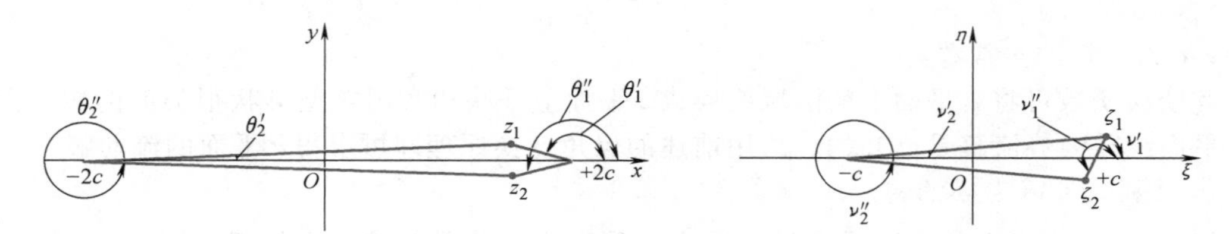

图 13-15 茹科夫斯基变换的不保角点

3）ζ 平面上一个圆心在坐标原点、半径为 c 的圆周变换成 z 平面实轴上一条长为 $4c$ 的线段。在 ζ 平面上该圆周上任一点为 $\zeta=ce^{i\nu}$，则由变换函数可求出 z 平面上对应的变换点为

$$z=ce^{i\nu}+\frac{c^2}{ce^{i\nu}}=c(e^{i\nu}+e^{-i\nu})=2c\cos\nu$$

即
$$x=2c\cos\nu, \qquad y=0$$

显然此方程代表 z 平面实轴上一根长为 $4c$ 的直线。ζ 平面上该圆周的内域和外域都变成 z 平面全平面域，因此茹科夫斯基变换是多（双）值的。不过这对下面将要讨论的流动变换不会造成混乱，因为那时只考虑圆外的流动，而不过问圆内的流动。

4）两平面上的无穷远点的流动相同。式（13-4）已给出两平面上相应点处复速度间的关系，即

$$V(\zeta)=V(z)\frac{dz}{d\zeta}=V(z)\left(1-\frac{c^2}{\zeta^2}\right)$$

当 $\zeta\to\infty$（$z\to\infty$）时即得下式

$$V(\zeta)_{\zeta\to\infty}=V(z)_{z\to\infty}\times 1=V(z)_{z\to\infty} \tag{13-8}$$

亦即在两平面上无穷远来流速度的大小与方向都相同。

2. 绕椭圆柱体的势流

设在 ζ 平面上有一无环量圆柱绕流，如图 13-16 所示。此圆柱圆心位于原点，半径 $a>c$。无穷远来流速度大小为 v_∞，其方向与实轴夹角为 α。首先观察茹科夫斯基变换把此圆周变换成 z 平面上的何种曲线。在圆周上任取一点 $\zeta=a\mathrm{e}^{\mathrm{i}\nu}$，它在 z 平面上的对应点是

$$z=a\mathrm{e}^{\mathrm{i}\nu}+\frac{c^2}{a\mathrm{e}^{\mathrm{i}\nu}}=\left(a+\frac{c^2}{a}\right)\cos\nu+\mathrm{i}\left(a-\frac{c^2}{a}\right)\sin\nu$$

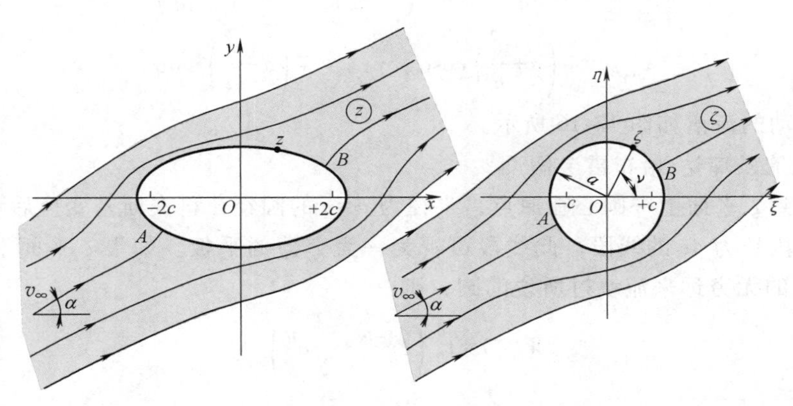

图 13-16　椭圆柱体绕流

所以
$$x=\left(a+\frac{c^2}{a}\right)\cos\nu,\quad y=\left(a-\frac{c^2}{a}\right)\sin\nu$$

消去参数 ν 后得

$$\left(\frac{x}{a+c^2/a}\right)^2+\left(\frac{y}{a-c^2/a}\right)^2=1\tag{13-9}$$

此方程表示 z 平面上的一个长半轴为 $a+c^2/a$（在实轴上），短半轴为 $a-c^2/a$ 的椭圆。

下面讨论 z 平面上的流动。首先可知其无穷远来流速度也是 v_∞，攻角为 α。在此来流下其绕流流场的复势可根据保角变换原理用 ζ 平面上的绕圆柱的复势求出。当来流速度沿实轴方向时，ζ 平面上绕圆柱的流动复势为

$$W(\zeta)=v_\infty\zeta+\frac{v_\infty a^2}{\zeta}=v_\infty\left(\zeta+\frac{a^2}{\zeta}\right)$$

当来流速度与实轴夹角为 α 时，这一复势则为

$$W(\zeta)=v_\infty\left(\zeta\mathrm{e}^{-\mathrm{i}\alpha}+\frac{a^2}{\zeta\mathrm{e}^{-\mathrm{i}\alpha}}\right)=v_\infty\left(\zeta\mathrm{e}^{-\mathrm{i}\alpha}+\frac{a^2}{\zeta}\mathrm{e}^{\mathrm{i}\alpha}\right)$$

再写出茹科夫斯基变换函数的反函数

$$\zeta=\frac{z}{2}+\sqrt{\left(\frac{z}{2}\right)^2-c^2}\tag{13-10}$$

且在根号前只取了正号，因负号不满足 $\zeta\to\infty$ 时 $z\to\infty$ 的条件。于是 z 平面上的椭圆绕流复势为

$$W(z)=W(f^{-1}(z))=v_\infty\left\{\left[\frac{z}{2}+\sqrt{\left(\frac{z}{2}\right)^2-c^2}\right]\mathrm{e}^{-\mathrm{i}\alpha}+\frac{a^2\mathrm{e}^{\mathrm{i}\alpha}}{\dfrac{z}{2}+\sqrt{\left(\dfrac{z}{2}\right)^2-c^2}}\right\}$$

或将上式整理后得

$$W(z)=v_{\infty}\left[z\mathrm{e}^{-\mathrm{i}\alpha}+\left(\frac{a^{2}}{c^{2}}\mathrm{e}^{\mathrm{i}\alpha}-\mathrm{e}^{-\mathrm{i}\alpha}\right)\left(\frac{z}{2}-\sqrt{\left(\frac{z}{2}\right)^{2}-c^{2}}\right)\right] \tag{13-11}$$

v_{∞} 与 α 为椭圆柱前方来流速度的大小与攻角。椭圆柱绕流的前后驻点是

$$z_{A,B}=\mp a\mathrm{e}^{\mathrm{i}\alpha}\mp\frac{c^{2}}{a}\mathrm{e}^{-\mathrm{i}\alpha}=\mp\left(a+\frac{c^{2}}{a}\right)\cos\alpha\mp\mathrm{i}\left(a-\frac{c^{2}}{a}\right)\sin\alpha$$

即

$$x_{A,B}=\mp\left(a+\frac{c^{2}}{a}\right)\cos\alpha,\quad y_{A,B}=\mp\left(a-\frac{c^{2}}{a}\right)\sin\alpha \tag{13-12}$$

绕椭圆柱体流动的流谱如图 13-16 所示。

3. 平板绕流及库达-恰布雷金假设

前面已提到 ζ 平面上一圆心在原点，半径为 $a=c$ 的圆经茹科夫斯基变换后可在 z 平面上变成实轴上一段长为 $4c$ 的线段。此线段可视为一无穷薄的平板。如果 ζ 平面上有一速度为 v_{∞}，攻角为 α 的无穷远来流绕过所说的圆，则

$$W(\zeta)=v_{\infty}\left(\zeta\mathrm{e}^{-\mathrm{i}\alpha}+\frac{c^{2}}{\zeta}\mathrm{e}^{\mathrm{i}\alpha}\right)$$

将 $\zeta=z/2+\sqrt{(z/2)^{2}-c^{2}}$ 代入上式右端，即得 z 平面上绕平板流动的复势

$$W(z)=v_{\infty}\left\{\left[\frac{z}{2}+\sqrt{\left(\frac{z}{2}\right)^{2}-c^{2}}\right]\mathrm{e}^{-\mathrm{i}\alpha}+\frac{c^{2}\mathrm{e}^{\mathrm{i}\alpha}}{\frac{z}{2}+\sqrt{\left(\frac{z}{2}\right)^{2}-c^{2}}}\right\}$$

将上式整理后得

$$W(z)=v_{\infty}\left[z\mathrm{e}^{-\mathrm{i}\alpha}+\mathrm{i}2\sin\alpha\left(\frac{z}{2}-\sqrt{\left(\frac{z}{2}\right)^{2}-c^{2}}\right)\right] \tag{13-13}$$

其绕流流谱如图 13-17 所示。因为在 ζ 平面上为圆柱无环量绕流，故在 z 平面上的平板绕流也应为无环量的。其两驻点可由式（13-12）并令 $a=c$ 得到，即

$$x_{A,B}=\mp 2c\cos\alpha,\quad y_{A,B}=0 \tag{13-14}$$

前驻点 A 在平板下方，后驻点 B 在平板上方。在平板前缘流体沿平板绕过-180°的尖角从平板下表面流到上表面，在平板后缘处情况则正相反。这时在平板前后缘处将出现无穷大的速度，而这在物理上是不可能的。通过实验观察平板绕流发现，在平板后缘处流体并不绕过尾

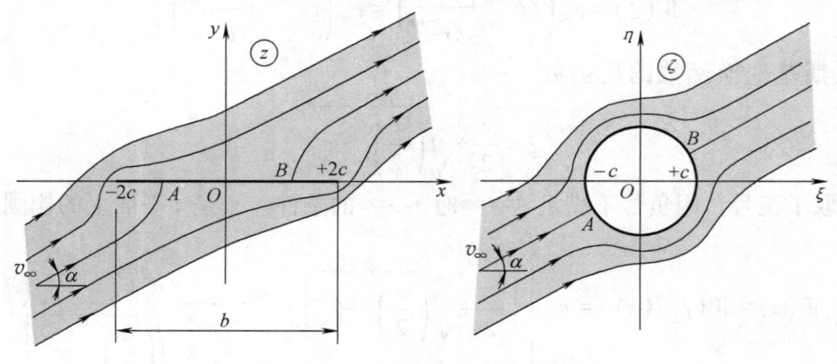

图 13-17 平板无环量绕流

缘后在上表面上形成后驻点，而是与上表面上的流动一起从尾缘处流下平板，即后驻点实际上是在尾缘处。在平板的前缘流体仍然要过尖角，但并不突然转-180°角，而是产生一小区域的脱流，形成一有限曲率的流线，然后再重新贴在平板上并沿平面流向尾缘，如图 13-18 所示。库达与恰布雷金以此事实出发假设了这类流动必须遵守的条件：流体绕流带尖锐后缘的物体时，其后缘必定是流动的后驻点。

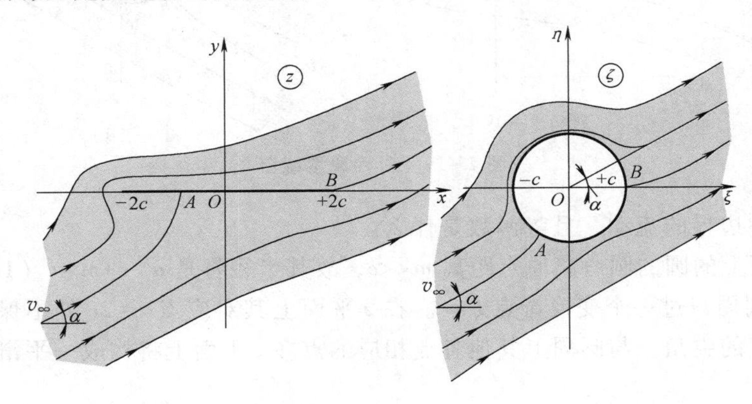

图 13-18　平板的实际绕流

要在 z 平面上得到这样的流动，在 ζ 平面上绕圆柱流动的后驻点 B 就必须在 $\zeta=c$ 处。这种流动显然是有环量的，且环量为 $\Gamma=-4\pi v_\infty c\sin\alpha$。于是绕平板流动的复势即可由 ζ 平面上圆柱有环量绕流复势通过变量代换求出。在 ζ 平面上流动复势为

$$W(\zeta)=v_\infty\left(\zeta e^{-i\alpha}+\frac{c^2}{\zeta}e^{i\alpha}\right)-\frac{i\Gamma}{2\pi}\ln\frac{\zeta}{c}=v_\infty\left(\zeta e^{-i\alpha}+\frac{c^2}{\zeta}e^{i\alpha}\right)+i2v_\infty c\sin\alpha\ln\zeta$$

将 $\zeta=z/2+\sqrt{(z/2)^2-c^2}$ 代入上式右端即得平板绕流复势，即

$$W(z)=v_\infty\left\{\left[\frac{z}{2}+\sqrt{\left(\frac{z}{2}\right)^2-c^2}\right]e^{-i\alpha}+\frac{c^2e^{i\alpha}}{z/2+\sqrt{(z/2)^2-c^2}}+i2c\sin\alpha\ln\left[\frac{z}{2}+\sqrt{\left(\frac{z}{2}\right)^2-c^2}\right]\right. \tag{13-15}$$

式中，c 可用平板的弦长 b 确定，即 $c=b/4$；v_∞ 与 α 为平板前方无穷远来流速度与攻角。

平板的升力 L 可用茹科夫斯基升力公式求出，即

$$L=-\rho v_\infty\Gamma=4\pi\rho v_\infty^2 c\sin\alpha=\pi\rho v_\infty^2 b\sin\alpha$$

升力系数为

$$C_l=\frac{L}{\dfrac{1}{2}\rho v_\infty^2 b}=2\pi\sin\alpha \tag{13-16}$$

当攻角 α 不大时 $\sin\alpha\approx\alpha$，故 $C_l\approx2\pi\alpha$，此升力系数和平板绕流风洞试验结果很接近。这同时也说明库达-恰布雷金假设是合理与正确的。

4. 茹科夫斯基对称翼型的绕流

设在 ζ 平面上有一圆心位于坐标原点左面的实轴上，而圆周过点 $\zeta=c$ 的圆，如图 13-19 所示。它被速度为 v_∞、攻角为 α 的均匀来流绕过，现在来分析用茹科夫斯基变换后，在 z

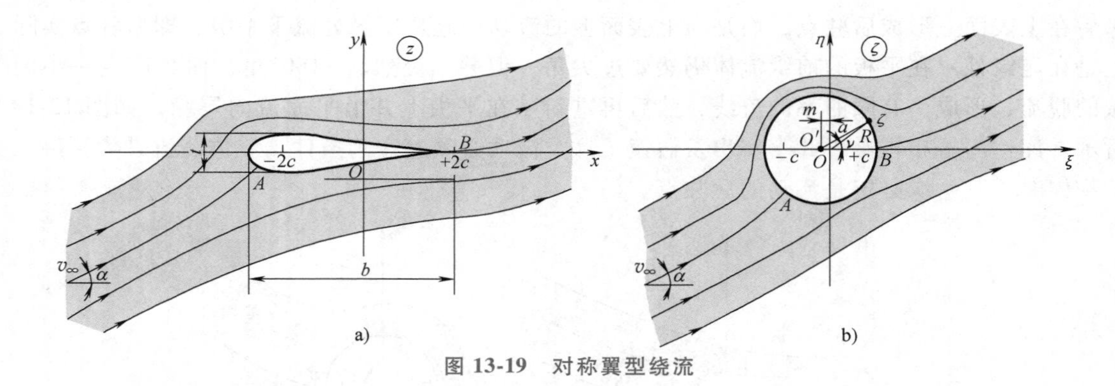

图 13-19 对称翼型绕流

平面将是绕何种边界的流动，且势函数是什么。

设在 ζ 平面上的圆的圆心离原点距离 $m<<c$，故其半径将是 $a=c+m=c\ (1+\varepsilon)$，式中 $\varepsilon=m/c\ll 1$。此时圆周只过一个变换奇点 $\zeta=c$。在 z 平面上其对应点 $z=2c$ 处不保角，故圆弧变换成一夹角为零的尖角。与圆周上其他各点相应的点在 z 平面上将构成一平滑曲线，它与负实轴的交点是

$$z=-c(1+2\varepsilon)+\frac{c^2}{-c(1+2\varepsilon)}=-c(1+2\varepsilon)-c[1-2\varepsilon+O(\varepsilon^2)]\approx-2c$$

式中，$O\ (\varepsilon^2)$ 表示其后面的各量的数量级都小于 ε^2，可忽略。上式表明，在计算中只保留大于 ε 一次方量级的各项时，z 平面上的变换曲线的弦长为 $b\approx 4c$。现在来求此变换曲线方程，设 $\zeta=Re^{i\nu}$ 为 ζ 平面圆周上的任一点，则在 z 平面相对应的点为

$$z=Re^{i\nu}+\frac{c^2}{R}e^{-i\nu} \tag{13-17a}$$

由余弦定理可知

$$a^2=R^2+m^2+2Rm\cos\nu \quad 或 \quad (c+m)^2=R^2\left(1+\frac{m^2}{R^2}+2\frac{m}{R}\cos\nu\right)$$

将上面第二式右端括弧中二阶小量 m^2/R^2 舍去可得

$$c+m=c(1+\varepsilon)=R\left(1+2\frac{m}{R}\cos\nu\right)^{1/2}=R\left[1+\frac{m}{R}\cos\nu+O(\varepsilon^2)\right]$$
$$=R+m\cos\nu=R+c\varepsilon\cos\nu$$

故

$$R=c[1+\varepsilon(1-\cos\nu)]$$

代入式（13-17a）可得

$$z=c[1+\varepsilon(1-\cos\nu)]e^{i\nu}+\frac{c}{1+\varepsilon(1-\cos\nu)}e^{-i\nu}$$
$$=c[2\cos\nu+i2\varepsilon(1-\cos\nu)\sin\nu+O(\varepsilon^2)]$$

略去高阶小量后即得 z 平面上变换曲线的参数方程，即

$$x=2c\cos\nu,\qquad y=2c\varepsilon(1-\cos\nu)\sin\nu \tag{13-17b}$$

消去参数 ν 后即得变换曲线的方程，即

$$y=\pm 2c\varepsilon\left(1-\frac{x}{2c}\right)\sqrt{1-\left(\frac{x}{2c}\right)^2} \tag{13-18}$$

变换曲线的形状如图 13-19 所示，为一上下表面轮廓形状一样的带尖锐尾缘的对称翼型。由式（13-18）可求出其最大厚度 $t=2y_{\max}=3\sqrt{3}\,c\varepsilon$ 及其所在位置 $x_t=-c$。或者 $\bar{t}=t/b=3\sqrt{3}\,c\varepsilon/(4c)=3\sqrt{3}\,\varepsilon/4$，$\bar{x}_t=x_t/b=-c/(4c)=-1/4$。反之，若已知对称翼型的弦长及最大厚度（$b$ 与 t）时，则在 ζ 平面上应取

$$\varepsilon=\frac{4}{3\sqrt{3}}\frac{t}{b}=0.77\bar{t},\qquad c=\frac{b}{4} \tag{13-19}$$

翼型表面方程则可写成

$$y=\pm 0.385t\left(1-2\frac{x}{b}\right)\sqrt{1-\left(2\frac{x}{b}\right)^2} \tag{13-20}$$

对称翼型绕流的复势可由 ζ 平面的复势做变量代换求得。在 ζ 平面上因圆柱的圆心已不在坐标原点，故复势为

$$W(\zeta)=v_\infty\left[(\zeta+m)\mathrm{e}^{-\mathrm{i}\alpha}+\frac{a^2}{\zeta+m}\mathrm{e}^{\mathrm{i}\alpha}\right]-\frac{\mathrm{i}\Gamma}{2\pi}\ln(\zeta+m)$$

圆柱为有环量绕流的根据是库达-恰布雷金假设，即在 ζ 平面上与对称翼型尾缘点对应的 $\zeta=c$ 点必须是后驻点。由图 13-19 可知这是一种有环量绕流，且环量为

$$\Gamma=-4\pi v_\infty a\sin\alpha=-4\pi v_\infty c(1+\varepsilon)\sin\alpha \tag{13-21}$$

将 $\zeta=z/2+\sqrt{(z/2)^2-c^2}$ 代入上面的 $W(\zeta)$ 表达式，并注意到

$$a=c(1+\varepsilon)=\left(1+0.77\frac{t}{b}\right)\frac{b}{4}=\frac{b}{4}+0.193t$$

$$m=c\varepsilon=\frac{b}{4}\times 0.77\frac{t}{b}=0.193t$$

$$\Gamma=-4\pi v_\infty c(1+\varepsilon)\sin\alpha=-\pi v_\infty b\left(1+0.77\frac{t}{b}\right)\sin\alpha$$

即得 z 平面上绕对称翼型流动的复势 $W(z)$。

对称翼型的升力为

$$L=-\rho v_\infty\Gamma=\pi\rho v_\infty^2 b\left(1+0.77\frac{t}{b}\right)\sin\alpha$$

升力系数则为

$$C_l=\frac{L}{\frac{1}{2}\rho v_\infty^2 b}=2\pi\left(1+0.77\frac{t}{b}\right)\sin\alpha \tag{13-22}$$

把它与平板的升力系数比较可知，有了厚度 t 后可使升力系数增大。但为增大 C_l 却不可无限制地加大翼型的厚度，不然翼型将变成钝头体，易使边界层分离，反而会使 C_l 下降。

5. 圆弧翼型的绕流

如图 13-20 所示，在 ζ 平面有一圆，其圆心 O' 位于虚轴上离原点为 $m\ll c$。该圆还通过 $\zeta=\pm c$ 两点。如果有速度为 v_∞、攻角为 α 的无穷远均匀来流绕过此圆，试求茹科夫斯基变换后在 z 平面将是何种边界的绕流及复势是什么。

先求 z 平面上的变换曲线方程。为此在圆周上任取一点 $\zeta=R\mathrm{e}^{\mathrm{i}\nu}$，如图 13-20 所示，它在 z 平面上的对应点是

$$z=Re^{i\nu}+\frac{c^2}{R}e^{-i\nu}=\left(R+\frac{c^2}{R}\right)\cos\nu+i\left(R-\frac{c^2}{R}\right)\sin\nu$$

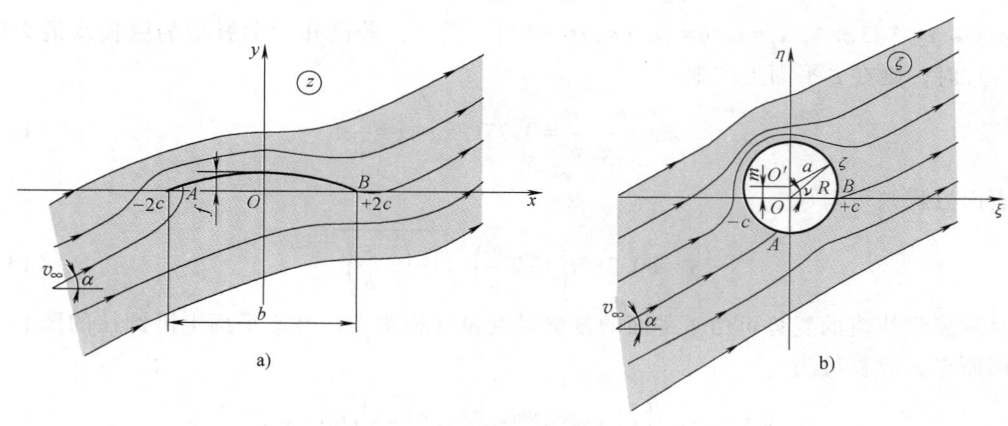

图 13-20 圆弧翼型绕流

所以 z 平面上的变换曲线参数方程为

$$x=\left(R+\frac{c^2}{R}\right)\cos\nu,\qquad y=\left(R-\frac{c^2}{R}\right)\sin\nu$$

参数方程中 R 与 ν 两者有一个并非独立的，例如 R 必与 ν、c、m 有关。从上述方程中消去 R，得

$$x^2\sin^2\nu-y^2\cos^2\nu=4c^2\sin^2\nu\cos^2\nu \tag{13-23a}$$

根据余弦定理有

$$a^2=R^2+m^2-2Rm\cos\left(\frac{\pi}{2}-\nu\right)\quad \text{或}\quad c^2+m^2=R^2+m^2-2Rm\sin\nu$$

故有

$$\sin\nu=\frac{R^2-c^2}{2Rm}=\frac{1}{2m}\left(R-\frac{c^2}{R}\right)=\frac{y}{2m\sin\nu}$$

于是

$$\sin^2\nu=\frac{y}{2m},\qquad \cos^2\nu=1-\frac{y}{2m} \tag{13-23b}$$

代入式（13-23a）得

$$x^2\frac{y}{2m}-y^2\left(1-\frac{y}{2m}\right)=4c^2\frac{y}{2m}\left(1-\frac{y}{2m}\right)$$

整理后即可得

$$x^2+y^2+2\left(\frac{c^2}{m}-m\right)y=4c^2$$

略去高阶小量后得

$$x^2+\left(y+\frac{c^2}{m}\right)^2=c^2\left(4+\frac{c^2}{m^2}\right) \tag{13-23c}$$

此即 z 平面上变换曲线的方程，可见它是圆，半径为 $c\sqrt{4+c^2/m^2}$，圆心在虚轴上距原点 c^2/m。即变换曲线是弦长为 $b=4c$ 的一段圆弧（无厚度），如图 13-20 所示，或称为圆弧翼型。其弯度 f 即为此圆弧段顶点 y 坐标，它应是和 $\nu=\pi/2$ 相应的 y。由式（13-23b）可知

$$f=y\left(\frac{\pi}{2}\right)=(2m\sin^2\nu)_{\nu=\pi/2}=2m \tag{13-24}$$

如果用 z 平面上的圆弧翼型的几何参数 b 与 f 来表示其方程，则式（13-23c）即为

$$y=-\frac{b^2}{8f}+\sqrt{\frac{b^2}{4}\left(1+\frac{b^2}{16f^2}\right)-x^2} \tag{13-25}$$

于是 ζ 平面上绕坐标原点上方偏置的圆的流动，变换成 z 平面上以同样来流绕一个只有弯度而无厚度的一段圆弧翼型的流动，而且其后缘点 $z=2c$ 必须是驻点。于是其 ζ 平面上的对应点 $\zeta=c$ 也应是驻点，亦即圆柱绕流为有环量的，其复势为

$$W(\zeta)=v_\infty\left[(\zeta-\mathrm{i}m)\mathrm{e}^{-\mathrm{i}\alpha}+\frac{a^2}{\zeta-\mathrm{i}m}\mathrm{e}^{\mathrm{i}\alpha}\right]-\frac{\mathrm{i}\Gamma}{2\pi}\ln(\zeta-\mathrm{i}m) \tag{13-26}$$

欲得 z 平面上圆弧翼型绕流复势 $W(z)$，只需将式（13-26）中的 ζ、m、a、Γ 做如下代换即可：

$$\zeta=\frac{z}{2}+\sqrt{\left(\frac{z}{2}\right)^2-c^2},\qquad c=\frac{b}{4},\qquad m=\frac{f}{2}$$

$$a=\sqrt{c^2+m^2}=\sqrt{\frac{b^2}{16}+\frac{f^2}{4}}=\frac{b}{4}\qquad\left[f^2\ll\left(\frac{b}{2}\right)^2\right]$$

$$\Gamma=-4\pi v_\infty a\sin\left(\alpha+\arctan\frac{m}{c}\right)=-4\pi v_\infty\frac{b\sin(\alpha+2f/b)}{4}=-\pi v_\infty b\sin\left(\alpha+2\frac{f}{b}\right) \tag{13-27}$$

将圆弧翼型绕流的环量与平板绕流的相比可知，翼型有了弯度后可使环量增加，因而必使翼型升力增大。

圆弧翼型的升力为

$$L=-\rho v_\infty\Gamma=\pi\rho v_\infty^2 b\sin\left(\alpha+\frac{2f}{b}\right)$$

其升力系数为

$$C_l=\frac{L}{\frac{1}{2}\rho v_\infty^2 b}=2\pi\sin\left(\alpha+\frac{2f}{b}\right) \tag{13-28}$$

6. 茹科夫斯基翼型的绕流

设 ζ 平面上的圆的圆心 O' 位于第二象限，偏离坐标原点的距离为 $m\ll c$（$\varepsilon=m/c\ll1$）且与实轴偏角为 δ，如图 13-21 所示。该圆通过 $\zeta=c$ 点。做茹科夫斯基变换后在 z 平面上可得一带尖角后缘的变换曲线，即如图 13-21a 所示的茹科夫斯基翼型。

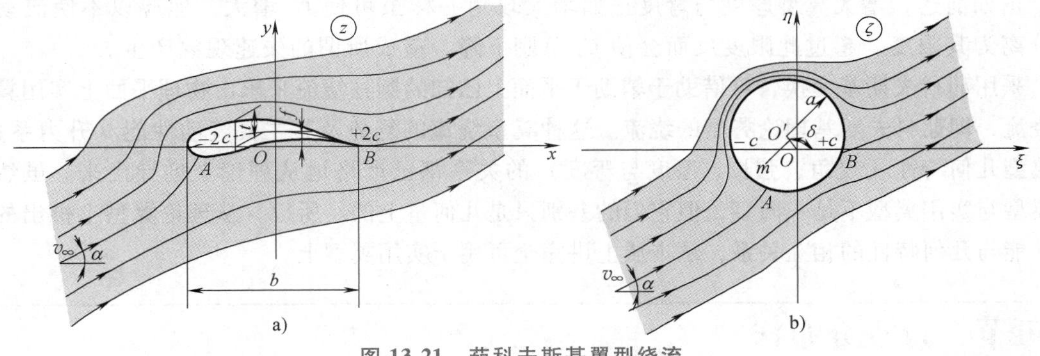

图 13-21 茹科夫斯基翼型绕流

根据前述对称和圆弧翼型绕流的变换可知，在 ζ 平面上一个圆的圆心做上述偏置后在 z 平面上形成一个既有厚度又有弯度且有尖锐后缘的封闭变换曲线，其厚度 t 应与 $|m\cos\delta|$ 有

关，其弯度则应与$|m\sin\delta|$有关。当$m\ll c$时，z平面上的翼型曲线方程即可近似地用对称（y_d）与圆弧（y_y）翼型曲线方程叠加而成，即

$$y=y_y+y_d$$

$$=\sqrt{\frac{b^2}{4}\left(1+\frac{b^2}{16f^2}\right)-x^2}-\frac{b^2}{8f}\pm0.385t\left(1-\frac{2x}{b}\right)\sqrt{1-\left(\frac{2x}{b}\right)^2} \qquad (13\text{-}29)$$

此茹科夫斯基翼型$y=y(x)$的中弧线即为圆心向上偏置$|m\sin\delta|$所形成的一段圆弧，而圆心又向左偏置了$|m\cos\delta|$，使翼型有了关于此中弧线对称的厚度。翼型弯度与厚度和$|m\sin\delta|$与$|m\cos\delta|$的关系应该就是在圆弧绕流及对称翼型绕流中所曾确定的关系。

如果在z平面上无穷远来流速度为v_∞，攻角为α，则其绕流的复势即可借助ζ平面上以同样来流绕过一个向第二象限偏置的圆的流动复势来确定。在ζ平面上复势为

$$W(\zeta)=v_\infty\left[(\zeta-me^{i\delta})e^{-i\alpha}+\frac{a^2}{\zeta-me^{i\delta}}e^{i\alpha}\right]-\frac{i\Gamma}{2\pi}\ln(\zeta-me^{i\delta}) \qquad (13\text{-}30)$$

式中，ζ、m、δ、a、Γ用下列关系式取代，即得z平面上绕茹科夫斯基翼型流动的复势$W(z)$：

$$\zeta=\frac{z}{2}+\sqrt{\left(\frac{z}{2}\right)^2-c^2},\qquad c=\frac{b}{4},\qquad m\sin\delta=\frac{f}{2}$$

$$m\cos\delta=-0.77\frac{tc}{b},\qquad a=\frac{b}{4}+0.193t$$

$$\Gamma=-4\pi v_\infty a\sin\left(\alpha+\frac{2f}{b}\right)=-\pi v_\infty b\left(1+0.77\frac{t}{b}\right)\sin\left(\alpha+\frac{2f}{b}\right)$$

上述关系式中的第三、四个可改写成

$$m=\sqrt{(0.193t)^2+\left(\frac{f}{2}\right)^2},\qquad \delta=-\arctan\frac{f}{0.385t} \qquad (13\text{-}31)$$

茹科夫斯基翼型绕流环量由翼型的攻角、厚度以及弯度三者形成，上面所列环量表达式即表明此点。茹科夫斯基翼型的升力系数C_l也是由攻角、厚度与弯度三者所形成的，所以有

$$C_l=2\pi\left(1+0.77\frac{t}{b}\right)\sin\left(\alpha+\frac{2f}{b}\right) \qquad (13\text{-}32)$$

正如前述，增大翼型厚度与弯度正如增大攻角一样虽可使C_l增大，但应以不使流动产生分离为其限度。超过此限度反而会使C_l急剧下降，造成所谓的失速现象产生。

采用茹科夫斯基变换，可借助于辅助于平面上已知的圆柱绕流来求出物理平面上实用翼型的绕流，即茹科夫斯基理论翼型的绕流。这种翼型绕流的复势及其主要气动性能（升力系数）与翼型几何特性（攻角、弦长、厚度与弯度）的关系都已严格地从理论上推导出来。虽然理论翼型与实用翼型不是一回事，但它们的差别只是几何量上的。所以，从理论翼型上推出的气动性能与几何特性的相互关系，从本质上讲完全可用于实用翼型上。

第五节 奇点分布法

除上节所述的保角变换法，寻求翼型绕流还另有方法，奇点分布法就是其一。实际上在求圆柱绕流时已在用此法了，只不过比较简单。那时旋转的圆柱在均匀流中所起的扰动作用

相当于在圆心处放置一个一定强度的偶极子与点涡所起的作用。对于形状特殊的翼型而言它和圆柱在本质上是一样的，即它在流场中所引起的扰动也相当于以某种方式分布的一系列流动奇点（源、汇及涡）所起的作用，这就是奇点分布法的由来。尽管奇点分布法的理论基础简单，但其物理概念清晰，易于操控，至今仍是轴流式水轮机、轴流泵等以输送不可压缩介质为主的轴流式叶轮机械叶轮水力设计过程中运用的重要方法之一。在奇点分布法的实际应用过程中，其可以解决下述两类流动问题：一是当翼型几何特性已知时要根据无穷远来流寻求取代该翼型的奇点分布，接着用流场叠加法求出流动复势及翼型的气动性能；二是为获得有一定特性的流场而去寻求翼型应具有的几何特性。前者称为翼型绕流的正问题，而后者叫作反问题。在一般情况下翼型绕流的奇点分布法较繁，本节只针对小攻角小弯度薄翼的绕流解法进行讨论。

一、薄翼的简化气动模型

如图 13-22 所示，一弯度不大且厚度很小的翼型被一小攻角的无穷远均匀来流绕过。因为翼型薄，所以它可用无厚度的中弧线代替。它在均匀流场中所形成的扰动相当于连续分布在中弧线上的一系列涡所起的作用。因翼型弯度小，此涡系可被近似地认为分布在弦线上。做如此简化的涡系在均匀流场中引起的扰动和原翼型的作用近似相等。

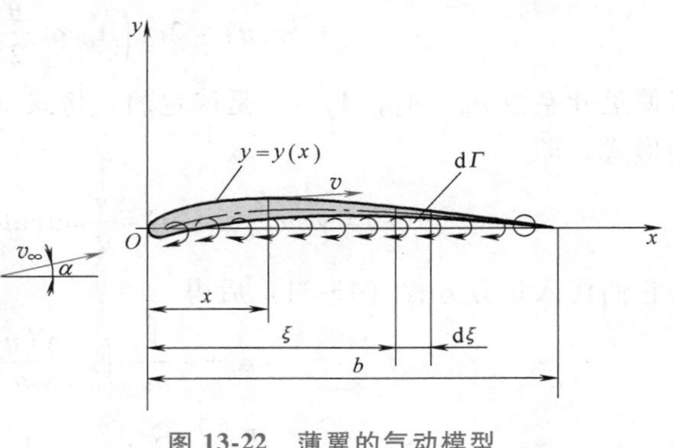

图 13-22 薄翼的气动模型

设翼型中弧线的方程为 $y=y(x)$，由此方程以及已知的无穷远来流设法求出在弦线上的涡系强度分布规律 $\gamma(x)$ 后，就可求出绕流流场的解。

二、求解涡系强度分布的积分方程

涡系在薄翼表面 x 处诱导的速度 $\boldsymbol{v}_i(x)$ 和均匀来流速度 $\boldsymbol{v}_\infty$ 叠加后的合成速度应与翼型表面相切，即翼面应是流线。小攻角下此两速度的合成如图 13-23 所示，合成速度 $\boldsymbol{v}$ 的方向应与翼面在该处的切线方向一致，即

$$\frac{v_\infty \sin\alpha + v_{iy}}{v_\infty \cos\alpha} = \frac{dy}{dx}$$

式中，v_{iy} 为涡系诱导速度的 y 轴分量。

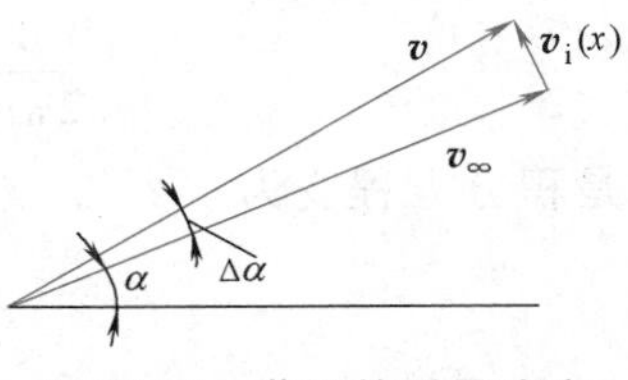

图 13-23 薄翼的诱导速度

小攻角时上式可写成

$$\alpha + \frac{v_i(x)}{v_\infty} = \frac{dy}{dx} \tag{13-33a}$$

涡系在薄翼表面 x 处诱导的速度为（参考图 13-22）

$$v_i(x) = \int_0^b \frac{\gamma(\xi)\,d\xi}{2\pi(\xi - x)} \tag{13-33b}$$

式中，积分上限 b 为薄翼的弦长。将式（13-33b）代入式（13-33a）得

$$\alpha + \frac{1}{2\pi v_\infty}\int_0^b \frac{\gamma(\xi)\,\mathrm{d}\xi}{\xi - x} = \frac{\mathrm{d}y}{\mathrm{d}x} \tag{13-34}$$

此方程即为求解位于积分号下的未知涡系强度分布 $\gamma(x)$ 的积分方程。为解此方程，采用调和分析方法。先做如下变量代换，用新变量 θ、ν 取代 x、ξ 得

$$x=\frac{b}{2}(1-\cos\theta),\qquad \xi=\frac{b}{2}(1-\cos\nu)$$

当 $0\leqslant x$、$\xi\leqslant b$ 时有 $0\leqslant\theta$、$\nu\leqslant\pi$。于是 $\gamma(x)$、$\gamma(\xi)$ 即变换成 θ、ν 的函数 $\gamma(\theta)$、$\gamma(\nu)$。再将未知的 γ 写成傅里叶级数形式，即

$$\gamma(\theta) = 2v_\infty\left(A_0\cot\frac{\theta}{2} + \sum_{n=1}^{\infty}A_n\sin n\theta\right) \tag{13-35}$$

诸傅里叶系数 A_0，A_1，A_2，…是待定的。将式（13-34）左端积分号下各项写成新变量 θ、ν 的形式，即

$$\gamma(\xi)=\gamma(\nu),\qquad \mathrm{d}\xi=\frac{b}{2}\sin\nu\mathrm{d}\nu,\qquad \xi-x=\frac{b}{2}(\cos\theta-\cos\nu)$$

将它们代入积分方程（13-34）后得

$$\alpha + \frac{1}{2\pi v_\infty}\int_0^\pi \frac{\gamma(\nu)\sin\nu}{\cos\theta - \cos\nu}\mathrm{d}\nu = \frac{\mathrm{d}y}{\mathrm{d}x} \tag{13-36}$$

但 $$\gamma(\nu)\sin\nu = 2v_\infty\left(A_0\cot\frac{\nu}{2} + \sum_{n=1}^{\infty}A_n\sin n\nu\right)\sin\nu$$

$$= 2v_\infty\left[A_0(1+\cos\nu) + \sum_{n=1}^{\infty}A_n\frac{\cos(n-1)\nu - \cos(n+1)\nu}{2}\right]$$

所以 $$\frac{1}{2\pi v_\infty}\int_0^\pi \frac{\gamma(\nu)\sin\nu}{\cos\theta-\cos\nu}\mathrm{d}\nu = \frac{1}{\pi}\int_0^\pi\frac{A_0\mathrm{d}\nu}{\cos\theta-\cos\nu} + \frac{1}{\pi}\int_0^\pi\frac{A_0\cos\nu\mathrm{d}\nu}{\cos\theta-\cos\nu} + \frac{1}{2\pi}\int_0^\pi\sum_{n=1}^{\infty}A_n\frac{\cos(n-1)\nu-\cos(n+1)\nu}{\cos\theta-\cos\nu}\mathrm{d}\nu$$

但 $$\int_0^\pi\frac{\mathrm{d}\nu}{\cos\theta-\cos\nu}=0,\qquad \int_0^\pi\frac{\cos\nu\mathrm{d}\nu}{\cos\theta-\cos\nu}=-\pi,\qquad \int_0^\pi\frac{\cos n\nu}{\cos\theta-\cos\nu}\mathrm{d}\nu=-\pi\frac{\sin n\theta}{\sin\theta}$$

因此，前式经三角函数运算后变为

$$\frac{1}{2\pi v_\infty}\int_0^\pi\frac{\gamma(\nu)\sin\nu}{\cos\theta-\cos\nu}\mathrm{d}\nu = -A_0 + \sum_{n=1}^{\infty}A_n\cos n\theta$$

于是积分方程变为

$$\alpha - A_0 + \sum_{n=1}^{\infty}A_n\cos n\theta = \frac{\mathrm{d}y}{\mathrm{d}x}$$

式中，α 为攻角，是常数；$\mathrm{d}y/\mathrm{d}x$ 为 x 或 θ 的已知函数。按上式即可用调和分析方法确定出傅里叶系数，即

$$A_0 = \alpha - \frac{1}{\pi}\int_0^\pi\frac{\mathrm{d}y}{\mathrm{d}x}\mathrm{d}\theta,\qquad A_n = \frac{2}{\pi}\int_0^\pi\frac{\mathrm{d}y}{\mathrm{d}x}\cos n\theta\mathrm{d}\theta \tag{13-37}$$

傅里叶系数确定后即可按式（13-35）和式（13-33b）计算出任一点 x 处诱导速度 $v_\mathrm{i}(x)$。再与来流 v_∞ 做矢量叠加得该处流速，进而用伯努利方程求出各处的压强，再积分求出翼型所受升力。另外也可按式（13-35）算出涡系强度分布 γ（x），再根据茹科夫斯基升

力定理求作用于薄翼的升力 L，即

$$L=\int\rho v_\infty\,\mathrm{d}\Gamma=\int_0^b\rho v_\infty\,\gamma(x)\,\mathrm{d}x$$

$$=\rho v_\infty^2\,b\int_0^\pi\left[A_0(1+\cos\theta)+\sum_{n=1}^{\infty}A_n\sin n\theta\sin\theta\right]\mathrm{d}\theta=\rho v_\infty^2\,b\pi\left(A_0+\frac{A_1}{2}\right)$$

升力系数 C_l 为

$$C_l=\frac{L}{\frac{1}{2}\rho v_\infty^2\,b}=2\pi\left(A_0+\frac{A_1}{2}\right)\tag{13-38}$$

气动力对薄翼前缘的力矩 M_0 为

$$M_0=-\int_0^b x\mathrm{d}L=-\int_0^b x\rho v_\infty\,\mathrm{d}\Gamma=-\rho v_\infty\int_0^b\gamma(x)\,x\mathrm{d}x$$

$$=-\rho v_\infty\,2v_\infty\int_0^\pi\left(A_0\cot\frac{\theta}{2}+\sum_{n=1}^{\infty}A_n\sin n\theta\right)\frac{b}{2}(1-\cos\theta)\frac{b}{2}\sin\theta\mathrm{d}\theta$$

经三角函数运算后求出上式右端积分，最后得

$$M_0=-\frac{\rho v_\infty^2\,b^2}{2}\left(A_0\frac{\pi}{2}+A_1\frac{\pi}{2}-A_2\frac{\pi}{4}\right)$$

$$=-\frac{1}{4}\pi\rho v_\infty^2\,b^2\left(A_0+A_1-\frac{A_2}{2}\right)$$

力矩系数为

$$C_\mathrm{m}=\frac{M_0}{\frac{1}{2}\rho v_\infty^2\,b^2}=-\frac{\pi}{2}\left(A_0+A_1-\frac{A_2}{2}\right)\tag{13-39}$$

三、小攻角平板绕流

设一长为 b 的平板被一小攻角 α 的均匀来流 v_∞ 绕过，如图 13-24 所示。现在用上述的薄翼理论求其表面上的速度分布、升力系数及力矩系数。

平板表面方程为 $y=0$（$0\leqslant x\leqslant b$），故 $\mathrm{d}y/\mathrm{d}x=0$。由式（13-37）得

$$A_0=\alpha-\frac{1}{\pi}\int_0^\pi\frac{\mathrm{d}y}{\mathrm{d}x}\mathrm{d}\theta=\alpha,\qquad A_n=0(n\geqslant 1)$$

由式（13-35）得

$$\gamma(\theta)=2v_\infty\,\alpha\cot\frac{\theta}{2}\tag{13-40}$$

可见当 $x=0$ 或 $\theta=0$ 时 $\gamma\to\infty$，而当 $x=b$ 时或 $\theta=\pi$ 时 $\gamma=0$，即在平板翼型的前缘处涡系强度趋于无穷大，在后缘处则为零，涡系强度分布曲线 $\gamma(x)$ 如图 13-24 所示。

涡系在平板表面某处 x 所诱导的速度 $v_\mathrm{i}(x)$ 可用式（13-33a）求得。先求 $v_{\mathrm{i}y}$，当 α 很小时有

$$v_{\mathrm{i}y}=v_\mathrm{i}(x)=\int_0^b\frac{\gamma(\xi)\,\mathrm{d}\xi}{2\pi(\xi-x)}$$

$$= \frac{1}{2\pi}\int_0^{\pi} \frac{2v_\infty \alpha \cot \dfrac{\nu}{2} \sin\nu \mathrm{d}\nu}{\cos\theta - \cos\nu} = \frac{v_\infty \alpha}{\pi}\int_0^{\pi} \frac{(1+\cos\nu)\mathrm{d}\nu}{\cos\theta - \cos\nu} = \frac{v_\infty \alpha}{\pi}(0-\pi) = -v_\infty \alpha$$

它与来流速度$\boldsymbol{v}_\infty$的 y 轴分量 $v_\infty \sin\alpha \approx v_\infty \alpha$ 合成后为零。这说明平板表面为一流线。再求涡系诱导速度的 x 轴分量 v_{ix}。根据式（8-47），有

$$v_{ix} = \pm\frac{\gamma(\theta)}{2} = \pm v_\infty \alpha\cot\frac{\theta}{2}$$

式中，正号属平板上表面，负号属下表面。该速度与来流速度$\boldsymbol{v}_\infty$的 x 轴分量 $v_\infty \cos\alpha \approx v_\infty$合成后即为平板上下表面的速度

$$v_x = v_\infty\left(1 \pm \alpha\cot\frac{\theta}{2}\right) \tag{13-41}$$

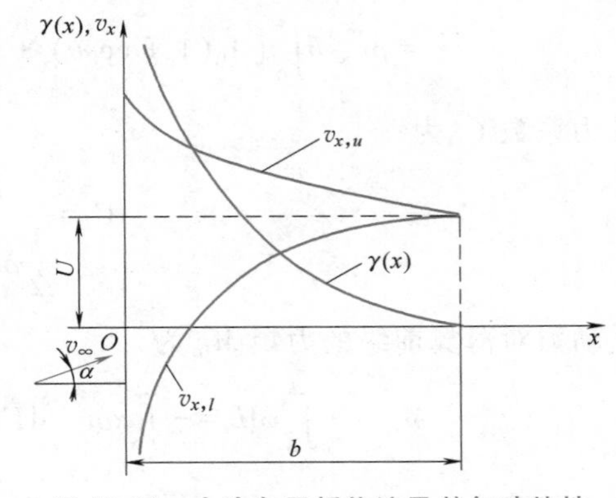

图 13-24　小攻角平板绕流及其气动特性

从式（13-41）可知，当 $x=0$（$\theta=0$）时 $v_x \to \infty$，即平板前缘处的速度为无穷大，为一流动奇点。在平板后缘（$x=b$ 或 $\theta=\pi$）处 $v_x = v_\infty$，并且上表面处的速度比下表面处的大，如图 13-24 所示。

小攻角平板绕流的升力系数可由式（13-38）获得

$$C_l = 2\pi\left(A_0 + \frac{A_1}{2}\right) = 2\pi\alpha \tag{13-42}$$

这与用保角变换法所得结论式（13-16）完全一样（当 α 很小时 $\sin\alpha \approx \alpha$）。

小攻角平板绕流的前缘力矩系数可用式（13-39）求出，即

$$C_m = -\frac{\pi}{2}\left(A_0 + A_1 - \frac{A_2}{2}\right) = -\frac{\pi\alpha}{2} \tag{13-43}$$

第六节　有限翼展机翼简述

一、有限翼展机翼的翼端效应及其气动模型

流体力学的工程应用之一——翼梢小翼

前面从实验和流体力学原理上讨论了二元翼型在被流体绕过时所形成的流场及所受气动力。翼型的流体力学功能就在于能产生一环量，因而可将它简化为一个二元的流动奇点系。一个无限翼展的机翼因此可近似地看成一个从无穷远过来又伸向无限远的涡线。如果不计黏性，则此涡线所诱导的流动与来流合成的流动就会产生一个垂直于来流的升力，但无沿来流方向的流动阻力，如图 13-25a 所示。然而当机翼翼展有限时，流体绕它的流场则因有了翼端就会与无限机翼的绕流不同。本节将讨论其流动特点、升力的计算及其特有的“诱导阻力”的计算。

1. 翼端效应

如图 13-25b 所示，当无穷远均匀来流绕过有限翼展机翼时，一般情况下其上翼面的压强

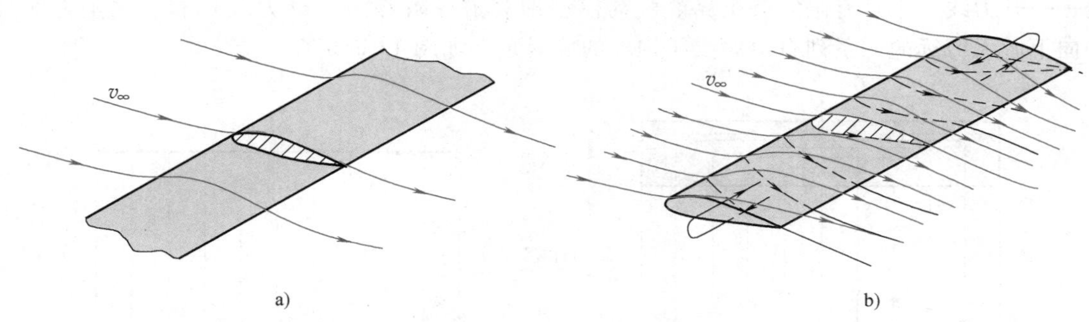

图 13-25 机翼的绕流

比下翼面的小，因而下表面的流体将有一趋势要绕过翼端流向上表面，且离翼端越近这种趋势越强，在翼展中间的翼根处这种趋势为零，这就是有限翼展机翼绕流的翼端效应。于是在下表面的流动速度除有一与来流方向一致的分量外，还有一指向翼端的翼展方向的分量，在上表面后者情况正相反。上下翼面流体的这种流动将一直保持到脱离尾缘并伸向下游无穷远处，在机翼后面形成一个翼展方向速度分量不连续或间断的流面。该速度间断面，相当于从尾缘伸向下游的一系列涡线组成的一个涡面，如图 13-26 所示。由于涡面不稳定，它最后形成两个集中涡，如图 13-27 所示。这在喷洒农药或做航空表演的飞机后面很易观察到。有限翼展机翼所形成的这种流动现象曾在一段时期内为人们所不理解，一直到 20 世纪初才由普朗特建立的有限翼展机翼的气动模型做出了科学的解释，并奠定了有限翼展机翼气动计算的理论基础。

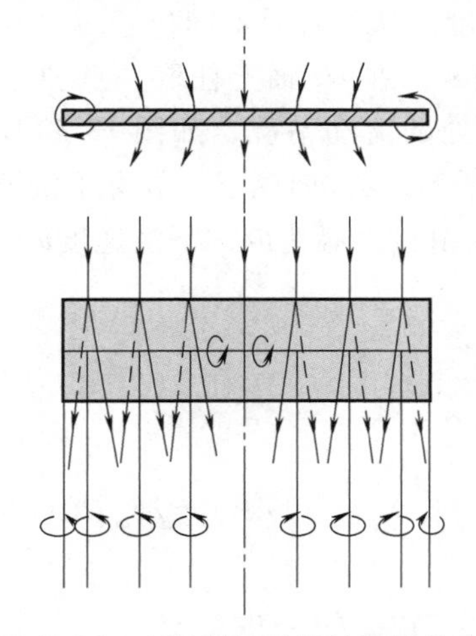

图 13-26 有限翼展机翼的翼端效应

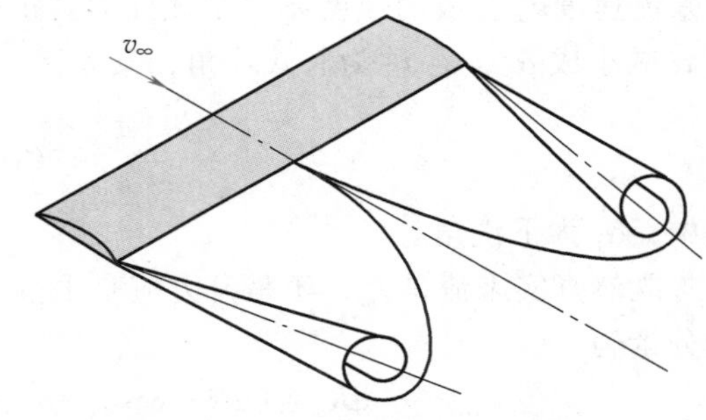

图 13-27 翼后的自由涡面

2. 有限翼展机翼的空气动力模型

普朗特认为，有限翼展机翼在均匀来流中形成的扰动可用一旋涡系来代替。它由两部分组成：一是翼展方向上的一段变环量的附着涡，二是由与前者垂直的一伸向下游无穷远的自由涡面，如图 13-28a 所示。如此构成的涡系也叫作马蹄涡或 π 涡。附着涡是由不同翼展方向位置处的翼型形成的。在翼端处因翼端效应使上下表面压差消失，因而无升力，故环量为零。在翼根处翼端效应影响最小，该处环量最大。另外，从亥姆霍兹定理的观点看此涡系时，它也是合理的。普朗特又进一步将本是一涡面的附着涡简化成一根涡强分布不等的涡线——升力线。于是有限翼展机翼的气动模型即为由一附着涡（升力线）和与之垂直的且伸向下游无穷远的一系列自由涡线所构成的旋涡系，如图 13-28b 所示。

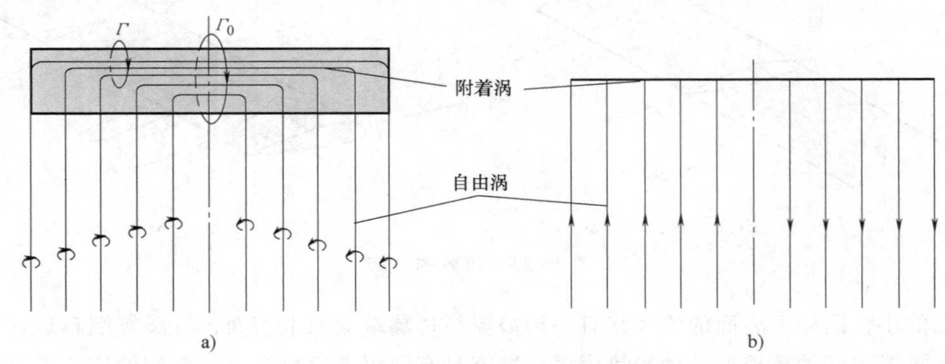

图 13-28　有限翼展机翼的气动模型

二、有限翼展机翼的升力及诱导阻力

利用有限翼展机翼的气动模型可建立计算其升力的方法，同时还发现即使在理想流体的情况下也有一阻力作用（诱导阻力）。为此先建立如图 13-29 所示的坐标系 $Oxyz$。附着涡沿 Oz 轴的强度分布是不等的，为 z 的函数 $\Gamma(z)$。在 Oz 轴上某点 M（$z=\zeta$）处附着涡的强度为 $\Gamma(\zeta)$，其邻点 M'（$z=\zeta+\mathrm{d}\zeta$）处附着涡强度为 $\Gamma(\zeta)+(\mathrm{d}\Gamma/\mathrm{d}\zeta)\mathrm{d}\zeta$。两者之差 $\mathrm{d}\Gamma=(\mathrm{d}\Gamma/\mathrm{d}\zeta)\mathrm{d}\zeta$ 正是从点 $z=\zeta$ 处伸向下游的自由涡束的强度。从附着涡不同位置 $-l/2\leqslant\zeta\leqslant+l/2$ 处伸向下游的各个自由涡束将在翼展各处造成诱导速度 $\boldsymbol{v}_{\mathrm{i}}$。在 Oz 轴上任取一点 O'，其坐标为（0，0，z），并在该处取一微分段翼展 $\mathrm{d}z$ 来观察该处的流动情况，如图 13-30 所示。自由涡在点 z 处的诱导速度 $\boldsymbol{v}_{\mathrm{i}}$ 垂直于平面 xOz（自由涡面），且其方向朝下，故称下洗速度。它与来流速度 $\boldsymbol{v}_\infty$ 合成的速度 $\boldsymbol{v}_{\mathrm{m}}$ 才是该处的真正来流。可见由自由涡造成的下洗速度 $\boldsymbol{v}_{\mathrm{i}}$ 使来流攻角 α 减小成 α_{e}，α_{e} 称为有效攻角，其表达式为

$$\alpha_{\mathrm{e}}=\alpha-\alpha_{\mathrm{i}}=\alpha-\arctan\frac{v_{\mathrm{i}}}{v_\infty} \tag{13-44}$$

式中，α_{i} 为下洗角。

既然真实来流是 $\boldsymbol{v}_{\mathrm{m}}$，于是升力应是垂直于它的 $\mathrm{d}\boldsymbol{R}$，其大小为 $|\mathrm{d}\boldsymbol{R}|=\rho v_{\mathrm{m}}\Gamma(z)\,\mathrm{d}z$。其 y 轴分量为

$$\mathrm{d}R_y=|\mathrm{d}\boldsymbol{R}|\cos\alpha_{\mathrm{i}}=\rho v_{\mathrm{m}}\cos\alpha_{\mathrm{i}}\Gamma(z)\,\mathrm{d}z=\rho v_\infty\Gamma(z)\,\mathrm{d}z \tag{13-45}$$

它是微分段机翼 $\mathrm{d}z$ 上的升力 $\mathrm{d}L$（与 $\boldsymbol{v}_\infty$ 垂直）。$\mathrm{d}\boldsymbol{R}$ 的 x 轴分量是

$$\mathrm{d}R_x=|\mathrm{d}\boldsymbol{R}|\sin\alpha_{\mathrm{i}}=\rho v_{\mathrm{m}}\sin\alpha_{\mathrm{i}}\Gamma(z)\,\mathrm{d}z=\rho v_{\mathrm{i}}\Gamma(z)\,\mathrm{d}z \tag{13-46}$$

则是作用在 $\mathrm{d}z$ 微分段机翼上与 $\boldsymbol{v}_\infty$ 方向相同的气动力——诱导阻力 $\mathrm{d}D_{\mathrm{i}}$。于是作用于整个机翼上的升力与诱导阻力即为

$$\left.\begin{aligned}L&=\int\mathrm{d}R_y=\rho v_\infty\int_{-l/2}^{l/2}\Gamma(z)\,\mathrm{d}z\\D_{\mathrm{i}}&=\int\mathrm{d}R_x=\rho\int_{-l/2}^{l/2}v_{\mathrm{i}}\Gamma(z)\,\mathrm{d}z\end{aligned}\right\} \tag{13-47}$$

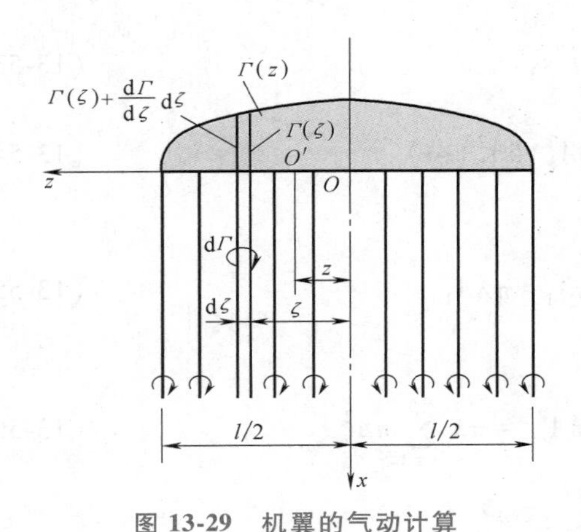

图 13-29 机翼的气动计算

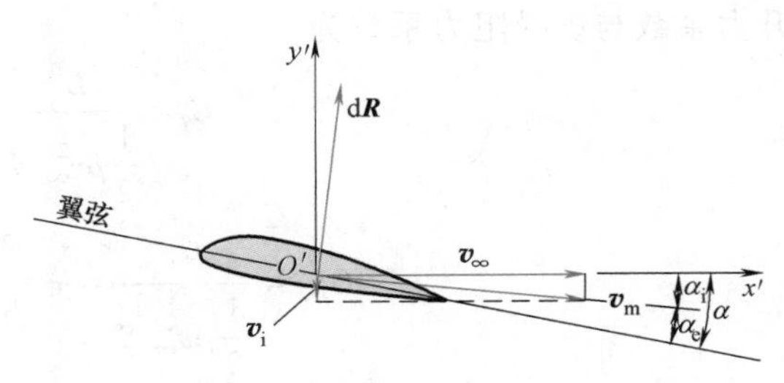

图 13-30 机翼的下洗速度

从式（13-47）可知，先知道 $\boldsymbol{\Gamma}(z)$ 及 $v_\mathrm{i}(z)$ 才能计算出机翼升力与诱导阻力。$\boldsymbol{\Gamma}(z)$ 可用翼型的特性及茹科夫斯基升力定理确定。根据茹科夫斯基升力定理有

$$\mathrm{d}L=\rho v_\infty \Gamma(z)\,\mathrm{d}z$$

由翼型的几何与气动性能可知

$$\mathrm{d}L=\frac{1}{2}\rho v_\infty^2\, b\,\mathrm{d}zC_l$$

从上两式可写出

$$\rho v_\infty \Gamma(z)\,\mathrm{d}z=\frac{1}{2}\rho v_\infty^2\, b\,\mathrm{d}zC_l$$

于是

$$\Gamma(z)=\frac{1}{2}C_l v_\infty b \tag{13-48}$$

式（13-48）中的翼型升力系数 C_l 与弦长 b 皆为 z 的已知函数。

下洗速度 v_i 则可按半无穷长涡束的诱导速度公式计算，即

$$\mathrm{d}v_\mathrm{i}=-\frac{1}{4\pi}\frac{\mathrm{d}\Gamma}{\zeta-z}=\frac{1}{4\pi}\frac{\mathrm{d}\Gamma}{\mathrm{d}\zeta}\frac{\mathrm{d}\zeta}{z-\zeta} \tag{13-49}$$

它是 $z=\zeta$ 处的半无穷长自由涡在点 z 处的诱导速度。于是

$$v_\mathrm{i}=\frac{1}{4\pi}\int_{-l/2}^{l/2}\frac{\mathrm{d}\Gamma}{\mathrm{d}\zeta}\frac{\mathrm{d}\zeta}{z-\zeta} \tag{13-50}$$

下洗角为

$$\alpha_\mathrm{i}\approx\tan\alpha_\mathrm{i}=\frac{v_\mathrm{i}}{v_\infty}=\frac{1}{4\pi v_\infty}\int_{-l/2}^{l/2}\frac{\mathrm{d}\Gamma}{\mathrm{d}\zeta}\frac{\mathrm{d}\zeta}{z-\zeta} \tag{13-51}$$

格劳渥用调合分析方法解出了下洗速度 v_i。先做变量代换 $z=-(l/2)\cos\theta$，$\zeta=-(l/2)\cos\nu$，再将式（13-48）展成傅里叶级数，即

$$\Gamma(\theta)=2lv_\infty\sum_{n=1}^{\infty}A_n\sin n\theta \tag{13-52}$$

然后根据式（13-50）做积分后求出了 $v_\mathrm{i}(\theta)$、$\alpha_\mathrm{i}(\theta)$。最后给出了有限翼展的升力与诱导阻力为

$$L=\frac{1}{2}\pi\rho v_{\infty}^{2}\ l^{2}A_{1} \tag{13-53}$$

$$D_{\mathrm{i}}=\frac{1}{2}\pi\rho v_{\infty}^{2}\ l^{2}(A_{1}^{2}+3A_{3}^{2}+5A_{5}^{2}+\cdots) \tag{13-54}$$

升力系数与诱导阻力系数为

$$C_{l}=\frac{L}{\frac{1}{2}\rho v_{\infty}^{2}\ S}=\frac{l^{2}}{S}\pi A_{1}=\pi\lambda A_{1} \tag{13-55}$$

$$C_{D_{\mathrm{i}}}=\frac{D_{\mathrm{i}}}{\frac{1}{2}\rho v_{\infty}^{2}\ S}=\pi\ \frac{l^{2}}{S}\sum_{m=1}^{\infty}mA_{m}^{2}=\pi\lambda\sum_{m=1}^{\infty}mA_{m}^{2} \tag{13-56}$$

三、最小诱导阻力机翼

现在来讨论一很有意义的问题，即在保证一定的升力时何种环量分布 $\Gamma(z)$ 可使机翼的诱导阻力最小以及这种机翼应有何种平面几何形状。

从式（13-54）可知，欲使诱导阻力为零就要求所有傅里叶系数 A_m 皆为零。但如果要使机翼有一定的升力，从式（13-53）可知 A_1 不能为零。于是最小诱导阻力机翼对应的环量分布 $\Gamma(\theta)$ 中的 A_2，A_3，…皆应为零。那时 $C_{D_{\mathrm{i}}}$ 中只剩下一项，为最小，即 $C_{D_{\mathrm{i}}}=\pi\lambda A_1^2$。这时的环量分布为

$$\Gamma(\theta)=2v_{\infty}\ lA_{1}\sin\theta=\Gamma_{0}\sin\theta$$

式中，$\Gamma_0=2v_{\infty}\ lA_1=\Gamma$（$\pi/2$）为翼根处最大环量值。因为有 $z=-(l/2)\cos\theta$，所以

$$\sin\theta=\sqrt{1-\cos^{2}\theta}=\sqrt{1-\frac{z^{2}}{(l/2)^{2}}}$$

于是环量分布呈以下形式：

$$\Gamma(z)=\Gamma_{0}\sqrt{1-\frac{z^{2}}{(l/2)^{2}}}$$

或

$$\frac{[\Gamma(z)]^{2}}{\Gamma_{0}^{2}}+\frac{z^{2}}{\left(\frac{l}{2}\right)^{2}}=1 \tag{13-57}$$

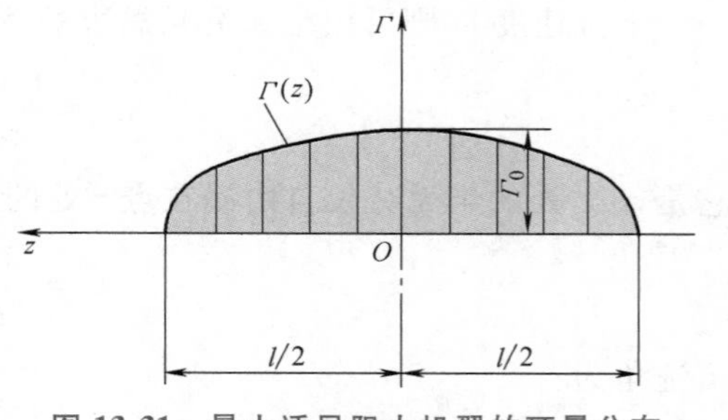

图 13-31 最小诱导阻力机翼的环量分布

可见环量沿 z 轴（翼展）的分布呈椭圆函数形式，如图 13-31 所示。

作用于翼展 z 处单位展长上的升力由式（13-45）可知为

$$\frac{\mathrm{d}L(z)}{\mathrm{d}z}=\rho v_{\infty}\ \Gamma(z)$$

可见它此时也呈椭圆形式沿翼展分布，于是说有椭圆负荷的机翼的诱导阻力最小。其下洗速度及下洗角由式（13-50）与式（13-51）积分得

$$v_{\mathrm{i}}(z)=v_{\infty}\ A_{1}=\frac{\Gamma_{0}}{2l},\qquad \alpha_{\mathrm{i}}(z)=\frac{v_{\mathrm{i}}}{v_{\infty}}=A_{1}=\frac{C_{l}}{\pi\lambda}$$

如果有限翼展机翼的不同展向位置 z 处有相似的翼型且来流攻角相同，则各处的翼型升力系数也就一样，即

$$C_l=\frac{\rho v_\infty \Gamma(z)}{\frac{1}{2}\rho v_\infty^2 b(z)}=\frac{\rho v_\infty \Gamma_0}{\frac{1}{2}\rho v_\infty^2 b_0}$$

式中，Γ_0、b_0 分别为翼根处的环量、弦长。

由上式可得

$$\frac{\Gamma(z)}{\Gamma_0}=\frac{b(z)}{b_0}$$

代入式（13-57）后得

$$\frac{[b(z)]^2}{b_0^2}+\frac{z^2}{\left(\frac{l}{2}\right)^2}=1 \quad 或 \quad b(z)=b_0\sqrt{1-\frac{z^2}{(l/2)^2}} \tag{13-58}$$

式（13-58）说明机翼的平面形状为椭圆。若让翼展各处攻角不同，即将机翼做几何扭转，则欲得椭圆形式的环量分布就应使机翼有与椭圆不同的平面形状，但它和椭圆近似。

常见低速飞机多有梯形平面形状的机翼，当将之做适当扭转后其环量分布仍可近似呈椭圆形式，如图 13-32 所示，以保证诱导阻力尽量小。机翼的风洞试验证实，性能优良的机翼的负荷分布都近似地呈椭圆规律。另外，从机翼制造工艺上考虑，梯形平面形状的机翼是最合适的，只是要将其翼稍处的四个角抹圆。

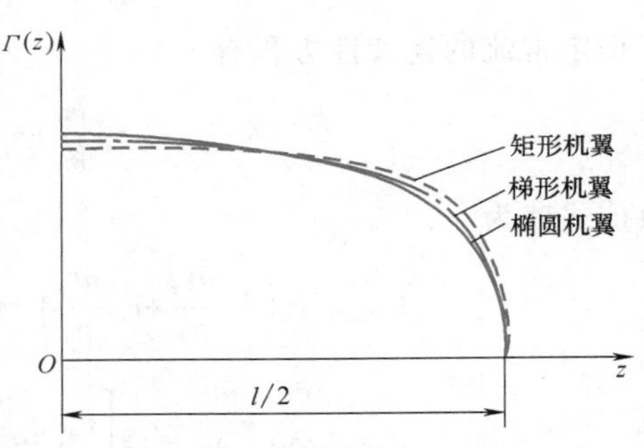

图 13-32 最小诱导阻力机翼的各种平面形状

第七节 亚声速机翼

亚声速机翼是指这种机翼，当无穷远可压缩的均匀来流绕过它时在流场任何处的流动都是亚声速的，即任何处的当地马赫数都小于 1。当理想流体绕过物体时，流场最大速度一般都出现在被绕物体表面的某处。因此，欲使流场中不出现超声速流，无穷远均匀来流的马赫数总要小于 1。若当它达到某个小于 1 的 $Ma_{\infty cr}$ 时，在流场中某处出现了声速流，则称此 $Ma_{\infty cr}$ 为临界马赫数。当 $Ma_\infty<Ma_{\infty cr}$ 时所讨论的机翼就叫作亚声速机翼。本节讨论当具有较大来流速度 v_∞ 的流体绕过机翼时，已不可忽视流体密度发生的变化（可压缩性）对流动影响的情况下，如何计算机翼所受到的空气动力。

一、无旋定常可压缩流动的势方程

设流体的黏性可忽略且流动是二维无旋定常的。在此先不论流动是亚声速的还是超声速的，只做一般可压缩流动处理。根据克拉珀龙方程此种流动应是等熵的。因流动无旋，故必有速度势函数 Φ（x，y）存在。如果能求出绕机翼流动的速度势函数，则流场问题即告解

决。为求出可压缩流动中此速度势函数应满足的方程，必须从可压缩流体运动应遵循的三个基本方程出发去寻找。

二维定常流的动量方程（忽略质量力）为

$$v_x\frac{\partial v_x}{\partial x}+v_y\frac{\partial v_x}{\partial y}=-\frac{1}{\rho}\frac{\partial p}{\partial x},\qquad v_x\frac{\partial v_y}{\partial x}+v_y\frac{\partial v_y}{\partial y}=-\frac{1}{\rho}\frac{\partial p}{\partial y}$$

因流动等熵，故压强 p 可由密度 ρ 单值确定。因此，动量方程右端的压强项可换成含密度的项，即

$$v_x\frac{\partial v_x}{\partial x}+v_y\frac{\partial v_x}{\partial y}=-\frac{1}{\rho}\frac{\mathrm{d}p}{\mathrm{d}\rho}\frac{\partial \rho}{\partial x}=-\frac{a^2}{\rho}\frac{\partial \rho}{\partial x},\quad v_x\frac{\partial v_y}{\partial x}+v_y\frac{\partial v_y}{\partial y}=-\frac{1}{\rho}\frac{\mathrm{d}p}{\mathrm{d}\rho}\frac{\partial \rho}{\partial y}=-\frac{a^2}{\rho}\frac{\partial \rho}{\partial y}$$

上式中 $c=\sqrt{\mathrm{d}p/\mathrm{d}\rho}$ 为流动的当地声速。将上式前者等号两端同乘以 v_x，后者等号两端同乘以 v_y 后，再将两式相加可得

$$v_x\left(v_x\frac{\partial v_x}{\partial x}+v_y\frac{\partial v_x}{\partial y}\right)+v_y\left(v_x\frac{\partial v_y}{\partial x}+v_y\frac{\partial v_y}{\partial y}\right)=-\frac{c^2}{\rho}\left(v_x\frac{\partial \rho}{\partial x}+v_y\frac{\partial \rho}{\partial y}\right)$$

根据定常流的连续性方程有

$$v_x\frac{\partial \rho}{\partial x}+v_y\frac{\partial \rho}{\partial y}=-\left(\rho\frac{\partial v_x}{\partial x}+\rho\frac{\partial v_y}{\partial y}\right)$$

故前式变为

$$v_x\left(v_x\frac{\partial v_x}{\partial x}+v_y\frac{\partial v_x}{\partial y}\right)+v_y\left(v_x\frac{\partial v_y}{\partial x}+v_y\frac{\partial v_y}{\partial y}\right)=c^2\left(\frac{\partial v_x}{\partial x}+\frac{\partial v_y}{\partial y}\right)$$

或

$$\frac{\partial v_x}{\partial x}+\frac{\partial v_y}{\partial y}=\frac{1}{c^2}\left[v_x\left(v_x\frac{\partial v_x}{\partial x}+v_y\frac{\partial v_x}{\partial y}\right)+v_y\left(v_x\frac{\partial v_y}{\partial x}+v_y\frac{\partial v_y}{\partial y}\right)\right]$$

因为流动是无旋的，故有 $v_x=\partial\Phi/\partial x$，$v_y=\partial\Phi/\partial y$。所以上式可以写成以速度势函数 $\Phi(x,\ y)$ 为未知量的方程，即

$$\frac{\partial^2\Phi}{\partial x^2}+\frac{\partial^2\Phi}{\partial y^2}=\frac{1}{a^2}\left[\frac{\partial\Phi}{\partial x}\left(\frac{\partial\Phi}{\partial x}\frac{\partial^2\Phi}{\partial x^2}+\frac{\partial\Phi}{\partial y}\frac{\partial^2\Phi}{\partial x\partial y}\right)+\frac{\partial\Phi}{\partial y}\left(\frac{\partial\Phi}{\partial x}\frac{\partial^2\Phi}{\partial x\partial y}+\frac{\partial\Phi}{\partial y}\frac{\partial^2\Phi}{\partial y^2}\right)\right]$$

将此方程右端整理后即得无旋定常可压缩流的势方程

$$\frac{\partial^2\Phi}{\partial x^2}+\frac{\partial^2\Phi}{\partial y^2}=\frac{1}{c^2}\left[\left(\frac{\partial\Phi}{\partial x}\right)^2\frac{\partial^2\Phi}{\partial x^2}+2\frac{\partial\Phi}{\partial x}\frac{\partial\Phi}{\partial y}\frac{\partial^2\Phi}{\partial x\partial y}+\left(\frac{\partial\Phi}{\partial y}\right)^2\frac{\partial^2\Phi}{\partial y^2}\right]\tag{13-59}$$

将此方程和不可压缩流动速度势函数应满足的拉普拉斯方程相比可发现，当右端的系数 $c\to\infty$ 时，即当流体不可压缩时它就变成拉普拉斯方程。所以方程右端各项代表流体可压缩性对速度势函数的影响。

二、流动的小扰动理论

根据势方程式（13-59）和流动的边界条件来求解流动速度势函数比较复杂。詹森（Janzen）与瑞利针对小马赫数流动用级数展开法求解，其解法可用于任何形状的绕流物体。但在很多情况下被绕流的物体都是瘦长的，如机翼的小攻角流动。当它们被无穷远均匀流绕过时，扰动速度远小于来流速度。此时可把势方程线性化，以便于求解。这就是所谓的小扰动理论。

设无穷远均匀可压缩来流速度为 v_∞，沿 x 轴方向，其密度为 ρ_∞，压强为 p_∞，温度为

T_∞。当它绕过瘦长物体时，在流场中任一点的速度势函数可被认为是

$$\Phi(x,y)=v_\infty x+\varphi(x,y)$$

上式右端第一项为均匀流速度势函数，第二项 φ 代表被绕流物体在该处（x，y）的扰动势函数。因是小扰动流动，故有

$$|v_x'|=\left|\frac{\partial\varphi}{\partial x}\right|\ll v_\infty,\quad |v_y'|=\left|\frac{\partial\varphi}{\partial y}\right|\ll v_\infty$$

式中，v_x'、v_y'为扰动速度$\boldsymbol{v}'$的两个坐标分量。上式可写成

$$\left|\frac{v_x'}{v_\infty}\right|=\frac{1}{v_\infty}\left|\frac{\partial\Phi}{\partial x}\right|\ll 1,\quad \left|\frac{v_y'}{v_\infty}\right|=\frac{1}{v_\infty}\left|\frac{\partial\Phi}{\partial y}\right|\ll 1$$

于是有

$$\frac{\partial\Phi}{\partial x}=v_\infty+\frac{\partial\varphi}{\partial x},\quad \frac{\partial^2\Phi}{\partial x^2}=\frac{\partial^2\varphi}{\partial x^2}$$

$$\frac{\partial\Phi}{\partial y}=\frac{\partial\varphi}{\partial y},\quad \frac{\partial^2\Phi}{\partial y^2}=\frac{\partial^2\varphi}{\partial y^2},\quad \frac{\partial^2\Phi}{\partial x\partial y}=\frac{\partial^2\varphi}{\partial x\partial y}$$

将它们代入式（13-59）后可得

$$\frac{\partial^2\varphi}{\partial x^2}+\frac{\partial^2\varphi}{\partial y^2}=\frac{1}{c^2}\left[\left(v_\infty+\frac{\partial\varphi}{\partial x}\right)^2\frac{\partial^2\varphi}{\partial x^2}+2\left(v_\infty+\frac{\partial\varphi}{\partial x}\right)\frac{\partial\varphi}{\partial y}\frac{\partial^2\varphi}{\partial x\partial y}+\left(\frac{\partial\varphi}{\partial y}\right)^2\frac{\partial^2\varphi}{\partial y^2}\right]$$

将上式右端各乘积项展开并略去高阶小量即得

$$\frac{\partial^2\varphi}{\partial x^2}+\frac{\partial^2\varphi}{\partial y^2}=\frac{v_\infty^2}{c^2}\frac{\partial^2\varphi}{\partial x^2}\tag{13-60}$$

所得到的简化势方程右端的系数中的声速 c 是当地声速，它也应进行线性化。等熵流的能量方程是

$$h+\frac{1}{2}(v_x^2+v_y^2)=h_\infty+\frac{1}{2}v_\infty^2$$

但方程中的焓 h 与温度 T 有以下关系：

$$h=c_pT=\frac{\kappa R_g T}{\kappa-1}=\frac{c^2}{\kappa-1}$$

式中，$\kappa=c_p/c_V$，可认为是常数。于是能量方程变为

$$\frac{c^2}{\kappa-1}+\frac{1}{2}(v_x^2+v_y^2)=\frac{c_\infty^2}{\kappa-1}+\frac{1}{2}v_\infty^2$$

式中，c_∞为无穷远均匀来流的声速。等式左端的动能项应进行线性化，即

$$v_x^2+v_y^2=(v_\infty+v_x')^2+v_y'^2=v_\infty^2+2v_\infty v_x'$$

代入能量方程后得

$$v_\infty v_x'+\frac{c^2}{\kappa-1}=\frac{c_\infty^2}{\kappa-1},\quad c^2=c_\infty^2\left[1-(\kappa-1)\frac{v_\infty v_x'}{c_\infty^2}\right]=c_\infty^2\left[1-(\kappa-1)\frac{v_\infty}{c_\infty^2}\frac{\partial\varphi}{\partial x}\right]$$

将此线性化的 c^2 代入式（13-60）后得

$$\frac{\partial^2\varphi}{\partial x^2}+\frac{\partial^2\varphi}{\partial y^2}=\frac{v_\infty^2}{c_\infty^2}\left[1-(\kappa-1)\frac{v_\infty}{c_\infty^2}\frac{\partial\varphi}{\partial x}\right]^{-1}\frac{\partial^2\varphi}{\partial x^2}=\frac{v_\infty^2}{c_\infty^2}\left[1-(\kappa-1)Ma_\infty^2\frac{1}{v_\infty}\frac{\partial\varphi}{\partial x}\right]^{-1}\frac{\partial^2\varphi}{\partial x^2}$$

中括弧中的第二项远小于第一项故可忽略。于是线性化后的势方程的最终形式即为

$$\frac{\partial^2\varphi}{\partial x^2}+\frac{\partial^2\varphi}{\partial y^2}=\frac{v_\infty^2}{c_\infty^2}\frac{\partial^2\varphi}{\partial x^2} \quad 或 \quad (1-Ma_\infty^2)\frac{\partial^2\varphi}{\partial x^2}+\frac{\partial^2\varphi}{\partial y^2}=0 \tag{13-61a}$$

到目前为止并未对 Ma_∞ 做任何限制，所以势方程（13-61a）对亚声速和超声速流都适用。但它对 $Ma_\infty=1$ 的声速流却不适用。注意以下一点是有益的，即当 $Ma_\infty<1$ 时势方程呈椭圆型，因此无实特征线。而在 $Ma_\infty>1$ 时方程为双曲型，因而有实特征线。有了这个简单的势方程后即可根据具体的流动边界条件去求解瘦长形物体的绕流，解法较简单，例如求解可压缩流流过浅波纹表面的流动等。

三、压强系数

求解可压缩流动的最终目的无外乎寻求被绕流物体受到的气动力的大小。如果知道了物体表面各点的压强或压强系数的分布，则问题就全解决了。为此来分析一下在可压缩流动中流场某点的压强系数是什么，但前提还是小扰动流动，压强系数的定义是

$$C_p=\frac{p-p_\infty}{\frac{1}{2}\rho_\infty v_\infty^2}$$

式中，p 是流场中某点的压强。上式还可写成

$$C_p=\frac{2p_\infty}{\rho_\infty v_\infty^2}\left(\frac{p}{p_\infty}-1\right)=\frac{2}{\kappa Ma_\infty^2}\left(\frac{p}{p_\infty}-1\right) \tag{13-61b}$$

用下列形式的能量方程将 p/p_∞ 化成速度间的关系，即

$$\frac{\kappa}{\kappa-1}\frac{p}{\rho}+\frac{1}{2}(v_x^2+v_y^2)=\frac{\kappa}{\kappa-1}\frac{p_\infty}{\rho_\infty}+\frac{1}{2}v_\infty^2 \tag{13-62}$$

再将式中的 p/ρ 用等熵关系变成只含 p 的式子。等熵流有

$$\rho=\rho_\infty\left(\frac{p}{p_\infty}\right)^{1/\kappa},\quad \frac{p}{\rho}=\frac{p}{\rho_\infty}\left(\frac{p}{p_\infty}\right)^{-1/\kappa}=\frac{p_\infty}{\rho_\infty}\left(\frac{p}{p_\infty}\right)^{1-1/\kappa}=\frac{c_\infty^2}{\kappa}\left(\frac{p}{p_\infty}\right)^{1-1/\kappa}$$

将之代入式（13-62）后得

$$\frac{c_\infty^2}{\kappa-1}\left(\frac{p}{p_\infty}\right)^{(\kappa-1)/\kappa}+\frac{1}{2}(v_x^2+v_y^2)=\frac{c_\infty^2}{\kappa-1}+\frac{1}{2}v_\infty^2$$

故

$$\frac{p}{p_\infty}=\left[1+\frac{\kappa-1}{2c_\infty^2}(v_\infty^2-v_x^2-v_y^2)\right]^{\kappa/(\kappa-1)}$$

将之代入式（13-61b）后得

$$C_p=\frac{2}{\kappa Ma_\infty^2}\left\{\left[1+\frac{\kappa-1}{2c_\infty^2}(v_\infty^2-v_x^2-v_y^2)\right]^{\kappa/(\kappa-1)}-1\right\}$$

现在将此压强系数的表达式也进行线性化。因为

$$v_\infty^2-v_x^2-v_y^2=v_\infty^2-(v_\infty+v_x')^2-v_y'^2=-2v_\infty v_x'$$

故

$$C_p=\frac{2}{\kappa Ma_\infty^2}\left\{\left[1-(\kappa-1)\frac{v_\infty v_x'}{c_\infty^2}\right]^{\kappa/(\kappa-1)}-1\right\}$$

但

$$\left[1-(\kappa-1)\frac{v_\infty v_x'}{c_\infty^2}\right]^{\kappa/(\kappa-1)}=1-\kappa\frac{v_\infty v_x'}{c_\infty^2}$$

所以经过线性化后得到的压强系数为

$$C_p = \frac{2}{\kappa Ma_\infty^2}\left(1-\kappa \frac{v_\infty v_x'}{c_\infty^2}-1\right) = \frac{2}{\kappa Ma_\infty^2}\left(-\kappa \frac{v_\infty^2}{c_\infty^2}\frac{v_x'}{v_\infty}\right) = -2\frac{v_x'}{v_\infty} \tag{13-63}$$

下面会看到，有了这种压强系数表达式将使求亚声速机翼的解变得容易。

四、亚声速流动的普朗特-格劳特法则

绕细长型物体（如小攻角的机翼）的亚声速流的流场可以用与之对应的不可压缩流动的解通过某种变换而求得。该变换的规则是普朗特与格劳特（Glauert）给出的。下面来讨论它。

如果亚声速流所绕过的物体表面方程是 $y=f(x)$，则其扰动速度势函数应该用下列势方程及边界条件来求，即

$$\frac{\partial^2 \Phi}{\partial x^2}+\frac{1}{1-Ma_\infty^2}\frac{\partial^2 \Phi}{\partial y^2}=0$$

$$\frac{\partial \Phi}{\partial y}(x,0)=v_y'(x,0)=v_\infty\frac{v_y'(x,0)}{v_\infty}=v_\infty\frac{\mathrm{d}f}{\mathrm{d}x}$$

$$\frac{\partial \Phi}{\partial x}(x,y)_{y\to\infty}=\text{有限值}$$

现在引用一新的扰动速度势函数 Φ' 和新的纵坐标 η，它们和原扰动速度势函数及原纵坐标的关系是

$$\Phi=\frac{1}{\sqrt{1-Ma_\infty^2}}\Phi',\quad y=\frac{1}{\sqrt{1-Ma_\infty^2}}\eta \tag{13-64}$$

代入前面的势方程与边界条件后即得解 Φ' 的方程与边界条件，即

$$\frac{\partial^2 \Phi'}{\partial x^2}+\frac{\partial^2 \Phi}{\partial \eta^2}=0,\quad \frac{\partial \Phi'}{\partial \eta}(x,0)=v_\infty\frac{\mathrm{d}f}{\mathrm{d}x},\quad \frac{\partial \Phi'}{\partial x}(x,\eta)_{\eta\to\infty}=\text{有限值}$$

于是求解 xOy 面上的可压缩势流问题就被变换为求解 $xO\eta$ 面上的一个不可压势流问题，且在 $xO\eta$ 面上物体的形状仍为 $\eta=f(x)$（这从第一个边界条件可推知）。

现在设此 $xO\eta$ 面上的不可压缩流可按前几节所述方法求得其解，并且该流场某点的压强系数是 C_p'，则按式（13-63），有

$$C_p'=-\frac{2}{v_\infty}\frac{\partial \Phi'}{\partial x}$$

而相应的可压缩流中对应点的压强系数为

$$C_p=-\frac{2}{v_\infty}\frac{\partial \Phi}{\partial x}=-\frac{2}{v_\infty}\frac{1}{\sqrt{1-Ma_\infty^2}}\frac{\partial \Phi'}{\partial x}=-\frac{2}{v_\infty}\frac{\partial \Phi'}{\partial x}\frac{1}{\sqrt{1-Ma_\infty^2}}$$

即

$$C_p(x,y)=\frac{C_p'(x,\eta)}{\sqrt{1-Ma_\infty^2}} \tag{13-65}$$

此式说明，亚声速流绕过瘦长物体时其表面上某点压强系数可用相应的不可压缩流在该点的压强系数及来流马赫数求出。式（13-65）即为普朗特-格劳特法则。从该式可知，马赫数越趋近 1，或说压缩性越大，其压强系数就越大，因而气动力也就越大。

上面只是针对二维流讨论的，对有限翼展的三维机翼而言该法则仍适用。作用于单位翼展上的亚声速流升力是

$$L=\int_b C_p\cos\theta \mathrm{d}s=\frac{1}{\sqrt{1-Ma_\infty^2}}\int_b C_p'\cos\theta \mathrm{d}s=\frac{1}{\sqrt{1-Ma_\infty^2}}L'$$

式中，θ 是翼型表面微分段 ds 与 Ox 轴的夹角；b 为弦长；L'为该机翼在不可压缩情况下的升力。

如果物体并非瘦长，则上述线性化方法所得结论就不精确。冯·卡门与钱学森后来给出了较精确的压强系数公式（在简化势方程及其他参数时保留了更高一阶的小量），即

$$C_p=\frac{C_p'}{\sqrt{1-Ma_\infty^2}+\frac{1}{2}\frac{Ma_\infty^2}{1+\sqrt{1-Ma_\infty^2}}C_p'} \tag{13-66}$$

用普朗特-格劳特法则及卡门-钱学森公式所计算出的压强系数与风洞试验结果的比较如图 13-33 所示。

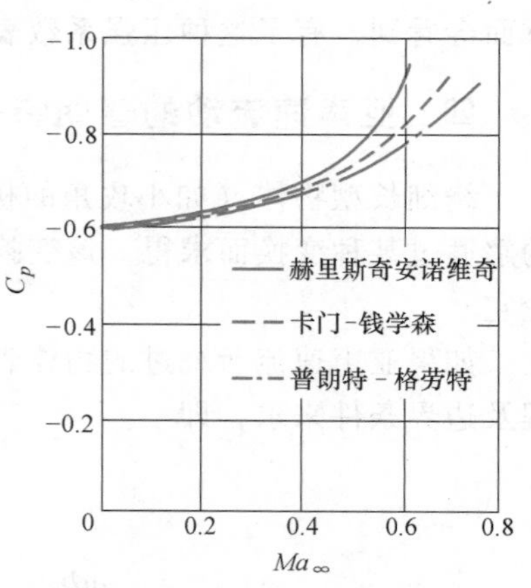

图 13-33 亚声速翼型的升力系数

亚声速机翼的阻力仍然是边界层内的黏性阻力及由边界层分离所形成的压差阻力两者构成的。有限翼展机翼还有诱导阻力。虽然来流马赫数对边界层厚度有影响，但使阻力的变化不大，可近似地用不可压流的阻力取代。

第八节 跨声速机翼

当机翼前来流马赫数增大到临界马赫数 $Ma_{\infty\mathrm{cr}}$ 时，在机翼表面（一般在上表面）某处就会出现声速点 A，如图 13-34 所示。在此点后是一段扩张流道，于是如拉伐尔喷管一样，流动将继续膨胀，流速继续增大，压强减小。流动是否能一直沿上表面膨胀到尾缘将取决于从下表面流到尾缘的气流压强（相当于拉伐尔喷管的背压）。如果上表面的流动过膨胀，则在点 A 后的某点 S 处会形成一激波，其后的流动又将变成亚声速的，并在后面的扩张流道中继续减速与扩压到与尾缘处的压强一样为止。

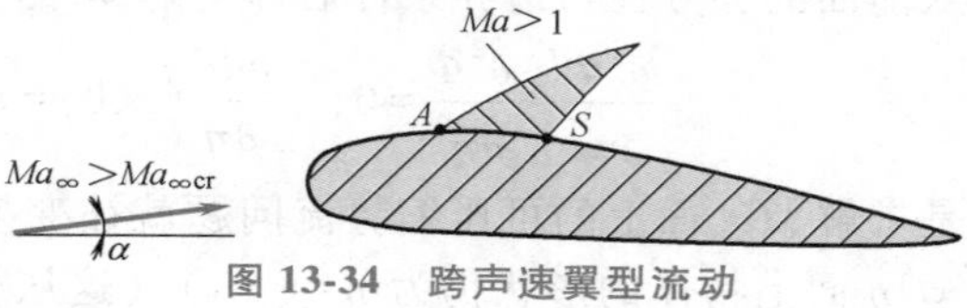

图 13-34 跨声速翼型流动

从上述可知，当 $Ma_\infty>Ma_{\infty\mathrm{cr}}$ 时，在机翼上表面会出现一段 AS 的超声速区，在此处压强减小很多，因而增大了机翼的升力。如果 Ma_∞ 再继续增大，声速点 A 将向前缘移动，使超声速区变宽，因而升力也会随之增大。当 Ma_∞ 增大到使下表面也出现超声速区时，机翼升力就不会再增大，还可能下降。

另外，由于激波的出现会使激波后的压强突跃，它不只影响升力，还会造成流动方向的压差阻力——波阻。

在机翼表面的这种既有亚声速区又有超声速区，且伴随有激波出现的机翼就叫作跨声速机翼。上面只是定性地对其气动力做了分析，要做定量计算则将非常复杂与困难，因为要准确地找到声速区的起点 A 和激波位置 S 不是一件容易的事情。只有当 A 与 S 能准确给出后，超声速区表面压强系数才可用特征线法或其他方法确定。

跨声速机翼上下表面压强系数的风洞试验数据如图 13-35 所示。升力系数与阻力系数和来流马赫数的关系如图 13-36 与图 13-37 所示。

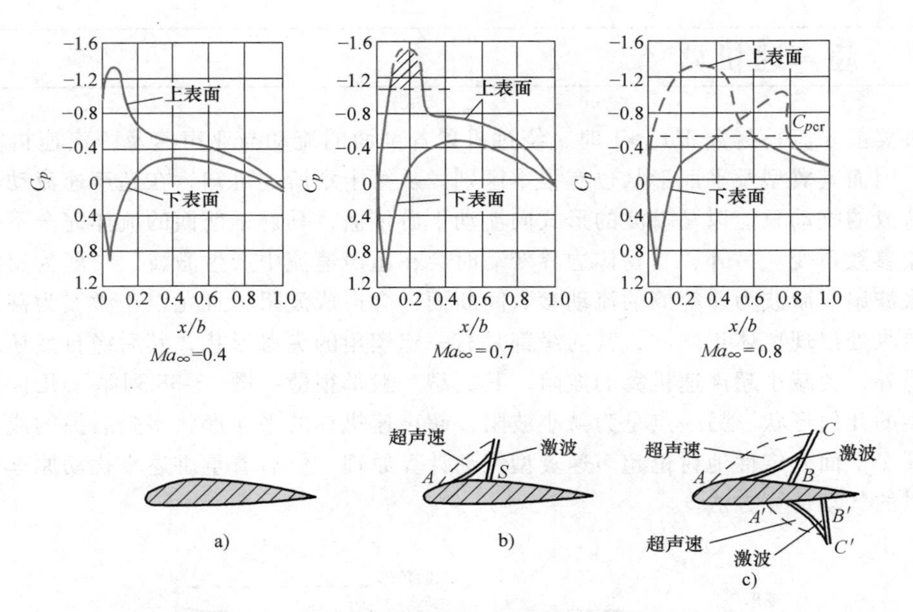

图 13-35　跨声速机翼表面的压强分布

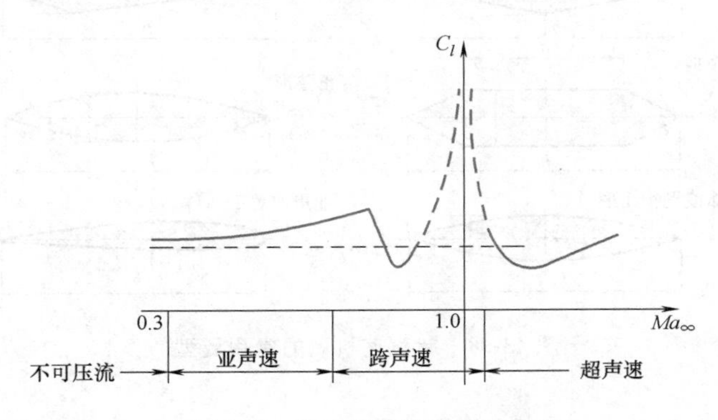

图 13-36　跨声速机翼的升力系数

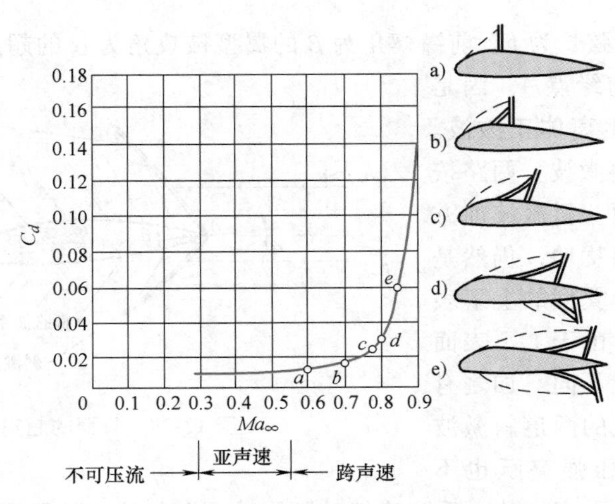

图 13-37　跨声速机翼的阻力系数

第九节 超声速机翼

当机翼前来流马赫数 $Ma_{\infty}>1$ 时，绕过机翼各剖面的流动与亚声速及跨声速机翼的将完全不同，因而其翼型及平面形状也有根本区别。从第十章所述可知，在超声速流动中被绕流翼型所造成的扰动只能以马赫波的形式向流动下游传播，马赫锥前面的流体完全不受扰动而保持来流参数不变。另外，当物体边界变动时会在超声速流中产生激波，一般为斜激波，或产生膨胀波扇。激波为非等熵的流动参数间断面，会造成波阻，且尤以正激波为甚。为避免在翼型前缘处出现离体正激波，其前缘都是有一定楔角的尖劈形状，其后缘自然还应是尖角状的。另外，为减小超声速机翼的波阻，其翼型一般都很薄。图 13-38 列举了几种常用的超声速翼型的几何形状。另一点是为减小波阻，超声速机翼的平面形状多是后掠的或小展弦比的三角翼。下面先定性地讨论超声速翼型气动计算原理，然后着重讲述小扰动原理用于超声速翼型时的气动计算方法。

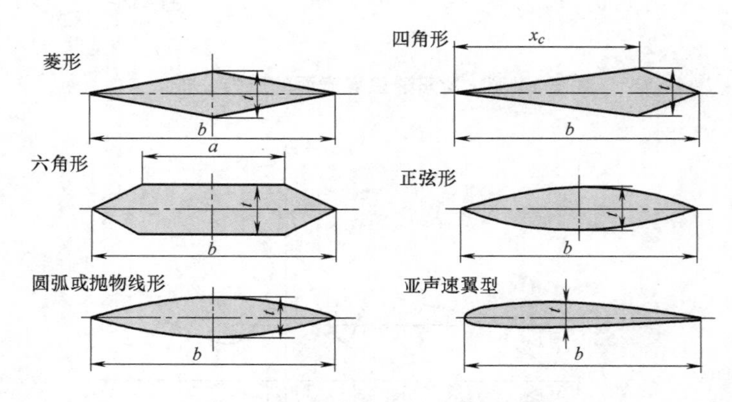

图 13-38 超声速机翼的常用翼型

一、超声速翼型的绕流及其气动力特性

图 13-39 所示为一弦长为 b，前缘楔角为 β 的翼型被攻角为 α 的超声速来流 v_{∞}绕过。这时来流首先遇到的是前缘点 A。因是尖锐的前缘，故不产生离体正激波。气流在点 A 处经两道斜激波分两路按切线方向转向上下翼面。斜激波前方的流动完全不受翼型的扰动，仍然是均匀的。流体一旦流上翼型的上下表面后将遇到扩张流道。由于上下表面的型线的几何参数可能不同，加之有一定攻角，就使前缘处的两道斜激波有不同的强度，因而压强突跃也不同。接着，流动经过上下表面的一系列连续的膨胀波不断加速，压强不断减小，一直到后缘

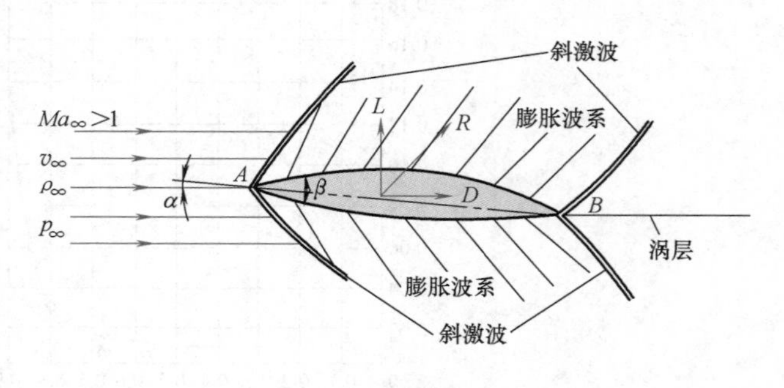

图 13-39 翼型的超声速绕流

点 B。由于上下表面膨胀程度不一样，从而形成上下表面的压差和升力。为使到达后缘并随之脱离后缘的流动（此时上下表面来的流动都遇到了收缩流道）的压强相同，就在后缘处又形成两道斜激波，使压强均衡，并突跃成翼型后面的背压。但这时从上下表面流下的速度不相等，在翼后形成一速度间断面，即一涡层，如图 13-39 所示。

上下翼面上的速度及压强系数可按斜激波原理及特征线法计算。由于上下翼面不同及来流有攻角，这将使上下翼面压强不等，并形成一合力（图 13-39），其垂直来流方向的分量 L 即为升力，在来流方向的分量 D 则为阻力——波阻。

超声速翼型的升力系数 C_l 与来流马赫数 Ma_∞ 的实验关系曲线如图 13-40 所示，阻力系数 C_d-Ma_∞ 曲线如图 13-41 所示。

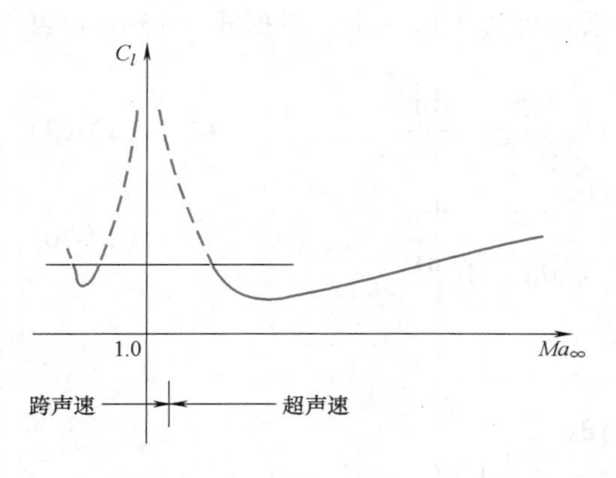

图 13-40　超声速翼型的升力系数

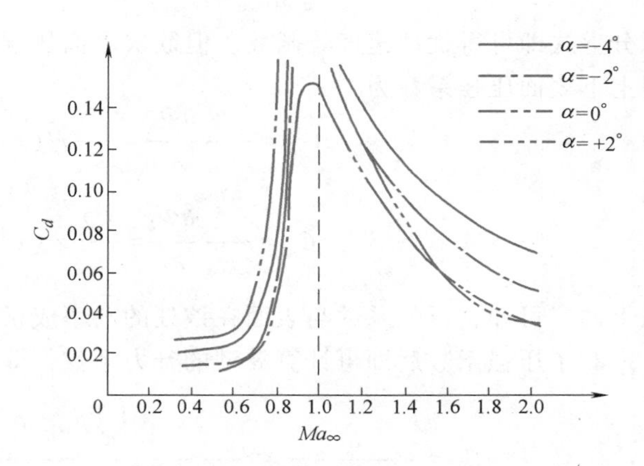

图 13-41　超声速翼型的阻力系数

二、超声速翼型的小扰动解法

一般超声速翼型都较薄，弯度也不大，所以当来流攻角不太大时其气动力计算即可用小扰动法，其升力与阻力系数首先由埃可里特用这种方法计算出来。

设弦长为 b，厚度为 t 及弯度为 f 的翼型为 $Ma_\infty>1$ 及速度为 v_∞ 的来流以小攻角 α 绕过，如图 13-42 所示。根据小扰动理论，用下列方程与边界条件即可求出上下表面所形成的扰动速度势函数 Φ（x，y），即

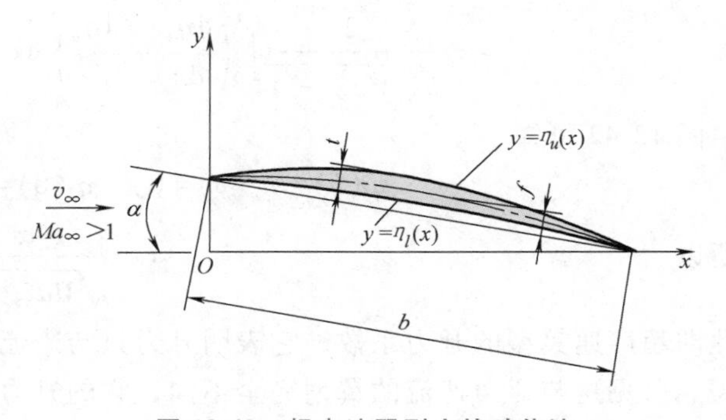

图 13-42　超声速翼型小扰动绕流

$$\frac{\partial^2\Phi}{\partial x^2}-\frac{1}{Ma_\infty^2-1}\frac{\partial^2\Phi}{\partial y^2}=0,\quad \frac{\partial\Phi}{\partial y}(x,0)=v_\infty\frac{\mathrm{d}\eta(x)}{\mathrm{d}x},\quad \frac{\partial\Phi}{\partial x}(x,y)_{y\to\infty}=\text{有限值}$$

式中，η（x）为翼型表面方程，并设上表面方程为 $y=\eta_u$（x），下表面方程为 $y=y_l$（x）。上列势方程为一维波动方程，其解为

$$\Phi(x,y)=f(x-\sqrt{Ma_\infty^2-1}\,y)+g(x+\sqrt{Ma_\infty^2-1}\,y)$$

上解中的函数 f 与 g 可是任一可微函数，前者为波头有正斜度的波，或称为后向波，而后者为波头有负斜度的前向波。因超声速流中扰动只能向下游传播，故上表面扰动速度势函数的解应取 f 项，而下表面则应取 g 项，即

$$\Phi_u(x,y)=f(x-\sqrt{Ma_\infty^2-1}\,y) \tag{13-67}$$

$$\Phi_l(x,y)=g(x+\sqrt{Ma_\infty^2-1}\,y) \tag{13-68}$$

f 与 g 的函数形式应按所给边界条件，即表面曲线形状来定。在小扰动情况下，本应在表面处满足的边界条件可用在 $y=\pm 0$ 处满足来取代。于是

$$f'(x)=-\frac{v_\infty}{\sqrt{Ma_\infty^2-1}}=\frac{\mathrm{d}\eta_u(x)}{\mathrm{d}x},\quad g'(x)=\frac{v_\infty}{\sqrt{Ma_\infty^2-1}}=\frac{\mathrm{d}\eta_l(x)}{\mathrm{d}x}$$

积分上式即可得扰动速度势函数。但欲求表面压强系数可省去这一步。根据式（13-63）可得上下表面压强系数为

$$C_{pu}=-\frac{2}{v_\infty}\frac{\partial\Phi_u}{\partial x}=-\frac{2}{v_\infty}f'(x)=\frac{2}{\sqrt{Ma_\infty^2-1}}\frac{\mathrm{d}\eta_u}{\mathrm{d}x} \tag{13-69}$$

$$C_{pl}=-\frac{2}{v_\infty}\frac{\partial\Phi_l}{\partial x}=-\frac{2}{v_\infty}g'(x)=\frac{2}{\sqrt{Ma_\infty^2-1}}\frac{\mathrm{d}\eta_l}{\mathrm{d}x} \tag{13-70}$$

从上两式可知，压强系数与表面在该处的斜率成正比。

有了压强系数后即可计算翼型的升力系数，即

$$C_l=\frac{L}{\frac{1}{2}\rho_\infty v_\infty^2 b}=\frac{1}{\frac{1}{2}\rho_\infty v_\infty^2}\frac{\int_0^b(p_l-p_u)\mathrm{d}x}{b}=\frac{1}{b}\int_0^b(C_{pl}-C_{pu})\mathrm{d}x$$

$$=-\frac{2}{b\sqrt{Ma_\infty^2-1}}\int_0^b\left(\frac{\mathrm{d}\eta_l}{\mathrm{d}x}+\frac{\mathrm{d}\eta_u}{\mathrm{d}x}\right)\mathrm{d}x=-\frac{2}{b\sqrt{Ma_\infty^2-1}}[\eta_l+\eta_u]_0^b$$

由图 13-42 可知

$$\eta_l(b)=\eta_u(b)=0,\quad \eta_l(0)=f_u(0)=b\sin\alpha\approx b\alpha$$

所以

$$C_l=\frac{4\alpha}{\sqrt{Ma_\infty^2-1}} \tag{13-71}$$

此即超声速翼型的升力系数，它表明升力只与来流的马赫数与攻角有关，而和厚度与弯度无关。可见这与亚声速流的翼型完全不同，它的升力系数按普朗特-格劳特法则应是

$$C_l=\frac{2\pi}{\sqrt{1-Ma_\infty^2}}\left(1+0.77\frac{t}{b}\right)\sin\left(\alpha+\frac{2f}{b}\right)$$

现在再来求翼型的阻力（波阻）系数

$$C_d=\frac{D}{\frac{1}{2}\rho_\infty v_\infty^2 b}=\frac{1}{\frac{1}{2}\rho_\infty v_\infty^2}\frac{\int_0^{b\alpha}(p_l-p_u)\mathrm{d}y}{b}=\frac{1}{b}\int_0^{b\alpha}(C_{pl}-C_{pu})\mathrm{d}y$$

上式右端的积分变量可由 y 变换成 x。因 $\mathrm{d}y=(\mathrm{d}y/\mathrm{d}x)\mathrm{d}x$，对上翼面而言 $\mathrm{d}y/\mathrm{d}x=\mathrm{d}\eta_u/\mathrm{d}x$，对于下翼面则有 $\mathrm{d}y/\mathrm{d}x=\mathrm{d}f_l/\mathrm{d}x$，因此上式可写成

$$C_d = \frac{1}{b}\int_b^0 \left(C_{pl}\frac{\mathrm{d}\eta_l}{\mathrm{d}x} - C_{pu}\frac{\mathrm{d}\eta_u}{\mathrm{d}x}\right)\mathrm{d}x$$

将压强系数表达式代入上式的被积函数中并改变积分方向即得

$$C_d = \frac{2}{b\sqrt{Ma_\infty^2 - 1}}\int_0^b \left[\left(\frac{\mathrm{d}\eta_l}{\mathrm{d}x}\right)^2 + \left(\frac{\mathrm{d}\eta_u}{\mathrm{d}x}\right)^2\right]\mathrm{d}x \tag{13-72}$$

因上式右端的被积函数恒为正的，可见在超声速翼型上总有不为零的阻力——波阻存在。

现在来看一攻角为 α 的平板（弦长为 b）的绕流阻力。由图 13-42 可知

$$\frac{\mathrm{d}\eta_l}{\mathrm{d}x} = \frac{\mathrm{d}\eta_u}{\mathrm{d}x} = -\frac{b\sin\alpha}{b\cos\alpha} = -\tan\alpha \approx -\alpha$$

所以平板超声速绕流的阻力（波阻）系数 C_{dp} 为

$$C_{dp} = \frac{2}{b\sqrt{Ma_\infty^2 - 1}}\int_0^b 2\alpha^2\mathrm{d}x = \frac{4\alpha^2}{\sqrt{Ma_\infty^2 - 1}} \tag{13-73}$$

再来看一个有一定半厚分布规律 $\tau(x)$ $[0\leqslant\tau(x)\leqslant 1/2]$ 和弯度分布规律 $\varphi(x)[0\leqslant\varphi(x)\leqslant 1]$ 的超声速翼型的阻力系数。此时上、下翼面的方程分别是

$$f_u(x)=\alpha(b-x)+\bar{f}b\varphi(x)+\bar{t}b\tau(x),\qquad f_l(x)=\alpha(b-x)+\bar{f}b\varphi(x)-\bar{t}b\tau(x)$$

式中，$\bar{f}$ 与 $\bar{t}$ 为翼型的相对弯度与相对厚度。于是有

$$\frac{\mathrm{d}\eta_u}{\mathrm{d}x} = -\alpha+\bar{f}b\varphi'+\bar{t}b\tau',\qquad \frac{\mathrm{d}\eta_l}{\mathrm{d}x} = -\alpha+\bar{f}b\varphi'-\bar{t}b\tau'$$

$$\left(\frac{\mathrm{d}\eta_u}{\mathrm{d}x}\right)^2 + \left(\frac{\mathrm{d}\eta_l}{\mathrm{d}x}\right)^2 = 2\alpha^2+2\bar{f}^2b^2(\varphi')^2+2\bar{t}^2b^2(\tau')^2-4\alpha\bar{f}b\varphi'$$

将后一式代入式（13-72）右端的积分式中得

$$\begin{aligned} C_d &= \frac{2}{b\sqrt{Ma_\infty^2 - 1}}\int_0^b [2\alpha^2 + 2\bar{f}^2b^2(\varphi')^2 + 2\bar{t}^2b^2(\tau')^2 - 4\alpha\bar{f}b\varphi']\mathrm{d}x \\ &= \frac{4\alpha^2}{\sqrt{Ma_\infty^2 - 1}} + \frac{4\bar{f}^2b}{\sqrt{Ma_\infty^2 - 1}}\int_0^b(\varphi')^2\mathrm{d}x + \frac{4\bar{t}^2b}{\sqrt{Ma_\infty^2 - 1}}\int_0^b(\tau')^2\mathrm{d}x \end{aligned} \tag{13-74}$$

此阻力系数表达式中有三项，第一项和平板的一样，是攻角 α 带来的阻力效应，而后两项则为弯度及厚度的阻力效应。欲使超声速翼型波阻小，从式（13-74）可见，就需使 φ'、τ' 都小，即翼型弯度与厚度越小越好。但无弯度又无厚度的翼型在结构上无法实现，故超声速翼型的阻力系数总要大于 $4\alpha^2/\sqrt{Ma_\infty^2-1}$。

第十节 叶栅概述

在涡轮式机械中都有一转动的能量转换元件——转轮。在转轮上有许多沿圆周分布的、其剖面类似于翼型的叶片，这些叶片的组合即称为叶栅或翼栅。流体流经叶栅流道时所发生的能量转换过程的优劣（效率的高低）完全取决于其中的流动状态。下面将对不同类型叶栅在不同的流动状态下的流体动力计算方法进行讨论。因涡轮机械都是转动的，所以计算其流体动力力矩与功率是这种计算的最终目的。首先较详细地讨论不可压缩涡轮机械，如水轮

机、低速压缩机、水泵等中的叶栅问题，然后再对亚声速、跨声速及超声速叶栅流动做定性的分析，将它作为具体涡轮机械叶栅流动计算的理论基础。

一、叶栅的主要类型

由流体流经叶栅流道的流动是平面流动还是空间流动可将叶栅分为平面叶栅和空间叶栅。如轴流式涡轮机械（图 13-43）的转轮和导叶，径流式水轮机、水泵及压缩机（图 13-44）的转轮及导叶即属平面叶栅。而如混流式水轮机转轮（图 13-45）中的流动则是先径向流入转轮，在流经叶栅流道时逐渐转为轴向，即为空间叶栅。

在轴流式涡轮机械中的流动都平行于转轴，所以其叶栅中的流动可用同心圆柱状流面分成许多圆环柱状流层。将此圆柱流面展成平面后即可得一直列平面叶栅，如图 13-46 所示。径流式机械中的流动都被近似地认为位于与转轴垂直的各平面内，在此流面上各叶片即组成一环列平面叶栅（图 13-44）。

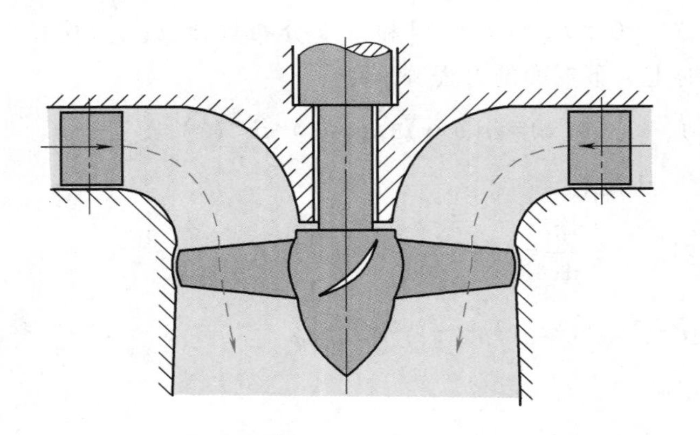

图 13-43 轴流式涡轮机械

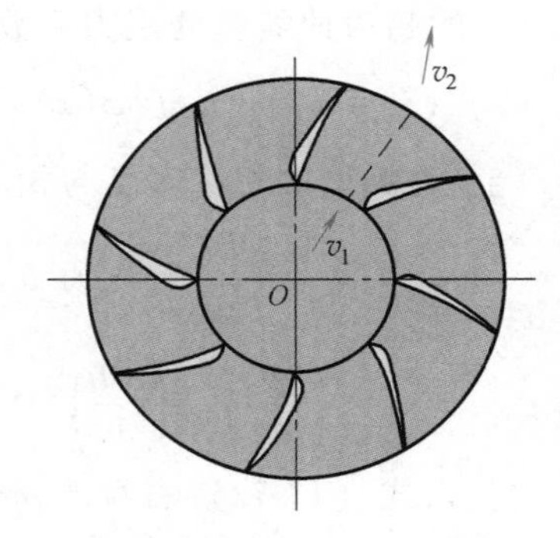

图 13-44 径流式涡轮机械

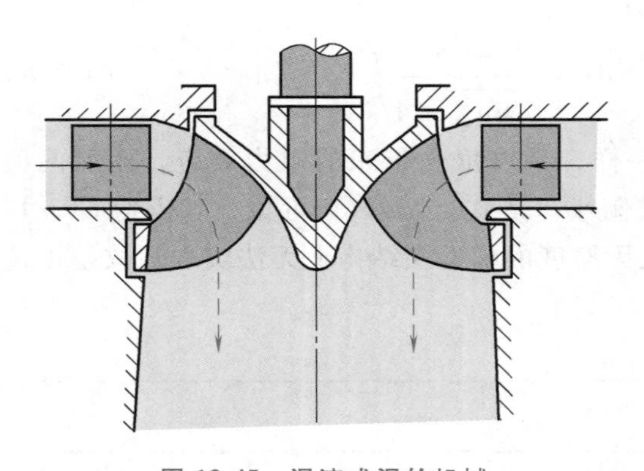

图 13-45 混流式涡轮机械

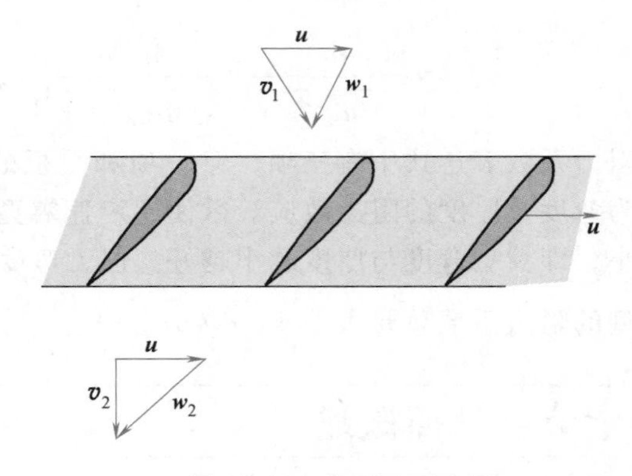

图 13-46 直列平面叶栅

空间叶栅中的流动较复杂，这里将着重讨论平面叶栅中的流动。平面叶栅可以是不动的，如涡轮机中的导叶；也可以是运动的，如转轮。

为使叶栅流动的分析简化，可把坐标系固定在叶栅上。在此坐标系中讨论流动时，其流动即成为定常的。叶栅中各点的速度（相对速度）应是流动在固定于机座上的绝对坐标系中的速度（绝对速度）减去转轮运动所形成的速度（牵连速度），如图 13-46 所示。例如，叶栅进口速度 $\boldsymbol{w}_1=\boldsymbol{v}_1-\boldsymbol{u}$，出口速度 $\boldsymbol{w}_2=\boldsymbol{v}_2-\boldsymbol{u}$。$\boldsymbol{w}$ 为相对速度，$\boldsymbol{v}$ 为绝对速度，$\boldsymbol{u}$ 为牵连速度。

二、叶栅的主要几何参数

参考图 13-47，叶栅的主要几何参数有：

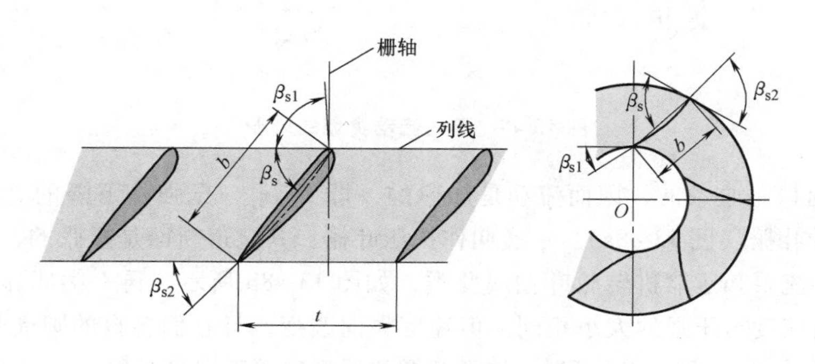

图 13-47 叶栅的几何参数

（1）列线 叶栅中各翼型相应点的连线叫作列线。通常它指各翼型前缘点或后缘点的连线。直列叶栅的列线为直线，环列叶栅的列线为圆周线。

（2）栅轴 直列叶栅的栅轴系指垂直于列线的直线（即为涡轮机的转轴）。环列叶栅的栅轴即为涡轮的转轴。

（3）叶栅的翼型弦长、厚度与弯度的定义同孤立翼型中的定义。

（4）栅距 叶栅中相邻两翼型上的相应点之间的距离叫作栅距，常以 t 表示。环列翼栅无此参数。

（5）安放角 翼型的弦线与列线之间的夹角叫作安放角，以 β_s 表示。翼型中弧线在前缘点处的切线与列线的夹角叫作进口安放角，以 β_{s1} 表示。同样可定义出口安放角 β_{s2}。

（6）稠密度 翼型弦长与栅距之比 b/t 叫作叶栅的稠密度。其倒数 t/b 叫作相对栅距。

三、叶栅中的流动及流体动力

在讨论叶栅流动时都采用与叶栅联系在一起的坐标系 Oxy，如图 13-48 所示，Ox 轴取栅轴方向，Oy 轴取列线方向。设在栅前无穷远处（一般称栅前）的来流速度为 $\boldsymbol{w}_1$，其两坐标分量为 $\boldsymbol{w}_{1x}$ 与 $\boldsymbol{w}_{1y}$。如果是孤立翼型，则在流动的下游无穷远处的速度应与来流速度一样。因为一个孤立翼型在无穷远处的扰动相当于某一强度 Γ 的点涡在该处的扰动，故在孤立翼型的前后无穷远处速度应是同一个均匀流动速度。但是叶栅流动中的情况则不同，栅后无穷远（一般称栅后）处的速度 $\boldsymbol{w}_2$ 一般不等于 $\boldsymbol{w}_1$，其两分量为 $\boldsymbol{w}_{2x}$ 与 $\boldsymbol{w}_{2y}$。这是由于叶栅相当于一个无穷长涡列，它在栅前后的扰动速度为 $\Gamma/(2t)$ 与 $-\Gamma/(2t)$。于是与均匀流叠加后所成的栅前后的速度就将不同。直观上可认为有一定稠密度的无穷系列翼型可使流出叶栅的流动在栅后改变了方向，使 $\boldsymbol{w}_2$ 与 $\boldsymbol{w}_1$ 的大小与方向都不相等。同理，也使流场中其他各点处的流动与孤立翼型相应点处的流动不一样。

从栅前与栅后绝对速度的改变情况可将叶栅分成三类。一类叫作收敛叶栅，其叶栅流道

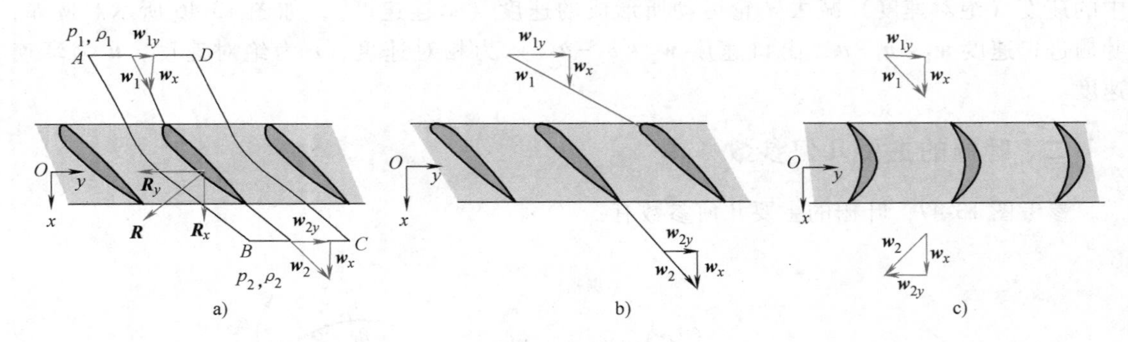

图 13-48 不同流动类型的叶栅

断面从进口到出口是收敛的，因而流动是加速的，即 $v_2>v_1$，压强是下降的。水轮机、汽轮机转轮即属此种叶栅（图 13-48a）。一类叫作扩压叶栅，其流道断面是扩张的，此时流速下降而压强上升。轴流泵和压缩机转轮叶栅属此类，如图 13-48b 所示。再一类叫作冲击叶栅，这类叶栅的栅前后速度与压强的大小相同，但速度方向改变，且它们各自的圆周分量 $v_{1y}=-v_{2y}$，如图 13-48c 所示。从上面的定义可知，这类叶栅的翼型应关于列线对称。

叶栅中每个翼型的气动力可用定常流的动量方程来求。如图 13-48 所示，在叶栅流动中取一控制体 $ABCD$（单位厚度），AB 与 CD 为叶栅两相邻流道中的两个对应流线，AD 与 BC 为栅前与栅后平行于列线的两段长为栅距 t 的控制面。此控制体内包含一个翼型。若流体对它的作用力为 $\boldsymbol{R}$（R_x，R_y），则它作用于控制体上的力为 $-\boldsymbol{R}$。设栅前与栅后的压强与密度分别为 p_1、ρ 与 p_2、ρ（不可压缩流体），则由动量方程有

$$p_1t-p_2t-R_x=\rho(w_{2x}^2t-w_{1x}^2t),\quad R_y=\rho w_{2x}tw_{2y}-\rho w_{1x}tw_{1y}$$

$$R_x=(p_1-p_2)t+\rho(w_{1x}^2-w_{2x}^2)t,\quad R_y=-(\rho w_{1x}w_{1y}-\rho w_{2x}w_{2y})t$$

在 AB 与 CD 面上无动量进出，且其上的压强相互平衡，所以上述方程中未出现其上的流动参数。由连续性方程可知

$$\rho w_{1x}t=\rho w_{2x}t \quad 或 \quad w_{1x}=w_{2x}=w_x$$

于是得

$$R_x=(p_1-p_2)t \tag{13-75}$$

$$R_y=-\rho w_x(w_{1y}-w_{2y})t \tag{13-76}$$

由伯努利方程还可知

$$p_1-p_2=\frac{1}{2}\rho(w_{2y}^2-w_{1y}^2)$$

代入式（13-75）与式（13-76）可得

$$R_x=\frac{1}{2}\rho(w_{2y}^2-w_{1y}^2)t,\quad R_y=-\rho w_x(w_{1y}-w_{2y})t$$

现在定义一个叶栅的无穷远平均流速 $\boldsymbol{w}_{\mathrm{m}}$ 为

$$\boldsymbol{w}_{\mathrm{m}}=\frac{1}{2}(\boldsymbol{w}_1+\boldsymbol{w}_2)$$

其两坐标分量为

$$w_{mx}=\frac{1}{2}(w_{1x}+w_{2x})=w_x,\qquad w_{my}=\frac{1}{2}(w_{1y}+w_{2y})$$

于是作用于翼型上的流体动力的两分量即为

$$R_x=\rho w_{my}(w_{2y}-w_{1y})t \tag{13-77}$$

$$R_y=-\rho w_{mx}(w_{1y}-w_{2y})t=\rho w_{mx}(w_{2y}-w_{1y})t \tag{13-78}$$

现在来计算绕一翼型的环量。按环量定义有

$$\Gamma=\oint_{ABCDA}w_s\mathrm{d}s=\int_{AB}w_s\mathrm{d}s+w_{2y}t+\int_{CD}w_s\mathrm{d}s-w_{1y}t=(w_{2y}-w_{1y})t \tag{13-79}$$

于是有

$$R_x=\rho w_{my}\Gamma,\qquad R_y=\rho w_{mx}\Gamma$$

或

$$R=\sqrt{R_x^2+R_y^2}=\rho w_m\Gamma \tag{13-80}$$

式（13-80）说明茹科夫斯基升力定理同样可用于叶栅的一个翼型上，只是无穷远来流速度既不是栅前的也不是栅后的，而是两者的矢量平均值。

四、叶栅流动的解法

叶栅流动问题通常是已知栅前来流的参数和叶栅的几何参数，要求解作用于叶栅上的流体动力。这时先找出栅后的流动参数，进而获得每个翼型上的环量，最后确定作用于叶栅上的作用力。解此问题（正问题）可用保角变换法，这与孤立翼型绕流的解法类似，只是更复杂些。当翼型较薄时，每个翼型可视为一涡层，因而叶栅就相当于一个无穷涡列。这时可用旋涡运动理论来求叶栅流动。另外，解叶栅正问题还有一种基于实验的方法——叶栅特征方程解法。上述三种方法都是根据翼型绕流的观点形成的算法。

另一类叶栅流动的解法是一种所谓的通流理论，即把叶栅流动作为翼型间通道的内流看待，直接将流动的基本方程在一定边界条件下积分来求解叶栅流动。这种解法对压缩流动中的跨声速与超声速叶栅流动问题尤其有效，也是唯一可行的方法。在不可压缩叶栅流动问题中，它也是近数十年大家致力研究的解法。

在具体讨论叶栅流动解法之前，尤其是在讲保角变换法之前首先指明下述一点是有益的，即任一叶栅流动都有一与其等价的平板叶栅流动存在。平板叶栅流动是已经有其解的流动。所以只要能找到某叶栅与其等价平板叶栅的平面变换关系，则该叶栅流动就解决了。

五、等价平板翼栅

如果有两个由不同翼型组成的栅距相同的叶栅在任何来流情况下都有相同的流体动力，则称两叶栅等价。若两者之一为平板叶栅，即称它为另一个的等价平板叶栅。等价平板叶栅肯定存在，这可通过下述分析来证明。

如图 13-49 所示，在物理平面（z 平面）上有一平面直列叶栅，AB 与 $A'B'$ 为其两相邻翼型，点 A、A' 与 B、B' 分别为前后驻点。在不失一般性的情况下可设栅前来流速度为 1，并设它与 x 轴夹角为 β_0 时叶栅不受流体动力作用，即此时各翼型环量为零。若与此相应的叶栅流动复势为 $W(z)=\varphi+\mathrm{i}\psi$，则当用此复势函数作为平面变换函数时，在 w 平面上即得图示的平行于该平面实轴的平板叶栅。再用一次 $\zeta=W\mathrm{e}^{\mathrm{i}\beta_0}$ 平面变换后，在 ζ 平面上即得与物理平面上的叶栅等价的平板叶栅。因两次变换所用函数皆为解析的，故保角变换的诸性质都成立，并且在此所取用的变换函数的具体情况下栅前来流以及流场中的流动奇点强度都不变，因而两平面（z 平面与 ζ 平面）上的叶栅有相同的流体动力。

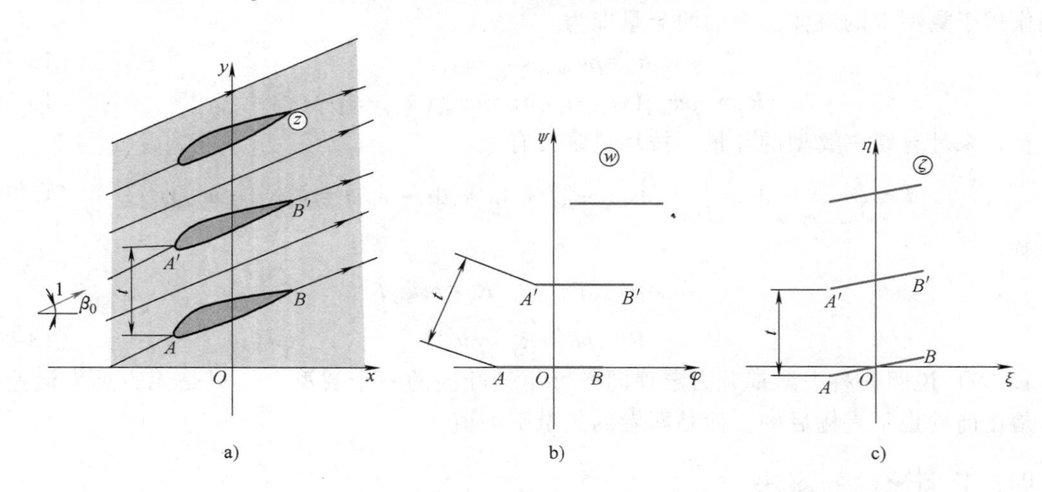

图 13-49 等价平板叶栅

可以证明 ζ 平面与 z 平面上的栅距相等，证明可参阅参考文献［16］。

ζ 平面上平板叶栅的弦长 b_ζ 可根据两平面上翼型的升力相等的条件来确定，即有

$$C_{l\zeta}b_\zeta=C_{lz}b_z \quad 或 \quad b_\zeta=(C_{lz}/C_{l\zeta})b_z$$

式中，b_z 为物理平面上的弦长；C_{lz}、$C_{l\zeta}$ 分别为两平面上翼型的升力系数。

第十一节 叶栅的特征方程

若叶栅的几何参数及栅前来流速度 $\boldsymbol{v}_1$ 已知，则根据由实验所确定的叶栅特征系数及特征方程即可求栅后速度 $\boldsymbol{v}_2$，进而可求出叶栅的流体动力。本节将分不动叶栅与运动叶栅两部分讲述叶栅正问题的解法。

一、不动叶栅的特征方程

在几何参数已给的叶栅上先做两个线性无关的来流实验。设两来流速度分别为 $\boldsymbol{v}_1'$ 和 $\boldsymbol{v}_1''$，而实验测出的栅后速度分别为 $\boldsymbol{v}_2'$ 与 $\boldsymbol{v}_2''$。那么对于任何一种来流 $\boldsymbol{v}_1$ 总可有

$$\boldsymbol{v}_1=a\boldsymbol{v}_1'+b\boldsymbol{v}_1''$$

式中，a 与 b 为两常系数。根据势流叠加原理可知，与 $\boldsymbol{v}_1$ 对应的栅后流动的速度 $\boldsymbol{v}_2$ 即为

$$\boldsymbol{v}_2=a\boldsymbol{v}_2'+b\boldsymbol{v}_2''$$

这个求栅后速度的过程可用图 13-50 所示的作图法进行。图中小圆圈中的数字代表作图（矢量分解或合成）的顺序，作图的根据即为前面两式。

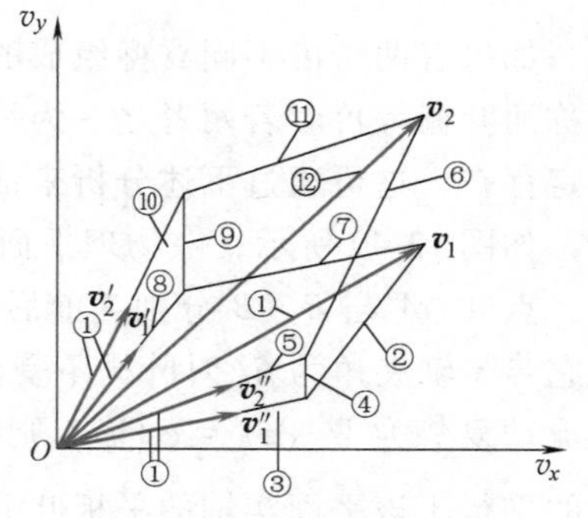

图 13-50 叶栅流动的作图法

作图法虽可方便地求出栅后速度 $\boldsymbol{v}_2$，但不精确。下

面来讨论其解析求法，因为$\boldsymbol{v}_1=a\boldsymbol{v}_1'+b\boldsymbol{v}_1''$，$\boldsymbol{v}_2=a\boldsymbol{v}_2'+b\boldsymbol{v}_2''$，故有

$$v_x=av_x'+bv_x'',\quad v_{1y}=av_{1y}'+bv_{1y}'',\quad v_{2y}=av_{2y}'+bv_{2y}''$$

用前两方程先求出系数 a 与 b，代入第三个方程并经整理后可得

$$v_{2y}=Kv_{1y}+mv_x \tag{13-81}$$

式中，

$$K=\frac{\begin{vmatrix} v_x' & v_x'' \\ v_{2y}' & v_{2y}'' \end{vmatrix}}{\begin{vmatrix} v_x' & v_x'' \\ v_{1y}' & v_{1y}'' \end{vmatrix}},\quad m=\frac{\begin{vmatrix} v_{2y}' & v_{2y}'' \\ v_{1y}' & v_{1y}'' \end{vmatrix}}{\begin{vmatrix} v_x' & v_x'' \\ v_{1y}' & v_{1y}'' \end{vmatrix}}$$

此两系数 K 与 m 是在几何参数已知的叶栅上，做两个线性无关的流动实验后所得到的参数，它们是叶栅的特征量。每个叶栅都有自己的这种不变的特征量。不妨重新定义一新的特征量 i_0，即

$$i_0=\frac{m}{1-K}$$

于是栅后速度的 y 轴分量 v_{2y} 即为

$$v_{2y}=Kv_{1y}+(1-K)i_0v_x$$

不用系数 m 而用（$1-K$）i_0 取代，它的物理意义下面将解释。将上式两端同乘 $2\pi r$，r 为展成平面叶栅的圆柱流面的半径。于是可得

$$\Gamma_2=K\Gamma_1+(1-K)i_0q \tag{13-82}$$

式中，$\Gamma_2=2\pi rv_{2y}$，$\Gamma_1=2\pi rv_{1y}$，$q=2\pi rv_x$。Γ_2 是上述圆柱流面出口处的速度环量，Γ_1 是进口环量，q 是两径向距离为 1 的圆柱流面间的流量。式（13-82）就是叶栅的特征方程，K、i_0 被称为叶栅的特征系数。

现在讨论特征系数 K 与 i_0 的物理意义。设有两个栅前来流速度$\boldsymbol{v}_{11}$ 与$\boldsymbol{v}_{12}$，该两流动通过叶栅的流量相同，即 $q_1=q_2=q$。由叶栅特征方程（13-82）可知

$$\Gamma_{21}=K\Gamma_{11}+(1-K)i_0q,\quad \Gamma_{22}=K\Gamma_{12}+(1-K)i_0q$$

式中，Γ_{21}、Γ_{22} 与 Γ_{11}、Γ_{12} 分别为两流动的栅后与栅前的速度环量。上两式相减后得

$$\Gamma_{22}-\Gamma_{21}=K(\Gamma_{12}-\Gamma_{11})\quad 或\quad \Delta\Gamma_2=K\Delta\Gamma_1$$

所以有

$$K=\frac{\Delta\Gamma_2}{\Delta\Gamma_1} \tag{13-83}$$

式（13-83）说明系数 K 代表单位栅前速度环量变化所造成的栅后速度环量的变化。当该叶栅稠密度为无穷大时（$t\to0$），栅后速度的方向不受栅前流动影响而保持恒定，即无论栅前环量如何改变（流量应不变）都不会使栅后环量改变。于是这时的 K 应为零。反之，若叶栅稠密度为零，即翼型为孤立的，则栅前后的速度的大小与方向一样，亦即栅前环量改变多大，栅后环量也改变多大，此时 $K=1$。综上所述可知，当 $b/t\to\infty$时，流体的周向运动（y 向）无法穿过叶栅。反之，当 $b/t=0$ 时，这个运动则可完全穿过叶栅。因此，特征系数 K 称为叶栅的穿透系数。

再来考察下面一种叶栅流动，即在这种流动中栅前与栅后有相同的速度矢量，或说有相同的环量。因此，这种流动使翼型不受流体动力作用（围绕翼型无环量），这叫作零向来流

或零向流动。此时由式（13-82）可知

$$\Gamma_0=K\Gamma_0+(1-K)i_0q_0$$

式中，Γ_0、q_0 分别是零向流动的环量及流量。所以此时有

$$i_0=\frac{\Gamma_0}{q_0}=\frac{2\pi rv_{y0}}{2\pi rv_{x0}}=\frac{v_{y0}}{v_{x0}}=\tan\beta_0 \tag{13-84}$$

式中，v_{y0} 与 v_{x0} 是零向流动速度的两坐标分量；β_0 为零向流动速度矢量 $\boldsymbol{v}_0$ 与栅轴的夹角。式（13-84）说明特征系数 i_0 代表零向来流角 β_0 的正切，叫作零向系数。

可证明几何参数一定的叶栅有确定的穿透系数 K 与零向系数 i_0，所以称它们是叶栅的特征系数。

二、运动直列叶栅的特征方程

设轴流式涡轮以角速度 ω 旋转，则表述此涡轮的直列叶栅将以 $u=r\omega$ 的速度运动。若将参考坐标系取在涡轮上，则叶栅特征方程与特性系数可用在此坐标系内的运动上，即

$$w_{2y}=Kw_{1y}+(1-K)i_0w_x$$

但式中的 $w_{2y}=v_{2y}-u$、$w_{1y}=v_{1y}-u$、$w_x=v_x$。将它们代入上式，有

$$v_{2y}=Kv_{1y}+(1-K)i_0v_x+(1-K)r\omega$$

将上式两端同乘 $2\pi r$ 得

$$\Gamma_2=K\Gamma_1+(1-K)i_0q+(1-K)2\pi r^2\omega \tag{13-85}$$

式（13-85）即为运动直列叶栅的特征方程，式中的 K、i_0 与前同。

三、转动环列叶栅的特征方程

不动的环列叶栅的特征方程与不动的直列叶栅的相同，而转动的环列叶栅与运动的直列叶栅却有不同的特征方程。其原因是转动环列叶栅的相对运动已非无旋的势流，因此叠加原理的前提已被破坏。为获得转动环列叶栅的特征方程可采用下述方法。除为获得 K 与 i_0 要做两次不动的叶栅实验外，该叶栅还需做一次以 ω 角速度转动的实验，以测定在给定栅前环量 Γ_{1s} 与流量 q_s 下的栅后环量 Γ_{2s}。此时有进口环量 Γ_1 和流量 q 且以 ω 角速度旋转的该叶栅中的相对运动，与上述转动实验的叶栅相对运动之差应是有势流动，因而可列此流动差的特征方程为

$$\Gamma_{2r}-\Gamma_{2sr}=K(\Gamma_{1r}-\Gamma_{1sr})+(1-K)i_0(q_r-q_{sr})$$

上式中下标 r 表示相对运动的参数。但

$$\Gamma_{2r}=\Gamma_2-2\pi r_2^2\omega,\quad \Gamma_{2sr}=\Gamma_{2s}-2\pi r_2^2\omega,\quad \Gamma_{1r}=\Gamma_1-2\pi r_1^2\omega$$

$$\Gamma_{1sr}=\Gamma_{1s}-2\pi r_1^2\omega,\quad q_r=q,\quad q_{sr}=q_s$$

式中，r_1 与 r_2 分别为叶栅进、出口半径。将它们代入上式并经整理后可得

$$\Gamma_2=K\Gamma_1+(1-K)i_0q+[\Gamma_{2s}-K\Gamma_{1s}-(1-K)i_0q_s]$$

上式等号右端中括号项的值在第三次叶栅流动实验中已测定出。如果叶栅不动，即 $\omega=0$，则由式（13-82）可知此中括号的数值应为零，不然它不为零，而和 ω 有关。所以上式可写成

$$\Gamma_2=K\Gamma_1+(1-K)i_0q+S\omega^n$$

式中，S 为与叶栅几何参数有关的常数系数；n 为一常数。

n 可以这样确定：当此环列叶栅的栅前与栅后半径趋于无穷大时，它应相当于一个运动的直列叶栅。那么根据式（13-85）就要求 $n=1$ 与 $S=(1-K)2\pi r^2$。而在一般情况下无法获得 S 的解析形式，只能假设它是

$$S=(1-K)2\pi r_{\mathrm{a}}^2$$

式中，r_{a} 为叶栅的有效半径，且 $r_1<r_{\mathrm{a}}<r_2$。

于是最后得到转动环列叶栅的特征方程为

$$\Gamma_2=K\Gamma_1+(1-K)i_0q+(1-K)2\pi r_{\mathrm{a}}^2\omega \tag{13-86}$$

叶栅特征方程可用以求解叶栅流动的正问题。但此方程中所包含的叶栅特征系数 K、i_0 以及有效半径 r_{a} 必须通过三次实验才能确定。

第十二节 保角变换法解平面叶栅流动问题

一、叶栅流动的保角变换法概述

在本章第四节已对平面势流的保角变换法原理及方法做过较详细的叙述。现在把它用于叶栅流动上，并注意其解法的特点。叶栅流动与孤立翼型绕流在物理本质上无任何不同，它们都是势流。势流的流体力学原理和方法皆可应用于叶栅流动上。不同的是叶栅流场呈现某种周期性。如图 13-51a 所示，在物理平面（z 平面）上有一叶栅，弦长为 b，栅距为 t，弦线与栅轴夹角为 δ。设栅前与栅后速度矢量及其栅轴夹角分别为 $\boldsymbol{w}_1$、$\boldsymbol{w}_2$ 与 δ_1、δ_2。如果 z 平面的实轴 Ox 取在翼弦方向上，则在 $y=\pm(t/2)\cos\delta$ 处绘出平行于 Ox 的两条直线 MN 与 $M'N'$后可知，在此两直线间的流动在整个叶栅流场中是周期重复的。知道了该区域中的流动后整个流场就全知道了。该流动区域可借助下列解析的变换函数

$$\tau=K\mathrm{e}^{\frac{2\pi}{t}z\mathrm{e}^{-\mathrm{i}\delta}} \tag{13-87}$$

被变换成τ平面的全平面，如图 13-51b 所示。z 平面上的负无穷远点（$z\to-\infty$）变成τ平面上的坐标原点$\tau=0$，点 $z\to+\infty$变成点$\tau\to\infty$，点 $z=0$ 变成τ平面实轴上的点$\tau=K$，z 平面上的翼型变成τ平面上点 K 附近的某一封闭曲线，而 z 平面上各平行于列线的直线则变成τ平面上的圆心位于坐标原点的一系列同心圆。

下面讨论两平面上的流动变换。在 z 平面上栅前（$z\to-\infty$）速度 $\boldsymbol{w}_1$ 的两坐标分量为 $w_1\cos\delta_1$ 与 $w_1\sin\delta_1$，栅后速度 $\boldsymbol{w}_2$ 的两分量为 $w_2\cos\delta_2$ 与 $w_2\sin\delta_2$。这相当于在栅前无穷远处有一强度为 $q_1=tw_1\cos\delta_1$ 的点源与强度为 $\Gamma_1=tw_1\sin\delta_1$ 的点涡，而在栅后无穷远处有一强度为 $q_2=tw_2\cos\delta_2$ 的点汇与强度为 $\Gamma_2=-tw_2\sin\delta_2$ 的点涡。根据流动的连续性可知 $q_2=-q_1$，从亥姆霍兹定理可知$-(\Gamma_1+\Gamma_2)$ 应为围绕一个翼型的环量。从本章第四节所述可知，这些流动奇点在做平面保角变换时是不改变其强度的。因此，在τ平面上坐标原点处应有一不变强度的点源与点涡，在无穷远点处有一点汇与点涡。τ平面上的流动即由它们诱导而成。

τ平面上的复势不易求，故仍需做一次平面变换将其上流动变换成另一 ζ 平面上的流动。假设它和τ平面之间的变换函数是 $\zeta=f(\tau)$，它当然应是解析的，且设它可使τ平面上

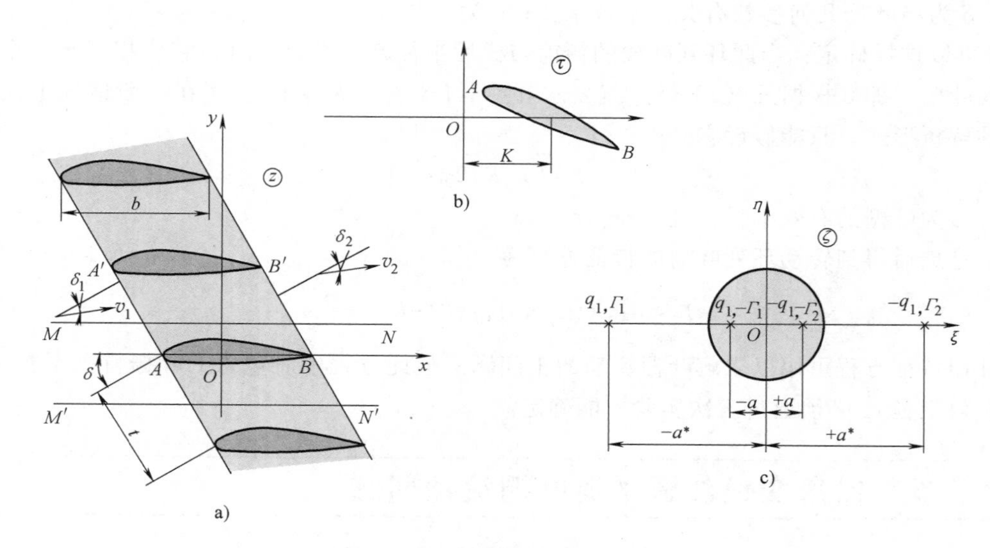

图 13-51 叶栅流动的保角变换

绕封闭周线 AB 的流动变换成 ζ 平面上绕某一圆的流动，使点 $\tau=0$ 变换成 $\zeta=-a^*$，$\tau=\infty$ 变换成 $\zeta=+a^*$。于是在 $\zeta=-a^*$ 处应有一强度为 q_1 的点源和强度为 Γ_1 的点涡，在 $\zeta=+a^*$ 处有一强度为 $-q_1$ 的点汇与强度为 Γ_2 的点涡。既然在 ζ 平面上是绕圆的流动，该圆周必是一根流线。因而，在圆内与点 $\zeta=-a^*$ 关于此圆对称的点 $\zeta=-a$ 处必须有一强度为 q_1 的点源与强度为 $-\Gamma_1$ 的点涡，在与点 $\zeta=a^*$ 对称的点 $\zeta=a$ 处有一强度为 $-q_1$ 的点汇与强度为 $-\Gamma_2$ 的点涡，如图 13-51c 所示。变换函数 $\zeta=f(\tau)$ 的具体形式可通过 ζ 平面上的已知流动复势求出。在 ζ 平面上的复势为

$$W(\zeta)=\frac{q_1-\mathrm{i}\Gamma_1}{2\pi}\ln(\zeta+a^*)+\frac{q_1+\mathrm{i}\Gamma_1}{2\pi}\ln(\zeta+a)-\frac{q_1+\mathrm{i}\Gamma_2}{2\pi}\ln(\zeta-a^*)-\frac{q_1-\mathrm{i}\Gamma_2}{2\pi}\ln(\zeta-a) \tag{13-88}$$

但由保角变换原理可知

$$W(\zeta)=W(z)$$

如果在 z 平面上先给出一个已知其复势的流动（如平板叶栅），则上面所列两式联立即可解出 $\zeta=f_1(z)$。而另外由式（13-87），$\zeta=f(\tau)$ 也可求解出来。下面将讨论一个具体的叶栅流动的保角变换法，那时即可弄清上述的变换过程。

二、直列平板叶栅流动的解法

平板叶栅流动是叶栅流动保角变换法中较简单者，同时其解又可作为其他翼型组成的叶栅流动解的依据。所以这里将主要介绍它的保角变换解法。

1. 平板叶栅流动平面的变换及其无环量平行绕流

图 13-52a 表示一栅距为 t、弦长为 b、安放角为 $\pi/2-\beta$ 的平板平面叶栅。设在 z 平面上栅前速度大小为 1，方向平行于叶栅中的平板。现在将其周期性的一条流动区域变成 ζ 平面上绕一单位半径圆的流动(图 13-52b)。z 平面上的流动相当于在栅前 $z\to-\infty$ 处有一强度为

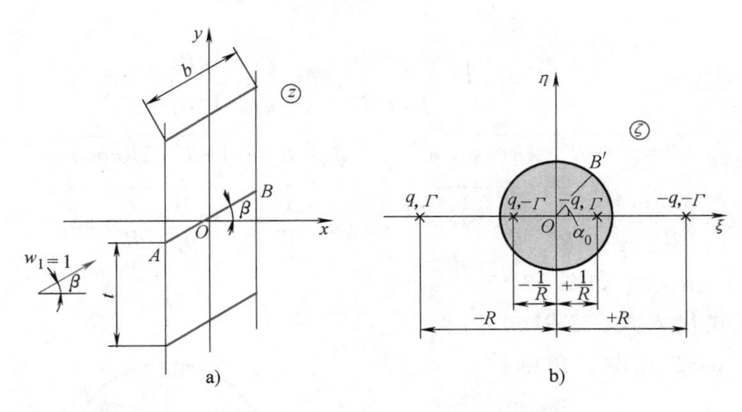

图 13-52 平板叶栅无环量平行绕流

$$q_1 = \int_0^t w_x \mathrm{d}y = \int_0^t \cos\beta \mathrm{d}y = t\cos\beta$$

的点源及一强度为

$$\Gamma_1 = \int_0^t w_y \mathrm{d}y = \int_0^t \sin\beta \mathrm{d}y = t\sin\beta$$

的点涡，在栅后 $z\to+\infty$ 处有一强度 $q_2=q_1$ 的点汇与强度为 $-\Gamma_1$ 的点涡所诱导的流动。在 z 平面上的流动复势显然是

$$W(z)=z\mathrm{e}^{-\mathrm{i}\beta} \tag{13-89}$$

这也就是速度为 1 的均匀流复势。欲得 ζ 平面上绕单位圆的流动，则需在 $\zeta=\pm R$（R 为某待定实数）处放置强度分别为 $\mp q_1$ 与 $\mp\Gamma_1$ 的点源（点汇）和点涡，在 $\zeta=\pm 1/R$ 处放置强度分别为 $\mp q_1$ 与 $\mp\Gamma_1$ 的点源与点涡，如图 13-52b 所示。于是 ζ 平面上的复势为

$$W(\zeta)=\frac{q_1-\mathrm{i}\Gamma_1}{2\pi}\ln(\zeta+R)+\frac{q_1+\mathrm{i}\Gamma_1}{2\pi}\ln\left(\zeta+\frac{1}{R}\right)+\frac{-q_1-\mathrm{i}\Gamma_1}{2\pi}\ln\left(\zeta-\frac{1}{R}\right)+\frac{-q_1+\mathrm{i}\Gamma_1}{2\pi}\ln(\zeta-R)$$

将前面所给的 q_1 与 Γ_1 的表达式代入上式得

$$W(\zeta)=\frac{t}{2\pi}\left(\mathrm{e}^{-\mathrm{i}\beta}\ln\frac{\zeta+R}{\zeta-R}-\mathrm{e}^{\mathrm{i}\beta}\ln\frac{\zeta-1/R}{\zeta+1/R}\right) \tag{13-90}$$

此即平板叶栅无环量平行绕流在 ζ 平面上的复势。根据保角变换原理应有

$$W(z)=W(s)$$

即

$$z\mathrm{e}^{-\mathrm{i}\beta}=\frac{t}{2\pi}\left(\mathrm{e}^{-\mathrm{i}\beta}\ln\frac{\zeta+R}{\zeta-R}-\mathrm{e}^{\mathrm{i}\beta}\ln\frac{\zeta-1/R}{\zeta+1/R}\right)$$

由上式可得 z 平面与 ζ 平面的变换函数，即

$$z=\frac{t}{2\pi}\left(\ln\frac{\zeta+R}{\zeta-R}-\mathrm{e}^{\mathrm{i}2\beta}\ln\frac{\zeta-1/R}{\zeta+1/R}\right) \tag{13-91a}$$

此变换函数中待定实数 R 应由平板叶栅的几何参数来确定。在 z 平面的平板绕流后驻点 B 处有

$$z_B=\frac{b}{2}\cos\beta+\mathrm{i}\,\frac{b}{2}\sin\beta=\frac{b}{2}\mathrm{e}^{\mathrm{i}\beta}$$

设与之相对应的ζ平面上绕圆流动的后驻点为B'，其极角为α_0（图 13-53），则由式（13-91a）可有

$$\frac{b}{2}e^{i\beta}=\frac{t}{2\pi}\left(\ln\frac{\zeta_{B'}+R}{\zeta_{B'}-R}+e^{i2\beta}\ln\frac{\zeta_{B'}+1/R}{\zeta_{B'}-1/R}\right) \tag{13-91b}$$

式中，
$$\zeta_{B'}+R=\sqrt{1+R^2+2R\cos\alpha_0}\,e^{i\alpha_1},\qquad \zeta_{B'}-R=\sqrt{1+R^2-2R\cos\alpha_0}\,e^{i\alpha_2}$$
$$\zeta_{B'}+\frac{1}{R}=\sqrt{1+\frac{1}{R^2}+\frac{2}{R}\cos\alpha_0}\,e^{i\alpha_3},\qquad \zeta_{B'}-\frac{1}{R}=\sqrt{1+\frac{1}{R^2}-\frac{2}{R}\cos\alpha_0}\,e^{i\alpha_4}$$

上面式中的α_1、α_2、α_3、α_4如图 13-53 所示。将上面各式代入式（13-91b），将$e^{i\beta}$写成$\cos\beta+i\sin\beta$并做三角函数运算后得

$$\frac{\pi b}{t}=\cos\beta\ln\frac{1+R^2+2R\cos\alpha_0}{1+R^2-2R\cos\alpha_0}+2\sin\beta\arctan\frac{2R\sin\alpha_0}{R^2-1} \tag{13-92}$$

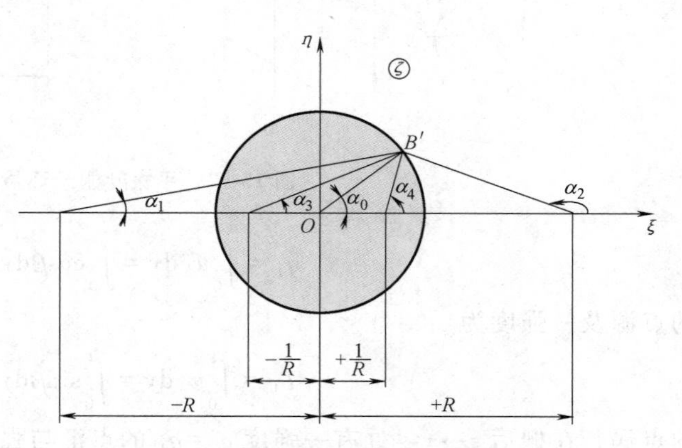

图 13-53 待定实数 R 的推导用图

式（13-92）给出了叶栅几何参数b、t、β和待定实数R与α_0的关系。因而式（13-91a）所给的平面变换函数即确定了。而式中的α_0角，则可根据后驻点在变换时不保角这一性质（因为$dz/d\zeta$在B点为零）推导出它与R、β的关系，即

$$\tan\alpha_0=\frac{R^2-1}{R^2+1}\tan\beta \tag{13-93}$$

2. 平板叶栅无环量垂直绕流

设平板叶栅来流速度仍为 1，但其方向垂直平板，如图 13-54a 所示。每个平板的环量仍为零。这种绕流与平行绕流不同的只是栅前后的流动奇点强度不同而已，即

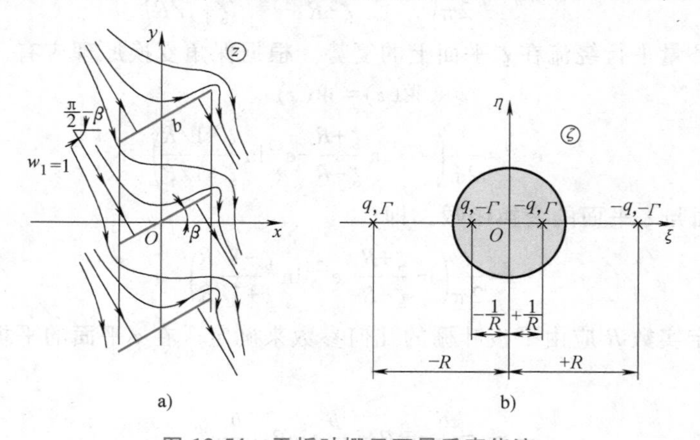

图 13-54 平板叶栅无环量垂直绕流

$$q_1 = q_2 = t\sin\beta,\quad \Gamma_1 = -\Gamma_2 = -t\cos\beta$$

因此用变换函数式（13-91a）做流动变换时在 ζ 平面上绕单位圆流动中的流动奇点的分布即如图 13-54b 所示。故绕流复势为

$$W(\zeta) = \frac{q_1 - \mathrm{i}\Gamma_1}{2\pi}\ln(\zeta - R) + \frac{q_1 + \mathrm{i}\Gamma_1}{2\pi}\ln\left(\zeta + \frac{1}{R}\right) + \frac{-q_1 - \mathrm{i}\Gamma_1}{2\pi}\ln\left(\zeta - \frac{1}{R}\right) + \frac{-q_1 + \mathrm{i}\Gamma_1}{2\pi}\ln(\zeta - R)$$

$$= \frac{t}{2\pi}\left(\mathrm{i}e^{-\mathrm{i}\beta}\ln\frac{\zeta + R}{\zeta - R} - \mathrm{i}e^{\mathrm{i}\beta}\ln\frac{\zeta + 1/R}{\zeta - 1/R}\right) \tag{13-94}$$

式中，实常数 R 用式（13-92）确定。

3. 平板叶栅纯环量绕流

如果平板叶栅前与后的速度 $\boldsymbol{w}_1$ 与 $\boldsymbol{w}_2$ 只有列线方向的分量而无栅轴方向的分量，如图 13-55a 所示，且有 $w_{1y} = -w_{2y}$（$w_{1x} = w_{2x} = 0$），则这种绕流叫作纯环量绕流。它相当于在每个平板处都放置一强度为 Γ_c 的点涡所诱导的流动，且此点涡的强度为 $\Gamma_c =$（$w_{2y} - w_{1y}$）t。在不失普遍性的情况下不妨设它为 1，此时在 z 平面上栅前与栅后的速度即可如下法求出。因 $\Gamma_c =$（$w_{2y} - w_{1y}$）$t = 1$，又因 $w_{1y} = -w_{2y}$，所以有

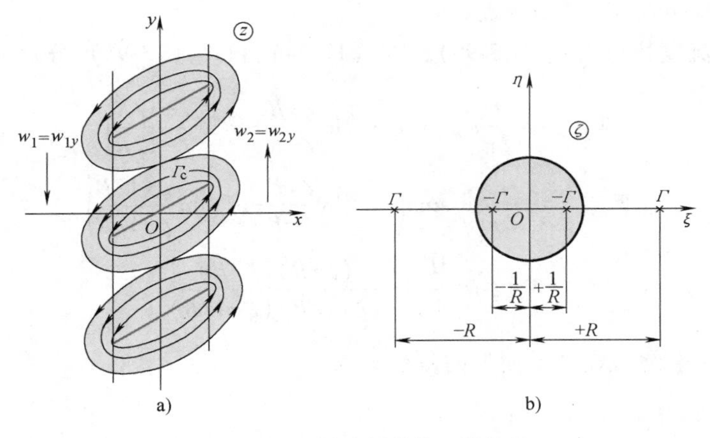

图 13-55　平板叶栅的纯环量绕流

$$w_{1y} = -\frac{1}{2t},\quad w_{2y} = \frac{1}{2t}$$

于是 z 平面上栅前无穷远处有一点涡，在栅后无穷远处有一等强度且同方向的点涡，点涡强度为

$$\Gamma = \Gamma_1 = \Gamma_2 = \int_0^t w_{1y}\mathrm{d}y = \int_0^t\left(-\frac{1}{2t}\right)\mathrm{d}y = -\frac{1}{2}$$

因 $w_{1x} = w_{2x} = 0$，故在栅前后无穷远处无点源与点汇。此时用式（13-91）做 z 平面的流动变换时，在 ζ 平面绕单位圆的流动中应有下列流动奇点：$\zeta = \pm R$ 处的点涡强度为 Γ，$\zeta = \pm 1/R$ 处的点涡强度为 $-\Gamma$，如图 13-55b 所示。于是复势为

$$W(\zeta) = \frac{-\mathrm{i}\Gamma}{2\pi}\ln(\zeta + R) + \frac{-\mathrm{i}(-\Gamma)}{2\pi}\ln\left(\zeta + \frac{1}{R}\right) + \frac{-\mathrm{i}(-\Gamma)}{2\pi}\ln\left(\zeta - \frac{1}{R}\right) + \frac{-\mathrm{i}\Gamma}{2\pi}\ln(\zeta - R)$$

将前面所给 Γ 代入上式即得 ζ 平面上的流动复势

$$W(\zeta)=\frac{\mathrm{i}}{4\pi}\ln\frac{(\zeta+R)(\zeta-R)}{\left(\zeta+\frac{1}{R}\right)\left(\zeta-\frac{1}{R}\right)} \tag{13-95}$$

4. 平板叶栅的一般流动

有了上述不同类型绕流的分析后即可获得平板叶栅一般绕流的解。在图 13-56 上给出一几何参数（b，t，β）已知的平板叶栅的栅前与栅后的速度 $\boldsymbol{w}_1$ 与 $\boldsymbol{w}_2$，以及绕一翼型的环量 Γ_c。这时该叶栅绕流的复势 $W(z)$ 即可根据势流叠加原理用前述三种叶栅流动相加来求。

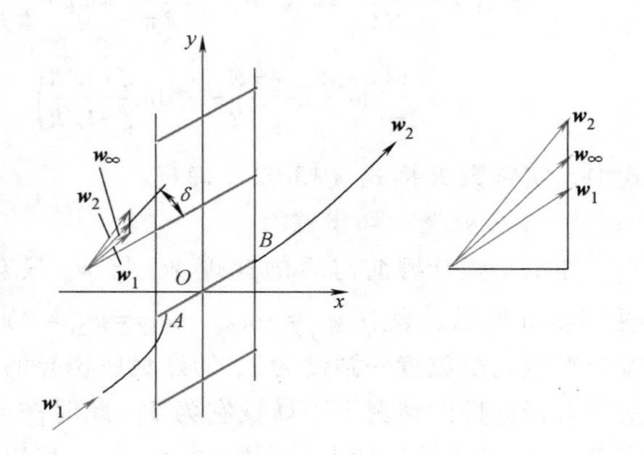

图 13-56 平板叶栅的一般绕流

首先应求叶栅无穷远处平均速度 $\boldsymbol{w}_\mathrm{m}=(\boldsymbol{w}_1+\boldsymbol{w}_2)/2$ 及其与弦线的夹角 δ。然后将 $\boldsymbol{w}_\mathrm{m}$ 分解为与平板平行与垂直的两分量 $w_\mathrm{mp}=w_\mathrm{m}\cos\delta$ 与 $w_\mathrm{mv}=w_\mathrm{m}\sin\delta$。单独由 w_mp、w_mv 与 Γ_c 形成的叶栅绕流复势可由式（13-90）、式（13-94）和式（13-95）分别求出

$$W_\mathrm{p}(\zeta)=\frac{t}{2\pi}w_\mathrm{m}\cos\delta\left(\mathrm{e}^{-\mathrm{i}\beta}\ln\frac{\zeta+R}{\zeta-R}+\mathrm{e}^{\mathrm{i}\beta}\ln\frac{\zeta+1/R}{\zeta-1/R}\right)$$

$$W_\mathrm{v}(\zeta)=-\frac{t}{2\pi}w_\mathrm{m}\sin\delta\left(\mathrm{i}\mathrm{e}^{-\mathrm{i}\beta}\ln\frac{\zeta+R}{\zeta-R}-\mathrm{i}\mathrm{e}^{-\mathrm{i}\beta}\ln\frac{\zeta+1/R}{\zeta-1/R}\right)$$

$$W_\mathrm{c}(\zeta)=\frac{\mathrm{i}\Gamma_\mathrm{c}}{4\pi}\ln\frac{(\zeta+R)(\zeta-R)}{(\zeta+1/R)(\zeta-1/R)}$$

因此，平板叶栅一般绕流在 ζ 平面上的复势即为

$$\begin{aligned}W(\zeta)&=W_\mathrm{p}(\zeta)+W_\mathrm{v}(\zeta)+W_\mathrm{c}(\zeta)\\&=\frac{w_\mathrm{m}t}{2\pi}\left[\mathrm{e}^{-\mathrm{i}\delta}\mathrm{e}^{-\mathrm{i}\beta}\ln\frac{\zeta+R}{\zeta-R}+\mathrm{e}^{\mathrm{i}\delta}\mathrm{e}^{\mathrm{i}\beta}\ln\frac{\zeta+1/R}{\zeta-1/R}+\frac{\mathrm{i}\Gamma_\mathrm{c}}{2w_\mathrm{m}t}\ln\frac{(\zeta+R)(\zeta-R)}{(\zeta+1/R)(\zeta-1/R)}\right]\end{aligned} \tag{13-96a}$$

将式（13-96a）中 ζ 用变换函数式（13-91a）换成 z 后，即得 z 平面上的平板叶栅一般流动的复势 $W(z)$。

5. 平板叶栅一般流动中环量的确定

和孤立翼型绕流中的库达-恰布雷金条件相仿，在叶栅流动中也有相同的流动条件，即不管栅前来流如何改变，叶栅中翼型的尾缘点 B 必然是流动的后驻点。此时该点处的速度不会是无限大的，而为一有限值。根据这一点即可确定在某种栅前来流时（即不同攻角时）围绕一翼型的环量。根据库达-恰布雷金条件，在平板叶栅的平板尾缘点 B，亦即后驻点，速度值有限，因而有

$$\left(\frac{\mathrm{d}W}{\mathrm{d}z}\right)_B=\text{有限值}$$

或写成

$$\left(\frac{\mathrm{d}W}{\mathrm{d}\zeta}\frac{\mathrm{d}\zeta}{\mathrm{d}z}\right)_B=\left(\frac{\mathrm{d}W}{\mathrm{d}\zeta}\right)_B\frac{1}{(\mathrm{d}z/\mathrm{d}\zeta)_B}=\text{有限值} \tag{13-96b}$$

但根据式（13-91a）和式（13-90）有

$$\left(\frac{\mathrm{d}z}{\mathrm{d}\zeta}\right)_B=\left\{\frac{\mathrm{d}}{\mathrm{d}\zeta}\left[\frac{t}{2\pi}\left(\ln\frac{\zeta+R}{\zeta-R}+\mathrm{e}^{\mathrm{i}2\beta}\ln\frac{\zeta+1/R}{\zeta-1/R}\right)\right]\right\}_B=\left\{\frac{\mathrm{d}}{\mathrm{d}\zeta}\left[\mathrm{e}^{\mathrm{i}\beta}W_{\mathrm{p}}(\zeta)\right]\right\}_B$$

在做平面变换时尾缘点处无保角性（圆弧变成尖角），于是 $(\mathrm{d}z/\mathrm{d}\zeta)_B=0$，因而根据上式就有

$$\left[\frac{\mathrm{d}}{\mathrm{d}\zeta}W_{\mathrm{p}}(\zeta)\right]_B=0 \tag{13-96c}$$

进而由式（13-96b）可判断出 $(\mathrm{d}W/\mathrm{d}\zeta)_B=0$，根据式（13-96a）它可写成

$$\left[\frac{\mathrm{d}}{\mathrm{d}\zeta}(W_{\mathrm{p}}+W_{\mathrm{v}}+W_{\mathrm{c}})\right]_B=\left(\frac{\mathrm{d}W_{\mathrm{p}}}{\mathrm{d}\zeta}\right)_B+\left(\frac{\mathrm{d}W_{\mathrm{v}}}{\mathrm{d}\zeta}\right)_B+\left(\frac{\mathrm{d}W_{\mathrm{c}}}{\mathrm{d}\zeta}\right)_B=0$$

但由前述可知上式左端第一项为零，所以有

$$\left(\frac{\mathrm{d}W_{\mathrm{v}}}{\mathrm{d}\zeta}\right)_B+\left(\frac{\mathrm{d}W_{\mathrm{c}}}{\mathrm{d}\zeta}\right)_B=0 \tag{13-96d}$$

将式（13-96a）对 ζ 取导，用 $\zeta_B=\mathrm{e}^{\mathrm{i}\alpha_0}$ 代入导数，再经三角函数运算，并考虑式（13-96c）与式（13-96d）给出的条件后即得

$$\Gamma_{\mathrm{c}}=-\frac{4w_{\mathrm{m}}tR\sin\delta\cos\alpha_0}{(R^2+1)\cos\beta} \tag{13-97}$$

从该式可见，平板的环量 Γ_{c} 取决于平均来流速度 w_{m}、栅距 t、攻角 δ、弦长 b（包含在 R 中）及平板的安放角 β（因 α_0 取决于 R 与 β）。

根据保角变换法求出的环量为 $\Gamma_{\mathrm{i}}=-\pi bw_{\infty}\sin\alpha$。若将 w_{∞} 换成 w_{m}，α 换成 δ 即为 $\Gamma_{\mathrm{i}}=-\pi bw_{\mathrm{m}}\sin\delta$。这时有

$$L=\frac{\Gamma_{\mathrm{c}}}{\Gamma_{\mathrm{i}}}=\frac{4tR\cos\alpha_0}{\pi b(R^2+1)\cos\beta} \tag{13-98a}$$

式中，L 叫作环量比，即在同样来流时平板叶栅中平板的环量和孤立平板的环量之比。可见此比值只与 t/b 及 β 有关。图 13-57 绘出了 $L=L(t/b,\ \beta)$ 的函数曲线，有了该曲线后叶栅中的平板环量可由孤立平板的环量以及叶栅的几何参数确定。

在前面已论证过，任何平面直列叶栅都有与之等价的平板叶栅存在。既然平板叶栅的流动在此已解出，因而由任何翼型组成的平面直列叶栅的流动也就有解了。

三、平面环列叶栅流动的解法

如图 13-58a 所示，一由 n 个翼型组成的环列叶栅，设流体由叶栅中心向外流动。把此流动平面定义为 z_1 平面，并把坐标原点取在栅轴处，则此叶栅流动就相当于在 $z_1=0$ 处有一

强度分别为 q 与 Γ_1 的源与涡，在 $z_1\to\infty$ 处有一强度各为 $-q$ 与 Γ_2 的汇与涡所诱导的流动。在此平面上每个中心角为 $2\pi/n$ 的扇形区域内的流动自然应是周期性重复的，所以确定一个扇形区域内的流动即可。为此可用如下的一个变换函数，将 z_1 平面上中心角为 $2\pi/n$ 的扇形区域的流动变换成 τ 平面上的全平面流动

$$\tau = z_1^n$$

在 τ 平面上 $\tau=0$ 处应有一强度各为 q/n 与 Γ_1/n 的源与涡，而在 $\tau\to\infty$ 处应有一强度分别为 $-q/n$ 与 Γ_2/n 的汇与涡，且 z_1 平面上的各翼型都变成同一个孤立的翼型。

在本节开始时曾给出一变换函数式（13-87），它可将一平面直列叶栅的流动平面变换成一个与图 13-58b 所示相同的流动平面。现在用该变换函数

$$\tau = K\mathrm{e}^{\frac{2\pi}{t}z\mathrm{e}^{-\mathrm{i}\delta}}$$

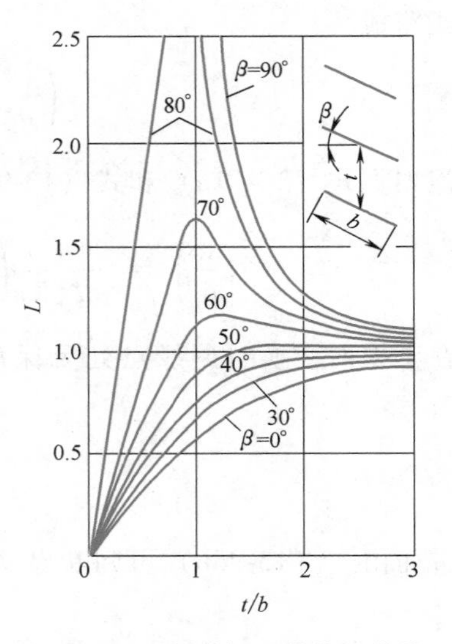

图 13-57 平板叶栅环量修正曲线

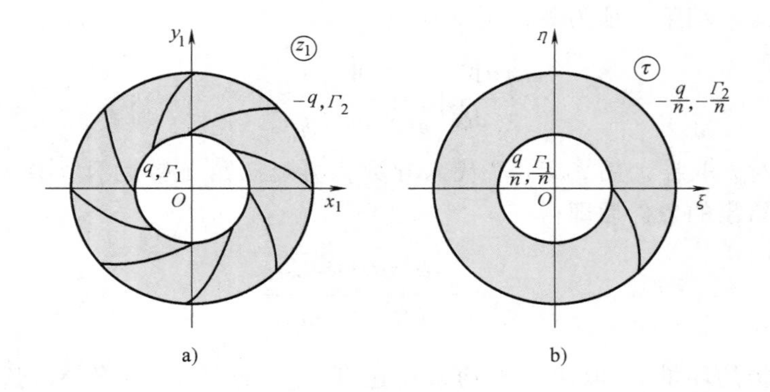

图 13-58 平面环列叶栅流动的保角变换

将此处的 τ 平面上的流动变换成 z 平面上一直列叶栅流动。直列叶栅流动的解已在前面给出了求法，所以通过上面所给的两次平面变换即可求出 z_1 平面上环列叶栅流动的解。z_1 平面与 z 平面之间的变换函数显然应是

$$z_1^n = \tau = K\mathrm{e}^{\frac{2\pi}{t}z\mathrm{e}^{-\mathrm{i}\delta}}$$

将上式两端取对数并经整理后得

$$z=\frac{nt}{2\pi}\mathrm{e}^{\mathrm{i}\delta}\ln\frac{z_1}{n\sqrt{K}} \tag{13-98b}$$

式中，参数 n、t、δ、K 中有的与环列叶栅的几何参数有关，有的可以任取。有了此变换函数后，通过 z 平面上直列叶栅的流动解（复势）即可用保角变换原理求出 z_1 平面上环列叶栅流动的复势。

第十三节　平面叶栅流动的奇点分布解法

和孤立翼型绕流中的薄翼理论的想法相仿，一个由翼型组成的叶栅对本来是均匀流的扰动应该相当于一系列以一定规律分布的流动奇点对流动的扰动。这种想法在逻辑上是合理的，平面叶栅流动的奇点分布法就是出自这种想法而建立的。在具体讲述此方法前先指明下述一点是有益的。该方法不只可解叶栅的正问题，即已知叶栅的几何参数及栅前来流，求此流场及叶栅的流体动力，而且它还特别有效地用于解叶栅流动的反问题，即为获取预想的流场和叶栅的流体动力特性而来设计出与之相适应的叶栅（确定叶栅的几何参数）。

一、平面直列叶栅的旋涡系模型及诱导速度

如图 13-59 所示的一平面直列叶栅，其栅距为 t，弦长为 b，安放角为 β_s，栅前来流速度为 w_∞。先建立一坐标系 Ouz，其横轴 Ou 取列线方向，纵轴 Oz 取栅轴方向。将这个流动的物理平面定义为 ω 平面。在 ω 平面上任一点 $\omega_0=u_0+\mathrm{i}z_0$ 处的速度应是无穷远均匀来流速度与叶栅各翼型在该点的扰动速度的合成速度。后者可用与叶栅等价的一个旋涡系在该点的诱导速度取代。该旋涡系由相距为 t、沿翼型中弧线连续分布的涡层所组成的一无穷涡层列构成（这时应认为翼型很薄，不然还要有分布的源与汇）。在每个翼型的中弧线上应有相同的旋涡密度分布 $\gamma(s)$，s 为沿中弧线的曲线坐标，且点 $s=0$ 位于中弧线中点处。此 $\gamma(s)$ 显然应与叶栅的几何参数及无穷远来流速度 w_∞ 有关。这样一个由相距为 t 的、旋涡密度为 $\gamma(s)$ 的无穷个涡层所组成的旋涡系即为叶栅的流体动力模型。下面将根据它求解流场。

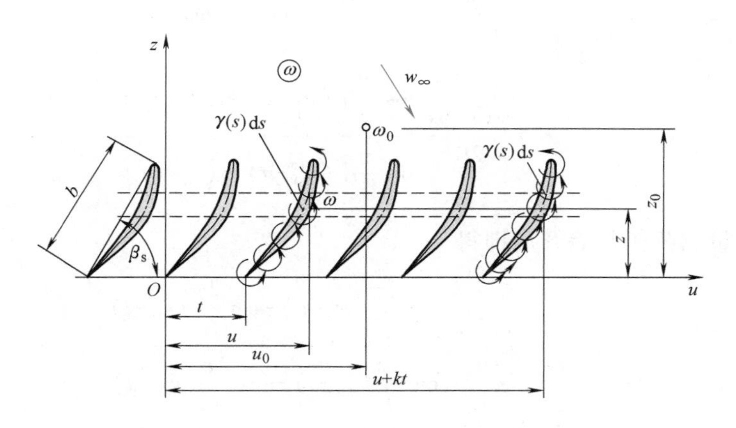

图 13-59　平面直列叶栅的旋涡系模型

先来分析该旋涡系在流场中任一点 $\omega_0=u_0+\mathrm{i}z_0$ 处的诱导速度的计算。在该旋涡系中任选一涡层，并在此涡层的某处 s（它在 ω 平面上的坐标为 $\omega=u+\mathrm{i}z$）取一微元涡层 $\mathrm{d}s$。绘出过点 s 的列线平行线，该平行线与其他涡层的交点的坐标将是

$$\omega_k=u+kt+\mathrm{i}z=\omega+kt,\quad k=\pm1,\pm2,\cdots$$

在各点 ω_k 处也都取微元涡层 $\mathrm{d}s$，其环量 $\gamma(s)\mathrm{d}s$ 和在点 ω 处所取微元涡层的环量一样。根

据势流叠加原理这一系列微分涡层在点 ω_0 处形成的复势应为

$$W(\omega_0)=\frac{\gamma(s)\,\mathrm{d}s}{2\pi\mathrm{i}}\left[\ln(\omega_0-\omega)+\sum_{k=1}^{\infty}\ln(\omega_0-\omega\pm kt)\right]$$

$$=\frac{\gamma(s)\,\mathrm{d}s}{2\pi\mathrm{i}}\ln\left[(\omega_0-\omega)\prod_{k=1}^{\infty}(\omega_0-\omega\pm kt)\right]$$

$$=\frac{\gamma(s)\,\mathrm{d}s}{2\pi\mathrm{i}}\ln\left[(\omega_0-\omega)\prod_{k=1}^{\infty}[(\omega_0-\omega)^2-k^2t^2]\right]$$

因复势可任意加减常数而不影响流场的速度分布，所以上式在加减一些常数项后可变成

$$W(\omega_0)=\frac{\gamma(s)\,\mathrm{d}s}{2\pi\mathrm{i}}\ln\left\{\frac{\pi}{t}(\omega_0-\omega)\prod_{k=1}^{\infty}\left[1-\frac{\pi^2}{t^2}(\omega_0-\omega)^2\frac{1}{k^2\pi^2}\right]\right\}$$

在数学分析中已证明有

$$\frac{\pi}{t}(\omega_0-\omega)\prod_{k=1}^{\infty}\left[1-\frac{\pi^2}{t^2}(\omega_0-\omega)^2\frac{1}{k^2\pi^2}\right]=\sin\frac{\pi}{t}(\omega_0-\omega)$$

所以

$$W(\omega_0)=\frac{\gamma(s)\,\mathrm{d}s}{2\pi\mathrm{i}}\ln\left[\sin\frac{\pi}{t}(\omega_0-\omega)\right]$$

于是点 ω_0 处的复速度为

$$V(\omega_0)=\frac{\mathrm{d}W(\omega_0)}{\mathrm{d}\omega}=\frac{\gamma(s)\,\mathrm{d}s}{2t\mathrm{i}}\frac{\cos\frac{\pi}{t}(\omega_0-\omega)}{\sin\frac{\pi}{t}(\omega_0-\omega)}$$

$$=\frac{\gamma(s)\,\mathrm{d}s}{2t\mathrm{i}}\frac{\cos\frac{\pi}{t}[(u_0-u)+\mathrm{i}(z_0-z)]}{\sin\frac{\pi}{t}[(u_0-u)+\mathrm{i}(z_0-z)]}$$

将上式右端复变量三角函数展开后即得

$$V(\omega_0)=\frac{\gamma(s)\,\mathrm{d}s}{2t\mathrm{i}}\frac{\sin\frac{2\pi}{t}(u_0-u)-\mathrm{i}\,\mathrm{sh}\frac{2\pi}{t}(z_0-z)}{\mathrm{ch}\frac{2\pi}{t}(z_0-z)-\cos\frac{2\pi}{t}(u_0-u)}$$

设 $\mathrm{d}v_u$ 与 $\mathrm{d}v_z$ 为该微分涡层列在点 ω_0 处的诱导速度的两坐标分量，则 $V(\omega_0)=\mathrm{d}v_u-\mathrm{i}\mathrm{d}v_z$，故有

$$\mathrm{d}v_u-\mathrm{i}\mathrm{d}v_z=\frac{\gamma(s)\,\mathrm{d}s}{2t\mathrm{i}}\frac{\sin\frac{2\pi}{t}(u_0-u)-\mathrm{i}\,\mathrm{sh}\frac{2\pi}{t}(z_0-z)}{\mathrm{ch}\frac{2\pi}{t}(z_0-z)-\cos\frac{2\pi}{t}(u_0-u)}$$

将上式右端实虚部分开后即得诱导速度两分量

$$\mathrm{d}v_u=-\frac{\gamma(s)\,\mathrm{d}s}{2t}\frac{\mathrm{sh}\,\frac{2\pi}{t}(z_0-z)}{\mathrm{ch}\,\frac{2\pi}{t}(z_0-z)-\cos\frac{2\pi}{t}(u_0-u)}$$

$$\mathrm{d}v_z=\frac{\gamma(s)\,\mathrm{d}s}{2t}\frac{\sin\frac{2\pi}{t}(u_0-u)}{\mathrm{ch}\,\frac{2\pi}{t}(z_0-z)-\cos\frac{2\pi}{t}(u_0-u)}$$

于是整个涡层系在点 ω_0 处的诱导速度的两分量即为

$$\left.\begin{aligned}v_u&=\int\mathrm{d}v_u=\frac{1}{2t}\int_{-b/2}^{b/2}\frac{\mathrm{sh}\,\frac{2\pi}{t}(z_0-z)}{\mathrm{ch}\,\frac{2\pi}{t}(z_0-z)-\cos\frac{2\pi}{t}(u_0-u)}\gamma(s)\,\mathrm{d}s\\v_z&=\int\mathrm{d}v_z=-\frac{1}{2t}\int_{-b/2}^{b/2}\frac{\mathrm{sh}\,\frac{2\pi}{t}(u_0-u)}{\mathrm{ch}\,\frac{2\pi}{t}(z_0-z)-\cos\frac{2\pi}{t}(u_0-u)}\gamma(s)\,\mathrm{d}s\end{aligned}\right\}\tag{13-99}$$

该计算涡系诱导速度公式中的曲线积分变量是翼型中弧线的曲线坐标 s，被积函数中的 u 与 z 是随 s 而变化的。在积分时会遇到 $s=s_0$ 或 $u=u_0$、$z=z_0$ 的情况，这时被积函数呈 0/0 型不定式，因而使积分无法进行。所以还不能直接用式（13-99）求翼型表面点的诱导速度，然而这些点的诱导速度却正是最需要的。因此，要把计算方法稍做如下改变。

翼型表面任一点处的诱导速度可认为由两部分构成，一是该点所在涡层本身在该处的诱导速度 $\boldsymbol{v}_1$（v_{1u}，v_{1z}），另一是其他涡层在该处的诱导速度 $\boldsymbol{v}_2$（v_{2u}，v_{2z}）。所以

$$v_u=v_{1u}+v_{2u},\quad v_z=v_{1z}+v_{2z}\tag{13-100}$$

根据第八章所述的旋涡理论有

$$\left.\begin{aligned}v_{1u}&=\int_{-b/2}^{b/2}\frac{\gamma(s)\,\mathrm{d}s}{2\pi|s_0-s|}\cos\langle\mathrm{d}v_1,u\rangle=\frac{1}{2\pi}\int_{-b/2}^{b/2}\frac{z-z_0}{(u-u_0)^2+(z-z_0)^2}\gamma(s)\,\mathrm{d}s\\v_{1z}&=\int_{-b/2}^{b/2}\frac{\gamma(s)\,\mathrm{d}s}{2\pi|s_0-s|}\sin\langle\mathrm{d}v_1,u\rangle=-\frac{1}{2\pi}\int_{-b/2}^{b/2}\frac{u-u_0}{(u-u_0)^2+(z-z_0)^2}\gamma(s)\,\mathrm{d}s\end{aligned}\right\}\tag{13-101}$$

参看图 13-60a，在翼型弯度不大时式（13-101）可简化为

$$v_{1u}=\frac{\sin\beta_s}{2\pi}\int_{-b/2}^{b/2}\frac{\gamma(s)\,\mathrm{d}s}{|s_0-s|},\quad v_{1z}=-\frac{\cos\beta_s}{2\pi}\int_{-b/2}^{b/2}\frac{\gamma(s)\,\mathrm{d}s}{|s_0-s|}\tag{13-102}$$

另外，涡层在点 s_0 处诱导速度的法向分量及切向分量在翼型较平直时（图 13-60b）可近似写成

$$v_{1n}=\frac{1}{2\pi}\int_{-b/2}^{b/2}\frac{\gamma(s)\,\mathrm{d}s}{|s_0-s|},\qquad v_{1s}=\mp\frac{\gamma(s_0)}{2}\tag{13-103}$$

但式（13-100）中的 v_{2u} 与 v_{2z} 为

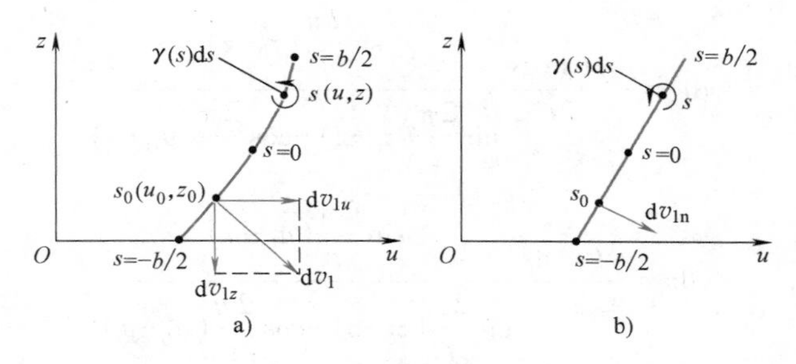

图 13-60 涡层诱导速度

$$
\left.\begin{aligned}
v_{2u} = v_u - v_{1u} &= \frac{1}{t}\int_{-b/2}^{b/2}\left[\frac{1}{2}\frac{\operatorname{sh}\frac{2\pi}{t}(z-z_0)}{\operatorname{ch}\frac{2\pi}{t}(z-z_0)-\cos\frac{2\pi}{t}(u-u_0)} - \right. \\
&\left.\frac{t}{2\pi}\frac{z-z_0}{(u-u_0)^2+(z-z_0)^2}\right]\gamma(s)\mathrm{d}s = \frac{1}{t}\int_{-b/2}^{b/2}a(s_0,s)\gamma(s)\mathrm{d}s \\
v_{2z} = v_z - v_{1z} &= \frac{1}{t}\int_{-b/2}^{b/2}\left[-\frac{1}{2}\frac{\sin\frac{2\pi}{t}(u-u_0)}{\operatorname{ch}\frac{2\pi}{t}(z-z_0)-\cos\frac{2\pi}{t}(u-u_0)} + \right. \\
&\left.\frac{t}{2\pi}\frac{u-u_0}{(u-u_0)^2+(z-z_0)^2}\right]\gamma(s)\mathrm{d}s = \frac{1}{t}\int_{-b/2}^{b/2}b(s_0,s)\gamma(s)\mathrm{d}s
\end{aligned}\right\} \quad (13\text{-}104\text{a})
$$

式中，$a(s_0, s)$ 与 $b(s_0, s)$ 为

$$
\left.\begin{aligned}
a(s_0,s) &= \frac{1}{2}\frac{\operatorname{sh}\frac{2\pi}{t}(z-z_0)}{\operatorname{ch}\frac{2\pi}{t}(z-z_0)-\cos\frac{2\pi}{t}(u-u_0)} - \frac{t}{2\pi}\frac{z-z_0}{(u-u_0)^2+(z-z_0)^2} \\
b(s_0,s) &= -\frac{1}{2}\frac{\sin\frac{2\pi}{t}(u-u_0)}{\operatorname{ch}\frac{2\pi}{t}(z-z_0)-\cos\frac{2\pi}{t}(u-u_0)} + \frac{t}{2\pi}\frac{u-u_0}{(u-u_0)^2+(z-z_0)^2}
\end{aligned}\right\} \quad (13\text{-}104\text{b})
$$

上两式中 u 与 z 依赖于 s，u_0 与 z_0 依赖于 s_0，所以 a 与 b 是和 t 及 s、s_0 有关的函数。可证明，当 $s\to s_0$ 时式（13-104a）的被积函数不再是0/0型，而是零，所以积分可以进行。当把 a 与 b 中的三角函数展成幂级数，并取 $s\to s_0$ 下的极限，即发现 $a(s_0, s)_{s\to s_0}=0$，$b(s_0, s)_{s\to s_0}=0$。读者可参阅有关参考文献［16］。

求 v_{2u} 与 v_{2z} 的积分中所需的函数 $a(s_0, s)$ 与 $b(s_0, s)$ 被俄国学者西蒙诺夫以一诺模图的形式给出，如图 13-61 所示。所以积分式（13-104b）只能求助数值积分法求积。下面将详细讲述。

二、平面直列叶栅流动的正问题解法

已知叶栅的几何参数及无穷远来流速度 $\boldsymbol{w}_\infty$，要确定沿翼型的环量密度分布 $\gamma(s)$，进

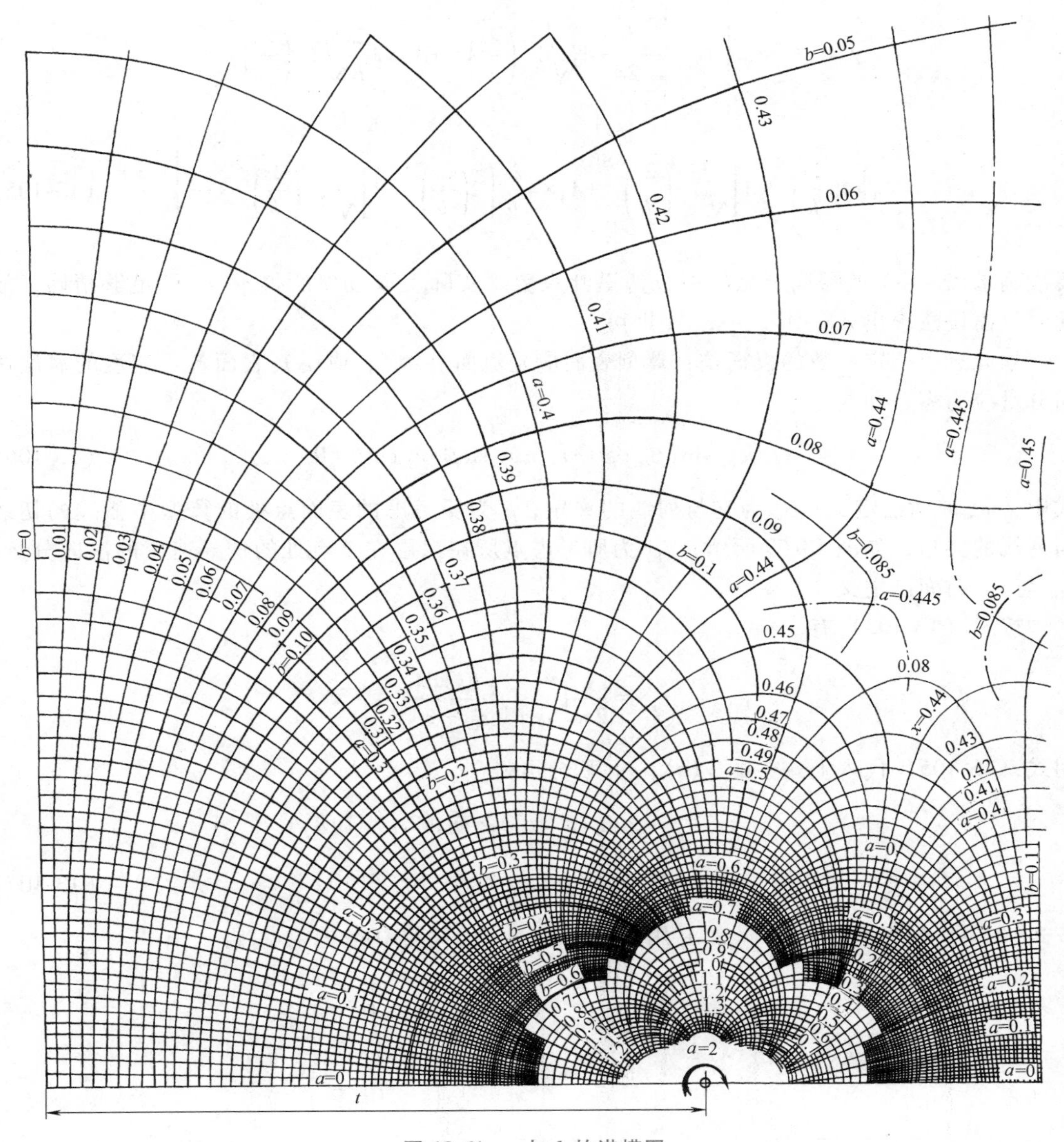

图 13-61 a 与 b 的诺模图

而求出叶栅流场与叶栅流体动力，这就是叶栅流动的正问题。首先将自变量 s 做如下变量代换，以新变量 θ 取代它，即

$$s=\frac{b}{2}\cos\theta \quad 或 \quad \cos\theta=\frac{2s}{b}, \quad \mathrm{d}s=-\frac{b}{2}\sin\theta\mathrm{d}\theta$$

当$-b/2\leqslant s\leqslant b/2$ 时有 $\pi\leqslant\theta\leqslant 0$。再将欲求的 $\gamma(s)=\gamma(\theta)$ 写成带有待定系数的傅里叶级数

$$\gamma(\theta)=zw_{\infty}\left[A_0\cot\frac{\theta}{2}+\sum_{k=1}^{\infty}A_k\sin(k\theta)\right]$$

式中，A_0，A_1，…是待定的傅里叶系数。将上式自变量再换回 s，得

$$\gamma(s)=2w_\infty\left\{A_0\sqrt{\frac{1+\frac{2s}{b}}{1-\frac{2s}{b}}}+A_1\sqrt{1-\left(\frac{2s}{b}\right)^2}+A_2\times 2\frac{2s}{B}\sqrt{1-\left(\frac{2s}{b}\right)^2}+\right.$$

$$\left.A_3\left[4\left(\frac{2s}{b}\right)^2-1\right]\sqrt{1-\left(\frac{2s}{b}\right)^2}+A_4\times 4\frac{2s}{b}\left[2\left(\frac{2s}{b}\right)^2-1\right]\sqrt{1-\left(\frac{2s}{b}\right)^2}+\cdots\right\} \tag{13-105}$$

要准确求出 $\gamma(s)$ 就需确定无限多个傅里叶系数。实际上取五项所得 $\gamma(s)$ 已足够精确，故此时只需设法求出 A_0，A_1，…，A_4 即可。

求此五个待定系数的根据是：翼型表面应是流面（线），或说其表面各点速度的涡层法向分量应为零，即

$$w_\infty\sin(\beta_\infty-\beta)+v_{1n}+v_{2u}\sin\beta-v_{2z}\cos\beta=0 \tag{13-106}$$

式中，w_∞ 前面已定义；β_∞ 为它与列线的夹角；β 为所考虑的表面点处的翼型中弧线的切线与列线的夹角，如图 13-59 所示；v_{1n} 为所考虑点所在涡层在该点处的诱导速度的法向分量；v_{2u} 与 v_{2z} 前面已定义。

按式（13-103）有

$$v_{1n}=\frac{1}{2\pi}\int_{-b/2}^{b/2}\frac{\gamma(s)\,\mathrm{d}s}{|s_0-s|}$$

用式（13-105）代入上式中的 $\gamma(s)$，并积分可得

$$v_{1n}(s_0)=-w_\infty A_0+w_\infty s_0A_1+w_\infty(2s_0{}^2-1)A_2+$$

$$w_\infty(4s_0{}^3-3s_0)A_3+w_\infty(8s_0{}^4-8s_0{}^2+1)A_4 \tag{13-107}$$

按式（13-104）计算 v_{2u} 与 v_{2z}，并用式（13-105）代替其中的 $\gamma(s)$，得

$$v_{2u}=\frac{1}{t}\int_{-b/2}^{b/2}a(s_0,s)\gamma(s)\,\mathrm{d}s=\frac{2w_\infty}{t}\int_{-b/2}^{b/2}a(s_0,s)\left\{A_0\sqrt{\frac{1+\frac{2s}{b}}{1-\frac{2s}{b}}}+\right.$$

$$A_1\sqrt{1-\left(\frac{2s}{b}\right)^2}+A_2\times 2\frac{2s}{b}\sqrt{1-\left(\frac{2s}{b}\right)^2}+A_3\left[4\left(\frac{2s}{b}\right)^2-1\right]\sqrt{1-\left(\frac{2s}{b}\right)^2}+$$

$$\left.A_4\times 4\frac{2s}{b}\left[2\left(\frac{2s}{b}\right)^2-1\right]\sqrt{1-\left(\frac{2s}{b}\right)^2}\right\}\mathrm{d}s$$

引一新积分变量 $s_1=2s/b$ 代入上式，并将其下标 1 略去，得

$$v_{2u}=\frac{w_\infty b}{t}\int_{-1}^{1}a(s_0,s)\left[A_0\sqrt{\frac{1+s}{1-s}}+A_1\sqrt{1-s^2}+2A_2s\sqrt{1-s^2}+\right.$$

$$\left.A_3(4s^2-1)\sqrt{1-s^2}+4A_4s(2s^2-1)\sqrt{1-s^2}\right]\mathrm{d}s$$

同样可得

$$v_{2z}=\frac{w_{\infty}b}{t}\int_{-1}^{1}b(s_0,s)\left[A_0\sqrt{\frac{1+s}{1-s}}+A_1\sqrt{1-s^2}+2A_2s\sqrt{1-s^2}+\right.$$
$$\left.A_3(4s^2-1)\sqrt{1-s^2}+4A_4s(2s^2-1)\sqrt{1-s^2}\right]\mathrm{d}s$$

为求 v_{2u} 与 v_{2z} 需做数值积分。俄国学者尼帕姆涅希将积分域分为六段 {-1，-2/3，-1/3，0，1/3，2/3，1}，较准确地给出了其数值积分，其形式为

$$\begin{aligned}v_{2u}(s_0)=\frac{\pi b w_{\infty}}{1280t}\Bigg\{&334A_0a(s_0,1)+(630A_0+210A_1+280A_2+163.3A_3-\\&62.2A_4)a\left(s_0,\frac{2}{3}\right)+(-180A_0-120A_1-80A_2+66.7A_3+\\&124.4A_4)a\left(s_0,\frac{1}{3}\right)+(460A_0+460A_1-460A_3)a(s_0,0)+\\&(-90A_0-120A_1+80A_2+66.7A_3-124.4A_4)a\left(s_0,-\frac{1}{3}\right)+\\&(126A_0+210A_1-280A_2+163.3A_3+62.2A_4)a\left(s_0,-\frac{2}{3}\right)\Bigg\}\end{aligned}\tag{13-108}$$

将式（13-108）中各 $a(s_0,\ s)$ 换成相应的 $b(s_0,\ s)$ 即得 $v_{2z}(s_0)$ 的表达式。

现在在翼型（涡层）上任取五个点（即五个 s_0），并分别按式（13-107）与式（13-108）计算出包含有五个待定系数 A_0，A_1，…，A_4 的五组 $v_{1n}(s_0)$、$v_{2u}(s_0)$ 与 $v_{2z}(s_0)$，并代入式（13-106）后得包含上述五个待定系数的五组代数方程，因而可求出此五个待定系数。之后按式（13-105）算出沿翼型中弧线的环量密度分布 $\gamma(s)$。有了 $\gamma(s)$ 后可按式（13-99）计算涡层系的诱导速度，它和栅前来流速度 w_{∞} 合成后即为叶栅流动中某点的速度。

为求作用于叶栅上的流体动力必须先求出围绕一个翼型的环量 Γ_c，然后即可用茹科夫斯基升力定理求升力。与薄翼理论的结论相同，此环量只与 $\gamma(s)$ 的傅里叶级数的前两项的系数 A_0 与 A_1 有关，其他项系数只影响表面速度分布形式，且环量 Γ_c 值可按式（13-38）来计算，即

$$\Gamma_c=\pi w_{\infty}b\left(A_0+\frac{1}{2}A_1\right)$$

三、平面直列叶栅流动的反问题解法

叶栅流动的反问题是已知栅前来流速度 $\boldsymbol{w}_{\infty}$ 及叶栅的部分几何参数，寻求能给定环量 Γ_c 的薄翼型的几何形状及其安放角 β_s。确定翼型几何形状的根据是：翼型表面必须是流线，确定安放角的根据是翼型应处于较优的来流攻角之下，如果 β 是翼型表面某点的切线与列线的夹角，则应有

$$\tan\beta=\frac{w_z}{w_u}=\frac{w_{\infty z}+v_{1z}+v_{2z}}{w_{\infty u}+v_{1u}+v_{2u}}\tag{13-109}$$

所以只要算出式（13-109）右端中 v_{1z}、v_{1u}、v_{2z}、v_{2u}，即可求得 β 角，因而翼型几何形状即

可确定。但要计算上述各速度分量必须先知道翼型中弧线的形状及沿它的环量密度分布 $\gamma(s)$。可见求解此类问题只能用逐次逼近法，即先任给一简单形状的薄翼叶栅，比如说一平板叶栅，并给出一合理的环量密度分布 $\gamma(s)$。然后按式（13-109）求翼型各处的 β 角，并用此角修正第一次任给的翼型形状。利用此修正过的中弧线形状重复上述步骤的计算，直到计算收敛为止，这就是所谓的逐次逼近法。只要在翼型上给定足够数目的计算点，例如七个，则计算肯定会收敛。实际上只经少数几次修正（一般为 2~3 次）所得翼型已可足够精确地满足式（13-109）的要求。

环量密度分布 $\gamma(s)$ 可根据问题已给的环量 Γ_c 来给定。因一薄翼型的环量只与 $\gamma(s)$ 展成的傅里叶级数的前两项系数 A_0 与 A_1 有关，即

$$\Gamma_c=\pi w_\infty b\left(A_0+\frac{1}{2}A_1\right) \tag{13-110}$$

而且在薄翼理论中还指出式（13-110）中第一项 $\pi w_\infty bA_0$ 代表一有攻角平板翼型的环量，第二项代表无攻角而有弯度的薄翼型的环量，因而式（13-110）就代表既有攻角又有弯度的薄翼型的环量。如果设 $\gamma(s)$ 取的级数形式为

$$\gamma(s)=2w_\infty\left(A_0\sqrt{\frac{1+s}{1-s}}+A_1\sqrt{1-s^2}\right) \tag{13-111}$$

让其他傅里叶系数 A_2，A_3，…皆为零，则此翼型的形状是有攻角的抛物线。用式（13-110）可将 A_0 与 A_1 确定，然后用式（13-102）与式（13-104）求出 v_{1z}、v_{2z}、v_{1u}、v_{2u}，则上面提到的逐次逼近法即可实现。

（1）A_0 的确定　Γ_c 表达式（13-110）中的第一项代表薄翼攻角效应，即它代表有相同攻角的平板翼型的环量。但在叶栅中的平板环量需按式（13-98）或图 13-57 的曲线做修正，因而有

$$\pi w_\infty bA_0=\pi w_\infty b\alpha L$$

式中，α 为叶栅中翼型攻角，一般它应根据经验取为 8°~10°；L 为环量修正用的环量比，其值与 t/b 及 β_s 有关。

由上式可得

$$A_0=\alpha L \tag{13-112}$$

（2）A_1 的确定　由式（13-110）可知，根据已给的 Γ_c 及 A_0 可确定 A_1，即

$$A_1=\frac{2\Gamma_c}{\pi w_\infty b}-A_0=\frac{2\Gamma_c}{\pi w_\infty b}-\alpha L \tag{13-113}$$

（3）β_s 的确定　当 α 取为 8°~10°后，按 β_s 定义即可有

$$\beta_s=\beta_\infty-\alpha \tag{13-114}$$

（4）v_{2u}、v_{2z}、v_{1u}、v_{1z} 的计算　在用式（13-109）做逐次逼近计算时，在翼型上取的计算点越多，最后所得的翼型几何形状越精确，但同时带来的计算量也就越大。在西蒙诺夫于 20 世纪 50 年代给出此法时计算机还未普及使用，所以当时只取七个计算点做式（13-104）中的数值积分，计算精度已很令人满意。所给出的上述诱导速度分量的数值积分结果为

$$\left.\begin{aligned}v_{2u}=&\frac{\pi w_\infty bA_0}{1280t}\left[126a\left(s_0,-\frac{2}{3}\right)-90a\left(s_0,-\frac{1}{3}\right)+460a(s_0,0)-\right.\\&\left.180a\left(s_0,\frac{1}{3}\right)+630a\left(s_0,\frac{2}{3}\right)+334a(s_0,1)\right]+\\&\frac{\pi w_\infty bA_1}{1280t}\left[210a\left(s_0,-\frac{2}{3}\right)-120a\left(s_0,-\frac{1}{3}\right)+460a(s_0,0)-\right.\\&\left.120a\left(s_0,\frac{1}{3}\right)+210a\left(s_0,\frac{2}{3}\right)\right]\\v_{2z}=&\frac{\pi w_\infty bA_0}{1280t}\left[126b\left(s_0,-\frac{2}{3}\right)-90b\left(s_0,-\frac{1}{3}\right)+460b(s_0,0)-\right.\\&\left.180b\left(s_0,\frac{1}{3}\right)+630b\left(s_0,\frac{2}{3}\right)+334b(s_0,1)\right]+\\&\frac{\pi w_\infty bA_1}{1280t}\left[210b\left(s_0,-\frac{2}{3}\right)-120b\left(s_0,-\frac{1}{3}\right)+460b(s_0,0)-\right.\\&\left.120b\left(s_0,\frac{1}{3}\right)+210b\left(s_0,\frac{2}{3}\right)\right]\end{aligned}\right\}\quad(13\text{-}115)$$

按式（13-107）有

$$v_{1u}=v_{1n}\sin\beta_s=-w_\infty(A_0-s_0A_1)\sin\beta_s$$
$$v_{1z}=-v_{1n}\cos\beta_s=w_\infty(A_0-s_0A_1)\cos\beta_s$$

式（13-115）各式中所有 s_0 的取值范围是 $-1\leqslant s_0\leqslant 1$，这相当于计算点取在 $-b/2$ 与 $b/2$ 之间。

现在总结一下逐次逼近法解叶栅反问题的步骤：

1）作为所求翼型的第一次近似，将它用一弦长为 b 的平板给出。该平板翼型的安放角按式（13-114）计算，其中攻角取 $\alpha\approx8°\sim10°$。

2）将平板等分为六段，各计算点为 $-b/2$、$-b/3$、$-b/6$、0、$b/6$、$b/3$、$b/2$。把它们称为点 0、1、2、3、4、5、6。每段长为 $b/6$，如图 13-62 所示。

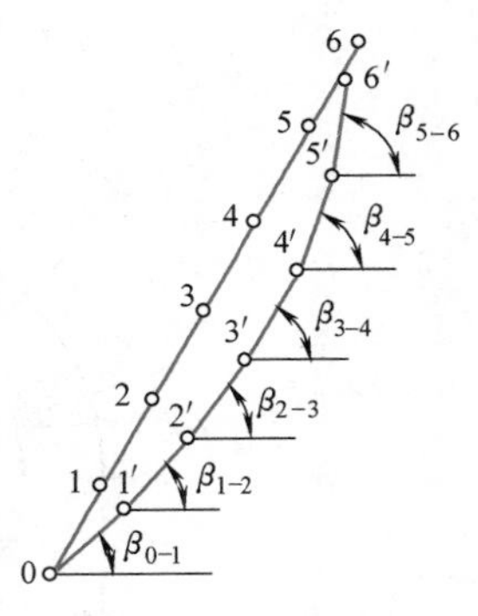

图 13-62　叶栅反问题解法用图

3）按式（13-115）计算各计算点处的诱导速度。此时各计算点所对应的 s_0 应取值为 $\{-1,\ -2/3,\ -1/3,\ 0,\ 1/3,\ 2/3,\ 1\}$，并用式（13-109）计算 β_i（$i=0,\ 1,\ \cdots,\ 6$），即翼型表面在计算点处的切线与列线之间的夹角。

4）计算两相邻计算点的 β 平均值。

$$\beta_{0-1}=\frac{1}{2}(\beta_0+\beta_1),\quad \beta_{1-2}=\frac{1}{2}(\beta_1+\beta_2)\quad,\cdots,\quad \beta_{5-6}=\frac{1}{2}(\beta_5+\beta_6)$$

5）过任取点 0 绘出与列线夹角为 β_{0-1} 的直线段，其长度为 $b_{0-1}=b/6$，得点为 1′。过点 1′绘出与列线夹角为 β_{1-2} 的直线段 b_{1-2}，长为 $b/6$，得点 2′。如此一直绘制到点 6′，得折线 01′2′…6′。

6）绘出折线 01′2′…6′的内切曲线，且应切于折线各边中点。所得的内切曲线即作为翼型的第二次近似中弧线，用以进行下一次逼近计算，即重复步骤 2 到 6，即得第三次近似翼型中弧线。如此重复计算直到收敛。一般当问题所给的 Γ_c 不过大时，第二次逼近已可得到足够精确的翼型。当 Γ_c 较大时才需做第三次逼近。

四、环列叶栅流动的解法

图 13-63 所示为一由 n 个薄翼型组成的不动平面环列叶栅，其进出口半径各为 R_1 与 R_2，其翼型中弧线的几何参数为已知。如果还已知栅前环量 Γ_1 及来流流量 q，现在来求叶栅流场中任一点处的速度。这就是所谓的不动平面环列叶栅流动的正问题。

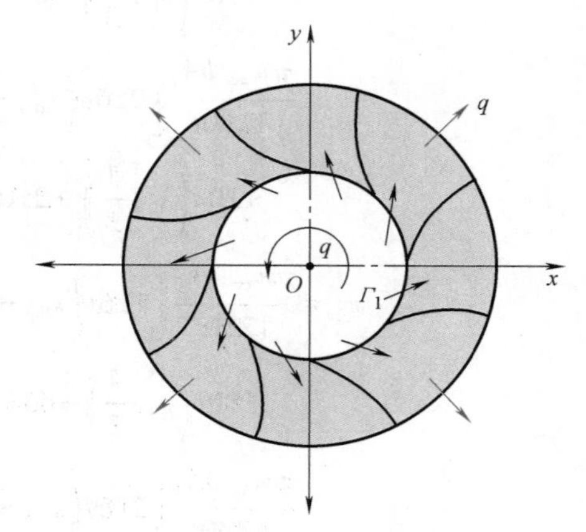

图 13-63 环列叶栅流动

1. 叶栅流动的旋涡系模型及诱导速度

首先在叶栅流动平面（z 平面）上建立一极坐标系，坐标原点 O 置于叶栅栅轴处，并把由原点向右的水平线上各点的极角坐标 θ 都认为是零。这时 z 平面上在坐标原点相当于有一强度分别为 q 与 Γ_1 的点源与点涡。沿圆周分布的薄翼型对流场的扰动相当于沿圆周周期性分布的一系列涡层对流场的扰动。这一系列涡层都是沿翼型中弧线 s 以某变环量密度 $\gamma(s)$ 分布的连续涡。于是环列叶栅流动的流体力学模型即为位于 z 平面坐标原点处的点源与点涡，在无穷远处有一汇及涡，以及沿圆周均匀分布的有变环量密度分布的涡层系，如图 13-64 所示。如果能根据叶栅的几何特性及栅前来流的参数求出此环量密度分布 $\gamma(s)$，则叶栅流场中任一点的速度以及叶栅的流体动力即很易得出。

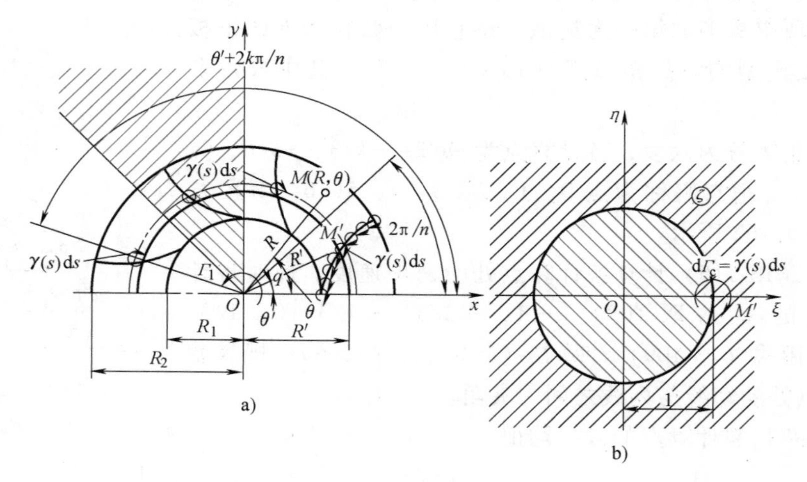

图 13-64 环列叶栅的旋涡模型

先来分析如何求此涡层系在流场某点 $M(R,\ \theta)$ 处的诱导速度。为此在各涡层半径 R' 处取微分涡层 $\mathrm{d}s$。该微分涡层的位置极坐标是（R'，θ'），则其他涡层上的微分涡层 $\mathrm{d}s$ 的位置极坐标应是（R'，$\theta'+2k\pi/n$），$k=1$，2，…，$n-1$，且这些微分涡层的环量都是 $\mathrm{d}\Gamma_c=\gamma(s)\mathrm{d}s$。这些在半径为 R' 的圆周上等距分布的微分涡层在点 $M(R,\ \theta)$ 处的诱导速度可用下法来求。

用如下的变换函数：

$$\zeta=\left(\frac{z}{z'}\right)^{n}=\left(\frac{R\mathrm{e}^{\mathrm{i}\theta}}{R'\mathrm{e}^{\mathrm{i}\theta'}}\right)^{n}=\left(\frac{R}{R'}\right)^{n}\mathrm{e}^{\mathrm{i}n(\theta-\theta')} \tag{13-116}$$

将 z 平面上中心角为 $2\pi/n$ 的扇形区域变换成 ζ 平面的全平面，点 $z=0$ 变成点 $\zeta=0$，$z\to\infty$ 变成 $\zeta\to\infty$，各点

$$z=R'\mathrm{e}^{\mathrm{i}(\theta'+2k\pi/n)}$$

变成 $\zeta=1$ 点，如图 13-64b 所示。式（13-116）为解析的函数，所以平面变换有保角性，奇点强度不变。所以 $\zeta=1$ 处应有一点涡，其强度为 $\mathrm{d}\Gamma_{\mathrm{c}}=r(s)\mathrm{d}s$，并在 ζ 平面形成如下复势，即

$$W_{\mathrm{c}}(\zeta)=-\frac{\mathrm{id}\Gamma_{\mathrm{c}}}{2\pi}\ln(\zeta-1)$$

将上式中 ζ 用变换函数式（13-116）换成 z，即得微分涡层在 z 平面上的诱导复势

$$W_{\mathrm{c}}(z)=\frac{\mathrm{d}\Gamma_{\mathrm{c}}}{2\pi}\left[\arctan\frac{(R/R')^{n}\sin n(\theta-\theta')}{(R/R')^{n}\cos n(\theta-\theta')}-\mathrm{i}\ln\sqrt{\left(\frac{R}{R'}\right)^{2n}-2\left(\frac{R}{R'}\right)^{n}\cos n(\theta-\theta')+1}\right]$$

其虚部即为 z 平面上的流函数，并可用于求速度，即

$$\Psi=-\frac{\mathrm{d}\Gamma_{\mathrm{c}}}{4\pi}\ln\left[\left(\frac{R}{R'}\right)^{2n}-2\left(\frac{R}{R'}\right)^{n}\cos n(\theta-\theta')+1\right]$$

$$\left.\begin{aligned}\mathrm{d}v_{\theta}&=-\frac{\partial\Psi}{\partial R}=\frac{n\mathrm{d}\Gamma_{\mathrm{c}}}{4\pi R}\left[1-\frac{(R/R')^{n}-(R/R')^{-n}}{(R/R')^{n}+(R/R')^{-n}-2\cos n(\theta-\theta')}\right]=\frac{n\mathrm{d}\Gamma_{\mathrm{c}}}{4\pi R}(1-F_{\theta})\\ \mathrm{d}v_{R}&=\frac{\partial\Psi}{R\partial\theta}=-\frac{n\mathrm{d}\Gamma_{\mathrm{c}}}{2\pi R}\cdot\frac{\sin n(\theta-\theta')}{(R/R')^{n}+(R/R')^{-n}-2\cos n(\theta-\theta')}=-\frac{n\mathrm{d}\Gamma_{\mathrm{c}}}{2\pi R}F_{R}\end{aligned}\right\} \tag{13-117}$$

式中，

$$F_{\theta}=\frac{(R/R')^{n}-(R/R')^{-n}}{(R/R')^{n}+(R/R')^{-n}-2\cos n(\theta-\theta')}$$

$$F_{R}=\frac{\sin n(\theta-\theta')}{(R/R')^{n}+(R/R')^{-n}-2\cos n(\theta-\theta')} \tag{13-118}$$

式（13-117）即为 z 平面上具有环量密度 $\gamma(s)$ 的微分涡层 $\mathrm{d}s$ 的涡系，在流场中某点 $M(R,\ \theta)$ 处的诱导速度的两分量。若考虑从叶栅进口半径 R_1 到出口半径 R_2 的所有圆周上分布的微分涡层系在点 M 处的诱导速度，即可得整个涡层系的诱导速度为

$$v_{\theta}=\int\mathrm{d}v_{\theta}=\int_{R_1}^{R_2}\frac{n\mathrm{d}\Gamma_{\mathrm{c}}}{4\pi R}(1-F_{\theta}),\quad v_{R}=\int\mathrm{d}v_{R}=-\int_{R_1}^{R_2}\frac{n\mathrm{d}\Gamma_{\mathrm{c}}}{2\pi R}F_{R}$$

式中，$\mathrm{d}\Gamma_{\mathrm{c}}=\gamma(s)\mathrm{d}s$。因翼型几何参数已知，故在涡层上的某一曲线坐标 s 必对应一 R' 与 θ'，且 $\mathrm{d}s=\mathrm{d}R'/\cos\beta'$，$\beta'$ 是涡层上的点（R'，θ'）处切线与该点向径的夹角，它也是翼型的几何参数，为已知量。于是有

$$\mathrm{d}\Gamma_{\mathrm{c}}=\gamma(s)\mathrm{d}s=\gamma(R')\mathrm{d}R'/\cos\beta'$$

代入 v_{θ} 与 v_R 的表达式中即得

$$v_{\theta}=\frac{n}{4\pi R}\int_{R_1}^{R_2}\frac{\gamma(R')}{\cos\beta'}(1-F_{\theta})\mathrm{d}R',\quad v_{R}=-\frac{n}{2\pi R}\int_{R_1}^{R_2}\frac{\gamma(R')}{\cos\beta'}F_{R}\mathrm{d}R' \tag{13-119a}$$

2. 沿薄翼型环量密度 $\gamma(s)$ 的确定

有了涡层系诱导速度的计算式（13-119a）后即可根据翼型的几何参数及栅前后流动来求 $\gamma(s)$ 或 $\gamma(R')$，其做法与孤立翼型的薄翼理论类似。

首先将 $\gamma(R')$ 展成傅里叶级数。为此做如下变量代换，即

$$\cos\nu=\frac{2R'-(R_1+R_2)}{R_2-R_1}$$

以便用变量 ν 取代 R'。当 $R_1\leqslant R'\leqslant R_2$ 时有 $\pi\geqslant\nu\geqslant 0$，且

$$\mathrm{d}R'=-\frac{R_2-R_1}{2}\sin\nu\mathrm{d}\nu$$

这时 $\gamma(R')$ 即是 ν 的函数。让 $\gamma(R')/\cos\beta'=\gamma(\nu)$ 或 $\gamma(R')=\gamma(\nu)\cos\beta'$。将 $\gamma(\nu)$ 展成傅里叶级数，并取其前 $m+1$ 项得

$$\gamma(\nu)=A_0\cot\frac{\nu}{2}+\sum_{k=1}^{m}A_k\sin(k\nu) \tag{13-119b}$$

式中，A_0，A_1，…，A_m 为待定的傅里叶系数。现在按式（13-119a）计算涡层系的诱导速度，得

$$\begin{aligned}
v_\theta &=\frac{n}{4\pi R}\int_{R_1}^{R_2}\frac{\gamma(R')}{\cos\beta'}(1-F_\theta)\mathrm{d}R'=\frac{n(R_2-R_1)}{8\pi R}\int_0^\pi(1-F_\theta)\gamma(\nu)\sin\nu\mathrm{d}\nu\\
&=\frac{n(R_2-R_1)}{8\pi R}\int_0^\pi(1-F_\theta)\left(A_0\cot\frac{\nu}{2}+\sum_{k=1}^{m}A_k\sin k\nu\right)\sin\nu\mathrm{d}\nu\\
&=\frac{n(R_2-R_1)}{8\pi R}A_0\int_0^\pi(1-F_\theta)(1+\cos\nu)\mathrm{d}\nu+\\
&\quad\sum_{k=1}^{m}\frac{n(R_2-R_1)}{8\pi R}A_k\int_0^\pi(1-F_\theta)\sin(k\nu)\sin\nu\mathrm{d}\nu
\end{aligned}$$

同样可得

$$v_R=-\frac{n(R_2-R_1)}{4\pi R}A_0\int_0^\pi F_R(1+\cos\nu)\mathrm{d}\nu-\sum_{k=1}^{m}\frac{n(R_2-R_1)}{4\pi R}A_k\int_0^\pi F_R\sin(k\nu)\sin\nu\mathrm{d}\nu$$

在上面的 v_θ 与 v_R 表达式中，令

$$\left.\begin{aligned}
v_{\theta0}&=\frac{n(R_2-R_1)}{8\pi R}\int_0^\pi(1-F_\theta)(1+\cos\nu)\mathrm{d}\nu\\
v_{\theta k}&=\frac{n(R_2-R_1)}{8\pi R}\int_0^\pi(1-F_\theta)\sin k\nu\sin\nu\mathrm{d}\nu\\
v_{R0}&=-\frac{n(R_2-R_1)}{4\pi R}\int_0^\pi F_R(1+\cos\nu)\mathrm{d}\nu\\
v_{Rk}&=-\frac{n(R_2-R_1)}{4\pi R}\int_0^\pi F_R\sin k\nu\sin\nu\mathrm{d}\nu
\end{aligned}\right\} \tag{13-120}$$

于是有

$$v_\theta=v_{\theta0}A_0+\sum_{k=1}^{m}v_{\theta k}A_k,\quad v_R=v_{R0}A_0+\sum_{k=1}^{m}v_{Rk}A_k \tag{13-121}$$

在式（13-120）各被积函数中的 F_θ 与 F_R 都包含有与变量 ν 一一对应的变量 R'（见式 13-118）。因翼型几何参数已知，故其中所含 θ'取决于 R'，因而也与 ν 一一对应。因此积分后，式（13-120）所表示的各量将只是 R 与 θ 的函数。在积分时注意下述关系是有益的，即

$$\int_0^{\pi}(1+\cos\nu)\,\mathrm{d}\nu=\pi,\qquad \int_0^{\pi}\sin k\nu\sin\nu\,\mathrm{d}\nu=\begin{cases}\pi/2, & k=1\\ 0, & k\neq 1\end{cases}$$

至此即可求待定的傅里叶系数，进而求出 $\gamma(\nu)$ 或 $\gamma(R')$，其方法如下。因为叶栅流场中某点 $M(R,\ \theta)$ 处的速度的圆周与径向分量应是

$$w_\theta=v_\theta+w_{\infty\theta}=v_\theta+\frac{\Gamma_1}{2\pi R},\quad w_R=v_R+w_{\infty R}=v_R+\frac{q}{2\pi R}\tag{13-122}$$

式中，$w_{\infty\theta}$ 与 $w_{\infty R}$ 为栅前来流速度的两分量。

因翼型表面必须是流线，故其某点处的速度两分量应有的关系为

$$w_\theta/w_R=\tan\beta$$

β 的定义前面已给，为已知量。将式（13-121）与式（13-122）代入上式即得

$$(v_{\theta 0}-v_{R0}\tan\beta)A_0+\sum_{k=1}^{m}v_{\theta k}A_k-\tan\beta_k\sum_{k=1}^{m}v_{Rk}A_k=\frac{q}{2\pi R}\tan\beta-\frac{\Gamma_1}{2\pi R}\tag{13-123}$$

在翼型上任取 $m+1$ 个点后即可用式（13-123）列出 $m+1$ 个包括 $m+1$ 个待定系数 A_0，A_1，…，A_m 的代数方程组。用此方程组自然可求出这些系数来。然后按式（13-119a）即可得 $\gamma(\nu)$，进而得 $\gamma(R')$ 或 $\gamma(s)$。有了沿翼型的环量密度分布后求叶栅速度场及其流体动力已不成问题。

五、亚声速叶栅流动

本节前面所述都涉及不可压缩流体的叶栅流动及其解法。以水为工作介质或以低速气体为工作介质的涡轮机械中的叶栅流动皆可用前述方法处理。但以气体为工质的涡轮机械中当栅前来流速度较大时，例如当 $Ma_\infty>0.3$，再不考虑流体的可压缩性就会带来流动计算的不精确结果。和孤立翼型绕流一样，这时流动参数受流体压缩性的影响已相当显著。这时，用不可压缩流的解法所得结果必须根据栅前来流的马赫数 Ma_∞ 修正。

当叶栅稠密度不大，翼型较平直以及来流攻角也较小时，根据本章第七节所述的普朗特-格劳特法则，亚声速叶栅流动的流体动力可按该叶栅在不可压缩假设下所得结果用下式修正，即

$$C_p=C_p'/\sqrt{1-Ma_\infty^2}$$

式中，C_p 为亚声速叶栅中翼型表面某点之压强系数，C_p' 为将该叶栅当作不可压缩流动处理时所得的相应点处的压强系数。

因此亚声速叶栅所受流体动力作用的某些量纲为一的系数，如升力系数等，皆可按其不可压缩情况下的相应系数乘以 $1/\sqrt{1-Ma_\infty^2}$ 而获得。

普朗特-格劳特法则适用的前提是小扰动。当亚声速叶栅的栅距较小，翼型又厚又弯或攻角较大时，该法则的使用即受限制。然而它所受的流体动力仍同样随来流马赫数 Ma_∞ 的增大而增大，只不过在数量上的关系不像小扰动时那样简单。图 13-65 表示的就是某收敛叶

栅中翼型表面压强系数与出口马赫数 Ma_2 的关系。从图上可见，随 Ma_2 的增大作用于叶栅上的总流体动力也随之增大。

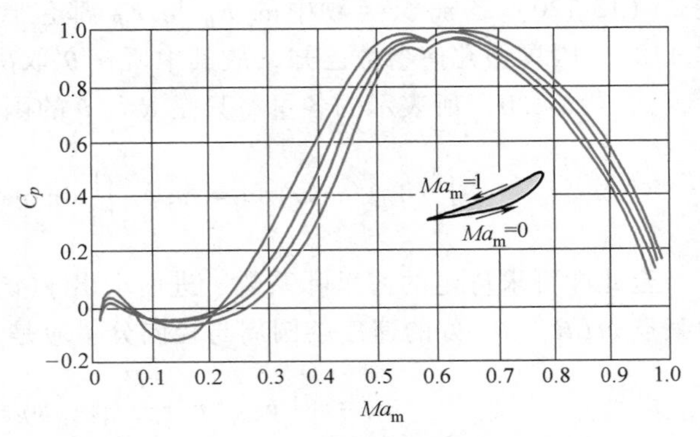

图 13-65 亚声速叶栅翼型表面压强分布

俄国学者道惹克（С. А. Довжчк）所得的亚声速叶栅中翼型的升力系数受平均来流马赫数 Ma_m 影响的修正式为

$$\frac{C_l}{C_l'}=\frac{1-Ma_m\cos^2\beta_a}{1-Ma_m^2} \quad (13\text{-}124)$$

式中，C_l'为相同叶栅中的翼型在不可压缩情况下的升力系数；β_a 为翼型气动弦与栅轴的夹角。

第十四节 跨声速叶栅

一、跨声速叶栅概述

如果图 13-66 所示叶栅栅前来流马赫数不断增大，则叶栅流道中各点处的流速也将随之不断增大。当栅前马赫数 Ma_1 增大到某一值 $Ma_{cr}<1$ 时，在翼型表面最大速度点 A 处出现声速流，此 Ma_{cr} 叫作临界马赫数。当 Ma_1 再增大，则在叶栅中因流道的扩张而在点 A 之后出现局部超声速区。如果叶栅为扩压的，则此局部超声速区后面会出现激波，使流动又变成亚声速的。这种由 $Ma_{cr}<Ma_1<1$ 的栅前来流所形成的叶栅流动中，既有亚声速流又有局部的超声速流动的叶栅即称为跨声速叶栅。

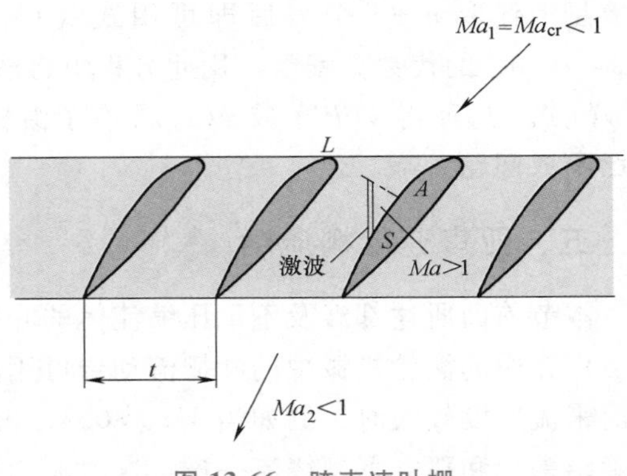

图 13-66 跨声速叶栅

和孤立翼型跨声速流相仿，跨声速叶栅流动比单一的亚声速流或超声速流的流体力学计算都要困难得多。由于同时有亚声速流与超声速流，而它们各自遵循完全不同类型的方程，再加之事先并不清楚两种流动区域在全流场中的边界在何处，所以无从着手利用方程求解流场。另外，在跨声速叶栅中的激波数目、形状及位置都是事先不确定的，这就使其解更加困难。在 20 世纪 40 年代末，冯·纽曼就提出一种叫作时间推进法或时间相关法的方法，为跨声速流场的计算找到一个合理可行的途径。在定常流动中亚声速流与超声速流的基本方程类型不同，前者为椭圆型的，而后者为双曲型的。然而在非定常流中两者却皆为双曲型的。于是纽曼把理想流体定常流看作相应的非定常流的某种极限，因而将问题演变为全流场遵循同一类型基本方程的非定常流问题，当让时间趋于无穷大时即可得相应定常流的渐近解。这就是纽曼的时间推进法的实质。大量实际跨声速叶栅流动计算结果已证实了该方法的合理性。在用该法时还有一难题，即如何处理激波。这方面现在也有很成功的办法，如激波拟合法及激波捕捉法可用于激波形状、位置以及激波前后流动参数的不断自动修正。

二、跨声速叶栅流动的特点

1. 气流阻塞

如图 13-67 所示，当 $Ma_1>Ma_{cr}$，并使栅前来流继续增大速度时，气流的声速区将由其吸力面向其相邻的翼型的压力面扩展。当 Ma_1 达到某一值 $Ma_{1,max}$ 时，声速区将达到其相邻翼型表面的点 L 处，一般它位于前缘点，即过流断面 LA 上各点速度皆为声速。该断面近似为叶栅流道的最小断面，将之称为临界断面。正如拉伐尔喷管一样，该断面过流量为 $\dot{m}=\rho_* a_* n_{cr}$，$n_{cr}$ 为临界断面面积。该流量应是叶栅的最大可能流量。因此，如再继续增大 Ma_1，就不可能使流量继续增大。这种现象就叫作叶栅流道的流动阻塞，此时的栅前马赫数的相应值就叫作最大马赫数 $Ma_{1,max}$。

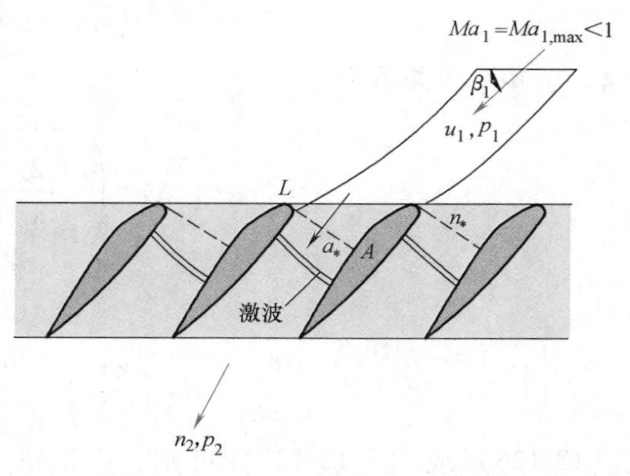

图 13-67　跨声速叶栅流动的阻塞

2. 最大马赫数与叶栅流道断面面积的关系

为求出叶栅流道的临界断面面积 n_{cr} 和栅前最大马赫数 $Ma_{1,max}$ 的关系，可近似地采用拉伐尔喷管流动的计算方法。过叶栅相邻两翼型间流道的质量流量为

$$\dot{m}=\rho_1 u_1 t\sin\beta_1=\rho_* a_* n_{cr}=\text{const} \tag{13-125a}$$

式中，ρ_1 与 u_1 为栅前来流的密度与速度；t 为栅距；β_1 为来流与列线的夹角。喉断面 n_{cr} 可取为 LA，因而 ρ_* 与 a_* 即为断面 LA 上各点的密度与速度。另外，如果流动是绝热的，则流动的总温不变，因而由式

$$a_*=\sqrt{\kappa R_g T_*}=\sqrt{\frac{2\kappa}{\kappa-1}T_0}$$

可知临界声速 a_* 是唯一的。若流动有损失，则栅前来流的总压 p_{01} 和临界断面 LA 处总压 p_{0*} 将不相等。设两者比值为 σ，即 $p_{0*}/p_{01}=\sigma$。又因 $p_{01}/\rho_{01}=R_g T_{01}=R_g T_{0*}=p_{0*}/\rho_{0*}$，所以有 $\rho_{0*}/\rho_{01}=p_{0*}/p_{01}=\sigma$。将式（13-125a）改写成

$$\frac{n_{cr}}{t\sin\beta_1}=\frac{\rho_1 u_1}{\rho_* a_*}=\frac{\rho_1 u_1}{\dfrac{\rho_*}{\rho'_*}\rho'_* a_*} \tag{13-125b}$$

式中，ρ'_* 为等熵过程下在临界断面处的密度。由

$$\frac{\rho_{0*}}{\rho_*}=\left(1+\frac{\kappa-1}{2}\right)^{\frac{1}{\kappa-1}}=\frac{\rho_{01}}{\rho'_*}$$

可知 $\rho_*/\rho'_*=\rho_{0*}/\rho_{01}=\sigma$。所以式（13-125b）写成

$$\frac{\sigma n_{cr}}{t\sin\beta_1}=\frac{\rho_1/\rho_{01}\,u_1}{\rho_*/\rho_{01}\,a_*}=\frac{\left(1-\frac{\kappa-1}{\kappa+1}\lambda_1^2\right)^{\frac{1}{\kappa-1}}}{\left(\frac{2}{\kappa+1}\right)^{\frac{1}{\kappa-1}}}\lambda_1$$

$$=\lambda_1\left(\frac{\kappa+1}{2}\right)^{\frac{1}{\kappa-1}}\left(1-\frac{\kappa-1}{\kappa+1}\lambda_1^2\right)^{\frac{1}{\kappa-1}} \tag{13-126}$$

因为 λ_1 与 Ma_1 的关系为

$$\lambda_1=\left(\frac{\frac{\kappa+1}{2}Ma_1^2}{1+\frac{\kappa-1}{2}Ma_1^2}\right)^{\frac{1}{2}}$$

所以有

$$\frac{\sigma n_{cr}}{t\sin\beta_1}=Ma_1\left(\frac{\kappa+1}{2}\right)^{\frac{\kappa+1}{2(\kappa-1)}}\left(1+\frac{\kappa-1}{2}Ma_1^2\right)^{-\frac{\kappa+1}{2(\kappa-1)}} \tag{13-127}$$

由式（13-126）或式（13-127）可知，当给定了 σ、n_{cr}、t、β_1 后，即可用之求出相应的 λ_1 与 Ma_1，它们即为该跨声速叶栅栅前来流的最大速度系数 $\lambda_{1,\max}$ 和最大马赫数 $Ma_{1,\max}$。

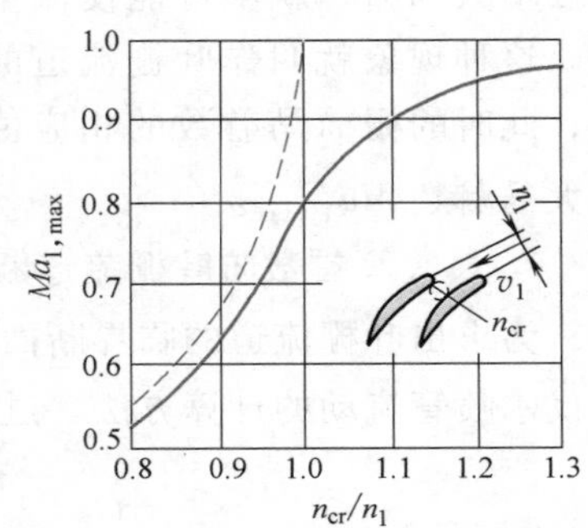

图 13-68 叶栅进口最大马赫数与面积比的关系

图 13-68 所示为某扩压叶栅的栅前最大马赫数 $Ma_{1,\max}$ 同其临界面积与进口面积比 $A_{cr}/A_1=n_{cr}/n_1$ 之间的理论关系曲线和实验关系曲线。从图上可见，当 $A_1>A_{cr}$ 时，随 A_{cr}/A_1 增加 $Ma_{1,\max}$ 将不断增大。当 $A_1=A_{cr}$ 时，$Ma_{1,\max}=1$，它表明进口马赫数已达到 1，流速已为声速。如果再使 A_{cr}/A_1 增大，已不可能使流速增加，马赫数只能为 1，在图上它即为 $Ma_{1,\max}=1$ 的水平线。然而在实际有损失发生的流动中，尤其是在受波阻影响的工况下，当 A_1 接近 A_{cr} 时，$Ma_{1,\max}$ 的值比 1 小得多，如图上的实验曲线所示，$Ma_{1,\max}$ 在 $n_{cr}/n=1$ 附近才为 0.8。

3. 跨声速扩压与收敛叶栅

图 13-67 所示为一跨声速扩压叶栅，$p_2>p_1$。在临界断面后超声速气流经一激波变为亚声速流动，并在流道后半段继续做亚声速扩压，速度连续下降。在叶栅出口压强扩大为 $p_2>p_1$，而马赫数 $Ma_2<Ma_1$。

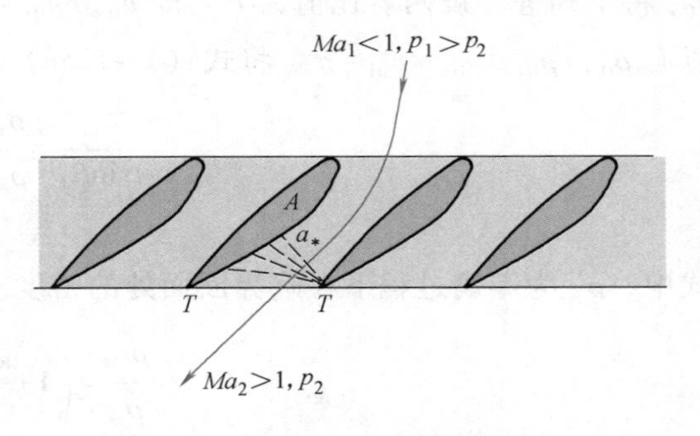

图 13-69 跨声速收敛叶栅

在图 13-69 所示的跨声速收敛叶栅情况下，其临界断面位于叶栅流道的后面出口处。在其前面气流一直做亚声速下的加速（因流道是收敛的），压强不断下降。经出口处的临界断面 AT 后，气流在区域 ATT 内不断地膨胀而加速成超声速流，压强则最后下降为出口

的背压 $p_2<p_1$。翼型吸力面尾部的型线 AT 可用特征线法构造出来。

第十五节 超声速叶栅

栅前来流马赫数大于 1 的叶栅叫作超声速叶栅。为使它具有良好的气动性能，其中的翼型前缘都是又尖又薄的，以避免产生离体激波，这与超声速孤立翼型是一样的。但由于叶栅中有一系列相距很近的翼型，所以其气动性能不只与翼型本身上出现的波系有关，它还与各翼型波系间的相互干涉有关。这些波系的结构自然与叶栅的几何参数，如栅距 t、安放角 β_s 以及和来流的攻角等有关。本节下面所叙述的内容将不涉及叶栅流动的定量气动计算，而只限于介绍超声速叶栅流动的主要特点。

一、理论超声速叶栅

理论超声速叶栅系指来流攻角很小，气流在叶栅进口及流道中无激波产生，气流只进行膨胀或经弱斜激波压缩的过程。图 13-70 所示即为这类的收敛叶栅。栅前 $Ma_1>1$ 的来流沿翼型背部表面的直线段 AO 不受扰动地流进叶栅。当它流到点 O 处时遇到一转角为 θ 的凸钝角，在其后气流将做连续膨胀。如果翼型腹部表面 $A'B'$ 是按 Ma_1 与转角 θ 计算出的流线形状，则膨胀波系 OA'，…，OB'将不会在腹壁面上产生波反射，从而实现无任何激波的气流膨胀与加速，一直到叶栅出口，使出口马赫数 $Ma_2>Ma_1$，压强则下降为比栅前压强 p_1 小的背压 p_2，即 $p_2<p_1$。翼型背面需转过的角 θ 当然应根据 Ma_1 与 p_1/p_2 来确定。

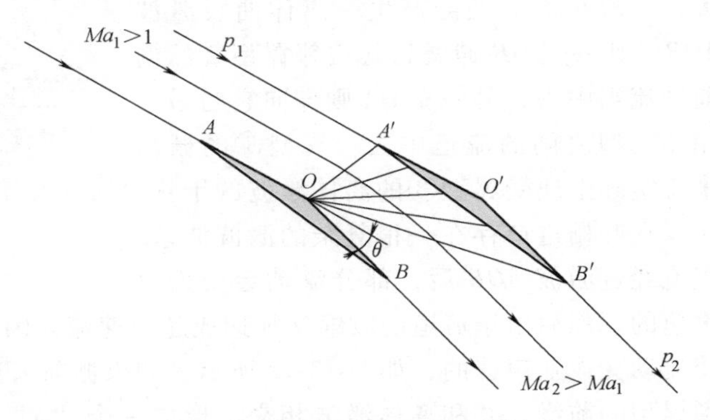

图 13-70 理论超声速收敛叶栅流动

如欲获得一理论超声速扩压叶栅，则其流道应是收敛的（图 13-71）。栅前来流遇到翼型的尖锐前缘后（点 A）先产生一极微弱的斜激波（压缩波）AO'。然后让气流流道做连续收缩，因而产生一系列弱压缩波 AO'，…，BO'，且转过角 θ 直到出口，使马赫数下降，压强上升到背压 p_2。为不使流道中出现激波，流道在翼型腹部一侧的壁面形状（AB）应设计成使上述压缩波系聚焦于点 O'，而翼型背部表面 $O'A$ 与 $O'B$ 可分别取为与来流与出流流线平行的直线段即可。气流的转角 θ 同样也应按来流马赫数 Ma_1 及栅前后的压强比 p_1/p_2 用特征线法计算出来。

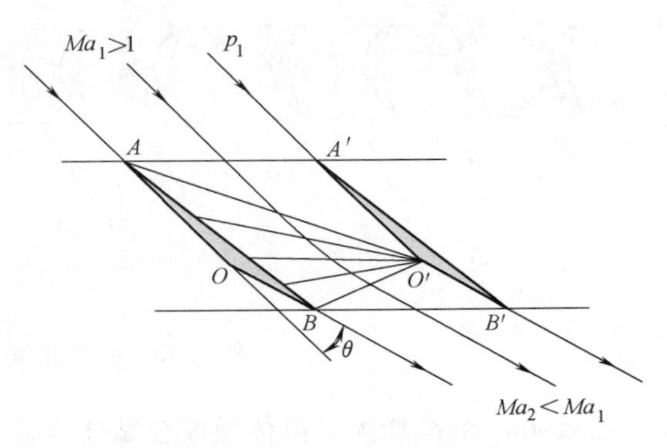

图 13-71 理论超声速扩压叶栅流动

二、实际超声速叶栅

由于实际超声速叶栅中翼型的前缘不可能是非常尖细的，而且叶栅在非设计工况运转时攻角往往与最优攻角差别很大，再加之边界层及气流非均匀性的影响，前述的那种理论流动很难实现。实际超声速叶栅流动中总不可避免地要出现一系列强度不等的激波，使流动成为非等熵的。因而特征线法不再适用，使超声速叶栅的气动计算变得非常困难。下面只定性地分析超声速叶栅流动的特点。

图 13-72 所示为一超声速叶栅。试观察其中某一翼型①的绕流情况。当 Ma_1 稍大于1时，由于翼型前缘楔角较大或攻角较大，一般在前缘处会产生一离体曲线激波 AOB，其一支 OB 伸展到其相邻翼型②的栅前来流当中去，另一支 OA 则伸向它与另一相邻翼型之间的流道中去。翼型①的栅前来流实际上还受翼型③的离体激波的干扰。所以在叶栅进口存在一很复杂的激波波系。气流经过激波 AOB 后，部分流动会变为亚声速的。然后由于流道的收缩又加速成超声速流。因而在其后面的流道中又会出现激波，又使流动变成亚声速的，如图 13-72 所示。如果栅前来流马赫数增大，则在流道中的激波会移到翼型的前缘，并和离体激波相交，形成一个“λ”形状的激波，如图 13-73a 所示。可见在一定的栅前来流马赫数时，来流还未进入叶栅流道之前就已经过了一系列很复杂的流动区域。

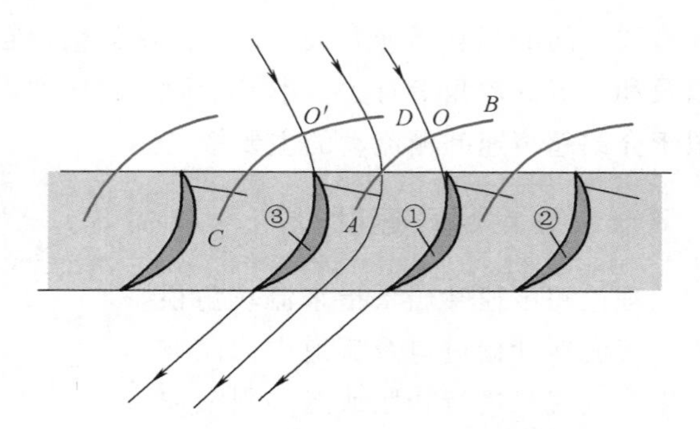

图 13-72 实际超声速叶栅流动

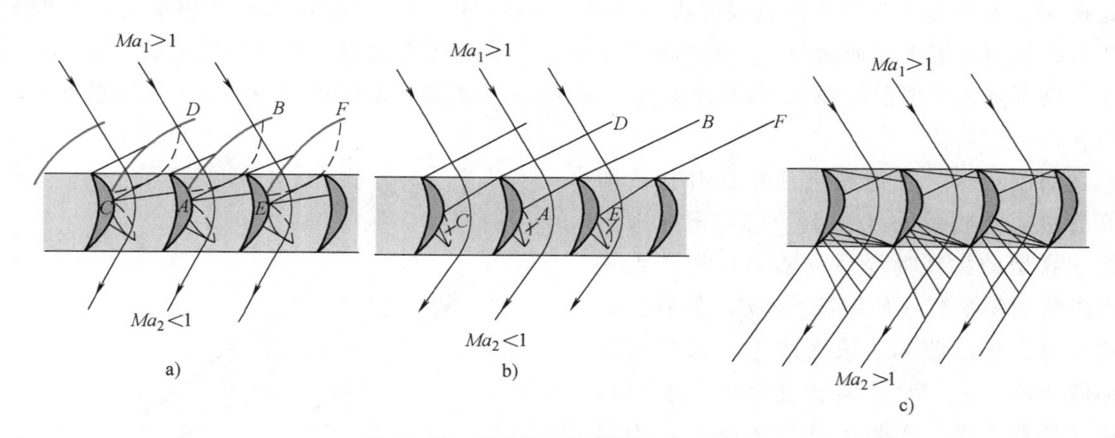

图 13-73 实际超声速叶栅中波系干扰

如果 Ma_1 继续增大，离体激波会贴体到翼型前缘，如图 13-73b 所示。此激波的一支仍旧伸向另一些翼型的栅前来流中，而另一支则伸向流道内部。这时再无“λ”状激波，因而使栅前波系稍有简化。但在流道内部还会出现由一系列激波隔开的亚声速与超声速区。如果 Ma_1 还不足够大，则流道内的流动最后经一激波而变成亚声速流流出叶栅。当 Ma_1 足够大时，叶栅进口的贴体激波的两支（斜激波）都将伸向流道内部，而不会对栅前来流造成扰动。只要 Ma_1 足够大，尽管在流道内还会出现一系列激波，但其强度都将很弱，使流动在叶栅出口仍为超声速的，并且在出口继续膨胀加速，以超声速流向下游，如图 13-73c 所示。

图 13-74 所示为一有较平直翼型的超声速叶栅。当 Ma_1 足够大时，在每个翼型的前缘都有一强度较大的贴体斜激波，如 AOB。其一支 OB 伸向叶栅来流中，另一支则伸向流道内部。气流经斜激波 OB 后将遇到一系列由翼型表面扰动生成的斜激波。所以气流在进入流道时就经过了一系列的减速与加速过程，直到它遇到激波 OA 后才变成亚声速流。因为翼型较平直，此亚声速流将一直保持到叶栅出口，以亚声速流 $Ma_2<1$ 流出叶栅。

当 Ma_1 增大到某个较大的值后，如果栅距较大，翼型又较平直，则翼型前缘的两道斜激波可一直伸展到翼栅的出口而不与相邻翼型表面相交。这时每个翼型就如同孤立翼型一样被栅前超声速流绕过，所以这时的气动计算就大为简化。这种叶栅就叫作纯超声速叶栅，如图 13-75 所示。然而栅后出流则因受激波相互间的作用要比孤立翼型的绕流复杂得多。

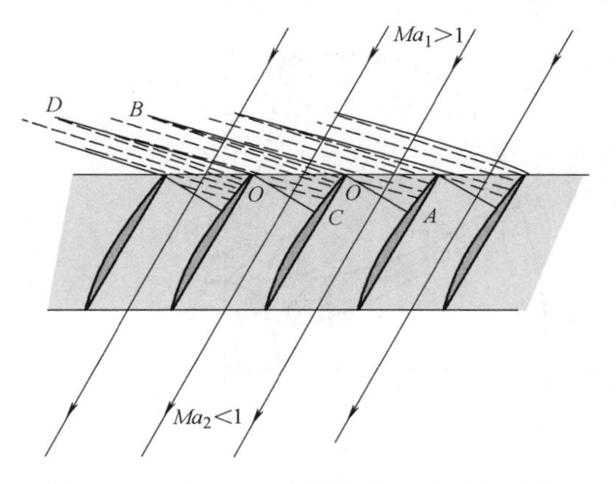

图 13-74　有较平直翼型的超声速叶栅流动

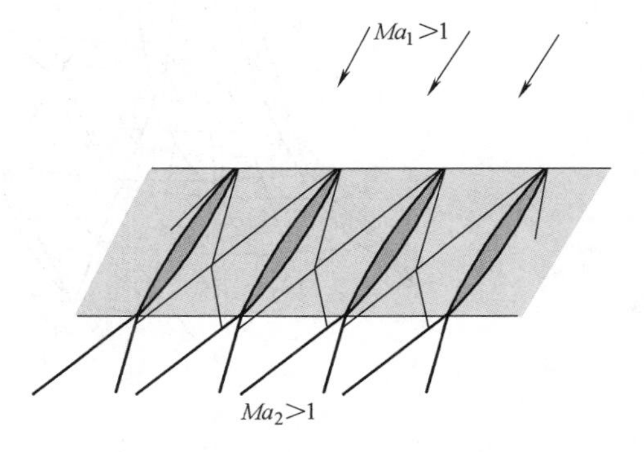

图 13-75　纯超声速叶栅流动

第十六节　叶栅三元流动解法简述

以流体作为工质的涡轮机械中的转轮与导叶机构内的流动是一种很复杂的非定常三维流动。即使将流动做了合理简化后，要用完全的解析方法求解流动的流体动力学微分方程也是很困难的。但现今的高负荷涡轮机械要求进行这种三元分析与计算，以获得机器的准确性能。前几节所述的二元方法已做不到这点。高负荷涡轮机械的转轮流道的几何形状不能再用二元流动做简化，再不考虑其内部流动的流线曲率与斜率已不能给出流场的准确解。所以在 20 世纪 50 年代学者吴仲华就提出了涡轮机械中流动的普遍三元理论。他用涡轮内的两种二元流面 S_1 与 S_2 上的流动解有效地解决了转轮内流动的三元解。其解法为数值解法，在当时数字电子计算机还未发展到普及化的情况下，真正用该法解三元流动还是很费时间的工作。直到 20 世纪 70 年代计算机真正成为人们手中的有效科学计算工具后，其方法才得到实际应用。吴仲华的方法严格说还只能算作“准三元的”。由于现代数字计算机使涉及非线性偏微分方程的数值解成为现实可能，近年来，人们已完全有能力通过编程或利用商用 CFD 软件进行复杂三元流场的数值求解，目前最为常用的流动控制方程离散方法包括有限体积法、有限差分法及有限元法，如第十二章所述。

在本节中只准备概要地介绍上面提到的准三元解法，且主要介绍“流线曲率法”（或称速度梯度法）在利用两类流面模拟涡轮机械内的三元流场时如何进行流场计算。

一、转轮流动的准三元模型

涡轮机械转轮内的流动可近似地看作由两类流面（即 S_1 流面与 S_2 流面）分隔成的流场，如图 13-76 所示。图 13-76a、b 分别表示轴流式与径流式转轮叶栅中两相邻叶片间的流道。在此流道中 S_1 与 S_2 流面是如下给定的。

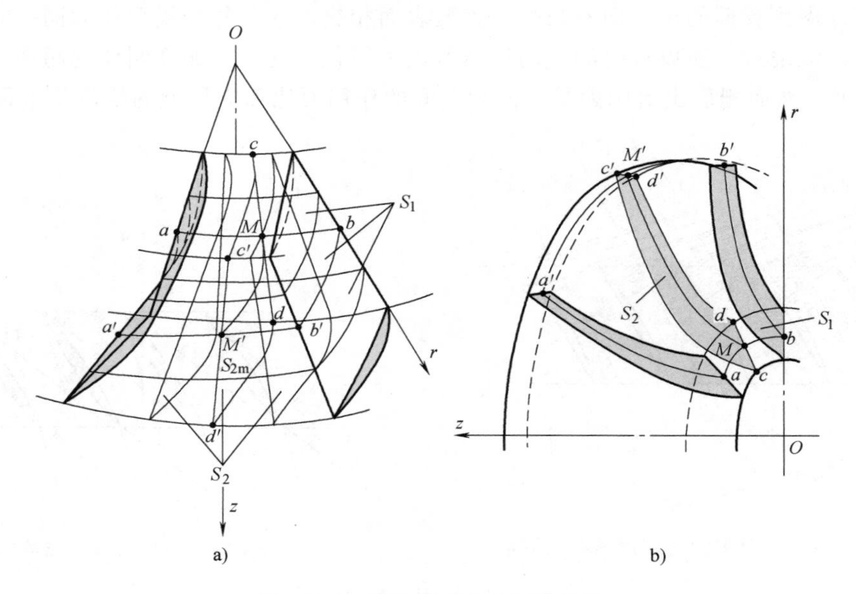

图 13-76 转轮流道内的两类流面

（1）S_1 流面 在叶栅进口某半径处取一点 M，过该点绘出圆心位于转轴处的圆弧 ab。由圆弧 ab 上各点从进口到出口的各流线所组成的流面，就定义为第一类相对流面 S_1。S_1 即为图 13-76 上所画出的，以 $aMbb'M'a'$ 为周边的空间曲面。一般情况下它并非一圆柱面或由流线 MM' 回转成的旋成面，即曲线 $a'b'$ 已非圆弧。当在不同半径处取点 M 时，即可得一系列这样的 S_1 流面，它们将两叶片间的流道按径向（对轴流转轮而言）或轴向（对径流转轮而言）分成许多流层。

（2）S_2 流面 还是在叶栅进口取一点 M，过它绘出一径向线 cMd。由该径向线上各点从进口到出口的流线所组成的流面就定义为第二类相对流面 S_2。它即为图 13-76 所示的以 $cMdd'M'c'$ 为周边的空间曲面。同样，在一般情况下它并非由一系列径向线构成的曲面，即 $c'M'd'$ 已不是一径向线。如果在圆弧 ab 上取不同位置处的 M 点，则可得不同的 S_2 流面，它们将叶片间流道沿圆周方向分成许多流层。

将叶片间流道划分成两组流面后，在此两类流面上分别求解其上的二元流动的数值解。为使流动计算不过于复杂，常对 S_1 和 S_2 流面做近似假设。因为开始时并不知道两类流面的形状及其上的准确流动参数分布，故一开始可近似给定它们的形状与位置。然后在此两流面上进行反复迭代的流动计算，最后将收敛到正确的流面形状和位置以及其上的正确流动参数。作为零次近似，S_1 流面可取为一旋成面，S_2 流面可取为两叶片中间的，与叶片中弧面形状相同的曲面 S_{2m}。

二、准正交曲线坐标系

为进行 S_2 流面上的流动计算，先将此流面向子午面或轴面上做旋转投影。于是 S_2 上的流动即变成轴面上的流动，S_2 流面上的各流线即转变成轴面上的流线。因而 S_2 流面上的流动计算即转变为轴面上的流动计算。

在轴面流动中常用的坐标系是由轴面流线及其法线构成的曲线坐标系，叫作流线坐标系。做轴面流动计算时的计算网格就是由轴面流线与其法线所组成的网格。但在流场迭代计算中流线的位置总在不断做修正而改变，因而使其法线也须相应改变。这样就造成坐标系发生变化，使计算发生困难。但若采用一个所谓的准正交的曲线坐标系即可克服此障碍。

现取一组与全部 jj 根轴面流线近似正交的任意轴面曲线族 q 来取代流线的法线族，并称作准正交线。它们在 S_2 流面上的相应曲线族用 s 表示。曲线族 q 如图 13-77 所示。在流动计算过程中不要求它准确垂直不断改变的流线族，所以它是固定不变的。准正交线 q 的每一条的编号为 i，从流道进口到出口共有 ii 条。由准正交线 q、轴面流线 m 和转轮轴转角 θ 形成圆周曲线所组成的曲线坐标系就是准正交坐标系。在混流转轮叶栅中约定 m 坐标的正方向为从低压到高压方向，q 坐标的正向为从上冠到下环，θ 的正向为转轮的旋转方向。

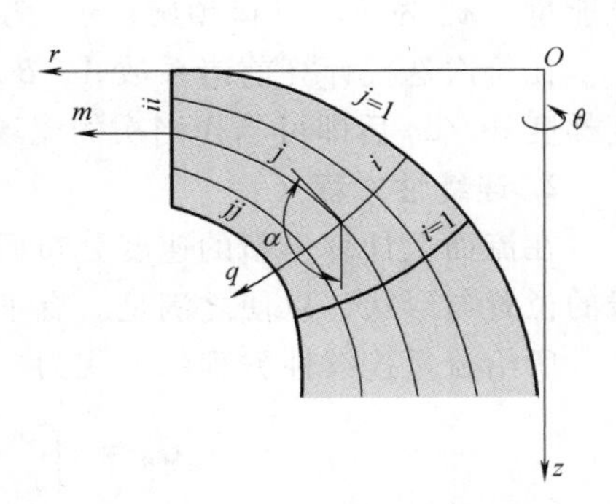

图 13-77 叶栅流道中的准正交坐标系

三、流动计算所需的方程

为在流场迭代计算最后获得准确的速度分布 $w(r,\ \theta,\ z)$ 或 $w(q,\ m,\ \theta)$，必须根据流体力学基本方程，即动量方程及连续性方程在两流面上进行流动计算。在零次流场近似的基础上，根据由基本方程给出的必要方程逐次进行速度场 w 的计算，并且逐次修正每次在两流面上的近似流线，直到最终收敛为一足够精确的速度分布 w 及流线位置与形状。

这里不能详细推导流动计算所需的必要方程，只直接给出其结果。如读者感兴趣可参阅参考文献［30］。

1. 沿准正交线的速度梯度方程

$$\frac{\mathrm{d}w}{\mathrm{d}q}=wA+(B-D_1)+\frac{1}{w}(C+D_2) \tag{13-128}$$

式中，

$$A=\left(\frac{\cos^2\beta\cos\alpha}{r_c}-\frac{\sin^2\beta}{r}\right)\frac{\mathrm{d}r}{\mathrm{d}q}+\cos\beta\sin\beta\sin\alpha\frac{\mathrm{d}\theta}{\mathrm{d}q}-\frac{\cos^2\beta\sin\alpha}{r_c}\frac{\mathrm{d}z}{\mathrm{d}q}$$

$$B=-\left\{\left(\cos\beta\sin\alpha\frac{\mathrm{d}w_{\mathrm{m}}}{\mathrm{d}m}-2\omega\sin\beta\right)\frac{\mathrm{d}r}{\mathrm{d}q}+\left[r\cos\beta\left(\frac{\mathrm{d}w_u}{\mathrm{d}m}+2\omega\sin\alpha\right)\right]\frac{\mathrm{d}\theta}{\mathrm{d}q}+\cos\beta\cos\alpha\frac{\mathrm{d}w_{\mathrm{m}}}{\mathrm{d}m}\frac{\mathrm{d}z}{\mathrm{d}q}\right\}$$

$$C=\frac{\mathrm{d}H_{\mathrm{e}}}{\mathrm{d}q}-\omega\frac{\mathrm{d}\lambda_{\mathrm{e}}}{\mathrm{d}q}$$

$$D_1=-\omega\left[\frac{r}{\eta_{\mathrm{hc}}^2}\frac{\mathrm{d}\eta_{\mathrm{hc}}}{\mathrm{d}q}+\left(1-\frac{1}{\eta_{\mathrm{hc}}}\right)\frac{\mathrm{d}r}{\mathrm{d}q}\right]\sin\beta$$

$$D_2=-\omega\left[\frac{r^2\omega-\lambda_{\mathrm{e}}}{\eta_{\mathrm{hc}}^2}\frac{\mathrm{d}\eta_{\mathrm{hc}}}{\mathrm{d}q}+\left(1-\frac{1}{\eta_{\mathrm{hc}}}\right)\left(2r\omega\frac{\mathrm{d}r}{\mathrm{d}q}+r\frac{\mathrm{d}w_u}{\mathrm{d}q}-\frac{\mathrm{d}\lambda_{\mathrm{e}}}{\mathrm{d}q}\right)\right]$$

在速度梯度方程中有许多参数。这里给出它们的定义：β 为速度 w 与其轴面投影之间的夹角；α 为轴面流线的切线与 z 轴（转轴）的夹角；r_{c} 为轴面流线的曲率半径；r 为径向坐标；z 为轴向坐标；θ 为角坐标；ω 为叶栅转动角速度；w_u 为速度的圆周分量；H_{e} 为转轮进口单位能量；λ_{e} 为转轮进口预旋；η_{hc} 为水力效率。

在每次迭代计算前诸系数 A、B、C、D_1、D_2 都应根据上次迭代结果计算出来。有了速度梯度 $\mathrm{d}w/\mathrm{d}q$ 后即可当作当次的流场的数值计算。

2. 连续性方程

在流面上计算出新的速度分布后，它还应满足连续性。如果不满足，则就应重新修改流线的位置与形状，以使之满足。有了新的流线网格，即可进行下一次流动计算求 w。

所给流量连续性方程的形式为

$$G_B=n\int_0^{q_{jj,i}}w\cos\beta\sin(\alpha-\gamma)\left(\frac{2\pi r}{n}-\delta\right)\mathrm{d}q \tag{13-129}$$

式中，G_B 为转轮的总流量；n 为叶片数目；δ 为叶片的圆周方向的厚度；γ 为准正交线的切线与 z 轴的夹角。

如何用速度梯度方程式（13-128）及连续性方程式（13-129）进行流场迭代数值计算的详细过程不在此处叙述。读者有兴趣可参阅参考文献［28］。

习　题

13-1　用二元风洞做翼型吹风试验可求其升力系数 C_l。若已知来流速度 $v_\infty=50\mathrm{m/s}$，空气密度 $\rho=1.18\mathrm{kg/m^3}$，翼型攻角 $\alpha=6°$，弦长 $b=0.25\mathrm{m}$，展长 $l=1.0\mathrm{m}$，所测得的机翼升力 $L=14.1\mathrm{N}$。试求此翼型的升力系数。

13-2　根据茹科夫斯基变换函数 $z=\zeta+a^2/\zeta$，试将 ζ 平面上的下列封闭曲线，变换成 z 平面上的某种形状的封闭曲线，并在坐标纸上绘图。

1）$\xi^2+(\eta-f)^2=a^2+f^2$。

2）$(\xi+d)^2+\eta^2=(a+d)^2$。

3）$(\xi+d\cos\beta)^2+(\eta-f-d\sin\beta)^2=(\sqrt{a^2+f^2}+d)^2$。

在上面各式中，$z=x+\mathrm{i}y$，$\zeta=\xi+\mathrm{i}\eta$，$a=25\mathrm{mm}$，$d=6\mathrm{mm}$，$f=4\mathrm{mm}$，$\beta=5°$。

13-3　若已知一个二元薄翼在小攻角下的环量密度沿翼弦的分布是 $\gamma(\theta)=2v_\infty A_1\sin\theta$，$A_1$ 为一常数。试用薄翼理论求该翼型中弧线的方程及其升力系数与攻角的关系。

13-4　有一菱形薄翼在零攻角下被超声速气流绕过。薄翼弦长为 b，最大厚度为 $t=\delta b$，如图 13-78 所示。试用小扰动法求此翼型的升力系数与阻力系数。

13-5 设一双凸圆弧对称薄翼（图 13-79）在零攻角下被超声速气流绕过。其半厚的弦向分布规律可表示为 $\tau(x)=\eta(x)/t=\eta(x)/(\delta b)$，式中 $\eta(x)$ 是圆弧表面纵坐标，t 为翼型最大厚度，b 为弦长。上表面方程是

$$(\eta+a)^2+\left(x-\frac{b}{2}\right)^2=\left(a+\frac{1}{2}\delta b\right)^2$$

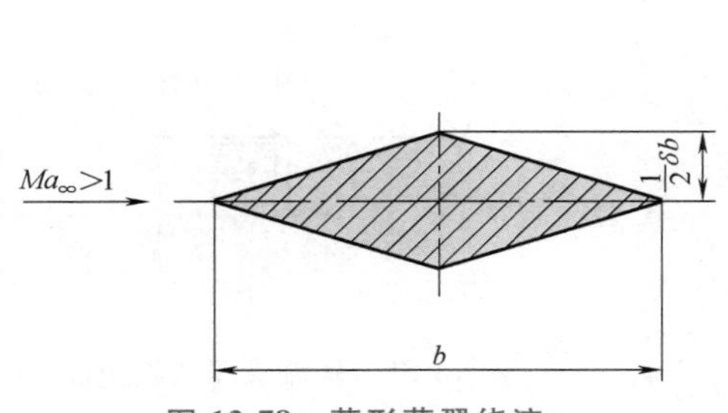

图 13-78 菱形薄翼绕流

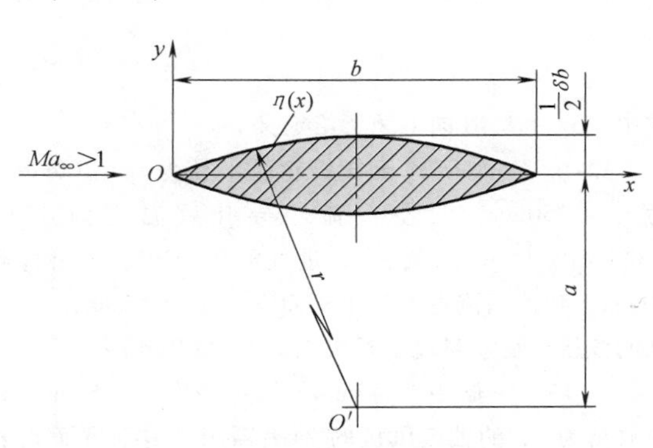

图 13-79 双凸圆弧翼型绕流

如果 $\eta/b\ll1$，$\delta b/(2a)\ll1$，试证

$$\tau(x)=\frac{1}{2}-\frac{2}{b^2}\left(x-\frac{b}{2}\right)^2$$

并用小扰动法求该翼型的阻力系数，且和上题做比较。

13-6 一平面形状为矩形的机翼面积为 $S=28\text{m}^2$，翼展为 $l=14\text{m}$。如果可近似用一根附着涡来代替此机翼，其长与翼展相等，且只有两根自由涡从翼端伸向下游，试求当 $C_l=1.0$ 时此 Π 型涡的环量为多大，并计算机翼中央及四分之一翼展处的下洗速度。

13-7 船用尾舵的翼型为 NACA0015 对称翼型，弦长为 $b=1\text{m}$，展长为 $l=2\text{m}$。当攻角为 $\alpha=0°$ 和 15° 时，其升力系数 C_l 分别为 0 与 1.5。当可把此舵当无限翼展机翼处理时，试问其升力与诱导阻力有多大？又问当作有限翼展机翼处理时升力与诱导阻力有多大？

13-8 如图 13-80 所示，已知一有限翼展机翼的环量分布为三角形分布。试求下洗角 α_i 沿翼展的分布规律 $\alpha_i(z)$，并求其升力系数 C_l。

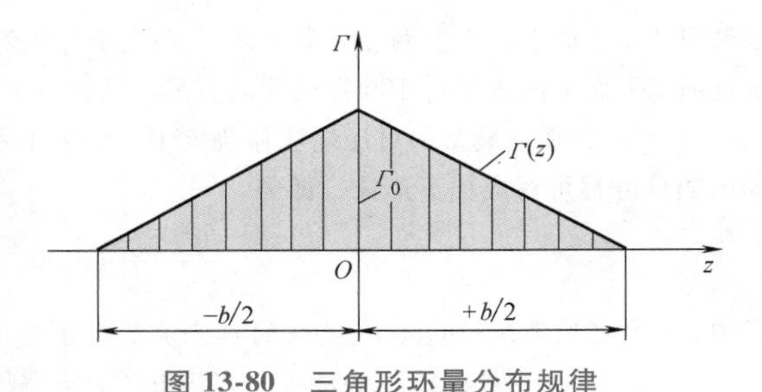

图 13-80 三角形环量分布规律

13-9 已知一平板叶栅的栅距为 t、弦长为 b 及安放角为 β_s $(\beta=\pi/2-\beta_s)$。它在物理平面上的流动可用下列函数变换成辅助平面上单位圆的绕流，即

$$z=\frac{t}{2\pi}\left(\ln\frac{\zeta-R}{\zeta+R}-e^{2i\beta}\ln\frac{\zeta-1/R}{\zeta+1/R}\right)$$

式中，R 应按下两式来确定，即

$$\frac{b}{t}=\frac{1}{\pi}\left(\cos\beta\ln\frac{1+R^2+2R\cos\alpha_0}{1+R^2-2R\cos\alpha_0}+2\sin\beta\arctan\frac{2R\sin\alpha_0}{R^2-1}\right)$$

$$\tan\alpha_0=\frac{R^2-1}{R^2+1}\tan\beta$$

试构造一迭代算法并编程，以在计算机上运算求出 R。

13-10 试根据上题所给 $z=z(\zeta)$ 及两流动平面上已知的流动边界对应关系求证

$$\frac{b}{t}=\frac{1}{\pi}\left(\cos\beta\ln\frac{1+R^2+2R\cos\alpha_0}{1+R^2-2R\cos\alpha_0}+2\sin\beta\arctan\frac{2R\sin\alpha_0}{R^2-1}\right)$$

式中，b、t、β 分别为 z 平面上平板叶栅的弦长、栅距、安放角的余角；R、α_0 为 ζ 平面上流动奇点的位置参数及平板尾缘对应点的极角。

13-11 试根据题 13-9 所给 $z=z(\zeta)$ 变换函数及平板尾缘必须是后驻点这一条件证明以下关系式，即

$$\tan\alpha_0=\frac{R^2-1}{R^2+1}\tan\beta$$

式中，α_0、R、β 同上题所给定义。

13-12 一轴流式压气机轮毂半径为 $r_h=100\text{mm}$，转轮外径为 $r_p=150\text{mm}$。设空气流经导叶后温度为 15℃，压强为 0.098MPa（一个大气压），进气角 $\beta_1=30°$。如果转轮栅距为 $t=30\text{mm}$，叶片间流道的最小断面宽为 $n_{cr}=15\text{mm}$，总压比 $\sigma=0.9$，试问该压气机质量流量最大为多少？（图 13-81）

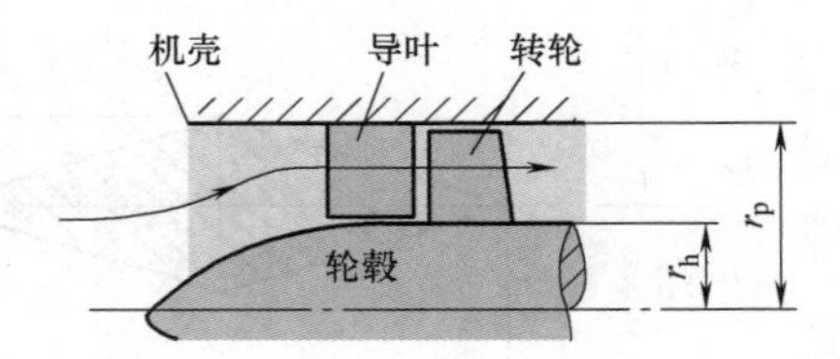

图 13-81 轴流式压气机简图

13-13 一栅距为 45mm，翼型弦长为 55mm，高为 50mm，安放角为 70°的轴流风机的 24 片导叶，这种平面叶栅的穿透系数与零向系数各为 0.5 与 0.578。如果已知单个翼型的环量为 $3.0\text{m}^2/\text{s}$，风机的流量为 $5.0\text{m}^3/\text{s}$。试求导叶进口与出口的速度环量。假设这里所用的翼型为简单的平板。

13-14 一平板平面叶栅稠密度为 0.8，安放角为 60°。若已知单个平板翼型的环量为 $1.5\text{m}^2/\text{s}$，试在题 13-9 所得结果的帮助下确定此平板翼型在此叶栅中应有多大的环量。

13-15 已知栅前来流速度为 5.0m/s，其方向与栅轴的夹角为 30°。试用奇点分布法设计一个有 200mm 弦长和 0.5 稠密度的、有较优流体动力性能的平面直列叶栅。

13-16 在平面直列叶栅做流动平面保角变换时，用

$$\tau=Ke^{\frac{2\pi}{t}ze^{-i\delta}}$$

函数可将 z 平面上叶栅的两相邻翼型间一条平行于翼弦的流动区域变换成 τ 平面上的全平面流动区域。试证此时 z 平面上的各平行于叶栅列线的直线将变换成 τ 平面上的一系列圆心位于坐标原点的同心圆。

13-17 在孤立翼型的可压缩流体绕流中，如果不考虑流体的黏性，且可认为流动是绝热的，试推导流动的能量方程可写成如下形式，即

$$\frac{a^2}{\kappa-1}+\frac{1}{2}(u_x^2+u_y^2)=\frac{a_\infty^2}{\kappa-1}+\frac{1}{2}v_\infty^2$$

式中，a 为当地声速；a_∞、v_∞ 为无穷远来流的声速与流速；κ 为等熵指数。

13-18 在直列叶栅流动的奇点分布法中，为求涡层系在叶片表面的诱导速度需推导出算式（13-104）。试用三角函数与双曲函数的级数展开的方法来证明此诱导速度算式中的被积函数 $a(s_0,s)$ 在 $s\to s_0$ 时不再为 0/0 的形式，而是零。

附　　录

附录 A　气体动力函数表（$\kappa=1.4$）

Ma	p/p_0	ρ/ρ_0	T/T_0	A/A_{cr}	Ma	p/p_0	ρ/ρ_0	T/T_0	A/A_{cr}
0	1.0000	1.0000	1.0000	∞	1.7	0.2026	0.3197	0.6337	1.3376
0.1	0.9930	0.9950	0.9980	5.8213	1.8	0.1740	0.2868	0.6068	1.4390
0.2	0.9725	0.9802	0.9921	2.9635	1.9	0.1492	0.2570	0.5807	1.5552
0.3	0.8394	0.9563	0.9823	2.0351	2.0	0.1278	0.2301	0.5556	1.6875
0.4	0.8956	0.9242	0.9690	1.5901	2.2	0.0935	0.1841	0.5081	2.0050
0.5	0.8430	0.8851	0.9524	1.3398	2.4	0.0684	0.1472	0.4647	2.4031
0.6	0.7840	0.8405	0.9328	1.1882	2.6	0.0501	0.1188	0.4252	2.8960
0.7	0.7209	0.7916	0.8989	1.0943	2.8	0.0369	0.0946	0.3894	3.5001
0.8	0.6560	0.7400	0.8865	1.0382	3.0	0.0272	0.0762	0.35714	4.2346
0.9	0.5913	0.6870	0.8471	1.0088	4.0	0.0065	0.0277	0.23810	10.719
1.0	0.5283	0.6339	0.8333	1.0000	5.0	0.0019	0.0113	0.16667	25.000
1.1	0.4684	0.5817	0.8002	1.0079	6.0	0.0006	0.00519	0.12195	53.180
1.2	0.4124	0.5311	0.7764	1.0304	7.0	0.00024	0.00261	0.09259	104.143
1.3	0.3609	0.4829	0.7474	1.0663	8.0	0.00010	0.00141	0.07246	190.109
1.4	0.3142	0.4374	0.7183	1.1149	9.0	0.00005	0.00082	0.05814	327.189
1.5	0.2724	0.3950	0.6897	1.1762	10.0	0.00002	0.00050	0.04762	535.94
1.6	0.2353	0.3557	0.6614	1.2502	∞	0	0	0	∞

附录 B　空气动力函数表（$\kappa=1.3$）

Ma	p/p_0	ρ/ρ_0	T/T_0	A/A_{cr}	Ma	p/p_0	ρ/ρ_0	T/T_0	A/A_{cr}
0	1.0000	1.0000	1.0000	∞	1.7	0.2101	0.3011	0.6976	1.369
0.1	0.9936	0.9951	0.9985	5.885	1.8	0.1797	0.2670	0.6729	1.484
0.2	0.9744	0.9803	0.9940	2.994	1.9	0.1533	0.2222	0.6487	1.628
0.3	0.9435	0.9563	0.9867	2.054	2.0	0.1305	0.2087	0.6250	1.773
0.4	0.9023	0.9240	0.9766	1.602	2.2	0.09393	0.1621	0.5793	2.156
0.5	0.8526	0.8845	0.9638	1.348	2.4	0.06731	0.1254	0.5365	2.654
0.6	0.7962	0.8392	0.9488	1.193	2.6	0.04813	0.09693	0.4965	3.295
0.7	0.7354	0.7895	0.9315	1.0972	2.8	0.03443	0.07490	0.4596	4.116
0.8	0.6723	0.7367	0.9124	1.0395	3.0	0.02466	0.06587	0.4255	5.160
0.9	0.6084	0.6823	0.8917	1.0093	4.0	0.00498	0.05796	0.2941	15.94
1.0	0.5457	0.6276	0.8696	1.0000	5.0	0.00117	0.01692	0.2105	45.95
1.1	0.4854	0.5735	0.8464	1.0083	6.0	0.00032	0.00555	0.1563	120.1
1.2	0.4285	0.5210	0.8224	1.0321	7.0	0.00010	0.00200	0.1198	285.3
1.3	0.3756	0.4709	0.7978	1.0704	8.0	0.00004	0.00085	0.0943	625.2
1.4	0.3273	0.4235	0.7728	1.123	9.0	0.00001	0.00038	0.0761	1275
1.5	0.2836	0.3793	0.7477	1.189	10	0.00001	0.00019	0.0625	2438
1.6	0.2466	0.3385	0.7225	1.271	∞	0.00000	0.00010	0.0000	∞

注：$\dfrac{A}{A_{cr}}=\dfrac{1}{Ma}\left(\dfrac{1+\dfrac{\kappa-1}{2}Ma^2}{\dfrac{\kappa+1}{2}}\right)^{\frac{\kappa+1}{2(\kappa-1)}}$，$\dfrac{p_0}{p}=\left(1+\dfrac{\kappa-1}{2}Ma^2\right)^{\frac{\kappa}{\kappa-1}}$，$\dfrac{\rho_0}{\rho}=\left(1+\dfrac{\kappa-1}{2}Ma^2\right)^{\frac{1}{\kappa-1}}$，$\dfrac{T_0}{T}=\left(1+\dfrac{\kappa-1}{2}Ma^2\right)$。

附录 C 有摩擦一元流动函数表(法诺线 $\kappa=1.4$)

Ma	T/T_{cr}	p/p_{cr}	p_0/p_{0cr}	v/v_{cr} (ρ_{cr}/ρ)	$4fL_{cr}/D$
0.0	1.2000	∞	∞	0.00000	∞
0.1	1.1976	10.9435	5.8218	0.10943	66.922
0.2	1.1905	5.4555	2.9635	0.21822	14.533
0.3	1.1788	3.6190	2.0351	0.32572	5.2992
0.4	1.1628	2.6958	1.5901	0.43133	2.3085
0.5	1.1429	2.1381	1.3399	0.43453	1.06908
0.6	1.1194	1.7634	1.1882	0.63481	0.49081
0.7	1.09290	1.4934	1.09436	0.73179	0.20814
0.8	1.06383	1.2892	1.03823	0.82514	0.07229
0.9	1.03270	1.12913	1.00887	0.91549	0.01451
1.0	1.00000	1.00000	1.00000	1.00000	0.00000
1.1	0.96618	0.89359	1.00793	1.08124	0.00993
1.2	0.94899	0.80436	1.03044	1.1583	0.03364
1.3	0.89686	0.72848	1.06630	1.2311	0.06483
1.4	0.86207	0.66320	1.1149	1.2999	0.09974
1.5	0.82759	0.60648	1.1762	1.3646	0.13605
1.6	0.79365	0.55679	1.2502	1.4254	0.17236
1.7	1.76046	0.51297	1.3376	1.4825	0.20780
1.8	1.72816	0.47407	1.4390	1.5360	0.24189
1.9	1.69686	0.43936	1.5552	1.5961	0.27433
2.0	1.66667	0.40825	1.6875	1.6330	0.30499
2.2	1.60976	0.35494	2.0050	1.7179	0.36091
2.4	1.55762	0.31114	2.4031	1.7922	0.40989
2.6	1.51020	0.27463	2.8960	1.8571	0.45259
2.8	1.46729	0.24444	3.5001	1.9140	0.48976
3.0	1.42857	0.21822	4.2346	1.9040	0.52216
4.0	1.28571	0.13363	10.719	2.1381	0.63306
5.0	1.20000	0.08944	25.000	2.2361	0.69381
6.0	1.14634	0.06376	53.180	2.2953	0.72987
7.0	1.11111	0.04762	104.14	2.3333	0.75281
8.0	1.08696	0.03686	190.11	2.3591	0.76820
9.0	1.06977	0.02935	327.19	2.3772	0.77898
10.0	1.05714	0.02390	535.94	2.3905	0.78683
∞	0.00000	0.00000	∞	2.4495	0.82153

附录 D　有热交换一元流动函数表（瑞利线 $\kappa=1.4$）

Ma	T_0/T_{0cr}	T/T_{cr}	p/p_{cr}	p_0/p_{0cr}	ρ_{cr}/ρ (v/v_{cr})
0.0	0.00000	0.00000	2.4000	1.2679	0.00000
0.1	0.04678	0.05602	2.3669	1.2591	0.02367
0.2	0.17355	0.20661	2.2727	1.2346	0.09091
0.3	0.34686	0.40887	2.1314	1.1985	0.19183
0.4	0.52903	0.60505	1.9608	1.1566	0.31372
0.5	0.69136	0.79012	1.7778	1.1140	0.44445
0.6	0.81892	0.91607	1.5957	1.07525	0.57447
0.7	0.90850	0.99289	1.4235	1.04310	0.69751
0.8	0.96394	1.02548	1.2658	1.01934	0.81012
0.9	0.99207	1.02451	1.1246	1.00485	0.91097
1.0	1.00000	1.00000	1.00000	1.00000	1.00000
1.1	0.99392	0.96031	0.89086	1.00486	1.07795
1.2	0.97872	0.91185	0.79576	1.01941	1.1459
1.3	0.95798	0.85917	0.71301	1.04365	1.2050
1.4	0.93425	0.80540	0.64102	1.07765	1.2564
1.5	0.90928	0.75250	0.57831	1.1215	1.3012
1.6	0.88419	0.70173	0.52356	1.1756	1.3403
1.7	0.85970	0.65377	0.47563	1.2402	1.3745
1.8	0.83628	0.60894	0.43353	1.3159	1.4046
1.9	0.81414	0.56734	0.39643	1.4033	1.4311
2.0	0.79339	0.52893	0.36364	1.5031	1.4545
2.2	0.75614	0.46106	0.30864	1.7434	1.4939
2.4	0.72421	0.40383	0.26478	2.0450	1.5252
2.6	0.69699	0.35561	0.22936	2.4177	1.5505
2.8	0.67380	0.31486	0.20040	2.8731	1.5711
3.0	0.65398	0.28028	0.17647	3.4244	1.5882
4.0	0.58909	0.16831	0.10256	8.2268	1.6410
5.0	0.55555	0.11111	0.06667	18.634	1.6667
6.0	0.53633	0.07849	0.04669	38.946	1.6809
7.0	0.52437	0.05826	0.03448	75.414	1.6896
8.0	0.51646	0.04491	0.02649	136.62	1.6954
9.0	0.51098	0.03565	0.02098	233.88	1.6993
10.0	0.50702	0.02897	0.01702	381.62	1.7021
∞	0.48980	0.00000	0.00000	∞	1.7143

附录 E 正激波表（$\kappa=1.4$）

Ma_1	Ma_2	p_2/p_1	$\rho_2/\rho_1=v_1/v_2$	T_2/T_1	a_2/a_1	p_{02}/p_{01}
1.00	1.0000	1.000	1.000	1.000	1.000	1.000
1.05	0.9531	1.120	1.084	1.033	1.016	1.000
1.10	0.9118	1.245	1.169	1.065	1.032	0.999
1.15	0.8750	1.376	1.255	1.097	1.047	0.997
1.20	0.8422	1.513	1.342	1.128	1.062	0.993
1.25	0.8126	1.656	1.429	1.159	1.077	0.987
1.30	0.7860	1.805	1.516	1.191	1.091	0.979
1.35	0.7618	1.960	1.603	1.223	1.106	0.961
1.40	0.7397	2.120	1.690	1.255	1.120	0.958
1.45	0.7196	2.286	1.776	1.287	1.135	0.945
1.50	0.7011	2.458	1.862	1.320	1.149	0.930
1.55	0.6841	2.636	1.947	1.354	1.164	0.913
1.60	0.6684	2.820	2.032	1.388	1.178	0.895
1.65	0.6540	3.010	2.115	1.423	1.193	0.876
1.70	0.6405	3.205	2.198	1.458	1.208	0.856
1.75	0.6281	3.406	2.279	1.495	1.223	0.835
1.80	0.6165	3.613	2.359	1.532	1.238	0.813
1.85	0.6057	3.826	2.438	1.659	1.253	0.790
1.90	0.5956	4.045	2.516	1.608	1.268	0.767
1.95	0.5862	4.270	2.592	1.647	1.283	0.744
2.00	0.5774	4.500	2.667	1.688	1.299	0.721
2.05	0.5691	4.736	2.740	1.729	1.315	0.698
2.10	0.5613	4.978	2.812	1.770	1.331	0.674
2.15	0.5540	5.226	2.882	1.813	1.347	0.051
2.20	0.5471	5.480	2.951	1.857	1.363	0.628
2.25	0.5406	5.740	3.019	1.901	1.379	0.606
2.30	0.5344	6.005	3.085	1.947	1.395	0.583
2.35	0.5286	6.276	3.149	1.993	1.412	0.561
2.40	0.5231	6.553	3.212	2.040	1.428	0.540
2.45	0.5179	6.836	3.273	2.088	1.445	0.519
2.50	0.5130	7.125	3.333	2.138	1.462	0.499
2.55	0.5083	7.420	3.392	2.187	1.479	0.479
2.60	0.5039	7.720	3.449	2.238	1.496	0.460
2.65	0.4996	8.026	3.505	2.290	1.513	0.442
2.70	0.4956	8.338	3.559	2.343	1.531	0.424

（续）

Ma_1	Ma_2	p_2/p_1	$\rho_2/\rho_1=v_1/v_2$	T_2/T_1	a_2/a_1	p_{02}/p_{01}
2.75	0.4918	8.656	3.612	2.397	1.548	0.406
2.80	0.4882	8.980	3.664	2.451	1.566	0.389
2.85	0.4847	9.310	3.714	2.507	1.583	0.373
2.90	0.4814	9.645	3.763	2.563	1.601	0.356
2.95	0.4782	9.986	3.811	2.621	1.619	0.343
3.00	0.4752	10.333	3.857	2.679	1.637	0.328
3.25	0.4619	12.156	4.072	2.985	1.728	0.265
3.50	0.4512	14.125	4.261	3.315	1.821	0.23
3.75	0.4423	16.240	4.426	3.669	1.915	0.172
4.00	0.4350	18.000	4.571	4.047	2.012	0.139
4.50	0.4236	23.458	4.812	4.875	2.208	0.092
5.00	0.4152	29.000	5.000	5.800	2.408	0.062
7.00	0.3974	57.000	5.444	10.469	3.236	0.015
9.00	0.3898	94.333	5.651	16.693	4.086	0.005
10.00	0.3876	116.50	5.714	20.387	4.515	0.003
∞	0.3780	∞	6.000	∞	∞	0.000

参考文献

［1］ 周光垌，严宗毅，许世雄，等．流体力学：下册［M］．2版．北京：高等教育出版社，2000.
［2］ 张也影．流体力学［M］．北京：高等教育出版社，1986.
［3］ 陈卓如．流体力学［M］．北京：高等教育出版社，1992.
［4］ 李诗久．工程流体力学［M］．北京：机械工业出版社，1980.
［5］ 吴望一．流体力学［M］．北京：北京大学出版社，1982.
［6］ 潘文全．工程流体力学［M］．北京：清华大学出版社，1988.
［7］ 戴干策，陈敏恒．化工流体力学［M］．北京：化学工业出版社，1988.
［8］ 刘应中，缪国平．高等流体力学［M］．上海：上海交通大学出版社，2000.
［9］ 罗大海，等．流体力学简明教程［M］．北京：高等教育出版社，1989.
［10］ 刘润生．水力学［M］．上海：上海交通大学出版社，1987.
［11］ 南京工学院，华中工学院，天津大学．粘性流体力学［M］．北京：高等教育出版社，1987.
［12］ 大连工学院水力学教研室．水力学解题指导及习题集［M］．北京：高等教育出版社，1990.
［13］ KREIDER J F. Principles of Fluid Mechanics［M］. Boston：Allyn and Bacon. 1987.
［14］ 武汉水利电力学院，华东水利学院．水力学［M］．北京：人民教育出版社，1982.
［15］ 朱之墀，王希麟．流体力学理论例题与习题［M］．北京：清华大学出版社，1986.
［16］ 刘天宝，程兆雪．流体力学与叶栅理论［M］．北京：机械工业出版社，1990.
［17］ 雷锡贤．工程流体力学与流体机械［M］．北京：冶金工业出版社，1994.
［18］ HITE F M. 粘性流体动力学［M］．魏中磊，甄思淼，译．北京：机械工业出版社，1982.
［19］ 费祥林．高等流体力学［M］．西安：西安交通大学出版社，1989.
［20］ SCHLICHTING H. Boundary-Layer Theory［M］. New York：Mc Graw-Hill，1979.
［21］ 盛振邦．流体力学［M］．北京：北京科教出版社，1961.
［22］ CURRIE I G. Fundamental Mechnanics of Fluids［M］. New York：McGraw-Hill，1974.
［23］ 江宏俊．流体力学［M］．北京：高等教育出版社，1985.
［24］ 徐华舫．空气动力学基础［M］．北京：北京航空学院出版社，1987.
［25］ 沈孟育，周盛，林保真．叶轮机械中的跨音速流动［M］．北京：科学出版社，1988.
［26］ 柯尔东，爱津贝尔格．水轮机原理与流体动力学计算基础［M］．郑熊，译．北京：机械工业出版社，1965.
［27］ 特雷申科．压气机叶栅的空气动力学［M］．徐家驹，译．北京：机械工业出版社，1984.
［28］ 张惠民．叶轮机械中的三元流理论及其应用［M］．北京：国防工业出版社，1984.
［29］ 孔珑．工程流体力学［M］．北京：水利电力出版社，1992.
［30］ 茅春浦．流体力学［M］．上海：上海交通大学出版社，1995.
［31］ 陈玉璞．流体动力学［M］．南京：河海大学出版社，1990.
［32］ 莫乃榕．工程流体力学［M］．武汉：华中理工大学出版社，2000.
［33］ 莫乃榕，槐文信．流体力学、水力学题解［M］．武汉：华中科技大学出版社，2000.
［34］ 章梓雄，董曾南．粘性流体力学［M］．北京：清华大学出版社，1998.